国家重点研发计划课题"煤矿重大水害防治关键技术工程示范(2017YFC0804109)"资助

煤矿水害防治理论与实践

刘生优　张光德　黄选明　王世东　赵宝峰　著

应急管理出版社

·北　京·

图书在版编目（CIP）数据

煤矿水害防治理论与实践／刘生优等著. 北京：
应急管理出版社，2021
ISBN 978 – 7 – 5020 – 8801 – 9

Ⅰ. ①煤… Ⅱ. ①刘… Ⅲ. ①煤矿—矿山防水—研究
Ⅳ. ①TD745

中国版本图书馆 CIP 数据核字（2021）第 121077 号

煤矿水害防治理论与实践

著　　者	刘生优　张光德　黄选明　王世东　赵宝峰
责任编辑	张　成
责任校对	李新荣　孔青青
封面设计	于春颖

出版发行　应急管理出版社（北京市朝阳区芍药居 35 号　100029）
电　　话　010 – 84657898（总编室）　010 – 84657880（读者服务部）
网　　址　www. cciph. com. cn
印　　刷　北京地大彩印有限公司
经　　销　全国新华书店

开　　本　787mm×1092mm$\frac{1}{16}$　印张　38$\frac{1}{4}$　字数　938 千字
版　　次　2021 年 6 月第 1 版　2021 年 6 月第 1 次印刷
社内编号　20201357　　　　　　定价　300.00 元

序

国家能源投资集团是世界最大的煤炭生产公司，国内所属煤矿分布于内蒙古、宁夏、新疆、陕西、山西、黑龙江等6个省区，煤炭资源赋存条件复杂，煤炭开采面临水、火、瓦斯、冲击地压等多种灾害威胁。水害类型中，底板奥灰水、顶板离层水、顶板突水溃沙问题较为严重。2010年骆驼山煤矿发生煤层底板奥陶纪灰岩特大突水事故，事故共造成32人死亡及重大财产损失；宁东红柳煤矿同一工作面连续发生4起离层水害；神东多对矿井发生顶板溃水溃沙灾害；塔然高勒煤矿在建井初期即遭遇水害，被迫采用冻结法施工；国神集团发生强富含水层下综放开采的突水溃砂事故；锦界煤矿勘探报告预计涌水量为1800 m^3/h，而实际涌水量达5800 m^3/h。

为了探究各种水害的科学规律以及奥陶纪灰岩水、顶板水的危险性程度，回答各地区各煤层是否可以安全开采；研究鄂尔多斯盆地煤矿水害形成条件与华北型煤田的重大差异，建立适合我国西北地区水害防控技术体系。国家能源集团围绕我国西部奥陶纪灰岩水、顶板水、采空区水和烧变岩水等水文地质特征，在系统总结分析历史资料的基础上，按照理论研究与实践相结合、产学研联合攻关的原则，综合采用先进的勘探手段和技术手段，研究水害防治的关键技术。特别是2017—2020年，集团的国家重点研发计划课题"煤矿重大水害防治关键技术工程示范（2017YFC0804109）"从精细勘探与防控应用方面系统深入地开展了水害防控关键技术研究，取得了一系列重要突破。研究形成了成套的水害防治关键技术体系。

本书系统阐述了鄂尔多斯盆地煤田奥陶纪灰岩水害关键科学问题及防控技术、鄂尔多斯盆地侏罗纪煤田顶板水害关键科学问题及防控技术、强富水含水层下综放开采水砂灾害关键科学问题及防控技术、矿井及采掘工作面水害防治评价及探放水技术。该书理论丰富，实践性强，适合煤矿生产技术人员和煤炭院校师生参考使用。

中国工程院院士：

2021年3月

前　　言

国家能源投资集团有限责任公司是以煤、电为基础的特大型能源企业，煤炭产能 68485 万 t/a，国内煤矿 97 处，地域分布广阔，煤层赋存条件不均衡，水害类型多。水害类型按水源分为底板灰岩水、顶板砂岩水、采空区积水、烧变岩水、第四系水沙和地表水；按通道分为陷落柱水、断层水、封闭不良钻孔水、采掘扰动冒裂裂隙水。

近年来，广大工程技术人员开展技术攻关，在鄂尔多斯盆地煤田奥陶纪灰岩水文地质特征及灰岩水害防治关键技术、鄂尔多斯盆地侏罗系煤田水文地质特征及顶板水害防治关键技术、强富含水层下综放开采水砂防控关键技术等三大技术领域取得了重大突破，煤矿水害防治工作取得了显著成效，为国家能源集团水害防治提供了科学、合理、有效的防治方法。本书针对国家能源集团四大水害难题，提出了三大关键技术，对矿井水地质类型进行划分，研发了采掘工作面水害防治评价标准和探放水技术规范，并在国家能源集团所属煤矿成功进行了推广和应用，取得了很好的效果，为矿井安全生产提供了技术保障，对推动防治水技术的进步，防止重大淹面、淹井水害事故的发生，具有十分重大的科学与实践意义。

全书共 5 篇 15 章。第一、二章介绍国家能源集团煤矿水害防治的现状、科学问题和技术路径；第三～六章介绍鄂尔多斯盆地煤田奥陶纪灰岩水文地质特征及灰岩水害防治关键技术；第七～十一章介绍鄂尔多斯盆地侏罗系煤田水文地质特征及顶板水害防治关键技术；第十二章介绍强富水含水层下综放开采水砂防控关键技术；第十三～十五章介绍采掘工作面水害防治评价等三大标准的制定与应用。

由于作者水平有限，书中难免存在缺陷，敬请煤炭行业专家、技术人员和广大读者批评指正。

著　者

2021 年 3 月

目　次

第一篇 煤矿水害基本特点、科学
问题及技术路径

第一章　国家能源集团煤矿水害
防 治 概 况

第一节　煤矿水害类型与分布

国家能源投资集团有限公司（简称国家能源集团）煤矿历史上发生多起特大突水事故，危害极大，存在重大灾害风险的水害类型多，25 座煤矿水文地质类型复杂，见表 1-1。煤矿水害类型按水源分有：底板灰岩水，顶板砂岩水，老空积水，烧变岩水，第四系水砂，地表水；按导水通道分有：陷落柱水，断层水，封闭不良钻孔水，采掘扰动冒裂裂隙水。

表 1-1　集团国内所属煤矿水害威胁矿井分布

水 害 类 型	所 在 地 区	水 害 类 型	所 在 地 区
巨厚砂砾含水层水害	新疆、内蒙古	突水溃砂水害	陕西、内蒙古
底板水害	内蒙古	顶板砂岩水害	陕西、宁夏
离层水害	宁夏		

一、煤层底板灰岩水害

底板奥灰水是石炭二叠系井工矿面临的最为严重的水害类型，其特点是水压高、水量大、破坏性强。国家能源集团存在底板灰岩水煤矿有 6 个矿区，分别为乌海地区的乌达、公务素、棋盘井，宁夏的石嘴山、银南，天桥流域的河东、河西煤田。通过对煤炭赋存、构造发育、底板隔水层厚度、突水系数等因素进行综合分析，乌海的公乌素矿区、黄河以西的乌达矿区、宁夏的石嘴山矿区及银南的任家庄、红石湾等大片区域的煤层底板与奥灰岩间隔水层距离在 150 m 以上，属安全开采区。受奥陶纪灰岩水水害威胁较重的矿井有 7座，按照危害严重程度及承压状态排序依次为乌海棋盘井煤矿、乌海骆驼山煤矿、国神黄玉川煤矿、乌海的平沟煤矿，国神上榆泉煤矿、神东保德煤矿和乌海利民煤矿，详见表 1-2。

表1-2　受底板奥灰水害威胁矿井

水害类型	名　称	带压程度/ MPa	隔水层厚/ m	突水系数/ (MPa·m⁻¹)	构造发育特征	威胁程度
底板奥灰水	乌海棋盘井煤矿	0 ~ 2.25	41.47 ~ 135	0 ~ 0.050	构造发育，陷落柱发育，底板破碎，局部有导升	严重
	乌海骆驼山煤矿	0 ~ 0.15	92	0 ~ 0.026	16 煤底板破碎	较大
	国神黄玉川煤矿	0 ~ 0.41	约60	0 ~ 0.017	导水构造发育，有陷落柱	较大
	乌海平沟煤矿	0 ~ 2.40	24.51 ~ 32.40	0 ~ 0.058	隔水层厚度薄，局部构造发育	较大
	上榆泉煤矿	0 ~ 2.06	49.51	0.06	13 煤底板完整性较好，局部隔水层薄	较小
	神东保德煤矿	2.13 ~ 3.59	45.00 ~ 88.54	0.033 ~ 0.064	11 煤底板完整性较好，局部隔水层薄	较小
	乌海利民煤矿	0 ~ 2.2	12.92 ~ 64.88	0 ~ 0.02	构造发育区底板破碎	较小

二、采空区水害

采空区水害是国家能源集团煤矿面临的第二大水害类型，具有隐蔽性、突发性、涌水量大和破坏力强等特征。目前受采空区水威胁比较严重的有 20 个矿井，采空区水来源主要是本矿采空区积水和周边小窑水，危害程度最为严重的是平庄煤业的老公营、神宁金凤煤矿和国神三道沟煤矿；其次是乌海五虎山煤矿、榆神郭家湾煤矿、乌海露天煤矿、神宁石炭井焦煤公司、神东石圪台煤矿和补连塔煤矿；其他是神东大柳塔煤矿、神宁梅花井、灵新、石槽村、红柳、羊场湾煤矿，乌海棋盘井、老石旦煤矿和神新宽沟、乌东、碱沟、屯宝煤矿威胁程度较小，详见表 1-3。

表1-3　受采空区水害威胁矿井统计

威胁来源	威胁程度	矿　井　名　称
周边小窑水	严重	平庄老公营、神宁金凤煤矿、国神三道沟煤矿
	较严重	榆神郭家湾煤矿
	一般	神东大柳塔煤矿
本矿采空区积水	较严重	乌海五虎山、露天煤矿、神宁石炭井焦煤公司
	一般	乌海棋盘井、老石旦煤矿、神宁梅花井、灵新、红柳煤矿，神新乌东、屯宝、碱沟煤矿
本矿及周边小窑积水	较严重	神东石圪台、补连塔煤矿
	一般	神宁羊场湾煤矿、神新宽沟、乌东煤矿

三、煤层顶板水害

国家能源集团煤矿顶板水害威胁程度仅次于底板奥灰水和采空区水，是最为普遍的水害类型，受该类灾害威胁矿井有 20 座，根据含水层性质和涌水形式可进一步划分为顶板离层水、风化基岩裂隙水、顶板砂（砾）岩水和第四系松散层水，详见表 1-4。

表 1-4　受煤层顶板水害威胁矿井

顶板水害类型		受威胁矿井
离层水		宁东鸳鸯湖矿区，代表矿井有神宁红柳、石槽村、麦垛山、梅花井和清水营煤矿
风化基岩裂隙水		神东锦界煤矿
		神宁双马、金凤、金家渠煤矿，国神李家坝煤矿、榆神郭家湾煤矿
顶板砂（砾）岩水	砂岩水	国神敏东一矿、神宁红柳、石槽村、梅花井、麦垛山，清水营、双马、金凤、枣泉煤矿
	砾岩水	杭锦塔然高勒煤矿、国神沙吉海煤矿
第四系松散层水		神东石圪台、哈拉沟煤矿（薄基岩），大雁扎尼河露天矿（海拉尔河和第四系强渗透含水层），国神朝阳露天矿（大小索伦河和第四系强渗透含水层）

顶板离层水是煤层顶板上覆为砂岩和泥岩组合，工作面回采过程中产生离层空间并充水，随着基本顶垮落，离层水容易溃入矿井，此类水害主要分布在宁东鸳鸯湖矿区，影响最为严重是红柳煤矿，另外还有石槽村、梅花井、麦垛山、清水营等煤矿。

风化基岩裂隙水煤层顶板是直罗组风化基岩裂隙含水层和第四系萨拉乌苏组含水层，富水性强，由煤层隐伏构造及露头区导通，矿井涌水量很大，最为严重的矿井是神东锦界煤矿，为典型浅埋深、薄基岩、厚松散含水层的水文地质条件，另外受风化基岩裂隙水威胁的矿井还有神宁的金凤、双马、金家渠，李家坝矿，榆神的郭家湾矿。

顶板砂岩水是由于侏罗系直罗组碎屑岩沉积，成岩性差，孔隙发育，形成了以静储量为主的孔隙裂隙含水层，煤层开采后导水裂缝带范围内的含水层静储量重力释水后涌入井下，该含水层提前疏放周期较长，疏放水效果不明显，受此影响较大的矿井主要有：神宁的红柳、石槽村、梅花井、麦垛山，清水营、双马、金凤、枣泉等煤矿。杭锦塔然高勒煤矿和国神沙吉海煤矿煤层顶板为砂砾岩含水层，富水性相对较强，影响矿井安全开采。国神敏东一矿 16-3 煤层主要充水含水层为 16 煤层砂砾岩含水岩组（Ⅲ含），间接充水水源为 16 煤层顶板砂砾岩含水岩组（Ⅱ含），形成顶板强含水层，并且两含水层之间隔水层为 16-1 煤层顶底板泥岩、粉砂岩，厚度分布不均，局部缺失，Ⅱ和Ⅲ含水层之间局部区域存在水力联系，对矿井安全构成较大威胁。

神东部分矿井煤层埋藏浅、顶板基岩薄、松散覆盖层为萨拉乌苏组，含水层厚，回采过程中冒裂带导通含水层，出现较大涌水，个别地段有可能出现溃水溃砂，受该类水害威胁较为严重的矿井主要是石圪台、哈拉沟矿。另外大雁扎尼河露天煤矿、国神朝阳路天煤矿受地表河流和第四系强渗透含水层影响也存在该类水害。

四、其他水害

国家能源集团煤矿除了以上 3 种水害外，还受到封闭不良钻孔水害、地表水害和烧变岩水害威胁。受此类水害威胁的矿井有 12 个。神宁双马矿范围内分布有约 400 个石油钻孔，尚有近 100 个钻孔无资料，是受到封闭不良钻孔水害威胁最严重的矿井。乌海公乌素矿 10 个剥采坑有 7 个未回填，露天矿周边剥采坑较多，且原有泄洪通道均已破坏，是受到地表水威胁最为严重的矿井。受烧变岩水威胁较为严重的矿井有神宁枣泉煤矿、国神大南湖一矿和沙吉海煤矿、国电电力大平滩煤矿，榆神的郭家湾矿也受到一定程度的影响，详见表 1-5。

表 1-5 受其他水害威胁矿井

类 型	受威胁矿井	威 胁 来 源
地表水	乌海路天、平沟煤矿	剥采坑积水及雨季沟谷洪水影响
	神东哈拉沟煤矿	三元沟内水库影响
封闭不良钻孔水	神宁双马、金家渠、麦垛山煤矿，国神李家坝煤矿、敏东一矿	井田内存在封闭不良勘探孔
烧变岩水	神宁枣泉煤矿、国神大南湖一矿	周边火烧区
	榆神郭家湾煤矿、西湾露天矿国电大平滩煤矿、国神沙吉海矿	烧变岩水

第二节 煤矿主要水害事故及特征

近 10 多年来，国家能源集团水害事故达 50 余起，其中底板奥灰水、顶板离层水、顶板突水溃砂问题较为严重。2010 年骆驼山煤矿发生煤层底板奥陶纪灰岩水特大突水事故，突水量峰值达 60036 m^3/h，事故共造成 32 人死亡及重大财产损失；宁东红柳煤矿同一工作面连续发生 4 起离层水害；神东多对矿井发生顶板溃水溃砂灾害；塔然高勒煤矿在建井初期即遭遇水害，被迫采用冻结法施工；水害事故造成淹掘进头、淹工作面、淹没整个矿井、甚至人员伤亡的严重后果。

国家能源集团发生过 3 类水害事故，其中顶板水害较多，事故统计详见表 1-6。2010 年 1 月 27 日锦界煤矿 31210 工作面透水事件，水源为工作面顶板风化基岩裂隙水，通道为采掘顶板冒裂带，水量为 500~600 m^3/h；2010 年 8 月 2 日石圪台煤矿 12105 工作面透水事件，水源为上覆面采空区水，通道为采掘冒裂带，水量 58000 m^3，水砂混合；2013 年 9 月 7 日补连塔煤矿 22306 工作面透水事件，水源为上覆采空区水，通道为采掘扰动冒裂带；2014 年 7 月 13 日麦垛山煤矿 11 采区 2 煤层回风巷掘进迎头突水事件，水源为顶板砂岩水，通道为采掘扰动天然破碎裂隙带，水量 1000 m^3/h；2013 年 5 月 27 日补连塔煤矿二盘区采空区水害事件，水源为侧方采空区水，通道为采掘扰动破裂带；2009 年 9 月开始回采至 2010 年 3 月，红柳煤矿顶板离层水害事故，水源为顶板砂岩水，通道为采掘扰动冒裂隙带，水量最大为 3000 m^3/h；2015 年 4 月 2 日大南湖一矿 1303 综采工作面透水事故，水源为顶板砂岩水，通道为采动冒裂带，水量为 270 m^3/h。

表 1-6 水害事故统计

类 型	时 间	地 点	灾 害 情 况
底板水害	2010 年 3 月 1 日	乌海骆驼山煤矿	矿井被淹，32 死 7 伤
顶板水害	2009 年 9 月 3 日	神宁红柳煤矿	工作面被迫 2 次停产
	2010 年 7 月 28 日	神东大柳塔煤矿	溃水溃砂，工作面封闭
	2012 年 2 月	国神敏东一矿	停产 1 年
	2014 年 7 月 28 日	神宁麦垛山煤矿	被迫重新开拓巷道
	2015 年 4 月 2 日	国神大南湖一矿	工作面险些被淹
采空区水害	2013 年 5 月 27 日	神东补连塔煤矿	工作面停产 10 天
	2010 年 2 月 22 日	乌兰木伦煤矿	影响生产 8 天
	2010 年 8 月 2 日	石圪台煤矿	停产 45 天
	2013 年 9 月 7 日	补连塔煤矿	停产 7 天

水害事故特征：从水源分析，采空区水 4 次，顶板水 5 次，底板水 1 次；从通道分析，人为扰动 9 次，天然通道 1 次；从位置分析，采煤工作面 7 次，掘进迎头 3 次。主要原因：矿井水文地质条件及水文地质特征不清，突水机理没有研究清楚，没有针对性的治理与预防措施。

第三节 水害防治技术研究主要工作

国家能源集团（原神华集团）从 2010 年开始立项，每年投入 2000 多万元的科研经费和 1 亿多元的安全资金，联合科研单位和高等院校，组织神华神东煤炭集团有限责任公司、神华乌海能源有限责任公司、神华宁夏煤业集团有限责任公司等 8 家单位，围绕奥陶纪灰岩水、顶板水、采空区水和烧变岩水等水文地质特征，研究水害防治关键技术；在系统总结分析历史资料的基础上，按照理论研究与实践相结合、产学研联合攻关的原则，综合采用先进的勘探手段和技术手段等，特别是 2017—2020 年，国家重点研发计划课题"煤矿重大水害防治关键技术工程示范（2017YFC0804109）"，在精细勘探与防控方面的应用，系统深入地开展了水害精准防控技术研究，取得了一系列重要突破，形成了成套的水害防治关键技术体系。

开展鄂尔多斯盆地煤田奥陶纪灰岩水文地质特征及灰岩水害防治关键技术研究。针对骆驼山煤矿"3·1"特大突水事故和神华在西北大部分煤矿，首次对奥陶纪灰岩水突水危险性进行了分区研究与评价，形成了该区域煤炭资源开采奥陶纪灰岩水害综合防治关键技术，完善了我国华北型煤田奥陶纪灰岩水防治理论与技术体系，在鄂尔多斯盆地煤田 15 个矿区，受奥陶纪灰岩水威胁的 60 个煤矿进行了水文地质条件评价，共排除受底板奥陶纪灰岩水威胁的煤炭资源，合计约 10 亿 t，将 20 个煤矿由水文地质条件复杂型降到中等，减少不必要设备投入 1.6 亿元。

鄂尔多斯盆地侏罗纪煤田顶板水害形成机理及防治关键技术研究。针对我国西部煤层顶板水害事故频发，建立了侏罗纪煤田沉积控水理论，揭示离层水害和薄基岩溃水溃砂致灾机理，解决了厚层砂砾岩水害、离层水害和薄基岩溃水溃砂防控系列技术难题，在关键技术领域取得了重大突破，该项目研究成果先后应用于陕西、内蒙古、宁夏和新疆等 12 个矿区 35 对矿井，杜绝了顶板水害事故的发生，近 3 年新增销售额 152.961 亿元，利润 32.154 亿元。

强富水含水层下综放开采水砂灾害防控关键技术。基于特厚煤层上覆松散岩石类强含水层，单位涌水量 1.41~1.89 L/(s·m)，煤厚 5.15~17.05 m，运用水文地质精细探查、覆岩破坏高度获取、综放煤厚控制三大关键技术，建造综放开采水砂灾害防控关键技术模型，设计试验精准控制采放高度，实现综放开采破坏程度的控制，并进行了工程试验验证。该技术与传统的留设煤柱开采相比显著提高了煤炭采出率，实现水砂灾害安全精准防控，经煤炭行业学会鉴定，成果达到国际领先水平。

开展水文地质补勘。神东煤炭集团保德煤矿、国神集团黄玉川矿提前实施了奥灰水综合物探和钻探的地质补勘，制定了奥灰水探放专项设计以及危险区专项治理方案；乌海能源公司实施了平沟、棋盘井和利民矿底板完整性以及构造情况探测工程，坚持断层先探查，再进行靶面帷幕引流注浆，继续加强监测预警。利用音频电穿透法或三维高密度电法探测导水构造，特别是底板隔水层的隐伏导水构造，结合可控源交流充电法和地面瞬变电磁法探查采空区积水范围，采用直流电法和地面瞬变电磁法探查突水通道，并钻探验证。安装水文传感器，监测矿井涌水量变化，施工井上下观测孔采空区水位、水量变化，全方位加强监测预警，进一步完善防治措施。神东煤炭集团总结出了"条件探查、因素确定、溃水防控、溃砂防控" 4 项控制法防治顶板松散层水；通过多目标规划分析，确定了锦界煤矿风化基岩裂隙水最佳疏放周期；对受奥灰水威胁严重的矿井制定了奥灰探放水专项设计以及危险区专项治理方案。神宁煤业集团基本查明了离层水致灾机理，总结出周期性突水与开采距离的关系，指导顶板离层水防治。乌海能源公司摸清了下属 10 对矿井、特别是桌子山煤田奥灰含水层特征，提出了防治方案；利用井下常规钻孔和长距离定向钻孔对利民和骆驼山矿采空区水进行了探放。

第二章 煤矿水害防治的关键科学问题与技术路径

国家能源集团煤矿防治水工作，遵循国家煤矿防治水细则，落实"预测预报、有疑必探、先探后掘、先治后采"的防治水原则。针对 4 个具有典型性的奥灰水、顶板离层突水、薄基岩突水溃砂、富强含水层精准安全控制等难题，组织技术攻关；研发采掘工作面的安全评价技术、预测预报和隐患排查、落实探放水标准，实现煤矿水害防治长治久安。

第一节 鄂尔多斯盆地煤田奥灰水害关键科学问题及防控技术路径

一、背景与意义

鄂尔多斯盆地煤田位于我国西北地区东部，地跨陕西省、甘肃省、山西省、宁夏回族自治区、内蒙古自治区 5 省（区），总面积 37.0 万 km^2。盆地内蕴藏着丰富的煤炭、天然气、石油、盐岩等能源和矿产资源，是我国新兴的能源化工基地和 21 世纪重要的能源接续地。近年来，随着我国煤炭开采战略西移的加快，未来 10 年我国西部煤炭产量将达到全国煤炭总产量的 70% 左右，其中主要开采的是位于鄂尔多斯盆地厚度大、储量丰富的侏罗纪和石炭纪煤田。但是，随着煤矿向深部延伸开采，其水文地质条件变得越发复杂，尤其是开采煤层底板灰岩水害已成为制约该地区煤矿安全生产的重大隐患。2010 年骆驼山煤矿发生了"3·1"特大重大突水事故，人们对受奥灰水威胁的煤层开采产生了恐慌。国家能源集团的乌海、宁夏、准格尔、河东等多个矿区都牵涉到奥灰水防治的技术难题，因此要系统深入地开展鄂尔多斯盆地煤田奥陶纪灰岩水文地质特征及灰岩水害防治关键技术研究，形成了成套的鄂尔多斯盆地煤田奥陶纪灰岩水害防治关键技术体系。

相对于华北煤田而言，目前对鄂尔多斯盆地煤田的灰岩水害认识和研究差距较大。突出表现如下：

（1）对鄂尔多斯盆地煤田奥陶纪灰岩水文地质特征认识存在偏差。该区域尤其是内蒙古等区域属于半干旱、半沙漠气候条件，降雨量少，人们日常生活、工业用水较为紧缺，"找水""打水"比较困难，还普遍没有充分认识到奥陶纪灰岩水危害的严重性、复杂性和综合防治的紧迫性、艰巨性。

（2）对该区域煤田奥陶纪灰岩岩溶发育规律，尤其是灰岩岩溶发育特征、充填方式、岩溶陷落柱成因、特征、发育分布规律等没有进行全面深入系统地研究。

（3）对该区域煤田主采煤层底板受奥陶纪灰岩水害威胁程度，尤其是奥陶纪灰岩水带压开采突水危险性评价与分区等方面的系统研究基本空白。

（4）对该区域煤田奥陶纪灰岩顶部的利用和注浆改造、底板奥陶纪灰岩水害区域探查与注浆改造等关键技术研究不足，尤其是未形成适合本区域奥陶纪灰岩水害防治的综合技术体系等。

（5）对陷落柱突水后快速高效抢险治理等关键技术和装备研究不足，尤其是动水条件下水泥浆液难以有效积聚和凝固，抢险救援和堵水复矿时间难以控制，多含水层充水矿床常规水文地球化学手段难以判别突水水源。

如何科学有效地解决上述突出问题，实现奥陶纪灰岩水害的超前防控与治理，是该区域煤矿安全生产亟待解决的重大科技难题。因此，对鄂尔多斯盆地煤田奥陶纪灰岩水文地质特征、奥陶纪灰岩水突水危险性分区及灰岩水害分区防治关键技术等进行深入系统科学地研究，已势在必行、迫在眉睫，这将对推进该区域煤炭工业实现科学发展、安全发展、可持续发展具有现实而重要的意义。

二、国内外研究现状

1. 碳酸岩研究现状

碳酸盐岩虽然只占世界上沉积岩总量的 20% 左右，但由于它是一种重要的工业原材料以及其赋存丰富的油气资源而备受关注。20 世纪 30 年代之前，由于工业上对碳酸盐岩原材料的需求，关于碳酸盐岩的研究更多的是碳酸盐岩的化学成分和矿物成分，而对沉积学方面的研究相对较少。至 20 世纪 50 年代，由于人们发现碳酸盐岩中赋存着丰富的油气资源，使得对碳酸盐岩的研究和认识不断深化，并发生了革命性的进步。其中具有代表性的成果当数 Folk 和 Dunham 于 1962 年提出的碳酸盐岩分类，以及大量研究者提出的碳酸盐沉积模式。Shaw 于 1964 年提出陆表海和陆缘海沉积概念后，Whitake 于 1988 年、Sanantonio 于 1993 年、Lomando 于 2002 年，以及我国的沉积学家曾允孚、刘宝珺于 20 世纪 80 年代根据不同的研究实例提出和细化了多种碳酸盐岩沉积模式。

这些模式大致可归纳为碳酸盐缓坡型、镶边台地、陆表海台地、孤立台地和沉没台地 5 种类型。关于碳酸盐的形成环境，近年来，通过对热带、极地、冷泉口和热泉口等极端环境形成的碳酸盐研究，认识到碳酸盐岩不单是早期认为的"光养"型浅海暖水成因，而是既有温水成因，又有热水和冷水成因；既有海相环境（包括滨浅海和深海），亦有陆相环境（包括土壤碳酸盐岩、沼泽碳酸盐岩、洞穴碳酸盐岩、风成碳酸盐岩、冰川碳酸盐岩、湖泊碳酸盐岩和河流碳酸盐岩等）；既有化学沉积，亦有机械沉积。

纵观这些研究成果，浅海（包括陆表海和陆缘海）是最为重要的也是研究最为深入的碳酸盐岩沉积环境。全球碳酸盐岩的研究表明，碳酸盐岩储层从岩性分为白云岩及石灰岩两大类，灰岩储层主要分布在白垩纪—第三纪，白云岩储层主要分布在寒武—三叠纪；溶蚀作用、白云岩化及构造作用是最为主要的成岩作用。

2. 鄂尔多斯盆地研究现状

鄂尔多斯盆地横跨陕西省、甘肃省、山西省、宁夏回族自治区、内蒙古自治区 5 省区，地理位置处于东经 106°20′～110°30′，北纬 35°～40°30′，面积 37 万 km^2，是我国第二大沉积盆地。作为华北克拉通的西端次级构造单元，盆地四周均以构造断裂与周围构造单元相邻，东部以离石断裂带与吕梁山隆起带相接，南面与渭河地堑的北界断裂相邻，西缘以桌子山、惠安堡—沙井子断裂带分别与河套弧形构造带西南翼和六盘山弧形构造带东翼相接，北界为河套地堑南缘断裂。盆地现今构造格架始于燕山运动中期，发展完善于喜马拉雅运动。其构造面貌呈现南北隆升、东抬西冲，盆地内部是西倾的斜坡与其西侧的天环向斜相接连的特征。盆地边缘深部构造活跃，盖层内部的深部构造趋于稳定，盖层构造不太发育。根据现今构造及演化历史，区域构造可划分为 6 个一级构造单元。盆地中部是陕北（或伊陕）斜坡，向东为晋西挠褶带，向西依次为天环坳陷、西缘冲断构造带，北部为伊盟隆起，南面为渭北隆起。张渝昌于 1997 年提出，该盆地是一个整体沉降、坳陷迁移、构造简单的大型多旋回克拉通叠合盆地。

　　鄂尔多斯盆地的研究已有百余年历史。关于古隆起研究方面已取得众多的成果。古隆起是指位于克拉通或地台上，受构造运动的影响，地壳发生变形拱起而产生的大型隆起，曾遭受过侵蚀作用，或沉降在海平面之下接受沉积作用，现位于盆地腹部，现今的上覆地层构造不一定表现为隆起。

　　关于古隆起的成因和分类，不同的学者看法并不一致，有的学者强调成因机制，有的学者偏重于演化历史。冉启贵通过研究我国境内盆地，将克拉通古隆起的成因归为两大类：一类是与板块背离作用或区域伸展作用有关的隆起，另一类是与板块聚敛作用或区域挤压作用有关的古隆起，并在此基础上，结合板块构造学理论，进一步分为 5 种类型（图 2 - 1）；张宗命等研究塔里木盆地古隆起形成演化特点，分为稳定型、残余型及活动型 3 类；何登发等系统总结了我国三大克拉通盆地中央古隆起结构特点，分为叠加、塌陷与残余 3 种类型；汪泽成等系统分析了四川盆地古隆起发育的板块位置，提出了克拉通内古隆起和克拉通边缘古隆起，之后，又将古隆起分为 4 个基本类型：继承型、控沉积型（包括碳酸盐岩和碎屑岩 2 个亚类）、晚期定型（包括断隆和褶隆 2 个亚类）、晚期改造型（包括"早隆晚断"和"早隆晚坡" 2 个亚类）。这 4 个基本类型也可以看成海相古隆起的理想演化模式，即早期继承性发育古隆起，中期为控制沉积的古高地，中晚期发生叠加变形，晚期被改造与破坏。

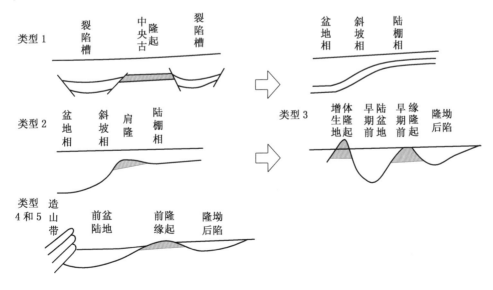

图 2 - 1　中国克拉通古隆起类型及其构造演化（据冉启贵、陈发景，1997）

关于其下古生界的岩石地层、古生物地层、年代地层、层序地层、岩相古地理、沉积地质和构造地质等方面已取得众多的成果。地层学方面的成果主要见内蒙古、陕西、宁夏和甘肃的地质志，以及安太庠等著的《鄂尔多斯盆地周缘的牙形石》，何自新等也相继做了地层学的研究，但据不完全统计，各类文献资料中使用的岩石地层单位名称多达 60 余个，足以说明研究区地层的复杂性。是否能够查清各地层的时代归属，直接影响着对鄂尔多斯早古生代构造－沉积演化认识。

岩相古地理方面主要有冯增昭等编著的《鄂尔多斯地区早古生代岩相古地理》和长庆油田编著的一些相关文献，以及一些以华北地台或全国为背景而编制的古地理图等。最近也有部分学者尝试了层序岩相古地理编图，如姚泾利、李斌、刘家洪、陈安清等。

沉积地质学主要有 3 个方面。首先关于马家沟组沉积环境具有缓坡模式和台地模式 2 种截然不同的观点，其次西、南缘的深水沉积的认识较深入，识别出了等深流、重力流；内波、内潮汐多种沉积体；再次西南缘的生物礁虽然 20 世纪 70 年代长庆油田研勘探开发研究院的颉国初等就在洛阳剖面发现了生物礁线索，后来西安地质学院、地矿部第三石油普查大队和陕西省地矿局区调队先后发现和研究了这一地区的生物礁，但从公开发表的为数不多的文献看，主要是对礁的描述性研究，关于礁的性质和形成发展的控制因素的研究相对不足。

鄂尔多斯盆地早古生代的层序地层研究始于 20 世纪 90 年代，不同的学者针对不同的层位和地区做了大量研究，提出了众多方案和见解。由于鄂尔多斯盆地是华北地台的一部分，因此华北地台层序地层研究也具有借鉴作用，如乔秀夫等都先后不同程度地对华北下古生界进行了层序地层学研究。

构造地质方面，主要集中在西南缘的裂谷和中央古隆起形成演化两个方面。特别是关于古隆起演化的直接影响到构造、沉积和油气地质等多方面的认识。目前，关于古隆起发育的时间有 2 种观点：一种认为开始发育于早奥陶世马家沟期，大体至晚二叠世消失；另一种认为形成于早古生代寒武纪早期，消失于晚二叠世。古隆起形成机制同样存在分歧：何登发等认为由于板块离散作用或区域伸展作用导致的旁侧坳陷或裂谷急剧沉降引起隆起所在地区发生均衡翘升；汤锡元等认为古隆起是由于板块聚敛作用或区域挤压作用导致区域应力的挤压造成整体抬升；陈安定等则认为是继承基底古构造格局而发展起来的。

3. 煤层底板奥陶纪灰岩水害精准防控技术研究现状

国内外煤矿开采水害问题集中体现在底板水、顶板水及采空区水（包括小煤矿积水）威胁。随着煤矿开采深度的加大，开采下部煤层底板水害已趋突出，严重制约煤炭安全生产持续发展。从水资源利用、环境保护、经济合理性战略角度考虑，在不疏降或少疏降地下水条件下，尽量安全开采受水威胁的煤炭资源，已引起世界各国的重视，并成为今后研究和发展的方向。

为此，充分利用煤层底板至承压含水层间隔水层阻水效能，实施带压安全采煤，已成为世界各国研究承压水上采煤关注的重点。早在 20 世纪 40 年代匈牙利学者提出底板相对隔水层概念，并建立了水压、隔水层厚度与底板突水的关系；此后苏联学者在研究煤层底板在承压水作用下破坏机理的基础上，将煤层底板视为两端固定的受均布载荷作用的梁，并结合强度理论导出了底板安全水头的计算公式；20 世纪 60 年代以后匈牙利、南斯拉夫等国广泛采用相对隔水层厚度，即以泥岩抗水压的能力作为标准隔水层厚度，而将其他岩性的岩层换算成泥岩的厚度，以此作为衡量突水与否的标准，直到今天，这一标准或与之类似的许多突水判别准则仍广为应用。由于地质条件的不同，欧美等国在煤层顶板方面做了大量研究工作，他们采用多学科交叉的研究方法，对煤矿开采诱发的水文地质的变化做了大量研究，并提出了若干类型耦合模型，以模拟计算顶、底板（主要是顶板）的采动破坏和水力性质等方面的变化。

我国矿井水文地质条件类型复杂，华北型煤田受底板奥陶纪灰岩水害威胁尤为突出。早在 20 世纪 50 年代，在煤矿突水这一问题上仅限于对水文地质条件的调查与定性分析；进入 60 年代以后，在突水问题上也从底板隔水层的"保护"性质上开展了研究工作，对突水发生的统计性规律开始有了新的认识，当时提出的"突水系数"概念就是重要标志；到了 70 年代，对原"突水系数"进一步修正和完善；从 80 年代中期至 90 年代中期的 10 年间，组织了"华北型煤田奥陶纪灰岩水综合防治工业性试验"，从水文地质条件综合探查、突水预测预报、带压安全开采和疏干降压、注浆堵水 4 个方面进行专题研究与试验，为煤矿水害防治工作深入开展奠定了扎实的基础。

目前我国煤炭系统一直将突水系数作为评价突水危险性标准，不同的突水系数分区及水文地质条件应配套相应的水害防治技术措施。目前国内针对底板奥陶纪灰岩水害防治技术方法主要有：①奥陶纪灰岩水文地质条件勘探技术；②巷道掘进与工作面采前探查技术；③受奥陶纪灰岩水威胁工作面安全评价技术；④隐伏导水构造综合探查技术；⑤煤层底板注浆加固、改造技术；⑥奥陶纪灰岩水疏降技术；⑦奥陶纪灰岩水导水通道注浆封堵技术。

奥陶系灰岩顶部利用与改造技术是奥陶纪灰岩水防治技术的一个重要发展方向，特别是超前区域治理技术与装备集成研发。一方面可利用奥陶纪灰岩水文地质条件的差异性，将奥陶系灰岩顶部具有相对隔水性的风氧化带作为隔水层进行安全评价，降低突水系数，提高煤炭资源回收率；另一方面对于没有隔水层存在的地区，直接进行奥陶系灰岩顶部注浆改造，同样可以增加隔水层厚度，降低突水系数，实现安全带压开采。韩城桑树坪煤矿开展了奥陶系灰岩顶部注浆改造的项目，华东及鄂尔多斯一些矿区地面超前区域治理技术与装备集成的精准防控，已经完成奥陶纪灰岩上部注浆改造和区域治理工作。

三、解决的关键科学问题

（1）在系统总结前人的勘探工作基础上，利用 16950 km 地震剖面、637 个石油勘探钻孔及测井数据、2142 个地质与水文地质钻孔（其中石油深井 733 个）等前人资料，运用科学的方法和手段，在系统掌握鄂尔多斯盆地煤田奥陶纪灰岩地质和水文地质特质的前提下，对该区域奥陶纪灰岩水突水危险性进行分区，为有针对性地制定灰岩水害分区防治措施等提供科学依据。

（2）奥陶纪灰岩顶部利用和注浆改造关键技术，技术难点在于通过对实钻钻孔轨迹的实时测量和精确控制，增加钻孔遇含水层有效段，提高注浆效果，对多个工作面或一个采区全面底板隔水层或奥陶系灰岩顶部注浆改造，实现奥陶纪灰岩水由局部防治向区域防治的根本转变。

（3）岩溶陷落柱突水快速高效堵水关键技术，在于如何解决传统地面双液浆混合因凝胶时间短易堵孔或凝胶时间长易被水流稀释，导致井下双液浆难以有效积聚和凝固快速高效封堵突水通道等技术难题。

（4）快速、有效判别突水水源的技术难点，在于如何突破因不同含水层水文地质化学特征区别不大难以判别突水水源的瓶颈。

四、主要研究内容、目标和技术路线

本书针对鄂尔多斯盆地特殊水文地质和采煤工艺条件下存在的奥陶纪灰岩水害防治问题，运用地层学、沉积盆地学等理论和方法，开展如下工作：

1. 鄂尔多斯盆地煤田奥陶纪灰岩水文地质特征研究

在详细分析以往水文地质资料基础上，运用地层学、沉积盆地学等理论和方法，对鄂尔多斯盆地奥陶纪沉积－构造演化规律、奥陶纪灰岩地下水系统划分、奥陶纪灰岩水演化机理和循环特征等进行系统科学的研究。

2. 鄂尔多斯盆地煤田奥陶纪灰岩水突水机理研究

针对鄂尔多斯盆地特殊的水文地质和采煤工艺条件，在详细分析以往水文地质资料基础上，拟运用矿山压力与岩层控制等理论，对煤层底板岩体在流固耦合作用下底板奥陶纪灰岩水突水力学作用机制进行研究，完善了底板奥陶纪灰岩水突水理论。

3. 鄂尔多斯盆地煤田奥陶纪灰岩水害危险性分区研究

通过对鄂尔多斯盆地奥陶纪灰岩分布区煤炭资源赋存特征、空间组构关系、受底板奥陶纪灰岩水突水危险性分区，对鄂尔多斯盆地煤田奥陶纪灰岩水害进行分区，为制定有针对性的灰岩水害防治等关键技术提供科学依据。

4. 鄂尔多斯盆地煤田奥陶纪灰岩水害防治关键技术研究

在对底板奥陶纪灰岩水突水机理研究的基础上，提出隐伏导水构造综合探查与治理、奥陶纪灰岩水疏水降压、奥陶系峰峰组顶部利用和注浆改造、奥陶纪灰岩水害应急救援、奥陶纪灰岩水害监测预警等适用于鄂尔多斯盆地特殊水文地质和采煤工艺条件下底板奥陶纪灰岩水害防治关键技术及装备。

（1）奥陶纪灰岩水害监测预警关键技术。通过对奥陶纪灰岩水监测点、临突预报判断及突水预警准则、突水预警级别划分、突水监测数据预警处理和突水水源判别等关键技术的研究，形成一套针对鄂尔多斯盆地煤田奥陶纪灰岩水害监测预警体系。

（2）隐伏导水构造综合探查与治理。首先根据地质预判、水质预警等综合分析，预判陷落柱的存在；其次采取地面－井下物探、定向钻探等综合手段进行探查，综合分析确认导水陷落柱的空间形态；最后采用探查－注浆相结合的方式，对陷落柱进行预防性注浆堵截治理。

（3）奥陶纪灰岩水疏水降压关键技术。全面评价奥陶纪灰岩水资源及开发利用前景，结合地下水动态变化特征，通过疏水降压评价标准，对奥陶纪灰岩水疏水降压技术进行研究。

（4）奥陶纪灰岩顶部利用和注浆改造关键技术。从奥陶系灰岩岩溶发育特征、水文地质特征、抽水试验及奥陶纪灰岩水富水性特征等方面，对奥陶系峰峰组顶部作为相对隔水层进行综合研究。研究主采煤层底板隔水层或奥陶系灰岩顶部阻水性能评价方法，确定主采煤层底板隔水层或奥陶系灰岩顶部改造目标层段、奥陶系灰岩长距离定向钻探查与区域注浆改造工艺技术及装备，实现了奥陶纪灰岩水由局部防治向区域防治注浆改造。

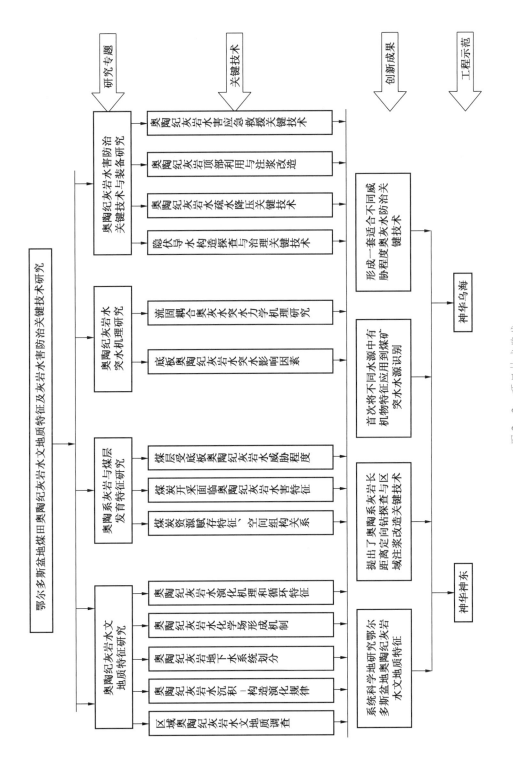

图 2-2 项目技术路线

（5）岩溶陷落柱突水快速高效封堵和治理关键技术与装备研究。通过对奥陶纪灰岩水静水、动水条件下快速注浆封堵关键技术研究，形成了一套适合鄂尔多斯盆地煤田奥陶纪灰岩水特大突水事故应急救援的注浆堵水施工工艺。

针对研究内容涉及面广和学科交叉的特点，广泛收集和分析相关研究国内外技术资料，借鉴国内外相近领域先进的理论与技术，建立和完善必要的分析和试验手段，以中煤科工集团西安研究院有限公司为关键技术支持，以神华神东煤炭集团公司、神华乌海能源有限责任公司和陕西煤业化工集团有限责任公司为示范基地，拟通过调研、理论计算、模拟试验、技术与装备研发、现场条件分析和示范工程应用等方法开展课题联合攻关，系统地研究和解决课题各项关键技术难题，力争实现多个技术层面的创新与突破。技术路线如图 2 - 2 所示。

第二节　鄂尔多斯盆地侏罗纪煤田顶板水害关键科学问题及防控技术路径

一、研究背景与意义

鄂尔多斯盆地位于中国大陆中部，是我国陆上第二大沉积盆地和重要的能源基地，具有丰富的石油、天然气和煤炭资源。鄂尔多斯盆地是世界上少有的几个巨型聚煤盆地之一，煤炭储量丰富，居全国各主要盆地首位，保有储量占全国的 1/3 还多。盆地共探明煤炭储量 3667.08 亿 t，保有储量 3654.17 亿 t，全国批准建设的 14 个亿吨级大型煤炭基地中有 6 个与鄂尔多斯盆地有关。随着我国煤炭生产重心的向西转移和西部大开发战略的逐步实施，鄂尔多斯盆地在国民经济发展中发挥着越来越重要的作用。

随着鄂尔多斯盆地内煤炭资源开发的进程日益加快，矿井开采水平和范围也在不断加深和增大，矿井水文地质条件也日趋复杂，矿井水害不仅造成巨大的经济损失和人员伤亡，同时还威胁着大量煤炭资源不能安全开采。鄂尔多斯盆地内侏罗系广泛发育，侏罗系延安组为盆地内的主要含煤地层，由于延安组距离底板灰岩地层较远，其顶板普遍发育有侏罗系直罗组、白垩系和第四系萨拉乌苏组等含水层，因此侏罗系煤田基本均面临顶板水害威胁。神宁集团红柳煤矿 010201 工作面于 2009 年 9 月开始回采至 2010 年 3 月期间发生 4 次突水，最大突水量 3000 m^3/h，工作面被迫 2 次停产；2001 年 5 月 31 日，上湾煤矿 22 煤辅运一中巷发生突水溃砂，溃砂量 4700 m^3，导致掘进头被淹，1993 年 3 月 24 日，神东公司大柳塔煤矿 1203 工作面发生突水，最大涌水量达到 408 m^3/h，工作面被淹。以上实例可以看出，侏罗系煤田主要可采煤层顶板存在含水层，无论是巷道掘进还是工作面回采过程中均可能发生顶板水害事故，严重制约了鄂尔多斯盆地内大量优质侏罗系煤炭资源的安全生产。

随着近些年我国东部煤炭资源的逐渐枯竭和西部煤炭资源的开发，西部侏罗系煤田所面临的顶板砂岩水害也逐渐成为矿井防治水的主要研究方向。由于鄂尔多斯盆地煤炭资源开发较晚，人们一直认为西北干旱—半干旱地区少雨缺水，以及对矿井顶板水害的认识不足，导致鄂尔多斯盆地侏罗系煤田矿井水害频发，严重影响着矿井的安全生产和国民经济的快速发展。目前，针对鄂尔多斯盆地侏罗系煤田矿井水文地质条件和水害发生机理的研究较少，矿井防治水工作存在着一定的盲目性，主要表现在：

（1）对于侏罗系煤田水害的严重性和频发性认识不够，以往矿井水害主要为煤层底板灰岩水害，人们对煤层顶板砂岩含水层存在认识误区，鄂尔多斯盆地干旱少雨，地表水系不发达，导致对顶板水害研究不足，还没有认识到顶板水害的严重性和复杂性。

（2）没有针对煤层顶板含水层进行深入、细致的研究，缺少对含水层沉积相、沉积环境和发育规律进行系统化的分析，导致含水层富水性和渗透性不清，对地下水补径排条件掌握程度不够。

（3）对一些典型的顶板水害产生机理尚未查明，缺少对水害形成条件的定量化研究，在水害防治方面依然存在定性多、定量少等特点，在制定防治水措施方面仅依靠经验。

（4）工作面和矿井的充水规律研究程度不够，以往的工作面和矿井涌水量预测方法科学性和可靠性较差，涌水量预测值与实际值出入较大，不能作为矿井排水系统设计和开展防治水工作的依据。

（5）对于顶板水害防治的关键技术缺乏总结，如离层水害的产生机理和防治措施、砂岩含水层富水性分区、顶板含水层疏放效果定量化评价方法、薄基岩突水溃砂防治等方面没有进行系统化研究。

因此，对鄂尔多斯盆地侏罗系煤田水文地质特征和顶板水害防治关键技术进行全面、深入和科学地研究，无论是对于保障煤矿的安全生产，还是推动我国西部大开发战略顺利实施和实现煤炭工业可持续发展，均具有重要的现实和长远意义。

二、国内外研究现状

1. 鄂尔多斯盆地研究现状

鄂尔多斯盆地长期以来受到国内外地质工作者的广泛关注，最早在盆地西缘开展地质工作的有法国学者 C. Theiland 和 F. Lecent，著有《中国鄂尔多斯北、西、南三部之地质》，当时的工作重点主要在盆地北部；到了 20 世纪，我国学者王竹泉、潘钟祥、孙建初、尹赞助、何春逊等先后开始对鄂尔多斯盆地进行地质调查，对地层、构造、古生物、石油地质和煤田地质进行了研究，尽管这些地质工作比较零星，但开拓性的工作对本区以后的深入研究都具有极其深远的影响。

鄂尔多斯盆地大量的、系统性的地质调查工作始于新中国成立后，为了满足经济建设的需要，2 部（石油部、地质部）、2 省（陕西、甘肃）和 2 区（宁夏、内蒙古）在本区进行了富有成效的地质调查工作，主要完成了 1∶20 万区域地质测量。中国煤田地质总局所属的第三普查大队和长庆石油勘探局开展了大规模的油气普查与勘探。中国煤田地质总局所属的陕西、甘肃、宁夏、内蒙古和山西煤田地质局（公司）进行了一系列煤田普查勘探工作。工作内容大体可以划分为 2 个阶段：第一阶段自新中国成立至 20 世纪 60 年代中期，主要工作是对石炭二叠纪煤田开展勘探工作，共完成陕西铜川、蒲白、澄合、韩城、宁夏石炭井、石嘴山、内蒙古乌达、海勃湾等 8 个矿区的精查勘探；第二阶段自 20世纪 60 年代后期至今，主要对侏罗纪煤田进行勘探，共完成了陕西焦坪、店头、神北，甘肃华亭、安口，宁夏汝箕沟，内蒙古东胜等 7 个矿区的勘探。与此同时，不同部门和单位还进行了地震、重力、磁法、电法等地球物理勘探和遥感地质调查。上述工作不仅提供了可靠的矿产资源储量，也积累了关于鄂尔多斯盆地大量的地质资料。

近些年来，许多科研院所和大专院校有关鄂尔多斯盆地的研究也取得了丰硕的成果，其中具有代表性的有：张抗于 1989 年完成的鄂尔多斯断块构造及资源；杨俊杰等于 1990 年开展的鄂尔多斯盆地西缘掩冲带构造及油气研究；赵重远和刘池洋于 1990 年运用板块构造理论，分析了包括本区在内的中国东部中新生代含油气盆地的构造演化历史；李思田于 1992 年进行的鄂尔多斯盆地东北部层序地层及沉积体系分析；汤锡元于 1992 年在板块构造理论指导下，研究了盆地的区域地质构造、地球物理场特征、石油遥感地质、构造岩的显微构造与组构、泥岩压实等；张泓于 1995 年运用活动论的观点，系统地总结了鄂尔多斯盆地的构造层、地球物理场和深部构造、不同大地构造单元的区域构造特征，以及岩相古地理、构造古地理、构造与聚煤作用的关系等方面的研究成果；刘池洋及其研究团队于 2005 年近年来对鄂尔多斯盆地做了大量的基础地质研究工作，研究重点在于盆地整体分析和盆地演化 - 改造时空坐标的确定以及成藏（矿）响应方面的探索。

目前，对于鄂尔多斯盆地直罗组的研究已经较为成熟，对盆地内直罗组的沉积进行了系统的研究，同时对于直罗组砂岩的孔隙性特征、成岩演化、物源分析和地球化学等方面也开展了相应的研究。贾立城等分析了鄂尔多斯盆地内直罗组砂体的物性变化规律，指出较低的渗透性成为制约盆地南部某些地区成矿的不利因素，深入讨论了成岩作用对该区的直罗组砂岩起控制作用，为下一步铀成矿预测提供了依据。邢秀娟等通过鄂尔多斯盆地南部店头地区含矿砂岩的普通薄片观察、薄片染色、阴极发光、扫描电镜及能谱分析、电子探针、全岩及黏土矿物 X 衍射、流体包裹体等分析，对研究区直罗组含矿砂岩成岩作用进行了较全面的研究，探讨了成岩演化与铀成矿的关系。吴兆剑对鄂尔多斯盆地东北部 8 个钻孔的 24 个未或低蚀变的直罗组砂岩样品进行岩石学和地球化学研究，认为直罗组砂岩与华北北缘显生宙闪长岩 - 花岗闪长岩有着很强的亲缘性，并建立了铀成矿的地球化学模型。李宏涛等对鄂尔多斯盆地东胜地区中侏罗统直罗组砂岩中烃类包裹体进行镜下观察、描述，利用压碎抽提法对烃类包裹体进行色谱 - 质谱分析，并与白垩系油苗、三叠系油砂及源岩抽提物进行对比，探讨了其来源。

在对直罗组沉积相及其特征研究的基础上，一些学者已经将直罗组沉积方面的研究成功运用到了油气资源、铀矿等矿产资源研究方面。焦养泉等通过露头调查、钻孔岩芯分析和砂分散体系制图，对鄂尔多斯盆地东北部直罗组下段进行了成因分析，将直罗组底部砂体分为了上、下两个亚段，下亚段砂体具有较大的规模和较好的连通性，上亚段砂体规模较小、非均质性增强，砂岩型铀矿勘探的实践证明矿体主要聚集于下亚段的砂体中。张字龙等通过对 1048 个煤田和核工业钻孔岩芯的编录统计，将鄂尔多斯盆地东北部中侏罗统直罗组划分为上中下 3 段，分析了其砂体特征、含砂率、地层厚度和底板埋深等分布情况，通过东胜矿床沉积相与砂岩型铀矿的成矿关系研究，阐述了东胜矿床外围今后找矿的重点区域。郭顺等通过层序界面的识别和划分，认为将鄂尔多斯盆地东南部侏罗系划分为 6 个三级沉积层序更为合理，根据侏罗系旋回特征和体系域的发育情况，分析了沉积旋回的边界及演化特征和层序对侏罗系储盖配置关系的控制作用。

上述成果从不同的专业领域和方向对鄂尔多斯盆地的沉积类型、构造演化背景进行了研究，对鄂尔多斯盆地油气及煤炭等矿产资源的开发起到了重要的作用。

2. 鄂尔多斯盆地地下水研究现状

对于鄂尔多斯盆地地下水的研究工作，主要以地矿和水文地质专业为主，煤炭、水利和建设等部门也做了不少工作，主要包括以下几个时期：

（1）20世纪50~60年代，部分地区进行了1:50万的水文地质普查工作，同时还开展了部分农田灌溉区的供水勘察，初步积累了一些区域水文地质和供水水源地的资料。

（2）20世纪20~80年代，对鄂尔多斯盆地全面开展了1:20万的区域水文地质普查，积累了比较完整的区域水文地质资料，同时继续开展部分城市、工业基地供水及农田供水水文地质勘查，对区域水文地质条件有了进一步的认识，20世纪80年代由有关地矿局联合开展的"陕甘宁内蒙白垩系自流水盆地地下水资源评价"工作，对于鄂尔多斯白垩系地下水盆地地下水进行了较详细的论述。

（3）20世纪90年代，以原地矿部和西北6省区共同实施了"西北地区地下水资源勘查特别计划"，结合地方供水急需，通过地质－水文地质调查和必要的水文地质勘探，对鄂尔多斯白垩系地下水盆地的地质－水文地质条件有了更深入的认识。

（4）1999年中国地质调查局下发的《关于下达1999年度国家地质调查项目任务书的通知》，由陕西省地调院负责，组织陕西、甘肃、宁夏、内蒙古、山西等省区地调院和地科院水环所的技术人员，实施鄂尔多斯盆地地下水资源勘查工作。通过本次研究工作，对鄂尔多斯盆地地下水资源有了更加深刻的认识和掌握。

由于侏罗系煤田的主要含煤地层为延安组，其上部对煤层开采具有威胁的含水层主要有侏罗系直罗组、白垩系和第四系萨拉乌苏组含水层，下面对这3种含水层的研究现状分别进行介绍：梁积伟通过对沉积构造、测井资料垂向序列、岩矿特征和生物化石资料的综合分析，识别和划分侏罗系各组的沉积相及沉积体系，将鄂尔多斯盆地内的侏罗系沉积划分为冲积扇、河流、湖泊和三角洲沉积体系。赵俊峰等以露头和钻井资料为基础，进行相标志识别、垂向序列、测井相、古生物化石及元素地球化学特征分析，并结合地层厚度、砂岩厚度、砂岩层数以及砂岩百分含量等区域制图进行研究，分析了鄂尔多斯盆地侏罗系直罗组沉积相类型、平面展布及演化特征，认为直罗组下段以辫状河、曲流河沉积为主，上段以辫状河、曲流河、三角洲和湖泊沉积为主，并且从今盆地及邻区残存沉积建造、现今构造格局2方面出发，通过系统的地层划分与对比、沉积相分析、物源综合分析和对比周邻构造单元形成演化史的分析，确定了直罗组－安定组沉积期盆地的原始沉积边界。何卫军运用沉积学和沉积相分析的理论，通过分析相标志，认为鄂尔多斯盆地南部直罗组－安定组主要发育冲积扇、河流、湖泊和三角洲4种沉积体系，并探讨了盆地南部侏罗系沉积相展布及古地理演化。喻林通过对鄂尔多斯盆地直罗组－安定组的物源分析、沉积相的平面展布以及沉积相的剖面演化恢复鄂尔多斯盆地东北部直罗－安定期地层的原始沉积面貌，并且进行后期改造的探讨。赵雷运用沉积学与高分辨率层序地层学的理论和方法，对宁东地区直罗组沉积特征进行了系统的分析，划分沉积体系、识别沉积相，建立了高分辨率层序地层格架，在层序地层格架内探讨直罗组砂体的空间展布规律。

白垩系含水层是鄂尔多斯盆地的优质供水水源，因此，针对白垩系开展的研究工作较多，内容也相对较为全面。董维红等在对鄂尔多斯白垩系地下水盆地1125件地下水化学样品进行分析的基础上，总结出研究区不同循环深度地下水化学类型的分布规律；杨郧城等利用Cl及其同位素^{36}Cl对鄂尔多斯白垩系盆地地下水的形成与演化进行了研究；侯光才等在对鄂尔多斯盆地白垩系岩相古地理和含水介质空间展布研究的基础上，应用区域地下水动力场、水文地球化学场和深井 Packer 系统所获得的不同深度的水位数据以及同位素资料，将白垩系地下水系统概括为局部水流系统、中间水流系统和区域地下水流系统 3 种类型；李明辉等对鄂尔多斯盆地白垩纪岩相古地理与地下水之间的相关性进行了分析和探讨；孙芳强等以查布水源地为例，研究了鄂尔多斯盆地白垩系地下水循环特征的水化学证据；谢渊等分析了鄂尔多斯盆地白垩系主要含水岩组沉积岩相古地理对地下水化学场形成和水质分布的影响；王玮对鄂尔多斯白垩系地下水盆地地下水资源的可持续性利用进行了系统、全面的研究。

第四系萨拉乌苏组由于富水性较强，并且易接收大气降水的补给，成为矿井的主要充水水源，受到日益广泛的关注。袁宝印从萨拉乌苏组沉积物特征、沉积环境和古气候等不同角度对该地层进行了详细的划分；王长友等介绍了杭来湾井田内萨拉乌苏组含水层赋存特征，并利用经验公式计算了 3 号煤层导水裂缝带发育高度，研究了萨拉乌苏组含水层对煤层开采的影响；萨拉乌苏组是陕北地区的主要含水层，范立民等论述了萨拉乌苏组地下水的分布、特征及开采利用条件，并就其与煤炭资源开采的关系进行了论述，提出了煤炭开采中保护萨拉乌苏组地下水的合理建议。

3. 煤层顶板水害防治技术研究现状

1）含水层富水性预测和探查

查清影响和威胁煤层安全回采的含水层富水性是开展矿井防治水工作的重要前提，不仅可以有针对性布置防治水工程，同时也能有效避免局部富水性较强区域发生水害事故的可能性。由于含水层富水性的重要性，我国学者对于这方面的研究较多，基本上可以分为利用含水层特征进行富水性研究和利用物探技术划分富水性分区。

UNESCO、美国、法国、德国等在实施国际水文 10 年（IHD，1965—1975 年）计划过程中，从岩性和地质构造等方面研究了主要岩石类型裂隙水的富集规律。利用物探技术确定含水层富水性是目前常用的方法，包括：①电法，电阻率法野外调查简单、耗费低，对含水层探测很有效，但探测速度慢；②放射性测量，1980 年前后，加拿大出现了放射性 A 卡法探测技术，随后我国也开展了试验研究；③地面核磁共振测深法（SNMR），1978 年苏联开始采用该技术全面找水，之后法国研制了新型的 NMR 找水仪，1999 年 YARAMANCI 等在德国北部一站点的测试中，采用 SNMR 法判定对地下水勘探与环境调查的适宜性。

在利用含水层特征研究富水性方面，武强等在分析确定影响含水层富水性主控因素基础上，运用非线性或线性信息融合方法，确定影响含水层富水性的各主控因素的权重，建立基于 GIS 的信息融合型的含水层富水性分布规律评价模型，计算确定富水性指数，最终实现对充水含水层富水性评价，提出分区划分方案。李新凤综合考虑岩性结构指数、物探结果及多因素综合分析法获得的结果，对煤层顶、底板砂岩含水层进行了水害危险性分区，划分出危险区、较危险区和安全区，探讨了采区水害防治技术途径与措施。刘怀忠等通过对大屯矿区奥陶系各组段中 21 种微量元素含量的统计分析，解释了其在垂向上的变化规律以及部分微量元素含量偏离地壳灰岩含量均值的现象，并进一步研究指出多种微量元素在奥陶系某一组段中含量偏低的现象，可以作为岩溶富水性较强的有力证据。宋斌在分析赵庄矿自然地理、区域构造、区域水文地质条件、矿井水害的基础上，研发了基于 GIS 组件的顶板砂岩水预测信息系统，并应用该系统对 3 号煤层顶板砂岩富水性进行了评价。另外，有的研究从陷落柱、浓缩因子、模糊预测、灰色理论、人工神经网络、沉积相、水文地质试验等方面对井田内的主要充水含水层的富水性进行了研究，并且取得了良好的效果。

随着物探技术的发展以及在矿井防治水方面的应用，国内许多煤矿采用多种物探仪器及方法对含水层的富水性进行分区研究。刘运启等利用矿井瞬变电磁法探测技术对唐阳煤矿631工作面顶板含水层进行了富水性探查。陈昌礼等采用高密度电法探查了工作面顶板含水层的富水性。沈洪谊等利用抽水试验和地球物理测井（包括流量测井）的方法对郭屯矿井风氧化带、各主要含水层的富水性进行了评价。王厚柱等利用网络并行电法探测技术，对新集二矿116100工作面顶板覆岩富水程度进行探测与评价，并指出井下并行电法存在的问题。胡永达利用音频电透视对淮北刘东煤矿工作面底板富水异常区进行了探测，确定了不同深度范围内岩层视电导率的分布特征及富水性。高俊良等利用三维地震勘探、瞬变电磁、电测深及三极剖面法对开元矿采空区范围、富水性及补给通道进行了综合探测。

2）覆岩破坏和导水裂缝带探查

国外对于煤层覆岩变形破坏研究有着长期的实践经验和理论基础。早在1838年，比利时工程师GONOT提出第一个"垂线理论"；GONOT又以实测资料为基础提出"法线理论"，认为采空区上下边界开采的影响范围可以利用相应的层面法线来确定；1885年，法国学者FAYOL提出了"圆拱理论"；1889年，豪斯提出了"分带理论"；1903年，HAL-BAUM将采空区上方的岩层看作是悬臂梁，推导出地表应变与曲率半径成反比的结论；1913年，FCKARDT把岩层移动过程视为各岩层逐渐弯曲的结论；英国矿业局在1968年颁布了海下采煤条例，对覆岩的组成、厚度、煤层采厚及采煤方法等作了具体规定；俄罗斯于1973年出版了计算导水裂缝带高度的方法指南，1981年颁布了有关水体下采煤的规程，根据覆岩中黏土层厚度、煤厚、重复采动等条件的变化来确定安全采深。

由于我国煤炭生产重心逐渐向西转移，西北地区侏罗系煤田主要面临的水害威胁为煤层顶板含水层，近些年来，针对顶板水害的发生机理、预防和治理措施方面进行了系统的研究，取得了重要的成果。

中国工程院院士刘天泉提出了覆岩破坏的学说，认为受工作面开采的影响，根据顶板覆岩变形及导水性能的差异将工作面上覆岩层分为"三带"，即垮落带、导水裂缝带和弯曲下沉带，奠定了顶板水害防治的基础。高延法在传统的三带理论基础上，提出岩移"四带"模型，按照覆岩破坏后的力学结构特征划分为破裂带、离层带、弯曲带和松散冲积层带，进一步发展了顶板水害防治的内涵。中国工程院院士钱鸣高提出"关键层"理论，认为在直接顶上方存在厚度不等、强度不等的多层岩层，其中一层至数层在采场上覆岩层活动中起主要的控制作用，对采场上覆岩层局部或直至地表的全部岩层活动起控制作用的岩层为关键层。随着对采场矿山压力的深入研究，钱鸣高等把基本顶岩层视为四周受各种支撑条件作用的板，对该种结构及其稳定性进行了研究，建立了采场薄板矿压理论。钱鸣高等在发展垮落岩块铰结论的同时，提出了砌体梁平衡说，认为采场上覆岩层中由于各岩层的特性不一，因而仅有其中的一层或几层对采场上覆岩层的运送起决定性作用。

根据以上分析可知顶板水防治的一个重要内容就是判断工作面回采对覆岩的破坏是否

能够影响到顶板含水层，也就是确定导水裂缝带发育高度，目前常用的方法有经验公式法、数值模拟法、相似材料模拟法和现场实测法等。

《建筑物、水体、铁路及主要井巷煤柱留设与压煤开采规范》与《矿区水文地质工程地质勘察规范》中，根据煤层的倾角、厚度和煤层覆岩岩性分别给出了导水裂缝带计算公式，但由于各矿区的具体地质条件、采矿方法各不相同，所以经验公式得出的结果仅能作为参考。数值模拟法主要包括有限元法和离散元法，其中应用较为广泛为的软件有 FLAC^{3D}、ANSYS、ADINA、UDEC 和 RFPA – Flow。相似材料模拟可以模拟开采煤层的覆岩破坏过程、破坏特征和规律，并且重点模拟在不同覆岩组合、不同采高、断层活化情况下的覆岩破坏情况，得到导水裂缝带发育高度。现场实测是确定导水裂缝带发育高度最直接的方法，主要包括冲洗液消耗量观测法、钻孔电视法、注水试验法、超声成像法、声波 CT 层析成像法等。

3）工作面及矿井涌水量预测

工作面以及矿井涌水量预测是伴随着矿井建设和生产的一个重要问题，不仅决定了工作面以及矿井排水系统的能力，同时成为判断矿井水文地质条件的一个重要指标，因此，正确预测涌水量是矿井水文地质工作的重要任务。目前，针对涌水量预测的方法和手段较多，从不同角度研究了涌水量与水文地质条件的关系。涌水量预测方法基本上可以分为确定性方法和非确定性（随机）方法两大类。确定性方法主要包括解析法、模拟法、数值法、水均衡法；非确定性方法主要包括水文地质比拟法、相关分析法、模糊数学法、灰色理论法、BP 神经网络法和时间序列分析等。解析法是指通过对实际问题的合理概化，推导出理想化的解析公式，用于矿井涌水量预测，具有对井巷类型适应能力强、快速、简便、经济等优点，分为稳定井流解析法和非稳定解析法；物理模拟法主要用于水文地质条件复杂的大水矿井，依据大流量抽、放水试验将矿井水文地质条件进行充分暴露，在此基础上建模、模型识别等，常用的有电模拟法、数学模型模拟等；数值模拟法是指采用偏微分方程表示实际地下水流系统的数学模型，在计算机上用数值方法求数学模型的解，模拟实际系统的状况，由于数值法使数值模型更接近实际中的矿井水文地质条件，近年来得到了广泛的应用，数值法分为有限元法和有限差分法，分别通过 Visual Modflow 和 Feflow 数值模拟软件来实现；水均衡法是通过地下水动态规律的研究，建立矿井在均衡期内地下水各收支项之间的变化关系，建立均衡方程来预测开采地段的涌水量，适用于水文地质条件较为简单的矿井。水文地质比拟法是利用地质和水文地质的相似性，开采方式基本相同的生产矿井涌水量资料，来预测基建矿井的涌水量，应用的前提是基建矿井和用来比拟的矿井必须地质、水文地质条件，开采方式相似；相关分析法是一种数理统计方法，通过建立矿井涌水量与主要影响因素间的回归方程，进行矿井涌水量的预测；模糊数学法在应用时，首先要确定影响涌水量的因素，建立起各影响因素对矿井涌水量的隶属函数，并确定各影响因素的权重，然后进行模糊综合评判，根据最大隶属度原则，评价涌水量；灰色理论法是将一随机变量看作一定范围内变化的灰色量，将随机过程看作一定范围内变化的、与时间有关的灰色过程，利用灰色理论预测涌水量应用越来越广泛；BP 人工神经网络是指用大量的神经元构成的非线性系统，在一定程度和层次上模仿人脑神经系统的信息处理、存储以及检索功能，具有学习、记忆和计算等智能处理功能，适用于涌水量的预测；时间序列分析分为时域分析和频域分析 2 类，它提供了一系列具有科学理论依据的动态数据处理方法，帮助人们分析和研究所获得的动态数据，从而更深刻的掌握客观现象的本质和内在规律，达到预测未来的目的。

4）顶板水害防治

目前，顶板水害防治内容主要包括水害形成机理、水害预防和水害治理等方面，其中水害预防作为顶板水害防治的一项重要部分受到日益广泛的关注，只有根据矿井的地质和水文地质条件，认真分析顶板水害的形成机理，在此基础上提前做好水害预防措施，才能真正从根本上避免水害的发生。

在顶板水害形成机理研究方面，武强等针对日益严重的顶板涌（突）水问题，提出了解决煤层顶板涌（突）水条件定量评价的"三图－双预测法"，并在开滦荆各庄矿和东欢坨矿得到成功的应用。伊茂森等采用理论分析和工程测试相结合的方法，对补连塔煤矿四盘区顶板突水机理进行了研究，主要是由于覆岩主关键层距离煤层较近，导致导水裂缝带发育高度偏高而发生顶板突水。乔伟等分析了采场顶板离层水突水实例，在此基础上分析了离层水形成的基本条件，总结提出了离层水"静水压涌突水"的离层水涌突水类型，探讨了采场顶板离层水"静水压涌突水"的形成机理。程新明等通过水文地质分析、相似材料模拟、数值模拟和冲击水压试验等方法证实发生在淮北海孜煤矿的顶板次生离层水害的成因。王新通过黄陵一号煤矿顶板突水案例，分析了突水原因，从导水裂缝带发育高度、煤层顶板有效隔水层以及含水层等方面对煤矿突水机理进行了探讨。闫明等针对跃进煤矿深部采区工作面连续出现顶板突水的现象，分析了顶板突水的特征，对影响突水的各种因素进行了探讨，预测了顶板富水的区域，并对防治水中存在的问题提出了建议。李树忱等发现渗透压力、视电阻率和应力信息是较为理想的突水预报信息源，渗透压力在突水前很长时间出现异常波动，视电阻率和应力在突水发生前会突然增大，且视电阻率的变化早于应力的变化。

在顶板水害预防方面，目前行之有效的措施就是在工作面回采前向顶板含水层施工预疏放水钻孔，一方面可以避免水害的发生，另一方面达到对工作面回采时涌水量"削峰平谷"的目的。张遵海针对告成煤矿13151工作面在顶板砂岩水影响下，采取多种措施，采用疏、导、排等方法，有效地治理了顶板水，实现了工作面的安全回采。付文安等为了保障高庄煤矿1501工作面的安全开采，在工作面施工了两个探放水钻孔进行探测，保证了生产安全。张雁在对煤层顶板突水机理研究及突水影响因素分析的基础上，建立了煤层顶板突水监测预警的体系框架，提出预警系统分析过程为监测、识别、诊断、评价4个环节。张海荣等在ArcGIS软件中，将褶曲和断层的分维值和顶板冒裂带内砂岩层的厚度格栅化，然后应用地理信息系统的多元信息复合分析方法对实际突水点进行拟合，最后建立了顶板水害间接预测的数学模型来表达含水层在空间上的变化特点和规律。李正昌等针对权台煤矿综采放顶煤工作面顶板砂岩含水层在回采过程中进行了探放，排除了水害隐患，达到了预期的目的。

在顶板水害治理以及突水水源判别方面，许多研究采用了不同的手段和方法，取得了满意的效果。张后全等应用F－RFPA2D渗流与应力耦合分析系统，对煤层顶板随着开采的逐步进行，采动裂隙逐渐向上发展最终与含水层导通，进而发生突水事故的过程进行了数值模拟，较好地揭示了顶板突水过程。郑纲以东滩煤矿十四采区为例，分析了影响3号煤顶板砂岩突水的因素，详细介绍了利用模糊聚类分析法预测顶板突水点及突水量的方法。王心义等选用6种常规离子作为判别因子，并结合河南焦作矿区实测数据，建立了煤矿突水水源预测的距离判别分析模型，同时针对该模型自身检验的不足，采用灰色系统关联度法检验距离判别分析模型的准确性，将距离判别分析模型和灰色关联度法检验应用于新安矿区，取得了理想的效果。

三、主要研究目标和内容

1. 研究目标

我国东部地区以煤层底板灰岩水为主要水害威胁的矿井防治水技术研究已经相对成熟，但是西北地区煤层顶板水害防治方面的研究相对较少，理论成熟度相对较差，以往开展的防治水工作多以经验为主，缺少系统、全面、深入的研究。本课题以鄂尔多斯盆地侏罗系煤田受煤层顶板水害威胁的典型矿井为例，从沉积学和水文地质学等理论研究出发，利用灰色理论、模糊数学、数理统计、数值模拟等手段和技术，密切联系矿井生产中所面临的水害问题，将研究成果应用于矿井防治水工作，再从实际应用效果反馈到理论研究，从而对研究成果不断修正和完善，最终形成一整套鄂尔多斯盆地北部矿井顶板水害探查、预测和防治体系。

2. 研究内容

以鄂尔多斯盆地北部西缘宁东煤田、北缘东胜煤田塔然高勒煤矿和东缘神府煤田为研究对象，针对鄂尔多斯盆地北部侏罗系煤田的水文地质特征和顶板水害防治关键技术进行了系统分析和研究，主要包括的研究内容有以下4个方面：

（1）鄂尔多斯盆地北部煤层顶板含水层沉积特征。煤层顶板含水层沉积控水规律的概念和形式，沉积和构造控水的耦合作用和尺度效应，沉积控水的矿井水文地质表征，含水层的沉积相和沉积环境演化对形成盆地北部不同区域典型水害类型的控制作用。

（2）鄂尔多斯盆地北部典型顶板水害类型及形成机理。针对鄂尔多斯盆地北部西缘离层水害和东缘的薄基岩突水溃砂等典型水害的形成条件和产生机理，利用数值模拟、理论计算等方法进行了研究。

（3）鄂尔多斯盆地北部工作面及矿井涌水特征及预测方法。通过对鄂尔多斯盆地北部典型顶板水害特征的分析，并结合工作面及矿井的充水特征和规律，从含水层水文地质参数计算、涌水量预测方法修正等方面出发，提出受顶板水害威胁的工作面及矿井涌水量预测方法，为矿井排水系统的设计和矿井防治水工作的开展提供科学依据。

（4）鄂尔多斯盆地北部典型顶板水害防治关键技术研究。针对以往鄂尔多斯侏罗系煤田顶板水害发生的特征和机理，采用现代化探查和分析方法，对顶板砂岩含水层富水性分区、顶板含水层疏放效果定量化评价、薄基岩突水溃砂防治、离层水害产生机理和防治措施等方面进行了细致、全面的分析和研究。

四、项目技术路线

项目技术路线如图2-3所示。

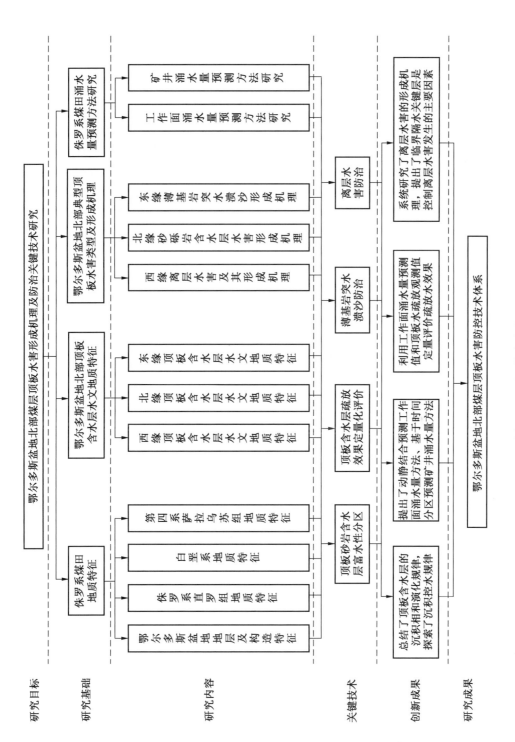

图 2 – 3 项目技术路线

第三节 强富水含水层下综放开采水砂灾害关键 科学问题及防控技术路径

一、研究背景与意义

我国煤炭资源丰富，煤炭探明储量占我国化石能源探明储量的94%。长期以来，煤炭一直是我的主体能源，在我国一次能源生产和消费结构中的比重分别占76%和近70%。据预测，到2030年煤炭仍占一次能源消费总量的50%左右，说明在未来相当长的时间内煤炭消费量仍然很大，煤炭的安全、环保等科学开采技术研究面临着巨大的挑战。而我国煤炭开采条件相较于国外更为复杂多变，复杂的水文地质条件，对煤炭的安全高效开采提出了巨大挑战，基于不同地质条件下煤炭开采扰动的影响、致灾因素、开采引发生态环境破坏等方面的考虑。目前，我国强富水含水层的安全精准开采问题尤为突出。

1. 研究背景

我国煤炭开采水文地质条件复杂、多样，且随着煤炭资源的持续高强度开发，东部老矿区逐步转向深部开采，西部侏罗-白垩系煤田面临弱胶结地层砂岩孔隙裂隙水的威胁，给矿井防治水安全带来了新的挑战。

煤层上覆岩层性质及富存水体特征对含水层下安全采煤起到至关重要的影响，相较于煤炭行业发展初期较小采厚情况，随着综放开采及大采高一次采全厚等技术的发展，煤炭开采与覆岩含水层间相互影响及矛盾更为突出。综放开采的万吨掘进率低、效率高，已成为厚煤层行之有效的开采方法，但其导致覆岩活动规律及矿压显现更为复杂。另外，其对覆岩破坏及裂隙演化程度影响更为显著，这对水体下安全采煤带来巨大挑战，采取一些有效的技术措施，保证工作面安全生产的同时能够有效降低煤炭开采对地下水的破坏程度，从而最大限度地实施含水层下安全采煤。

蒙东伊敏煤田面临着强富水含水层下软弱地层的特厚煤层开采的问题，该区敏东一矿采用综放开采方法开采，控制导水裂隙带高度不与煤层顶板富水性较强的含水层连通是矿井安全开采的核心，否则易出现突水、溃砂事故，防治水工作难度极大。《煤矿防治水细则》规定：在基岩含水层（体）或含水裂隙带下开采时，应采用留设防隔水煤（岩）柱或者采用疏干（降）等方法保证安全开采。因此，要求矿井在强富水含水层下放顶煤开采时，需对含水层煤层顶板水体井下疏干（降）处理，或者控制覆岩破坏高度不与强含水层导通。

敏东一矿位于内蒙古呼伦贝尔市，16-3煤层开采厚度大，平均厚度约12 m，煤层平均埋深约330 m，并区域性分叉为16-3和16-3$_\text{上}$煤层，尽管存在煤层分叉，但是其总煤层采厚仍较大。本区覆岩以松散、软弱岩类为主，地层岩性较复杂，同时覆岩内含有多层含水层，其由上而下分别为第四系砂砾石、中、粗砂含水层，伊敏组煤层，煤层间砂砾岩和中、粗砂岩含水岩层，本区软弱覆岩强含水层对煤层综放开采势必造成安全威胁。

2. 研究意义

由于综放开采的煤层不等厚，不论是"只采不放、限制放煤"，还是"全厚综放"，都不能完全实现导水裂隙带高度不与强富水含水层导通。敏东一矿在强富水含水层下综放开采，按传统的水砂防控技术，安全效果不够精准，2012 年试生产以来，回采的 5 个综放工作面，发生 5 起大小不同的突水 – 溃砂（泥）事故。因此，建立水砂灾害精准防控技术框架模型，解决煤矿水害防治是复杂的系统工程，随着技术的发展和工程实践的深入，利用"控水采煤"和"精准防控"先进思想，结合先进的探查、信息化、智能化技术和装备，向精准防控方向发展，也是未来我国建设高效、安全、智能化矿井的必然要求。

针对强富水含水层下综放开采水砂灾害的防治，构建了一种基于透明水文地质、覆岩破坏高度精准获取和综放的采放高度精准控制的水砂灾害精准防控模型。利用先进的探查、建模、监测等技术作为实现途径，在敏东一矿进行了工程实践，解决了强含水层下综放开采的安全技术难题，是强含水层下综放安全精准开采技术的重大突破。水砂灾害的精准防控的基础是基于对目标地质体的全空间物性、地层属性、地质构造、水文地质参数、地下水流场等地质要素的全方位探查，利用信息技术、地质数据融合技术、矿山可视化技术，建立细化的三维水文地质模型，是地质保障技术的重要组成部分。顶板水害防治的核心在于对覆岩破坏规律的掌握和认识，需要将钻孔实测的直接测量法与现代物探技术等间接法相结合，实现采前预测、采中全空间动态监测和采后实测的全过程采动裂隙场的监测。综放开采过程的采放高度精准控制与智能化矿山建设相结合，将灾害的精准防治融入到智能化地质保障技术的众多环节中，水砂精准防控模型的研究与应用，对安全智能精准开采意义重大。

呼伦贝尔大草原依赖于地表水和地下水的长期供给，煤矿开采对地下水带来新的变化，因此敏东一矿强富水含水层下综放开采水砂精准防控关键技术研究，通过对敏东一矿覆岩含水层富水性分析，合理规划安排煤矿开采的时间和空间布局，有效保护草原生态环境也具有十分重要意义。

二、国内外研究现状

1. 强富含水层下开采水砂精准防控技术研究现状

强富含水层下开采水砂防控技术研究，国内学者做了一些实践和研究工作。煤炭科学研究总院开采研究分院康永华研究员团队提出控水采煤思想，把工作面涌水量控制在既能保证安全生产又能取得良好经济效益的水平上，并以此为前提最大限度地开采水体下压煤，在兖州、宿南、扎赉诺尔等矿区取得了成功，其中扎赉诺尔矿区与敏东矿区开采条件具有相似性，敏东一矿强富水含水层下综放开采初期借鉴控水采煤思想，即允许采煤工作面有一定的涌水，但应将充水强度控制在非致灾状态。袁亮院士提出了煤炭精准开采的科学构想，提出基于透明矿山和多物理场耦合，采用智能感知、物联网、云计算等前言技术，实现煤炭资源的低风险、低消耗开采，同时提出地质调查、三探、3S 技术为透明地质的关键保障技术，该思想为复杂水文地质条件下矿井防治水工作提供了新的方向。卢新明等提出煤炭精准开采地质保障技术可实现地质体隐蔽属性的透明化，可实现对地质构造、富水异常区等隐蔽致灾因素的超前预知和防治，该思想为矿井强富水含水体下煤炭开采地质工作指明了方向。因此，"控水采煤"和"精准防控"思想为解决煤矿高风险水害提供了有效途径，其基础是水文地质保障技术。

2. 综放开采覆岩破坏规律研究现状

综放开采覆岩破坏规律是特厚煤层水体下开采的核心科学问题，也是合理留设防水安全煤岩柱的前提。目前，《建筑物、水体、铁路及主要井巷煤柱留设与压煤开采规范》及指南中给出的预计公式不适用于综放开采覆岩破坏高度的预计，导水裂隙带高度预计值往往偏小。国内多家高校和科研院所对综放开采覆岩破坏规律开展了研究，取得了一些成果。武强院士等搜集了华北矿区 40 余个综放开采工作面覆岩"两带"高度实测值，采用数理统计回归分析的方法得出软弱覆岩导水裂隙带最大高度经验公式：

$$H_{li} = \frac{100 \sum M}{-0.33 \sum M + 10.81} \pm 6.99$$

适用采放高度 $M = 3.5 \sim 12$ m。中煤科工集团唐山研究院研究团队得出综放开采导水裂隙带高度参考预测公式：

$$H_{li} = 10M + 10$$

式中 M——煤层有效采厚，m。

煤炭科学研究总院开采研究分院樊振丽对软弱覆岩实测数据回归预计公式为

$$H_{li} = \frac{100 \sum M}{-0.13 \sum M + 9.73} \pm 4.08$$

式中，适用采放高度 $M = 4.0 \sim 16$ m。由于各研究单位回归公式所采用的样本不同，所得的经验公式还不能完全适用于全国范围的综放开采矿井覆岩破坏高度的预计。国内学者还广泛运用数值模拟计算方法和相似材料模拟研究方法对特厚煤层覆岩破坏规律进行了尝试，主要用于煤层顶板岩层破坏形态、动态趋势和应力变化特征的研究。实际上，影响覆岩破坏高度的因素众多，不同矿区、不同的地层结构特征决定了其覆岩破坏在一定的数值区间波动，实测法是获取覆岩破坏高度数值的最可靠方法，是导水裂隙带数值精准获取的有效途径。水体下综放采放高度的精准控制在于控制覆岩破坏的高度，稳定的采放高度使采动裂隙不发生跳跃性异常增高现象，使采动裂隙不波及强富水含水层。煤炭科学研究总院开采研究分院王国法院士团队和北京天地玛珂电液控制有限公司对智能化采煤控制进行了研究，但在地层、煤层起伏较大、沉积复杂的矿区仍需人工进行采放高度的精准控制，可见最有效的方法是采放高度的精准控制。

3. 强富水含水层下综放开采水砂灾害防控关键技术研究现状

我国煤矿开采工艺逐渐迈入智能化开采阶段，煤矿智能化开采技术要求安全技术精准、地质条件透明，开采过程随工作面推进、地质条件的变化而程序化，从而达到"安全高效精准开采"的效果。实际上，无论是在机械化开采还是智能化开采阶段，煤矿水害的防治逐渐向多场耦合、高精度、智能化方向发展，必将逐步迈向精准防控阶段。强富水含水层下综放开采水砂灾害防控关键技术是基于透明水文地质体、覆岩破坏高度的精准获取以及综放采放高度精准控制的水砂防治模型的技术集成，这 3 个关键技术在模型结构上有序衔接，逻辑上相互相成，认识上逐步深入，最终形成水砂灾害的防控科学体系。首次提出针对强富水含水层下综放"水砂灾害精准防控技术框架模型"，并开展研究试验，历时 8 年取得水砂灾害的精准防控。

三、主要研究目标和内容

1. 研究目标

基于精细物探和精准钻探验证的透明水文地质体、覆岩破坏高度精准获取和综放采煤厚度精准控制的突水－溃砂灾害精准防控框架模型，实现透明空间多物理场、采动裂隙场的联合探测与控制，达到强富水含水层下水砂灾害的精准防控的安全目标。

2. 研究内容

（1）研究强富水含水层下综放开采水砂防控关键技术模型。以突水－溃砂动力现象的防治为研究对象，研究精细物探和精准钻探验证技术，导水裂隙带高度预判与精准测量技术，可控煤层厚度精准确定技术，实现综放开采水砂灾害精准防控。

（2）研究工作面的精细探查技术，确定地质体靶心与富水性属性。针对巷道金属设

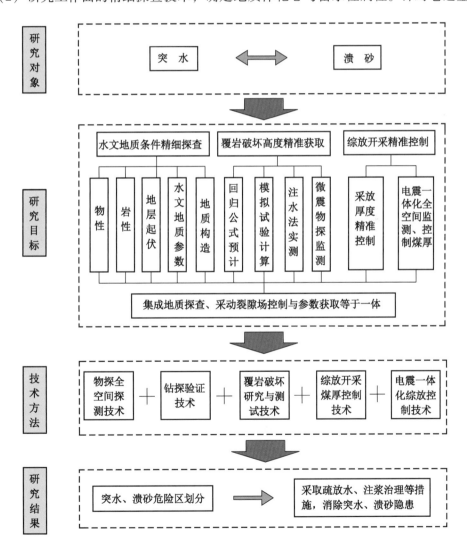

图 2－4 水砂灾害精准防控技术框架

施干扰，研发新型物探方法，减小了人工干预，保证了数据采集质量，为工程钻孔的岩性与构造解释提供精细解释。

（3）研究精准钻探验证技术，制定矿井探放水技术规范。疏放并合理调度综放裂隙带含水体，精准保护上覆含水层，构建三维透明水文地质体。

（4）研究导水裂隙带高度预判与精准测量。基于现场实测、数值模拟、相似材料模拟、经验回归公式等方法，确定覆岩破坏高度数值精准获取方法。

（5）研究煤层采放高度的精准控制技术。研发"采掘工作面水害评估方法、介质和系统"，制定采掘工作面水害评价标准，设计试验精准控制采放高度，实现综放开采破坏程度的精准控制。

（6）工程示范强富水含水层下综放开采的水砂防控关键技术。研发"多勘探地球物理场信号智能电磁发射装置"的电震一体化监测技术，将覆岩破坏高度动态监测与精准测试对比，实时调整采放高度，实现水砂灾害精准防控。

四、项目技术路线

以煤矿突水、溃砂动力现象的防治为研究对象，制定技术框架流程：研究综放工作面基本水文地质参数→研究精细地球物理探查→精准钻探验证及疏放水→导水裂隙带高度预判与精准测量→确定可控煤层厚度预想设计两巷→装备安全高效综放设备→开采过程的导水裂隙带的动态监测→实现综放开采水砂灾害精准防控，如图2-4所示。

第四节 矿井及采掘工作面水害关键科学问题及防治技术路径

矿井及采掘工作面水害防治评价及探放水技术是煤矿水害防治日常安全保障工作的重要方法和手段，经过在国家能源集团部分矿区近多年的生产实践，取得了很好的效果，也积累了一定的经验。定期对矿井进行水害排查及评价，通过评价矿井水文地质勘探程度及各种水害威胁程度，及时发现水害隐患，对防治水方面存在的安全风险，制定可靠的防治水方案，为矿井安全生产提供保障，对防止发生重大淹面、淹井水害事故，为矿井的防治水工作起到了科学可靠的保障具有十分重大意义。

一、背景及实施目标

（1）背景。对矿井及采掘工作面水害防治评价，预测预报，做好探放水工作，是煤矿防治水常态化工作，杜绝水害事故发生的必然要求。因此建立完善的技术标准体系，研发制定井下探放水技术规范、采掘工作面水害评价标准及矿井水文地质类型划分标准至关重要。

（2）实施目标。推动国家能源集团生产单位安全风险预控管理体系建设和有效运行，夯实集团公司安全管理基础，促进构建集团公司安全管理长效机制，提升集团公司安全管理水平。

二、研究内容

（1）《井下探放水技术规范》将对探放水技术规范方案设计的编写格式、结构组成、内容要素等进行规定。

（2）《采掘工作面水害评价标准》对采掘工作面水害评价方案的编写、内容、格式等进行统一规范，为矿井采掘工作面水害评价方案编制提供一个统一的指南，为矿井技术人员提供指导。

（3）《矿井水文地质类型划分标准》将结合井工煤矿实际，规范矿井水文地质类型划分标准。

三、目标

（1）井下探放水技术规范制（修）订目标。研究旨在对集团公司所属各煤矿探放水设计、施工进行规范，保障探放水达到预期效果，保证探放水施工作业安全。

（2）采掘工作面水害评价标准制（修）订目标。通过定期对采掘工作面水害进行全面排查、评价、分析，评价水文地质勘探程度及各种水害威胁程度，及时发现水害隐患和安全风险，制定可靠的防治水方案，为矿井安全生产提供保障，进一步提高采掘工作面水害防治工作的质量和水平。

（3）矿井水文地质类型划分标准制（修）订目标。根据国家现行的《煤矿防治水细则》和国家能源集团各矿区水文地质条件，提出符合国家能源集团各矿区水文地质条件的矿井水文地质类型划分标准，为国家能源集团所属各煤矿的矿井水文地质类型划分工作提供依据。

制订的《井下探放水技术规范》《采掘工作面水害评价标准》《矿井水文地质类型划分标准》等3项国家能源集团企业标准，并通过国家能源集团公司组织的专家审定，标准各项技术指标不低于国家标准和行业标准的指标要求。

四、技术应用情况与效益估计

目前，标准编制工作组编制的《井下探放水技术规范》《采掘工作面水害评价标准》《矿井水文地质类型划分标准》3个标准经过几年的实践和修订完善，已经取得了预期的效果，服务矿井未发生水害死亡及淹没工作面以上的水害事故，确保了矿井的安全高效生产，经济效益明显，社会效益显著。

该3项技术标准的制定，为服务矿井的井下探放水设计和施工、采掘工作面水害防治评价、矿井水文地质类型划分提供了依据，并带来了可观的直接和间接经济效益，随着标准在集团层面的应用和推广落实，集团各井工矿井防治水工作的规范化和标准化水平将进一步提升，还会产生持续的经济效益，为国家能源集团建设成为世界一流能源企业做出一定的贡献。

第二篇　鄂尔多斯盆地边缘奥陶纪灰岩水文地质特征及水害防治关键技术

第三章　鄂尔多斯盆地边缘奥陶纪灰岩水 文 地 质 特 征

第一节　鄂尔多斯盆地周边岩溶水系统的划分

一、系统划分原则

鄂尔多斯盆地周边岩溶地下水也是由一系列汇水面积不等的岩溶水系统（亚系统、子系统）构成。各系统内存在有雨水、地表水、松散层浅层地下水、碎屑岩裂隙水以及岩溶地下水等多种水资源类型，相互间有不同形式的联系。

根据岩溶地下水系统概念及鄂尔多斯盆地周边岩溶水文地质条件，岩溶地下水系统划分原则如下。

（1）地理位置连续性及系统级别的包容性原则。从分级级别考虑，鄂尔多斯盆地周边岩溶区可按岩溶地下水系统、亚系统和子系统三级划分，同一级系统内在地理分布上必须连续的。系统包含多个亚系统，亚系统又可包含多个下级子系统或仅包含一个子系统，子系统作为最低级最具体的对象，是开展岩溶地下水调查、研究的基本单元。

（2）天然条件下边界相对固定性原则。所谓地下水系统边界是指对地下水流场形态具有明显控制作用的空间几何面，它们的空间位置以及水文地质性质在一定时期内相对是固定的，岩溶地下水各级系统边界控制了地下水补给范围、流场平面形态、埋藏条件等，在水文地质条件上具有明显的分界特征。对水文地质特征变化大的季节性边界，如一些大的地表河水、丰水期补给地下水、枯水期由排泄地下水的边界；部分季节性排泄边界（如间歇性泉点或季节溢流排泄边界）本次工作中在一些地区内没有作为系统边界来处理。

（3）地下水补给、径、排途径明确性原则。在系统边界确定后，各级系统有明确的补给范围、径流途径和排泄区域。对于多个子系统组成的亚系统，在本次工作中，更多考虑地理位置因素和地下水排泄途径因素，其中各子系统地下水向同一方向汇集排泄，各子系统水资源间存在一定的成生联系；子系统作为最基本的水文地质单元，其最鲜明的特点是地下水的补、径、蓄、排循环过程是相对独立的，而且其水资源的组成和循环过程是明确的，在无明确排泄边界条件下不能构成岩溶地下水子系统。

亚系统的划分主要考虑2种因素：第一是地缘分布因素，第二是下级子系统排泄归属因素。对一些地理位置分布集中，但分布面积小泉域，划分为同一个亚系统，而有些水量都最终向同一个子系统排泄低级子系统，也都归并为同一亚系统。

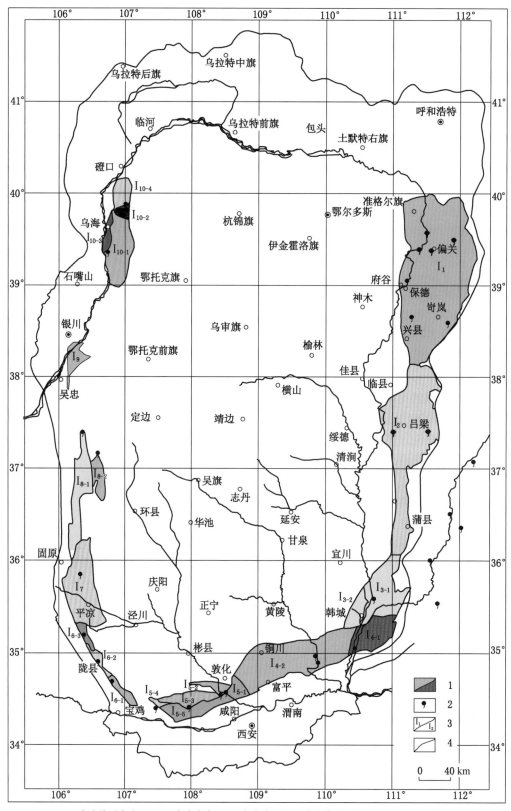

1—岩溶地下水分区；2—岩溶泉水；3—岩溶地下水子系统编号；4—地下水勘查区边界

图3-1 鄂尔多斯盆地周边岩溶区地下水系统分布

二、系统划分结果

鄂尔多斯盆地岩溶地下水主要赋存在寒武系－奥陶系碳酸盐岩中，呈"U"字形在周边呈带状分布（图3－1），在盆地周边地区裸露或浅埋，盆地内部埋藏，中心最大深埋达4000 m以上。其中内部边界在东部与南部是以碳酸盐岩埋藏深度为1000 m界线，确定为滞流性隔水边界，对埋深大于1000 m地区，认为岩溶发育减弱、地下水缓流，为高矿化度中低温热水；西部内边界是控制盆地西缘南北古脊梁带的东侧车道—阿色郎断层。外部边界是按照工作区范围划分的，在东部是由岩溶地下水直接向黄河方向排泄的各个泉域东边界来确定的，基本为隔水边界，这样排除了东部龙子祠泉域部分地区、古堆泉域以及稷王山东部区的一系列小泉域；在南部是渭河谷地内以礼泉—双泉—临猗断裂，为弱潜流性边界；西部外边界南段是以华北地台与秦祁地槽分界线六盘山地层为界，大罗山以北以黄河为界，盆地北部为东胜古陆，缺失碳酸盐岩地层。根据上述原则，把鄂尔多斯盆地边缘岩溶地下水作为一级大系统考虑，进而分出10个亚系统和22个子系统（表3－1）。

表3－1　鄂尔多斯盆地边缘岩溶地下水系统划分

系　统	子　系　统	序号
天桥岩溶地下水系统（I_1）		1
柳林岩溶地下水系统（I_2）		2
河津—韩城岩溶地下水系统（I_3）	禹门口泉岩溶地下水系统（I_{3-1}）	3
	韩城岩溶地下水系统（I_{3-2}）	4
富平—万荣岩溶地下水系统（I_4）	吴王泉岩溶地下水系统（I_{4-1}）	5
	铜—蒲—合岩溶地下水系统（I_{4-2}）	6
岐山—泾阳岩溶地下水系统（I_5）	筛珠洞泉岩溶地下水系统（I_{5-1}）	7
	烟霞洞泉岩溶地下水系统（I_{5-2}）	8
	龙岩寺泉岩溶地下水系统（I_{5-3}）	9
	周公庙泉岩溶地下水系统（I_{5-4}）	10
	扶风—礼泉深埋岩溶地下水系统（I_{5-5}）	11
千阳—华亭岩溶地下水系统（I_6）	清凉山水沟泉岩溶地下水系统（I_{6-1}）	12
	景福山神泉岩溶地下水系统（I_{6-2}）	13
	马峡泉岩溶地下水系统（I_{6-3}）	14
平凉—彭阳岩溶地下水系统（I_7）		15
太阳山岩溶地下水系统（I_8）	太阳泉岩溶地下水系统（I_{8-1}）	16
	萌城泉岩溶地下水系统（I_{8-2}）	17
黑山岩溶地下水系统（I_9）		18
桌子山岩溶地下水系统（I_{10}）	拉僧庙泉岩溶地下水系统（I_{10-1}）	19
	千里沟泉岩溶地下水系统（I_{10-2}）	20
	岗德尔山岩溶地下水系统（I_{10-3}）	21
	千里山北端岩溶地下水系统（I_{10-4}）	22

第二节　鄂尔多斯盆地东缘奥陶纪灰岩水文地质特征

鄂尔多斯盆地东缘岩溶地下水系统主要包括天桥岩溶地下水系统（I_1）、柳林岩溶地下水子系统（I_2）两大岩溶子系统。在岩溶地下水系统发育的煤田从北向南：准格尔煤田和河东煤田。

一、东缘煤层发育特征

1. 准格尔煤田

1）煤炭资源赋存特征

准格尔煤田位于内蒙古自治区准格尔旗境内，含煤地层为石炭二叠系，其中上组煤4、$6_{上}$、6号煤层，下组煤9号煤层为本区主采煤层。其中4号煤层位于二叠系下统山西组中部，煤层厚0~5.85 m，平均2.89 m，属中厚煤层；$6_{上}$号煤层位于石炭系上统太原组上部，煤层厚2.45~26.22 m，平均13 m；6号煤层位于石炭系上统太原组中部，煤层厚2.27~29.98 m，平均7.48 m；9号煤层位于太原组下部，煤层厚0~7.35 m，平均2.77 m。

2）石灰岩含水层与主要可采煤层空间组构关系

由图3-2可知，4号煤层距离下伏奥陶系灰岩顶界面平均间距为129.0 m，$6_{上}$煤层距离下伏奥陶系灰岩平均间距为73.0 m，6号煤层距离下伏奥陶系灰岩顶界面顶界面平均间距为57.0 m，而9号煤层距离下伏奥陶系灰岩顶界面平均间距为41.0 m。

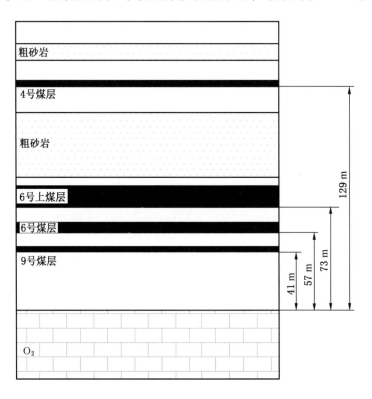

图3-2　准格尔煤田主采煤层与奥灰顶界面空间组构关系

2. 河东煤田

河东煤田主要包括保德矿区、兴县矿区和离柳矿区，下面重点介绍保德矿区、兴县矿区、离柳矿区奥陶纪灰岩水文地质特征。

1）保德矿区

（1）煤炭资源赋存特征。保德煤矿位于山西省保德县境内，保德矿区总体为一单斜构造，地层走向南北，倾向西，倾角3°～9°，主采煤层为8号和11号煤层。8号煤层位于二叠系山西组，厚度为2.15～10.39 m，平均厚度为6.83 m；11号煤层位于石炭系太原组，厚度为1.11～13.28 m，平均厚度为7.16 m。

（2）石灰岩含水层与主要可采煤层空间组构关系。由图3-3可知，8号煤层底板距奥陶系峰峰组顶的厚度为93.13～140.52 m，平均约为112.5 m；11号煤层底板隔水层厚度为45～88.5 m，平均为66.7 m（图3-3）。

2）兴县矿区

（1）煤炭资源赋存特征。兴县矿区位于山西省西北部吕梁山西麓，河东煤田北部。含煤地层主要为石炭系上统太原组（C_3t）和二叠系下统山西组（P_1s），共含煤14层，其中主采8号煤层、13号煤层。8号煤层位于山西组下部，煤层厚度为2.23～8.34 m，平均4.87 m；13号煤层位于太原组下部，煤层厚度为5.95～16.68 m，平均13.88 m。

（2）石灰岩含水层与主要可采煤层空间组构关系。由图3-4可知，8号煤层与奥陶系灰岩顶界面间距为110～127 m，13号煤层与奥陶系灰岩顶界面间距为38～78 m。13号煤层底板至奥陶系灰岩峰峰组顶面岩层主要包括太原组下段、本溪组，岩性主要以中性岩层和坚硬岩层为主，较软岩层次之。

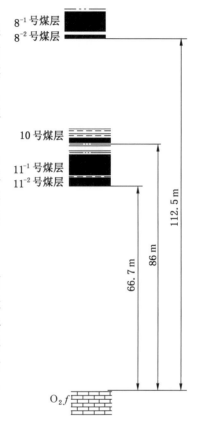

图3-3 保德矿区主采煤层与奥灰顶界面空间组构关系

3）离柳矿区

（1）煤炭资源赋存特征。离柳矿区是离石矿区和柳林矿区的合称，位于河东煤田中段。其中，离石矿区大致呈南北向展布，南北狭长、中部开阔，南北两端极度收敛的向斜盆地；柳林矿区呈北东—南东向弯月形展布。含煤地层主要为二叠系山西组地层和石炭系太原组地层。其中，位于山西组下部5号煤层为主要可采煤层，煤层厚度为3.40～7.75 m，平均厚度为5.66 m。太原组中下部9号煤层全井田稳定可采，煤层厚度为3.60～13.30 m，平均厚度为9.56 m。

（2）石灰岩含水层与主要可采煤层空间组构关系。由图3-5可知，5号煤层与奥陶系灰岩顶界面平均间距为122 m，9号煤层与奥陶系灰岩顶界面间距为60 m。9号煤层底板至奥陶系灰岩顶面间发育有较为稳定的本溪组铝土质泥岩隔水层，即具有隔水性能，又具有一定的力学强度。

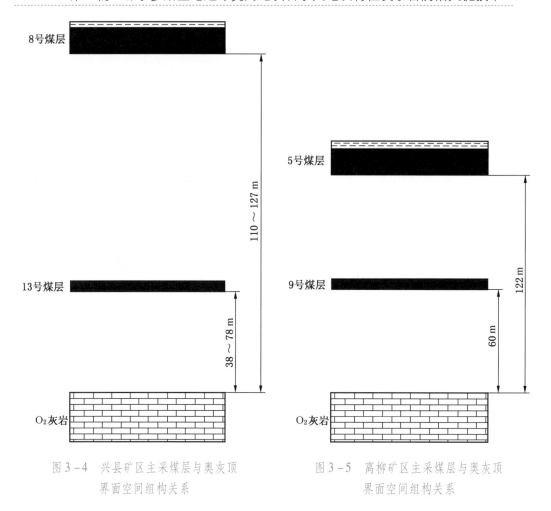

图 3 – 4　兴县矿区主采煤层与奥灰顶　　　　图 3 – 5　离柳矿区主采煤层与奥灰顶
　　　　　界面空间组构关系　　　　　　　　　　　　　界面空间组构关系

二、奥陶纪灰岩岩溶地下水系统

1. 天桥岩溶地下水子系统

准格尔煤田处于蒙、晋、陕边区天桥岩溶水系统的西北部，为一补给、径流和排泄完整的全排型水文地质单元，其中可溶岩裸露区主要分布在泉域的东北部与南部地区。

1）天桥泉域边界条件

（1）北部边界：自西向东分为 2 段，西段从准格尔旗老山沟—清水河县走马堰段，向北基本无碳酸盐沉积（图 3 – 6），构成隔水边界；东段为走马堰—韩庆坝，北侧为太古界花岗岩及集宁群变质岩，构成隔水边界。

（2）东部边界：东北部从韩庆坝—后兴泉同为太古界变质岩隔水边界；中段自北向南由杨家窑—刘家窑—上水头—暖崖东—大严备—义井镇—羊圈沟，构成了与东侧神头泉域相隔的地下分水岭边界；南端在大东沟一带以沙泉河和汾河的地表分水岭形成与雷鸣寺泉域分界的地表水岭隔水边界。

（3）东南及南部边界：芦芽山背斜轴部大面积出露古老变质岩系，自北向南构成了东南部隔水边界，西端为与柳林泉域地下分水岭边界。

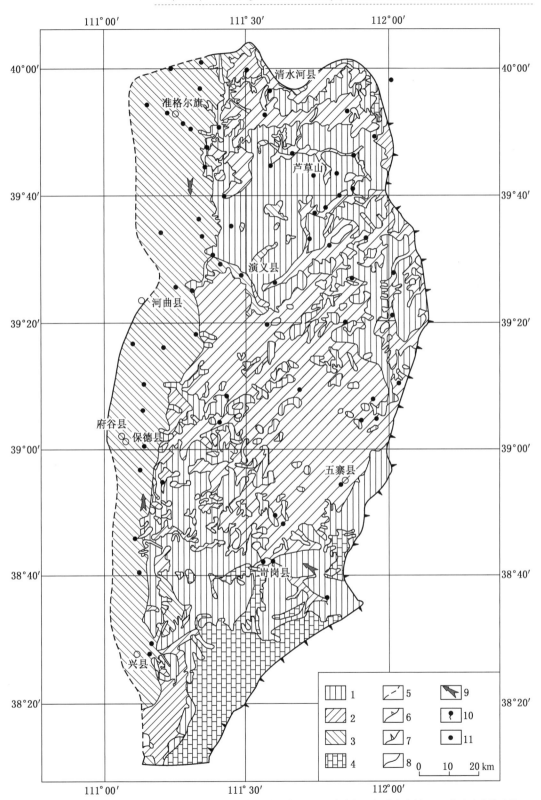

1—奥陶系裸露区；2—覆盖区；3—埋藏区；4—前寒武系分布区；5—含水层深埋滞流边界；6—地表分水岭边界；
7—地下分水岭边界；8—隔水边界；9—岩溶地下水流向；10—岩溶泉；11—水文孔

图3-6　天桥岩溶地下水系统水文地质略图

（4）西部边界：南端以奥陶系灰岩顶板埋深 1000 m 线为地下水滞留性阻水边界，中段以黄甫—高石崖挠曲和田家石板张扭性断裂作为阻水边界，北段以奥陶系灰岩顶板埋深 800 m 线为阻水边界。

2）岩溶地下水补给、径流排泄条件

（1）补给条件。泉域东部与北东部广泛分布裸露碳酸盐岩和覆盖型碳酸盐岩，降水直接渗入地下补给岩溶地下水（图 3−7）。补给区主要位于东部黄河沿线，岩溶水的主要补给源为黄河以东岩溶水的侧向径流补给和黄河水渗漏补给。黄河西侧钻孔水位均低于黄河水位，黄河水向西岸碳酸盐岩地层入渗（图 3−8）。天桥水电站、万家寨水库、龙口水电站等筑坝蓄水后抬高了黄河水位，部分地段增加或产生了河水对岩溶地下水的渗漏补给。

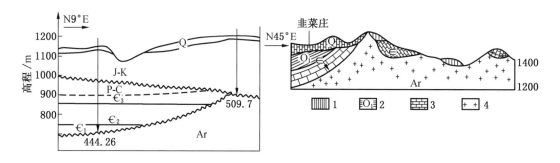

1—第四系黄土；2—奥陶系灰岩；3—寒武系灰岩；4—太古界花岗岩

图 3−7　天桥泉域北部边界地质剖面图（据潘军峰，2008 年）

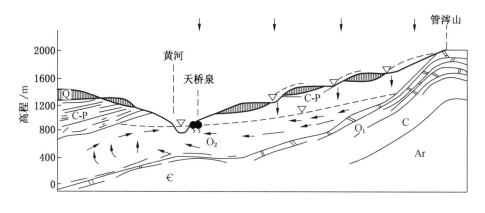

图 3−8　天桥泉域岩溶地下水系统模式示意图

（2）径流条件。径流区位于准格尔煤田中部，呈南北条带状，区内岩溶水流的方向是由北部、东北部向南、西南方向运动。岩溶地下水接受东部岩溶地下水和黄河地表水的补给，自东向西运移至西部，受西部滞流边界的阻挡折向由北向南运移（图 3−9）。再加上中部地质构造主要为北东—南西向，又受南部地表水最低侵蚀基准面（岩溶水排泄点）的牵制，在其中部形成了一条近南北向的地下水富集带。滞流区位于径流区向西至碳酸盐岩埋深 800 m，宽 5~15 km。

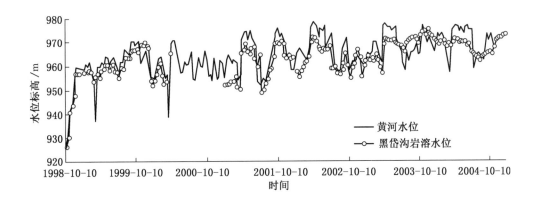

图 3 - 9　黑岱沟岩溶地下水与黄河水位动态曲线

（3）排泄条件。天桥泉域内岩溶水排泄主要为泉群集中排泄，次为人工开采（图 3 - 10）。

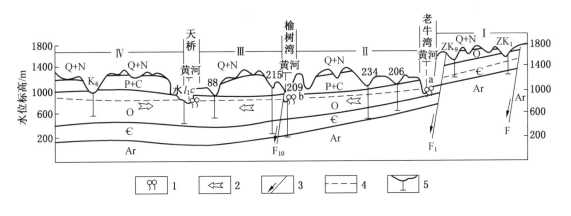

1—岩溶泉；2—岩溶地下水流量；3—断层；4—等水位线；5—钻孔

图 3 - 10　岩溶水系统多级排泄水动力剖面图

2. 柳林岩溶地下水子系统

柳林泉亚系统分布于吕梁山中段西侧（图 3 - 11），地貌特征在东部中高山、西部中低山黄土丘陵区、中部为山间盆地。亚系统属黄河水系，主要有三川河、漱水河。亚系统内缺失下寒武统、上奥陶统、志留系、泥盆系、下石炭统、侏罗系、白垩系。奥陶系下统主要是灰、灰黄色白云岩含有燧石结核或条带，奥陶系中统包括上下马家沟组和峰峰组，主要由灰岩、白云岩及豹皮状灰岩组成。

亚系统属山西台背斜吕梁山断块隆起的西翼，构造较为复杂。主要有呈北东方向展布的王家会～枣林背斜、中阳离石向斜、吴城断层、枝柯断层等。岩溶水的补、径、排基本受构造的控制。

1）亚系统边界

（1）北部边界：构成了与北侧天桥泉域相隔的地下水分水岭边界。

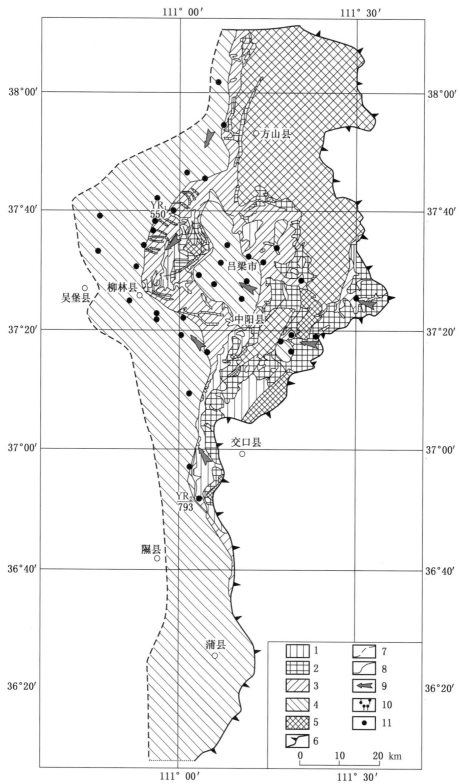

1—奥陶系裸露区；2—寒武系裸露区；3—覆盖区；4—埋藏区；5—前寒武系变质岩；6—地下水分水岭边界；
7—含水层深埋滞留边界；8—隔水边界；9—岩溶地下水流向；10—上升下降泉泉群；11—水文孔

图3-11　柳林岩溶地下水亚系统水文地质略图

（2）东部边界：以三川河与汾河流域的地表分水岭为界。由东北向南自方山县土湾—离石市石虎塔—后南沟—中阳县后师峪—石板上，构成隔水边界。

（3）南部边界：以三川河支流南川河分水岭上顶山的主峰与郭庄泉域为界。西起中阳县暖泉—凤尾—王山底构成地下水分水岭边界。

（4）西部边界：以奥陶系顶板埋深 1000 m 为滞水边界。北起临县白文—程家塔—灯塔，再向西到岔土后，向南过陕西吴堡县城东侧，向东南至暖泉一带与南部隔水边界相交。

2）地下水循环

（1）补给。泉域北主要有降雨入渗补给（包括覆盖区间接入渗）和地下水在河道灰岩裸露的有利地段的渗漏补给。

（2）径流与排泄。与天桥泉域径流特征相似，柳林泉域岩溶地下水接受降雨入渗补给后，受地形以及最底排泄基准的控制，地下水总体由东向西渗流，于西侧遇上覆石炭、二叠隔水层阻挡后，沿接触面附近在北部改向向南径流，南部改向向北径流，最终形成了南北两条径流带。在亚系统中段地下水从东向西的径流过程中，受北北东向平行排列的压性构造的阻水作用影响，改变了直接由东向西渗流的局面。东部王治庄—吴城断裂、油房坪—枝柯断裂和万年饱三条逆断层西盘上升，使古老变质岩系隔水层抬升，形成了北东向展布的局部阻水边界，王家会—枣林背斜位于离石市东侧，隔水岩体阻挡了来源于东部及北部地下水向西的运移，使东侧离石向斜内地下水滞流、富集，并向南绕过背斜轴倾没端汇向柳林泉。随着地层向西倾斜，泉域内石炭、二叠系隔水顶板于西部出露，于三川河奥陶系峰峰组顶部与石炭系接触面形成最终排泄点柳林泉。

三、奥陶纪灰岩水文地质特征

（一）准格尔煤田奥陶纪灰岩水文地质特征

1. 奥陶纪灰岩岩溶发育影响因素分析

1）岩性是岩溶发育的物质基础

根据准格尔煤田水文地质补勘资料，马家沟组上部岩性为隐晶云灰岩与细晶石灰岩互层型层组类型，岩溶发育程度强；马家沟组下部岩性为隐晶云灰岩与隐晶白云岩互层型层组类型，岩溶发育程度强；奥陶系下统岩性属于细晶结构白云岩连续性层组类型，岩溶发育程度中等。例如，准格尔煤田酸刺沟煤矿钻孔灰岩微观结构结果如图 3-12 所示，奥陶系灰岩孔隙较小，且分布均匀，局部地带岩溶发育。

2）地质构造控制岩溶的发育

准格尔煤田总的构造是一个走向近于南北、倾角 10° 以下，具有波状起伏的向西倾斜的单斜构造。北部至小鱼沟后地层走向近东西，向南倾斜，南至煤窑沟一带，地层走向转向北西，向北东倾斜，构造轮廓形如耳状。盆地边缘倾角稍大，有轴向与边缘方向一致的短背向斜，如窑沟背斜、西黄家梁背斜、老赵山梁背斜、双枣子向斜、田家石畔背斜等。盆地内部倾角平缓，一般在 10° 以下，有与地层走向垂直的次一级褶皱，一般幅度较小，延伸不大，造成了煤层底板等高线的相对起伏。区内断裂不发育，仅稀疏可见几条小的张性断层。上述向背斜构造的岩层转弯处岩石破碎，岩溶裂隙发育，在断层构造的破碎带附近，岩溶裂隙相对发育。

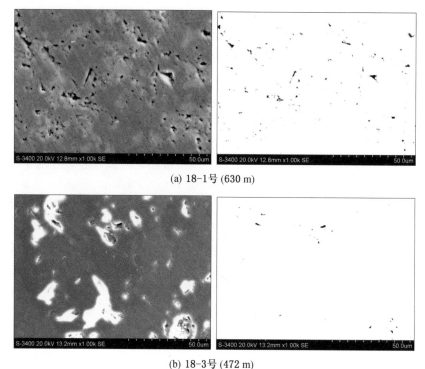

(a) 18-1号 (630 m)

(b) 18-3号 (472 m)

图 3-12　不同钻孔灰岩微观结构分析结果

3）地形及水文网控制水动力条件，影响岩溶的发育

地形控制着地下水的补给、径流和排泄条件。自黄河向西可分为 4 个区：补给区、径流区、相对滞流区和南部的排泄区，均平行黄河呈南北向条带状展布。黄河水以侧向渗漏的形式补给岩溶水，水的交替作用强烈，致使岩溶比较发育。由于区域构造为向西倾斜的单斜构造，西部由于灰岩深埋而成为滞水边界，岩溶水流向转为近北南方向径流，形成南北向的径流带，岩溶水径流条件好，致使岩溶比较发育。

2. 奥陶纪灰岩岩溶发育特征

1）岩溶裂隙发育特征

（1）裂隙存在形式。从补给区黑岱沟和和排泄区榆树湾地表地层剖面来看，奥陶纪碳酸盐岩含水组的岩溶裂隙较为发育。它们是在同一构造应力场的作用下，经过地下水的溶蚀作用，逐渐形成"X"节理。"X"节理的主要延伸方向是北北东和北东东方向，在水平及垂直方向延伸很远。节理多垂直层面，在岩层面上，各节理相互连通形成完好的追踪张裂隙，成为地下水运移的良好通道。

据前人对鄂尔多斯盆地东缘典型钻井奥陶系马家沟组孔洞充填物统计显示，鄂尔多斯盆地东缘奥陶系碳酸盐岩孔洞型储层，其孔、洞、缝大部分被成岩矿物所充填，或半充。孔洞充填物主要包括白云石和方解石，另外还包括少量的石英、石膏、高岭石、萤石和天青石等。

（2）裂隙发育位置。马家沟组灰岩段裂隙相对较为发育，尤其上部裂隙、小型岩溶较为常见。马家沟组上部受古风化作用，裂隙发育以垂直裂隙、层间节理为主，在泥质岩含量高的区域此特征尤其明显。亮甲山组和冶里组虽在部分区域有一定富水性，但早期岩溶、古风化作用没有上段强。

（3）裂隙充填状态。根据钻孔岩芯资料、测井资料表明，峰峰组地层泥质岩含量高，岩溶裂隙发育程度差，裂隙多被方解石充填，顶部裂隙中偶见铝土充填和黄铁矿结核，裂隙充填的方解石脉中偶见小溶孔（图3–13）。

(a) 440~450 m出裂隙发育　　　　　　(b) 485 m出溶隙溶孔发育

图3–13　11′–5钻孔

2）陷落柱发育特征

据区域水文地质调查资料可知，该地区已发现多起陷落柱，且多数已发育到$6_上$煤层。如酸刺沟煤矿$6_上$107工作面回采过程中发现一陷落柱，横轴7.5 m，长轴12 m，充填密实，无压未发生突水事故。黄玉川煤矿在$216_上$01工作面回撤通道掘进前方进行超前探测时，补9号煤层钻孔出水，随后稳定水量为136 m³/h。根据钻探探查结果初步判断，出水水源为奥陶纪灰岩水，导水通道为陷落柱，直径约为27.4 m（图3–14），$6_上$煤层位陷落柱大小约为3 m。

图3–14　补9号孔取得的陷落柱岩芯

3）奥陶纪灰岩水文地质特征

奥陶纪灰岩水是威胁准格尔煤田安全生产主要突水水源，煤田内发育有马家沟组、亮甲山组和冶里组，马家沟组与本溪组直接接触，该组岩性上部属于隐晶云灰岩与细晶石灰岩互层型层组类型，岩溶发育程度强，下部属于隐晶云灰岩与隐晶白云岩互层型层组类型，岩溶发育程度较强。亮甲山组和冶里组属于细晶结构的白云岩连续型层组类型，岩溶发育程度中等。综上所述，准格尔煤田奥陶纪灰岩水有以下主要水文地质特征：

（1）含水层非均质特征。奥陶系灰岩含水层的富水性在平面和垂向深度上，极其不均一性，平面上东部径流条件好、富水性较强；西部奥陶纪灰岩水的溶滤程度较差，奥陶纪灰岩水的循环交替滞缓，径流条件差，富水性相对较弱。垂向上奥陶系灰岩裂隙发育不均一，漏水层位主要在马家沟组灰岩段，尤其集中在马家沟组上部。亮甲山组和冶里组岩溶发育程度较差。

（2）水动力特征。据区域内岩溶水赋存和运移特征，平面上可分为补给区、径流区、滞流区和排泄区（图 3 - 15）。岩溶地下水天然流场由于受东部边界条件的制约，展布形态为东及东北部陡，北及西部较缓，中部强径流最缓，流场形态呈自北向南敞开的类似"簸箕形"。在径流带内，钻孔出水量大，水质矿化度低，水质类型为 $HCO_3 - Ca \cdot Mg$ 型水；在滞流区内，钻孔出水量小，水质矿化度高，水质类型为 $Cl \cdot HCO_3 - Na \cdot Ca \cdot Mg$ 型水。

（3）水动态特征。岩溶地下水动态受大气降水直接通过各种形态的岩溶裂隙渗透补给地下水的影响。区内黄河水位高于西岸岩溶水水位，黄河水位影响岩溶水水位的动态变化。由于人工开采在水源地附近形成局部的降落漏斗。

（4）水化学特征。区域内岩溶水水化学在平面上分布情况：在黄河以西的近河地带，岩溶水以低矿化度的 $HCO_3 - Ca \cdot Mg$ 型水为主；在唐公塔、陈家沟门至黑代沟一带为矿化度 300~600 mg/L 的 $HCO_3 - Ca \cdot Mg$ 型水；在东孔兑、薛家湾、大饭铺一带以西为矿化度较大的 $Cl \cdot HCO_3 - Na \cdot Ca$ 型水和 $Cl - Na$ 型水。

（5）构造控水特征。区内断裂构造、挠曲、单斜断裂蓄水构造等控制着深层岩溶发育和岩溶水的导、富水性。如井田北部的陈家沟门水源地，处于北东东向的 F82 压性断裂和北西西向的 F2 张性断裂与向北西倾伏的黄家梁挠曲构造的复合地带，岩性挤压破碎，岩溶裂隙发育，富水性强，且补给源充沛，是一个单斜断裂型蓄水构造。

（6）奥陶纪灰岩含水层接受黄河补给疏降不可行。岩溶地下水随着黄河水位变化而变化，两者水力联系密切。据准格尔旗水源地取水量约 20.0 万 m^3/d，而奥陶纪灰岩水位未发生明显下降。综合研究认为准格尔煤田奥陶纪灰岩水不具疏降可行性。

（二）河东煤田奥陶纪灰岩水文地质特征

以河东煤田保德矿区、兴县矿区、离柳矿区典型矿井为例，对奥陶纪灰岩岩性及岩溶裂隙发育特征进行研究。

1. 奥陶纪灰岩岩溶发育特征

1）保德矿区

奥陶系灰岩岩性结构与层组划分基本与华北地区相一致，自上而下为峰峰组、上马家沟组与下马家沟组。中统马家沟组（O_2m）主要为浅灰—灰黄色灰岩，隐晶质结构，局部溶蚀现象发育，溶洞直径 5~7 mm，呈蜂窝状分布。中统峰峰组（O_2f）岩性以白云质灰

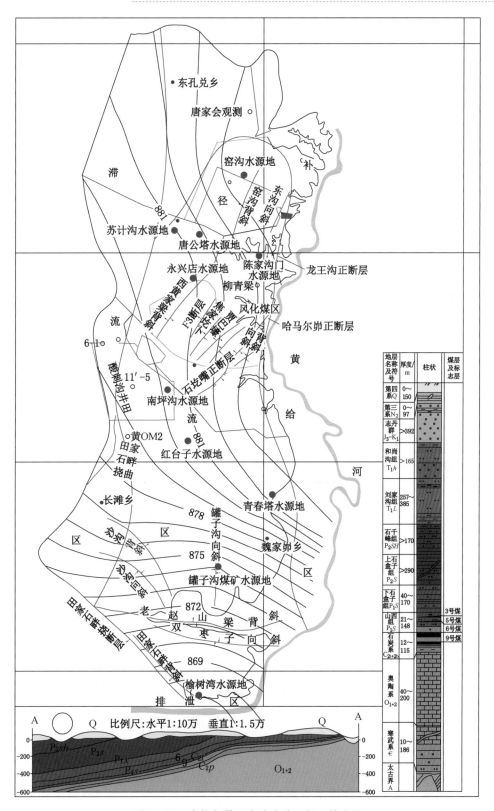

图 3-15　准格尔煤田岩溶水补、径、排分区

岩、碎屑灰岩及角砾状泥灰岩为主，呈灰白色、棕灰色、深灰色，隐晶质结构，厚层状构造，垂向节理发育，中下部岩溶较发育。总体来讲，峰峰组岩溶与构造裂隙不太发育且多被泥钙质物质充填。

2）兴县矿区

奥陶系灰岩主要分峰峰组和上马家沟组。上马家沟组主要由泥质灰岩、白云质灰岩及厚层石灰岩组成，局部发育连通性溶洞。峰峰组主要由石灰岩、泥质灰岩等组成。致密、坚硬，块状结构，局部岩芯破碎，裂隙被方解石充填。总体上峰峰组地层岩溶发育较差。

3）离柳矿区

奥陶系中统由下马家沟组、上马家沟组和峰峰组组成。峰峰组主要由石灰岩、角砾状灰岩、泥质灰岩及石膏岩、膏溶角砾岩等组成。从地层结构及岩性组合看，其上覆地层层次繁多，为含、隔水层相互叠置的组合结构，这种地层组合结构在垂向上不利于大气降水入渗及地表水的渗漏补给作用，加之岩溶裂隙发育程度差，且多被方解石脉或泥质半充填，部分全充填由此导致含水层的渗透能力、传导性和地下水交替作用微弱，以及由此造成的地下水径流滞缓和水循环条件欠佳等。由于上述诸多因素及其水文地质条件，从而使井田区奥陶系灰岩峰峰组含水层的富水程度一般很弱，仅在局部构造裂隙发育地段富水性稍强。

上马家沟组含水层以三段（O_2s^3）和二段（O_2s^2）质纯灰岩、白云质灰岩为主。从地层结构及岩性组合看，岩溶裂隙较发育，以溶蚀裂隙及溶孔为主（图 3 - 16），溶孔多为蜂窝状，直径为 0.1 ~ 6 cm，出现大量涌水或漏水。裂隙开启程度较好，多为泥质或碎屑物半充填，连通性较好。为地下水的补给、运移和富集创造了有利条件。

图 3 - 16 O_2s 孔岩芯溶孔发育

2. 奥陶纪灰岩水文地质特征

1）东部发育有大量奥陶纪灰岩裸露区

裸露岩溶区主要分布在吕梁山西坡及黄河移动地带，大面积区域性岩溶裸露区决定了河东煤田各岩溶泉域子系统的补给来源主要为岩溶裸露区的大气降水及地表水补给，其次是上覆石炭二叠系砂岩含水层、松散层含水层水等垂向补给。

2）膏溶作用明显

河东煤田中奥陶统中普遍有石膏夹层，主要含石膏层位是各组第一段，对奥陶纪水文地质特征产生如下影响：①石膏夹层通过膏溶作用形成特殊的似层状膏溶破碎带，易形成丰富的岩溶水；②形成膏溶角砾岩，往往有固定层位；③形成岩溶陷落柱；④形成特殊的深岩溶；⑤由于膏溶作用使得中奥陶统地层中岩溶地下水分布相对均匀。

3）岩溶发育模式为斜坡顺层型

河东煤田受晋西挠摺带及陕北斜坡影响，整体呈由东向西的但斜构造，岩溶层越往西倾伏越深，而在东部底部非岩溶层挠起形成隔水边界（图3-17）。

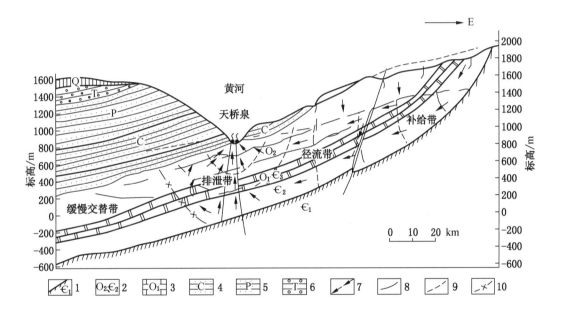

1—非岩溶隔水底板；2—寒武-奥陶系岩溶含水层；3—下奥陶统白云岩弱岩溶层；4—石炭系煤系地层；5—二叠系碎屑岩地层；6—三叠系碎屑岩地层；7—地下水流向；8—强岩溶发育带；9—等水位线；10—绕流边界

图3-17　斜坡顺层岩溶发育模式（天桥泉域）

4）处于鄂尔多斯盆地边缘地下水积极循环带

河东煤田内沿黄河河谷分布的老牛湾泉等均以黄河或其支流为排水基准，均发育在盆地东缘的寒武、奥陶系岩溶含水层中，由于含水层以单斜形式向盆地深部延伸，因而现代地下水必须向深部循环。但受各种因素控制，其循环深度一般在当地排水基准面以下800 m左右。

5）水化学特征

岩溶地下水从东到西，随径流路径的增加，地下水中溶解物质也增多，水化学类型也由东部 $H-Ca \cdot Mg$ 变为 $S \cdot Cl-Na \cdot Ca$ 或 $HS-Ca \cdot Mg$。在垂向分布上，主要离子含量、溶解性总固体、总硬度也有所不同，总的规律是浅层比深层低（图3-18）。岩溶水水温从补给区到排泄区呈增大趋势。由图3-19可知，岩溶地下水分布于本地雨水线两侧，表明岩溶地下水主要是接受降雨入渗的。

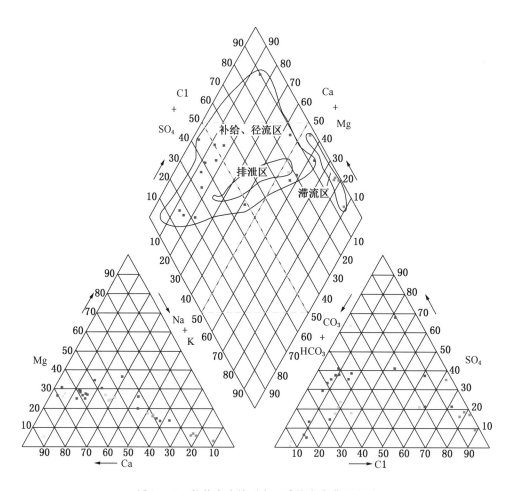

图 3 – 18　柳林岩溶地下水亚系统水化学三线图

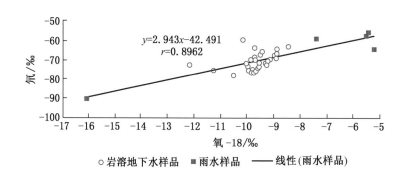

图 3 – 19　柳林泉域雨水、岩溶地下水同位素组成

6）岩溶地下水动态

由图 3 – 20 可以看出，总体上呈柳林泉流量呈现衰减状态，20 世纪 80 年代以前泉水动态特征表现为波动性，流量与降雨量的变化密切程度高；20 世纪 80 年代以后的波动幅

度明显减弱，而线性递减的趋势更加突出地表现出来，岩溶地下水位为缓慢下降的趋势（图 3 - 21）。

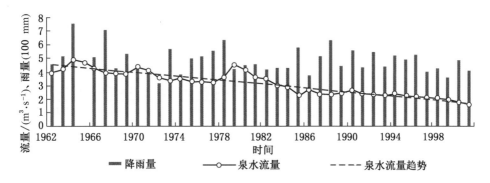

图 3 - 20　柳林泉域降雨量及泉流量动态曲线

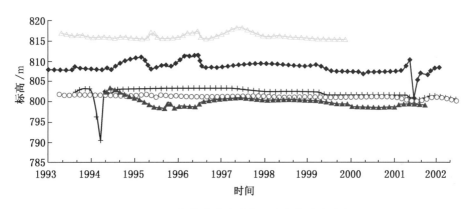

图 3 - 21　柳林泉域岩溶地下水水位动态曲线

第三节　鄂尔多斯盆地南缘奥陶纪灰岩水文地质特征

　　鄂尔多斯南缘地区是指庆阳—韩城隆起一线以南、大致从陇县向东至蒲城、合阳一线向东展布的广大地区。岩溶地下水系统主要包括河津—韩城岩溶地下水子系统（I_3）、富平—万荣岩溶地下水子系统（I_4）、岐山—泾阳岩溶地下水子系统（I_5）三大岩溶子系统。在岩溶地下水系统发育煤炭资源主要为渭北煤田，主要分布于铜川、蒲白、澄合、韩城等区域，主要分布于韩城岩溶地下水子系统和铜—蒲—合岩溶地下水系统（I_{4-2}）。

一、南缘煤层发育特征

1. 煤炭资源赋存特征

　　根据对渭北煤田自西向东矿井主采、煤层厚度及煤层埋深信息的统计，盆地南缘各矿区主要开采煤层有 2 号、3 号、5 号、10 号、11 号等，各矿主采煤层不一、厚度区别较大。具体统计数据见表 3 - 2。

表3-2　盆地南缘煤炭资源赋存基础数据统计

矿区	矿名	主采煤层	煤层厚度/m	煤层埋深或标高/m
铜川	王石凹	5号、10号	5号：3.33；10号：1.58	260～590；+840～+540
	金华山	5号、10号	5号：3.42；10号：0.74	350～650；+745.00～+380.00
	徐家沟	5-1号、5-2号	5-1号：1.45；5-2号：1.62	—
	鸭口	5-2号	5-2号：1.70	+490～+580
	东坡	5-2号	5-2号：2.99	109～430、+525.00～+896.00
蒲白	朱家河	5-2号	—	+520
	白水	5号	—	—
	西固	5号	—	—
	南桥	5号	—	—
澄合	澄二	5号	4.34	—
	董家河	5号	4.34	+230～+320
	权家河	5号	3.10	
	董东	5号	3～4	340；+340～+220
	王斜	5号、10号	5号：1.5～2.5；10号：1.80	+375以上
	王村	5号	3～4	
	山阳	4号、5号	4号：1.19；5号：3.78	+360～-150
	安阳	5号	4.5	+250～+590
	百良	5号	5.37	+140～+390
	西卓	4号、5号、6号	4号：1.5；5号：5.5 6号：1.1	4号：+100～+350 6号：+120～+320
韩城	象山	3号、5号、11号	3号：1.60；5号：2.55； 11号：4.04	—
	桑树坪	2号、3号、11号	2号：0.75；3号：6.46； 11号：3.52	2号：10～650；3号：20～900； 11号：80～960
	下峪口	2号、3号、11号	2号：0.7～1.5；3号：5.0 11号：2.8	—

由表3-2可看出，盆地南缘自西向东可采煤层层数、层位及厚度均有较大变化。具体体现在：

（1）10号煤层赋存大部分不可采，局部可采。在渭北煤炭西部铜川矿区王石凹、金华山可采煤层有5号、10号煤层，往东10号煤层大部不可采，除王斜矿其余均为开采10号煤层。

（2）5号煤层全区大部分可采，厚度发育相对稳定，为渭北煤田主采煤层。在渭北煤田东部除韩城矿区桑树坪、下峪口两矿外，其余各矿5号煤层均为主采煤层，厚度1.5～5.5m，局部5号煤存在分层现象，分为5-1、5-2煤层。

（3）2号、3号煤层在盆地南缘东部局部可采，如韩城东部桑树坪、下峪口等矿。

（4）11 号煤层在盆地南缘西部不可采，如铜川、蒲白、澄合等矿区，在东部韩城矿区成为矿井主采煤层，厚度 2.8 ~ 4.04 m。

2. 石灰岩含水层与主要可采煤层空间组构关系

据铜川、蒲白、澄合、韩城等矿井基础资料的统计，由于各矿主采煤层不一，奥陶系灰岩含水层与最底部主采煤层距离相差较大，铜川、蒲白矿区矿井煤层底板不带压，本次未对两区矿井进行统计。具体统计数据见表 3 - 3。

表 3 - 3　石灰岩含水层与主采煤层间距统计

矿区	矿名	主采煤层	煤层厚度/m	奥陶纪灰岩水位标高/m	主采煤层距奥灰顶部距离/m	奥灰水突水系数
铜川	王石凹	5 号、10 号	5 号：3.33；10 号：1.58		不带压	
	金华山	5 号、10 号	5 号：3.42；10 号：0.74		不带压	
	徐家沟	5 - 1、5 - 2	5 - 1 煤层：1.45；5 - 2 煤层：1.62		不带压	
	鸭口	5 - 2	5 - 2 煤层：1.70		不带压	
	东坡	5 - 2	5 - 2 煤层：2.99		不带压	
蒲白	朱家河	5 - 2	—		不带压	
	白水	5 号	—	局部带压	20 ~ 30	
	西固	5 号	—		不带压	
	南桥	5 号	—		不带压	
澄合	澄二	5 号	4.34	+375	25 ~ 35，最小 11.7 m	0.06 ~ 0.1
	董家河	5 号	4.34	+375	35.72	0.028 ~ 0.061
	权家河	5 号	3.10	+380	局部带压，矿井将关闭	32
	董东	5 号	3 ~ 4	+371	30 ~ 35	0.02 ~ 0.06
	王斜	5 号、10 号	5 号：1.5 ~ 2.5；10 号：1.80	+375	5 号距奥灰 26.6	深部带压
	王村	5 号	3 ~ 4	+375	20 ~ 35	0.012
	山阳	4 号、5 号	4 号：1.19；5 号：3.78	+371	12 ~ 36	0.015 ~ 0.14
	安阳	5 号	4.5	+371	22 ~ 88	
	百良	5 号	5.37	+371	20 ~ 35	0.012
	西卓	4 号、5 号、6 号	4 号：1.5；5 号：5.5；6 号：1.1	+371	40.05	0.018 ~ 0.062
韩城	象山	3 号、5 号、11 号	3 号：1.60；5 号：2.55；11 号：4.04	+366	11 号：30	部分小于 0.06
	桑树坪	2 号、3 号、11 号	2 号：0.75；3 号：6.46；11 号：3.52	+366	11 号：20 ~ 29.8，平均：24.9	约 0.06
	下峪口	2 号、3 号、11 号	2 号：0.7 ~ 1.5；3 号：5.0；11 号：2.8	+366	11 号：16 ~ 29	11 号最大 0.26

由表3－3可看出，奥陶系灰岩顶界面距离主采煤层间距差距较大，自11.7～88 m，局部隔水层较薄仅11.7 m，一般为20～30 m。总体而言渭北煤田主采煤层距离奥陶系灰岩顶面较近，隔水层厚度相对较稳定，东西段隔水层厚度变化不大。

二、奥陶纪灰岩岩溶地下水系统

渭北煤田主要分布在铜川、蒲白、澄合、韩城一带，主要位于韩城岩溶地下水系统（I_{3-2}）和铜－蒲－合岩溶地下水系统（I_{4-2}）内（图3－22），下面重点对这两个系统进行介绍。

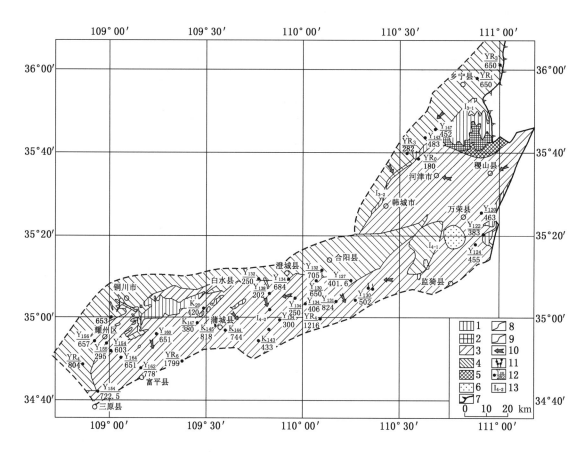

1—奥陶系裸露区；2—寒武系裸露区；3—覆盖区；4—埋藏区；5—前寒武系变质岩；6—火成岩；
7—地下分水岭边界；8—隔水边界；9—潜流边界；10—岩溶地下水水流向；11—上升下降泉，
泉群；12—水文地质孔编号/孔深（m）；13—系统编号

图3－22 富平—万荣、韩城—河津亚系统岩溶水文地质略图

1. 韩城岩溶地下水子系统（I_{3-2}）

韩城岩溶地下水子系统位于黄河西岸陕西境内。大致以北东走向的韩城大断裂为界，分为两个区，北西区基岩出露，分布有古生代、中生代地层，总体向北西倾斜，其中早古生代碳酸盐岩构成子系统内主要含水层；东南区分布巨厚松散层，碳酸盐岩在数百米覆盖层之下。

南部边界为东部禹门口子系统南边界紫荆山断裂的西延部分，构成南部隔水边界；西部以黄河为界与禹门口子系统分置，以埋深 1000 m 做岩溶地下水滞流的相对隔水边界，大致从合阳杨家庄开始向北东过王峰于师家摊一带到达黄河。

主要补给源为北部灰岩裸露区大气降水直接入渗补给，发源于北部碎屑岩区地表河水进入灰岩裸露区后的渗漏补给。黄河在该系统流经 7 km 的碳酸盐岩裸露区，岩溶地下水与黄河之间存在密切联系，枯水季节岩溶地下水位高于黄河水位，向黄河排泄；丰水季节岩溶地下水经常低于黄河水位，接受黄河补给。在该系统对岩溶地下水有补给的地表河流有：居水河、文河等。补给水库有：寺庄河水库、盘河水库等。岩溶地下水分布由北东和北西向中部黄河方向运移排泄。

2. 铜－蒲－合岩溶地下水系统（I_{4-2}）

铜、合、蒲岩溶地下水子系统位于黄河西岸，行政区归属陕西铜川、耀州区、蒲城、合阳、白水县。

1）边界条件

子系统西部以嵯峨山东侧与耀西拗陷分界的元龙口—旧堡子断层为界，与渭北西部千阳—泾阳亚系统分割，为相对阻水边界。北部西段深埋滞流性构成隔水边界，东段则为韩城子系统南部隔水边界。东部黄河河谷为子系统最低排泄基准，构成与东部万荣、临漪岩溶地下水子系统的边界。南部边界以礼泉—双泉—临漪断裂为界，构成了南部阻水（有些地段为弱透水）边界。

2）地质结构条件

子系统的地质结构宏观上分为北部基岩山区和南部谷地两大区，北部基岩山区总体上呈一单斜构造，向北偏西倾斜，形成北西—南东方向由地堑、地垒相间排列的基底构造格局（图 3-23）。这种构造格局对地下水的运移、富集均起到了控制性作用，密集分布的断裂构造在岩溶作用下形成了具极强渗透率的岩溶含水介质结构。

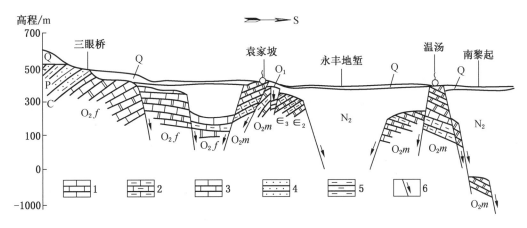

1—灰岩；2—泥质灰岩；3—白云岩；4—砂岩；5—泥岩；6—断层

图 3-23　洛河河谷地质剖面图

3）岩溶地下水循环条件

子系统岩溶地下水主要有 3 个补给源，分别是大气降雨面状入渗补给、河流线状渗漏补给和水库点状渗漏补给，北部接受补给的地下水向北受到含水层深埋滞流阻挡，首先向南运移，通过山前断裂带进入渭河谷地。构造和排泄点的位置及高程共同作用下使得谷地内地下水总体形成了由北西向南东方向的主径流趋势。地下水在径流过程中，沿断层构造以及北东相对阻水结构面北西侧相对集中，进一步促进岩溶作用，最终形成岩溶地下水富集带。根据陕西省地质调查院勘探发现，大致沿富平施家、蒲城县南侧到东陈庄存在一背斜，轴部在蒲城县南西为下寒武统碎屑岩隔水层，受其阻水作用影响，地下水在北西侧富集（图3-24）。

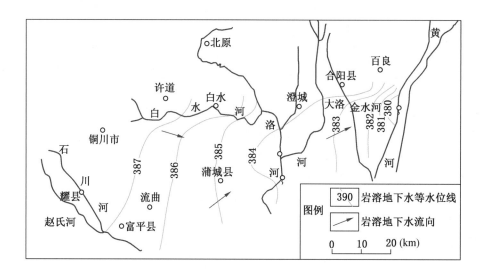

图3-24 铜、蒲、合岩溶地下水子系统等水位线

三、奥陶纪灰岩水文地质特征

1. 奥陶纪灰岩岩性及岩溶裂隙发育特征

盆地南缘发育的奥陶系灰岩主要中下奥陶统碳酸盐岩及中上奥陶统碳酸盐岩。盆地南缘东、西部奥陶系中下统岩性组合结构对比见表3-4。

盆地南缘的裸露岩溶区主要分布在渭北"北山"地带，有一系列近东西向分布的碳酸盐岩断块山地组成，形成岩溶低山丘陵景观。

南缘岩溶具备"似层状"裂隙发育特征，与中奥陶统的岩性组成、岩层组合结构及沉积旋回有明显关系，野外多在泥灰岩之上角砾岩中常见"似层状"串珠状溶洞或蜂窝状溶孔的岩溶现象。主要表现为含水介质储水空间为溶蚀孔洞和裂隙空间共同组成，以溶蚀作用形成的储水空间占主导地位，地下水流场相对统一，地下水位相对稳定，富水性和岩溶发育相对均一。

盆地南缘发现的溶洞较多，明显多于盆地东缘及西部。南缘溶洞主要分布在沟谷地带，多沿断裂构造破碎带形成，形状不规则。经调查在韩城至耀州区的低山丘陵及矿区，发现大小溶洞36个，其中有3个在矿井井下揭露。在铜川赵家山黄土覆盖下的峰峰组灰岩中溶洞延伸达35.7 m。溶洞发育照片如图3-25所示。

表 3-4　渭北东、西部奥陶系中下统岩性组合结构对比

地层	西部地区岩性	地层	东部地区岩性
O$_{2p}$平凉组	页岩夹薄层粉砂岩,间夹泥灰岩,厚800~1855 m	O$_{2f}$峰峰组	上段:灰色厚层状灰岩,浅灰色中厚层状粉细白云岩,厚度160~355 m; 下段:薄层泥云岩、泥灰岩为主,含石膏层,厚33.5~125.36 m
O$_{2s2}$三道沟组上段	中薄层白云岩、泥岩、砂质泥岩、泥质灰岩,厚385.78 m	O$_{2s1}$上马家沟组	上段:中厚层状灰质白云岩夹薄层状泥岩,厚111.7~182.9 m; 下段:中厚层状灰岩、白云岩和薄层泥灰岩、泥质白云岩互层,中含薄层石膏,厚27~80 m
O$_{2s1}$三道沟组下段	上部:厚层状含灰云岩,厚440.34 m; 中部:中厚层状灰岩、泥晶灰岩,厚52.47 m; 下部:中厚层状泥晶灰岩、灰岩夹薄层泥灰岩,厚116.64 m 底部:薄层粉砂岩含云泥岩,厚15.10 m	O$_{2s1}$上马家沟组	上段:灰色中厚层状泥粉晶灰岩、白云质灰岩、白云岩夹泥灰岩,厚50~70 m; 下段:泥灰岩夹薄层灰岩或白云质灰岩,中含石膏层,底层见含砾砂岩、砂砾岩
O$_1$	以灰色燧石条带或团块白云岩为主	O$_1$	浅灰-灰色中厚层状燧石条带或团块白云岩
O$_{2p}$平凉组	深灰色页状泥晶灰岩夹黑色薄板状硅质岩及黄灰色凝灰岩,厚866.23 m		

　　(a) 泾河出山口岸边 (张家山)　　　　(b) 泾河峡谷

图 3-25　多层溶洞

　　据矿井生产实际揭露,截至2009年底在铜川多个矿井发现大小塌陷及陷落柱共计36个,其类型以陷落柱为主。长轴25~135 m,大多数在100 m以内,长短轴比例为1:1~2.9:1,长轴方位以EW向为主(占近50%),次为NE-SW(约占25%)和NW-SE向(约占20%)。

　　2. 奥陶纪灰岩地下水循环径流条件

　　盆地南缘岩溶地下水排泄基准为渭河盆地和黄河,岩溶地下水在渭北山区接受大气降水入渗和河流渗流补给后,由北西向南东方向径流,渭河盆地北缘北东东向展布的断裂构造对岩溶地下水径流有重要控制意义。在南缘西部地区,地下水在渭河盆地山前断裂带富集并形成主要排泄,在东部地区渭河盆地内断裂成为充水断裂。地下水断层呈溢流排泄,呈敞开式向排泄区运移。渭河盆地基地碳酸盐岩含水层有北东东向平行排列的地垒、地堑

构造相间排列的结构形式，具备三维流径流特点，如图 3 - 26 所示。

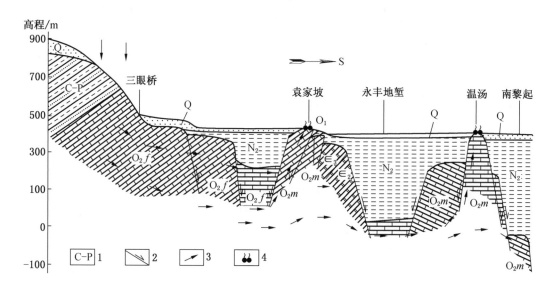

1—石炭二叠纪地层；2—断层；3—地下水流向；4—岩溶泉水

图 3 - 26　盆地南缘岩溶地下水系统模式示意图

3. 奥陶纪灰岩水水文地球化学特征

南缘地区岩溶地下水水化学分布呈现自北（北西）而南（南东），从补给区—径流区—排泄区具有明显的水平分带，沿地下水的径流方向矿化度逐渐增加，地下水温度也有增高趋势。由于构造断裂的存在，该区部分岩溶地下水可向南或南东方向运移，进入汾渭盆地。

在盆地南缘渭北及河津—韩城地区。北部为灰岩裸露或浅埋的山地为岩溶地下水的主要补给区，地下水矿化度一般小于 0.5 g/L，水化学类型多为 HCO_3 型；由补给区向南及南东方向，为岩溶地下水径流区，地下水矿化度一般为 0.5 ~ 1.0 g/L，水化学类型为 $HCO_3 \cdot SO_4$ 型或 $SO_4 \cdot HCO_3$ 型。

铜—蒲—合系统岩溶水水化学类型主要有：HCO_3、$HCO_3 \cdot SO_4$、$HCO_3 \cdot SO_4 \cdot Cl$、$SO_4$、$SO_4 \cdot Cl$ 等 5 种类型，其中以 $HCO_3 \cdot SO_4$ 和 $HCO_3 \cdot SO_4 \cdot Cl$ 为主。沿径流方向地下水 Cl^-、K^{+1}、Na^{+1} 离子含量明显增加，北部地区阴离子含量以 SO_4^{2-}、HCO_3^- 为主，南部则多以 SO_4^{2-}、HCO_3^-、Cl^- 离子为主，水化学类型随之改变（图 3 - 27）。

4. 构造控水特征

盆地南缘渭北地区的构造特征与渭河地堑的形成、演化密切相关，位于南部的汾渭裂谷，造就了岩溶地下水的由北向南的总体径流趋势，总体上北东向断裂带为区域主要控水构造。该区岩溶地下水富集规律如下：

（1）南缘东部地区含水层主要是中奥陶统介质结构类型，系统发育规模相对较大，富水性相对均匀；西部含水层为"脉状"介质结构类型，岩溶地下水分布极不均一。

（2）岩溶地下水系统为地层倾向与地下水流向相反的"外流型"系统模式。东部更接近裂谷沉降中心，张性构造作用强烈，岩溶较为发育，地下水富水性强，径流条件好。

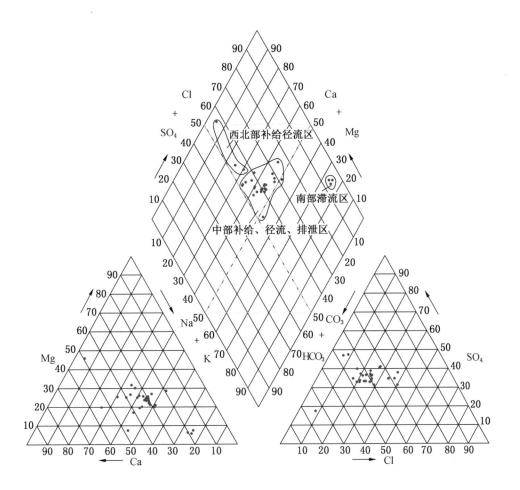

图 3-27　铜、蒲、合岩溶地下水子系统水化学三线图

（3）在汾渭地堑逐级陷落形成过程中，各期山前断裂带均具备张性特征，为岩溶水富集提供了蓄水空间，成为岩溶地下水的有利富集地带，在该区域沿断裂带已形成了多个断裂带水源地。

（4）大型河谷来年两侧局部位置也是岩溶地下水的富集部位。

总体上盆地南缘岩溶地下水分布均匀程度东部高于西部，地下水富集主要受断裂构造控制，岩溶地下水富集程度东部较西部好。

5. 岩溶地下水动态

据区域水文地质调查资料，近十几年来区域岩溶地下水位一直处于持续性下降状态（图 3-28），与 20 世纪 80 年代相比普遍降幅在 6~7 m。

6. 奥陶纪灰岩水文地质特征

通过总结，鄂尔多斯盆地南缘奥陶纪灰岩水具有以下特征：

（1）岩溶地下水流向与碳酸盐岩含水层倾向相反，总体由北西向南东渗流，构成南缘"外流型"循环模式，地下水流场形态多呈发散状。

（2）受含水层岩性和层组结构控制，南缘东部岩溶系统发育规模大于西部，东部富

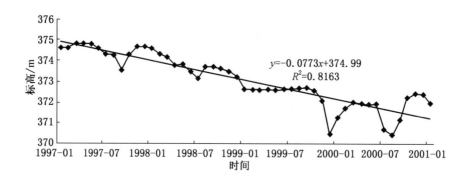

图 3-28　W15 孔岩溶地下水动态曲线

水性相对较强。

（3）含水介质类型在东部以"似层状"裂隙岩溶含水层为主，西部以"脉状"岩溶裂隙含水层为主，南缘岩溶地下水在东西部存在较大差别。

（4）地下水补给，以地表水渗漏补给为主，（黄河、洛河、泾河等）约占总补给量的60%，其次为北部山区裸露区的大气降水补给。

（5）岩溶地下水在地堑断裂带内富集，地下水部分地段受构造阻水影响而改变径流方向或溢流成泉，在黄河、洛河、泾河切割含水层地段以大泉形式排泄，目前人工开采及煤矿排水也是排泄形式。

（6）奥陶系灰岩溶洞裂隙系统连通性好，水力联系密切的。地下水流场极其平缓，地下水动态较为稳定，近 20 年水位下降 10~15 m，富水性相对均一。

（7）地下水系统径流区、排泄区地下水水量较为丰富，总体上东部较西部富水。在山前断裂带（黄土塬区的地垒及断裂带）地下水富集，是区域最重要的供水水源。

（8）总体南缘浅部径流条件好、深部相对滞缓，区内北东东向展布的断裂构造具有较好控水作用。

第四节　鄂尔多斯盆地西缘奥陶纪灰岩水文地质特征

鄂尔多斯盆地西缘岩溶地下水系统主要包括千阳—华亭岩溶地下水系统（I_6）、平凉—彭阳岩溶地下水子系统（I_7）、太阳山岩溶地下水子系统（I_8）、黑山岩溶地下水子系统（I_9）、桌子山岩溶地下水子系统（I_{10}）五大岩溶子系统。在岩溶地下水系统发育的煤田从北向南依次为：桌子山煤田、贺兰山北段煤田、横城矿区、王洼煤田、黄陇侏罗系煤田西部的永陇矿区和华亭矿区。

一、煤层发育特征

1. 桌子山煤田

1）煤炭资源赋存特征

神华乌海能源有限责任公司所属 10 对矿井（图 3-29），除乌达矿区 3 个矿属于贺兰山北段煤田外，其余矿井均分布于桌子山煤田，主采石炭、二叠纪煤。上组煤 9-1 号、9-2 号、10 号煤层为主采煤层，下煤组 16 号煤层位稳定，厚度较大，为主采煤层。

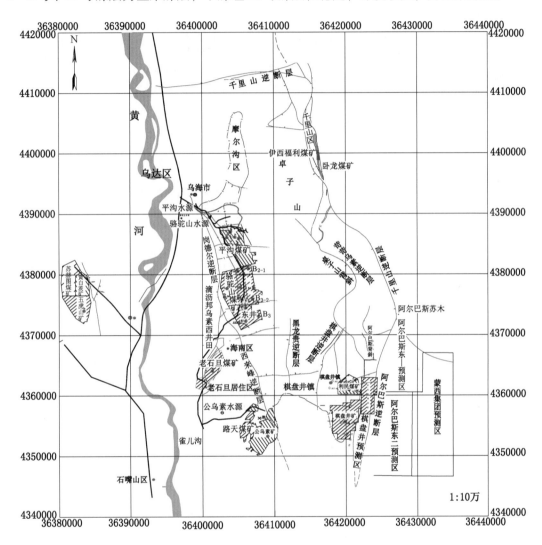

图 3-29　桌子山煤田及周边矿井分布图

2）石灰岩含水层与主要可采煤层空间组构关系

桌子山煤田奥陶系灰岩发育有桌子山组及三道坎组，桌子山组与本溪组直接接触，该组岩性以厚层灰岩为主，夹粉砂岩薄层，灰岩夹泥灰岩、钙质泥岩条带，为盆地边缘海陆交互相沉积。9 号煤距奥陶系灰岩顶界面距离为 75.71～143.01 m，平均距离为 97.64 m（图 3-30）。16 号煤距奥陶系灰岩顶界面距离为 23.45～82.43 m，平均距离为 39.04 m。9 号煤与 16 号煤间距 35.05～68.28 m，平均距离为 52.90 m。

2. 贺兰山北段煤田

贺兰山北段煤田包括乌达矿区、汝箕沟矿区（图 3-31）。主要含煤地层为上石炭统太原组和下二迭统山西组，以陆相和过渡相沉积为主。据《贺兰山北段煤田乌达矿区教子沟井田最终（精查）补充勘探报告》可知，本区太原组下部地层（C_3t_1）厚 799.0 ~ 1128.0 m，井田内所有钻孔均未揭露奥陶系灰岩。

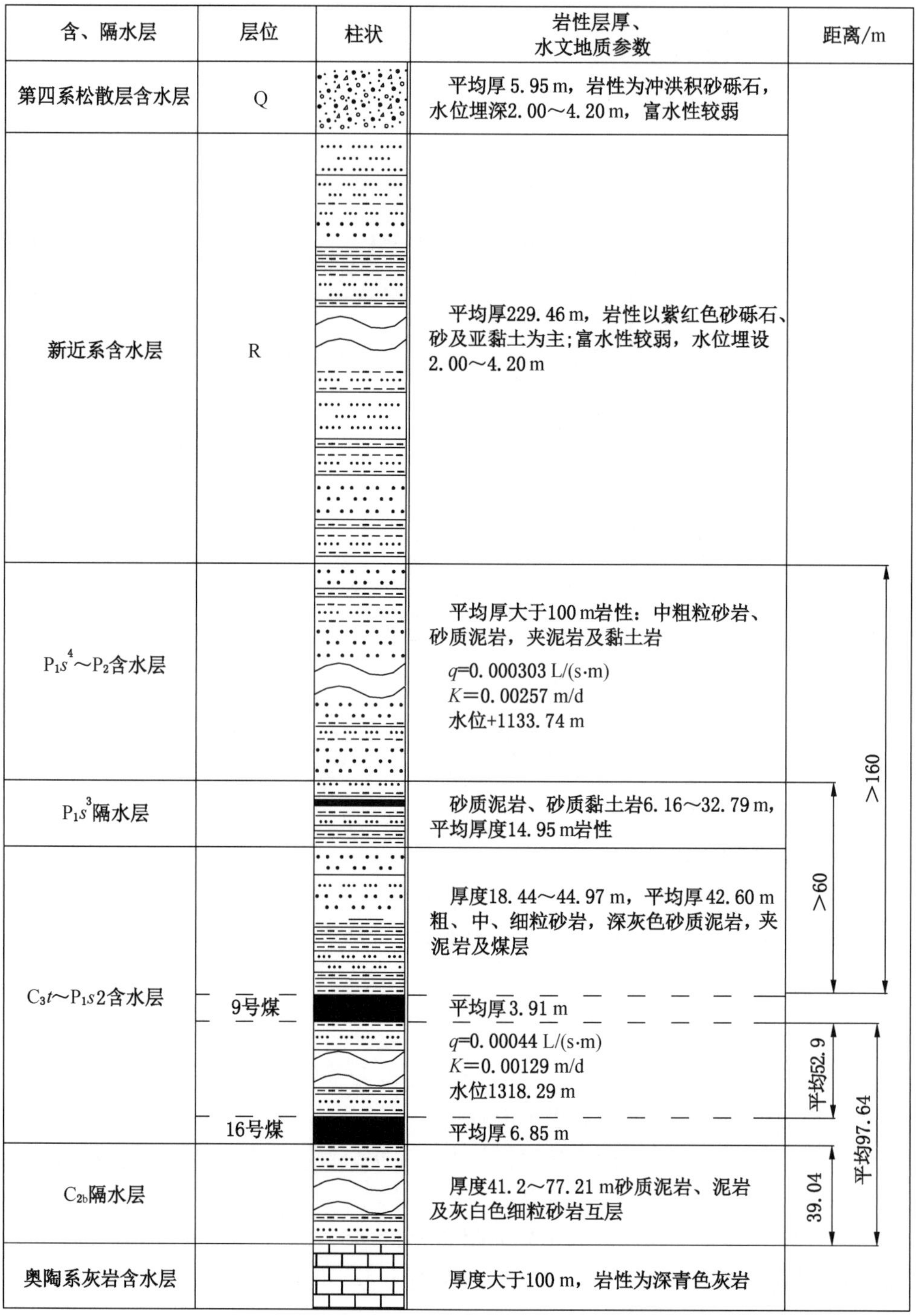

含、隔水层	层位	柱状	岩性层厚、水文地质参数	距离/m
第四系松散层含水层	Q		平均厚5.95 m，岩性为冲洪积砂砾石，水位埋深2.00~4.20 m，富水性较弱	
新近系含水层	R		平均厚229.46 m，岩性以紫红色砂砾石、砂及亚黏土为主；富水性较弱，水位埋设2.00~4.20 m	
P_1s^4~P_2含水层			平均厚大于100 m岩性：中粗粒砂岩、砂质泥岩，夹泥岩及黏土岩 q=0.000303 L/(s·m) K=0.00257 m/d 水位+1133.74 m	>160
P_1s^3隔水层			砂质泥岩、砂质黏土岩6.16~32.79 m，平均厚度14.95 m岩性	
C_3t~P_1s2含水层			厚度18.44~44.97 m，平均厚42.60 m 粗、中、细粒砂岩，深灰色砂质泥岩，夹泥岩及煤层	>60
	9号煤		平均厚3.91 m	平均52.9
			q=0.00044 L/(s·m) K=0.00129 m/d 水位1318.29 m	平均97.64
	16号煤		平均厚6.85 m	
C_{2b}隔水层			厚度41.2~77.21 m砂质泥岩、泥岩及灰白色细粒砂岩互层	39.04
奥陶系灰岩含水层			厚度大于100 m，岩性为深青色灰岩	

图 3-30 桌子山煤田主采煤层与奥灰顶界面空间组构关系

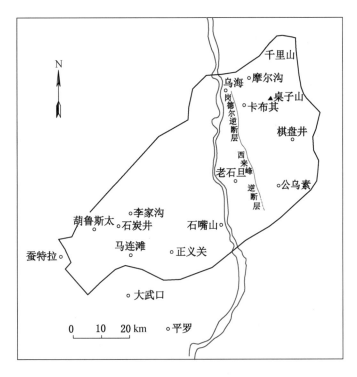

图 3-31　贺兰山北段煤田示意图

3. 横城矿区

横城矿区位于黑山岩溶地下水系统内，其中有红石湾煤矿和任家庄煤矿，主采石炭二叠系煤层。二叠系下统山西组包含 3 个中小型陆相旋回，每个旋回中各有 3~4 层煤，总共含煤 13 层，其中主采 3 号、5 号、9 号煤层。

根据《神华宁煤集团任家庄煤矿水害排查及水文地质条件评价》报告，黑山岩溶地下水系统中的奥陶纪灰岩仅出露于马鞍山北部东侧（图 3-32），面积不足 1 km²，为灰—灰黑色厚层灰岩，裂隙不发育，多为方解石脉充填。据水 1 号孔揭穿灰岩 193.73 m，水位埋深 45.06 m，单位涌水量为 0.0605 L/(s·m)，渗透系数为 0.0322 m/d，含水极弱。东区 135 号孔，进入灰岩时发生掉钻现象。3 号、5 号、9 号煤层距奥陶系灰岩顶界面距离分别为 532.0 m、509.0 m、451.0 m，各主采煤层底板隔水层较厚，发育稳定。

4. 王洼煤田

1）煤炭资源赋存特征

平凉—彭阳岩溶地下水系统内主要有王洼煤田（图 3-33），根据《宁夏回族自治区固原市王洼矿区王洼煤矿扩大延伸勘探地质报告》，王洼矿区煤层自上而下编号为 1~10 号煤层，主采 5 号、8 号煤层，见表 3-5。

2）石灰岩含水层与主要可采煤层空间组构关系

据区域调查资料可知，奥陶系灰岩岩性上部以浅灰、灰、深灰色厚层灰岩为主，含燧石结核；中部为暗紫、灰绿色钙质粉砂、细砂岩、泥岩等，5 号煤层距奥陶系灰岩顶界面距离约为 200.0 m，8 号煤层距奥陶系灰岩顶界面距离约为 150.0 m。

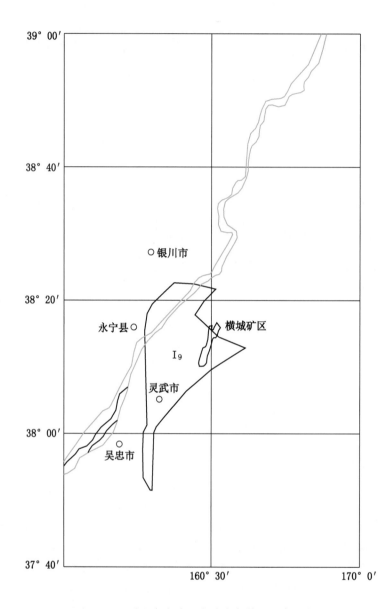

图 3-32 黑山岩溶地下水系统内煤田分布示意图

表 3-5 王洼煤田可采煤层厚度统计

煤 层	1 号	1-2 号	5 号	5下 号	8 号	8-2 号	9 号
合计厚度/m	93.79	36.07	737.03	45.78	439.70	29.49	51.52
平均厚度/m	2.18	1.09	10.68	0.85	6.11	1.09	1.61
最大/m	4.97	2.35	18.07	2.38	13.78	2.06	3.94
最小/m	0.44	0.34	6.38	0.17	0.51	0.17	0.11

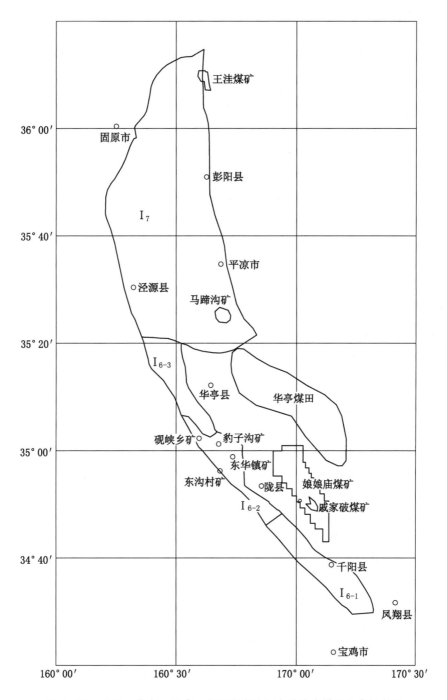

图3-33 千阳—华亭、平凉—彭阳岩溶地下水系统内煤田分布示意图

5. 黄陇煤田西部永陇矿区和华亭矿区

千阳—华亭岩溶地下水分区内主要包括黄陇侏罗系煤田西部的永陇矿区和华亭矿区。据区域煤田地质勘探成果,主采煤层为侏罗系延安组2号和3号煤层。2号煤埋深 +630.0 ~ +1200 m,厚度1.10 ~ 9.18 m,3号煤埋深 +650.0 ~ +1200 m,厚度13.43 ~

53.13 m，平均厚 27.60 m。

区内中石炭统本溪组，厚度 196～713 m。三叠系为上、中、下三统俱全，下三叠系分为刘家沟组合和尚沟组，厚度分别为 90～400 m 和 65～128 m；中三叠系分为纸坊组合延长群的铜川组，厚度分别为 330～1000 m 和 600 m 左右；上三叠系分为胡家村组、永坪组合瓦窑堡组，厚度分别为 210～325 m、95～200 m 和 0～228 m。因此，千阳－华亭区内目前开发的煤炭资源与奥陶系灰岩顶界面间距大于 1600 m。

二、奥陶纪灰岩岩溶地下水系统

在岩溶地下水系统发育的煤田从北向南依次为：桌子山煤田、贺兰山北段煤田、横城矿区、王洼煤田、黄陇侏罗系煤田西部的永陇矿区和华亭矿区，其中仅横城矿区、王洼煤田和桌子山煤田受到底板奥陶纪灰岩水威胁，分别位于平凉－彭阳岩溶地下水子系统（I_7）、黑山岩溶地下水子系统和拉僧庙岩溶地下水子系统（I_{10-1}）。

1. 平凉—彭阳岩溶地下水亚系统

1）边界条件

平凉—彭阳岩溶地下水亚系统位于六盘山东麓（图 3－34），西部边界为六盘山逆断层，构成隔水边界；东部为区域大断裂阿色浪～车道断层，其北段为隔水边界，南段推测为岩溶地下水向鄂尔多斯盆地白垩系排泄的潜流边界；南部碳酸盐岩深陷，为岩溶地下水滞流性隔水边界；北部边界构成地下水分水岭边界。

2）地下水循环条件

亚系统内岩溶地下水补给有降雨入渗补给和河流渗漏补给。岩溶地下水总体上由西向东径流，在局部受阻后可产生部分排泄。

2. 黑山岩溶地下水系统（I_9）

黑山岩溶水子系统平面展布形态近三角形，位于云雾山黑山岩溶地下水亚系统北段，西界为银川平原黄河大断裂；西北为黄河，是工作区边界；东部界线为岩溶地下水滞流性隔水边界。该系统碳酸盐岩露头很少，仅在黑山有少量出露，其面积不足 1 km²，地层为马家沟组灰岩，地表岩石裂隙较发育。其他地区均被第三系、白垩系覆盖，并且无岩溶裂隙水勘探孔。在黑山西 1 km 处施工的钻孔（YR23），钻进 901.96 m 未见灰岩，黑山以东灰岩埋深 100～300 m（图 3－35）。

3. 拉僧庙岩溶地下水子系统（I_{10-1}）

根据循环条件将桌子山岩溶地下水系统划分为拉僧庙、千里沟、岗德尔山和千里山北端等 4 个子系统（图 3－36）。桌子山岩溶水系统北界始于千里山逆断层，南抵雀儿沟矿井，东起桌子山东缘大断裂，西临黄河。其中煤矿多集中在拉僧庙岩溶子系统内，千里沟岩溶子系统多为露天煤矿，而岗德尔山和千里山北端岩溶子系统没有煤层沉积。因此，重点研究拉僧庙岩溶子系统水文地质特征。

1）边界条件

拉僧庙岩溶子系统东部边界由桌子山东麓大断裂构成，为局部流量边界。断层东侧为白垩系碎屑岩孔隙地下水系统，与西部桌子山岩溶地下水系统在北段没有水力联系；南段棋盘井东侧边界存在白垩系地下水侧向补给。

西部以岗德尔背斜西翼断裂为界，黄河从岗德尔山背斜西侧自南而北流过，并切穿岗

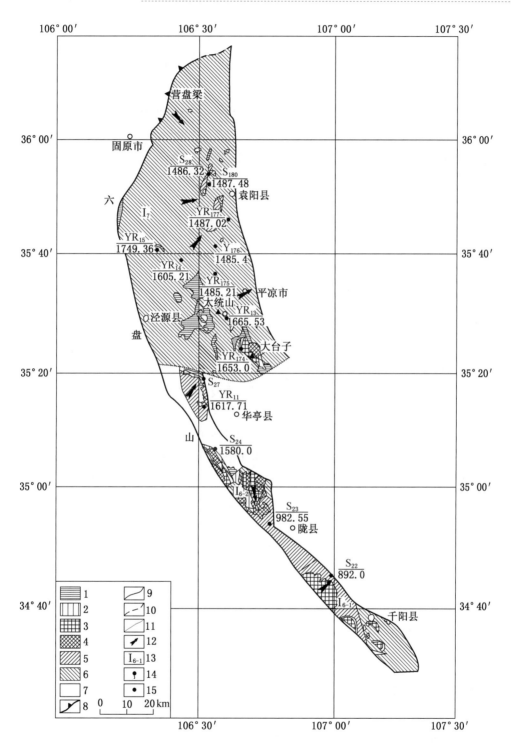

1—三桥组裸露区；2—奥陶系裸露区；3—寒武系裸露区；4—中、新元古界裸露区；5—覆盖区；
6—埋藏区；7—非岩溶区；8—地下水分水岭边界；9—隔水边界；10—潜流边界；11—推测边界；
12—岩溶地下水边界；13—系统编号；14—岩溶泉；15—水文孔

图3-34 千阳—华亭、彭阳—平凉岩溶地下水系统岩溶水文地质略图

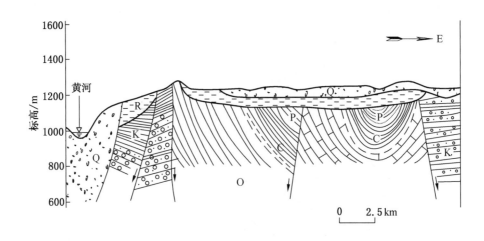

图 3 - 35　黑山地区东西向地质剖面示意图

德尔背斜西南倾伏端，天然状态下岩溶地下水位高于黄河水位，西边界为侧向潜流排泄边界（图 3 - 37）。

南部边界因埋深逐步加大而成为滞留状态，在巴音陶亥一带，有近东西向的正谊关右旋平移断层构成隔水边界，北侧碳酸岩地层深埋构成隔水边界。

2）地下水补给、径流排泄条件

（1）补给条件。大气降水（图 3 - 38）通过桌子山裸露的碳酸盐区以入渗和季节性地表洪水渗漏补给为主，通过断裂构造、顺层面发育的溶隙、溶洞向区域排泄基准面运移。另外由于南北向的平行大落差逆断层使岩溶地层呈南北向平行出露地表，多形成陡峭山崖出露于沟谷，在地层出露部位松散层潜水多与地下水形成补给关系。

（2）径流条件。桌子山岩溶水在向卡布其向斜径流至岗德尔山前，由于受岗德尔山东缘断裂的阻挡，在自然地下水头压力作用下，沿构造线方向作近南北向径流，顺黑龙贵断裂带和西来峰断裂带由北向南径流进入棋盘井地区，由于南部近东西向的正谊关右旋平移断层隔水边界等原因，地下水向西南方向公乌素、拉僧庙径流排泄。

（3）排泄条件。在天然条件下，地下水主要以泉的形式集中排泄和向侧向潜流排泄（图 3 - 39），在工矿业发展和水源地逐步开发后，渐渐转为以人工排泄方式为主。

三、奥陶纪灰岩水文地质特征

在岩溶地下水系统发育的煤田从北向南：桌子山煤田、贺兰山北段煤田、横城矿区、王洼煤田、黄陇侏罗系煤田西部的永陇矿区和华亭矿区。其中贺兰山北段煤田和黄陇侏罗系煤田西部的永陇矿区和华亭矿区主采煤层距离奥陶系灰岩较深，矿区内所有钻孔未揭露奥陶纪灰岩。因此本书重点介绍桌子山煤田、横城矿区、王洼煤田奥陶纪灰岩水文地质特征。

1. 桌子山煤田奥陶纪灰岩的野外调查

本次野外调查主要是针对中、下奥陶系灰岩，重点是桌子山组和三道坎组，其次为蛇

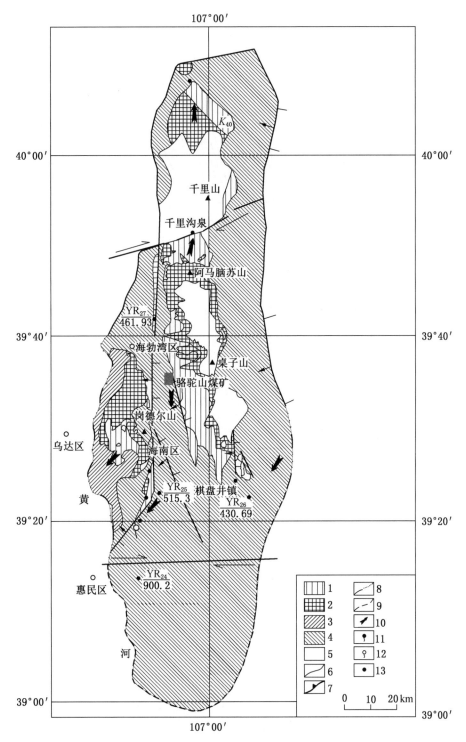

图 3-36 桌子山岩溶地下水系统岩溶水文地质略图

1—奥陶系裸露区；2—寒武系裸露区；3—岩溶覆盖区；4—岩溶埋藏区；5—非岩溶区；6—隔水边界；
7—地下水分水岭边界；8—潜流边界；9—含水层深埋滞留边界；10—岩溶地下水流向；
11—岩溶泉；12—干涸泉；13—水文孔

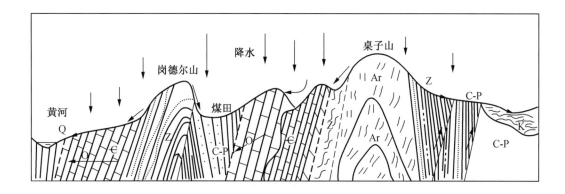

图 3-37 桌子山岩溶水系统东西向剖面示意图

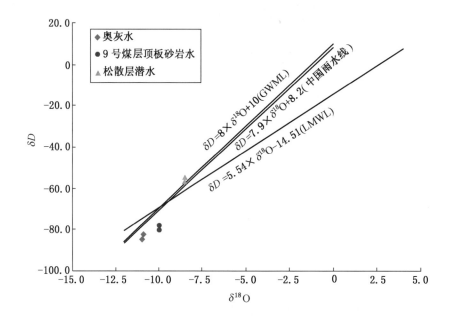

图 3-38 桌子山岩溶水系统同位素分布图

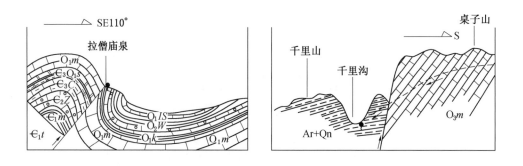

图 3-39 桌子山泉域南北 2 个主要天然排泄点示意图

山组、公务素组、拉什仲组、乌拉力克组、克里摩里组等地层。项目组分别于 2011 年 5 月 25 日、6 月 10 日至 12 日、8 月 17 日至 18 日，3 次共 6 天，调查了摩尔沟奥陶系灰岩出露区域、平沟采石场奥陶系灰岩出露区、公务素正北 5 km 的蛇山灰岩出露区、拉僧庙和岗德尔山西侧奥陶系灰岩灰岩出露区及骆驼山煤矿水文地质补勘取芯现场等（图 3 - 40）。主要调查了奥陶系灰岩出露区域地层的所属类型、层序、接触关系、裂隙发育、分布及充填情况等。并采取了 10 组奥陶系桌子山组和三道坎组岩样进行物理性质测试和矿物成分鉴定。

(a) 摩尔沟灰岩出露区 (三道坎组)

(b) 摩尔沟灰岩 (桌子山组)

(c) 公务素北蛇山 (蛇山组灰岩)

(d) 公务素蛇山组出露区

(e) 拉僧庙泉出露点

(f) 拉僧庙灰岩出露区

(g) 卡布其采石场 (本溪组)

(h) 卡布其采石场 (桌子山组灰岩)

图 3 - 40　调查实地

2. 桌子山煤田内灰岩岩溶发育特征

1) 岩溶发育影响因素

（1）岩性是岩溶发育的物质基础。首先岩石的物质组成是岩溶发育的基本条件，也是岩溶是否发育的决定因素。根据桌子山煤田奥陶系灰岩岩矿鉴定及化学成分测试结果（图 3 - 41），奥陶系灰岩多为泥晶和微晶结构，部分岩石含有少量泥质、砂质陆源碎屑，部分岩石有不同程度的白云岩化，成为含白云质石灰岩和白云质石灰岩。岩样的化学成分接近纯方解石的理论化学成分，Al_2O_3、MgO、SiO_2 含量很低。其次岩石结构影响岩石的岩溶化程度。桌子山煤田奥陶系灰岩结构以微晶和泥晶结构为主，孔隙较小且分布均匀，不利于岩溶集中发育和局部地带发育。

（2）地质构造控制岩溶的发育。碳酸盐岩产生岩溶作用，除与可溶岩岩性有关外，还与构造作用有关。桌子山煤田主体构造为桌子山背斜，两侧为桌子山东麓大断裂、岗德尔—西来峰大断裂及岗德尔背斜，主要构造线方向近南北向，以压扭性构造为主。次一级构造线则呈东西向展布，以张性构造为主，近东西走向的右旋平移断层对南北向逆断层进行切割，如千里沟平移断层、正谊关（巴音陶亥）平移断层等。区域构造较为复杂，在褶曲轴部、断层带及陷落柱发育地带岩溶相对发育。

（3）地形及水文网控制水动力条件，影响岩溶的发育。地形控制着地下水的补给、径流和排泄条件。桌子山东部沿着顺黑龙贵断裂带和西来峰断裂带为径流带，根据水文地

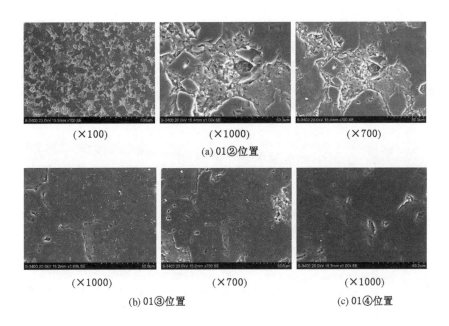

（×100）　　　　　　　　（×1000）　　　　　　　　（×700）

(a) 01②位置

（×1000）　　　　　　　　（×700）　　　　　　　　（×1000）

(b) 01③位置　　　　　　　　　　　　　　(c) 01④位置

图 3 - 41　BC2 灰岩（506.36 m）微观结构分析结果

质补勘漏水情况，岩溶较为发育；桌子山西部为相对滞留区，岩溶相对不发育。

2）岩溶裂隙充填特征

（1）裂隙存在形式。裂隙主要以溶隙、溶孔和小型溶洞为主，岩芯表面溶隙、溶孔清晰可见，多以垂直裂隙发育。

（2）裂隙发育位置。裂隙发育主要在桌子山组灰岩段，进入灰岩厚度小于 100 m，尤其上部 50 m 范围内裂隙、小型岩溶较为常见，溶洞直径多小于 5 m，偶见直径 20 m 左右（图 3 - 42）。

（3）裂隙充填状态。表面溶隙、溶孔多被泥钙质、砂质充填，部分被方解石充填（图 3 - 43）。

图 3 - 42　B$_{1-5}$ 钻孔 892.3 m 灰岩　　　　　　图 3 - 43　B$_{2-1}$ 钻孔 400 ~ 410 m 裂隙发育

（4）陷落柱发育情况及特征。首先应用三维地震精细解释、地面瞬变电磁勘探、钻探探查等对突水构造进行精细探查。其成果如下：

安徽省煤田地质局物探测量队对骆驼山煤矿 101 采区的三维地震勘探结果做了精细解释（图 3 - 44），认为突水通道为一隐伏于 16 号煤层之下的小型岩溶陷落柱，在奥陶系灰岩顶界面处直径约 1 m，可能波及煤系地层下部。

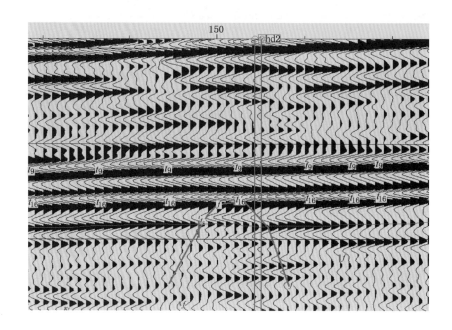

图 3 - 44　I336 线地震时间剖面

以骆驼山煤矿 16 号煤层回风大巷为中轴，北至 9 号孔，南至 F16 断层，东西宽 200 m，南北长 800 m，面积约 0.16 km² 的区域布置了地面瞬变电磁勘探，得出如下结论：测区范围内奥陶系灰岩内部存在一条向近北东——南西向的低阻异常带，分析应为奥陶纪灰岩水径流带富水区，垂向上奥陶纪灰岩水富水区范围向深部有增大的趋势。测区出水点附近，低阻异常区由奥陶系灰岩延伸至煤系地层，局部越过 16 号煤层到达 9 号煤附近（图 3 - 45）。

根据物探、钻探和水文地质补勘探查成果，骆驼山煤矿 +870 m 水平回风大巷突水构造为一小型隐伏导水岩溶陷落柱（图 3 - 46），16 号煤层底板附近直径 10 m 左右，陷落柱规模有所扩大，最大发育深度进入奥陶系灰岩约 170 m。陷落柱具有明显的分带性，陷落柱内充填物一般为砂岩或泥岩碎块，棱角明显，形状不规则，胶结物一般为泥岩和岩石碎屑，疏松破碎。柱体外发育有明显的裂隙带，东部裂隙带的发育宽度约 36 m。该陷落柱规模虽小，但其柱体中心局部充填密实度较差，外围导水裂隙十分发育。

3）奥陶纪灰岩水文地质特征

桌子山煤田中奥陶统基本是稳定的广阔海相灰岩连续沉积、夹层很少，岩溶发育相对较弱，岩溶作用主要沿构造裂隙发育，不利于陷落柱集中发育，形成典型的非均匀裂隙岩溶含水介质，奥陶纪灰岩水主要在南北向导水断裂和背斜覆端横张断裂带内富集。其奥陶

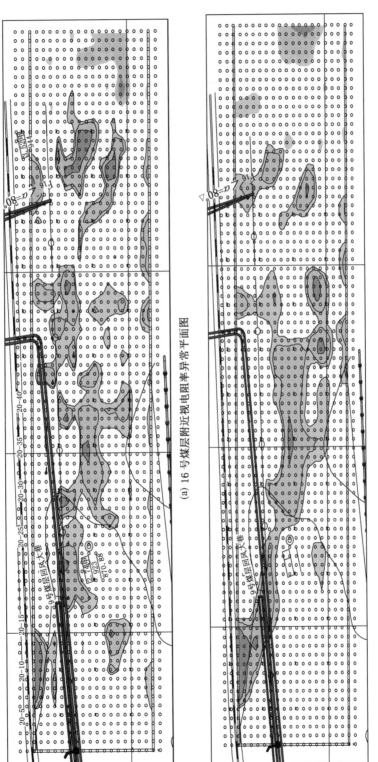

(a) 16 号煤层附近视电阻率异常平面图

(b) 奥灰顶界面附近视电阻率异常平面图

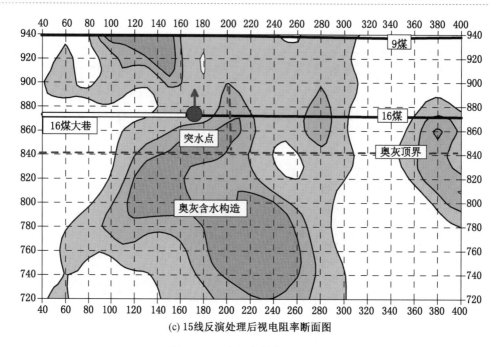

(c) 15线反演处理后视电阻率断面图

图 3 – 45 电阻率异常区平面图

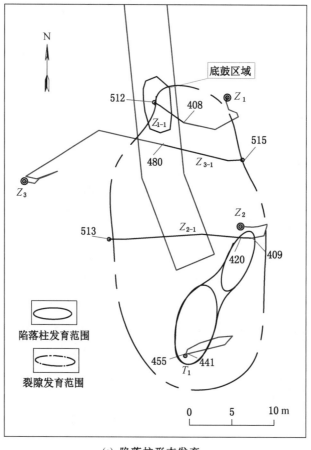

(a) 陷落柱形态发育

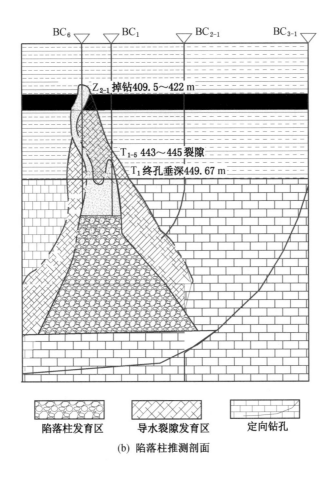

图 3 - 46　陷落柱示意图

纪灰岩水文地质具有沉积环境复杂性，非均质性，构造控水、富水性极不均一，补给有限，处于超采状态和疏降可行性等特点。

（1）沉积环境复杂性。鄂尔多斯西缘由于构造的活动性和复杂性，导致不同煤矿受奥陶纪灰岩水威胁程度差异性较大，根据沉积类型把桌子山煤田划分为 3 个水文地质单元（图 3 - 47）：平沟、骆驼山、利民、棋盘井煤矿属于一个水文地质单元，16 号煤层底板隔水层厚度 40 m 左右；海南区公乌素、老石旦、路天矿处在西来峰逆断层西侧属于贺兰山北段，石炭系本溪组沉积厚度较大，大于 220 m，属于一个水文地质单元；棋盘井煤矿东区苏亥图井田苟素乌逆断层以东这个条带上震旦系为沉煤基底，奥陶系和寒武系缺失，属于第 3 个水文地质单元。

（2）非均质特征。桌子山煤田奥陶纪灰岩水富水性在平面和垂向深度上，都具有不均一性在平面上表现为各孔单孔涌水量、单位涌水量、渗透系数均有较大区别。整体上东部桌子山露头区接受大气降雨的补给，循环交替积极，径流条件好、富水性较强；西部奥陶系灰岩水的溶虑程度较差，奥陶系灰岩水的循环交替滞缓，径流条件差，富水性相对较弱（图 3 - 48）。钻孔水质分析结果也显示同样规律，东部矿化度小，循环交替积极，西

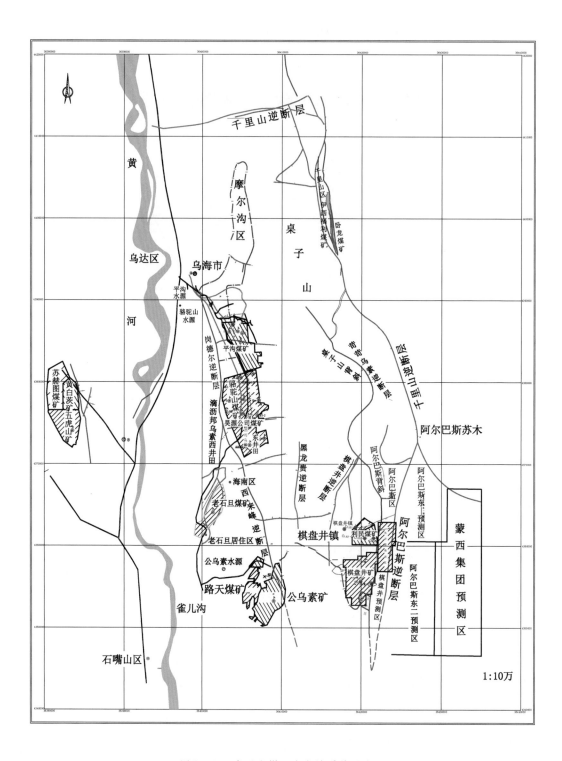

图 3-47 桌子山煤田水文地质单元分区

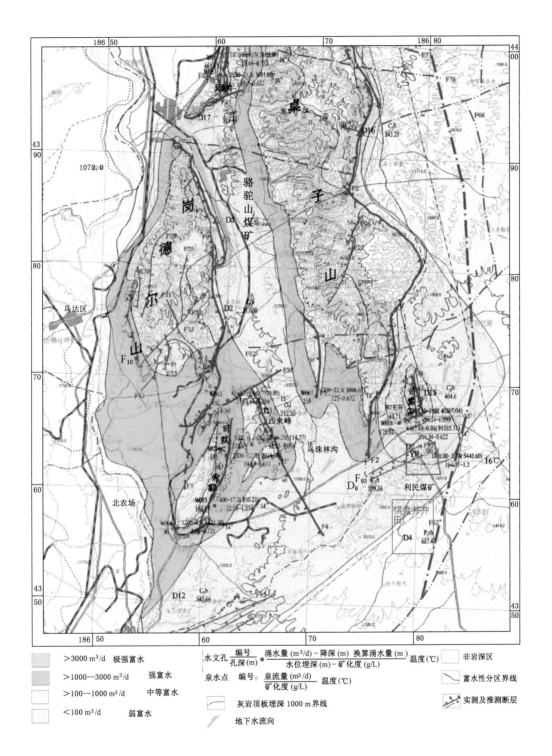

图 3-48　桌子山地区水文地质富水性分区示意图

部矿化度大，循环交替滞缓。从东到西水质类型也由 $HCO_3 \cdot SO_4 \cdot Cl - Ca \cdot Mg$ 逐渐转变为 $Cl \cdot SO_4 - Na$。

根据钻探施工情况，奥陶纪灰岩裂隙发育不均一，漏水层位主要在桌子山组灰岩段，进入灰岩厚度小于 100 m（图 3 - 49），尤其上部 50 m 范围内裂隙、小型岩溶较为发育，三道坎组岩溶发育程度较差。

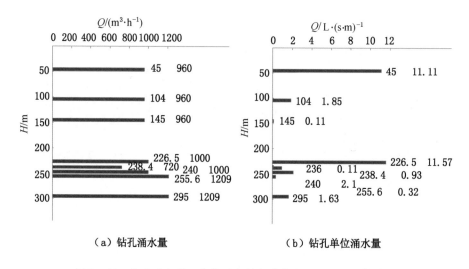

（a）钻孔涌水量   （b）钻孔单位涌水量

图 3 - 49   钻孔涌水量、单位涌水量与进奥灰顶面以下深度关系

（3）连通性好。根据桌子山煤田水文地质补勘试验，试验开始后各观测孔水位变化反应灵敏，多在 10 min 内出现同步变化，井田内各孔水位最大降深相差较小，降落漏斗呈整体平滑下降形态，体现出奥陶纪灰岩水连通性较好的特征。

（4）构造控水、富水性不均一。据区域水文地质调查及抽水试验资料显示，区域断裂构造是控制区内岩溶发育的重要因素，特别是发育于灰岩中的次级南北向断裂和背斜倾覆端的横张断裂对岩溶的发育及地下水富集的控制作用更强，成为很好的岩溶地下水富水带，区内水源地均位于富水带上。如老石旦东山断裂分布的 11 口井，单井涌水量均在 1000 ~ 4000 m^3/d；乌海市北部的凤凰岭断层带，供水井涌水量为 880 m^3/d。

（5）补给有限。奥陶纪灰岩水以静储量为主、动态补给量有限。补给水源以大气降水为主，降雨量较小，且奥陶纪灰岩水位一直处于下降趋势；同时水文地质补勘试验后奥陶纪灰岩水位均未恢复到初始水位，表明奥陶纪灰岩水以静储量为主。

（6）处于超采状态。据区域水文地质调查资料，拉僧庙岩溶子系统分布有为数众多的各类供水水源井，用水量较大，区域奥陶纪灰岩水采取量已超过其补给量，处于超采状态。

（7）疏降可行性。通过对桌子山煤田奥陶纪灰岩水动态补给有限、水位呈持续下降趋势，连通性好、疏降水头有限等因素综合研究，认为奥陶纪灰岩水疏降可行。

3. 横城矿区灰岩岩溶发育特征

区内主要包括了横城矿区的任家庄煤矿和红石湾煤矿，目前主采的 3 号煤层和 5 号煤层赋存于二叠系的山西组，主采的 9 号煤层赋存于石炭系的太原组。横城矿区奥陶纪灰岩裂隙不发育，多为方解石脉充填。据水 1 号孔抽水试验成果可知，奥陶纪灰岩水单位涌水量为 0.0605 L/(s·m)，渗透系数为 0.0322 m/d，富水性极弱。

4. 王洼矿区灰岩岩溶发育特征

王洼矿区奥陶系灰岩上部多有小溶蚀洞发育，裂隙有的已为方解石充填，沿节理有水锈，曾经有地下水活动。据抽水试验成果可知，奥陶纪灰岩水单位涌水量为 0.0028 L/(s·m)，渗透系数为 0.0011 m/d，富水性极弱。

第五节　鄂尔多斯盆地煤田奥陶纪灰岩水文地质总体特征

一、地形地貌、气象水文

鄂尔多斯盆地从地貌上看为一巨大的簸箕形内陆盆地，东、南、西三面均有中、高山环绕，北面直接向呼包盆地过渡，盆地中部为黄土高原及沙漠高原。黄河沿盆地周边呈"几"字形，从盆地的西、北、东三面环绕流过（图 3 - 50），黄河在本区水位总落差为760 m，黄河及其主要支流渭河、洛河、泾河等在盆地周边切割岩溶含水层，成为岩溶地下水的主要排泄边界，在局部地段形成补给边界，对区域岩溶地下水的运动有重要影响。

二、构造发育特征

从地质构造上看，鄂尔多斯盆地总体上为轴向近南北的巨型向斜盆地（图 3 - 51）。南北平均长约 620 km，轴部偏西，称为天环向斜。奥陶系灰岩顶面埋深达 4000 ~ 4500 m（海拔标高 - 2000 ~ - 2500 m），东翼总体上为一由东向西缓倾的单斜构造，平均倾角 1° ~ 2°，由于被次一级褶皱及断层复杂化，由东向西可分为 3 段（图 3 - 52）：

（1）东部吕梁隆起，变质岩基底及下古生界碳酸盐岩广泛出露，奥陶系灰岩顶面出露标高可达 1400 ~ 1600 m。

（2）中段晋西挠褶带为一总体向西倾的褶曲带，下古生界碳酸盐岩时而出露地表，时而浅埋地下；西段陕北斜坡，为一平缓向西倾的单斜构造，在黄河以西，下古生界碳酸盐岩被逐步埋藏地下，奥陶系顶面埋深从几十米至数千米，直到天环向斜轴部。

（3）盆地西翼为逆冲构造带，北自桌子山向南经宁夏黑山、罗山、云雾山至六盘山，主要由数条近南北向延伸、由西向东逆冲的断裂带组成。各断裂带的上升盘将基底变质岩、中上元古生界碳酸盐岩和下古生界碳酸盐岩推到地表，构成南北向的山脉，奥陶系顶面出露标高 1200 ~ 1600 m。

盆地南缘为渭北隆起，该隆起的北部为向北倾斜的单斜构造。南部则以断块形式向渭河裂谷降落，奥陶系顶面出露标高 1300 ~ 1600 m。

盆地北部为伊盟隆起，古生代以来该区处于隆起状态，基本缺失下古生界，在隆起东北部变质岩基底出露地表，在隆起南部埋藏有奥陶系灰岩，顶面埋深约 1000 m。

三、地层发育特征

鄂尔多斯盆地的整体构造构成了巨型岩溶水系统的基本骨架，盆地边缘的构造形式决定了岩溶水亚系统、子系统的空间结构形态。鄂尔多斯盆地的主要可溶岩层为下古生界碳

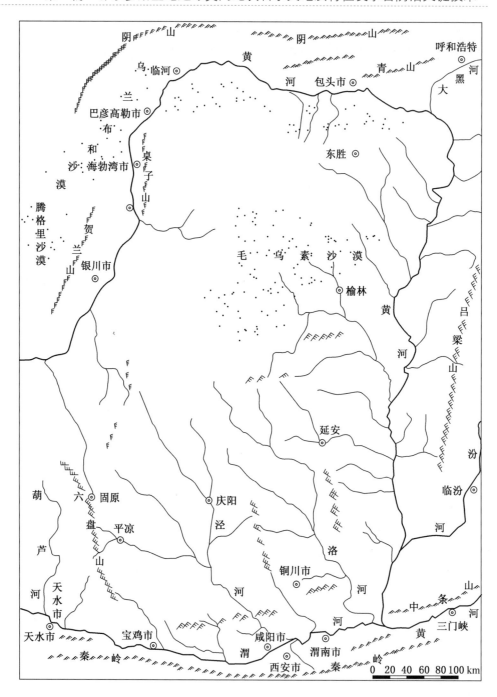

图 3-50　鄂尔多斯盆地范围内山脉水系

酸盐岩层，主要包括中寒武统张夏组灰岩及中奥陶统马家沟群碳酸盐岩，其次为中上元古界碳酸盐岩。这 3 套可溶岩组构成了盆地岩溶发育的物质基础，其中中奥陶统碳酸盐岩是本区最重要的可溶岩层，在本区大部分地区均有沉积，仅在伊盟隆起北部及庆阳隆起局部沉积较薄或缺失。

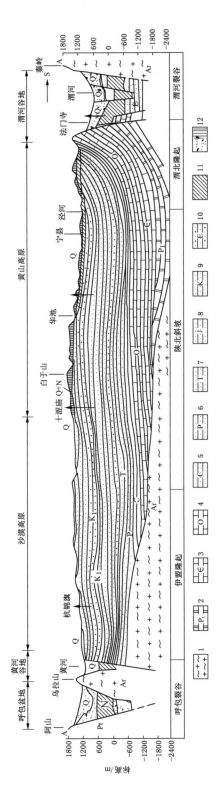

图 3 - 51　鄂尔多斯盆地南北向地貌—地质剖面图（据 2007，侯光才）

1—太古界变质岩；2—中、上元古界硅质白云岩；3—寒武系碳酸盐岩；4—奥陶系碳酸盐岩；5—石炭系煤盐岩；6—二叠系煤系地层；7—三叠系碎屑岩；8—侏罗系煤系地层；9—白垩系碎屑岩；10—老第三系泥岩；11—新第三系碎屑岩；12—第四系

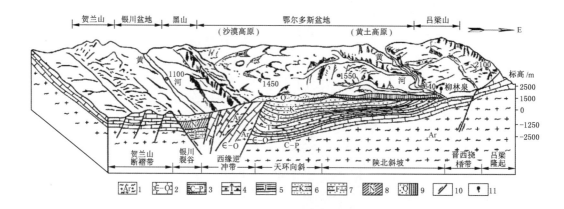

1—太古界变质岩；2—下古生界碳酸盐岩；3—石炭—二叠系煤系地层；4—三叠系煤系地层；5—侏罗系煤系地层；
6—白垩系碎屑岩；7—老第三系碎屑岩；8—新第三系泥岩；9—第四系；10—断层；11—泉水及标高

图3-52　鄂尔多斯盆地东西向地貌—地质剖面图

鄂尔多斯盆地奥陶系的最大特征是从沉积岩相上可分为中东部及西南部2个区，中东部属古华北海地层系统，普遍缺失上统背锅山组和中统平凉组，马家沟六组（峰峰组）也受到不同程度剥蚀；而鄂尔多斯西部及西南部属古祁连海地层中奥陶统，是稳定的广阔海相灰岩连续沉积，奥陶系上、中、下统发育齐全。

四、岩溶发育特征

鄂尔多斯盆地及周边地区岩溶发育特征呈现出多样性，但作为一个完整的巨型盆地，其岩溶发育也呈现出规律性。

（1）本区裸露岩溶、覆盖岩溶和埋藏岩溶呈"U"字形分布，盆地的东、南、西边缘地带形成裸露及覆盖岩溶区，而在盆地中部形成广大的埋藏岩溶区。

（2）中奥陶统碳酸盐岩是本区最重要的岩溶层，由中奥陶统碳酸盐岩岩相变化引起岩溶发育机理的重大变化，从而造成储层介质性质的变化，从中东部的似层状介质到西部的典型裂隙介质。

鄂尔多斯盆地中东部（主要指天环向斜东部）中奥陶统是典型的云坪相含膏泥云岩与广阔海相石灰岩相间沉积，总厚400~600 m，其中包括3层含膏泥云岩及3层灰岩。由于强烈的膏溶作用，形成多层的似层状岩溶带及似层状岩溶含水层，并产生膏溶角砾岩及膏溶塌陷，从而使总体岩溶发育程度大大增加。据矿山及野外地质资料证明，陷落柱的分布与膏溶角砾岩的分布具有一致性，本区中东部膏溶现象较普遍，特别是从柳林到韩城、铜川这一带膏溶现象明显。铜川煤矿井下峰峰组灰岩中发现大量陷落柱，其平面形态呈椭圆形，直径一般在30~80 m，长轴最大可达485 m。从剖面看多漏斗状或反漏斗状，陷落柱充填物为上覆煤系地层的砂页岩、煤块、铝土质泥岩等碎块杂乱无章堆积而成。

鄂尔多斯盆地西部及西南部，中奥陶统基本是稳定的广阔海相灰岩连续沉积，夹层很少，总厚600~1000 m。这套碳酸盐岩的岩溶发育相对较弱，岩溶作用主要沿构造裂隙发育，不利于陷落柱集中发育，形成典型的非均匀裂隙岩溶含水介质。

（3）区内构造活动强烈，活动断裂构造是控制岩溶分布及发育强度的最重要因素，特别是在隐伏岩溶区，岩溶主要沿活动性张性断裂及张扭性断裂发育，其发育深度可达 1000 ~ 1300 m。

（4）岩溶发育模式分为斜坡顺层、裂谷逆层、逆冲构造带、深埋盆地 4 种。鄂尔多斯盆地东缘范围岩溶主要以斜坡顺层岩溶发育模式为主，总的构造形式为由东向西缓倾的单斜构造，岩溶层越往西倾伏越深；而在东部底部非岩溶层挠起，形成隔水边界。上部强溶层中因存在 3 层石膏夹层及岩性界面（灰岩与泥云岩之间的界面），形成 3 层似层状强岩溶带，上部的中奥陶统马家沟组可溶岩为强岩溶层，中部的下奥陶为弱岩溶层组。鄂尔多斯盆地南缘即渭北地区，岩溶主要以裂谷逆层岩溶发育模式为主，鄂尔多斯盆地西缘岩溶主要以逆冲构造带岩溶发育模式为主。鄂尔多斯西缘逆冲构造带主要由数条近南北方向延伸，并向东逆冲的大型断裂组成的推覆构造，还伴随着东西向的平移断层及部分南北向正断层。

五、岩溶地下水分带模式

根据区域水文地质调查、水文地质补充勘探资料及水化学、同位素研究，对鄂尔多斯盆地岩溶水动力 – 水化学分带模式进行研究（图 3 – 53）。

1. 盆地周边地下水积极循环带（A 带）

盆地周边地下水积极循环带是指盆地边缘在现代排水基准面影响下的地下水运动场。在鄂尔多斯盆地东缘，沿黄河谷分布的老牛湾泉等均以黄河或其支流为排水基准，均发育在盆地东缘的寒武、奥陶系岩溶含水层中。由于含水层以单斜形式向盆地深部延伸，现代地下水必然向深部循环，但因受各种因素的控制，盆地东缘的地下水绕流深度一般在当地排水基准面以下 600 ~ 800 m。

2. 地下水缓慢交替带

在 A 带以下，即在当地排水基准面以下 800 ~ 1800 m，地下水交替极为缓慢，水温 35 ~ 70 ℃，矿化度 1.2 ~ 5.0 g/L，地下水类型为 $Cl^- \cdot SO_4 – Na \cdot Ca$。

3. 密封隔水带

在盆地中部油气田与东部地下水循环带之间存在一个油气田圈密带，石炭系本溪组底部的铝土质泥岩厚度大而且稳定，形成非渗透性的隔水带。矿化度高，深度大约在现代排水基准面以下 1800 ~ 2500 m。

4. 油、气田封存地下水带

油、气田封存地下水带即油田地下水带，完全是古封存水，水温 94 ~ 10.5 ℃，矿化度 10 ~ 50 g/L。

六、岩溶地下水系统划分

鄂尔多斯盆地边缘每个岩溶水系统均有各自的边界、汇水范围，以及补、径、蓄、排途径，多以泉水形式排泄，形成泉域。经过大量现场调查及勘察工作，通过对地质结构、水动力场、水化学场及岩溶地下水循环特征研究，把鄂尔多斯盆地边缘岩溶区划分出 10 个亚系统及 22 个岩溶水子系统。

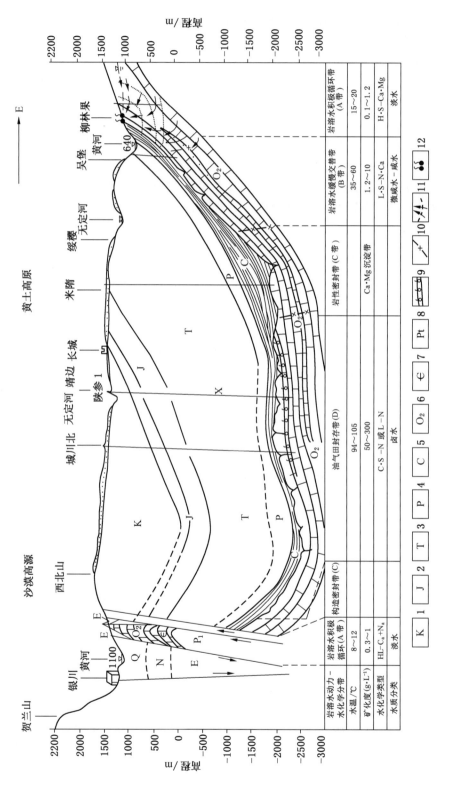

图3-53 鄂尔多斯盆地岩溶水动力—水化学分带

1—白垩系碎屑岩；2—侏罗系煤系地层；3—三叠系碎屑岩；4—二叠系煤系地层；5—石炭系煤系地层；6—奥陶系中统碳酸盐岩；7—寒武系碳酸盐岩及碎屑岩；8—中、上古生界碳酸盐岩；9—油气；10—岩溶水动力—水化学分界线；11—岩溶水等水头线及流向；12—泉水

七、岩溶地下水循环特征

盆地周边岩溶地下水的循环条件受岩性、区域性构造及地形地貌与地下水赋存空间等因素的严格控制，不同区段补给、径流、排泄特征不尽相同。在系统内部，岩溶地下水接受当地大气降水、地表水及上覆各类含水层地下水的补给，通过断裂破碎带、岩溶孔隙、层间裂隙与溶隙等流经通道，向各自排泄方向运动。

1. 地下水补给

岩溶地下水补给主要有面状雨水入渗补给、线状河流渗漏补给和点状水库等补给。在鄂尔多斯盆地周边碳酸盐岩裸露区及不存在稳定隔水层的覆盖区，降水入渗是岩溶地下水主要补给来源。黄河及各支流不少地段切过碳酸盐岩区，岩溶地下水与黄河水有密切的关系，如盆地的东缘天桥岩溶子系统和河津—韩城子系统，岩溶地下水接受黄河水补给。盆地西缘桌子山岩溶子系统，岩溶地下水向黄河排泄。区内修建于碳酸盐岩区的水库，对岩溶地下水也产生渗漏补给，如盆地东缘的万家寨水库等。

2. 地下水径流

岩溶地下水径流（图3-54）总体上东缘由东向西径流、南缘由北向南东径流、西缘呈南北向径流，在有利部位往往形成岩溶地下水强径流带，成为盆地周边岩溶地下水径流过程中富集的特征。

3. 地下水排泄

地下水排泄包括天然排泄和人工排泄2类，遍布于盆地周边各地的岩溶泉水是区内岩溶地下水最重要的排泄形式，人工开采包括水源井和采矿排水等。

八、岩溶地下水文地球化学特征

1. 地下水水化学特征

鄂尔多斯盆地周边地区岩溶地下水水化学类型主要有：HCO_3、$HCO_3 \cdot SO_4$（$SO_4 \cdot HCO_3$）、$HCO_3 \cdot SO_4 \cdot Cl$、$HCO_3 \cdot Cl$、$SO_4 \cdot Cl$（$Cl \cdot SO_4$）、$SO_4$ 和 Cl 7种类型（图3-55）。

（1）水化学类型为 HCO_3 的岩溶地下水，多呈片状大面积分布。主要分布在天桥泉系统东北部、岐山—泾阳系统的北部诸浅循环子系统、盆地西部缘千阳—华亭系统及平凉—彭阳系统的南翼补给区，岩溶地下水中阳离子以 Ca^{2+}、Mg^{2+} 为主，矿化度一般小于500 mg/L，硬度较低，水质好。

（2）水化学类型为 $HCO_3 \cdot SO_4$（$SO_4 \cdot HCO_3$）的岩溶地下水，主要分布于天桥泉系统黄河排泄，柳林泉系统东部径流排泄区，渭北东部铜、蒲、合子系统，韩城禹门口子统的部分地区，以及平凉、彭阳系统的排泄区，这种水化学类型的岩溶地下水的矿化度一般为500～900 mg/L，阳离子主要以 Ca^{2+}、Na^+ 为主。

（3）水化学类型为 $HCO_3 \cdot SO_4 \cdot Cl$ 和 $SO_4 \cdot Cl$（$Cl \cdot SO_4$）水化学类型，主要分布在盆地西缘固原以北地区，包括桌子山亚系统及黑山、云雾山亚系统及平凉、彭阳亚系统北翼。

（4）水化学类型为 $Cl - Na$ 的岩溶地下水，见于天桥泉准旗王清塔和柳林泉系统的沙曲和吴堡县城岩溶水样品，都处于岩溶地下水滞流区。

总的来说，盆地内岩溶水水质在天桥系统、岐山—泾阳系统、千阳—华亭系统水化学

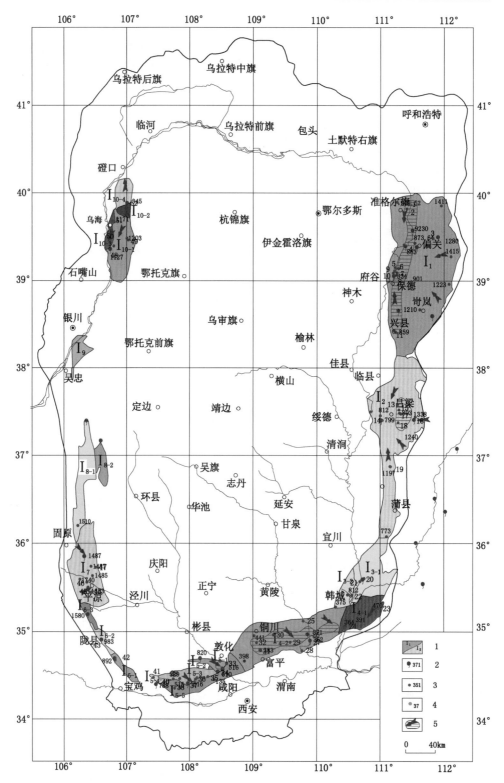

1—岩溶地下水系统及编号；2—岩溶泉及编号；3—岩溶溶蚀试验站点；4—岩溶子系统界限；5—岩溶水流向

图3-54　盆地周边岩溶地下水流向略图

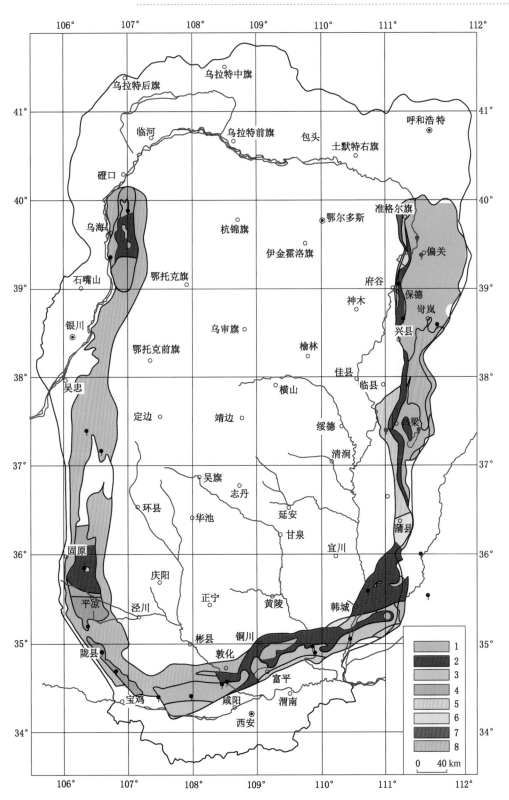

1—H 型水；2—H·S 型水；3—H·Cl 型水；4—H·S·Cl 型水；5—S 型水；6—S·Cl 型水；7—Cl 型水；8—非岩溶区

图 3-55　鄂尔多斯盆地周边岩溶水化学类型

类型简单，矿化度低较；在河津—韩城系统、桌子山系统、平凉—彭阳系统、富平—万荣系统，柳林—吴堡系统矿化度中等；宁南地区及一些巨型岩溶水系统的滞流区地下水矿化度最高，水质差。

2. 同位素特征

从区域角度出发，鄂尔多斯盆地岩溶地下水主要补给来源是大气降雨入渗补给，因岩溶地下水同位素样品基本分布在雨水线两侧（图 3 - 56）。

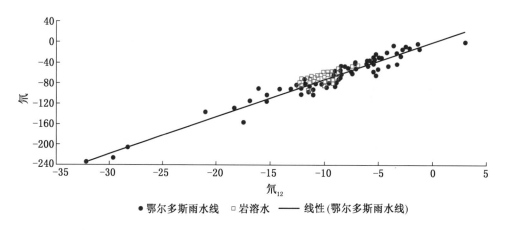

图 3 - 56 鄂尔多斯盆地雨水及岩溶地下水同位素关系

3. 地下水水质评价

地下水质量评价是根据《地下水质量标准》(GB/T 14848—2017）将地下水质量分为 5 类。根据评价结果可以看出，水质分类较差和极差（包括 IV、V 类水）主要分布在宁南地区，盆地东南部韩城、禹门口、富平—万荣岩溶地下水系统，柳林岩溶地下水系统西部承压区。

由图 3 - 57 可以看出，系统岩溶地下水资源在平面上从补给区到排泄、滞留区的质量演化规律能够得到充分体现。盆地东缘从东向西，岩溶地下水由淡水逐渐演化为微咸水、半咸水；柳林系统由于含水层中石膏和地下水的埋藏滞留而出现咸水；盆地南缘岩溶地下水矿化度（图 3 - 58）总体上由北向南增大，但在局部北部地区，由于岩溶含水层埋藏于煤系地层之下，也在局部分布微咸水；西缘岩溶地下水子系统发育规模小，一般在补给区为淡水，但受到复杂的地球化学背景影响，不少地区分布非淡水资源，特别是西缘中部的宁南地区更加突出。

九、岩溶地下水动态特征

地下水动态类型特征的形成与其补给条件、含水层的调节功能以及开采条件等密切相关。鄂尔多斯盆地边缘岩溶地下水位动态按照形成原因可分为气候型、水文型、开采型和复合型 4 种类型。

1. 气候型

气候型岩溶地下水动态一般分布在地下水系统补给区，地下水以大气降水入渗补给为主，岩溶地下水位变化与降水量变化同步或滞后于降水量变化。该动态类型主要分布在东

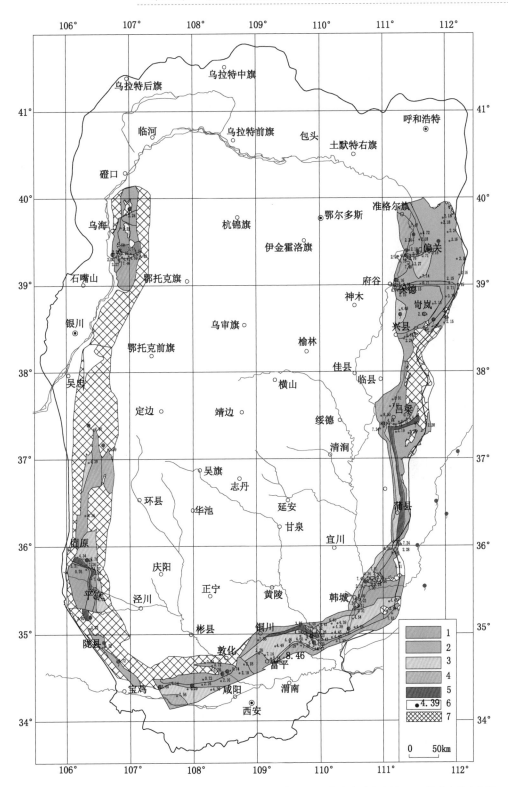

1—Ⅰ类型水质分布区；2—Ⅱ类水质分布区；3—Ⅲ类水质分布区；4—Ⅳ类水质分布区；5—Ⅴ类水质分布区；
6—控制点及水质综合分值；7—非岩溶水分布区

图3-57　鄂尔多斯盆地周边岩溶地下水水质类型分布

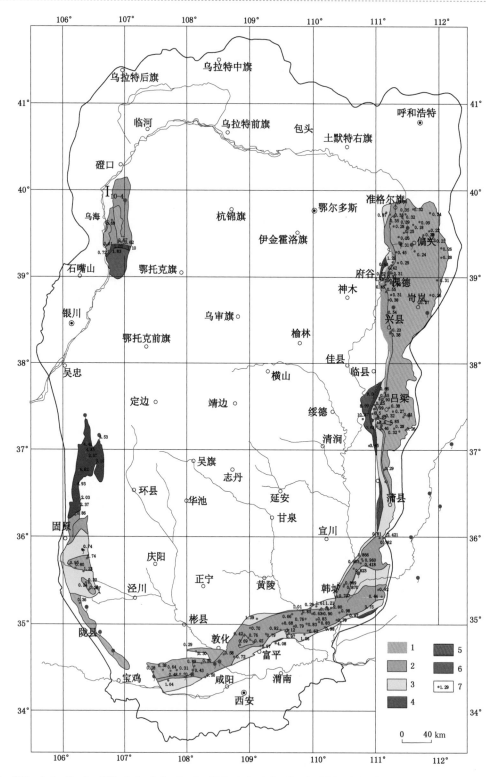

1—TDS≤0.5 g/L；2—TDS=0.5～1.0 g/L；3—TDS=1.0～3.0 g/L；4—TDS=3.0～5.0 g/L；5—TDS＞5.0 g/L；

6—水质未控区；7—控制点及 TDS 值

图3－58 岩溶地下水不同矿化度（TDS）级别分布

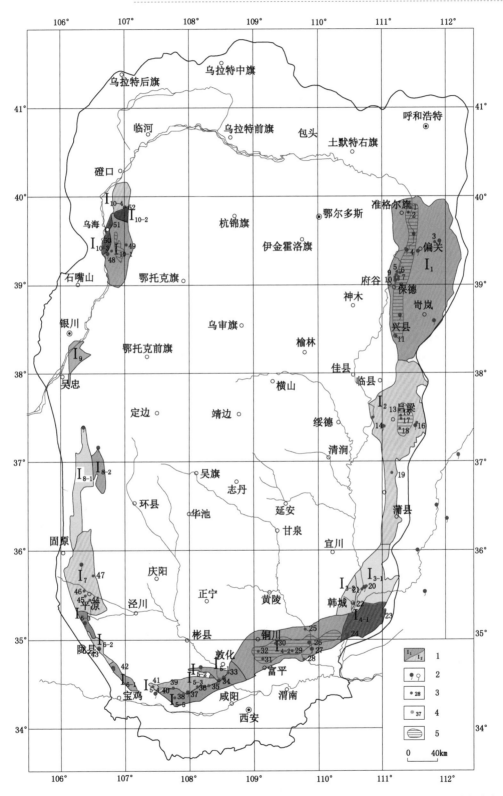

1—岩溶地下水系统及编号；2—岩溶泉、岩溶干涸泉；3—探明水源地及编号；4—远景水源地及编号；5—供水基地

图3-59　鄂尔多斯盆地岩溶地下水水源地和供水基地分布

部天桥系统、柳林系统补给区，南部富平—万荣岩溶子系统的吴王全子系统、龙岩寺子系统、筛珠洞子系统上游地段，西部桌子山系统的北部地区、平凉—彭阳系统、千阳—华亭系统。

2. 水文型

水文型动态主要分布于大型河谷渗漏地带，如天桥水库的修建，岩溶水位随库水位变化而变化；河津—韩城岩溶地下水系统的禹门口地段，岩溶地下水位与黄河水位的变化同步。如鄂尔多斯盆地东缘天桥泉亚系统内准格尔煤田、河东煤田、渭北煤田，黄河切过灰岩区的两岸岩溶地下水系统，岩溶地下水与黄河水位动态变化特征表明，岩溶地下水随着黄河水位变化而变化。

3. 开采型

开采型动态主要分布在盆地周边各岩溶水系统集中开采地段，如韩城子系统的象山电厂水源地、桌子山系统的拉僧庙水源地等，由于受开采的因素影响，多年来水位持续下降，且幅度较大，泉流量减少甚至断流。

4. 复合型

岩溶地下水系统多元补给及人类活动的共同影响，岩溶地下水位表现为复合型动态。如韩城桑树坪水源地，天然状态下水位高于黄河水位，岩溶地下水补给黄河；且由于长期开采，形成了降落漏斗；但由于韩城岩溶地下水子系统接受降水入渗的补给，因此地下水动态中仍表现出年内波动的气候型动态特点，该区水位具有三重复合型动态特征。

十、岩溶地下水富集区域

岩溶地下水富集规律主要受岩溶水文地质条件、地质地貌、岩溶和水循环条件共同决定。根据水文地质调查、水文地质补勘及综合研究，对鄂尔多斯盆地周边岩溶地下水富集规律（图3-59）进行总结，圈定了5处地下水富集区（大型供水基地）：天桥岩溶地下水系统准旗黑代沟—兴县沿黄供水基地、柳林岩溶系统离石—柳林区供水基地、河津—韩城岩溶系统河津禹门口—桑树坪供水基地、铜—蒲—合岩溶系统耀州区—合阳东王供水基地、桌子山岩溶系统公乌素—棋盘井供水基地。这5处为下一步奥陶纪灰岩水重点防御区域。

第四章　鄂尔多斯盆地煤田奥陶纪灰岩水突水机理

随着煤炭资源逐渐向深部发展，矿井深部采掘活动面临"二高一扰动"（高地压、高岩溶水压、采动扰动）的影响，特别在我国华北型煤田，煤系地层底板下伏高承压岩溶裂隙含水层，该组含水层与煤系地层间多发育隐伏导水构造，部分构造在垂向上具有较强的导水能力（岩溶陷落柱、断层等），一般矿井采掘活动中根据经验公式采取留设一定厚度的防隔水煤柱，但由于采掘扰动及承压水的作用，常使底板隔水层与断层防水煤柱失效，导致矿井突水的案例发生。据统计，90%以上的岩体边坡破坏和地下水渗透力有关，60%矿井事故与地下水作用有关。其根本原因就是，采掘扰动导致岩体原始应力场破坏，水压使岩体的有效应力和力学强度降低，因而发生较多岩体失稳与突水事故。其中高承压地下水压力、高地应力和采掘扰动是影响矿井深部巷道围岩应力与变形的主要因素，三者之间相互制约、相互影响，形成了地下水渗流场、岩体地应力场的流固耦合效应。

鄂尔多斯盆地煤田带压开采既有华北煤田的共性，也有其独特性，即底板隔水层存在底板破坏深度和奥陶系灰岩导升高度，在煤矿开采过程中煤层底板受采动压力和承压水的共同作用，当底板破坏部位与奥陶系灰岩导升部位的相互贯通时，易造成工作面发生突水事故。

从鄂尔多斯盆地煤田带压开采底板奥陶纪灰岩水突水影响因素，底板采动应力和渗流耦合作用机制，底板奥陶纪灰岩水突水机理等方面，对鄂尔多斯盆地边缘煤田主采煤层底板奥陶纪灰岩水突水机理进行系统研究。

第一节　底板奥陶纪灰岩水突水影响因素

煤层底板奥陶纪灰岩水突水作为一种综合的水文地质现象，不仅受到采动矿山压力的决定性因素影响，同时还受到底板奥陶纪灰岩水的水压、富水性、煤层底板隔水层岩性组合特征和地质构造等重要因素的影响。

一、底板奥陶纪灰岩水头高度

底板奥陶纪灰岩水是煤层底板突水的动力来源，在底板隔水岩层等水文地质条件不变的条件下，底板奥陶纪灰岩水压越大、发生底板突水事故的概率越大。底板奥陶纪灰岩水对底板隔水层的作用机理主要体现在以下4个方面：

（1）水对岩石的软化作用。岩石力学研究表明，饱和水岩石的强度最低，特别是沉积地层中的软弱岩石受含水量的影响更大，有的软弱岩石浸水后甚至会丧失强度而崩解破坏。

（2）水压对裂隙介质岩体的力学作用。岩体普遍有孔隙、节理、裂隙等细观尺度和宏观尺度的小型非连续面，还存在更大规模的断层面和沉积层面。由于承压水的水压与其埋深成正比，采深较大的工作面采掘后底板岩层垂向卸压，这时水压对岩石强度的影响显得更加突出。

（3）水压在断层中的水楔作用。大量突水案例统计分析证明，75%以上的中型、大型、特大型突水与断层等有关，其中断层采动型突水占20%。

（4）突水过程中水流的冲刷扩径作用。承压水在动态渗流条件下不断潜蚀、冲刷，破坏上覆隔水层的结构面，降低隔水层完整性，减弱岩体的抵抗强度，并扩大隔水层内部的裂缝，形成储水空间。

二、底板含水层的富水性

底板岩溶含水层水压大小影响底板突水事故发生的可能性，而岩溶含水层的富水性决定了突水的规模和危害程度，当含水层的富水性较差时，突水水量较小，反之较大。

三、底板隔水岩层性质及其组合特征

1. 底板隔水层阻抗水能力

大量的带压开采实践和底板突水案例统计分析表明，影响煤层底板隔水层的阻抗水能力主要取决于以下3个方面：

（1）底板隔水层厚度直接决定底板阻抗水压能力的大小。

（2）底板阻隔水能力与岩层的强度等力学参数有关。

（3）底板隔水层的阻抗水能力与岩层的岩性组成关系密切。

2. 底板隔水岩层组合特征

隔水岩层厚度、强度、岩性及其组合对底板突水起着重要的制约作用。在评价底板岩体时，不仅要考虑其强度的高低，而且还要考虑其岩性组合及隔水能力。

四、地质构造

底板突水大都发生在构造影响较强烈的部位，如褶皱、断层带及附近影响带等部位。构造结构面是承压水从煤层底板突出的薄弱面，它导致工作面内不连续面的存在，破坏了岩体本身的完整性，易形成导水通道。

五、矿山压力

矿山压力主要以2种方式对煤层底板突水起着触发及诱导作用，一是引起煤层底板构造"活化"，尤其是断层构造的"活化"，形成导水通道，导致底板承压水进入开采工作面；二是由于底板隔水层各层厚度及岩性组合不同，在采动矿压及水压的耦合作用下，导致底板岩层各层的挠度不同，这样在层与层之间就会产生一定的顺层裂隙及垂直于层面的张裂隙。

六、开采条件

开采条件的不同影响煤层底板是否发生突水，其中以工作面斜长和开采面积影响的效果较大。

1. 底板突水与工作面倾斜长的关系

工作面的斜长对底板突水有很大的影响。通过理论计算获得的工作面斜长与底板水压力的关系曲线，进一步说明斜长越短，其抗水压能力越强。

2. 底板突水与开采面积的关系

工作面底板突水与开采面积也有一定的关系。随着回采工作面的不断推进，应力会在采空区边缘部位集中，当增加到某范围时应力集中足以使底板岩体发生破坏时，底板岩层的隔水性能就会降低，有利于底板承压水的突入。

第二节　底板奥陶纪灰岩水突水机理

一、突水机理

在煤矿开采过程中煤层底板受采动影响产生破坏，底板隔水层应力场、应变场也会相应发生变化，同时受采动压力和承压水的共同作用，使隔水层裂隙进一步扩张或产生新的裂隙，当破坏部位与承压水导升部位的导升水相互贯通时，如图 4 – 1 所示。承压水继续沿着破坏部位向上导升至煤层中部采空区内，造成隔水岩层上部工作面发生突水，甚至造成严重的后果。

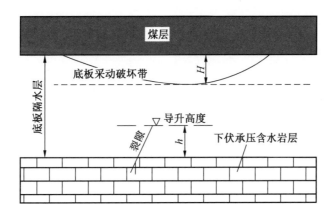

图 4 – 1　承压水导升带与底板采动破坏带相互联系示意图

二、底板奥陶纪灰岩水突水预测经验方法

工作面掘进过程中主要采用 2 种方法进行评价：一是突水系数法；二是强渗通道法。突水系数作为评价底板突水可能性的一种方法，方法简便，应用比较普遍，较适用底板完整情况评价。突水系数评价标准见表 4 – 1，计算公式为

$$T_s = \frac{p}{M} \tag{4-1}$$

式中　T_s——突水系数，MPa/m；

p——隔水层底板承受的水压，MPa；

M——底板隔水层厚度，m。

表 4-1　突水系数评价标准

分　　段	突水系数/$(MPa \cdot m^{-1})$	评 价 结 果
底板受构造破坏块段	$T < 0.06$	属安全区
	$T \geqslant 0.06$	属危险区
正常块段	$T < 0.1$	属安全区
	$T \geqslant 0.1$	属危险区

　　根据鄂尔多斯盆地沉积演化历史以及构造发育规律，针对鄂尔多斯盆地边缘煤田多位于区域构造发育带，底板隔水层受地质构造影响相对破碎的独特性，在进行奥陶纪灰岩水突水危险性评价时宜按底板受破坏块段标准进行评价。

　　强渗通道法评价标准：存在与水源沟通的陷落柱及断层的地段均属于危险区。

第五章　鄂尔多斯盆地煤田奥灰水危 险 性 分 区

结合鄂尔多斯盆地边缘煤田的实际水文地质资料，对主采煤层底板受奥陶纪灰岩水压、底板隔水层发育特征进行了研究，应用突水系数理论对主采煤层底板奥陶纪灰岩水突水危险性进行了评价和分区。

第一节　东缘煤田奥陶纪灰岩水害危险性分区

在岩溶地下水系统发育的煤田从北向南：准格尔煤田、河东煤田。下面重点介绍准格尔煤田、河东煤田奥陶纪灰岩水带压开采综合评价成果。

一、准格尔煤田底板带压开采可行性评价

1. 煤层底板带压现状

准格尔煤田以向西倾斜的单斜地层为主，4 号煤层底板承受奥陶纪灰岩水压为 0 ~ 3.16 MPa。由图 5 - 1 可知，准格尔煤田东部 4 号煤层底板受奥陶纪灰岩水压较小，从东部到西部 4 号煤层底板受奥陶纪灰岩水压呈增大趋势。

准格尔煤田以向西倾斜的单斜地层为主，6 号煤层底板承受奥陶系灰岩水压介于 0 ~ 3.87 MPa。由图 5 - 2 可知，准格尔煤田东部 6 号煤层底板受奥陶纪灰岩水压较小，从东部到西部 6 号煤层底板受奥陶纪灰岩水压呈增大趋势。

准格尔煤田以向西倾斜的单斜地层为主，9 号煤层底板承受奥陶纪灰岩水压为 0 ~ 4.10 MPa。由图 5 - 3 可知，准格尔煤田东部 9 号煤层底板受奥陶纪灰岩水压较小，从东部到西部 9 号煤层底板受奥陶纪灰岩水压呈增大趋势。

2. 煤层底板隔水层发育特征

1) 厚度发育特征

4 号煤层距奥陶系灰岩顶界面距离为 104.08 ~ 135.0 m，平均 129.0 m（图 5 - 4）。

准格尔煤田 6 号煤层距奥陶系灰岩顶界面距离为 33.08 ~ 64.0.0 m，平均 57.0 m（图 5 - 5）。

准格尔煤田 9 号煤层距奥陶系灰岩顶界面距离为 16.36 ~ 48.0 m，平均 41.0 m（图 5 - 6）。

2) 岩性组合特征

由图 5 - 7a 可以看出，准格尔煤田 4 号煤层底板隔水层岩性主要为砂质泥岩（平均厚度占总厚度的 33.00%）、中粗粒砂岩（33.24%），其次为粉砂岩（18.05%）、煤层（15.71%）。本段岩性致密，刚性（粉砂岩、砂岩）和柔性（砂质泥岩）岩层互层，上

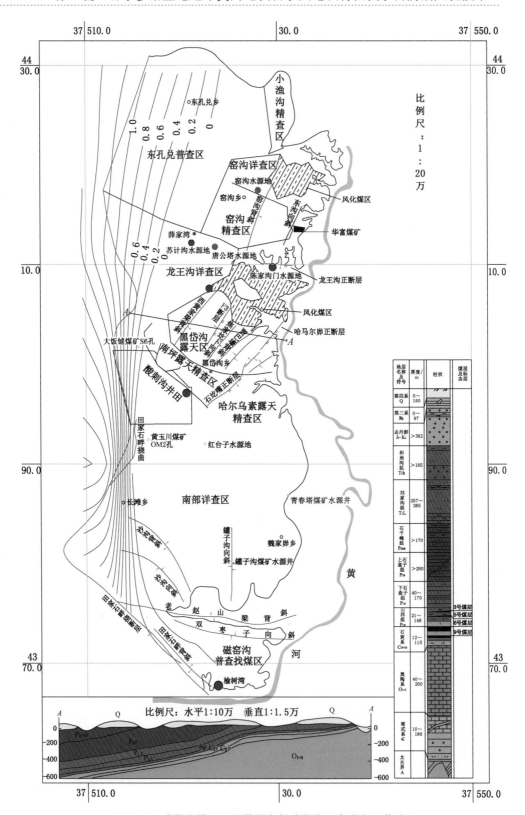

图5-1 准格尔煤田4号煤层底板受奥陶纪灰岩水压等值线

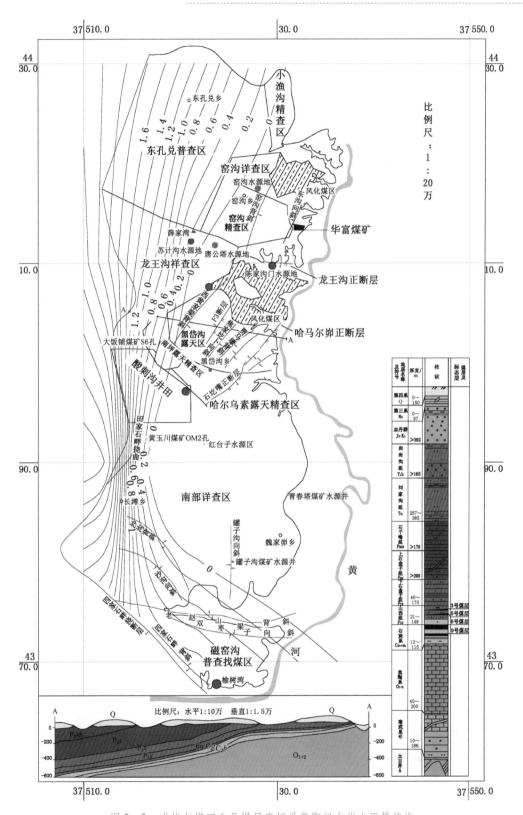

图 5-2　准格尔煤田 6 号煤层底板受奥陶纪灰岩水压等值线

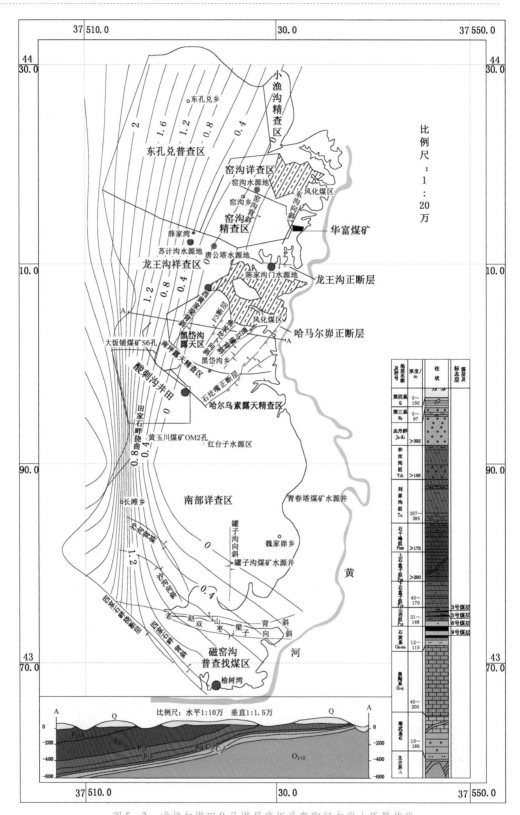

图 5-3 准格尔煤田 9 号煤层底板受奥陶纪灰岩水压等值线

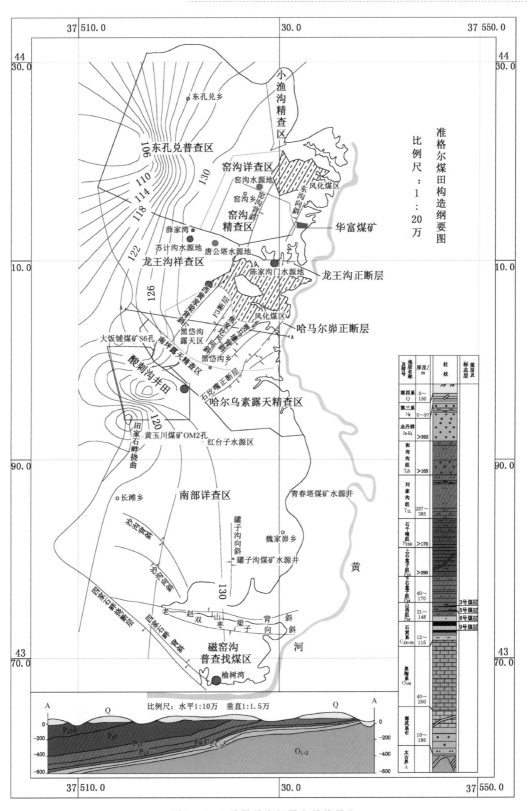

图5-4 4号煤层底板隔水层等厚线

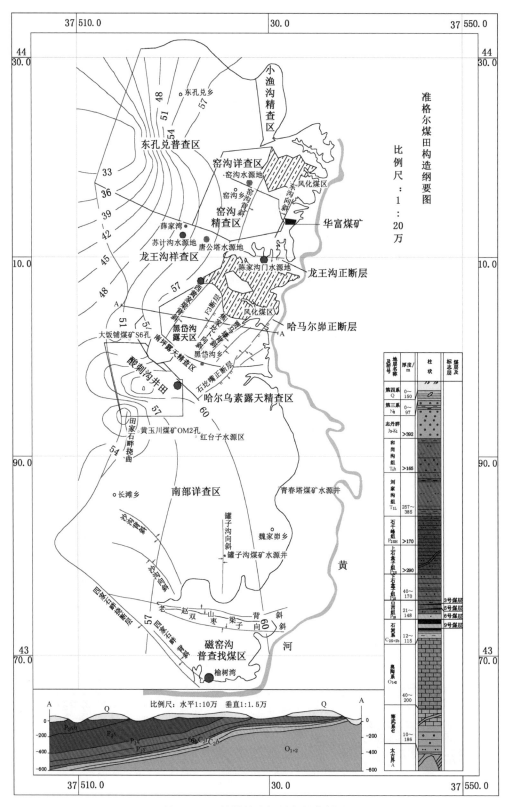

图5-5　6号煤层底板隔水层等厚线

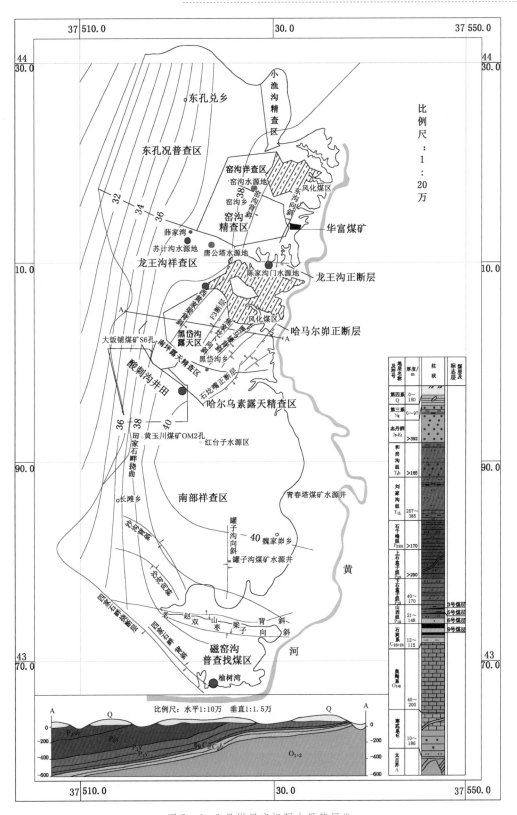

图 5-6　9 号煤层底板隔水层等厚线

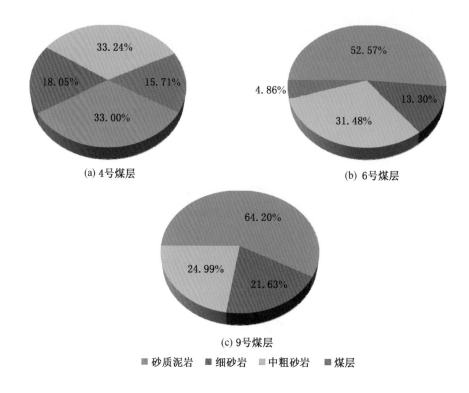

图 5-7 煤层底板隔水层岩性组合

下为泥岩和砂质泥岩，遇水易膨胀，具有较好的阻水性能。

由图 5-7b 可以看出，准格尔煤田 6 号煤层底板隔水层岩性主要为砂质泥岩（平均厚度占总厚度的 52.57%）、中粗粒砂岩（31.48%），其次为粉砂岩（13.30%）、煤层（4.86%）。砂岩和泥岩多呈互层状结构，刚性、柔性组合结构形成了抗破坏性能力较好的隔水层。

由图 5-7c 可以看出，准格尔煤田 9 号煤层底板隔水层岩性主要为砂质泥岩（平均厚度占总厚度的 64.20%）、中粗粒砂岩（24.99%），其次为粉砂岩（21.63%）。砂岩和泥岩多呈互层状结构，刚性、柔性组合结构形成了抗破坏性能力较好的隔水层。

3）岩石物理力学性质

据岩石物理力学性质测试结果，4 号煤层底板隔水层岩性主要为砂质泥岩、中粗粒砂岩，其次为粉砂岩、煤层。其中砂质泥岩抗压强度 15.88～53.98 MPa，为软弱—坚硬岩层；粗砂岩抗压强度 21.0～58.92 MPa，为中硬—坚硬岩层；中砂岩抗压强度 15.45～18.45 MPa，为软弱岩层；细砂岩 16.82～28.77 MPa，为软弱—中硬岩层；粉砂岩抗压强度 13.41 MPa，为软弱岩层；含砾粗砂岩抗压强度 14.71～22.01，为软弱岩层；泥岩抗压强度 23.56 MPa，为中硬岩层。据此分析，准格尔煤田 4 号煤层底板隔水层主要以中硬岩层为主，砂岩和泥岩多呈互层状结构，刚性、柔性组合结构形成了阻水性能较好的隔水层。

6 号煤层底板隔水层岩性主要为砂质泥岩、中粗粒砂岩，其次为粉砂岩、煤层。其中

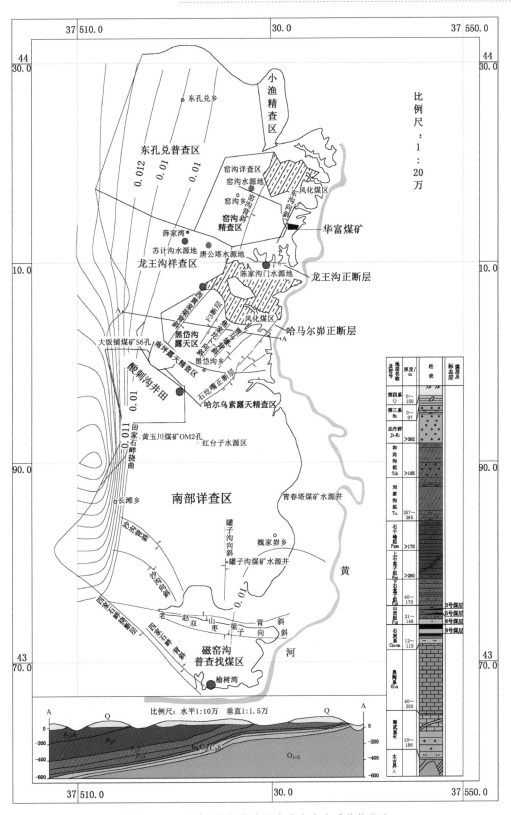

图5-8　4号煤层底板奥陶纪灰岩水突水系数等值线

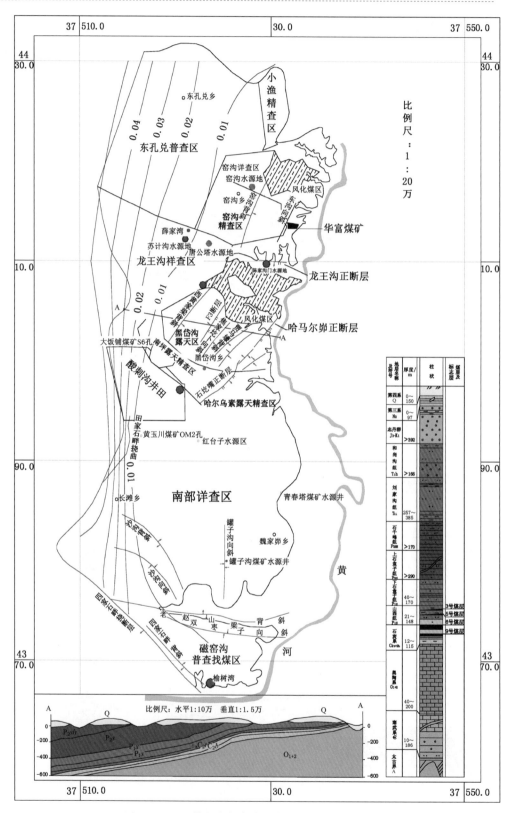

图5-9　6号煤层底板奥陶纪灰岩水突水系数等值线

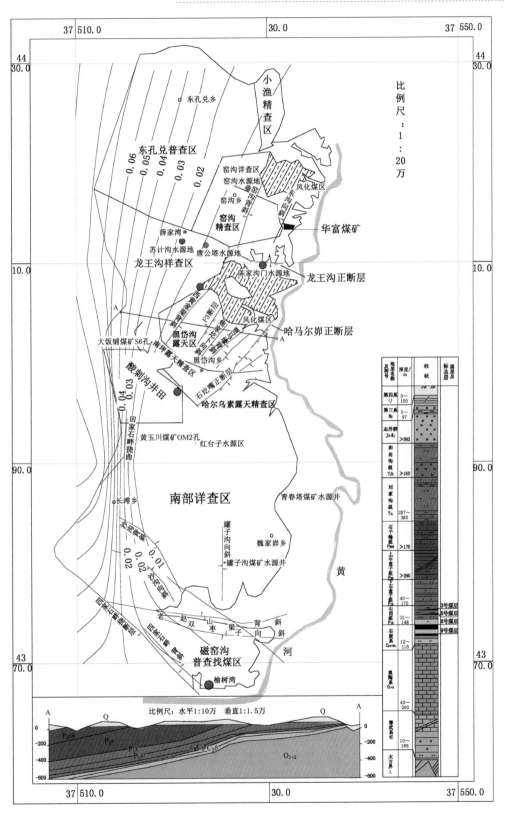

图 5-10　9 号煤层底板奥陶纪灰岩水突水系数等值线

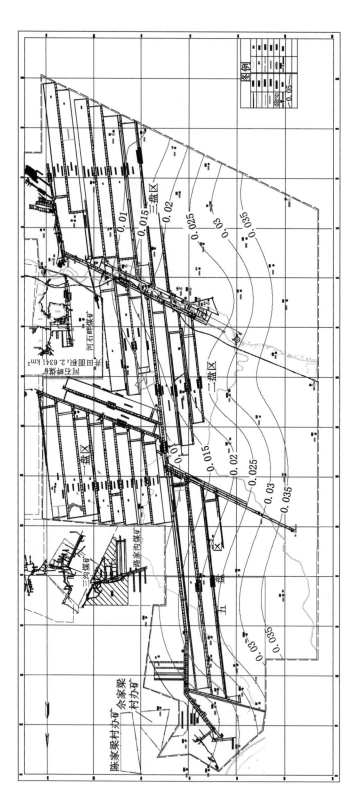

图 5 - 11　保德煤矿 8 号煤层底板奥陶纪灰岩突水系数等值线

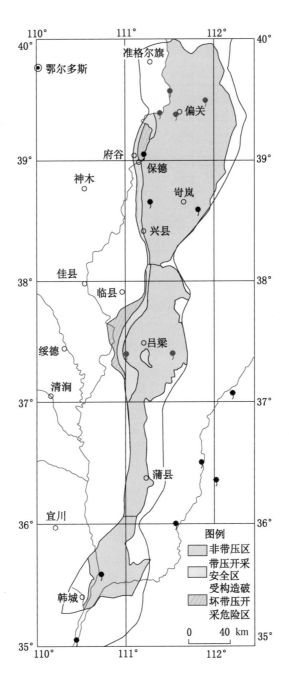

图5-12 河东煤田上组煤带压开采分区

粗砂岩抗压强度22.41~48.76 MPa，平均33.50 MPa，为中硬—坚硬岩层；砂质泥岩抗压强度8.6~38.65 MPa，平均25.28 MPa，为软弱—中硬岩层；中砂岩抗压强度15.73~25.46 MPa，为软弱—中硬岩层；细砂岩10.73~30.72 MPa，为软弱—中硬岩层；粉砂岩抗压强度9.76~23.98 MPa，为软弱—中硬岩层；铝质泥岩抗压强度11.90~24.33 MPa，为软弱—中硬岩层。据此分析，准格尔煤田6号煤层底板隔水层主要以中硬岩层为主，砂

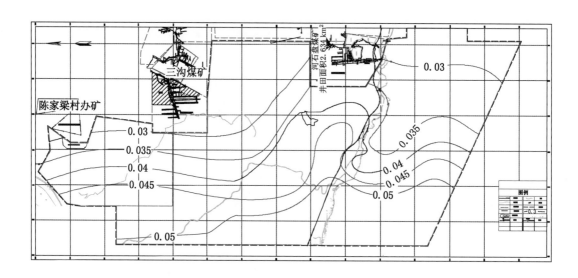

图 5 – 13 保德煤矿 11 号煤层底板奥陶纪灰岩水突水系数等值线

岩和泥岩多呈互层状结构,刚性、柔性组合结构形成了阻水性能较好的隔水层。

3. 煤层带压开采条件评价

由图 5 – 8 可以看出,准格尔煤田 4 号煤层底板奥陶纪灰岩水突水系数为 0.01 ~ 0.025 MPa/m。准格尔煤田 4 号煤层底板奥陶纪灰岩水突水系数小于 0.06 MPa/m,对照突水系数分区标准,准格尔煤田 4 号煤层底板奥陶纪灰岩水突水系数均小于构造地段的 0.06 MPa/m,属于可安全带压开采区域。

由图 5 – 9 可以看出,准格尔煤田 6 号煤层底板奥陶纪灰岩水突水系数为 0.01 ~ 0.069 MPa/m。准格尔煤田大部分区域 6 号煤层底板奥陶纪灰岩水突水系数小于 0.06 MPa/m,对照突水系数分区标准,准格尔煤田 6 号煤层底板奥陶纪灰岩水突水系数均小于构造地段的 0.06 MPa/m,属于可安全带压开采区域。

由图 5 – 10 可以看出,准格尔煤田 9 号煤层底板奥陶纪灰岩水突水系数为 0.01 ~ 0.12 MPa/m。准格尔煤田东部大部分区域 9 号煤层底板奥陶纪灰岩水突水系数小于 0.06 MPa/m,属于可安全带压开采区域;西部深埋区局部区域底板奥陶纪灰岩水突水系数为 0.06 ~ 0.1 MPa/m 的区域,须采取相应带压开采措施后,可以进行试采。

二、河东煤田底板带压开采可行性评价

河东煤田面临底板奥陶纪灰岩水带压开采问题的矿区主要为保德矿区、兴县矿区、离柳矿区,主要含煤地层为二叠系山西组和石炭系太原组地层。将山西组主采煤层定义为上组煤,如保德矿区 8 号和 11 号煤层、兴县矿区 8 号煤层、离柳矿区 5 号煤层,将太原组主采煤层定义为下组煤,如保德矿区 13 号煤层、兴县矿区 13 号煤层、离柳矿区 9 号煤层。下面分上组煤和下组煤进行奥陶纪灰岩水带压开采可行性评价。

1. 上组煤带压开采可行性评价

保德煤矿 8 号煤底板隔水层受奥陶纪灰岩水压为 2.13 ~ 4.90 MPa,距奥陶系灰岩顶

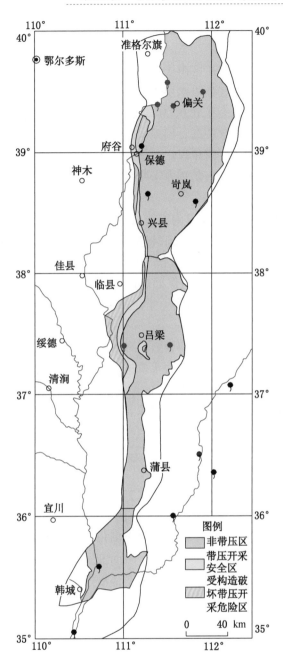

图 5 - 14　河东煤田下组煤带压开采分区

界面距离为 93.13 ~ 140.52 m，平均 115.0 m，底板奥陶纪灰岩水突水系数 0.018 ~ 0.045 MPa/m（图 5 - 11）。由图 5 - 11 可以看出，保德煤矿 8 号煤底板奥陶纪灰岩水突水系数小于 0.06 MPa/m，对照突水系数分区标准，保德煤矿 8 号煤煤底板奥陶纪灰岩水突水系数均小于构造地段的 0.06 MPa/m，属于可安全带压开采区域。

　　河东煤田各矿区上组煤与奥陶系灰岩地层顶界面距离均在 100 m 以上，其间发育有多层煤层、泥岩、砂质泥岩、灰岩等软硬岩相结合的岩层，抗破坏能力及阻水性能均较好，正常情况下属于阻隔水性能良好的巨厚隔水层，底板奥陶纪灰岩水难以突破隔水层进入采掘空间，不易造成突水事故。

保德矿区、兴县矿区、离柳矿区由于受区域构造影响，上述各矿区整体均为倾向西的单斜构造，西部煤层埋深大，底板隔水层承受的水头压力高，导致矿区西部边界附近上组煤针对奥陶纪灰岩水突水系数大于 0.06 MPa/m，在底板受到构造破坏的情况下，处于带压开采危险区，突水发生的概率较高，回采风险较大。除西部边界处局部块段上组煤处于受构造破坏带压开采危险区外，河东煤田其他区域上组煤均处于不带压区或相对安全区，可在采取常规水害防治措施基础上实现安全带压开采，如图 5-12 所示。

　　2. 下组煤带压开采可行性评价

保德煤矿 11 号煤底板隔水层受奥陶纪灰岩水压为 2.13~4.90 MPa，距奥陶系灰岩顶界面距离为 51.0~102.72 m，平均 71.8 m，底板奥陶纪灰岩水突水系数 0.025~0.083 MPa/m（图 5-13）。由图 5-13 可以看出，保德煤矿 11 号煤层底板奥陶纪灰岩水突水系数小于 0.1 MPa/m，对照突水系数分区标准，保德煤矿 11 号煤层底板奥陶纪灰岩水突水系数均小于构造地段的 0.06 MPa/m，属于可安全带压开采区域。介于 0.06~0.1 MPa/m 的区域，须采取相应带压开采措施后可进行试采。

河东煤田东部大部分区域属于岩溶裸露区和不带压区，带压区域集中在煤田西部黄河沿线；隰县以南煤层标高处于奥陶纪灰岩水位标高以上，不存在带压开采问题；在带压开采区域中，危险区主要集中在天桥泉群北部、兴县矿区西部边界、离柳矿区西部黄河沿线、离柳矿区东部朱家店附近以及府谷煤田东北部，如图 5-14 所示。

第二节　南缘煤田奥陶纪灰岩水害危险性分区

盆地南缘总体为由南向北倾斜的单斜构造，煤层露头位于南部，总体上自南向北煤层埋深逐渐增大，总体上南缘各矿煤层底板受奥陶纪灰岩水呈浅部无压或水压较小，向北部煤层埋深较大地方底板奥陶纪灰岩水压逐渐增大。盆地南缘自西向东，自不带压逐渐变为带压，突水系数逐渐增大；各矿自南向北，底板带压程度也变化较大，自浅部不带压状态向深部带压状态转变。盆地南缘各矿主采煤层奥陶纪灰岩水突水系数见表 5-1。

盆地南缘各矿奥陶系灰岩顶界面距离主采煤层间距差距较大，自 11.7~88 m，一般为 20~30 m，局部隔水层较薄，仅 11.7 m。总体而言，渭北煤田主采煤层距离奥陶系灰岩顶界面较近，隔水层厚度相对较稳定，东西段隔水层厚度总体变化不大（图 5-15）。

表 5-1　盆地南缘各矿主采煤层奥陶纪灰岩水突水系数统计

矿区	矿名	主采煤层/号	奥灰水位标高/m	主采煤层距奥灰顶部距离/m	奥灰水突水系数/（MPa·m⁻¹）
铜川	王石凹	5、10		不带压	
	金华山	5、10		不带压	
	徐家沟	5⁻¹、5⁻²		不带压	

表 5-1 （续）

矿区	矿名	主采煤层/号	奥灰水位标高/m	主采煤层距奥灰顶部距离/m	奥灰水突水系数/（MPa·m⁻¹）
铜川	鸭口	5^{-2}		不带压	
	东坡	5^{-2}		不带压	
蒲白	朱家河	5^{-2}		不带压	
	白水	5	局部带压	20~30	
	西固	5		不带压	
	南桥	5		不带压	
澄合	澄二	5	+375	25~35，最小11.7	0.06~0.1
	董家河	5	+375	35.72	0.028~0.061
	权家河	5	+380	局部带压，矿井将关闭	
	董东	5	+371	30~35	0.02~0.06
	王斜	5、10	+375	5 号距奥灰26.6	深部带压
	王村	5	+375	20~35	0.012
	山阳	4、5	+371	12~36	0.015~0.14
	安阳	5	+371	22~88	
	百良	5	+371	20~35	0.012
	西卓	4、5、6	+371	40.05	0.018~0.062
	象山	3、5、11	+366	11 号：30 左右	部分小于 0.06
韩城	桑树坪	2、3、11	+366	11 号：20~29.8，平均24.9	约0.06，最大0.28
	下峪口	2、3、11	+366	11 号：16~29	11 号最大0.26

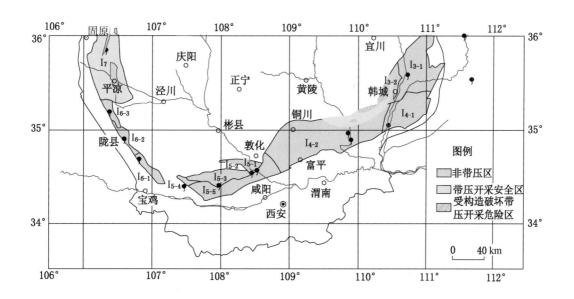

图 5-15　渭北煤田下组煤带压开采分区

盆地南缘渭北煤田的澄合矿区、韩城矿区面临较严重的底板奥陶纪灰岩水害威胁。在矿井以往生产过程中发生多次底板出水，造成多次淹井淹面危害。主采煤层突水系数变化较大，最东部桑树坪煤矿底板奥陶纪灰岩水最大突水系数可达 0.28 MPa/m，大部分区域煤层底板奥陶纪灰岩水突水系数小于 0.06 MPa/m。在各矿深部突水系数较大，浅部突水系数较小。

结合区域多年矿井水害防治经验及区域底板奥陶纪灰岩水突水系数特征，盆地南缘大部分区域主采煤层底板奥陶纪灰岩水突水系数小于 0.06 MPa/m，在采取一定水害防治措施后，可以进行带压开采。局部底板隔水层较薄或构造发育部位，需开展进一步的水文地质探查及治理工作。韩城矿区和澄合矿区西部区域底板较薄区段，利用奥陶系灰岩内部岩性分布不均一对奥陶系灰岩顶部进行利用或注浆改造。

第三节　西缘煤田奥陶纪灰岩水害危险性分区

在岩溶地下水系统发育的煤田从北向南：桌子山煤田、贺兰山北段煤田、横城矿区、王洼煤田、黄陇侏罗系煤田西部的永陇矿区和华亭矿区。其中贺兰山北段煤田和黄陇侏罗系煤田西部的永陇矿区和华亭矿区主采煤层距奥陶系灰岩间距较大，不受奥陶纪灰岩水害的威胁。下面重点介绍桌子山煤田、横城矿区、王洼煤田奥陶纪灰岩水带压开采综合评价成果。

一、桌子山煤田底板带压开采可行性评价

1. 煤层底板带压现状

桌子山煤田以向西倾斜的单斜地层为主，9 号煤底板标高介于 + 455.56 ~ + 1056.78 m，落差 597.9 m。9 号煤底板承受奥陶纪灰岩水压为 0.27 ~ 6.55 MPa。9 号煤层底板承受奥陶纪灰岩水压等值线如图 5 - 16 所示。由图可以看出，桌子山煤田东部 9 号煤底板受奥陶纪灰岩水压较小。

16 号煤底板标高介于 + 390.51 ~ + 1015.8 m，落差 625.29 m。16 号煤层底板承受奥陶纪灰岩水压 0.70 ~ 7.20 MPa，其等值线如图 5 - 17 所示。由图可以看出，桌子山煤田东部 16 号煤层底板受奥陶纪灰岩水压较小。

2. 煤层底板隔水层发育特征

1）厚度发育特征

9 号煤距奥陶系灰岩顶界面距离为 75.71 ~ 143.01 m，平均 97.64 m，隔水层厚度在平面上由东向西呈增厚趋势（图 5 - 18）。西来峰逆断层以西的公乌素和老石旦煤矿 9 号煤层距奥陶系灰岩顶界面距离大于 250 m。

16 号煤层距奥陶系灰岩顶界面距离为 23.45 ~ 82.43 m，平均 39.04 m；9 号煤层与 16 号煤层间距 35.05 ~ 68.28 m，平均 52.90 m；西来峰逆断层以西的公乌素和老石旦煤矿 16 号煤距奥陶系灰岩顶界面距离大于 200 m。总体上煤层底板隔水层厚度稳定（图 5 - 19），为底板水带压开采提供了有利条件。

2）岩性组合特征

由图 5 - 20a 可以看出，9 号煤底板隔水层主要岩性为细、中粗粒砂岩和泥岩、砂质泥岩、粉砂岩等。其中细、中粗砂岩占比 52.42%；泥岩、砂质泥岩、粉砂岩等占比

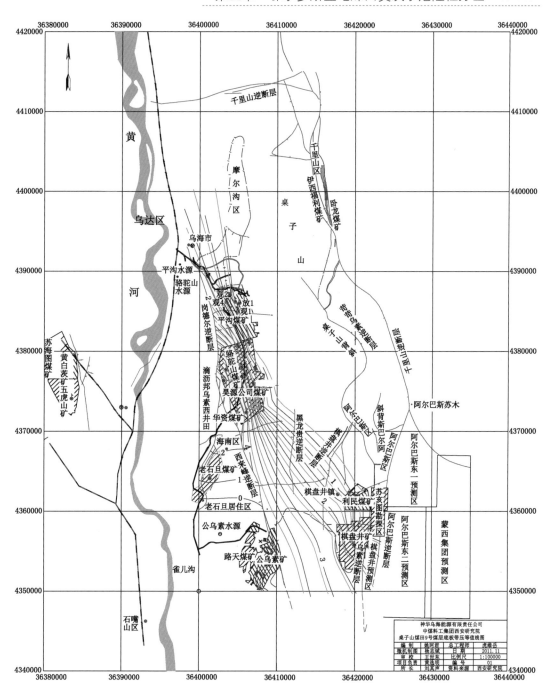

（注：图中蓝色线条为9号煤层底板奥灰水水压等值线，青色线条为9号煤底板标高等值线）

图5-16 桌子山煤田9号煤底板标高及奥灰水压等值线

40.21%；煤层占比7.32%；个别钻孔偶有石灰岩分布，厚度较小。本段岩性致密，砂岩和泥岩呈互层状组合结构，刚性（粉砂岩、砂岩）和柔性（砂质泥岩）岩层互层，上下为泥岩和砂质泥岩，遇水易膨胀，具有较好的阻水性能。

由图5-20b可以看出，16号煤层底板隔水层岩性主要为细、中、粗粒砂岩和泥岩、

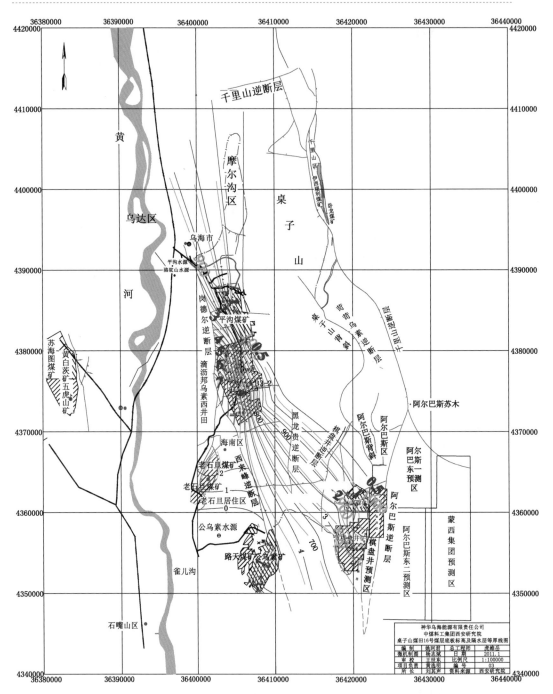

（注：图中蓝色线条为奥陶系灰岩水水压等值线，青色线条为16号煤底板标高等值线）

图5-17 桌子山煤田16号煤底板标高及奥灰水压等厚线

砂质泥岩、粉砂岩等。其中细、中、粗砂岩占55.25%；泥岩、砂质泥岩、粉砂岩等占43.34%；个别钻孔有煤层和石灰岩分布，厚度均较小，砂岩和泥岩多呈互层状组合结构。

　　3）岩石物理力学性质

　　根据桌子山煤田水文地质补勘岩石力学性质测试结果统计，9号煤层底板岩性多为中

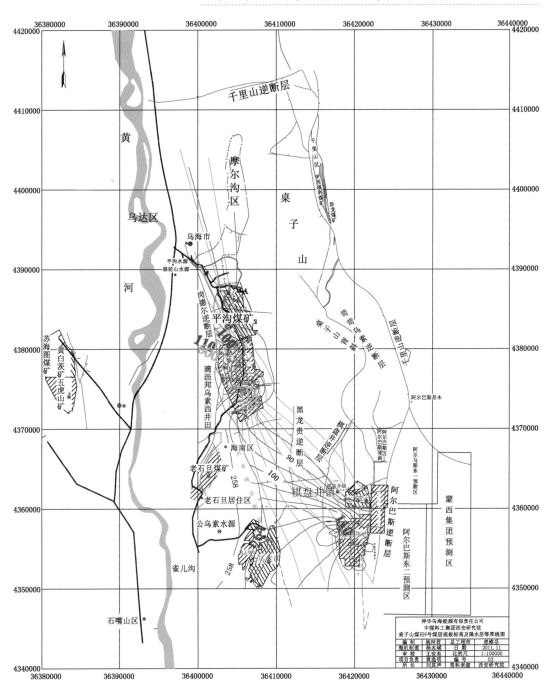

（注：图中蓝色线条为9号煤层底板隔水层厚度等值线，青色线条为9号煤底板标高等值线）

图5-18 9号煤层底板标高及隔水层等厚线

粒砂岩、粗粒砂岩、砂质泥岩，属中硬～坚硬岩层。16号煤层底板隔水层岩性组成有砂质泥岩、泥岩、细粒砂岩、中粒砂岩、粗粒砂岩等岩性，为泥岩、砂岩互层组合结构。其中底板岩石多中硬～坚硬，总体上强度较高，具备较好的抗破坏能力。

　　3. 煤层带压开采条件评价

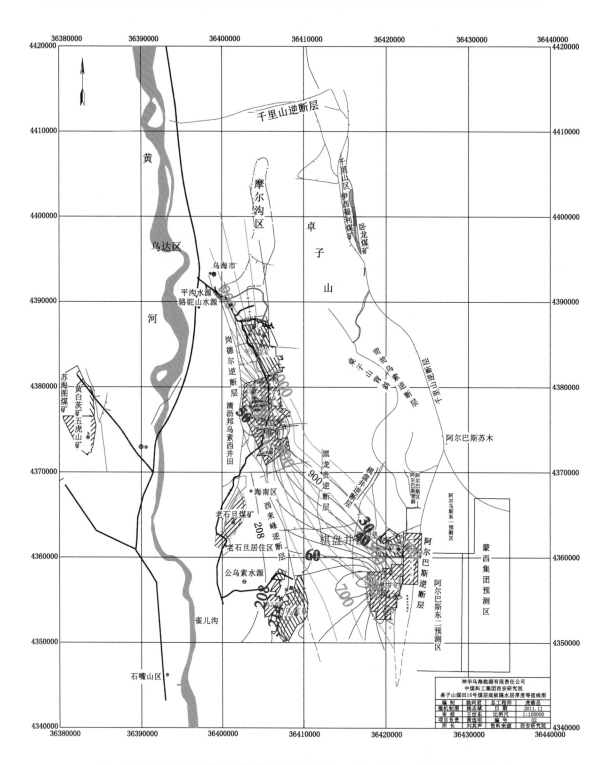

（注：图中蓝色线条为16号煤层底板隔水层厚度等值线，青色线条为16号煤底板标高等值线）

图 5－19 16号煤层底板标高及隔水层等厚线

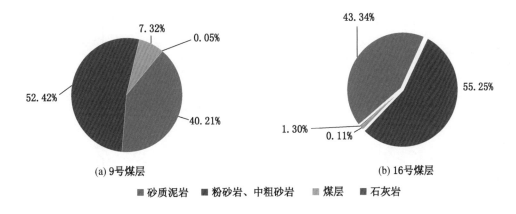

图 5 - 20　不同煤层底板隔水层岩性组合

由图 5 - 21 可以看出，桌子山煤田 9 号煤底板奥陶纪灰岩水突水系数为 0.013 ~ 0.066 MPa/m，平均 0.029 MPa/m。桌子山煤田大部分区域 9 号煤底板奥陶纪灰岩水突水系数小于 0.06 MPa/m，对照突水系数分区标准，桌子山煤田奥陶纪灰岩水突水系数均小于构造地段的 0.06 MPa/m，属于可安全带压开采区域；介于 0.06 ~ 0.1 MPa/m 的区域，须采取相应带压开采措施后，可以进行试采。

由图 5 - 22 可以看出，桌子山煤田 16 号煤底板奥陶纪灰岩水突水系数为 0.01 ~ 0.148 MPa/m，平均为 0.0716 MPa/m。对照突水系数分区标准，桌子山煤田 16 号煤底板奥陶纪灰岩水突水系数大部分区域大于 0.06 MPa/m，底板发生奥陶纪灰岩水突水威胁程度较高。

4. 奥陶纪灰岩水害特征

对桌子山煤田奥陶纪灰岩水文地质单元进行了划分，对主采煤层受底板奥陶纪灰岩水威胁程度进行了综合评价。桌子山煤田划分为 3 个水文地质单元，各水文地质单元内煤矿受奥陶纪灰岩水害特点：

（1）拉僧庙岩溶地下水系统中的平沟、利民、棋盘井、骆驼山矿，9 号煤层隔水层较厚，底板隔水层岩性以砂岩类、泥岩类交互组合结构为主，刚性和柔性岩层互层，具有较好的阻水性能；桌子山煤田大部分区域 9 号煤底板奥陶纪灰岩水突水系数小于 0.06 MPa/m，属于可安全带压开采区域；局部介于 0.06 ~ 0.1 MPa/m 的区域，须采取相应带压开采措施后，可以进行试采。

16 号煤层底板隔水层厚度较薄，大部分区域底板奥陶纪灰岩水突水系数大于 0.06 MPa/m，根据《煤矿防治水细则》，在突水系数介于 0.06 ~ 0.1 MPa/m 并受构造影响区域，属于带压开采危险区。

（2）海南区公乌素、老石旦、路天矿由于处在西来峰逆断层西侧的贺兰山北段煤田，与平沟、骆驼山、利民、棋盘井煤矿处于不同水文地质单元，其隔水层厚度发育较厚，各煤层开采基本不受奥陶纪灰岩水害威胁，排除了奥陶纪灰岩水对各煤层开采的威胁。

（3）苛苛乌素逆断层以东奥陶系和寒武系缺失，排除了该区段主采煤层受底板奥陶纪灰岩水的威胁。

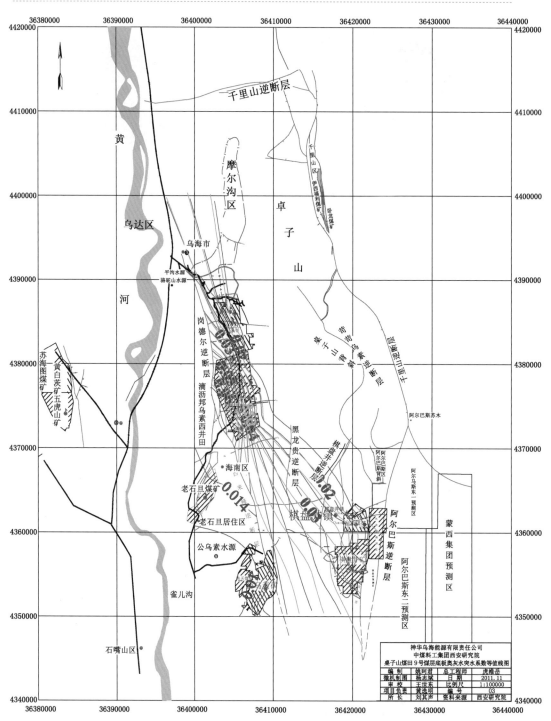

（注：图中蓝色线条为9号煤层底板奥灰水突水系数等值线，青色线条为9号煤底板标高等值线）

图5-21　9号煤层底板标高及奥陶纪灰岩水突水系数等值线

二、横城矿区底板带压开采可行性评价

由横城矿区主采煤层3号、5号和9号煤层的突水系数计算结果可以看出：3号、5号、

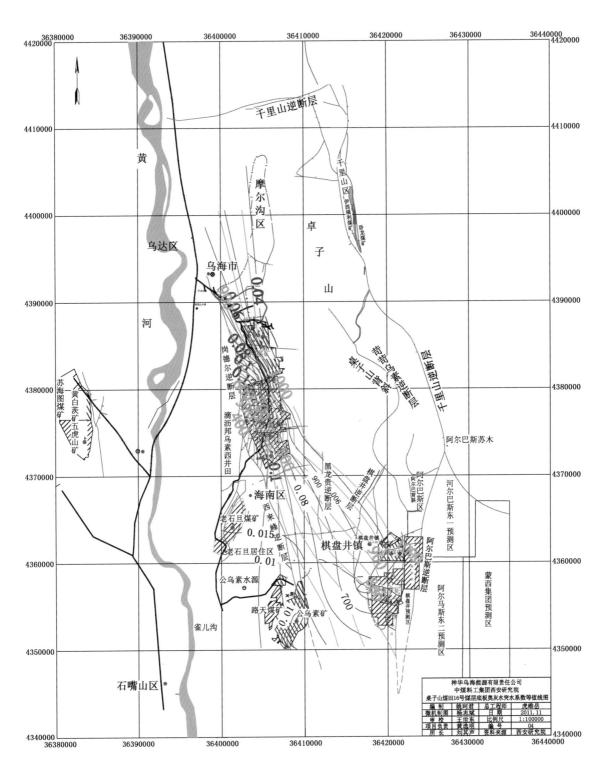

（注：图中蓝色线条为16号煤层底板奥灰水突水系数等值线，青色线条为16号煤底板标高等值线）

图5-22　16号煤层底板标高及奥陶纪灰岩水突水系数等值线

9 号煤底板奥陶纪灰岩水的突水系数分别为 0.014 MPa/m、0.015 MPa/m、0.018 MPa/m，对照突水系数分区标准，横城矿区内各主采煤层底板奥陶纪灰岩水突水系数（表 5 - 2）均小于构造地段的 0.06 MPa/m，属于可安全带压开采区域。

表 5 - 2　横城矿区主采煤层突水系数计算成果

煤层/号	奥陶纪灰岩水压/MPa	隔水层厚度/m	突水系数/（MPa · m⁻¹）
3	7.51	532	0.014
5	7.74	509	0.015
9	8.31	451	0.018

三、王洼矿区底板带压开采可行性评价

奥陶纪灰岩水标高为 +1565.0 m，5 号煤层距奥陶系灰岩顶界面距离平均为 200.0 m 左右，5 号煤层底板奥陶纪灰岩水突水系数为 0.025 MPa/m；8 号煤层距奥陶系灰岩顶界面距离平均为 150.0 m，8 号煤层底板奥陶纪灰岩水突水系数为 0.033 MPa/m。对照突水系数分区标准，王洼矿区内各主采煤层底板奥陶纪灰岩水突水系数均小于构造地段的 0.06 MPa/m，属于可安全带压开采区域。

第四节　鄂尔多斯盆地煤田奥陶纪灰岩水害威胁性综合评价

通过对鄂尔多斯盆地煤田煤层带压现状、底板隔水层发育特征、奥陶纪灰岩水带压开采可行性分析研究，综合考虑采用突水系数法、强渗通道法、岩溶发育规律等对鄂尔多斯盆地煤田奥陶纪灰岩水害威胁进行综合评价。

1. 非带压安全开采区

盆地西缘的贺兰山北段煤田（乌达矿区和汝箕沟矿区），桌子山煤田公乌素、老石旦、路天矿和棋盘井煤矿苕苕乌素逆断层以东区域，黄陇侏罗系煤田西部的永陇矿区和华亭矿区；东缘的准格尔旗煤田和河东煤田浅部区域；南缘的渭北煤田铜川、蒲白矿区，以上区域排除了底板奥陶纪灰岩水威胁。

2. 带压开采安全区

盆地东缘的准格尔煤田上组煤，河东煤田上组煤除西部边界处局部块段外，南缘的韩城矿区和澄合矿区浅部局部带压区域，可在采取常规水害防治措施基础上实现安全带压开采；西缘的桌子山煤田上组煤、横城矿区、王洼矿区。

3. 带压开采危险区

盆地东缘的准格尔煤田下组煤西部局部块段，河东煤田天桥泉群北部、兴县矿区西部边界、离柳矿区西部黄河沿线、离柳矿区东部朱家店附近以及府谷煤田东北部；南缘的渭北煤田韩城矿区和澄合矿区西部区域底板较薄区段，属于危险开采区域；西缘的桌子山煤田下组煤，如平沟煤矿、骆驼山煤矿、棋盘井煤矿。

鄂尔多斯盆地边缘煤底板奥灰水突水危险性分区如图 5 - 23、图 5 - 24 所示。

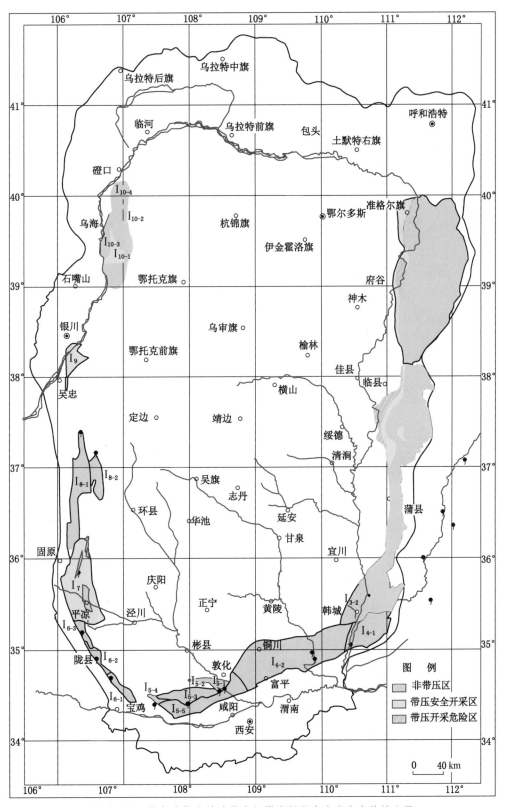

图 5 - 23　鄂尔多斯盆地边缘上组煤底板奥灰水突水危险性分区

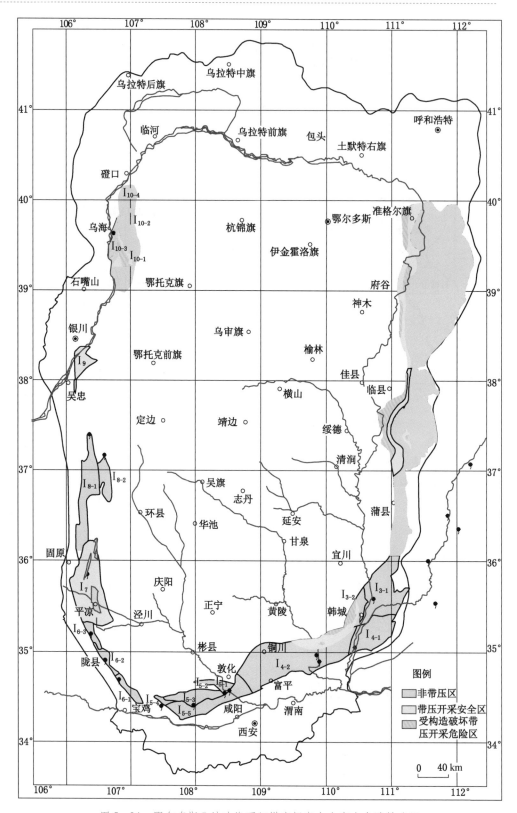

图 5-24　鄂尔多斯盆地边缘下组煤底板奥灰水突水危险性分区

第六章　鄂尔多斯盆地奥陶纪灰岩水害防治技术

第一节　奥陶纪灰岩水害特征及防治总体思路

鄂尔多斯盆地位于华北地台的西部，岩溶地下水主要赋存在寒武系－奥陶系碳酸盐中，在盆地周边地区裸露或浅埋，盆地内部埋藏，成"U"形在周边呈带状分布。其中，盆地的东、南、西边缘煤田不同程度受到奥陶纪灰岩水的威胁，而盆地内部石炭、二叠纪煤层埋藏太深，暂不可采。鄂尔多斯盆地边缘煤田构造活动强烈，鄂尔多斯盆地中东部中奥陶统岩溶较为发育，鄂尔多斯盆地边缘煤田内发现多起陷落柱存在。

鄂尔多斯盆地边缘煤田上组煤正常块段发生奥陶纪灰岩水突水可能性较小，但不排除受断层、陷落柱等垂向导水构造的作用局部发生奥陶系灰岩水突水的可能，重点防御对象是断层发育带、底板裂隙发育区域和导水陷落柱。因此，鄂尔多斯盆地边缘煤田上组煤底板奥陶纪灰岩水防治的关键技术为隐伏导水陷落柱综合探查与治理。

鄂尔多斯盆地边缘煤田下组煤底板奥陶纪灰岩水突水系数小于 0.06 MPa/m，在做好强隐伏导水通道探查和治理工作的基础上，可以进行带压开采。针对鄂尔多斯盆地底板奥陶纪灰岩水发生突水危险性较高的区域，根据危险程度不同，制定有针对性地分区灰岩水害防治关键技术。其一是底板隔水层较薄、水压较高、奥陶纪灰岩水疏降不可行的区域，如东缘准格尔煤田和南缘渭北煤田局部区域，底板奥陶纪灰岩水害防治的关键技术为奥陶系灰岩顶部探查与注浆改造技术；其二是东缘河东煤田奥陶系峰峰组顶部利用的突水危险区域，其奥陶纪灰岩水害防治关键技术为对奥陶系峰峰组顶部可利用段进行精细探查，对主采煤层底板奥陶纪灰岩水突水危险性进行综合评价，降低突水系数，解放更多煤炭资源；其三是西缘桌子山煤田下组煤底板隔水层约为 40 m，且奥陶纪灰岩水位呈下降趋势的突水危险区域，其奥陶纪灰岩水防治关键技术为疏水降压或底板隔水层探查与注浆改造技术。

第二节　奥陶纪灰岩水害监测预警关键技术

煤矿底板水害具有隐蔽性的特点，可以通过对应力、应变、水压和温度监测指标的综合分析进行突水预测预报。而含水层之间水文地球化学特征差别不是很明显，仅利用水文地球化学特征难以判别突水水源，目前水文地球化学特征判别水源的研究遇到了发展的瓶颈，因此如何快速、高效地区分不同突水水源，已经成为造成抢险救援和堵水复矿时间难以控制的重要因素之一。

一、突水监测预警技术

煤矿底板水害具有隐蔽性的特点，水害监测预警是预防的基础。由于矿井水害的影响因素复杂，建立适合煤矿生产具体条件的预测模型往往存在很大的困难，从实际出发，通过对水害发生过程的监测，可以在一定程度上解决矿井水害在短期内难以预测的问题，从而为水害应急预案的启动提供可靠的依据。

煤层底板突水监测预警体系包括突水时空分布规律研究、突水监测系统、预警系统和应急预案四个组成部分。其中突水时空分布规律研究是基础，突水监测和预警系统是核心，应急预案是关键。

煤层底板突水监测中的应力、应变状态反映了底板隔水层在采动影响下所受破坏以及导水性能的变化状况，水压直接反映承压水导升部位，水温、水化学变化则反映是否有深部承压水的参与。因此，可以通过对这 4 项监测指标的综合分析，进行突水预测预报。

1. 监测点选择

监测实践中尽可能将各类传感器埋设在应力波、渗流场可达的范围内。水温、水压传感器以埋设于相对含水层位为宜，有利于地下水水力传导的层段；应力、应变传感器埋设于对岩体应力波场传导相对敏感的地层单元。对物探电法圈定的含导水异常区、断层影响带、底板薄弱带等也应考虑重点布控。

2. 临突预报判据及突水预警准则

突水预警主要应考虑应力、应变、水压和温度变化 4 个因素。

（1）当工作面推进至距传感器一定距离，应力处于持续上升阶段，随着工作面的向前推进，应力迅速下降，出现前兆应力降现象，这意味着该处的岩石已发生破裂，岩石破裂是下伏地下水潜升的必要条件。

（2）当开采过程中水温一直在升高，且接近直接充水含水层的水温时，意味着基底含水层水已经潜升至传感器埋设的位置，存在突水发生的重大危险。

（3）当开采过程中水压一直在升高，且接近直接充水含水层的背景水压时，也意味着基底含水层水已经潜升到期传感器埋设的位置，存在突水发生的重大危险。

（4）在岩体失稳前的亚临界阶段，煤层底板应变速率急速增大，当其趋于无穷时，预示着突水发生的条件已经具备，这种突水前兆是便于实际监测的。

上述 4 条预警判据链分别对应不同的突水前兆及其突水发生的可能性的大小。突水监测预警实践中，应结合具体的情况，并参照工作面突水前兆信息（如片帮、挂汗、气温异常变化、底鼓等）灵活地加以应用。

3. 突水预警级别划分

在什么情况下发出预警信号，是一个需要在实践中不断探索的重要问题，也是建立监测预警系统的关键技术问题之一，本次将突水预警危险程度初步划分为三级，并用不同的颜色标示出来：

（1）存在突水危险：表示该区存在发生突水的背景条件，但相对概率较低，需要注意，标记为黄色。

（2）突水危险性较大：表示该区进入发生突水前的中期发展阶段，突水可能性较大，需要警惕，标记为橙色。

（3）危险性大：表示该区进入发生突水前的中短期发展阶段，短期内有突水可能，需采取相应措施，标记为红色。

二、突水监测数据预警处理技术

开展了矿井底板水害预警技术基础理论研究，包括应力、水温、水压等预警技术。

1. 应力监测预警处理技术研究

根据 Reissner 中厚板理论，由矿山压力引起的裂纹尖端在弯曲时的应力强度因子为

$$K_{\mathrm{I-g}} = \frac{12Z}{h^3}\sqrt{\pi a}\left(M_x\sin^2\alpha + M_y\cos^2\alpha + M_{xy}\sin2\alpha\right)\varphi_1(\gamma,\lambda) \tag{6-1}$$

$$\lambda = \frac{h}{\sqrt{10a}}$$

式中　a——整个裂纹面在 xy 面上的长度；

　　　h——板的厚度；

　　　γ——泊松系数；

　　　α——裂纹平面在 xoy 平面上的投影与 x 轴的夹角，（°）；

　　　φ_1——依赖于 λ 与 γ 的函数。

M_x、M_y、M_{xy} 由下式给出：

$$\begin{cases} M_x = \dfrac{\sigma_x h^3}{12z} \\[2mm] M_y = \dfrac{\sigma_y h^3}{12z} \\[2mm] M_{xy} = \dfrac{\tau_{xy} h^3}{12z} \end{cases} \tag{6-2}$$

根据弹性力学原理，当 $\sigma_1=\sigma_x$、$\sigma_3=\sigma_y$ 时，$\tau_{xy}=0$。σ_1、σ_2、σ_3 测值由下式给出：

$$\begin{cases} (\sigma_1+\sigma_2) = \dfrac{1}{3}\left[\dfrac{M_1}{A_1}+\dfrac{M_2}{A_2}+\dfrac{M_3}{A_3}\right] \\[3mm] (\sigma_1-\sigma_2) = \dfrac{1}{6}\sqrt{\left(2\dfrac{M_1}{A_1}-\dfrac{M_2}{A_2}-\dfrac{M_3}{A_3}\right)^2+3\left(\dfrac{M_2}{A_2}-\dfrac{M_3}{A_3}\right)^2} \\[3mm] \theta_1 = \dfrac{1}{2}\arctan\sqrt{3}\,\dfrac{\dfrac{M_2}{A_2}-\dfrac{M_3}{A_3}}{2\dfrac{M_1}{A_1}-\dfrac{M_2}{A_2}-\dfrac{M_3}{A_3}} \end{cases} \tag{6-3}$$

裂纹面上同时有水压力作用，可以认为水压力随 z 发生线性变化，由于水压是一个仅依赖于 z 变化的参数，故由于水压力引起的应力强度因子为

$$K_{1-w} = \sqrt{2}\left[0.7930\left(1-\frac{h}{p_0}\right)-0.4891\frac{az}{p_0}\right]\sqrt{\pi a}\left[p_0-(h+z)\times0.1\right] \tag{6-4}$$

总应力强度因子

$$K_{\mathrm{I}} = K_{\mathrm{I-g}} + K_{\mathrm{I-w}} \tag{6-5}$$

工作面临界应力强度因子

$$K_{IC} = -0.172\sigma_1 \sqrt{R} + 2.53\sigma_2 \sqrt{R} + 0.764P\sqrt{R} + 1.671P_a\sqrt{R} \tag{6-6}$$

当裂纹尖端的应力强度因子 K_1 达到由尖端材料决定的临界应力强度因子 K_{IC} 时，裂纹就会失稳扩展而诱发突水。

2. 水温、水压监测预警处理技术研究

警情指标直接指数

$$I = \frac{1}{2}\left(\frac{p}{p_c} + \frac{T}{T_c}\right) \tag{6-7}$$

式中　　p——实测水压，MPa；

$\quad\quad\ p_c$——监测目的含水层水压背景值，MPa；

$\quad\quad\ T$——实测水温，℃；

$\quad\quad\ T_c$——监测目的含水层水温背景值，℃。

根据预警指标直接指数 I 所划分的预警级别见表 6-1。

表 6-1　根据直接指数划分的预警级别

警情指标直接指数	预警级别	代号	示警颜色	含　义
$I < 0.1$	安全	I	绿色	基本不受底板水害威胁
$0.1 < I < 0.4$	关注	II	橙色	存在发生突水的背景条件，但相对概率较低，应该引起注意
$0.4 < I < 0.7$	临界	III	黄色	进入发生突水前的中期发展阶段，突水可能性较大，需要警惕
$0.7 < I < 1.0$	危险	IV	红色	进入发生突水前的中短期发展阶段，短期内有突水可能，需采取相应措施

通过突水过程中各指标变化情况的研究，建立了突水判别标准，为突水监测预警提供了依据。

三、突水水源综合判别关键技术

1. 突水水源判别关键技术

煤矿水害防治工作的首要任务是寻找代表每个含水层地下水特征的标型元素（化合物、气体和同位素等），并在此基础上对突水水源进行识别。常用的有 Piper 三线图法、不同标型组分含量相关关系法、单个标型组分含量值域法和人工示踪法等，但由于地下水在自然系统循环过程中，与其接触的岩石圈、生物圈和大气圈一直进行极其复杂的物质、能量和信息交换，水文地球化学特征在时空尺度上都不断地发生变化，导致地下水化学成因非常复杂，含水层之间水文地球化学特征差别不是很明显，仅利用水文地球化学特征难以判别突水水源，目前水文地球化学特征判别水源的研究遇到了发展的瓶颈。利用三维荧光光谱指纹技术测定地质沉积过程中残存在不同含水层中稳定性较高的有机物和新产生的有机物特征，结合水文地球化学特征，可以实现快速、有效判别突水水源。

2. 工程应用

1）工程概况

棋盘井煤矿 091101 工作面回风巷道掘进前方超前探测，钻孔出水，初始水量为 226.0 m³/h，初步对出水异常进行综合分析。

（1）水量：水量稳定在 226.0 m³/h，初步分析前方遇到稳定水源。

（2）水压：放水试验稳定水压为 0.14 MPa，基本接近奥陶纪灰岩水压。

（3）水质：钻孔水样水质类型、离子含量接近 9 号煤层顶板砂岩水，又接近底板奥陶纪灰岩水水质。

2）水文地球化学特征

各含水层水化学特征见表 6-1，不同含水层水化学 Piper、Schoeller 如图 6-1 所示。根据水量、水压等异常资料，初步显示出水水源为底板奥陶纪灰岩水，但因 9 号煤层顶板砂岩水和底板奥陶纪灰岩水水质区别不是很明显，利用水文地球化学特征难以判别突水水源出水水源为底板奥陶纪灰岩水。随后对第四系水、9 号煤层顶板砂岩水、底板奥陶纪灰岩水和混合水取样进行有机物化验。

表6-2　各含水层水化学特征　　　　　　　　　　　　　　　　mg/L

水源	层位	pH	K^+	Na^+	Ca^{2+}	Mg^{2+}	Cl^-	SO_4^{2-}	HCO_3^-	CO_3^{2-}	TDS	总硬度	水质类型
CS1	Q_4	8.05	2.70	320.00	116.72	80.85	455.34	496.39	190.11	13.07	1656	624.23	$Cl \cdot SO_4 - Na \cdot Mg$
CS2	9 号煤层	7.65	6.80	160.00	139.17	77.45	7.48	351.52	338.67	16.63	1390	666.3	$Cl \cdot SO_4 \cdot HCO_3 - Na \cdot Ca \cdot Mg$
B1	O_2	8.45	6.40	35.19	95.40	51.97	88.42	118.13	126.09	5.94	511	452.13	$Cl \cdot SO_4 \cdot HCO_3 - Ca \cdot Mg$

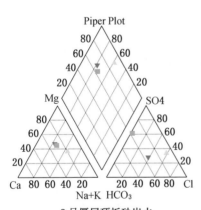

■ 9 号厚层顶板砂岩水
▲ 地表松散层潜水
▼ 奥陶系灰岩含水层

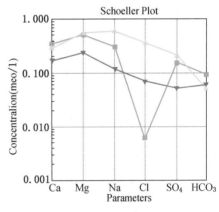

→■ 9 号厚层顶板砂岩水
-▲- 地表松散层潜水
→▼ 奥陶系灰岩含水层

图 6-1　不同含水层水的水化学 Piper、Schoeller

3）不同含水层水中有机物特征

不同含水层水中 DOC、UV_{254} 浓度特征如图 6-2 所示，DOM 三维荧光光谱特征如图 6-3 所示，DOM 荧光强度综合柱状图如图 6-4 所示。

由图 6-2～图 6-4 可知，奥陶纪灰岩水中 TOC 和 UV_{254} 分别比其他水源低 2～3.3 倍和 2.4～4.7 倍，没有酪氨酸、疏水性有机酸和海洋性腐殖酸等有机质，能够明显与其他含水层水区分开来。

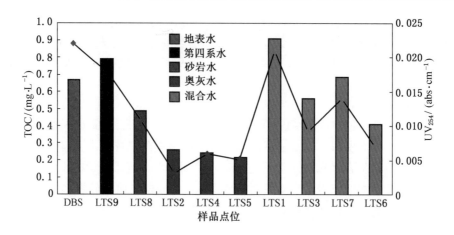

图 6-2 不同含水层水中 DOC、UV$_{254}$ 浓度特征

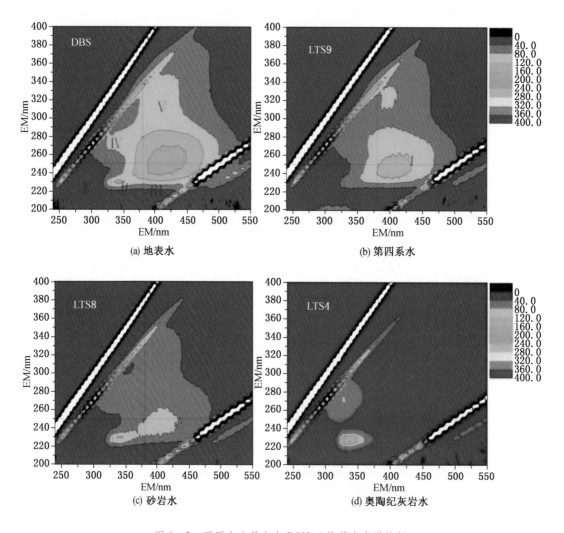

图 6-3 不同含水层水中 DOM 三维荧光光谱特征

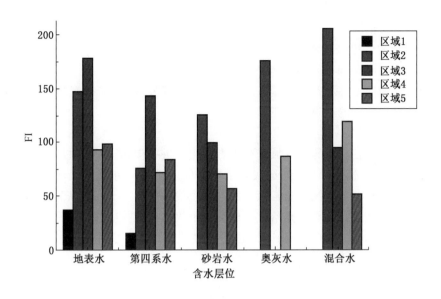

图 6-4　各含水层中 DOM 荧光强度综合柱状图

第三节　隐伏导水陷落柱综合探查与治理技术

通过对骆驼山煤矿发现的鄂尔多斯盆地煤田首个突水陷落柱综合分析的基础上，详细分析了鄂尔多斯盆地岩溶陷落柱形态特征、岩溶陷落柱与构造控制关系及发育分布规律等，提出了一套鄂尔多斯盆地煤田隐伏陷落柱物探、钻探综合排查技术。首先，发现地质异常时，对地质预判、水质预警等综合分析，预判陷落柱的存在；其次，采取地面－井下物探、钻探等综合手段分析确认导水陷落柱的空间形态；最后，采用探查－注浆相结合对陷落柱进行预防性注浆堵截治理。

一、隐伏陷落柱探查治理技术

1. 隐伏陷落柱预报判别技术

矿井开采过程中，如发现异常出水，应立即分析水量、水温、水质、水压等资料，判别这些特征与奥陶纪灰岩水的水力联系，总结涌水特征，初步判别陷落柱存在的可能性。

2. 隐伏陷落柱探查技术

经采掘中资料分析，矿井内发现疑似陷落柱，其位置、发育高度、形态不明确时，应停止采掘工程，立即对陷落柱实施探查工作，查明陷落柱发育参数。目前，探查陷落柱最有效的方法是物探先行、圈定靶区，钻探验证、确定位置。

1）物探综合探查手段和技术

为减少和避免因单一物探方法的多解性造成的解释误差，采用综合物探方法，使物探结果更加有效、可靠，对地下构造有更全面的认识。

（1）三维地震勘探技术。利用三维地震勘探技术，可以为查明附近地层中的断层、陷落柱等构造发育情况。

（2）瞬变电磁法勘探技术。利用瞬变电磁法勘探技术，查明含水地质如岩溶洞穴与通道、煤矿采空区、深部不规则水体等。

应充分采用地面 – 井下三维地震、瞬变电磁法、高分辨电法综合物探方法，圈定出异常区域，确认钻探验证的重点探查靶区。

2）钻探探查技术

设计井上 – 井下钻孔对异常区域进行重点探查，进一步确定陷落柱具体区域。

（1）井下钻探技术。对于奥陶纪灰岩水压较低的矿井，可以采取直接向物探异常区域加密布设钻孔，对非异常区域正常探查的办法查找陷落柱。奥陶纪灰岩水压较高，须采用高压防喷技术，防止钻孔导通陷落柱造成突水事故，且钻孔应探查异常区边缘。

（2）地面钻探技术。如井下施工钻孔受突水威胁较大，宜采用地面钻探探查手段，在疑似区域布设高精度定向钻孔，采用定向斜孔 + 水平钻孔的方式。

3. 隐伏陷落柱治理技术

对陷落柱的注浆加固改造，利用注浆孔对陷落柱建造堵水塞进行封堵。

1）钻孔布置

钻孔一般布置在陷落柱边界外侧，采用定向钻进多孔联合交叉穿过陷落柱。

2）注浆工艺

注浆方式采用孔口止浆、静压分段下行式注浆法，采用倒梯形方式进行，对陷落柱进行高低位控制、交叉注浆。

3）注浆阶段

（1）充填注浆阶段。主要特点是注浆在静水、孔口无压状态中定量、间歇反复进行，采用倒梯形的通道堵截方式，先注浆形成外围，再对内部注浆，以控制注浆量、防治串浆，形成主体架构。

（2）升压注浆阶段。各注浆孔中期注浆阶段，以单液水泥浆为主，以封堵较大的裂隙、溶隙为主，以巩固前期注浆成果。

（3）加固注浆阶段。所有注浆孔的后期注浆阶段，注浆时孔口压力开始显现，通过高压钻孔注浆，封堵注浆孔间残留小裂隙，增加"堵水塞"强度；另外，分支钻孔需穿透陷落柱四周环状导水裂隙带，封堵陷落柱四周环状导水裂隙。

二、典型矿井工程示范

1）矿井概况

黄玉川井田位于鄂尔多斯市准格尔煤田西南部，含煤地层为石炭系太原组和二叠系山西组，主采煤层为 4 号和 $6_上$ 煤层，平均厚度 3. 35 m 和 12. 37 m。井田自上而下共分布 3 个主要含水层，即松散层孔隙潜水含水层、煤系地层砂岩裂隙含水层和底板奥陶系灰岩含水层。其中松散层孔隙潜水含水层、煤系地层砂岩裂隙含水其富水性差，易于疏干；底板奥陶纪灰岩水富水性极不均一，当井下采掘遇到隐伏导水构造时，底板奥陶纪灰岩水可直接涌入矿坑造成突水事故。

2）隐伏导水陷落柱的初步判识

216$_{上}$01 工作面开采 6$_{上}$ 煤层，煤层平均厚度 9.56 m，煤层标高 +841 ~ +974 m，煤层底板距奥陶系灰岩含水层 60 m，奥陶纪灰岩水位 +878 ~ +882 m。2013 年 1 月 20 日，在 216$_{上}$01 工作面回撤通道掘进前方超前探测，钻孔出水，稳定水量为 21.6 m^3/h，初步对出水异常进行综合分析。

（1）水量：施工 8 个探水孔水量稳定在 136 m^3/h，初步分析前方遇到稳定水源。

（2）水压：放水试验稳定水压为 0.08 MPa，基本接近奥陶纪灰岩水压。

（3）水质：钻孔水样水质类型、离子含量上接近奥陶纪灰岩水水质。

综合分析出水水量、水压、水质等异常资料，结合黄玉川矿水文地质特征及陷落柱发育情况，初步分析可能存在疑似隐伏岩溶陷落柱。

3）物探探查

为进一步查明隐伏陷落柱的空间位置，设计在井下进行综合物探探查。黄玉川矿采用地面三维地震、井下音频电透视、坑透等综合物探技术对 216$_{上}$01 工作面回撤通道大巷迎头前方及两帮进行超前探查，圈定出了明显的异常区域。

4）井下钻探探查

经底板探查钻孔验证（图 6-5），此处发育点状奥陶系灰岩垂向陷落柱，陷落柱直径约 27.4 m（图 6-6），6$_{上}$ 煤层位置陷落柱直径约 3 m。

5）陷落柱注浆治理

陷落柱治理的总体思路是边探查边治理，首先对 216$_{上}$01 工作面回撤通道大巷进行封堵，然后补 5、补 6、补 7、补 8 采用下行式分段注浆法加固至 6$_{上}$ 煤层底板下 80 m。通过定向钻进技术和下行式分段注浆法，实现了陷落柱的精确探查与注浆治理，对 6$_{上}$ 煤层底板下 80 m 以上陷落柱体进行有效封堵。

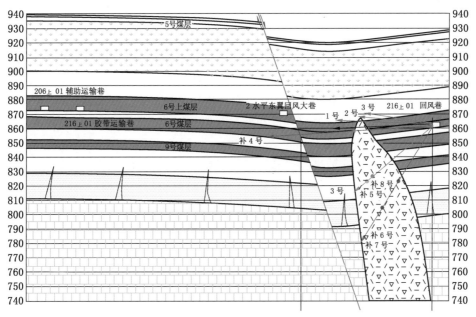

(a) 探查钻孔

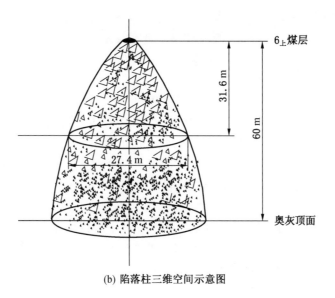

(b) 陷落柱三维空间示意图

图 6-5 216$_{上}$01 工作面垂向导水通道钻探探查工程示意图

第四节 奥陶纪灰岩水疏水降压技术

一、疏水降压可行性研究

综合奥陶纪灰岩识区域补径排条件、水文边界条件、地下水开采现状、奥陶纪灰岩水文地质总体特征等条件研究，认为鄂尔多斯盆地西缘桌子山煤田奥陶纪灰岩水疏水降压是可行的。

1. 含水层疏水降压的条件

（1）奥陶纪灰岩水以静储量为主，地下水动态补给水源有限。

（2）奥陶纪灰岩水处于超采状态，地下水位持续单调下降，年均降幅达 15.0 m。

（3）奥陶纪灰岩水连通性较好，可在井田奥陶纪灰岩水富水地段布置疏放孔，实现奥陶纪灰岩水位的疏降。

（4）桌子山煤田东部区域煤层受奥陶纪灰岩水压较低，疏降水头值有限。

2. 含水层疏降的评判标准

（1）结合国内矿区的经验，通过抽水试验过程中，降深与涌水量的比值关系作为疏降可行性的判别标准。即

$$S_0' = \frac{S}{Q} \tag{6-8}$$

式中 S——主要控放范围内的水位降深，m；

Q——主要控放范围内的涌水量，m^3/min。

$S_0' > 10$，补给较弱，易疏降；$3 \leqslant S_0' \leqslant 10$，补给较强，可以疏降；$S_0' < 3$，补给很强，不宜直接疏降。

桌子山煤田奥陶纪灰岩水抽（放）水试验降深与涌水量的比值统计见表6-3。由表6-3可看出，整体上桌子山煤田奥陶纪灰岩水易疏降。

表6-3　桌子山煤田抽水试验降深与涌水量比值统计

孔　号	试验层位	试验性质	降深 S/m	水量 Q/ $(m^3 \cdot min^{-1})$	比值 (S/Q)/ $(min \cdot m^{-2})$	可疏性评判
B1-1	O_2	单孔抽水	95.12	0.03067	3101.40	易疏降
B1-3	O_2	单孔抽水	94.46	0.02	4844.10	易疏降
B1-4	O_2	单孔抽水	84.07	0.14	604.10	易疏降
B2-1	O_2	单孔抽水	96.86	0.30	322.87	易疏降
B2-2	O_2	单孔抽水	92.53	0.06	1472.63	易疏降
B2-3	O_2	单孔抽水	90.66	0.07	1317.09	易疏降
B3-1	O_2	单孔抽水	91.16	0.04	2279.00	易疏降
B3-2	O_2	单孔抽水	45.11	0.27	165.64	易疏降
BC1	O_2	单孔抽水	2.02	0.20	10.10	可疏降
BC2	O_2	多孔抽水	91.33	0.04	2123.95	易疏降
BC3	O_2	单孔抽水	77.61	0.11	733.32	易疏降
BC4	O_2	单孔抽水	79.03	0.02	3182.42	易疏降
BC5	O_2	单孔抽水	72	0.06	1248.55	易疏降
BC6	O_2	多孔抽水	36.69	1.99	18.43	可疏降
BG1	O_2	单孔抽水	40.85	0.0048	8451.72	易疏降
平$_{O观1}$	O_2	单孔抽水	38.78	0.223	173.9	易疏降
平$_{O观2}$	O_2	单孔抽水	142.8	0.0395	3615.2	易疏降
棋$_{O观3}$	O_2	单孔抽水	4.00	0.17	24.24	易疏降
棋$_{O观6}$	O_2	单孔抽水	13.87	0.02	577.92	易疏降
棋$_{O观7}$	O_2	单孔抽水	31.73	0.05	666.04	易疏降
棋$_{O观8}$	O_2	单孔抽水	13.07	0.09	145.22	易疏降
棋$_{O放3}$	O_2	单孔抽水	1.44	0.50	2.88	不宜疏降
棋$_{O观1}$	O_2	单孔抽水	11.62	2.77	4.19	可疏降
利$_{OL观3}$	O_2	单孔抽水	19.74	0.1338	147.5	易疏降
利$_{OL观4}$	O_2	单孔抽水	34.83	0.04	870.8	易疏降

（2）水层渗透系数 $K > 3$ m/d。当承压含水层渗透系数 $K \geq 0.3$ m/d 时疏降效果较好。据桌子山煤田水文地质补勘抽水试验结果，奥陶纪灰岩水渗透系数局部大于 0.3 m/d，其他地段均小于 0.3 m/d，因此局部地段疏降效果较好。

综合分析认为桌子山煤田奥陶纪灰岩水疏降是可行的，通过对奥陶纪灰岩水疏水降压防止奥陶纪灰岩水突水事故发生，变水害为水资源综合利用意义重大。

二、典型矿井工程示范

1. 矿井概况

利民煤矿主采 9 号、16 号煤层，16 号煤层由于受奥陶纪灰岩水的威胁尚未开采。

2. 16 号煤层带压开采可行性评价

根据《利民煤矿水文地质补充勘探报告》，16 号煤层底板隔水层岩性中硬 – 坚硬，强度较高，岩体原生裂隙较不发育，总体具有较好的阻水压性能；16 号煤层底板奥陶纪灰岩水带压开采突水系数小于 0.06 MPa/m，可以安全带压开采。

3. 疏水降压效果评价

2011 年区域奥陶纪灰岩水位 +1070 m，以区域奥陶纪灰岩水位年降幅 15 m 预测，2015 年奥陶纪灰岩水位预计 +1010 m，各年度 16 号煤层带压开采分区线动态预测如图 6 – 6 所示。从动态图中可以看出，16113 工作面由于奥陶纪灰岩水自然疏降，2012 年将处于无压，至 2015 年整个 16 号煤层采区将都不在受奥陶纪灰岩水的威胁。通过对奥陶纪灰岩水疏水降压既防止了奥陶纪灰岩水突水事故的发生又变水害为水资源综合利用。

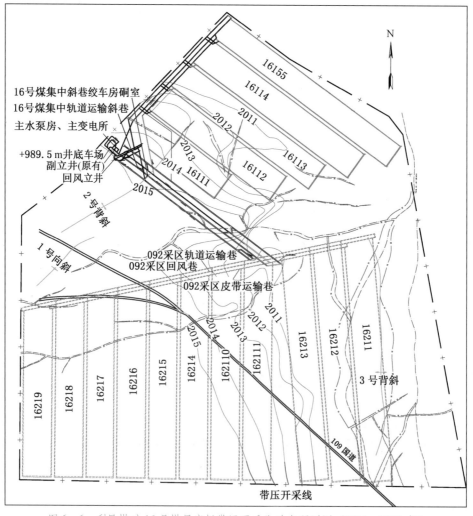

图 6 – 6 利民煤矿 16 号煤层底板带压开采线动态预测图（2011—2015 年）

第五节　奥陶纪灰岩顶部利用和注浆改造关键技术

目前奥陶系灰岩顶部利用与改造技术是奥陶纪灰岩水害防治技术的一个重要发展方向，一方面可利用奥陶纪灰岩水文地质条件的差异性，将奥陶系灰岩顶部具有相对隔水性的风氧化带作为隔水层进行安全评价，降低突水系数，提高煤炭资源回收率；另一方面对于底板隔水层较薄的地区，直接进行奥陶纪灰岩顶部注浆改造，同样可以增加隔水层厚度，降低突水系数，实现安全带压开采。

传统注浆工程采用对工作面均匀布孔，对注浆目的层开展注浆改造，但传统方法存在仅能以单个工作面治理、注浆钻孔有效孔段短、注浆效果差等局限性。为了克服传统注浆方法的缺点，结合鄂尔多斯盆地煤田大规模、高强度的综放开采条件，集成创新了奥陶系灰岩长距离定向钻探查与区域注浆改造关键技术。该技术克服了以往单个工作面常规钻注浆治理的局限性，可以一次性对多个工作面或一个采区进行全面注浆改造；减少了以往注浆施工必需的钻窝等配套工程量，较以往治理方案节省近一半的投资，且减少了矿井后续生产接替不利影响因素，实现了奥陶纪灰岩水由局部防治向区域防治的根本转变。

一、奥陶纪灰岩顶部峰峰组相对隔水层利用技术

在煤矿水害防治中奥陶纪灰岩水突水危险性评价时，把奥陶系灰岩统统当作含水层，未考虑其可能的隔水性，致使某些井田或某些采区预测的突水危险性偏大，大量的煤层尤其下组煤基本上都不敢开采。但是通过对鄂尔多斯盆地东缘河东煤田奥陶系峰峰组灰岩岩溶发育、水文地质、抽水试验及富水性等特征综合分析，认为奥陶系峰峰组顶部 20 ~ 35 m 岩溶裂隙充填好、富水性弱，可以作为相对隔水层加以利用。

1. 峰峰组顶部古风化壳的沉积环境

奥陶系峰峰组顶部相对隔水段的存在与古风化壳的发育有关。加里东运动时期，发生了昌平、怀远及加里东晚期的 3 次抬升，使下古生界 3 次大面积暴露于地表，一方面形成古岩溶和裂隙，另一方面又遭受灰岩风化形成的钙红色土层的充填，风化残积物与未风化的完整灰岩重新发生胶结，二次成岩，泥质含量较高，隔水性较好，为海 – 陆相交互沉积环境。岩层本身的完整性较好，岩块内部发育的各种微小裂隙，溶蚀孔穴，空洞多被次生方解石脉充填结晶。

2. 峰峰组顶部岩层的岩性组合结构有利于形成阻水结构

通过钻孔柱状对比图可知，在峰峰组常见灰岩、泥质灰岩反复旋回沉积，且泥质灰岩和灰岩厚度均不大，不利于形成储水空间，这种阻水结构在峰峰组中部尤其发育，20 ~ 50 m。在峰峰组顶部，发育厚度较大泥分少的灰岩，厚度 0 ~ 20 m，岩溶裂隙多为方解石及古风化残积物充填胶结。

3. 峰峰组的极弱富水性是决定性因素

由《煤矿防治水细则》可知，富水性等级以钻孔单位涌水量为准进行划分，标准为：极强富水区 $q > 5.0$ L/$(s \cdot m)$，强富水区 $1.0 < q \leq 5$ L/$(s \cdot m)$，中等富水区 $0.1 < q \leq 1.0$ L/$(s \cdot m)$，弱富水区 $q \leq 0.1$ L/$(s \cdot m)$。据河东煤田抽水试验成果、钻井消耗液观测数、流量测井数据、水化学分析数据及压水实验数据，峰峰组富水性在 $10 - 3$ L/$(s \cdot m)$ 甚至

更低，奥陶系峰峰组顶部整体上富水性极弱。

4. 峰峰组顶部相对隔水层稳定无大的构造因素控制

河东煤田整体来说峰峰组沉积相对稳定，如无大构造因素控制，基本对煤层隔水底板的完整性影响较小。

二、底板隔水层加固或奥陶系灰岩顶部注浆改造关键技术

目前国内针对主采煤层底板隔水层较薄、带压开采技术包括底板隔水层加固、奥陶纪灰岩水疏水降压、奥陶系灰岩顶部注浆改造、特殊开采等技术。底板隔水层改造技术适用于煤层底板有薄层强含水层且其与奥陶纪灰岩水有水力联系的矿区。奥陶纪灰岩水疏水降压适用于奥陶纪灰岩水文地质单元相对独立封闭、补给条件差的矿区的矿区。奥陶系灰岩顶部注浆改造适用于主采煤层底板隔水层较薄、无法进行底板隔水层改造加固、奥陶纪灰岩水不具疏降可行性及底板奥陶纪灰岩水突水系数超出安全带压范围的区段。目前国内仅有个别矿区利用常规钻探对奥陶系灰岩顶部进行改造试验。

除采用传统注浆工程布设方法外（对工作面均匀布孔，对注浆层位开展注浆改造），随着井下定向水平钻探技术及装备的发展，具备有效注浆孔段长、对生产干扰小、注浆效率及效果较好等优势，该技术克服了以往单个工作面常规钻注浆治理的局限性，可以一次性对多个工作面或一个采区进行全面注浆改造，实现了奥陶纪灰岩水由局部防治向区域防治的根本转变。

在鄂尔多斯盆地南缘渭北煤田部分区段因主采煤层底板隔水层较薄、无法进行底板隔水层加固、奥陶纪灰岩水不具疏降可行性，采用奥陶系灰岩长距离定向钻探查与区域注浆改造关键技术，通过对实钻钻孔轨迹的实时测量和精确控制，保证定向孔在目的层位延伸或精确中靶，并可进行分支孔施工，提高钻孔覆盖面积，从而达到加固底板隔水层或改造含水层的目的。

1. 奥陶系灰岩顶部注浆可行性评价技术

（1）奥陶系灰岩顶部含隔水层精细探查技术。基于水文地质补勘资料，开展奥陶系灰岩相对含隔水层的精细划分，探查奥陶系灰岩含隔水层垂向组合发育规律及平面分布规律。

（2）奥陶系灰岩顶部注浆改造可行性评价技术。通过设计可利用厚度技术标准与完整的探查评价方案，提出注浆改造层位与厚度，其前提条件为奥陶系灰岩顶部含水层厚度相对较小，下覆有较稳定的相对隔水层，奥陶系灰岩与下覆含水层间水力联系较差。

2. 注浆工程布设技术

（1）注浆层位与加固半径。定向孔为平行单排孔，均匀布孔。钻孔应布置在含水层或裂隙发育较多的地层中，目的层位距煤层垂距合适。目的层位的硬度应适合定向钻进，且地层稳定。

（2）注浆孔间距。底板注浆定向孔间距可据单孔注浆扩散范围确定，一般为 50～60 m。

3. 注浆工艺

（1）注浆方式及工艺流程。注浆方式采用钻、注交替作业的前进式分段注浆，即在施工中，实施钻一段、注一段，再钻一段、再注一段的钻，注交替方式进行钻孔注浆

施工。

（2）注浆顺序。单个定向孔采用前进式分段注浆方式；多个定向孔组成的集束型定向孔群采用由外到内注浆方式，即先向外部定向孔注浆，形成约束后再注内部定向孔注浆，从而实现逐步挤压密实作用。

跳孔注浆：可以逐步实现约束注浆，使浆液注浆达到挤密压实，促进注浆体的连续，且后序注浆孔也是对前序孔注浆效果的检查。

相邻孔错位注浆：当必须对相邻定向孔同时进行注浆或钻进等施工时，实行错位注浆，相邻定向孔注浆或钻进段落应至少间隔一个注浆段，比如 A 钻孔进行第 N 段注浆时，相邻 B 钻孔不能对 $N-1$ 至 $N+1$ 段进行注浆或定向钻进。

4. 注浆改造效果检验技术

注浆效果评价体系研究包括注浆前后物探探测结果对比、钻孔水量与注浆量分布特征分析、检查孔布置与检验标准等；注浆效果评价体系其技术难点在于建立适合本区条件的检测手段与方法及相关检测指标。

1）检查孔方案

利用工作面中部的底板注浆孔向两侧工作面注浆加固段，对注浆效果检查。

2）注浆质量检查

（1）水文检查。通过不同序次钻孔涌水量、注浆量及压水试验成果对注浆效果检查。

（2）物探检查。对比注浆前后工作面综合物探探测成果，进一步定性评价注浆改造效果。

三、典型矿井工程示范

1. 奥陶系灰岩顶部利用工程示范

1）矿井概况

保德煤矿主采煤层 8 号、10 号、11 号、13 号煤，其中 11 号煤层距奥陶系灰岩顶界面平均为 66.7 m。中奥陶系灰岩岩性结构与层组基本与华北地区一致，峰峰组在本区只存在一段，二段被剥蚀。峰峰组处于海退时期，期间有两个次级的海退—海进的沉积旋回：

（1）下部含石膏段：为浅灰色中厚层状泥灰岩、白云质灰岩及层状石膏，局部为膏溶角砾岩，厚度 30 m 左右。

（2）中部含石膏段：由黄褐色石膏质白云岩与灰褐色溶塌状角砾岩组成。局部发育交斜裂隙，见微波状、水平泥质条纹，厚度为 40～50 m。

（3）风化淋滤带：以泥晶灰岩与泥质泥晶灰岩为主。钻孔中具有明显的风化、溶蚀及填充特征，填充物以方解石为主，厚度约 30 m。

2）奥陶系峰峰组顶部岩溶裂隙发育特征

峰峰组顶部上段受古风化作用，以微型构造裂隙为主、节理次之（图 6-7），在泥质岩含量高的区域此特征尤其明显。峰峰组下段虽在部分区域有一定富水性，但早期岩溶、古风化作用没有上段强，裂隙发育以斜交、层间节理为主。峰峰组地层泥质岩含量高，岩溶裂隙发育程度差，裂隙多被方解石充填，顶部裂隙中偶见铝土充填和黄铁矿结核，裂隙充填的方解石脉中偶见小溶孔。

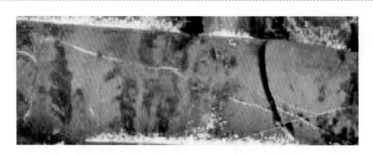

图6-7 钻孔岩芯斜交裂隙示意图

3）奥陶系峰峰组顶部岩相古地理特征

岩性和成分在垂向上"泥质灰岩、石灰岩互层"的岩性韵律组合、岩石结构以微晶和泥晶结构的特点决定了岩溶相对不发育。岩溶发育的规律是由浅而深呈现出由强到弱的特点，由于奥陶系峰峰组顶部的古岩溶遭受到较为强烈的充填胶结作用，使得其在穿层方向上顶部岩溶孔隙率大大降低，渗透能力大幅度降低。

4）奥陶纪顶部富水性特征分析

据保德煤矿水文地质勘探的抽水试验成果（表6-4）可知，O_{2f} 与 O_{2s} 之间的富水性具有明显差异，O_{2f} 富水性较弱；抽4孔对峰峰组抽水试验反映 O_{2f} 钻孔单位涌水量为 0.011～0.021 L/(s·m)，属弱含水层；$O_{2f} + O_{2s}$ 段钻孔单位涌水量与 O_{2s} 数据相似，但与 O_{2f} 相差较大，间接说明 O_{2f} 富水性弱。由表6-5可知，钻进奥陶系峰峰组顶部时冲洗液消耗量极少。

表6-4 奥陶纪灰岩水钻孔抽水试验成果

孔号	钻孔稳定涌水量/(m³·h⁻¹)	钻孔层位	钻孔单位涌水量/[L·(s·m)⁻¹]	富水性
抽1	65～75	$O_{2f} + O_{2s}$	0.241～0.278	中等
抽2	70～85	$O_{2f} + O_{2s}$	0.226～0.274	中等
抽3	14.5～15.5	$O_{2f} + O_{2s}$	0.052～0.054	弱
抽4	92～98	O_{2s}	0.168～0.179	中等
抽4O_{2f}	3.58～6.55	O_{2f}	0.011～0.021	弱

表6-5 奥灰水钻孔施工过程涌水量表

孔号	终孔层位	施工至各含水层最大涌水量/(m³·h⁻¹)		
		C_{2t}	O_{2f}	O_{2m}
放1	O_{2s}	14	0.3	160
放2	O_{2s}	1.67	0	80.42
观7	O_{2s}	0.35	0	140
J15	O_{2f}	5.7	0	—
J16	O_{2f}	8.0	0	—
J17	O_{2f}	4.6	0	—
J18	O_{2f}	2.1	0	—

综上所述，奥陶系峰峰组顶部岩性和成分在垂向上"泥质灰岩、石灰岩互层"的岩性韵律组合，岩石结构以微晶和泥晶结构，岩溶裂隙发育程度差，且由于古岩溶遭受到较为强烈的充填胶结作用，裂隙多被方解石充填使得其在穿层方向上顶部岩溶空隙率大大降低，渗透能力大幅度降低。奥陶系峰峰组顶部为富水性弱到极弱含水层。井田地质构造简单，未发现大型导水构造，峰峰组顶部内导水通道较少。据此认为奥陶系峰峰组顶部 20～30 m 为具有一定隔水性的弱含水层，对太原组煤层的开采尤其有利。

2. 底板隔水层长距离定向钻探查与注浆改造工程示范

1）矿井概况

棋盘井煤矿主采 9 号、16 号煤层，9 号、16 号煤厚度平均分别为 3.92 m、6.85 m。16 号煤层 Ⅱ01601 首采工作面，采长 2600 m，采宽 180 m，综采一次采全高采煤方法。工作面底板奥陶纪灰岩水压 0.68～1.88 MPa，局部富水性极强，16 号煤层底板至奥陶系灰岩顶界距离为 42.07～51.18 m，平均 43.0 m，底板奥陶纪灰岩水突水系数为 0.027～0.053 MPa/m，可安全带压开采。但该区域底板隔水层局部破碎，存在奥陶系灰岩导升高度，16 号煤层开采存在底板奥陶纪灰岩水突水的可能性。

2）直流电法超前探

工作面回采前地面三维地震及井下电法超前探结果均对探查和改造工作有指导作用，除此之外，还需采用的井下物探方法为矿井音频电透视法和无线电波透视法。

（1）矿井音频电透视法。矿井音频电透视技术探测工作面及顶、底部岩层中含水构造的矿井物探技术。

（2）无线电波透视法。无线电波透视法对工作面内部构造进行探查。

3）底板隔水层探查与治理

（1）钻场布设。长距离定向钻探查与区域注浆改造效率较高，但考虑到钻探有盲区，且对物探异常区需加密验证，采用定向钻进和常规钻进相结合，掘进段较短处及电法异常区采用常规钻进方法，其余地段定向探查孔兼做煤层底板改造孔。结合巷道施工情况、定向钻孔工程工序及工期、巷道掘进工程进度、施工安全和运输等因素，并根据定向孔设计深度，本方案在 011601、011603、011605、0116074 个工作面内设计 6 个钻场：A、B、C、D、E 和 F 钻场（图 6-8）。

（2）钻孔深度。由于底板破坏深度计算为 17 m，选择 16 号煤底板本溪组 20～32 m 间砂岩段为目的层位，设计钻孔稳斜段垂深为 16 号煤层以下 30 m（图 6-9），采用浆液扩散半径为 25 m，即注浆加固范围内钻孔终孔位置间距为 50 m，均匀布满探测区域。

（3）注浆工艺。采用分段下行式注浆法，连续与间歇相结合。当钻孔涌水量小于 20 m³/h 时，每完成 100 m 钻探施工启动注浆；如钻进过程中涌水量大于 20 m³/h，则可随时停止钻进启动注浆。

（4）注浆检查方案。注浆检查主要有物探检查及补充钻探检查 2 种方法：①直流电测深检查，对比注浆前后工作面综合物探探测成果，进一步定性评价注浆改造效果；②补充钻探检查，定向钻孔与原探查注浆孔交叉布置，分别从工作面一侧斜穿工作面注浆加固段至工作面另一侧，可检查注浆效果又可探查注浆相对盲区。

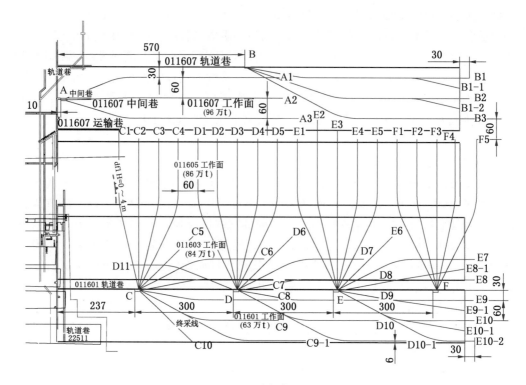

图 6-8 钻场布设平面

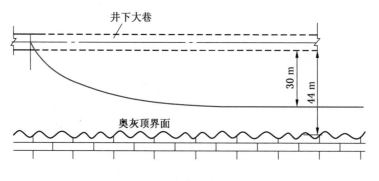

图 6-9 长距离定向钻剖面示意图

第六节 岩溶陷落柱突水快速高效封堵和治理关键技术与装备研究

一、快速注浆封堵救援关键技术

在岩溶陷落柱灾水事故发生期间及发生后，快速有效地封堵突水通道是为抢险救灾提供有力保障，最大减小人员、设备损失，尽早恢复生产的必要和前提条件。但由于突水灾害发生区域煤层埋深大、水流流速快，井下定点筑造封堵体、快速高效封堵突出通道的困难极大。国内外该方面的技术和配套设备尚在探索中。为了正确治理水患，做到经济合理、技术可靠和实现快速救援的目标，首次研发了井下深孔（450 m）并列管双液浆（CS）混合注浆技术，突破了传统地面双液浆混合因凝胶时间短易堵孔或凝胶时间长易被水流稀释，导致井下双液浆难以有效积聚和凝固、快速高效封堵突水通道等技术难题，并在骆驼山煤矿突水抢险事故中得到应用，大大缩减了抢险救援时间。

1. 注浆封堵方案制定

1）注浆堵水方案制定的依据

（1）详细分析突水特征、突水量变化规律、水质和水温特征、各含水层水位动态变化等资料，确定突水水源、通道和强度。

（2）分析突水点附近地质与水文地质条件、构造特征、井巷布置，明确突水点和周边井、巷系统的关系，为布置巷道截流工程提供依据。

（3）确认突水点位置与附近构造间的关系，为布置巷道截流工程提供依据。

2）方案思路

（1）封堵突水通道和局部注浆改造导水通道，切断突水水源与矿井间水力联系。

（2）静水条件下在突水点下游建造阻力段，缩短浆液的无效扩散距离。

（3）动水条件下通过灌注骨料封堵过水巷道，变管道流为渗流。

2. 静水条件下快速注浆封堵救援技术

1）注浆目的和目标

通过在巷道内灌注大量水泥浆建立适当长度的堵水段，切断突水点与矿井间的水力联系，并对巷道顶底板加固改造，形成能够抵挡奥陶纪灰岩水高水头压力的阻水墙，达到快速救援的条件。

2）注浆工序

（1）骨料灌注：先离出水点远处端的巷道下口实施"关门封口"钻孔，设计通过大量灌注骨料，在巷道内形成堆积体，减少后续孔大量注浆时的浆液无效扩散。

（2）充填注浆：在需要封堵的通道上方实施多个注浆钻孔，大量快速灌注水泥浆液，填充巷道空间。

（3）升压加固注浆：注浆升压后，再交叉施工数个钻孔对巷道顶底板上下 30 m 岩层及巷道内未充填空间进行加固，形成安全有效的堵水段。

（4）引流加固注浆：阻水墙阻抗水效果明显后开始进行排水，通过引流注浆充填较小的裂隙，包括顶部、底部以及阻水墙中间，提高阻水墙整体阻水能力。

3. 动水条件下注浆封堵救援技术

1）钻孔布置和设计

孔位所处地点位于过水通道中心线上，以便钻机快速透巷。钻孔间距根据骨料的运移堆积规律、堵水段长度等因素合理确定，一般在 15～30 m。

（1）孔径设计：须满足 2 个条件，一是与灌注骨料管路相匹配，保证管道和孔内水流流速能满足携带骨料能力；二是孔径要大于骨料最大粒径 3 倍，使骨料顺利通过钻孔，减少堵孔事故。钻孔裸孔段的孔径以 120～150 mm 为宜。

（2）套管设计：首先套管材质宜使用高强度耐磨套管。其次套管深度设置分 2 种情况，一是钻孔直接透巷，后期没有分支孔，套管须下至通道顶上 5～20 m 坚硬岩石处；二是钻孔后期设置分支孔情况下，套管深度应在距巷道顶板 50～80 m 处，为分支孔定向导斜留足偏转空间。

（3）分支孔设计：首先灌注骨料进入截流阶段后，利用分支孔距离短、方便钻进的优势直接揭露剩余过水通道，增加骨料有效堆积量；其次注浆加固时，利用分支孔扩大注浆加固有效范围，提高封堵裂隙质量。

2）注浆加固

传统注浆方法通过旋喷注浆、充填注浆、劈裂注浆、升压注浆等把骨料堆积体改造成具有较高强度且与周边煤岩体有效连接的阻水段。但因动水条件下井下水泥浆难以有效积聚和凝固，注浆效果差，抢险救援和矿水复矿时间难以控制。本次项目首次研发了井下深孔（450 m）并列管双液浆（CS）混合注浆技术，首先在过水巷道的上下游两端采用并列管双液浆（CS）混合注浆，快速形成相对孤立的截断过水断面的砂浆或混凝土结石体（图 6-10）；然后进行充填注浆、加固注浆及引流注浆，在巷道内形成具有一定强度及堵水能力的阻水墙，从而达到封堵过水巷道目的。

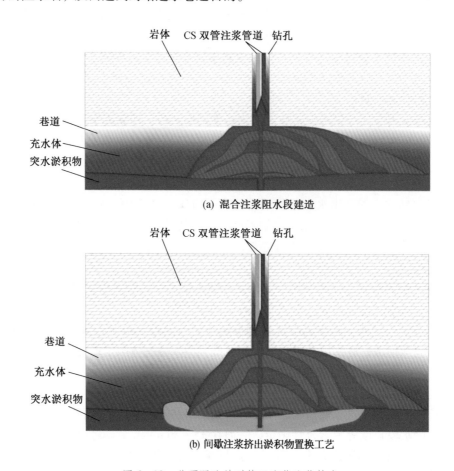

(a) 混合注浆阻水段建造

(b) 间歇注浆挤出淤积物置换工艺

图 6-10　井下深孔并列管双液浆注浆技术

4. 矿井试排水检验技术

堵水墙建造完成后进行试排水，前期通过大量抽水，迅速降低矿井淹没水位，中期通过调节抽水点的排水量，保持动水位的稳定，判断堵水墙的隔水效果。

二、典型矿井工程示范

2010 年 3 月 1 日，骆驼山煤矿 16 号煤 +870 m 水平回风大巷掘进工作面涌水突然增大，突水量最大峰值达 65000 m^3/h，造成重大人员伤亡和财产损失。经研究分析突水水源为底板奥陶纪灰岩水，设计过水巷道和水源注浆封堵方案，一期通过注入骨料、水泥浆液等注浆材料，在回风大巷中建造阻水墙，切断进入矿井的过水通道；二期采用综合物探技术探查突水通道，地面布置探查孔进行验证后，注浆封堵突水通道与突水水源。

1. 工程布置

通过地面施工定向透巷钻孔向过水巷道内快速灌注骨料及在过水巷道的上下游两端采用并列管双液浆（CS）混合注浆，快速形成相对孤立的截断过水断面的砂浆或混凝土结石体。然后进行充填注浆、加固注浆及引流注浆，在巷道内形成具有一定强度及堵水能力的阻水墙，从而达到封堵过水巷道目的。

沿 16 号煤层 +870 m 回风巷道中心，从距突水点 210 m 处向北布置 8 个透巷钻孔（图 6 - 11），9 号、13 号、12 号 3 个孔为一序孔，二序孔 J1、J2 在 3 个一序孔中间加密，三序孔 J5 孔在 J1 和 13 号孔中间再加密。

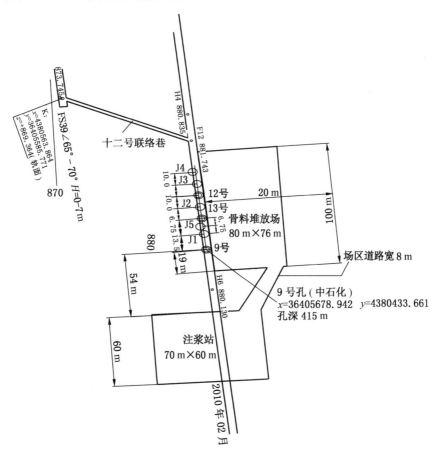

图 6 - 11　16 号煤层回风大巷封堵工程布置示意图

2. 堵水墙建造

（1）灌注双液浆形成阻水墙骨架。在9号、12号、13号孔注入水泥－水玻璃双液浆（图6－12），J3孔为备用注浆孔，J4孔为排气孔和水位观测孔。阻水墙南、北边界骨架基本建立，且具一定强度。

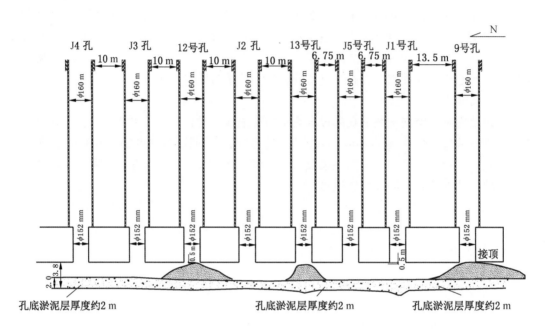

图6－12 骨料及双液浆灌注效果示意图

（2）大浆量静压充填阻水墙骨架间的空隙。此阶段主要以J1和13号孔为主，9号、J5、J2和12号钻孔为辅，在静水条件下对阻水墙内部空间进行大流量水泥单液浆灌注，充填阻水墙骨架间的空隙，力求快速形成一个连续的凝固体。注浆为反复扫孔、敞口、利用钻杆下至孔底注浆法。本阶段的主要特点是大量灌注水泥浆，充填阻水墙内大的空洞或空隙，浆液以单液浆为主。

（3）高压注浆治理巷道底部淤积层。通过每个钻孔向淤积层内高压注入水泥浆液，采用敞口、利用钻杆下至孔底注浆法，高压注浆加固底板淤积层。

（4）引流充填阻水墙段过水断面微裂隙。阻水墙阻抗水效果明显后开始进行排水，通过引流注浆充填较小的裂隙，包括顶部、底部以及阻水墙中间，增强阻水墙整体的阻水能力。

3. 排水试验

经过3个阶段排水观测，9号孔和13号孔内水位一直下降，表明已不接受奥陶纪灰岩水的补给；阻水墙过水量降至24.5 m^3/h，呈逐渐减少的趋势，堵水率达到99.99％。

第七节 底板薄弱带探查与局部注浆加固

鄂尔多斯盆地西缘位于祁连海边缘，奥陶纪后期伴随着海侵强度减弱，沉积环境发生重大改变，使得煤层与奥陶系灰岩间普遍缺失薄层灰岩，与我国华东及华北煤田地层演化特征表现出巨大差异性。但是鄂尔多斯盆地地质构造经历了复杂的大陆内多期次造山及成盆作用，其中桌子山煤田位于盆地西缘，构造强烈，造成底板隔水层岩石破碎，受底板薄弱带、断层、局部垂向导水构造的作用有发生奥陶纪灰岩水突水的可能。为了防止奥陶纪灰岩水突入矿井，常常采取对底板薄弱带、断层和局部垂向导水构造实施注浆改造变薄层灰岩含水层为隔水层，实现煤层底板隔水层的连续性和整体性，以提高对奥陶纪灰岩水的阻抗能力，为安全开采下组煤创造有利条件。

1. 底板薄弱带、断层和局部垂向导水构造探查

探查工作实施阶段及方法如下：

（1）在采区开拓前，开展地面三维地震勘探，条件允许时结合地面瞬变电磁法探测。进一步确定采区断层平面位置，对其富水性进行解释，为井下富水异常带的精细探查提供依据。

（2）在主要巷道开拓及工作面掘进时，坚持"有掘必探"原则。探查方法采用井下直流电法超前探、钻探，尤其在地面三维地震、地面瞬变电磁法揭示存在富水异常构造带附近采掘时，要给予高度重视。

（3）在工作面回采前，采用井下直流电测深、井下坑透（槽波）相结合的方法，探查工作面底板及内部构造发育情况、富水异常带分布情况，采用钻探手段进行物探异常区验证。

2. 局部注浆加固

底板局部注浆加固是基于矿井主采煤层底板隔水层总体厚度稳定、局部破碎的特征开展的，是针对探查出的底板破碎带进行的。注浆部位主要是隔水层变薄和构造复杂区段等发生水患可能性较大的区段，也可用于矿井新增涌水点和灾害性透水治理注浆。长期实践经验表明，注浆工程无论对预防透水事故的发生或对已发生的水患进行治理，还是为改善

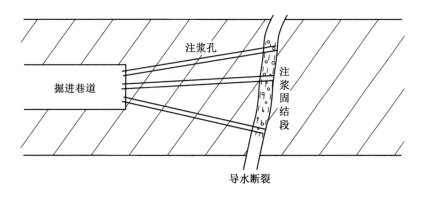

图 6-13 掘进巷道前方导水断层注浆改造工作示意图

生产环境、减小矿井排水负担均是有效手段。

在矿井生产过程中，遇到以下的情况需考虑进行注浆加固：位于裂隙发育带上方及附近的部位；底板奥陶纪灰岩水突水系数大于 0.06 MPa/m 的工作面；经物探探测后，底板存在异常区或垂向导水构造区域。巷道超前探异常段注浆封堵原理如图 6 - 13、图 6 - 14 所示。煤层底板隔水层破碎带注浆加固原理如图 6 - 15 所示。

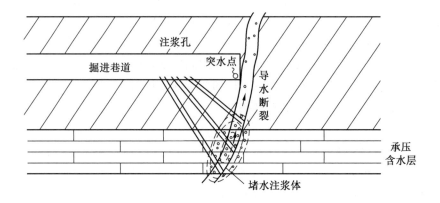

图 6 - 14　井下封堵突水断层进水口工程示意图

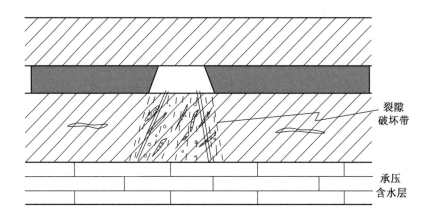

图 6 - 15　井下隔水层破碎带注浆加固原理示意图

在注浆加固完成后，采用物探和钻探方法检测注浆效果，对注浆改造不理想区段可进行补充注浆或采取相应的防治水措施。

第三篇 鄂尔多斯盆地北部煤层顶板水害形成机理及防治关键技术

第七章　鄂尔多斯盆地煤田地　质　特　征

第一节　鄂尔多斯盆地概况及区域地层特征

一、鄂尔多斯盆地概况

鄂尔多斯盆地东起吕梁山，西抵桌子山、贺兰山、六盘山，北起阴山南麓，南达秦岭北坡，是一个周缘被造山带或构造运动带围限的世界级能源盆地。在行政区划上，鄂尔多斯盆地包括宁夏东部、甘肃陇东地区、内蒙古鄂尔多斯市和巴彦淖尔市南部以及阿拉善盟东部、陕西关中和陕北地区、山西的河东地区，面积约 $25 \times 10^4 \text{ km}^2$。

二、鄂尔多斯盆地区域地层特征

（一）地层分区及地层层序

地层的发育受控于大地构造环境，根据构造演化和地层发育的总体特征，将鄂尔多斯盆地及邻近地区分为天山—兴安地层区、华北地层区和秦祁地层区。天山—兴安地层区位于研究区之外，秦祁地层区与研究区相邻的地层分区包括河西走廊分区、北祁连北秦岭分区及中祁连分区。

研究区位于华北地层区西部，包括鄂尔多斯分区、鄂尔多斯西缘分区、鄂尔多斯南缘分区、阿拉善分区、阴山分区、山西分区及豫西分区。其中鄂尔多斯分区和鄂尔多斯西缘分区、鄂尔多斯南缘分区构成了研究区的主体，其他分区位于研究区外围。在陕西、甘肃、宁夏、内蒙古、山西 5 省区地层分区的基础上，将鄂尔多斯分区、鄂尔多斯西缘分区、鄂尔多斯南缘分区进一步划分为 9 个地层小区（图 7 - 1）。

鄂尔多斯分区包括陕西中北部、内蒙古河套及其以南、甘肃陇东等地区。该区新生代地层广泛发育。在其东部和南部的河谷中，由东至西，由老到新出露有古生代和中生代的地层，其中缺失志留纪、泥盆纪、早石炭世和晚白垩世地层。

鄂尔多斯西缘分区包括宁夏东部、内蒙古桌子山和甘肃平凉地区。本区地层总体上和鄂尔多斯分区有一定差异，大部分中晚元古代和早古生代地层均有不同程度的轻微变质，且发育了晚奥陶世晚期和早石炭世早期地层等。

鄂尔多斯南缘分区包括陕西省渭河以北至韩城、陇县一线以南的长条状地带和山西省西南部的河津至临猗一代。分区东部中、晚奥陶世沉积以碳酸盐为主，而西部则以碎屑岩为主，且晚古生代缺失较多地层。

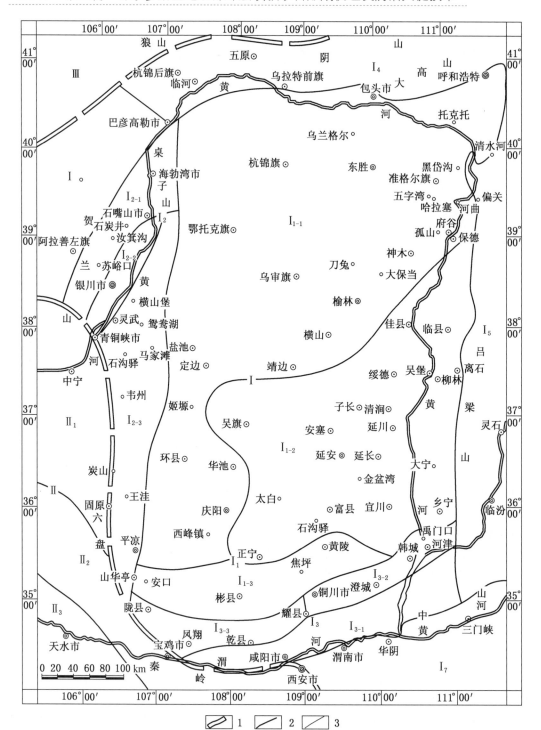

图7-1 鄂尔多斯盆地及周缘地层分区图

表7-1　鄂尔多斯盆地地层系统简表

地　　层					构　造　运　动			主要沉积相类型	大地构造分期
界	系	统	组	代号	阶段	构造幕	性质		
新生界	第四系	全新统		Q_4		喜马拉雅运动	右旋拉张	分割性干旱湖河流相及风成相	盆地形成到结束时期
		更新统		Q_{1-3}	Ⅱ				
	第三系	上新统		N_2	Ⅰ				
		渐新统		E_3	Ⅲ	燕山运动	左旋剪切		槽台统一时期
中生界	白垩系	下统	志丹组	K_1	Ⅱ			湖泊沼泽相滨海相海陆过渡相	
	侏罗系	中统	安定组	J_2a	Ⅰ				
			直罗组	J_2c					
		下统	延安组	J_1y					
			富县组	J_1f					
	三叠系	上统	延长组	T_3y		印支运动			
		中统	纸坊组	T_2z					
		下统	和尚沟组	T_1h					
			刘家沟组	T_1l					
古生界	二叠系	上统	石千峰组	p_2s		海西运动	相对宁静		
			上石盒子组	p_2sh					
		下统	下石盒子组	p_1x					
			山西组	p_1s					
	石炭系	上统	太原组	C_3t					
		中统	本溪组	C_2b					
	奥陶系	上统	背锅山组	O_3b		加里东运动	升降运动	海相碳酸盐岩相	槽台对立时期
		中统	平凉组	O_2p					
		下统	马家沟组	Q_1m					
			亮甲山组	O_1l					
			冶里组	O_1y					
	寒武系	上统	凤山组	$\in_3f$					
			长山组	$\in_3c$					
			崮山组	$\in_3g$					
		中统	张夏组	$\in_2z$					
			徐庄组	$\in_2x$					
			毛庄组	$\in_2m$					
		下统	馒头组	$\in_1m$					
			猴家山组	$\in_1n$					
上元古界	震旦系		罗圈组		Z_1				
中元古界	蓟县系			$Ptjx$					
	长城系			$Ptch$					
太古界	桑干系								

（二）地层发育特征

1. 中晚元古代地层

中晚元古代地层由长城系、蓟县系和震旦系组成，厚 800～2770 m，岩性分别以石英砂岩、碳酸盐岩和冰碛岩为主。

2. 早古生代地层

早古生代地层总厚度为 350～6450 m，与下伏地层多呈假整合接触。从地层层序、岩石组合和古生物群来看，本区早古生代地层基本可以划为 3 个地层分区，即鄂尔多斯分区、西缘分区和南缘分区，主要由碳酸盐岩组成。盆地及其东缘早古生代地层的沉积特点与华北类似，缺失中、晚奥陶世沉积，但在盆地西缘和南缘，因毗邻秦祁海槽而具过渡型沉积特征，其特点是地层发育全、沉积厚度巨大、有大量碎屑岩和火山凝灰岩出现，并在早奥陶世开始出现华南型古生物群分子。

3. 晚古生代—中三叠世地层

基本由碎屑岩组成，仅石炭系存在少量碳酸盐岩。其特点：下二叠统及其以下地层为暗色含煤碎屑岩建造，以上地层为红色碎屑岩建造；全区地层分异不大，仅石炭系存在祁连和华北 2 种沉积类型。前者以地层沉积早、发育全、厚度大（167.0～1400 m），潟湖相发育为特征；后者则以地层沉积晚、厚度小（57.0～200 m），潮坪相发育为特征。

4. 晚三叠世—白垩纪地层

晚三叠世—白垩纪地层主要由内录河湖相碎屑岩组成，在安定组和环河—华池组内见淡水碳酸垃岩，在延长组和环河—华池组内见火山凝灰岩。沉积的主要特征：纵向上红黑分明，黑色地层主要分布于晚三叠世延长组和早侏罗世延安组（煤层和煤线发育），红色地层主要集中在中上侏罗统。平面上存在补偿和非补偿 2 种沉积类型。补偿性沉积分布于盆地西缘安口窑、石沟驿、汝箕构一带，特点是砂岩、砾岩发育，沉积厚度大，如延安组厚度为 2000～3000 m；非补偿性沉积分布于补偿沉积以东，特点是沉积厚度薄（延长组厚度为 1700 m 左右），岩性较细。

5. 新生代地层

鄂尔多斯盆地自白垩纪后期隆起之后，除盆地西及西北线有渐新统超覆之外，盆内广大地区仅有新第三系沉积。渐新统为杂色砂泥岩夹石膏层，厚 20～360 m，新第三系为一套红土层，厚 2～8 m。第四纪地层在盆地内部基本以北纬 38 度为界，北部是砂砾层，南部是黄土，厚度 70～300 m。它们与下伏地层的接触关系均为不整合，该区的新生代地层主要发育于周缘断陷盆地之中，在渭河断陷盆地内厚度可达 7000 m 左右，在河套断陷盆地内厚度近于 9000 m，在银川断陷盆地中厚度为 5000 m 左右。

鄂尔多斯盆地地层系统简表见表 7 - 1。

第二节　鄂尔多斯盆地区域构造特征

一、主要构造运动

1. 太古宙和远古宙的构造运动

该区经历了太古宙的阜平运动、五台运动和元古代的吕梁运动，使华北古陆壳拼贴、增生，形成了结晶基底；经过中元古代和新元古代的芹峪运动、晋宁运动、兴凯运动，形成结晶基底之上的似盖层及构造形变。

2. 加里东运动

加里东运动作为秦祁地槽区最重要的构造运动是多幕次的，主要记录是奥陶系与寒武系，志留系与奥陶系，中上志留统之间的角度不整合。泥盆系雪山群或石峡沟组与下古生界之间的角度不整合面，是加里东晚期褶皱回返的标志。加里东运动在鄂尔多斯盆地内的表现是石炭系上统与下古生界之间的平行不整合，它所代表的具升降性质的构造运动，是导致鄂尔多斯及其邻区早古生代海陆变迁的主要因素。加里东运动时期鄂尔多斯地区构造变形特点主要表现如下：

（1）周缘断裂带明显发育，由于不断发生推挤作用，在大陆边缘造山，并造成鄂尔多斯地块和华北陆台抬升，使鄂尔多斯地块由北向南翘隆抬升，北高南低，伊盟古隆起最早出现。

（2）从盆地周边到内部，构造形迹由密到疏，规模由大到小，地层之间接触关系由角度不整合到微角度不整合或整合，火成岩体由多到少或无，这些均说明构造运动从盆地周边到内部由强变弱，并具有明显分带性。

（3）由翘隆抬升造成的"匸"形隆起、斜坡和沉降带，构成了鄂尔多斯地块加里东时期的主要构造格局。

3. 华力西（海西）运动

在早古生代奥陶纪末，加里东运动使本区和华北地台大面积抬升隆起，华北广阔海水退出，而西缘、南缘外侧的秦祁海槽相对坳陷下沉，地槽型与地台型沉积建造及构造发生分野。进入海西期，这种沉积建造于构造的分野格局愈来愈明显，海西运动使本区和华北地块缺失志留系、泥盆系和下石炭统，而地槽区则连续接收了巨厚沉积。在西缘、南缘过渡带，伸进区内的裂谷又重新拉开，使隆起与沉降增大。从海西期晚石炭世开始，本区和华北地台整体相对下降，华北海水广覆，至晚石炭世太原期，华北海水与祁连海水越过隆起而沟通，水下隆起与坳陷的格局没有多大变化，这就造成了隆起外的广覆型地层向隆起区超覆、尖灭以至缺失。

进入二叠纪，区内古地貌为极平缓的南倾泛平原，形成以湖泊相为主的沉积。二叠纪继承了海退背景下沉积区范围逐渐扩大的趋势，南北边缘表现较明显。西南缘麟游一带，可见上石盒子组超覆下石盒子组，钻井及地震剖面解释伊盟北部隆起顶部被石千峰组超覆。二叠纪末，伊盟与大青山沉积可能连成一片。从贺兰山南段到牛首山及同心北部、香山北部，大面积范围内没有二叠系，即使个别地区有，沉积厚度也不大，与隆起区缺失有关。

4. 印支运动

印支运动对中国大地构造来说，是一次划时代的构造运动。印支运动打破了古生代"南北对立"的构造格局，并逐渐形成了"东西分异"的新构造格局。中生代时期，代之而起的是"东隆西坳"的构造总趋势。

早三叠世末发生的印支运动，使鄂尔多斯地块东抬西降，内部坳陷不均衡，鄂尔多斯盆地雏形初现，至三叠世末，鄂尔多斯盆地基本定型，三叠系由东向西增厚，西缘厚度可达 3000 m 左右，形成了向东开口的西陷东翘的箕状盆地。

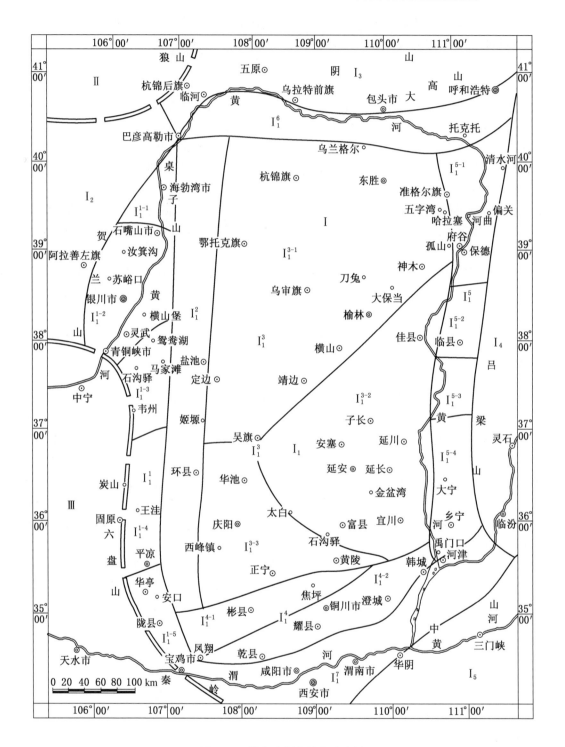

图7-2 鄂尔多斯盆地构造分区

5. 燕山运动

燕山运动第Ⅰ幕在鄂尔多斯南半部表现得特别明显，中侏罗世末的燕山运动第Ⅱ幕，使华北地台和豫西发生隆起，造成该区大部分地区缺失上侏罗统，西缘南段六盘山一带沿山前断裂形成了厚达千米的山麓砂砾岩堆积。伴随这次运动，周缘山区先后有中酸性岩浆侵入。晚侏罗世末燕山运动第Ⅲ幕，周缘隆起。在呼（和浩特）包（头）盆地，武川、固阳盆地均有白垩系，大青山顶部晚侏罗世大青山组沉积现已高出海拔 2000 m。由此可见，大青山自晚侏罗世后一直处于上升状态。

鄂尔多斯坳陷盆地自三叠纪形成以后，继晚侏罗世短暂沉积间断后，于早白垩世早起最先接收了志丹群沉积，早起为河流—湖泊相红色碎屑，晚期为湖相砂泥，总厚达千米。沉积中心在临河以南至环县一线。盆地东界退移到东胜一带，盆地面积显然比三叠纪、侏罗纪大为缩小，这是山西台隆不断抬升使盆地沉积中心不断向西退移所致。早白垩世中期，盆地开始萎缩。早白垩世晚期，盆地整体抬升，湖水退出，湖盆逐渐干枯。晚白垩世缺失沉积。

上述过程历时 1 亿年，沉积物颜色为红→黑→红，粒度为粗→细→粗，均呈规律性变化，说明盆地在中生代经历了一个完整的构造旋回。晚白垩世燕山运动第Ⅳ幕，使全区抬升。

6. 喜马拉雅运动

在晚白垩世整体隆起上升的背景下，本区在第三纪古新世仍处于隆起剥蚀状态。始新世末发生的喜马拉雅运动，使本区在连续上升的情况下，由于中国东部裂陷解体和西部青藏高原的形成，在本区周缘发生了引张分裂应力，围绕本区形成一系列断陷掀斜盆地，如渭河盆地、运城盆地、河套盆地和银川盆地等。

二、构造分区

应用板块构造理论将本区划分为中朝大陆板块、秦祁褶皱带和兴蒙褶皱带 3 个一级构造单元（图 7-2）。在中朝大陆板块内又划分出鄂尔多斯、阿拉善、阴山、山西和豫淮 5 个二级构造单元。在鄂尔多斯断块中又分出西缘褶皱冲断带、天环坳陷、伊陕单斜区、渭北断隆区、河东断褶带、乌拉山—呼和浩特断陷和汾渭断陷等 7 个三级构造单元。为了进一步区别不同地段构造活动的主要方式和特征，还可以将三级构造单元中的西缘褶皱冲断带分为乌拉—桌子山、贺兰山—横城堡、马家滩—甜水堡、沙井子—平凉和华亭—陇县等 5 段；将伊陕单斜区分为东胜—靖边、延安和庆阳等 3 个单斜；将渭北断隆区分为彬县—黄陵坳褶带和铜川—韩城褶断带；将河东断褶带分为准格尔—兴县、兴县—临县、离石—吴堡和石楼—乡宁等 4 段，共 14 个四级构造单元。

第三节 鄂尔多斯盆地煤层概况

鄂尔多斯盆地自下而上由石炭二叠纪、三叠纪和侏罗纪 3 套含煤岩系，其中，石炭二叠纪含煤岩系形成于华北晚古生代聚煤盆地，三叠纪含煤岩系形成于华北三叠纪大型内陆坳陷盆地，侏罗纪含煤岩系形成于鄂尔多斯侏罗纪聚煤盆地。

侏罗纪含煤岩系主要以延安组为含煤层段。延安组在全盆地均有分布，除西部局部地区埋深大于 2000 m 外，其余埋深均小于 2000 m。煤层除了在盆地中部延安、延川、延长一带不发育外，其余地区均有分布。该组共含煤 10~15 层，自下而上分为 5 个煤组

表7-2 鄂尔多斯盆地延安组煤组层对比

盆地统一编号		陕西							内蒙古							宁夏							甘肃					石油孔
	神北	新民	榆靖横定区	店头	焦坪	彬长	永陇	统号	铜匠川	万利川	布尔台	补连	新庙西召	统号	碎石井	鸳鸯湖	马家滩	积家井	王洼	统号	华亭	安口新窑	赤城	正宁		
第五段 1-1 / 1-2上 Pen1 / 1-2	1-1 / 1-2上 1-2	1-1 / 1-2	Ⅰ 直罗组 武洞岩 / Ⅱ	2-1下 / 2-2中				2-1下 / 2-2中	2-1中 / 2-2上 2-2中 2-2下	2 3 4 5	2-1中 2-2上 2-2中	2-1 / 2-2上 2-2中	Ⅱ-1 Ⅱ-2 Ⅱ-3(1) Ⅱ-3	五₁ 五₂上 五₂ 五₂下 五₃ 五₄	一 二 三 四 S₄	一 二 三 末 S₄	三 五 六 七 八	三 五 六 七 八	三 三 五	2	1	2	1			3
第四段 2-2上 Pen1 2-2 低阻砂岩 / 3-1 3-2 3-3	2-2上 2-2 / 3-1 3-2 3-3	2-2 / 3-1 4-1 4-2 4-3	Ⅲ 上泥岩段 / Ⅳ 中泥岩段	0 1		1 2 3	上煤组	3-1 / 4-1	3-1 3-1下 3-2上 3-2下 / 6 7 8	6 7 8 / 9 10	3-1 / 3-2	3上,3 Pen1 / 4	Ⅲ-1,2 / Ⅳ-1	四₁ 四₂ 四₃ 四₄ / 三₁上	五 六 七 八 γ高 八下 九 十 / 九	四上 四 五 S₄ / 六 七 八 九	九 十 十三 / 十五	六 七 八 九 / 十一 十三	四 五 / 四	3 / 4	2-1上 2-2下 / 4-2	1 2-1 / 1	1 / 2			4 5
第三段 4-2上 4-2下 4-2 4-3 Pen2 / 4-4 4-3 4-4	3-1 4-1 4-2 4-3 / 4-1 4-2 4-3	V VI VII	1 / 2	3(2) / 4煤	5(4) 6 7 / 8	永煤 上煤组 Pen2 下煤组	4-1 / 5-1 5-3	4-1 4-1下 4-2上 4-2下 / 5-1上 5-1 5-2 6-1中 6-1下	11 / 12,13 14 15 17	4-1 / 5-1 5-2	/ 5-1上 5-1下 Pen2 5-2	Ⅳ-2 / V-1 V-2	三₁下 三₂上 三₂ 三₂下 三₃ / 一₁ 一₂	十一 十三 十三 十三 / 十三 末 末 / γ高 八下	十一 十三 十三 / 十四 十五 十六 十七	十五 十八 二十 / 二十一 二十二 二十三	十四 十五 十六 十七 / 十八 十九	八 九 /	5 / 6-1 6-2	4-2 / 3-1 3-2 3-2	2-1 2-2下 / 3-1下 3-2下 / 2-1上	2 3 /	2 5	6	5
第二段 VIII IX 宝塔山砂岩	4-4 5-1 5-2 Pcn3 5-3							6-2中 6-2下 7	6-2上 6-2中 6-2下 7	18 19 20	6-1中 6-2中	6-1 6-2	VI-1, VI-3	二₁ 二₂	十五 十六 下泥岩层	十四 十五 十六 十七 下泥岩层	二十三 二十四 二十五 / 十六 十七	/		6-1 6-2 7	2-3 3-1 3-2 / 4 5	2-2 3-1 3-2 /	3 /	8	8
第一段 5-1 5-2 5-3 5-4								6-2中					二₁ 二₂	十七 十八 十九 二十					8	5	5	5	8	8

（表 7 – 2），主要可采 5 ~ 7 层，累计厚度一般为 15 ~ 20 m。煤层在平面上的分布具有明显的规律性，盆地南部主要可采煤层位于延安组第一段，单层最大厚度可达 40 ~ 60 m，盆地中部仅有煤线发育，盆地北部主要可采煤层位于延安组上部，最大单层厚度可达 10 m 以上。

第四节　鄂尔多斯盆地侏罗系直罗组地质特征

一、鄂尔多斯盆地侏罗系直罗组沉积相

鄂尔多斯盆地内侏罗系直罗组厚度一般在 150 ~ 400 m，呈西厚东薄的趋势，从乌海向南经鄂托克前旗东、大水坑至镇原一线为厚度 400 m 左右的较厚带，至东部残留边界一带为 100 m 左右。根据岩性旋回结构并结合地区性标志层（薄煤层及泥岩）和岩性、颜色变化特征等，可以将直罗组划分为上、下两段。

通过剖面相标志识别、相序分析、测井相分析、生物化石及元素地球化学特征分析等，鄂尔多斯盆地内直罗组的主要沉积相类型为河流相、湖泊相沉积和河湖过渡区域发育小规模三角洲沉积，仅在盆地边缘局部地区发育冲积扇沉积。

1. 冲积扇

在今残留盆地中，直罗组冲积扇不甚发育，在盆地南部的铜川、耀州区及西缘少数地区上部层段有所体现。

2. 河流相

鄂尔多斯盆地内，直罗组主要发育辫状河和曲流河两种类型的河流相沉积，并且在垂向和平面上分布规律性较强。

1）辫状河

辫状河沉积主要发育于直罗组下段的底部和部分地区上段底部，不论是盆地东部露头还是中西部埋藏区均很发育，以横向分布稳定、厚度大的河道砂坝为特征。单层叠置砂岩厚度 15 ~ 40 m 左右，通常由一系列不完整的沉积旋回反复切割叠置而成，泥岩段大都小于 10 m。自然电位曲线呈顶底突变的箱状负异常，视电阻率曲线为中、低阻（图 7 – 3）。

2）曲流河

曲流河沉积主要发育在直罗组的上段。露头上、下部为多期透镜状河道砂体的侧向叠置，河道砂岩横向连续性差，一般为灰白、灰绿色中细粒状，单层砂体厚 8 ~ 15 m。上部为薄层灰绿色砂岩、砂质泥岩和泥岩层，属天然堤、决口扇或泛滥盆地等河漫滩沉积，砂泥比

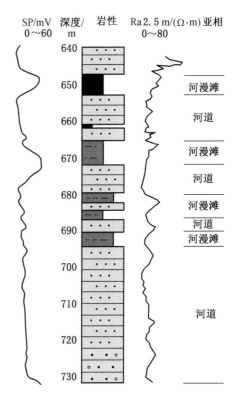

图 7 – 3　华 38 井直罗组下段河流相沉积序列

值较低。在测井曲线上，自然电位、自然伽马曲线呈钟形或箱状负异常，2.5 m视电阻率曲线是齿状中、低阻，局部高阻（图 7 - 4）。

　　沉积岩的粒度受控于搬运介质、搬运方式及沉积场所等因素，因此，粒度分布特征也可作为确定沉积环境的依据。根据盆地东部露头区 8 个、西部盐池地区 2 个均采自直罗组下段砂岩样品的薄片粒度统计，砂岩的概率累计曲线全部为两段型，由跳跃、悬浮 2 种组分构成（图 7 - 5）。

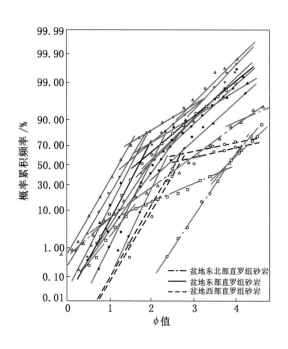

图 7 - 4　直罗组砂岩粒度概率累计曲线　　　　　图 7 - 5　池 1 井直罗组上段曲流河沉积序列

3. 湖泊相

　　直罗组湖泊相沉积主要发育在其上段上部，直罗组湖泊沉积岩性主要为灰绿、紫红、蓝灰色页岩、泥岩与灰绿色粉砂岩互层，也可夹中 - 厚层状的粉 - 细砂岩，粉 - 细砂岩具浪成沙纹交错层，按其沉积特征，可进一步细分为滨湖亚相和浅湖亚相。湖泊沉积具自然电位低平，高声波时差、高伽马和低电阻的特点（图 7 - 6）。

4. 三角洲相

　　陆相盆地入湖三角洲可分为扇三角洲、辫状河三角洲和曲流河三角洲 3 类，分别有不同的形成条件、鉴别标志和含油气特征。盆地东北部神山沟直罗组下段薄煤层之上和上段的 2 个砂岩样品表现为较小斜率的三段式，以跳跃组分为主，与三角洲分流河道的典型特征相似。

二、鄂尔多斯盆地侏罗系直罗组沉积相展布及演化规律

1. 直罗组沉积相展布

1）直罗组下段

通常情况下，砂岩叠加厚度较大的地方是河流经常流经的区域，砂岩较厚带的分布和变化也从一个侧面反映了沉积物物源方向和沉积体系展布特征。直罗组下段砂岩厚度一般为 30~100 m，东部露头区厚度一般为 30 m 左右，向西厚度逐渐增大。在伊金霍洛旗之西、乌海—苏里格庙南—靖边、大水坑—华池、镇原—庆阳东等地构成近北西—南东向条带状展布的 4~5 个 50~70 m 的较厚带。乌海、大水坑及镇原西，砂岩厚度增大至 120~150 m，下段砂岩层数与厚度呈明显的正相关，展布规律一致，一般为 4~10 层，在盆地西北部层数最多，可增至 20 层。单层砂岩平均厚度 8~18 m。下段地层厚度较小，砂岩层数较少，但砂岩累计厚度较大，表明下段含砂率较高，且以厚层砂岩发育为特征（图 7-7a）。

综合单剖面相分析、砂地比、砂岩厚度与层数分布、沉积构造、粒度特征及垂向序列等，认为在今残留盆地范围内，直罗组下段以辫状河、曲流河沉积为主，局部发育（曲流或辫状）河流三角洲相。

2）直罗组上段

与下段砂岩较厚带与较薄带交错分布的格局不同，上段砂岩的较厚带与较薄带发生东西分异。庆阳—华池—安边—乌审旗以东广大地区砂岩厚度一般小于 30 m，为较薄带。此带以西的中北部、西南部构成两个较厚带。在盐池之南和苏里格庙之西南厚度最大，可达 80~90 m。下段砂岩层数与厚度亦呈较好的正相关性，在东部砂岩较薄带一般为 3~6 层，在盆地西部砂岩较厚带为 8~14 层。上段单层砂岩平均厚度一般小于 8 m。上段地层厚度较大，砂岩层数较多，但砂岩累计厚度较小，表明上段含砂率有所降低，且砂岩以层薄、层多为特点。

综合单剖面相分析、砂地比分布等区域制图和其他指相标志等，认为在今残留盆地范围，上段以河流、湖泊和小规模三角洲相发育为特征。上段沉积时主要物源方向与下段具较好的继承性，仍以盆地东北部、西北部、西南部和东南部为主，沉积中心有所扩大且向西迁移（图 7-7b）。

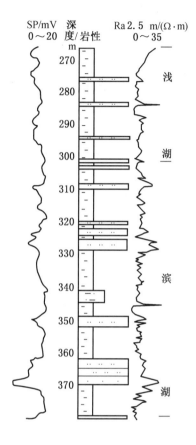

图 7-6　葫 39 井直罗组上段湖相沉积序列

2. 沉积相演化规律

在延安组沉积后受东强西弱、南强北弱差异抬升剥蚀的改造作用，直罗组沉积早期盆地周缘地貌高差较大，物源供给充分，对延安期温暖湿润的成煤古气候环境具一定延续性，在今盆地以辫状河流沉积为主，晚期向曲流河过渡。从中生代鄂尔多斯大型克拉通内盆地演化的规律看，直罗组沉积早期盆地范围仍然较为广阔，向东可及山西中北部地区，推测其沉积中心位于今残留盆地之东。上段沉积时，周缘地貌高差减小，气候干旱，物源供给不足，原盆地范围缩小。在今盆地范围以曲流河和湖泊沉积为主，三角洲规模不大，聚煤条件完全丧失。从层序地层的角度讲，下段以辫状—曲流河为主的河流相沉积可代表低位体系域，下段上部和上段曲流河—湖泊沉积体系可作为湖进体系域，而在盆地西部、东北部部分地区上段上部保留的以砂岩为主的粗碎屑沉积可作为高位体系域的代表。因此，直罗组沉积记录了一个完整的三级层序演化过程。

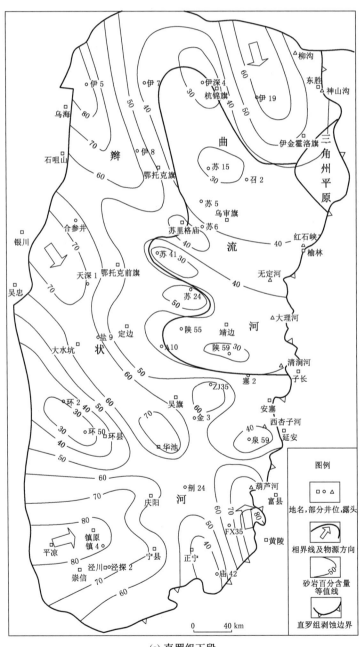

图例

□○△ 地名，部分井位，露头

相界线及物源方向

$\frac{\frown}{50}$ 砂岩百分含量等值线

直罗组剥蚀边界

0   40 km

(a) 直罗组下段

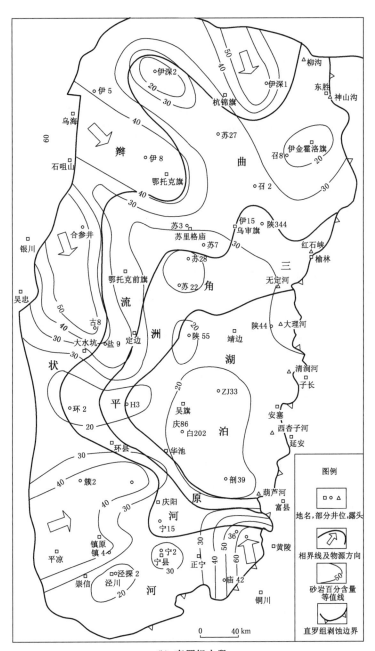

(b) 直罗组上段

图7-7 鄂尔多斯盆地沉积相图

第五节　鄂尔多斯盆地白垩系地质特征

一、鄂尔多斯盆地白垩系沉积相

白垩世初期，盆地东缘上升、南缘和西缘也再度上升，形成四周隆起，封闭统一的盆地，沉积了厚达 1300 m 以上的白垩统保安群陆相碎屑岩沉积。保安群构成了鄂尔多斯白垩纪盆地的主体（图 7-8），主要分布于盆地北部及中西部的伊盟隆起、伊陕斜坡和天环坳陷等构造部位，自下向上可划分为宜君组、洛河组、环河组、罗汉洞组和泾川组 5 个地层单位。

1. 宜君—洛河组沉积相

宜君—洛河组发育以冲积扇、辫状河和沙漠为主题的沉积相（图 7-9a）。盆地内大致以 A1095—B7—B8—B3—C9—B4—B5 钻孔为界，东部为沙漠相，北部、西部及南部为冲积扇—辫状河相。盆地北部在 B1 钻孔和 B2 钻孔东侧有局部的滨浅湖亚相沉积；而在乌审旗东北、环县北及庆阳—西峰之间发育有局部的沙漠湖亚相。

盆地北部自西北向东南，呈现出冲积扇相→辫状河相→沙漠相的沉积格架，自下向上具冲积扇相→辫状河相→沙漠相的演化序列。盆地南部自西南向东北，由冲积扇相→辫状河相→沙漠相过度，自下向上也表现出从冲积扇→辫状河相→沙漠相的沉积演化序列。

2. 环河组沉积相

环河组发育以辫状河、三角洲和湖泊为主体的多种沉积相，大致以 B3—C61—定边—BK2—BK1—靖边一线为界，盆地北部以河流相为主，而南部则以三角洲—湖泊相为主（图 7-9b）。

盆地北部自西北向东南为冲积扇相→辫状河相→曲流河相→三角洲相的沉积格架，自下向上也呈冲积扇相→辫状河相→曲流河相的沉积演化序列；盆地南部环河组沉积相类型丰富，分布复杂，交错过渡。总体上呈现自西向东由辫状河相→滨浅湖相→浅湖相→半深湖相→滨浅湖相的沉积格架，自下向上由滨浅湖（辫状河）相→三角洲相→浅湖相→半深湖相→滨浅湖相的沉积演化序列。

3. 罗汉洞组沉积相

受后期剥蚀作用的影响，罗汉洞组局限分布于盆地北部、西部—西南部边缘，以冲积扇相→辫状河相→沙漠相为主，局部滨浅湖亚相，偶见火山溢流相沉积（图 7-10a）。

盆地北部边缘发育冲积扇相，向南相变为以辫状河相沉积为主；鄂托克前旗—盐池一带常见有规模不大的滨浅湖相沉积，另外在盆地西北和 A931 钻孔等局部区域出现火山溢流亚相沉积。盆地南部自西向东、从南向北、自下向上均为辫状河相→沙漠沙丘亚相沉积格架，其中辫状河相局限分布于 B5—镇原一线以西盆缘地区。

4. 泾川组沉积相

受后期剥蚀的影响，泾川组大幅度收缩，呈不连续"厂"字形分布于盆地北缘及西缘，残留厚度更小。泾川组以湖泊相为主，局部见有辫状河和冲积扇相沉积。盆地北部近边缘和南部西侧近边缘泾川沉积相具有明显不同的变化规律（图 7-10b）。

盆地北部自北向南形成冲积扇相→辫状河相→滨浅湖亚相的沉积格架；盆地南部自西

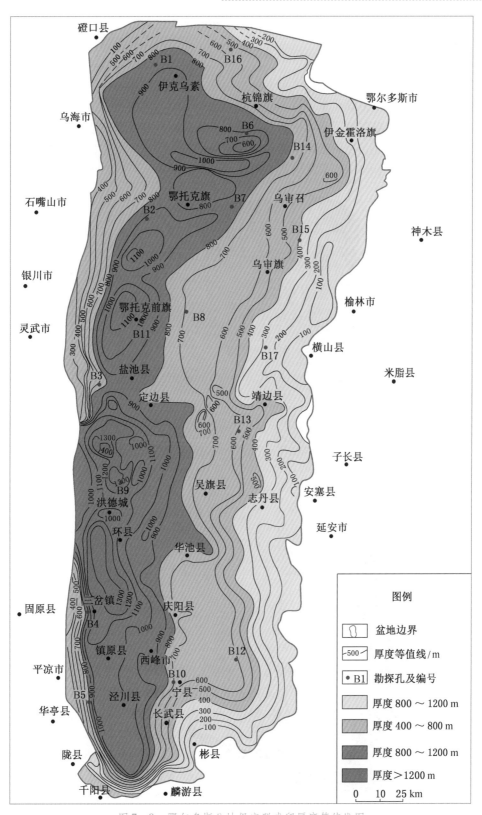

图 7 - 8　鄂尔多斯盆地保安群残留厚度等值线图

向东呈辫状河相→滨浅湖亚相→浅湖→半深湖亚相的沉积格架。

二、鄂尔多斯盆地白垩系沉积环境及演化过程

受燕山构造运动的影响，早白垩世盆地呈东缘、南缘及西缘抬升、内部坳陷的总体构造格局，经历了气候由干旱—半干旱→相对潮湿的两个气候旋回和盆地由抬升→沉降两次构造演化阶段，同时受气候、物源供给及古地形等条件的控制，早白垩世先后经历了洛河期→环河期、罗汉洞期→泾川期两个河流－沙漠相发育→河流－湖泊相发育的沉积环境演

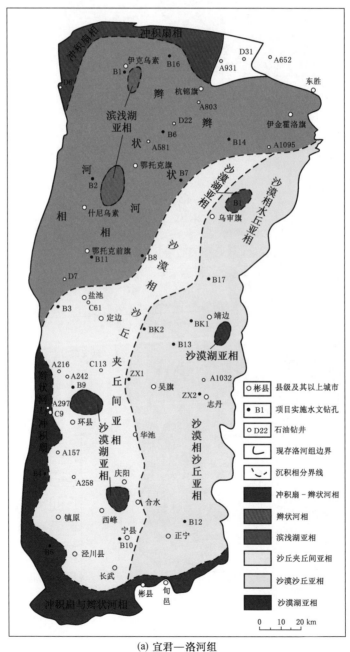

(a) 宜君—洛河组

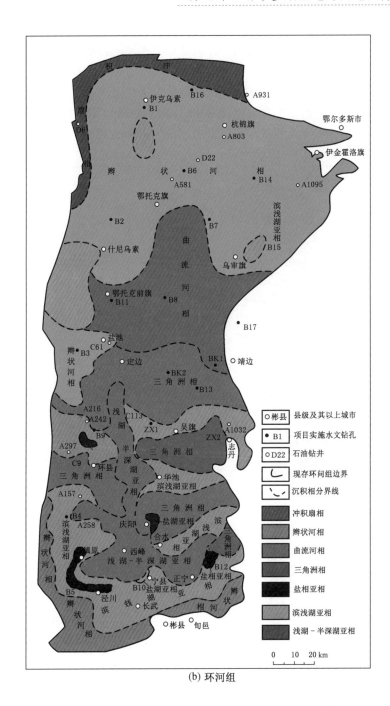

(b) 环河组

图7-9　早白垩世沉积相

化阶段。

1. 早白垩世洛河—环河组沉积演化阶段

早白垩世早期（洛河期），气候干旱，以流水和风力沉积作用为主，成为早白垩世第一沉积演化阶段早期的河流、沙漠相发育期。盆地周缘为规模不等的狭窄带状冲积扇沉积环境，向盆地内部不同程度地演变过渡为辫状河、沙漠沉积环境，在盆地北部，辫状河沉积环境广泛分布，在盆地南部，其东侧为沙漠沙丘沉积环境，西侧主要为河流和沙漠相沉积环境。

继洛河期之后，气候变得相对湿润，同时盆地发生构造沉降作用，开始了早白垩世第一沉积演化阶段后期（环河期）阶段，即河流与湖泊相发育期，呈现北部发育河流，南部发育湖泊和三角洲、周缘局部发育冲积扇的古地理格局。盆地北部的广大地区主要发育

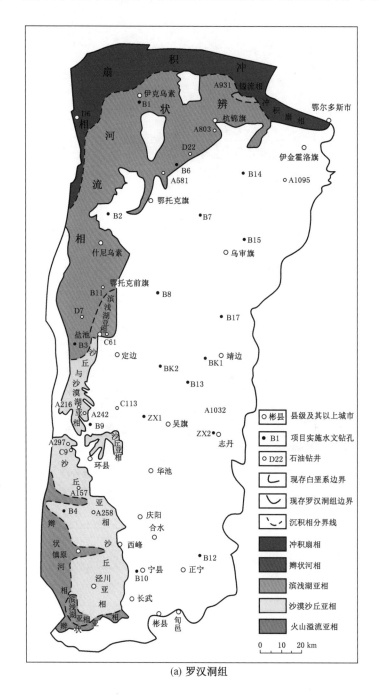

(a) 罗汉洞组

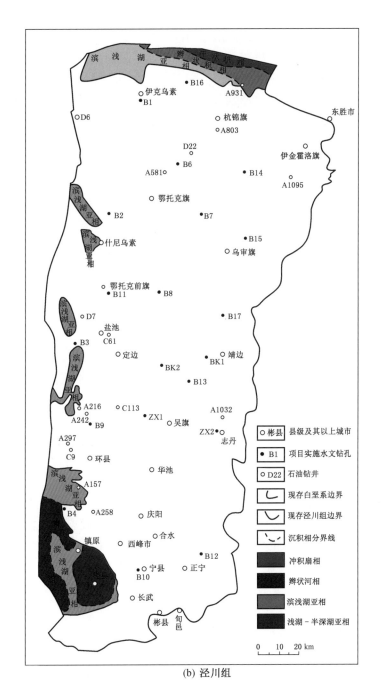

(b) 泾川组

图 7-10　早白垩世沉积相

辫状河相，在西北边缘和北部边缘为局部的冲积扇沉积环境。

2. 早白垩世罗汉洞—泾川组沉积环境演化

　　继早白垩世洛河期→环河期第一个沉积演化阶段之后，罗汉洞期气候再次向干旱转化，开始了第二个演化阶段。受罗汉洞期盆地的不均衡升降作用和构造抬升剥蚀作用的共同影响，罗汉洞期沉积范围较前期范围明显缩小，且厚度减小。从现存罗汉洞组沉积可见，罗汉洞组总体上北部为河流相，西南缘为沙漠相。

到了泾川期，气候再次由干旱相湿润转化，开始了早白垩世第二个沉积演化阶段后期的河流—湖泊环境发育期。从现存泾川组沉积可见，盆地北缘为辫状河、滨浅湖沉积相环境并存，相南西部过渡为辫状河、滨浅湖沉积环境。总体上，泾川期形成"盆地北缘东侧为河流、西侧为湖泊，西南边缘湖泊发育"的岩相古地理格局。

第六节　鄂尔多斯盆地第四系萨拉乌苏组地质特征

鄂尔多斯侏罗系煤田第四系地层主要包括全新统风积层（Q_4^{eal}）、河谷冲积层（Q_4^{al}）、上更新统萨拉乌苏组（Q_3s）、马兰组（Q_3m）、中更新统离石组（Q_2l）以及下更新统三门组（Q_1s）等。其中上更新统萨拉乌苏组（Q_3s）是榆神府矿区（盆地东部地区）广泛分布的重要含水层之一。本节主要介绍萨拉乌苏组（Q_3s）地层的沉积环境及其演化过程。

一、鄂尔多斯盆地第四系萨拉乌苏组沉积相

萨拉乌苏组（Q_3s）主要分布于鄂尔多斯盆地中东部和南部，其名称来源于鄂尔多斯乌审旗南部的萨拉乌苏河，是指该河谷两岸的水流相沉积物，时代为上更新统。后来盆地内很多地区发现与其同一时代形成的河湖相和风积相沉积物，并统称为萨拉乌苏组（Q_3s）。

随着地质工作者对鄂尔多斯盆地区域第四系地质、水文地质普查工作的开展，以及大范围内专题研究资料的丰富，发现了盆地内的萨拉乌苏组分为 2 种沉积类型：湖积型和冲积型（图 7-11）。

盆地内湖积型主要是指古萨拉乌苏湖的湖区沉积，湖区范围基本上与毛乌素沙漠范围重合，面积约 2 万 km^2。其在整体上升中，周围地区相对上升较剧烈，加之侵蚀、剥蚀作用及局部相对缓慢沉降而形成的低平洼地。湖区内的沉积物以具水流相特征的砂层、亚砂土、亚黏土为主。因基底起伏不平，厚度直数十米至百余米不等。通过地面普查和钻探等工作揭露显示，萨拉乌苏湖区的基底是一个发育有多条基岩沟槽的波状起伏地形，基岩多为下白垩系砂岩。

冲积型主要是指广泛分布于鄂尔多斯盆地东部黄土高原上很多沟流、沟谷谷地及黄土墹地、丈地内的水流相沉积物，如分布在神东矿区乌兰木伦河两岸及支沟考考赖沟、柳根沟、哈拉沟、公捏尔盖沟等泉域，以及榆神矿区秃尾河及支沟区域等。其主要构成这些河流、沟谷的二阶阶地，岩性下粗上细、具有二元结构，厚度数米至数十米，顶部且多覆盖有黄土。该类型地层以冲积作用为其主要成因，黄土墹地、丈地区和临近山区地带则有洪积作用参与，其上部也可能受到风力作用的影响。该类型萨拉乌苏组镶嵌在上更新统和中更新统黄土地层之中，充填在黄土高原上的众多低洼地带。从实地观察可知，它多呈不连续的条带状分布，部分已被后期剥蚀、侵蚀而光。

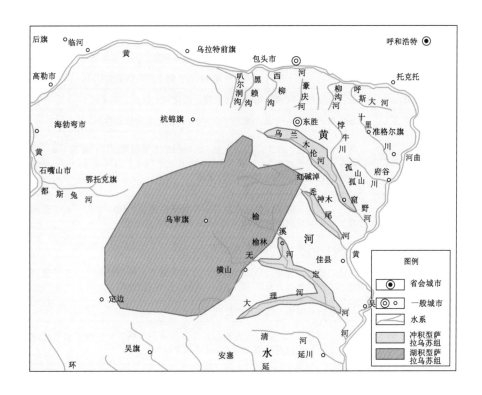

图7-11　鄂尔多斯盆地东部侏罗系煤田萨拉乌苏组分布示意图（据阎永定，1984）

二、鄂尔多斯盆地第四系萨拉乌苏组沉积环境及演化过程

袁宝印等于1978年通过对萨拉乌苏河滴哨湾沟处萨拉乌苏组主岸堆积地层样品的粒度、水溶盐及孢粉的分析，提出了区域萨拉乌苏组的沉积环境及其演化过程（图7-12）。

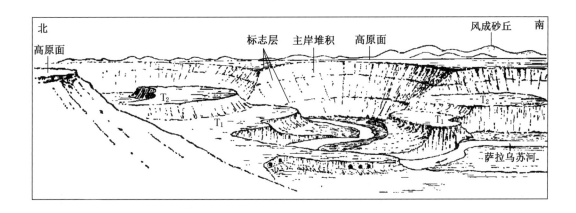

图7-12　滴哨湾沟萨拉乌苏河河谷地貌示意图（据袁宝印，1978）

萨拉乌苏河滴哨湾沟处的主岸堆积岩性自下而上描述见表7-3。

表7-3 滴哨湾沟处萨拉乌苏组岩性分层描述

序号	岩 性	描 述	厚度/m
1	黏土质粉砂	发育灰绿色、灰白色相间的薄层理，层面向北倾斜，未见底	3
2	细砂与黏土粉砂互层	细砂黄色，水平层理，层理约厚30 cm。黏土质粉砂岩性同1	4
3	黏土质粉砂	发育灰绿色、灰白色相间的薄层理，层面向北倾斜，未见底	2
4	细砂与黏土粉砂互层	细砂黄色，水平层理，层理约厚30 cm。黏土质粉砂岩性同1	7
5	粉砂质黏土、黏土质粉砂互层	灰绿、灰黄色，黏土质粉砂为主，具厚层的水平层理，层理厚约1 m；粉砂质黏土层不超过0.5 m，成为夹层，发育水平层理，层理约厚1 cm；顶部变为紫红色黏土，厚约10 cm，较坚硬	28
6	细砂	黄色，疏松，纯净，分选度极好，含铁质锈斑及钙质结核等，水平层理发育，水平层理间夹有厚20~30 cm具斜交层理的细砂	10.5
7	黏土质粉砂	灰黑色，灰绿色，具水平薄层理	0.5
8	细砂	黄色，疏松，纯净，分选度极好，含铁质锈斑及钙质结核等，水平层理发育，水平层理间夹有厚20~30 cm具斜交层理的细砂	6.5
9	粉砂质黏土	灰黑色，灰绿色，具水平薄层理	0.5
10	细砂	黄色，疏松，纯净，分选度极好，含铁质锈斑及钙质结核等，水平层理发育，水平层理间夹有厚20~30 cm具斜交层理的细砂	7
11	粉砂质黏土	灰绿、灰白色，含大量乎卷螺、塔螺化石，个别地段含炭质，呈黑色，本层坚硬，垂直节理发育	1.5
12	粉砂、黏土质粉砂	灰黄色，具清晰的水平层理及斜交层理	1.5

通过对上述典型剖面的各层采样，并进行岩性的粒度、水溶盐、孢粉分析，结合动物群的研究，袁宝印等认为区域萨拉乌苏组沉积经历了3个阶段：

(1) 第一阶段为典型剖面的1~5层，该阶段以湖相沉积为主。第四系晚期，鄂尔多斯高原东南部迅速沉降，地形低洼处形成湖泊。高原中部的新近系风化壳十分疏松，易于侵蚀，河流携带大量泥砂汇集于湖泊中。当时气候温和适宜，小的湖泊星罗棋布，动植物十分繁盛；随着堆积作用的进行，地形趋于平坦，至5层时，形成统一的大湖。但气候开始向干冷转化，湖水很浅，临近消亡。沉积物氧化条件充分，因而5层顶部全区普遍出现紫红色黏土成为良好的标志层。

(2) 第二阶段为典型剖面的6~10层，以河流相沉积为主。该阶段气候变得干冷，湖泊消失，河流继续堆积。当时气候恶劣，阔叶林基本消失，植被衰退，动物迁徙。因而其中很少发现化石。但也出现过2次短暂的雨量较多的时期，形成两层薄的湖沼沉积。

(3) 第三阶段为典型剖面的11~12层，以湖相沉积为主。气候转为温和湿润，出现同一的湖泊，形成广泛分布的湖泊沉积，完全补偿了新构造下沉的幅度，达到现在的高度。但湖泊持续时间很短，可能由于新构造上升或气候变干的影响，湖泊很快消失，形成现在的荒漠草原的自然景观。

第八章　鄂尔多斯盆地北部煤层顶板含水层水文地质特征

第一节　鄂尔多斯盆地北部西缘宁东煤田水文地质特征

鸳鸯湖矿区位于宁东煤田北部，由北向南依次为清水营、梅花井、石槽村、红柳和麦垛山井田，主采侏罗系延安组 2 号、6 号和 18 号煤层，其顶板普遍发育侏罗系直罗组砂岩含水层，受煤层顶板水威胁程度较大。因此，将鸳鸯湖矿区作为鄂尔多斯盆地北部西缘受顶板水害威胁的研究区。

一、直罗组地层概况

研究区北部的直罗组在平面展布为由西向东逐渐变厚，其中清水营井田和梅花井井田西部地区的直罗组由于被剥蚀出现缺失，直罗组厚度向东逐渐增加至 500～600 m 左右，其中梅花井井田 M2110 钻孔揭露直罗组厚度为 642.51 m；中部的直罗组（石槽村井田）在平面展布规律为中间薄两翼厚；南部的直罗组在红柳井田和麦垛山井田交界处最厚（可达 817.34 m），红柳井田东部和麦垛山井田西部较薄，其中红柳井田南部由于构造导致直罗组被剥蚀出现缺失。宁东煤田直罗组平面展布总的趋势由北向南逐渐变厚，由西向东逐渐变厚（表 8-1 和图 8-1）。

表 8-1　直罗组厚度及变化规律统计

矿　井	最大值/m	最小值/m	平均值/m	分　布　规　律
清水营	526.09	0	210.31	由西向东逐渐变厚
梅花井	642.51	0	285.23	由西向东逐渐变厚
石槽村	621.42	169.81	392.90	中部薄，东、西部厚
红柳	817.34	0	325.99	西北厚，东南薄
麦垛山	815.57	0	324.25	由西向东逐渐变薄
平均值	684.59	33.96	307.74	—

前人曾对鄂尔多斯盆地部分地区的直罗组进行过地层划分，如在盆地西缘某些地区可划分为 4 个油层组；东部据岩性可分为 2 个旋回；东北部东胜地区可分为上、中、下段；在今残留盆地范围，直罗组底部普遍发育一套厚层含砾粗—中粒砂岩，与下伏延安组煤系地层呈平行不整合接触；上覆主要为安定组黑色页岩或紫红色厚层砂岩，因此，直罗组

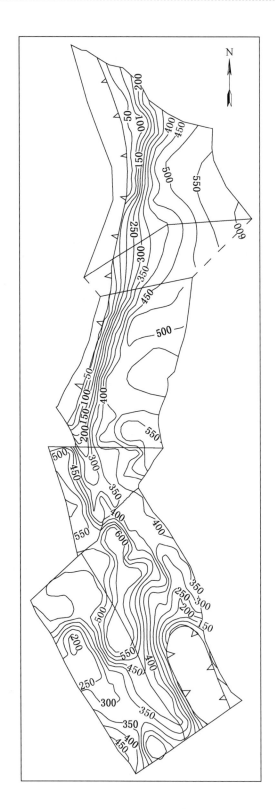

图 8-1 直罗组厚度等值线

顶、底界面较易确定。

宁东煤田直罗组岩性总体较为单调，以砂岩广泛发育为特征，内部缺乏区域上稳定分布的标志层。大量钻孔和露头分析表明，直罗组旋回结构明显，基本均可以一层较厚砂岩为底界（"七里镇"砂岩），一般都可以划分为 2 个由粗变细的正旋回，在宁东煤田某些区域下旋回也可以包含 2 个次级正旋回或岩性段。在宁东煤田鸳鸯湖矿区直罗组基本上可以划分为上、下两段，下面分别对直罗组上、下段平面展布规律进行分析。

1. 直罗组上段

直罗组上段在清水营井田厚度最大为 526.09 m，最小为 0 m，平均厚度为 150.37 m，呈明显的条带状分布，在井田西部直罗组上段被剥蚀，厚度为 0 m，向东逐渐变厚，在井田东部直罗组上段厚度最大可达 526.09 m（1307 钻孔），并且直罗组上段厚度等值线呈南北向；直罗组上段在梅花井井田厚度最大为 613.28 m，最小为 0 m，平均厚度为 225.83 m，其分布基本与清水营井田一致，在井田西部厚度为 0 m，向东逐渐变厚，并且在井田东部分布有 3 个厚度最大区域；直罗组上段在石槽村井田厚度最大为 549.39 m，最小为 140.02 m，平均厚度为 325.22 m，其分布特征为井田中部较薄，东部和西部较厚；直罗组上段在红柳井田厚度最大为 726.43 m，最小为 0 m，平均厚度为 257.01 m，由于井田南部直罗组被剥蚀，因此，直罗组上段厚度在红柳井田由东向西、由北至南依次变薄；直罗组上段在麦垛山井田厚度最大为 699.05 m，最小为 0 m，平均厚度为 223.55 m，直罗组上段厚度总体变化趋势为由东向西逐渐变薄见表 8-2 和图 8-2。

表 8-2　直罗组上段厚度及变化规律统计

矿　井	最大值/m	最小值/m	平均值/m	分　布　规　律
清水营	526.09	0	150.37	由西向东逐渐变厚
梅花井	613.28	0	225.83	由西向东逐渐变厚
石槽村	549.39	140.02	325.22	中部薄，东、西部厚
红柳	726.43	0	257.01	西北厚，东南薄
麦垛山	699.05	0	223.55	由西向东逐渐变薄

2. 直罗组下段

直罗组下段在清水营井田厚度最大为 139.29 m，最小为 0 m，平均厚度为 47.78 m，分布规律与上段基本保持一致，由西向东逐渐变厚；直罗组下段在梅花井井田厚度最大为 382.65 m，最小为 0 m，平均厚度为 46.14 m，厚度变化与上段差异不大，西部直罗组下段被剥蚀，向东逐渐变厚；直罗组下段在石槽村井田厚度最大为 149.7 m，最小为 0 m，平均厚度为 67.68 m，其分布由西北向东南逐渐变厚；直罗组下段在红柳井田厚度最大为 149.29 m，最小为 0 m，平均厚度为 68.99 m，其厚度由北向南逐渐变薄，直罗组下段在麦垛山井田厚度最大为 223.87 m，最小为 0 m，平均厚度为 100.7 m，厚度变化在麦垛山井田范围内不是很大，绝大部分区域厚度大于 80 m（表 8-3 和图 8-3）。

表 8-3　直罗组下段厚度及变化规律统计

矿　井	最大值/m	最小值/m	平均值/m	分　布　规　律
清水营	139.29	0	47.78	由西向东逐渐变厚
梅花井	382.65	0	46.14	由西向东逐渐变厚
石槽村	149.70	0	67.78	西北薄，东南厚
红柳	149.29	0	68.99	由北向南逐渐变薄
麦垛山	223.87	0	100.7	分布基本均匀

研究区直罗组岩性比较单调，电性特征稳定。根据岩性一般可将直罗组细分为 2 个旋回，下旋回下部为中粗粒长石砂岩，又称"七里镇砂岩"，上部为泥岩、粉砂质泥岩与粉砂岩互层；上旋回下部为中细粒长石砂岩，上部为杂色泥岩、粉砂质泥岩及粉砂岩互层。

根据研究区直罗组上、下段沉积相图分析，直罗组上段以辫状河沉积相为主；在石槽村井田东部和红柳井田东部发育有曲流河沉积相；石槽村井田东南部一小部分和红柳井田东北部存在小范围的湖泊沉积相。研究区直罗组下段基本上均为辫状河沉积相（图 8-4）。

二、直罗组含水层地下水赋存条件

含水层作为地下水赋存与循环的空间场所，是地下水赋存条件研究的核心内容。应用沉积学理论与方法对含水层宏观和微观物理特征进行系统研究，是查明地下水赋存条件、了解地下水系统地质结构特征的关键。

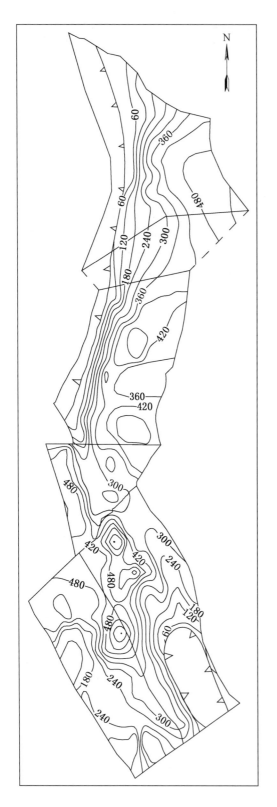

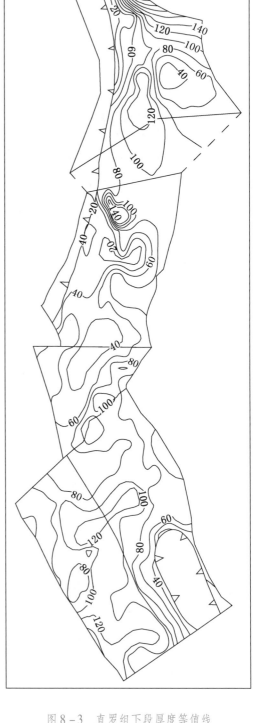

图 8-2 直罗组上段厚度等值线   图 8-3 直罗组下段厚度等值线

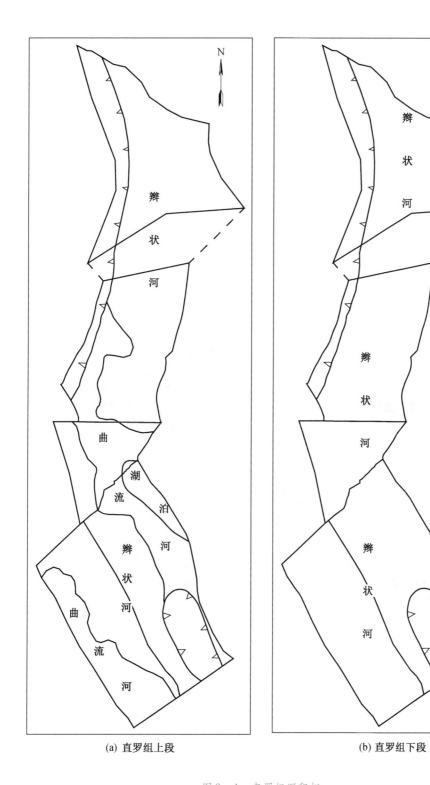

(a) 直罗组上段　　　　　(b) 直罗组下段

图 8-4　直罗组沉积相

1. 砂岩含水层地下水的微观赋存条件分析

1）粒径分析

为了分析研究区内直罗组砂岩各类岩性粒径，对麦垛山井田2号煤层顶板直罗组地层利用钻孔取芯，在西安理工大学岩土实验中心对粗砂岩、中砂岩、细砂岩和泥岩分别进行了粒径分析，测试结果见表8-4和图8-5。

表8-4 麦垛山井田2号煤层顶板直罗组各类岩性粒径分析一览表 %

岩 性	颗粒分析/mm						
	砾粒	砂粒			粉粒	黏粒	
	>2	0.5~2	0.25~0.5	0.075~0.25	0.005~0.075	0.002~0.005	<0.002
粗砂岩	13.8	35.6	33.1	17.17	0.3	0.01	0.02
中砂岩	—	—	3.3	76.3	15.1	1.8	3.5
细砂岩	—	—	—	12.5	80.1	6.1	1.3
泥岩	—	—	—	9.6	83.5	5.8	1.1

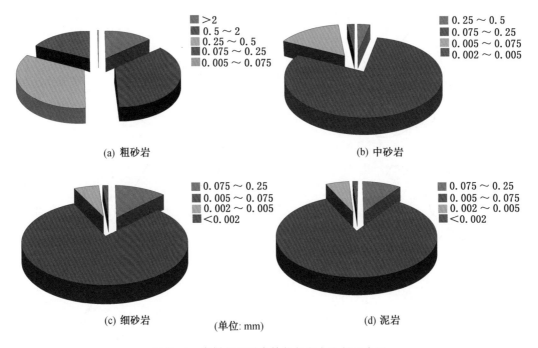

(a) 粗砂岩　　　　(b) 中砂岩

(c) 细砂岩　　　(单位: mm)　　　(d) 泥岩

图8-5 直罗组不同岩性粒径所占比例示意图

麦垛山井田直罗组粗砂岩中以粒径为0.25~0.5 mm和0.5~2 mm的颗粒为主，分别占到了33.1%和35.6%，其次是粒径在0.075~0.25 mm和>2 mm的颗粒，所占比例分别为17.17%和13.8%，<0.075 mm的颗粒仅占0.33%；中砂岩以粒径为0.075~0.25 mm的颗粒为主，所占比例为76.3%，其次是0.005~0.075 mm的颗粒，所占比例为15.1%，大于0.25 mm和小于0.005 mm的颗粒所占比例较小，分别为3.3%和5.3%；细砂岩和泥岩均以0.005~0.075 mm的颗粒为主，所占比例分别为80.1%和83.5%，其他粒径的颗

粒所占比例较小。

　　研究区内直罗组粗砂岩和中砂岩绝大部分颗粒均为砂粒，少量粉粒和黏粒填充，颗粒物之间的孔隙率较大；而细砂岩和泥岩中含有超过 80% 的粉粒颗粒，少量黏粒填充，颗粒之间的孔隙率较小。

　　2）孔隙率分析

　　根据研究区内 5 个井田范围内 36 个钻孔的岩芯资料，分别对直罗组粗砂岩、中砂岩、细砂岩和泥岩的孔隙率进行测试，将井田内 36 个钻孔资料的平均值作为不同岩性的岩石孔隙率，粗砂岩、中砂岩、细砂岩和泥岩的孔隙率分别为 16.85%、16.24%、12.35% 和 11.02%（表 8-5）。

表 8-5　研究区直罗组不同岩性的岩石孔隙率　　　　　　　　　　%

井田	粗砂岩		中砂岩		细砂岩		泥岩		钻孔个数
	钻孔	孔隙率	钻孔	孔隙率	钻孔	孔隙率	钻孔	孔隙率	
清水营	Q303	21.4			Q703	14.7	Q703	11.1	
	Q404	14.9							4
	Q503	8.76							
	M705	13	M702	22	M702	28.9	M704	14.2	
	1808	17.85	1807	19.90	M703	12.8	M705	14.8	
					M704	12.8	1807	10.02	
梅花井							1808	14.36	
							1810	10.86	12
							M1407	8.28	
							2109	10.25	
							2110	7.75	
							M706	11.83	
							M707	15.76	
石槽村	S203	20.40	1010	15.50	1011	4.53	1010	9.03	5
	S204	10.90	1011	8.58			S202	8.53	
							S203	10.15	
							S204	12.20	
							1011	6.15	
红柳	平均值	15.85			平均值	9.29	平均值	10.66	6
	1302	17.91	1803	15.19	805	3.17	1302	13.43	
	1303	18.56	1804	16.3	2302	12.59	1303	9.45	
	1304	14.69					1803	11.52	
麦垛山	1802	20.97							9
	1803	19.78							
	2302	17.62							
	2304	19.78							
	805	17.16							
平均值	16.85		16.24		12.35		11.02		

直罗组砂岩包括多种粒级，根据碎屑岩中碎屑颗粒大小的均匀程度，也就是分选性，一般分为分选性好、分选性中等和分选性差 3 种。分选性好：主要粒级成分含量大于75%；分选性中等：主要粒级成分含量 50% ~ 75%；分选性差：主要粒级成分含量小于50%。

包含有不同直径颗粒的沉积物，即分选性差的沉积物，其孔隙率要降低，这是由于大颗粒之间的空隙被细小颗粒所充填的原因，由于直罗组粗砂岩的分选性较差，因此其孔隙率与中粒砂岩较为接近。

3) 孔隙率与砂地比之间的相关关系

砂地比是分析沉积相的一个重要参数，通过对研究区内 5 个井田内钻孔的孔隙率和砂地比经过分析，可以看出直罗组下段粗砂岩的孔隙率和直罗组下段地层的砂地比呈现出正相关关系（图 8-6）。直罗组下段粗砂岩主要成分为石英、长石，由于较强的沉积介质动力条件和较弱的成岩胶结作用，砂岩的结构疏松、颗粒间空隙较为发育、喉道连通，从而具备良好的储水性和导水能力。

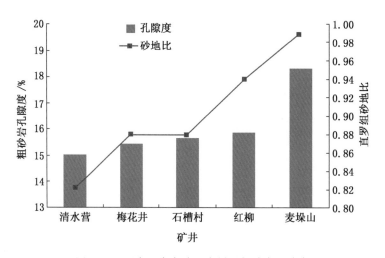

图 8-6 研究区内各井田直罗组粗砂岩孔隙率

2. 砂岩含水层地下水的宏观赋存条件分析

地下水宏观赋存条件主要是指含水层的空间分布和含、隔水层立体组合，不仅是地下水赋存的主要影响因素，同时还关系到地下水补径排条件等，是地下水系统物质结构的基础。从沉积学角度出发，分析含水层的沉积体系、沉积环境及其演化，从含水层形成及特征上研究含水层平面和立体展布规律，宏观的研究含水层层数、厚度、分布及含、隔水层立体组合规律，在此基础上系统的总结出地下水宏观赋存条件。

通过前面章节对直罗组地层沉积体系的分析，沉积相的空间展布与研究区内含水层和隔水层的空间分布及其配置具有一定的相关性。在平面上，研究区内直罗组下段主要发育辫状河沉积体系，含水层岩性主要为粗砂岩，其空间展布稳定、规模较大、渗透性较强，形成区域性分布的含水层，具有良好的地下水宏观赋存条件和结构较为简单的地下水系统。根据前面的分析结果，由于研究区内直罗组下段砂岩含水层的孔隙率与砂地比具有正相关性，并且呈现出直罗组下段粗砂岩的孔隙率由北向南逐渐增大的规律。据此推测，红柳和麦垛山井田直罗组下段粗砂岩含水层地下水的赋存条件优于石槽村、梅花井和清水营井田。

在垂向上，直罗组地层主要包括上段含水层和下段含水层，其中直罗组下段含水层为一套辫状河沉积相（砂地比＞0.4），其下段砂岩含水层具有厚度较大、空间展布稳定、横向追踪性强、孔隙较为发育等特征，形成了研究区范围内广泛分布的主要含水层，其地下水赋存条件良好，具有良好的储水性和导水性。由于此含水层与浅部煤层之间的隔水层较薄，当煤层回采产生的导水裂缝带沟通至直罗组下段砂岩含水层，赋存于此含水层中的地下水会进入矿井，造成矿井涌水量迅速增加以致发生水害事故。直罗组上段含水层在研究区大部分区域延续了下段含水层的沉积体系——辫状河沉积，在局部区域还发育有曲流河和湖泊沉积体系。曲流河沉积体系中泥岩较辫状河沉积体系发育，并且砂岩含水层的层数也相应增多（其砂地比在0.2~0.4），因此在垂向上表现为含、隔水层互层，加之上段含水层厚度较薄，地下水的赋存条件不及辫状河沉积体系；在研究区发育的小范围湖泊沉积体系为泥岩—粉砂岩互层，粗—中砂岩不发育（砂地比＜0.2），在局部区域地下水具有一定的赋存条件，但是由于泥岩和粉砂岩的阻水性较强，导致其渗透性较差。

三、直罗组含水层富水性特征

1. 直罗组砂岩含水层富水性规律

1）直罗组含水层整体富水性规律

在研究区范围内各矿井在井田地质勘探过程中，基本上以直罗组为主的抽水试验较多，抽水层位包括直罗组上段含水层和直罗组下段含水层，部分钻孔甚至包括了部分白垩系宜君组砂砾岩含水层。研究区共有15个针对直罗组含水层抽水的水文钻孔，其中清水营井田3个，梅花井和石槽村井田各2个，红柳和麦垛山井田各4个，各钻孔的单位涌水量、渗透系数、砂地比、砂岩厚度、粗砂岩厚度、砂岩层数和砂岩孔隙率见表8-6。

表8-6　研究区各井田直罗组含水层水文地质特征及参数一览表

矿井	钻孔	单位涌水量/ [L·(s·m)$^{-1}$]	渗透系数/ (m·d^{-1})	砂地比	砂岩厚度/ m	粗砂岩 厚度/m	砂岩 层数	孔隙率/ %
清水营	Q702-1	0.2450	0.5110	0.89	130.14	77.39	8	16.10
	Q204-1	0.0155	0.0166	0.66	113.93	68.35	8	5.71
	Q1207-1	0.0137	0.0484	0.33	126.40	0.00	11	8.76
	平均值	0.0914	0.1920	0.63	123.49	48.58	9	10.19
梅花井	M203-1	0.1489	0.1100	0.56	117.07	91.92	18	19.90
	M207-1	0.0029	0.0015	0.76	153.90	16.35	10	17.85
	平均值	0.0759	0.0558	0.66	135.49	54.14	14	18.88
石槽村	S403-1	0.0092	0.0040	0.38	120.83	72.33	12	15.00
	1010-1	0.0388	0.0348	0.37	126.08	37.53	19	20.40
	平均值	0.0240	0.0194	0.38	123.46	54.93	16	17.70

表8-6（续）

矿井	钻孔	单位涌水量/ [L·(s·m)$^{-1}$]	渗透系数/ (m·d^{-1})	砂地比	砂岩厚度/ m	粗砂岩 厚度/m	砂岩 层数	孔隙率/ %
红柳	H502-1	0.0330	0.0370	0.48	172.43	52.35	11	18.95
	H1102-1	0.0940	0.0690	0.47	133.96	75.97	7	17.56
	H1405-1	0.0100	0.0074	0.36	117.43	76.24	10	11.79
	H2602-1	0.0100	0.0067	0.67	162.93	37.06	21	15.85
	平均值	0.0368	0.0300	0.50	146.69	60.41	12	16.04
麦垛山	803-1	0.0197	0.0129	0.77	290.59	69.50	31	14.34
	1405-1	0.0390	0.0210	0.72	208.24	96.25	19	15.19
	2305-1	0.1210	0.0886	0.39	117.59	108.70	4	19.78
	3003-1	0.1780	0.0985	0.42	182.27	132.89	8	19.78
	平均值	0.0894	0.0553	0.58	199.67	101.84	16	17.27
研究区平均值		0.0652	0.0712	0.55	151.59	67.52	13	15.80

由表8-6和图8-7中可以看出研究区内直罗组含水层总体富水性为弱［0.0240～0.0914 L/（s·m）］，清水营、梅花井和麦垛山井田部分区域富水性中等，从各井田水文钻孔单位涌水量平均值来看，各井田直罗组含水层富水性由强到弱依次为清水营、麦垛山、梅花井、红柳和石槽村井田，总体表现为研究区北部和南部直罗组含水层富水性较强，中部较弱。

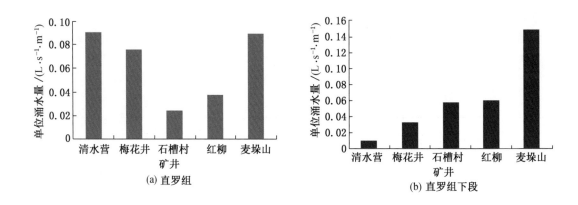

图8-7 各井田平均单位涌水量

2）直罗组上段含水层富水规律

在前期井田地质勘探阶段，只有梅花井和麦垛山井田针对直罗组上段含水层开展过抽水试验，由于直罗组上段含水层距离浅部煤层较远，在后期的水文地质补勘中也未对其开展水文地质工作。因此，钻孔的代表性稍差，只能利用现有的资料，对梅花井和麦垛山井田直罗组上段含水层进行分析。

　　由表 8-7 和图 8-8 中可以看出直罗组上段含水层总体富水性弱，只有梅花井井田的 M203 钻孔的单位涌水量大于 0.1 L/(s·m)。结合对研究区直罗组上段地层沉积相的划分成果，梅花井井田进风立井井检孔和麦垛山井田回风立井井检孔揭露的直罗组上段含水层粗砂岩厚度和砂地比小，沉积相为曲流河沉积；而梅花井 M203-1 钻孔揭露的直罗组上段含水层粗砂岩厚度和砂地比较大，沉积相为辫状河沉积。进一步说明辫状河沉积相含水层的富水性较曲流河沉积相含水层强。

表 8-7　研究区各井田直罗组上段含水层水文地质特征及参数

矿井	钻孔	单位涌水量/[L·(s·m)$^{-1}$]	渗透系数/(m·d^{-1})	砂地比	砂岩厚度/m	粗砂岩厚度/m	砂岩层数	孔隙率/%
梅花井	M203-1	0.1112	0.1517	0.53	75.13	54.22	11	19.90
	进风立井井检孔	0.0077	0.0226	0.35	147.12	0.00	19	12.64
	平均值	0.0595	0.0872	0.44	111.13	27.11	15	16.27
麦垛山	回风立井井检孔	0.0134	0.0194	0.24	44.65	0.00	5	20.61
研究区平均值		0.0441	0.0646	0.37	88.97	18.07	12	17.72

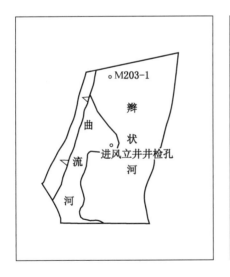

图 8-8　直罗组上段含水层抽水试验钻孔相对位置（梅花井和麦垛山井田）

　　3）直罗组下段含水层富水规律

　　由于直罗组下段含水层是威胁和影响研究区各井田浅部煤层回采的主要充水含水层，因此针对此含水层开展的水文地质工作较多，各井田在地质勘探和水文地质补充勘探中获得的水文地质参数见表 8-8：

表8-8 研究区各井田直罗组下段含水层水文地质特征及参数

矿井	钻 孔	单位涌水量/ [L·(s·m)⁻¹]	渗透系数/ (m·d⁻¹)	砂地比	砂岩厚度/ m	粗砂岩 厚度/m	砂岩 层数	孔隙率/ %
清水营	Q602-1	0.0099	0.0096	0.84	50.40	28.30	7	10.70
	平均值	0.0099	0.0096	0.84	50.40	28.30	7	10.70
	回风立井井检孔	0.0167	0.0172	0.38	157.59	0.00	21	20.61
	DZ观4	0.0027	0.0040	1.00	44.59	35.61	2	3.37
	DZ观12	0.0097	0.0135	0.98	35.74	27.51	4	14.20
梅花井	M602-1	0.0288	0.0597	1.00	45.98	45.98	1	22.00
	M703-1	0.0184	0.0200	0.28	43.37	27.29	5	14.30
	M1406	0.0237	0.0883	0.11	31.37	14.04	6	17.44
	M1303	0.1324	0.1300	0.89	82.65	73.32	6	17.85
	平均值	0.0332	0.0475	0.66	63.04	31.96	6	15.68
石槽村	BK1	0.0675	0.0332	0.99	122.63	120.51	4	20.40
	BK3	0.0433	0.0464	1.00	28.48	28.48	2	15.00
	BK4	0.0632	0.0985	1.00	49.87	49.87	1	15.00
	平均值	0.0580	0.0594	1.00	66.99	66.29	2	16.80
红柳	Z1	0.0245	0.0216	0.91	62.65	30.60	2	—
	Z2	0.0085	0.0186	0.87	77.15	53.00	2	—
	Z3	0.0798	0.0544	0.92	219.94	57.03	3	—
	Z4	0.0085	0.0121	0.79	123.83	73.34	4	—
	Z5	0.0174	0.0175	0.97	166.33	89.25	3	—
	Z6	0.0093	0.0052	1.00	35.64	35.64	1	—
	Z7	0.2754	0.4127	0.83	48.15	46.24	3	—
	平均值	0.0605	0.0774	0.90	104.81	55.01	2	
麦垛山	副立井井检孔	0.2289	0.1576	1.00	124.11	87.03	2	16.17
	Z1	0.1722	0.3091	0.84	166.60	166.60	2	10.14
	Z2	0.2176	0.9557	1.00	94.61	91.52	3	—
	Z3	0.1469	0.5295	1.00	81.72	78.64	3	—
	Z4	0.0096	0.0136	1.00	107.28	107.28	1	—
	Z5	0.1978	0.6573	1.00	89.14	35.35	2	16.28
	Z6	0.0388	0.0987	1.00	124.11	87.03	2	—
	Z7	0.2479	0.5326	1.00	75.81	75.81	1	—
	Z8	0.2021	0.4273	1.00	84.12	84.12	1	12.26
	Z9	0.0360	0.0617	1.00	109.37	109.37	1	8.69
	Z10	0.0817	0.2090	0.97	218.12	195.33	3	—
	JD1	0.1714	0.1427	1.00	84.12	84.12	1	12.26
	JD2	0.1663	0.1278	1.00	84.12	84.12	1	12.26

表 8-8（续）

矿井	钻孔	单位涌水量/ [L·(s·m)$^{-1}$]	渗透系数/ (m·d^{-1})	砂地比	砂岩厚度/ m	粗砂岩 厚度/m	砂岩 层数	孔隙率/ %
麦垛山	JD3	0.1807	0.1188	1.00	84.12	84.12	1	12.26
	Ⅲ上1	0.1323	0.1820	1.00	109.37	109.37	1	8.69
	平均值	0.1487	0.3016	0.99	109.11	98.65	2	12.11
研究区平均值		0.0930	0.1693	0.90	92.82	70.18	3	13.99

由表 8-8 中可以看出，直罗组下段含水层富水性总体较上段含水层强，梅花井、红柳井田有个别钻孔以及麦垛山井田大部分钻孔单位涌水量大于 0.1 L/(s·m)。从各井田水文钻孔单位涌水量平均值来看，各井田直罗组下段含水层富水性由强到弱依次为麦垛山、红柳、石槽村、梅花井和清水营，研究区内直罗组下段含水层富水性总体表现为由北向南依次增强。

4）直罗组及其上下段含水层水文地质特征对比

直罗组及其上下段含水层在水文地质特征方面具有较为明显的差异，各含水层单位涌水量、渗透系数、砂地比、砂岩厚度、粗砂岩厚度、砂岩层数以及孔隙率见表 8-9。

表 8-9　研究区各井田直罗组含水层水文地质特征及参数平均值

地 层	单位涌水量/ [L·(s·m)$^{-1}$]	渗透系数/ (m·d^{-1})	砂地比	砂岩厚度/ m	粗砂岩 厚度/m	砂岩 层数	孔隙率/ %
直罗组	0.0652	0.0712	0.55	151.59	67.52	13	15.80
直罗组上段	0.0441	0.0646	0.37	88.97	18.07	12	17.72
直罗组下段	0.0930	0.1693	0.90	92.82	70.18	3	13.99

由表 8-9 中可以看出，在含水层富水性方面直罗组下段含水层富水性最强，其次是直罗组含水层，富水性最弱的为直罗组上段含水层；含水层的渗透系数和砂地比保持与单位涌水量一致；直罗组上下段含水层厚度基本上在 80~90 m，相差不大；但是在粗砂岩厚度方面，直罗组上下段含水层差异较大，上段为 18.07 m，下段为 69.45 m；直罗组上段含水层砂岩层数较多，下段含水层砂岩层数较少，两者相差达 4 倍左右；直罗组上段孔隙率较大，下段的孔隙率较小。

通过以上数据表明：直罗组上段含水层由于其砂地比较小，在含水层中砂岩含量较少，特别是粗砂岩的厚度较小，加上砂岩层数较多，砂岩的横向追踪性较差，导致含水层的富水性和渗透性较差；而直罗组下段含水层砂地比相对较大，在含水层中砂岩含量较大，特别是粗砂岩的厚度较大，加上砂岩层数较少，通常为 1~3 层，并且基本上均为粗砂岩，砂岩的横向追踪性较好，在研究区内常形成连片的粗砂岩含水层，因此其富水性和渗透性较好。

2. 基于灰色理论的含水层富水性影响因素分析

1）灰色理论概述

影响含水层富水性的各因素在层次上具有复杂性，结构关系上具有模糊性，动态变化具有随机性，并且数据方面具有不确定性。因此，选用灰色系统理论来分析影响含水层富水性的各因素。灰色系统理论是由著名学者邓聚龙首创的一种系统科学理论（Grey Theory），其中灰色关联分析是根据各因素变化曲线几何形状的相似程度判断各因素之间的关联程度的方法。此方法通过对动态过程发展趋势的量化分析，完成对系统内统计数据几何关系的比较，求出参考数列与各比较数列之间的灰色关联度。与参考数列关联度越大的比较数列，其发展方向和速率与参考数列越接近，与参考数列的关系越紧密。其基本思想是将评价指标原始数据进行无量纲化处理，计算关联系数、关联度以及根据关联度的大小对待评指标进行排序。目前灰色关联度法在决策分析、农业生产以及水利气象行业应用非常广泛。灰色关联分析的具体计算步骤如下：

第一步：确定分析数列。

确定反映系统行为特征的参考数列和影响系统行为的比较数列。反映系统行为特征的数据序列，称为参考数列；影响系统行为的因素组成的数据数列，称为比较数列。

设参考数列为：

$$x_0 = \{ x_0(k) \mid k = 1, 2, \cdots, j \}$$

设比较数列为：

$$x_1 = \{ x_1(k) \mid k = 1, 2, \cdots, j \}$$
$$x_2 = \{ x_2(k) \mid k = 1, 2, \cdots, j \}$$
$$\vdots$$
$$x_i = \{ x_i(k) \mid k = 1, 2, \cdots, j \}$$

第二步：原始数据的无量纲化。

由于系统中各因素数列中的数据可能因为量纲不同，不便于比较或在比较时难以得到正确的结论。因此在进行灰色关联度分析时，一般都要进行数据的无量纲化处理。具体转化方式如下：

$$x_{ij}^1 = (x_{ij} - \overline{x_j}) S_j \tag{8-1}$$

式中 x_{ij}^1——处理后的数据；

  x_{ij}——原始数据；

  $\overline{x_j}$——原始数据的平均值；

  S_j——标准差。

$$\overline{x_j} = \frac{1}{n} \sum_{i=1}^{n} x_{ij}$$

$$S_j = \sqrt{\frac{1}{n} \sum_{i=1}^{n} (x_{ij} - \overline{x_j})^2}$$

第三步：计算关联系数。

根据式（8-2）计算关联系数。

$$\xi_{0i}(k) = \frac{\min\limits_{i} \min\limits_{k} |x_0(k) - x_i(k)| + \rho \max\limits_{i} \max\limits_{k} |x_0(k) - x_i(k)|}{|x_0(k) - x_i(k)| + \rho \max\limits_{i} \max\limits_{k} |x_0(k) - x_i(k)|} \tag{8-2}$$

式中 ρ——分辨系数，通常取 $\rho = 0.5$。

第四步：计算关联度。

因为关联系数是比较数列与参考数列在各个特定值的关联程度值，它的数目不止一个，这样不方便进行整体比较。因此，有必要将各个特定值的关联系数集中为一个值，即求取平均值，作为比较数列与参考数列关联程度的数量表示，关联度 r_{0i} 计算公式为

$$r_{0i} = \frac{1}{n} \sum_{k=1}^{n} \xi_{0i}(k) \tag{8-3}$$

式中 r_{0i} ——比较数列与参考数列的关联度。

第五步：关联度排序。

关联度按照大小排序，如果 $r_{0n} < r_{0m}$，说明参考数列 m 比参考数列 n 与比较数列更为接近，对比较数列的影响更大。

2）含水层富水性影响因素分析

经过对直罗组含水层沉积因素对比分析，选取了砂地比、砂岩厚度、粗砂岩厚度、砂岩层数和砂岩孔隙率作为含水层富水性影响因素，对研究区内直罗组含水层和直罗组下段含水层富水性与5个影响因素的关联度进行了分析。由于针对直罗组上段含水层开展的水文地质工作较少，加上直罗组上段含水层不是影响和威胁研究区浅部煤层开采的主要充水含水层。因此下面仅对直罗组含水层和直罗组下段含水层富水性影响因素进行分析（表8-10）。

表8-10 直罗组含水层富水性及其影响因素标准化值

矿井	钻孔	单位涌水量/ $[\text{L} \cdot (\text{s} \cdot \text{m})^{-1}]$	砂地比	砂岩厚度/ m	粗砂岩 厚度/m	砂岩层数	孔隙率/ %
清水营	Q702-1	2.482	1.935	-0.465	0.294	-0.749	0.072
	Q204-1	-0.686	0.626	-0.816	0.025	-0.749	-2.435
	Q1207-1	-0.711	-1.252	-0.546	-2.012	-0.311	-1.699
梅花井	M203-1	1.155	0.057	-0.748	0.727	0.711	0.989
	M207-1	-0.860	1.195	0.050	-1.525	-0.457	0.495
石槽村	S403-1	-0.773	-0.967	-0.666	0.143	-0.165	-0.193
	1010-1	-0.364	-1.024	-0.553	-0.894	0.857	1.110
红柳	H502-1	-0.444	-0.398	0.451	-0.452	-0.311	0.760
	H1102-1	0.398	-0.455	-0.382	0.252	-0.895	0.425
	H1405-1	-0.762	-1.081	-0.740	0.260	-0.457	-0.968
	H2602-1	-0.762	0.683	0.246	-0.908	1.149	0.012
麦垛山	803-1	-0.628	1.252	3.011	0.059	2.609	-0.352
	1405-1	-0.362	0.967	1.227	0.856	0.857	-0.147
	2305-1	0.770	-0.911	-0.736	1.227	-1.333	0.960
	3003-1	1.557	-0.740	0.665	1.948	-0.749	0.960

（1）直罗组含水层富水性影响因素分析。为了使得不同量纲的数据具有可对比性，首先对数据进行无量纲化处理，处理后的数据见表8-11。

表 8-11 直罗组下段含水层富水性及其影响因素标准化值

矿井	钻 孔	单位涌水量	砂地比	砂岩厚度	粗砂岩厚度	砂岩层数	孔隙率
清水营	Q602-1	-0.980	-0.179	-0.739	-1.000	1.119	-0.741
	回风立井井检孔	-0.900	-2.234	1.783	-1.688	5.034	1.490
	DZ 观 4	-1.065	0.536	-0.876	-0.823	-0.280	-2.391
	DZ 观 12	-0.983	0.447	-1.084	-1.019	0.280	0.047
梅花井	M602-1	-0.757	0.536	-0.843	-0.570	-0.559	1.803
	M703-1	-0.880	-2.681	-0.904	-1.025	0.559	0.070
	M1406	-0.818	-3.440	-1.187	-1.347	0.839	0.777
	M1303	0.465	0.045	0.020	0.094	0.839	0.869
石槽村	BK1	-0.301	0.491	0.961	1.241	0.280	1.443
	BK3	-0.586	0.536	-1.255	-0.996	-0.280	0.227
	BK4	-0.352	0.536	-0.751	-0.476	-0.559	0.227
红柳	Z1	-0.808	-0.089	-0.720	-0.444	-0.280	—
	Z2	-0.997	-0.849	-0.624	-0.345	-0.280	—
	Z3	-0.156	-0.179	-0.731	-0.623	0.280	—
	Z4	-0.997	-1.430	-0.131	0.165	-0.280	—
	Z5	-0.892	0.536	-0.683	-0.405	-0.559	—
	Z6	-0.987	0.536	-1.086	-0.822	-0.559	—
	Z7	2.152	-0.223	-0.792	-0.564	0.000	—
	副立井井检孔	1.603	0.536	0.995	0.427	-0.280	0.491
麦垛山	Z1	0.934	-0.179	1.995	2.361	-0.280	-0.867
	Z2	1.470	0.536	0.301	0.536	0.000	—
	Z3	0.636	0.536	-0.002	0.223	0.000	—
	Z4	-0.984	0.536	0.600	0.920	-0.559	—
	Z5	1.236	0.536	0.173	-0.829	-0.280	0.516
	Z6	-0.639	0.536	0.995	0.427	-0.280	—
	Z7	1.827	0.536	-0.141	0.155	-0.559	—
	Z8	1.287	0.536	0.055	0.357	-0.559	-0.389
	Z9	-0.672	0.536	0.649	0.970	-0.559	-1.193
	Z10	-0.133	0.402	3.207	3.060	0.000	—
	JD1	0.925	0.536	0.055	0.357	-0.559	-0.389
	JD2	0.865	0.536	0.055	0.357	-0.559	-0.389
	JD3	1.035	0.536	0.055	0.357	-0.559	-0.389
	Ⅲ上 1	0.464	0.536	0.649	0.970	-0.559	-1.193

由表 8-11 和图 8-9 可以看出，钻孔的单位涌水量与直罗组砂地比在清水营红柳井田的部分钻孔正相关性较好，梅花井、石槽村、红柳井田的部分钻孔和麦垛山井田的大部

分钻孔呈负相关；单位涌水量与砂岩厚度的相关性较差；单位涌水量与粗砂岩厚度的相关性较好，在研究区内基本上保持着相同的变化趋势；单位涌水量与砂岩层数在清水营、梅花井和石槽村井田呈现出正相关，而在红柳和麦垛山呈现负相关；单位涌水量和孔隙率的相关性较好，其变化趋势基本一致。

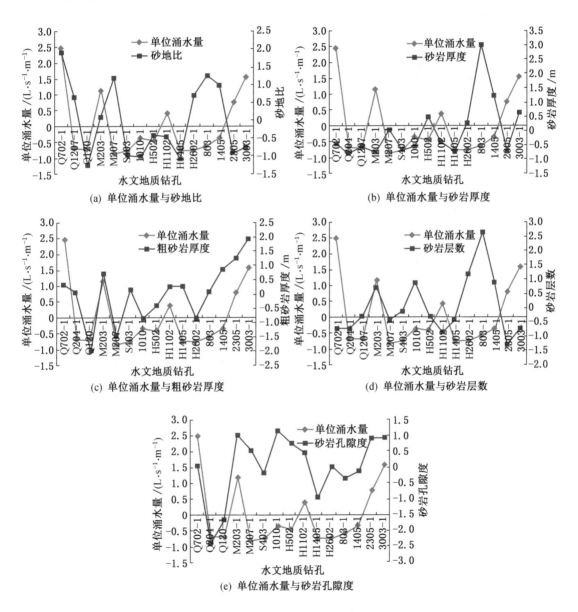

图 8-9　直罗组含水层单位涌水量和各因素相关关系

由式（8-2）和式（8-3）计算含水层富水性与各影响因子的关联度的大小分别为：$r_{01}=0.476$；$r_{02}=0.170$；$r_{03}=0.799$；$r_{04}=0.564$；$r_{05}=0.729$。关联序：$r_{03} > r_{05} > r_{04} > r_{01} > r_{02}$，说明对直罗组含水层富水性影响最大的因素是粗砂岩厚度，然后依次为孔隙率、砂岩层数、砂地比和砂岩厚度。

（2）直罗组下段含水层富水性影响因素分析。由表 8 – 11 和图 8 – 10 可以看出，直罗组下段含水层单位涌水量与砂地比相关性较好；与砂岩厚度在清水营、梅花井和石槽村井田呈正相关，在红柳和麦垛山井田呈负相关；与粗砂岩厚度的相关性和与砂岩厚度的相关性基本保持一致；与砂岩层数呈现出负相关关系；由于直罗组下段孔隙率数据不全，但是仅从现有数据来看，单位涌水量与砂岩孔隙率具有一定的正相关关系。

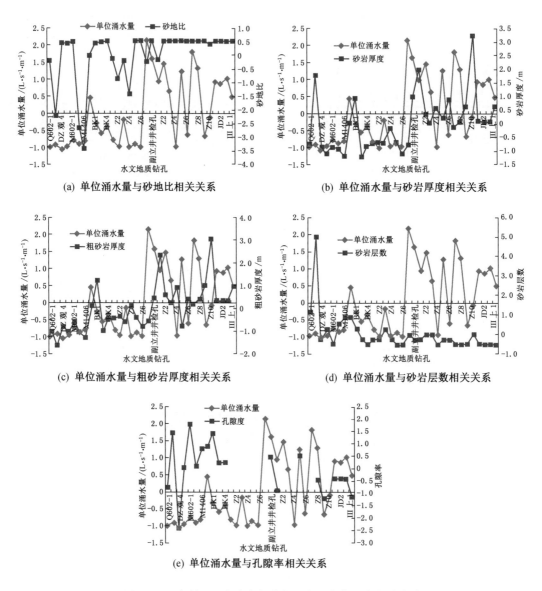

图 8 – 10 直罗组下段含水层单位涌水量和各因素相关关系

由式（8 – 2）和式（8 – 3）计算含水层富水性与各影响因子的关联度的大小分别为：$r_{01} = 0.328$；$r_{02} = 0.241$；$r_{03} = 0.321$；$r_{04} = 0.225$；$r_{05} = 0.064$。关联序：$r_{03} > r_{05} > r_{04} > r_{01} > r_{02}$，说明对直罗组下段含水层富水性影响最大的因素是砂地比，然后依次为粗砂岩厚度、砂岩厚度、砂岩层数和孔隙率。

四、直罗组含水层地下水化学条件

1. 直罗组含水层地下水化学特征

直罗组含水层地下水水化学成分和水质的形成，虽然受到许多地质和外在因素的综合影响，但是沉积环境及其所形成岩石的物理化学特征是最为根本的地质因素，其他外在因素都是在这一条件下发挥其不同程度的影响作用。表 8 - 12 中列出了研究区及各井田直罗组各含水层水化学主要离子及矿化度，结合直罗组及其上下段含水层地下水水化学 Piper 图对直罗组含水层水化学规律进行分析。

表 8 - 12　研究区及各井田直罗组各含水层水化学主要离子及矿化度对比

区域	含水层	$K^+ + Na^+$	Ca^{2+}	Mg^{2+}	Cl^-	SO_4^{2-}	HCO_3^-	矿化度/($g \cdot L^{-1}$)
清水营	直罗组	2727. 55	447. 40	516. 40	4048. 04	2955. 76	185. 15	10. 94
	直罗组下段	2025. 68	196. 89	231. 30	2261. 14	2251. 73	344. 93	7. 34
梅花井	直罗组	402. 19	42. 27	30. 33	307. 93	451. 28	232. 69	1. 52
	直罗组上段	175. 31	14. 33	21. 07	118. 65	130. 83	179. 83	0. 699
	直罗组下段	1169. 09	192. 14	261. 87	1670. 31	1416. 49	229. 85	4. 99
石槽村	直罗组	3125. 41	423. 50	480. 11	4159. 94	3579. 94	197. 82	12. 04
	直罗组下段							3. 59
红柳	直罗组	3152. 94	379. 60	394. 17	3932. 19	3156. 66	229. 93	13. 57
	直罗组下段	3997. 80	1011. 70	590. 70	6734. 06	3860. 40	105. 44	16. 51
麦垛山	直罗组	3378. 95	422. 70	306. 51	3860. 81	3606. 80	228. 69	12. 11
	直罗组下段	2270. 16	773. 13	750. 70	4243. 74	3695. 99	195. 18	12. 27
研究区	直罗组	2729. 46	364. 52	355. 61	3451. 41	2916. 21	215. 79	10. 65
	直罗组上段	175. 31	14. 33	21. 07	118. 65	130. 83	179. 83	0. 699
	直罗组下段	2457. 40	687. 69	587. 40	4244. 06	3197. 05	182. 11	10. 59

由表 8 - 12 和图 8 - 11 可以看出，研究区内直罗组含水层无论是在平面还是垂向上都具有明显的规律性。

在平面上，石槽村、红柳和麦垛山井田内直罗组含水层地下水矿化度较高，水质较差，这主要是由于这 3 个井田范围内直罗组上段沉积体系为曲流河——湖泊相沉积，相比清水营和梅花井井田内直罗组上段的辫状河沉积，砂岩含量较低，粉砂岩和泥岩含量较多，并且砂岩层数较多，含水层的横向追踪性较差，地下水径流缓慢，并且由于红柳井田相对于其他井田距离湖泊沉积中心较近，地下水长期在此汇聚，盐分多在此聚集，造成了矿化度较高。另外，需要说明的是清水营井田直罗组含水层地下水矿化度也较高，这也与地层沉积有关，直罗组含水层由于在清水营井田西部被剥蚀，上覆直接接触岩层为白垩系清水营组含水层，由于接受了白垩系高矿化度地下水的补给，造成了清水营井田直罗组含水层地下水矿化度较高。

在垂向上，直罗组下段含水层地下水与大气降水入渗的循环交替滞缓，地下水的水化

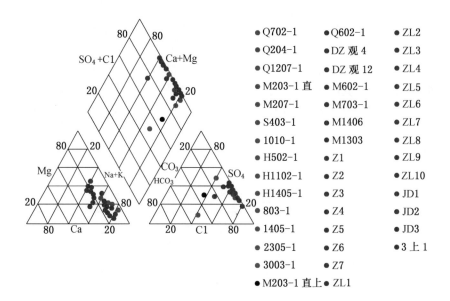

图 8 - 11 直罗组及上、下段含水层水化学 Piper 图

学成分和水质受到沉积水化学性质的影响较为显著，研究区直罗组上段含水层由于埋藏较浅，与大气降水入渗循环交替作用积极而导致矿化度较低；而直罗组下段含水层埋藏较深，与直罗组上段含水层之间有稳定的隔水层存在，直罗组上段含水层的水力联系较弱，与大气降水几乎无水力联系，导致地下水矿化度较大，水质较差。清水营井田直罗组含水层地下水矿化度高于直罗组下段含水层，也是由于其直罗组上段含水层接受白垩系高矿化度地下水的补给，造成了地下水矿化度升高。

2. 直罗组含水层地下水同位素特征

所有元素的同位素可以分为稳定同位素和不稳定同位素 2 类。前者是无放射性同位素，后者是自发蜕变为其核素的放射性同位素。环境同位素是指现代循环水中的稳定和放射性同位素，在地下水研究中常用的同位素有^{18}O、^{2}H（氘，用 D 来表示）、^{3}H（氚，用 T 来表示）、^{13}C、^{14}C 等，本次研究采用^{18}O、D、T 进行各含水层地下水的分析研究。

1）直罗组下段含水层地下水 δD 和 δ^{18}O 特征

由于直罗组下段含水层为影响研究区浅部煤层的主要充水含水层，因此也是地下水同位素研究的主要含水层，对梅花井、石槽村、红柳和麦垛山井田直罗组下段含水层的地下水进行同位素分析，见表 8 – 13。

从表 8 – 13 可见，各钻孔所处含水层裂隙水稳定同位素 δD（‰）和 δ^{18}O（‰）基本相近，反映了本区内各钻孔含水层具有相同的补给源。各层位稳定同位素除旱季雨水及第四系水稍高外，其他同位素值差别很小。

地下水与当地降水的补给关系，可通过地下水中稳定同位素 δD（‰）和 δ^{18}O（‰）与当地雨水线之间的关系进行分析。根据《鄂尔多斯盆地岩溶地下水系统》研究成果，由盆地内棋盘井雨水同位素资料，得出本区域雨水线工程式为

$$\delta D = 6.2166\delta^{18}O - 14.837$$

表8-13 地下水环境同位素测试结果 (24℃, 40% 湿度)

区 域	取样位置	分析项目		
		δD/‰	$\delta^{18}O$/‰	T/TU
梅花井	DZ 观 4	−77.8	−10.3	3.5 ± 0.4
	DZ 观 12	−81.4	−10.5	< L_D
石槽村	BK1	−79.3	−9.9	5.2 ± 0.4
	BK2	−88.6	−10.4	< L_D
	BK3	−75.3	−9.3	1.7 ± 0.4
红柳	Z1	−76	−8.8	3.0 ± 0.8
	Z2	−65	−5.7	6.4 ± 0.8
	Z3	−78	−8.8	< 1.0
	Z4	−51	−4.9	12.3 ± 1.3
	Z5	−47	−4.8	12.2 ± 1.0
	Z6	−59	−6.0	7.2 ± 1.0
	Z7	−81	−9.5	< 1.0
麦垛山	ZL1	−81	−9.6	1.5 ± 0.5
	ZL3	−85	−9.4	< 1.0
	ZL5	−80	−9.6	1.9 ± 0.6
	ZL8	−79	−9.7	1.1 ± 0.5
	ZL9	−76	−8.8	3.0 ± 0.8
	ZL10	−83	−9.4	1.1 ± 0.7
研究区	第四系水	−60	−7.8	14.3 ± 1.0
	第四系水	−65	−8.6	18.9 ± 1.3
	雨季降水	−64	−8.3	30.3 ± 1.5

把在梅花井、石槽村、红柳和麦垛山井田直罗组下段含水层地下水的δD、$\delta^{18}O$值投到棋盘井雨水线图上,对比勘探区环境同位素与盆地内棋盘井雨水线(图8-12),可以看出勘探区各监测点的同位素值分布在雨水线不同的方位,反映了本区地下水的补给源。

从图8-12可以看出,梅花井井田地下水同位素δD、$\delta^{18}O$落在雨水线下方,但是距离雨水线不远,甚至DZ观4基本上在雨水线上,说明梅花井井田直罗组地下水有可能受到大气降水的补给。石槽村井田地下水同位素δD、$\delta^{18}O$同样落在雨水线下方,并且与雨水线的距离较梅花井远,说明石槽村井田地下水受到大气降水的影响不如梅花井井田大。红柳和麦垛山井田各钻孔同位素δD、$\delta^{18}O$值落在雨水线下端,较低并且偏离雨水线较远,其δD、$\delta^{18}O$值较低是由于有古气候条件下形成的古溶滤-渗入水存在或混入的缘故。古溶滤-渗入水是指第四纪以来在古气候条件下由大气降水渗入而形成的地下水,冰期形成的古地下水的δD、$\delta^{18}O$值比现代水低。红柳井田大部分钻孔水质类型为 Cl · SO$_4$ − Na,而麦垛山井田大部分钻孔水质类型为径流条件差的 Cl · SO$_4$ − Na · Mg 型。红柳和麦垛山井田直罗组下段含水层地下水循环深度较深,成为交替滞缓的状态下形成的高矿化度水。

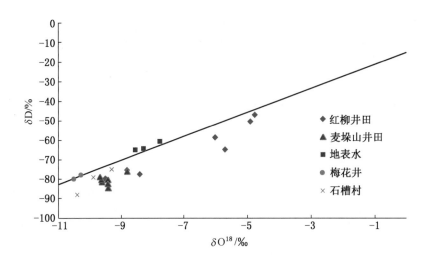

图 8 – 12　雨水、地下水同位素雨水线

2）直罗组下段含水层地下水氚的特征

氚是水分子的组成部分，它具有良好的计时性和示踪性。半衰期为 12.43 年，一般认为可以预测 60 年以内的水年龄，对于定性和半定量评价效果较好。

在同位素水文地质中，通常将 1953 年以前（核试验前）形成的地下水成为"古水"，1953 年以后（核试验以后）形成的地下水称为"新水"，禁止在大气层中进行核试验后，降水氚浓度平稳下降，所以 1963 年以后形成的地下水称为"近期水"或"现代水"。国内外不少学者根据含水层中实测的氚值大小，应用经验法对地下水年龄估算进行了一些研究，提出了年龄估算的划分标准，如 J. Ch. Fontes（1987）在大量统计资料的基础上，提出估算北半球地下水年龄的标准：

（1）＜5TU：40 年以前的"古水"成分占优势。

（2）5～40TU：新近入渗水（新水）和"古水"之间有混合作用。

（3）＞40TU：现代入渗水占优势。

由表 8 – 14 中可以看出研究区内直罗组下段含水层地下水中的氚含量绝大部分小于5TU，只有部分水样中氚含量在 5～40TU 之间；石槽村第四系水样、西三村第四系水样（民用井水样）氚含量为 14.3±1.0～26.1±1.2 TU，也属于新近入渗水（新水）和"古水"之间有混合作用的水，间接说明该水井水源处所处位置岩石裂隙及构造有可能发育而使新近入渗水（新水）和"古水"之间有混合。红柳井田 Z4、Z5 号孔氚含量与所取石槽村第四系水样氚含量相接近，也可初步分析出，虽然红柳井田直罗组下段含水层与其上部含水层水力联系微弱，但是由于区内裂隙发育，部分地段岩石破碎，地表水有渗入的可能。麦垛山井田地下水中的氚含量较低，推测是由于直罗组下段含水层埋深较深，基本与大气降水入渗无直接联系。

通过对直罗组及其下段含水层的水化学分析以及同位素特征，也可以印证以上结论，梅花井和石槽村井田直罗组含水层地下水矿化度较低，并且地下水同位素 δD、δ^{18}O 接近当地雨水线，表示直罗组含水层与大气降水和第四系含水层联系较为紧密；而对于直罗组下段含水层而言，清水营井田直罗组上下段含水层地下水矿化度呈现出倒置现象，也说明直罗组上段含水层由于接受白垩系高矿化度地下水，导致上段含水层矿化度大于下段含水层的矿化度。

五、直罗组含水层地下水动力条件

直罗组在沉积过程中不仅控制了含水层系统的结构形态，而且直接影响到地下水动力条件，主要指地下水的补径排条件，它反映了水文地质条件的复杂程度。

1. 直罗组沉积对地下水补给、径流和排泄的控制作用

分析研究区内不同含水层的补给、径流和排泄条件，首先需要绘制地下水位等高线，掌握地下水流场。地质勘探和水文地质补充勘探中各水文地质钻孔揭露含水层水位的数据见表 8-14 和表 8-15。

表 8-14　研究区井田各水文地质钻孔直罗组水位

矿　井	钻　孔	水位/m	横坐标	纵坐标
清水营	Q702-1	+1327.98	4221239.8	36389403.7
	Q204-1	+1305.28	4228672.5	36389045.5
	Q1207-1	+1325.23	4226474.8	36390969.5
梅花井	M203-1	+1335.83	4215037.3	36387885.9
	M207-1	+1346.65	4214644.4	36389665.2
石槽村	S403-1	+1342.22	4201561.3	36387583.9
	1010-1	+1350.51	4202963.8	36387139.8
	803-1	+1356.28	4193492.0	36383699.6
麦垛山	1405-1	+1312.27	4191653.4	36385981.8
	2305-1	+1302.87	4188015.5	36388257.4
	3003-1	+1312.53	4184809.9	36389142.2

表 8-15　研究区井田各水文地质钻孔直罗组下段水位

矿　井	钻　孔	水位/m	横坐标	纵坐标
清水营	Q602-1	+1340.26	4222716.0	36388985.1
	DZ 观4	+1172.57	4209500.1	36387801.1
	DZ 观12	+1251.01	4213937.6	36390314.7
梅花井	M602-1	+1319.68	4212206.8	36386460.7
	M703-1	+1320.34	4211151.7	36386583.4
	M1406	+1329.67	4206569.9	36387057.4
	M1303	+1315.09	4207055.0	36385235.3
石槽村	BK1	+1204.41	4200768.6	36887480.5
	BK3	+1180.64	4202798.6	36885626.6
	BK4	+1186.51	4205251.4	36885541.5

表 8 - 15（续）

矿 井	钻 孔	水位/m	横坐标	纵坐标
红柳	Z1	+1285.988	4194157.4	36393397.1
	Z2	—	4195050.9	36390802.1
	Z3	+1215.535	4196668.0	36391101.1
	Z4	+1265.847	4197450.8	36390536.4
	Z5	+1215.658	4197654.1	36389905.0
	Z6	+1243.336	4199571.2	36388284.3
	Z7	+1196.364	4201181.6	36389131.0
麦垛山	Z1	+1301.586	4193076.0	36384069.6
	Z2	+1303.809	4191659.6	36386476.0
	Z3	+1305.972	4190969.1	36385444.7
	Z5	+1304.326	4189191.7	36386612.4
	Z6	+1304.164	4188920.0	36387814.5
	Z7	+1304.099	4188121.8	36386068.7
	Z8	+1304.573	4186440.1	36387766.0
	Z9	+1308.599	4184641.1	36389947.2
	Z10	+1307.505	4186196.8	36389174.6
	Ⅲ上1	+1324.425	4184156.2	36386476.0

1）地下水补给条件

（1）直罗组含水层地下水的补给。研究区直罗组含水层地下水的补给主要来源于含水层的侧向补给以及上覆含水层的下渗补给。从图 8 - 13 可以看出，石槽村井田中部以及梅花井井田西部区域直罗组含水层顶板为第四系，此区域内的直罗组含水层主要接受第四系含水层的下渗补给，其余区域内直罗组含水层顶板为侏罗系安定组，由于安定组为一套干旱地区湖泊相沉积，岩性主要为泥岩和粉砂岩，是相对隔水层，因此这些区域内直罗组含水层主要接受地下水的侧向补给。

（2）直罗组下段含水层的补给。

直罗组下段含水层主要接受区域侧向补给和上部地下水渗透补给，由图 8 - 14 可以看出，清水营井田由于部分直罗组下段含水层顶板直接接触白垩系含水层，接受白垩系含水层地下水渗透补给；除了以上区域的直罗组下段含水层与上段含水层之间有稳定的隔水层，隔水层岩性多为泥岩、粉砂岩等呈互层状，除清水营井田内露头及浅部白垩系含水层直接或间接补给外，直罗组下段含水层主要接受地下水的侧向补给。

由图 8 - 15 可以看出，直罗组及其下段含水层的地下水流场差异较大，结合直罗组上段含水层上覆岩层和下段含水层上覆岩层的分析，直罗组上段含水层主要接受来自梅花井和石槽村井田第四系含水层的补给，以及地下水的侧向补给；直罗组下段含水层主要接受来自清水营井田白垩系含水层的补给，以及地下水的侧向补给。

2）地下水径流条件

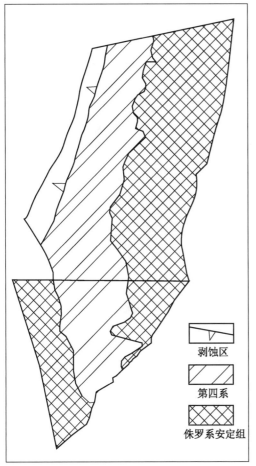

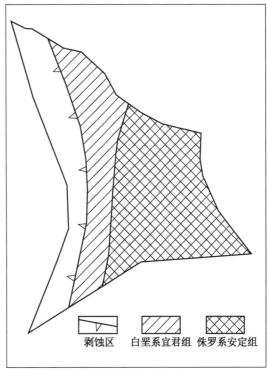

图 8–13　梅花井和石槽村井田直罗组顶板岩性　　　图 8–14　清水营井田直罗组顶板岩性

在区域地下水流场的控制下，本区裂隙孔隙水的运动条件较为复杂，主要受到岩性组合结构、地形条件控制和构造条件影响。从地层组合结构看，层次繁多，含、隔水层相互叠置；从地貌条件看，地形高差不大，山丘之上黄土被侵蚀切割成塬、梁、峁等多种地形；从构造条件看，区内断裂构造发育，断层力学性质复杂，并造成局部地段含水层互不连接，进一步使得裂隙孔隙地下水的运动条件复杂化。

从图 8–15b 可以看出，直罗组下段含水层径流方向主要是由研究区北部和南部向中部径流，直罗组下段含水层的沉积构成了上段含水层沉积的基底，由于直罗组下段地层沉积时物源方向和水流方向基本一致；红柳井田北部区域是直罗组下段含水层地下水汇水区域，同时这个区域也是直罗组上段含水层的沉积中心；在梅花井和石槽村井田，由于直罗组上段含水层顶板的安定组缺失，直接与第四系含水层接触，接受第四系含水层的补给后，沿地下水等水位线向研究区南北径流。

3）地下水排泄条件

研究区直罗组上段含水层地下水的排泄方式是以侧向径流为主，即沿垂直地下水等水

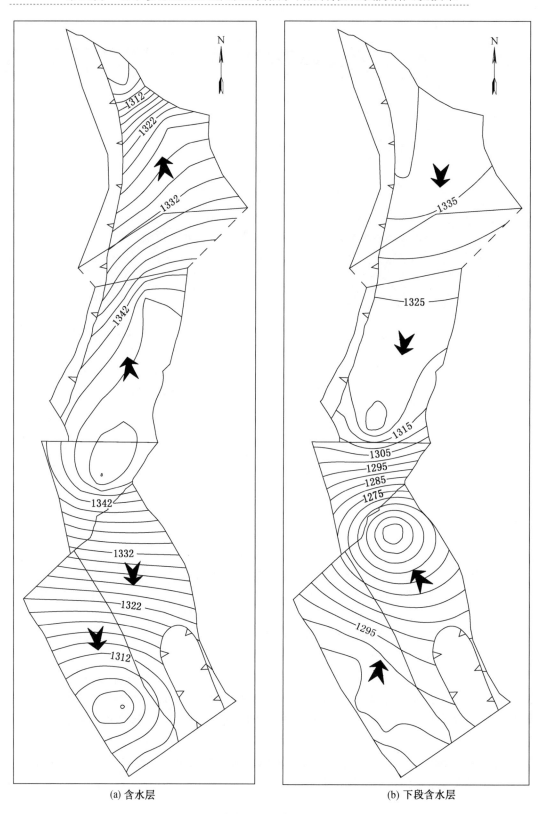

(a) 含水层

(b) 下段含水层

图 8-15　直罗组不同含水层地下水流场

位线方向流出区外，补给下游邻区含水层中地下水，部分直罗组上段含水层通过越流补给其下段含水层；直罗组下段含水层在矿井开采条件下，矿井疏干排水是最主要的排泄形式，此外人工凿井取水也是排泄方式之一。

2. 直罗组沉积对含水层渗透性的控制作用

1）直罗组及其上下段含水层渗透系数变化规律

（1）直罗组含水层渗透系数变化规律。由表8-16中可以看出，直罗组含水层渗透系数差异较大，介于0.0015~0.5110 m/d，平均值为0.0712 m/d，各井田直罗组含水层渗透系数由强到弱依次为清水营、梅花井、麦垛山、红柳和石槽村井田，渗透系数整体呈现出研究区南北大、中部小的特征（图8-16a）。由于各井田直罗组下段均为辫状河沉积相，因此直罗组含水层的渗透系数主要与直罗组上段沉积相有关，清水营井田直罗组上段均为辫状河沉积相，导致直罗组含水层渗透系数较大，梅花井与麦垛山井田大部分直罗组上段为辫状河沉积相，导致直罗组含水层渗透系数稍小一些，红柳井田次之，渗透系数和辫状河沉积相面积最小的为石槽村井田。

表8-16 研究区各井田直罗组含水层渗透系数

矿井	钻孔	渗透系数/(m·d⁻¹)	矿井	钻孔	渗透系数/(m·d⁻¹)
清水营	Q702-1	0.5110	红柳	H502-1	0.0370
	Q204-1	0.0166		H1102-1	0.0690
	Q1207-1	0.0484		H1405-1	0.0074
	平均值	0.1920		H2602-1	0.0067
梅花井	M203-1	0.1100		平均值	0.0300
	M207-1	0.0015	麦垛山	803-1	0.0129
	平均值	0.0558		1405-1	0.0210
石槽村	S403-1	0.0040		2305-1	0.0886
	1010-1	0.0348		3003-1	0.0985
	平均值	0.0194		平均值	0.0553
研究区平均值					0.0712

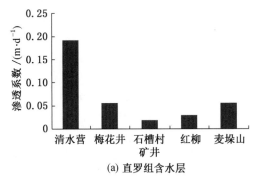 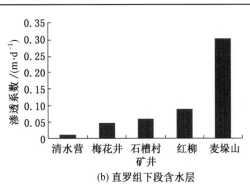

图8-16 各矿井不同直罗组含水层平均渗透系数

（2）直罗组上段含水层渗透系数变化规律。由于针对直罗组上段含水层仅有梅花井和麦垛山井田开展过抽水试验，因此，只能基于现有的水文地质参数进行含水层渗透性分析。由表 8 – 17 可以看出,梅花井井田 M203 – 1 钻孔渗透系数为 0.1517 m/d,主要是由于梅花井井田直罗组上段含水层为辫状河沉积体系,砂地比较大,地层中砂岩(特别是粗砂岩)含量较大,导致渗透系数也较大。梅花井井田进风立井井检孔和麦垛山井田回风立井井检孔渗透系数分别为 0.0226 和 0.0194 m/d,主要是由于这 2 个钻孔位于直罗组上段含水层为曲流河沉积体系,砂地比较小,地层中砂岩(特别是粗砂岩)含量较小,导致渗透系数也较小。

表 8 – 17 研究区各井田直罗组上段含水层渗透系数

矿 井	钻 孔	渗透系数/(m · d⁻¹)
梅花井	M203 – 1	0.1517
	进风立井井检孔	0.0226
	平均值	0.0872
麦垛山	回风立井井检孔	0.0194
研究区平均值		0.0646

(3)直罗组下段含水层渗透系数变化规律。由于直罗组下段含水层是影响和威胁浅部煤层开采的主要充水含水层,因此在前期地质勘探针对下段含水层开展水文地质工作的基础上,又开展了部分水文地质补勘工作。由表 8 – 18 可以看出,直罗组下段含水层渗透

表 8 – 18 研究区各井田直罗组下段含水层渗透系数

矿井	钻 孔	渗透系数/(m · d⁻¹)	矿井	钻 孔	渗透系数/(m · d⁻¹)
清水营	Q602 – 1	0.0096	红柳	Z6	0.0052
	平均值	0.0096		Z7	0.4127
	回风立井井检孔	0.0172		平均值	0.0873
	DZ 观 4	0.0040	麦垛山	副立井井检孔	0.1576
	DZ 观 12	0.0135		Z1	0.3091
梅花井	M602 – 1	0.0597		Z2	0.9557
	M703 – 1	0.0200		Z3	0.5295
	M1406	0.0883		Z4	0.0136
	M1303	0.1300		Z5	0.6573
	平均值	0.0475		Z6	0.0987
石槽村	BK1	0.0332		Z7	0.5326
	BK3	0.0464		Z8	0.4273
	BK4	0.0985		Z9	0.0617
	平均值	0.0594		Z10	0.2090
红柳	Z1	0.0216		JD1	0.1427
	Z2	0.0186		JD2	0.1278
	Z3	0.0544		JD3	0.1188
	Z4	0.0121		III 上 1	0.1820
	Z5	0.0175		平均值	0.3016
研究区平均值			0.1740		

系数差异较大，介于 0.0040 ~ 0.6573 m/d，平均值为 0.1740 m/d。各井田直罗组下段含水层渗透系数由强到弱依次为清水营、梅花井、石槽村、红柳和麦垛山井田，渗透系数整体呈现出由北向南逐渐增大的特征（图 8 – 16b）。

2）不同岩性的岩石渗透性试验测试

为得到不同岩性的岩石渗透性的差异，在麦垛山井田 110602 工作面 F12 – 3 钻孔分别取样粗砂岩、中砂岩、细砂岩和泥岩各一组，在西安理工大学岩土试验中心进行了渗透性的测定，试验测试成果见表 8 – 19。

表 8 – 19　岩石渗透系数试验成果

岩　性	作用水头/m	渗透量/10^{-4} cm³	经历时间/s	水力坡降	渗透系数/(m·d^{-1})
粗砂岩	1.0	1795.39	172800	25	0.3162
中砂岩	1.0	72.6310	172800	25	0.0141
细砂岩	1.0	5.39825	172800	25	0.0010
泥岩	1.0	0.89352	172800	25	0.0002

注：试验水温 18 ℃，校正系数 0.998623，试样厚度 4 mm。

从表 8 – 19 可以看出，岩石的渗透性是随着岩性而变化的，基本上组成岩石的颗粒粒径越大，渗透性越好，各种岩性的岩石渗透系数差一个数量级。本次岩石取样位置位于 130602 工作面中部，结合麦垛山井田井上下对照图分析，距离本次取样位置最近的水文地质钻孔为 ZL10 钻孔，由抽水试验得到的渗透系数为 0.2090 m/d，由于 ZL10 钻孔抽水试验段为粗砂岩为主，也有部分中砂岩，因此抽水试验所得到的粗砂岩渗透系数略小于实验室测试值。

3）含水层渗透性影响因素分析

（1）直罗组含水层渗透性影响因素分析。类似于含水层富水性因素分析，对含水层渗透性影响因素也采用灰色关联度法，直罗组含水层渗透系数与砂地比、砂岩厚度、粗砂岩厚度、砂岩层数和孔隙率的相关关系如图 8 – 17 所示。

根据灰色关联度计算得出 $r_{01} = 0.517$，$r_{02} = 0.305$，$r_{03} = 0.622$，$r_{04} = 0.617$，$r_{05} = 0.691$，对直罗组含水层渗透性影响由大到小依次为孔隙率、粗砂岩厚度、砂岩层数、砂地比和砂岩厚度。

（2）直罗组下段含水层渗透性影响因素分析。直罗组下段含水层渗透系数与砂地比、砂岩厚度、粗砂岩厚度、砂岩层数和孔隙率的相关关系如图 8 – 18 所示。

根据灰色关联度计算得出 $r_{01} = 0.328$，$r_{02} = 0.241$，$r_{03} = 0.321$，$r_{04} = 0.225$，$r_{05} = 0.064$，对直罗组含水层渗透性影响由大到小依次为砂地比、粗砂岩厚度、砂岩厚度、砂岩层数和孔隙率。

六、沉积和构造控水的耦合作用和尺度效应

1. 沉积控水与构造控水的耦合作用

研究区内构造较为发育，构造控水规律同样显著，构造不仅可以作为工作面的充水水

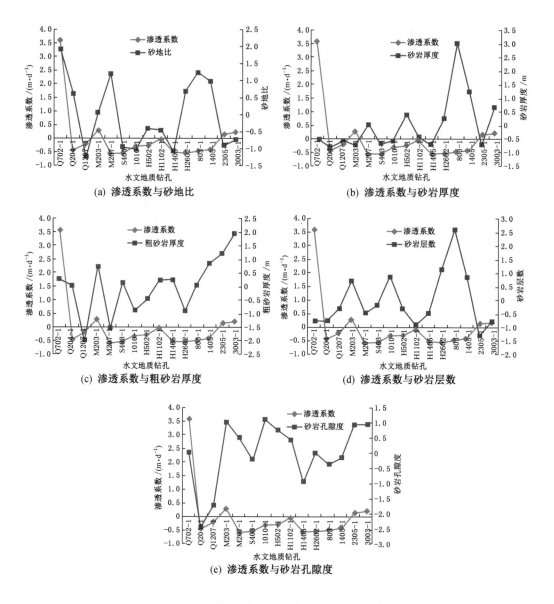

图 8-17 直罗组含水层渗透系数与各因素相关关系

源，同时也是重要的导水通道。研究区内的地下水赋存、运移不仅收到沉积的控制，同时还受到了构造的控制，也就是说地下水受到了沉积控水和构造控水的耦合作用。本次研究选取了红柳煤矿首采区作为研究对象，主要是因为红柳煤矿首采区开展过水文地质补充勘探工作，并且首采区内回采完毕的工作面较多，便于进行对研究成果的验证。

　　为了研究沉积控水和构造控水对含水层特征和地下水的耦合作用，首先要量化沉积和构造对含水层特征的影响程度，由前面章节可知含水层的沉积特征主要表现在砂地比，由于量化构造特征的方法较多，本次选取构造分维的方法量化构造特征。

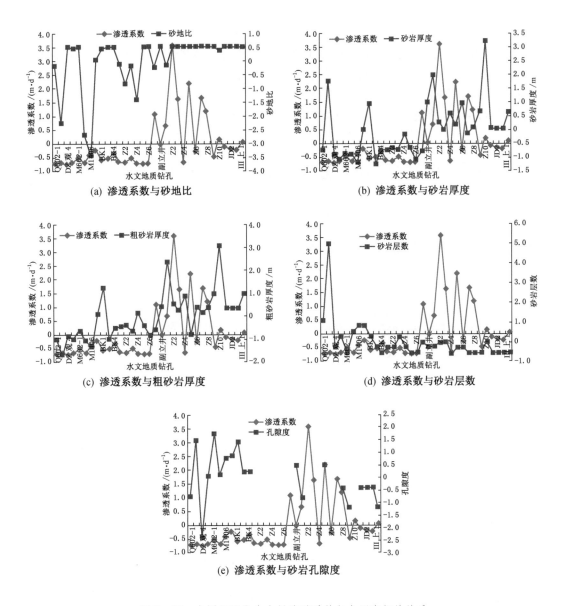

图 8-18　直罗组下段含水层渗透系数与各因素相关关系

　　为定量评价井田内某一范围内断层和褶皱的复杂性，必须要求相应的评价指标既便于获取又具有客观性。根据近年来的研究成果表明，断层和褶皱构造网络是一种具有分形结构的复杂系统。定量描述分形结构不规则性的分维数可以作为定量评价断层、褶皱复杂程度的一种指标，它比其他指标（如断层密度）更客观、准确，也能反映构造网络的复杂变化。

　　相似维是应用最多的一种分维，设 $F(r)$ 是 Rn 上任意非空有界子集，$N(r)$ 为覆盖 $F(r)$ 所需的分形基元 B 的相似集 rB 的最小个数集合，如果 $r \to 0$ 时，$N(r) \to \infty$，则定义集合 $F(r)$ 的相似维为

$$D_s = \dim F(r) = \lim_{r \to 0} \frac{\lg N(r)}{-\lg r} \qquad (8-4)$$

在本次研究中，首先在 AutoCAD 软件中将研究区划分为若干个 500 m × 500 m 的正方形块段，在每个块段内，对研究区内所有的断层进行统计，记录有断层迹线穿过的网络数目 $N(r)$，然后不断缩小网格，依次得到 $r = 250$ m、125 m 和 62.5 m 的 $N(r)$ 值，将其投放在 $\lg N(r) - \lg r$ 的双对数坐标系中，所得拟合直线斜率的绝对值即为该块段的相似维 D_s。

$$D_s = \left| \frac{N \times \sum_{i=1}^{n} N(r)_i r_i - \sum_{i=1}^{n} N(r)_i \sum_{i=1}^{n} r_i}{n^* \sum_{i=1}^{n} r_i^2 - \left(\sum_{i=1}^{n} r_i \right)^2} \right| \qquad (8-5)$$

式中　　D_s——断层的相似维，无量纲；

　　　　r——正方形块段的边长，m；

　　$N(r)$——断层迹线穿过的网格数目，个；

　　　　N——划分网格的次数，次。

把各块段的分维值赋给该块段的中心点，然后利用 Surfer 软件进行 Kriging 插值，绘制出研究区断层分维等值线如图 8 – 19 所示。

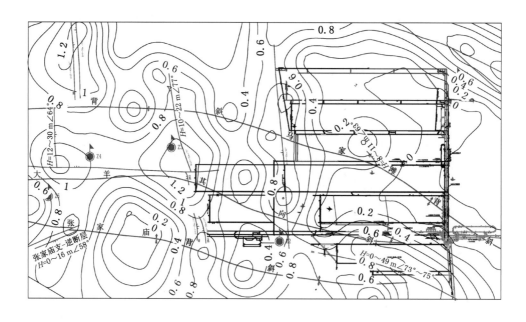

图 8 – 19　红柳煤矿首采区断层分维等值线

红柳煤矿首采区 5 个水文地质钻孔的单位涌水量、砂地比和断层分维值见表 8 – 20。

由图 8 – 20a 可以看出，5 个钻孔附近含水层的砂地比相差不大，但单位涌水量差异较大，通过图 8 – 20b 认为 Z3 钻孔单位涌水量最大，不仅是由于附近含水层砂地比较大，同时断层分维值也是最大的，导致 Z3 钻孔附近的含水层富水性较强；Z2 和 Z4 钻孔单位

表8-20　红柳煤矿首采区水文地质补勘钻孔单位涌水量、砂地比和断层分维值统计

钻　孔	单位涌水量/[L·(s·m)⁻¹]	砂地比	断层分维值
Z1	0.0245	0.91	0.42
Z2	0.0085	0.87	0.52
Z3	0.0798	0.92	1.25
Z4	0.0085	0.79	0.95
Z5	0.0174	0.97	0.60

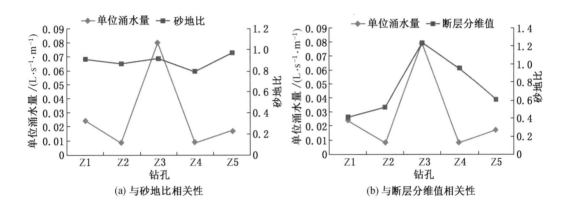

图8-20　单位涌水量与砂地比、断层分维值相关性

涌水量较小，主要是由于这2个钻孔附近含水层的砂地比较小，Z2钻孔附近含水层的砂地比较Z4钻孔大，但是断层分维值较小，导致2个钻孔的单位涌水量一样。

通过分析，认为含水层的富水性受到了沉积和构造共同作用的控制，也就是说在分析含水层富水性时，要同时考虑沉积控水和构造控水的影响。

2. 沉积控水和构造控水的尺度效应

由前面章节可知含水层的富水性是受到沉积控水和构造控水的共同作用，但根据现场矿井防治水工作发现两者具有不同的尺度效应。例如，1个工作面上部直罗组下段砂岩含水层的沉积特征变化不大，但受工作面内部局部发育断层的影响，出现了含水层富水性不均一的现象；另一方面2个矿井的构造条件相似，但是由于沉积特征存在较大的差异，主要含水层依然会出现较大的差异。

下面对沉积控水和构造控水的尺度效应进行进一步分析，研究变量为各钻孔揭露含水层的砂地比和断层分维值，研究区选取红柳煤矿首采区4000 m×4000 m的一个正方形区域（图8-21），将区域内各地质钻孔和水文孔的砂地比和断层分维值进行统计，见表8-21。

尺度效应是指含水层特征（砂地比和断层分维值）的变化对采样网格尺度大小的依赖，本次采样面积分别为500 m×500 m、1000 m×1000 m、2000 m×2000 m和4000 m×4000 m，分别对含水层砂地比和断层分维值进行不同尺度变异系数的计算。变异系数（Cv）是衡量数据序列中各数值变异程度的一个统计量。当进行2个或多个数据序列变异

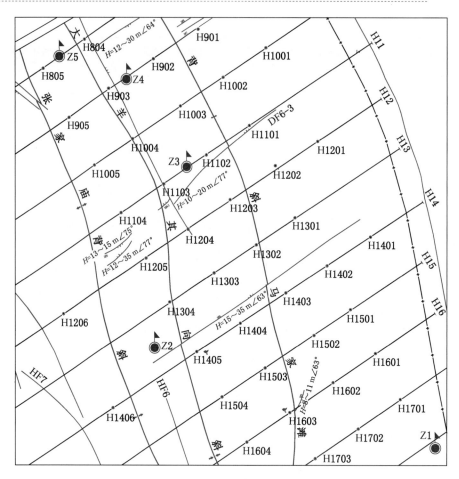

图 8-21 研究区平面

表 8-21 研究区各钻孔揭露含水层砂地比和断层分维值统计

钻 孔	砂地比	断层分维值	钻 孔	砂地比	断层分维值	钻 孔	砂地比	断层分维值
H804	0.85	1.05	H1104	1.00	0.70	H1404	0.84	0.80
H805	1.00	0.60	H1201	1.00	0.10	H1405	0.92	0.65
H901	0.96	1.05	H1202	1.00	0.50	H1406	0.93	0.95
H902	0.75	0.75	H1203	1.00	0.70	H1501	1.00	0.10
H903	1.00	1.00	H1204	1.00	0.90	H1502	0.92	0.15
H904	1.00	0.70	H1205	1.00	0.65	H1503	0.76	0.20
H1001	0.85	0.10	H1206	1.00	0.80	H1504	0.69	0.15
H1002	1.00	0.50	H1301	1.00	0.45	H1601	1.00	0
H1003	0.84	0.50	H1302	0.97	0.60	H1602	0.86	0.10
H1004	1.00	0.85	H1303	1.00	0.30	H1603	0.81	0.15
H1005	1.00	0.05	H1304	0.87	0.50	H1604	0.83	0.20
H1101	1.00	0.80	H1401	1.00	0.70	H1701	0.86	0.00
H1102	1.00	1.05	H1402	1.00	0.75	H1702	0.99	0.05
H1103	1.00	1.25	H1403	1.00	0.80	H1703	1.00	0

程度的比较时，如果度量单位与平均数相同，可以直接利用标准差（σ）比较；如果单位或平均数不同，则需要采用变异系数来比较，变异系数可以消除单位或平均数不同对 2 个或多个数据序列变异程度比较的影响。即

$$\bar{x} = \frac{1}{n} \sum_{i=1}^{n} x_i \qquad (8-6)$$

$$\sigma = \sqrt{\frac{1}{n} \sum_{i=1}^{n} (x_i - \bar{x})^2} \qquad (8-7)$$

$$Cv = \frac{\sigma}{\bar{x}} \qquad (8-8)$$

根据式（8-8），将研究区含水层的砂地比和断层分维值分别计算了不同网格尺寸下的变异系数，见表 8-22。

表 8-22　不同采样面积下砂地比和断层分维值的特征统计值

研究变量	网格尺寸/（m×m）	最小值	最大值	平均值	方差	标准差	变异系数
砂地比	500×500	0.97	1.00	0.9850	0.0002	0.0150	0.0152
	1000×1000	0.85	1.00	0.9640	0.0034	0.0582	0.0603
	2000×2000	0.75	1.00	0.9490	0.0063	0.0792	0.0834
	4000×4000	0.69	1.00	0.9353	0.0071	0.0842	0.0901
断层分维值	500×500	0.55	0.60	0.5750	0.0006	0.0250	0.0435
	1000×1000	0.55	1.05	0.7800	0.0427	0.2066	0.2649
	2000×2000	0.50	1.25	0.8167	0.0787	0.2805	0.3434
	4000×4000	0.00	1.25	0.5509	0.1267	0.3559	0.6461

由表 8-22 和图 8-22 可以看出，研究区内含水层的砂地比变异系数较小，而断层分维值变异系数相对较大。按一般对变异系数的评价，当 $Cv \leqslant 0.1$ 时称为弱变异性，$0.1 \leqslant Cv \leqslant 1.0$ 时称为中等变异性（《土壤动力学》，雷志栋）；则砂地比属弱变异，断层分维值属中等变异。说明砂地比的空间变异性较小，沉积在大尺度空间中对含水层的控制作用显著，构造在小尺度空间中对含水层的控制作用显著。

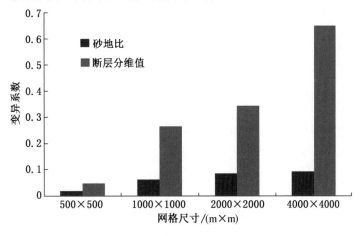

图 8-22　不同网格尺寸下含水层砂地比和断层分维值的变异系数

七、沉积控水的矿井水文地质表征

1. 直罗组沉积对含水层单位涌水量的影响

1）直罗组沉积在平面上对含水层单位涌水量的影响

直罗组含水层的富水性主要取决于粗砂岩厚度，直罗组含水层包括上段含水层和下段含水层。下段含水层全部是辫状河沉积相，上段含水层由辫状河、曲流河和湖泊沉积相组成。其中，粗砂岩是辫状河沉积相的主要组成部分。所以直罗组含水层富水性主要受直罗组上段含水层沉积相的影响，图8-23a 为各井田直罗组含水层单位涌水量和直罗组上段含水层辫状河沉积相所占井田面积的比例图。由图8-23a 可以看出，直罗组含水层单位涌水量与直罗组上段含水层辫状河沉积相所占井田面积比例呈现出很好的相关性。

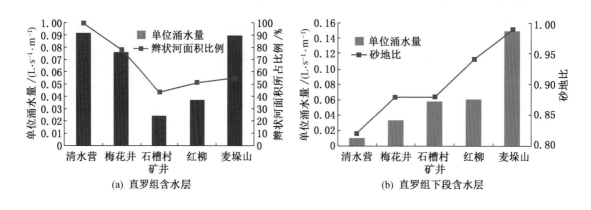

图8-23 含水层单位涌水量及其主要影响因素相关性

根据前面章节分析，直罗组下段含水层富水性主要取决于砂地比，由于研究区内直罗组下段含水层均为辫状河沉积相，因此直罗组下段含水层富水性主要受含水层中砂岩含量的影响。图8-23b 为各井田直罗组下段含水层单位涌水量和砂地比相关性图。由图8-23b 可以看出，直罗组下段含水层单位涌水量与砂地比呈现出很好的相关性。

2）直罗组沉积在垂向上对含水层单位涌水量的影响

根据对直罗组上下段含水层所有钻孔单位涌水量的统计，直罗组上段含水层单位涌水量平均值 $q_上 = 0.0441$ L/（s·m），直罗组下段含水层单位涌水量平均值 $q_下 = 0.0930$ L/（s·m）。结合直罗组上下段含水层的沉积相分析，直罗组上段含水层主要是辫状河和曲流河相沉积，包括部分湖泊相沉积；直罗组下段含水层基本上均为辫状河沉积。两者相比，直罗组下段含水层具有中粗砂岩（特别是粗砂岩）含量大、厚度大、层数少等特征，含水层富水性较强；直罗组上段含水层具有泥岩、粉砂岩、细砂岩互层，中粗砂岩含量小、厚度小，砂岩层数较多等特征，含水层富水性较弱，直罗组含水层富水性在垂向上形成了上弱下强的趋势。

2. 直罗组沉积对含水层渗透系数的影响

1）直罗组沉积在平面上对含水层渗透系数的影响

与直罗组沉积在平面上对含水层单位涌水量的影响类似，直罗组含水层的渗透系数主要取决于直罗组上段含水层的沉积相，辫状河沉积相面积比例较大的井田直罗组含水层渗透系数也较大（图8-24）。

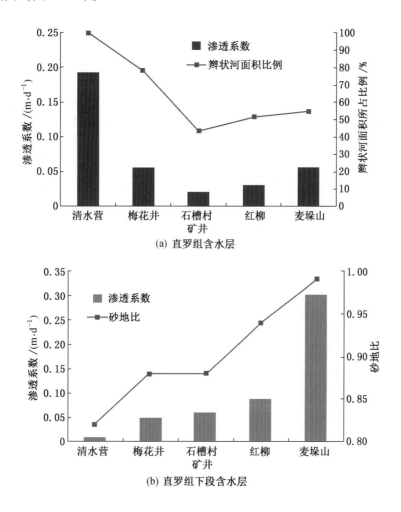

(a) 直罗组含水层

(b) 直罗组下段含水层

图8-24　含水层渗透系数及其主要影响因素相关性

与直罗组下段含水层砂地比对单位涌水量的影响类似，直罗组下段含水层的渗透系数主要取决于直罗组下段含水层的砂岩含量，砂地比较大的井田直罗组下段含水层渗透系数也较大。

2）直罗组沉积在垂向上对含水层渗透系数的影响

根据对直罗组上下段含水层所有钻孔抽水试验成果的统计，直罗组上段含水层渗透系数平均值 $K_上 = 0.0646$ m/d，直罗组下段含水层渗透系数平均值 $K_下 = 0.1740$ m/d。结合直罗组上下段含水层的沉积相分析，上段含水层主要由泥岩、粉砂岩和细砂岩组成，其渗透系数较小；下段含水层则主要由中粗砂岩组成，其渗透系数较大。因此，直罗组沉积相在垂向上的差异性和直罗世沉积环境的演化直接影响着上下段含水层渗透性。

第二节　鄂尔多斯盆地北部北缘东胜煤田水文地质特征

一、区域含水岩组水文地质特征

区域内主要发育中生界的陆相碎屑岩，次为新生界的半胶结岩类及松散岩类。根据地下水的不同含水特征，区域含水岩组可划分为三大类：松散岩类孔隙潜水含水岩组、半胶结岩类孔隙潜水含水岩组、碎屑岩类裂隙 – 孔隙潜水 – 承压水含水岩组，见表 8 – 23。

表 8 – 23　区域含水岩组水文地质特征表

含水岩组	地　层	厚度/m	岩　性	单位涌水量 $q/[\text{L}\cdot(\text{s}\cdot\text{m})^{-1}]$	水化学类型	溶解性总固体/$(\text{mg}\cdot\text{L}^{-1})$
松散岩类孔隙潜水含水岩组	第四系（Q）	0~95	黄土、残坡积、冲洪积、风积沙	0.0016~3.74	$HCO_3 - Ca\cdot Mg$ $SO_4\cdot HCO_3 - K+Na\cdot Mg$	259~2960
半胶结岩类孔隙潜水含水岩组	新近系上新统（N_2）	0~100	粉砂岩、砂质泥岩、砾岩夹含砾粗砂岩	0.171~0.370	$HCO_3\cdot SO_4 - Ca\cdot Mg$	319~351
	志丹群（K_1zh）	0~612	含砾砂岩与砾岩，夹砂岩及泥岩	0.008~2.170	$HCO_3 - Ca$ $HCO_3 - K+Na$ $HCO_3 - Ca\cdot Mg$	249~300
碎屑岩类裂隙~孔隙潜水~承压水含水岩组	侏罗系中统（J_2）	0~554	砂岩、砂质泥岩、粉砂岩夹泥岩，含煤线	0.000437~0.2	$Cl\cdot HCO_3 - K+Na$	714~951
	侏罗系中下统延安组（$J_{1-2}y$）	133~279	为一套各粒级的砂岩、粉砂岩、砂质泥岩互层，中夹2、3、4、5、6五个煤组	0.000647~0.0144	$HCO_3\cdot Cl - K+Na$	101~1754
	三叠系上统延长组（T_3y）	0~90	中粗粒砂岩为主，夹泥质粉砂岩	0.000308~0.253	$HCO_3\cdot SO_4\cdot Cl - K+Na$	660~1415

二、区域地下水的补给、径流及排泄

下白垩统含水岩组地下水的补给途径主要是大气降水，其径流、排泄条件受地形、地貌、地层结构控制明显。受四十里梁—盐池区域上梁地和中部呼斯梁局部梁地地貌影响，地下水的径流方向以梁地为分水岭总的流向分为向北和向南径流，排泄方式主要是以泉的形式出露，形成地表径流或补给其他含水层。在南部承压水通过"天窗"顶托越流补给上部潜水，最终在地形低凹处排出地表，形成长年的湖泊淖尔（如察汗淖、巴汗淖、奥摆淖等）。

　　盆地内中侏罗统各组含水层主要间接地接受上部下白垩统含水层的补给。在上下含水层之间隔水性差的地段补给量大，补给作用强，使中侏罗统各组中含水层地下水富水性较好。中侏罗统地下水承压水头自东向西自北向南往盆地腹地由低变高，纳岭沟 WN1 水文孔承压水头 169.55 m，东部皂火壕地区为 14.06～53.10 m，新庙壕 B87 号勘探线承压水头高度可达 260 m。水位埋深纳岭沟为 109.45 m，皂火壕地区为 23.70～101.00 m，新庙壕地段为 20.86 m。

三、含、隔水层三维空间模型

　　根据对区域地质及水文地质条件分析，将研究区内的地层共分为 4 个含、隔水层，自上而下分别为第四系及白垩系志丹群含水层、侏罗系直罗组顶板安定组隔水层、直罗组下部与延安组顶部含水层和 3－1 煤层顶板隔水层，如图 8－25 所示。

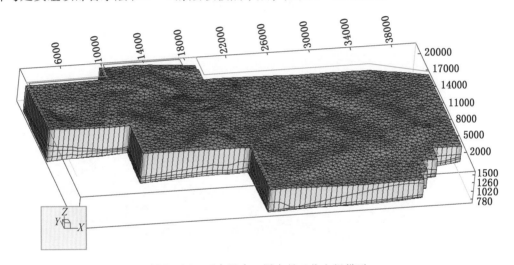

图 8－25　研究区含、隔水层三维空间模型

1. 第四系与白垩系志丹群含水层

　　第四系潜水含水层岩性为灰黄色、棕黄色冲洪积砂砾石（Q_4^{al+pl}），残坡积中细砂（Q_{3+4}）、风积砂（Q_4^{eol}）等，在井田内广泛分布（图 8－26）。冲洪积物主要分布在沟谷河床及阶地上，地下水量较为丰富，构成松散层潜水的主要含水层；残坡积物与风积砂主要分布在山梁坡地及沟谷两侧，仅局部地段含水。

　　白垩系下统志丹群（K_1zh）孔隙潜水～承压水含水层岩性为灰绿色、深红色各种粒级的砂岩、砂砾岩及砾岩，夹砂质泥岩。在地表沟谷两侧广泛出露，主要出露在陡峭沟谷两侧及山坡之上与冲沟之中。

　　潜水含水层与大气降水及地表水体的水力联系非常密切，与下伏白垩系志丹群含水层之间无明显隔水层，因此将这 2 个含水层划分研究区 1 个含水层进行分析。

2. 侏罗系直罗组顶板安定组隔水层

　　位于白垩系底界以下至侏罗系中下统顶段，相当于区域地层中的安定组，总体沉积面貌由侏罗系中统顶底界及中部三段紫红色泥岩、砂质泥岩夹两段中粗粒砂岩构成，厚度 8.42～386.87 m，平均 151 m（图 8－27）。

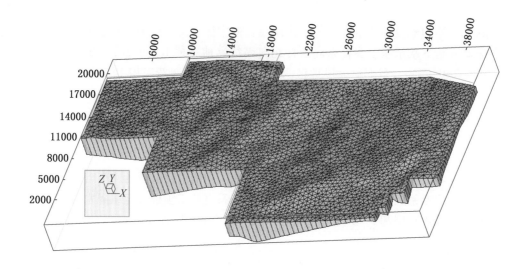

图 8 – 26 第四系与白垩系含水层三维空间模型

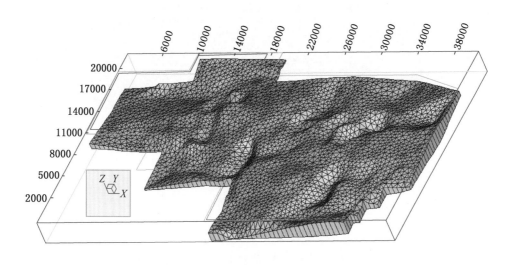

图 8 – 27 直罗组顶板安定组隔水层三维空间模型

3. 侏罗系直罗组下部与延安组顶部含水层

侏罗系直罗组下部与延安组顶部含水层实际是由侏罗系中统的直罗组砾岩、粗砂岩段和下部的侏罗系下统延安组三段砾岩、砂岩层构成，由于二者之间缺乏稳定的隔水层，因此划分为同一含水层。该含水层在井田内分布广泛，岩性以灰白、灰绿、灰色、紫红色粗粒碎屑岩、砾岩为主，夹中粒长石砂岩，厚度巨大且稳定；一般底部多含灰黑色泥岩及煤的包裹体，明显的冲刷沉积建造特征；在较多地段直接覆盖于 3 – 1 煤层之上，构成 3 – 1 煤层的直接顶板。统计研究区内 320 个钻孔和塔然高勒煤矿 3 个井筒资料，此含水层段在塔然高勒井田范围内厚度 19.45 ~ 256.42 m，平均 114.75 m，其厚度分布如图 8 – 28 所示。由图 8 – 28 可知，在塔然高勒煤矿原首采区范围内，该含水层段厚度变化不大，一般在 140 ~ 160 m 居多；最薄处在塔然高勒煤矿井田中东南部，厚度小于 100 m。

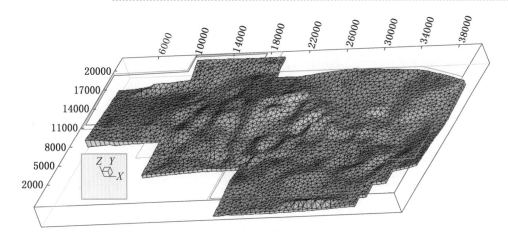

图 8 - 28　直罗组下部与延安组顶部含水层三维空间模型

4. 3 - 1 煤层顶板隔水层

当以 3 - 1 煤层为第一个主采煤层时，煤层顶板向上至砾岩含水层之间存在一层灰色泥岩、砂质泥岩隔水层，该隔水层位于侏罗系下统延安组三段，由砂泥岩与 2 - 2 煤层组合成为 3 - 1 煤层顶板隔水层，隔水层厚度 0 ~ 107.02 m，平均 20.3 m，一般小于 30 m，厚度不稳定，分布也不连续，存在很多透水天窗，隔水性能较差，只起局部隔水作用（图 8 - 29）。

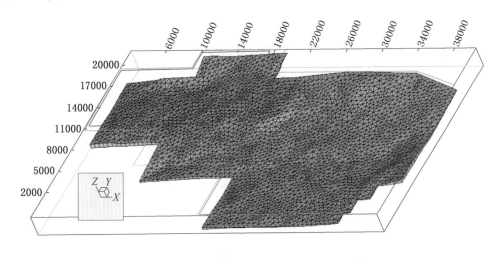

图 8 - 29　3 - 1 煤层顶板隔水层三维空间模型

四、含、隔水层性质及其空间展布特征分析

3 - 1 煤层上覆含水岩组多且厚度大，隔水层少且厚度薄。随着实际揭露矿井水文地质资料的增多，对主要含隔水层空间展布特征的分析会更趋准确。本次采用井检孔及各种水文地质勘探成果资料、钻孔测井资料、钻探岩性资料、抽水试验井下放水试验资料、井筒实际揭露地层资料、井下探放水资料等，对矿井主要含、隔水层性质及其空间展布特征

进行分析。

1. 第四系与白垩系志丹群含水层

该含水层段厚度为 46.7 ~ 386.65 m，平均 188.42 m，在井田中东部厚度较大，西北部相对厚度小一些；塔然高勒煤矿东一采区厚度大于西翼采区，厚度变化也是东一采区大于西翼采区（图 8 – 30）。

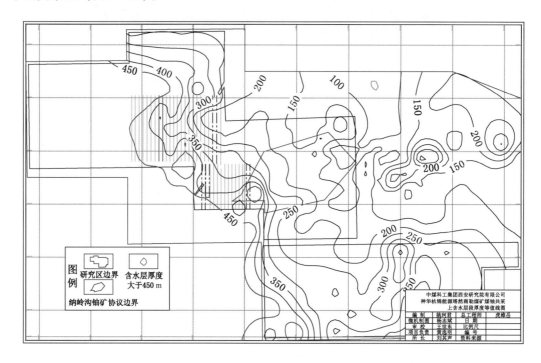

图 8 – 30 第四系与白垩系志丹群含水层厚度等值线

根据各个时期共 6 次对白垩系含水层抽、注水试验可知，该含水层渗透系数为 0.001 ~ 0.006 m/d，平均为 0.003 m/d，单位涌水量约 0.005 L/(s·m)。在 2006 年水位标高约 +1457 m，2011 年塔然高勒煤矿水文地质补勘时测得地下水位为 +1344 m。

2. 侏罗系中下统安定组隔水层

白垩系志丹群与下部砾岩、粗砂岩含水层之间的隔水层以泥岩夹细砂岩、粉砂岩为主，厚度变化范围较大，从 Q37、Q52 钻孔的 8 m 隔水层到 B42、B43 钻孔的隔水层厚度超过 350 m，钻孔揭示的研究区隔水层平均厚度约 150 m。在沿西一盘区、中央盘区、东一盘区与东二盘区 QT94—Q37—Q52 钻孔北部，隔水层厚度较薄，多数钻孔显示隔水层厚度小于 30 m。据钻孔资料统计，Q147、QT20、QT05、QT09、QT25、Q170 钻孔位置泥岩隔水层厚度较薄，特别是 QT09、Q170 钻孔，直罗组顶板段未见泥岩隔水层，白垩系志丹群含水层与下部含水层之间可能存在导水天窗（图 8 – 31）。

该含水层只有在 2006 年塔然高勒煤矿施工井检孔时进行了抽水试验，该隔水层渗透系数为 0.00107 m/d，单位涌水量约 0.00191 L/(s·m)，在 2006 年水位标高约 +1461.35 m。

3. 侏罗系直罗组与延安组顶部含水层

下部砾岩、粗砂岩含水层厚度 19.45 ~ 256.42 m，平均约 115 m，最大厚度 256.42 m，

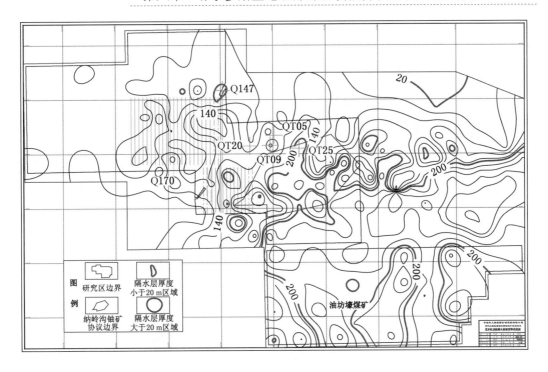

图 8 - 31　直罗组顶板隔水层厚度等值线

出现在塔然高勒煤矿东三盘区东侧的 Q01 孔附近，从研究区整体情况看，东二盘区、东三盘区（Q145—QT50—B33—Q01 孔线以北）含水层厚度较大，多数钻孔显示含水层厚度大于 150 m。厚度较小的区域主要分布在东三盘区以东、油坊壕首采区以北区域与西翼大巷 Q170 以西的部分，多数钻孔显示砾岩含水层厚度小于 50 m。另外，UY24 与 Q57 两个钻孔下部未见砾岩层（图 8 - 32）。

根据各个时期共 17 次对该含水层抽试验，该含水层渗透系数为 0.00367 ~ 0.63 m/d，平均为 0.153 m/d，单位涌水量约 0.097 L/(s·m)。在 2006 年塔然高勒煤矿井检孔与油坊壕煤矿补勘孔测得地下水位标高 +1461.35 ~ 1438.26 m，塔然高勒煤矿处水位高于油坊壕煤矿；2011 年塔然高勒煤矿水文地质补勘时测得地下水位为 +1337.139 ~ 1343.687 m，平均 1340.577 m。另外，根据塔然高勒煤矿地质勘探期间施工的 Q29 与 QT70 钻孔对白垩系志丹群至直罗组段（含安定组）混合抽水试验成果，测得渗透系数为 0.00151 ~ 0.00325 m/d，平均为 0.002383 m/d，单位涌水量 0.00389 ~ 0.000558 L/(s·m)，平均为 0.004735 L/(s·m)，地下水位为 +1395.03 ~ 1394.56 m，平均 1444.795 m，该数据与白垩系含水层数据较为接近。

4. 3 - 1 煤层顶板隔水层

据钻孔资料不完全统计，在研究区范围内，3 - 1 煤层顶至下部砾岩、粗砂岩含水层之间隔水层厚度为 0 ~ 107 m，平均约 20 m，最大厚度 107 m 出现在塔然高勒煤矿西二盘区运输大巷北侧的 B07 孔附近。厚度在 20 m 以下的区域主要分布在研究区中部及西北部，即在沿 Q176—Q179 向西南方向和沿 Q44—YU80 向南方向，泥岩、细砂岩隔水层厚度在 20 m 左右（图 8 - 33）。

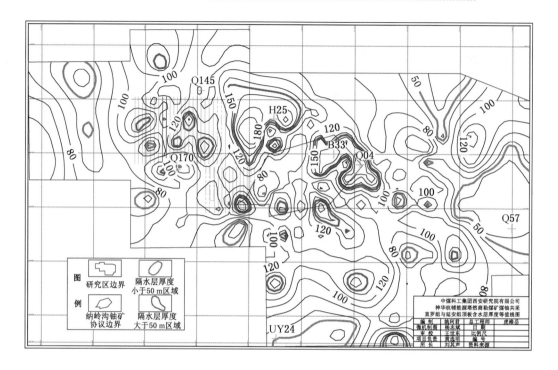

图 8 - 32　直罗组与延安组顶部含水层厚度等值线

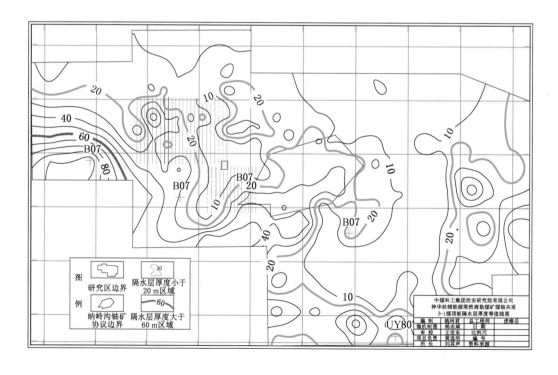

图 8 - 33　3 - 1 煤层顶板隔水层厚度等值线

由于该隔水层厚度较薄，未进行专门的水文地质试验，参考油坊壕煤矿 2 个对延安组（不含砾岩含水层段）的抽水试验成果，渗透系数为 0.00611 ~ 0.0171 m/d，单位涌水量约 0.00525 ~ 0.0162 L/(s·m)。

五、地下水动力场研究

地下水动力场是研究地下水在含水层中的运动分布规律，主要包括井田所属水文地质单元及其边界特征、地下水补、径、排条件、地下水流场以及含水层之间的水力联系等。本次利用已建立的地下水动态观测网、水文地质补充勘探、井下放水试验、水文地球化学测试及成果等，对井田地下水补、径、排条件、地下水流场以及含水层之间的水力联系进行分析研究。

1. 地下水位动态特征

根据塔然高勒煤矿地下水位监测情况，区域含水层地下水位变化受矿井建设影响明显，从 2013 年 2 月开始监测，地下水位总体呈下降趋势。

白垩系含水层在 2006 年水位标高约 +1457 m，2011 年塔然高勒煤矿水文地质补勘时测得地下水位为 +1344 m，5 年时间下降 113 m；在 2011 年补勘结束至 2013 年 2 月开始监测，地下水位从 1341.7 m 下降至 1332.8 m，下降 8.8 m。从 2013 年 2 月至 2014 年 8 月，地下水位从 +1332.8 m 下降至 +1324.4 m 下降 8.4 m，降幅明显，之后至 2015 年 4 月，水位基本保持在 +1324 m，未发生明显变化，如图 8 - 34 所示。

图 8 - 34　白垩系含水层地下水位动态变化

下部直罗组与延安组含水层水位受矿井建设明显。在 2006 年塔然高勒煤矿井检孔与油坊壕煤矿补勘孔测得地下水位标高约 +1461.35 ~ 1438.26 m；2011 年塔然高勒煤矿水文地质补勘时测得地下水位为 +1337.139 ~ 1343.687 m，平均 1340.577 m，水位下降约109.2 m。在 2013 年开始监测时，下含水层水位平均为 1324.88 m，相对补勘时下降了15.7 m；从监测开始，下含水层水位在 2013 年 11 月之前下降最明显，平均水位降至+1303.11 m，之后基本保持在 +1303 m 左右。随塔然高勒煤矿生产建设的影响上下波动，如图 8 - 35 所示。

图 8 - 35　直罗延安组含水层地下水位动态变化

距离塔然高勒煤矿井底车场最近的 WB6 孔在 2013 年 7 月之前，地下水位基本保持在 +1318.68 m 左右，但受 7 月塔然高勒煤矿主井进风巷及井筒出水影响，水位明显下降，至 2013 年 11 月降至 1248.3 m，后逐渐恢复上升。在 2014 年 3 月后依次受井下放水试验、试采面放水钻孔施工等因素影响，水位在一直 +1264 m 左右波动，后随放水试验钻孔的结束及钻孔的封闭和试采面巷道的密闭，水位明显上升，至 2015 年 4 月恢复至 1286.8 m。

距离塔然高勒煤矿井底车场较远的 WB1 孔受矿井建设影响较小，在 2011 年补勘时水位为 +1339.038 m，至 2013 年 2 月监测开始时水位为 +1329.76 m，下降 9.3 m，至 2013 年 12 月，即使受井筒出水等影响，水位也只下降至 +1325.7 m，降幅仅 4 m；至 2014 年 10 月，水位降至 +1317.1 m，降幅为 12.7 m，之后至 2015 年 4 月，水位基本保持在 +1316.3 m 左右，下降缓慢（图 8-36）。

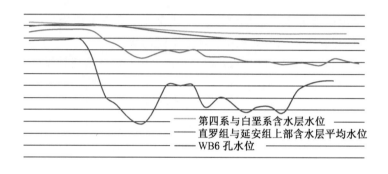

图 8-36 塔然高勒井田地下水位变化曲线

受区域降水稀少和含水层埋深较大的影响，各含水层水位变化受降雨影响不明显，即使白垩系观测孔 WB2 孔，在 2014 年 5 月至 2015 年 4 月，地下水位也自从 1325.4 m 降至 1324.8 m，波动不明显（图 8-37）。

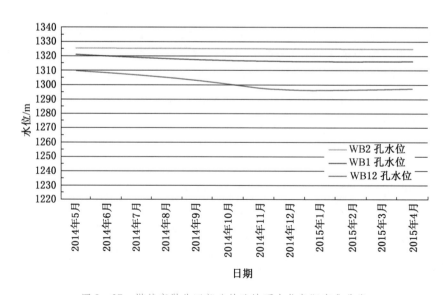

图 8-37 塔然高勒井田部分钻孔地下水位年际变化曲线

2. 地下水补、径、排条件

白垩系与第四系含水层主要补给来源为大气降水，在四十里梁—盐池区域上梁地和中部呼斯梁局部梁地地貌影响，地下水的径流方向以一部分梁地为分水岭总的流向分为向北和向南径流，排泄方式主要是以泉的形式出露，形成地表径流黑赖沟、泊什太沟和哈拉沟，最终向北流入黄河；另一部分在局部安定组隔水层较薄或泥岩隔水层缺失地段，向下补给直罗组与延安组砾岩、粗砂岩含水层。根据水文地质试验成果，白垩系含水层渗透系数为 0.001～0.006 m/d，平均为 0.003 m/d，单位涌水量约 0.005 L/(s·m)；安定组隔水层渗透系数为 0.00107 m/d，单位涌水量约 0.00191 L/(s·m)，两者渗透性相差不大；同时，据钻孔统计资料，Q147、QT20、QT05、QT09、QT25、Q170 钻孔位置泥岩隔水层厚度较薄，特别是 QT09、Q170 钻孔，直罗组上段未见泥岩隔水层，白垩系志丹群含水层与下部含水层之间可能存在导水天窗。

在塔然高勒煤矿建设初期，进行水文地质补充勘探时（2012 年），延安组上部与直罗组含水层段地下水流场显示，其地下水总体流向为由北向南，由西向东；南北向水力坡度明显小于东西向水力坡度，其天然流场主要受地层倾向控制，与上部白垩系含水层段地下水流向主要受地形影响不同；塔然高勒煤矿首采区范围内，水位最高点 WB3 孔与水位最低点 WB7 之间距离为 4646 m，水位高差 6.35 m，水力坡度 1.37‰，反映地下水位整体比较平缓，基本仍处于天然状态下，受人工排水影响小。

塔然高勒煤矿进入第三阶段建设期间，经历 2013 年井筒出水后，在 2014 年初进行了井下放水试验，井上下联合观测结果显示，地下水流场受人工排泄点影响明显，地下水流自四周流向放水孔位置（图 8 – 38）。

六、直罗组含水层地下水化学条件

1. 无机水文地球化学

1）矿化度

塔然高勒矿井位于鄂尔多斯高原西北部，大气降水在地表形成径流后流入塔拉沟、泊什太沟、黑赖沟等沟谷，并由南向北注入黄河。通过地表水的取样分析发现（图 8 – 39）：

（1）地表水中 pH = 8.3～8.5，矿化度 218.5～465.2 mg/L，属于 HCO_3 – Ca(Na) 型水；NO_3^- 浓度为 2.7～34.6 mg/L，说明该地区地表水已经受到较严重的人类活动污染。在纳岭沟铀矿现场，由于从直罗组含水层抽采地下水并向地表排放，导致水中矿化度达到 1109.8 mg/L，属于 HCO_3 – Na 型水，表明该处地表水样属于地表水与直罗组砂岩水的混合水；NO_3^- 浓度也达到了 18.45 mg/L。

（2）直罗组砂岩水中 pH = 7.6～9.3，矿化度 1137.3～1887.3 mg/L，以 Cl·SO_4 – Na 型水为主；WB9 号孔水样在水文补勘过程中，样品采集之前曾进行了注水试验，且 WB9 号孔所在地层渗透性较差，因此 WB9 号孔所取水样可能受到注水水源的污染，其水化学特征与其他水样呈现明显不同的水化学特征，形成 HCO_3 – Na·Ca 型水，后面的分析中 WB9 号孔将作为异常点而不予考虑。直罗组砂岩水中，三氮基本未检出，表明该层水未受到人类活动污染。

（3）延安组砂岩水中 pH = 7.4～11.7，矿化度 1182.7～1696.0 mg/L，以 Cl·SO_4 – Na 型水为主；F7 – 2 钻孔的水样中，矿化度达到 6227.0 mg/L，表明 3 – 1 煤层顶板的延

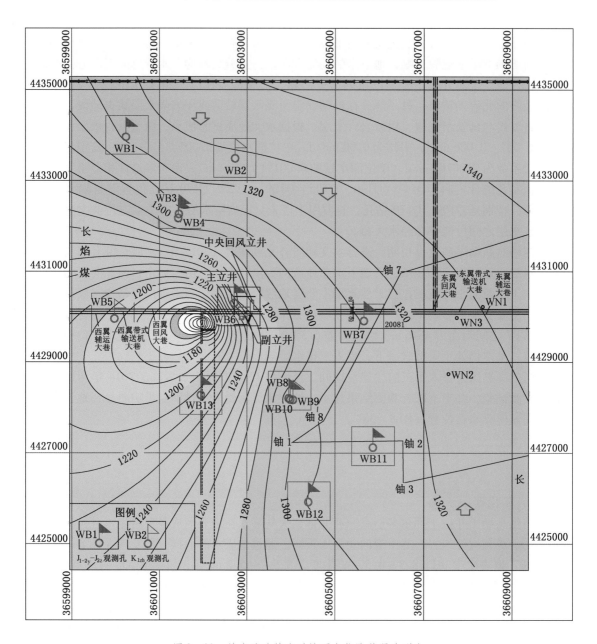

图 8-38　放水试验结束时地下水位降落漏斗形态

安组地层富水性较不均一，局部地段存在滞留型富水区，长期的水岩作用，导致水中矿化度较高。

（4）混合水主要来自直罗组和延安组，由于这两段含水层的水化学特征较接近，导致混合水的水化学特征也没有出现明显的差异，即 pH = 9.0 ~ 9.1，矿化度 1402.4 ~ 1619.0 mg/L，以 $Cl \cdot SO_4 - Na$ 型水为主。

2）水化学图表分析

（1）Piper 三线图。对样品的水化学成分进行分析过程中，绘制 Piper 图可以比较直

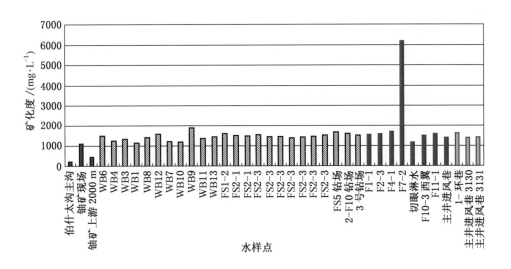

图 8 – 39　塔然高勒矿水样中矿化度特征

观地进行水化学分类。Piper 图示由 1 个菱形和 1 对等边三角形组成，2 个三角形分别为阴、阳离子图，通过中间的菱形图将其联系起来（图 8 – 40）。菱形图解的缺点是 SO_4^{2-} 与 Cl^- 不分，Ca^{2+} 与 Mg^{2+} 不分，但此缺点在两个三角形图解中得到弥补。三角形中阴、阳离子是分开的，不便于进行水化学分类，这一缺点又在上方的菱形图解中得到解决。正是这些优点才使得此方法自 1944 年 Piper 建议使用以来，在后人不断完善的基础上得到广泛使用，发展到今天。人们发现利用 Piper 图解不仅可以进行水化学分类，而且可以比较直观的解释阳离子交换等有关地下水化学成分的形成作用。

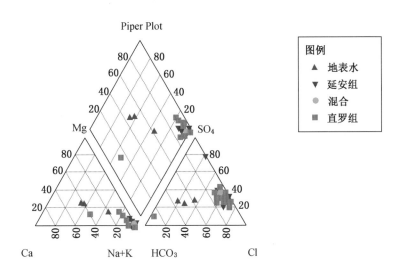

图 8 – 40　塔然高勒矿井水样 Piper 图

按舒卡列夫分类，将塔然高勒矿井各含水层的水样阴阳离子摩尔浓度百分含量投影到菱形图上，根据分布区域的不同，可以直观反映出样点水化学类型的差异。绘制 Piper 水化学三线图，叠加在同一个菱形图上，如图 8-40 所示。由图 8-40 可知，左边的三角图表示阳离子的毫摩尔百分比含量分布，右边的三角图形表示阴离子的毫摩尔百分比含量分布，叠加到菱形图上综合反映出水样的水质类型情况。

在 Piper 图的菱形图中，左中部属于碳酸硬度（次生碱度）超过 50%，地下水化学性质以碱土金属和弱酸为主，一般为浅部含水层分布区。例如，本地区的地表水（分别采集自伯什太沟主沟和铀矿上游 2000 m）主要来自地表径流；随着地下水向基岩含水层运移，由于氯化物和硫酸盐的溶出，导致 Cl 离子和 SO_4 离子增加，重碳酸根则保持相对稳定；溶滤作用还使地下水中 Na 离子含量升高，表现为水样点向菱形图的右端部移动，一般为典型砂岩裂隙水的分布区，包括本研究区的直罗组和延安组含水层水及混合水，已经表现为非碳酸碱金属（原生盐度）超过 50%。"铀矿现场"水样位于地表水和深部地下水之间，也证明是地表水和直罗组砂岩水的混合水。WB9 号孔则位于菱形图的左下端，且水中 HCO_3 离子达到 1250.9 mg/L，表现出明显的异常，主要是由于人工注水导致的。

（2）Schoeller 曲线图。按照水样中各成分的摩尔浓度百分比绘制 Schoeller 图，如图 8-41 所示。Schoeller 图用于说明处于不同地点水样的水化学变化。横坐标表示水样中主要的阴、阳离子组分，纵坐标为对应离子摩尔浓度的对数，不同水样的主要组分浓度可以连成一条曲线，同稀释水混合的效果具有垂向移动曲线而不会改变其形状的作用，通过各条交叉线表示不同的水质类型，因此 Schoeller 图也叫水质"指纹图"。图 8-41 中显示出 2 个地表水样的曲线形状基本一致，说明其基本属于同一类水源，即以大气降水为主；深部含水层水（包括直罗组、延安组和混合水）也有着相似的曲线，显示相同的水源；"铀矿现场"水样曲线基本介于地表水和深部含水层水之间，也证明是地表水和直罗组砂岩水的混合水；F7-2 钻孔的水样中，Na 和 SO_4 含量较高，可能存在相对滞留的基岩裂隙水源，且硫酸盐矿物溶入较多。

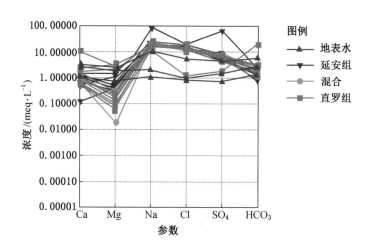

图 8-41　塔然高勒矿井水样 Schoeller 图

（3）Ludwig Langelier 散点图。根据 Ludwig Langelier 散点图（图 8 – 42），除了 WB09
号钻孔，其他水样中阴阳离子均随着地下水的埋深而呈规律性变化：地表水中 Cl + SO₄ 和
Na + K 的含量较低，HCO₃ 和 Ca 的含量较高，符合大气降水形成地表水的特征；深部地
下水中，Cl + SO₄ 和 Na + K 的含量均在 40% 以上，HCO₃ 和 Ca 的含量则小于 10%，也符
合深部砂岩溶滤水的特征；纳岭沟水样的各离子含量位于上述 2 种水样之间，说明该纳岭
沟水是地表水和直罗组水的混合水。

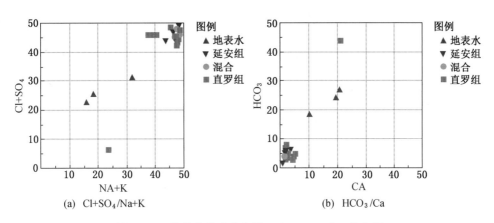

图 8 – 42　塔然高勒矿井水样 Ludwig Langelier 散点图

2. 同位素水文地球化学

同位素水文地质学是 20 世纪 60 年代在同位素地球化学和水文地球化学的基础上发展
起来的一门新学科。同位素方法获取水文地质信息的主要依据是稳定同位素和放射性同位
素能对水起着标记作用和计时作用。同位素方法为研究地下水提供了一种新的有效手段，
它有助于从宏观和微观上阐明水文地质过程的机理。应用同位素理论和方法可解决许多水
文地质问题，如测定地下水年龄，研究地下水的起源、形成与分布，示踪地下水运动，测
定水文地质参数，研究地下水化学组分的来源及形成机理，确定深层地下水温度等。

1）稳定同位素分析

国土资源大调查项目"鄂尔多斯盆地地下水勘查"的研究中，根据区内降水同位素
样品的分析测试结果以及国际原子能机构（IAEA）在研究区周边地区（银川、包头、西
安）雨水同位素长期监测数据，得到了鄂尔多斯盆地的雨水线方程：

$$\delta D = 6.37 \delta^{18}O - 3.69 (R^2 = 0.94)$$

与全球雨水线方程 $\delta D = 8\delta^{18}O + 10$ 相比，盆地内雨水线斜率明显偏小，反映了鄂尔多
斯盆地靠近内陆，受蒸发作用影响而与全球雨水线偏离。此外北部地区雨水线方程的斜率
（6.35）略小于南部地区（6.65），这与北部地区气候相对干旱、重同位素相对富集是一
致的。

从表 8 – 24 可以看出，除 WB9 号水样以外，其余直罗组各水样的稳定同位素 δD‰值
在 – 82.5 ～ – 86.9，$\delta^{18}O$‰值在 – 9.6 ～ – 11.2，提示这些水样的稳定同位素特征较为相
似，具有相同的补给源。而 WB9 号水样由于在采样前进行过注水试验，所取水样可能受
到注水影响，使得该水样的同位素特征与其他水样有所不同，更负的稳定同位素值显示出
封闭性水的特征。

表 8 − 24　塔然高勒矿井地下水环境同位素检测结果

样 品 名 称	层 位	$\delta D/‰$	$\delta^{18}O/‰$	$^3H/TU$
黑赖沟	地表水	− 44.4	− 4.4	11.43
伯什太沟支沟	地表水	− 55.3	− 6.6	13.39
铀矿现场上游 2000 m	地表水	− 53.3	− 6	11.93
伯什太沟主沟	地表水	− 47.3	− 5.7	13.64
纳岭沟铀场现场	地表水	− 50	− 4.9	12.32
WB1	$J_{1-2y} - J_2z$	− 85.7	− 10.1	3.25
WB3	$J_{1-2y} - J_2z$	− 86.9	− 10.5	1.01
WB4	$J_{1-2y} - J_2z$	− 86.4	− 10.6	3.58
WB6	$J_{1-2y} - J_2z$	− 87.8	− 10.4	1.70
WB7	$J_{1-2y} - J_2z$	− 84.5	− 9.8	3.10
WB8	$J_{1-2y} - J_2z$	− 84.0	− 10.2	3.96
WB9	$J_{1-2y} - J_2z$	− 58.9	− 7.6	2.52
WB10	$J_{1-2y} - J_2z$	− 82.8	− 9.6	4.03
WB11	$J_{1-2y} - J_2z$	− 83.2	− 9.8	2.37
WB12	$J_{1-2y} - J_2z$	− 82.9	− 10.1	3.69
WB13	$J_{1-2y} - J_2z$	− 84.9	− 10.3	3.85
FS3 钻场	$J_{1-2y} - J_2z$	− 86.4	− 11.2	3.05
塔然高勒煤矿主井进风巷	$J_{1-2y} - J_2z$	− 82.9	− 10.8	3.12

2）放射性同位素分析

氚（T 或 ^3H）是氢的放射性同位素，半衰期 12.26 年，在水中以 HTO 形式存在，氚的浓度常用氚单位（TU）表示（1 TU 相当于 10^{18} 个氢原子中含一个氚原子）。一般认为用它可测定 60 年以内的水年龄，对于矿井水的定性或半定性研究效果良好。

由表 8 − 24 可知，塔然高勒矿区附近采集的地表水中氚含量在 11.43 ~ 13.64 TU，而矿井水文补勘和巷道掘进过程中采集的直罗组和延安组砂岩水中氚含量在 1.01 ~ 4.03 TU。

最近一次主要核试验之后，经过数十年热核爆炸氚已经被海洋大幅度减少，目前它的水平接近自然大气产物的水平。定量推断地下水平均滞留时间也许不大可能，仅能得出定性的结论。

Ian Clark 和 Peter Fritz（1997）针对大陆地区提出的地下水年龄经验划分方案如下：

（1）小于 0.8 TU：次现代水，1952 年之前补给，地下水年龄大于 50 年。

（2）0.8 ~ 4 TU：次现代水和近代补给水的混合。

（3）5 ~ 15 TU：现代水（5 ~ 10 年）。

（4）15 ~ 30 TU：存在 20 世纪 60—70 年代补给。

（5）大于 30 TU：相当一部分补给来自 20 世纪 60 年代或 70 年代。

（6）大于 50 TU：主要在 20 世纪 60—70 年代补给。

由以上定性划分的界限可知，给出某种水的年龄域，对于水的平均年龄的概念是比较科学的。用这种方法评价时，可以确定塔然高勒矿区附近地表水属于现代水（5~10 年），侏罗系直罗组和延安组砂岩水属于次现代水和近代补给水的混合。

3. 有机水文地球化学

在有机地球化学和水文地质学基础上，通过水中各种有机组分的定性、定量标志来研究地下水中有机物质的数量、成分、分布规律，以及其在地质、地球化学和其他过程中的作用，可建立塔然高勒矿井不同含水层、不同区域的有机水文地球化学特征。

根据目前塔然高勒矿井及附近的实际情况，主要采集地表水样和井下水样，共 7 组，开展地下水中溶解性有机质含量、三维荧光光谱特征等检测分析。本研究中有机检测的样品及目标含水层位见表 8 - 25。

表 8 - 25　有机检测样品取样点及对应水体

编　号	取　样　地　点	对应水体	备　注
T1	黑濑沟	地表水	
T2	伯什太沟支沟	地表水	
T3	纳岭沟铀矿上游 2000 m	地表水	
T4	伯什太沟主沟	地表水	
T5	铀场现场	地表水	地表水和直罗组
T6	FS3 钻场	混合水	
T7	主井进风巷	混合水	直罗组和延安组

1）分析检测方法

总有机碳（Total Organic Carbon，TOC）的检测采用 multi N/C 2100 专家型总有机碳/总氮分析仪（德国耶拿分析仪器股份公司），水样经 0.45 μm 滤膜过滤，取滤出液检测总有机碳含量。紫外吸光度（UV_{254}）的检测采用 Evolution 60 紫外可见光度计（德国 Thermo Fisher Scientific 公司），水样置于 1 cm 规格石英皿中检测 254 nm 处紫外吸收值（UV - 254），同时检测空白样。

三维荧光光谱（Three - dimensional excitation emission matrix，3DEEM）采用 HITACHI F - 7000 型荧光分光光度计检测，仪器光源为 150 W 氙灯，光电倍增管（PMT）电压为 400 V，激发和发射单色器均为衍射光栅，激发和发射狭缝宽度均为 10 nm，扫描速度为 1200 nm/min。激发光波长范围和发射光波长范围分别为 200 ~ 400 nm 和 240 ~ 550（or600）nm，以 2 nm 和 5 nm 步长递增，响应时间为自动。数据采用 Origin 软件进行处理，以等高线图表征，以娃哈哈超纯水作为空白校正水的拉曼散射。

2）有机质含量分析

通过对水样中 TOC 浓度、UV_{254} 值和 NO_3 - N 的检测发现（图 8 - 43）：

（1）相对于东部矿区或者受到人类生产生活污染的地区，由于塔然高勒矿区地处西北干旱半干旱地区，地表植被稀疏，导致地表水体中 DOM 含量总体较低（除了黑赖沟），TOC 浓度为 0.99 ~ 3.69 mg/L，UV_{254} 为 0.01 ~ 0.07 cm - 1，NO_3 - N 浓度也较低（除了铀

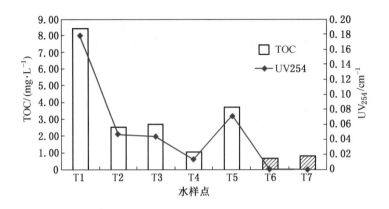

图 8 - 43 塔然高勒矿井各水样中 TOC 和 UV$_{254}$

矿现场和其上游 2000 m），浓度为 0.30 ~ 0.42 mg/L；黑赖沟水样中 TOC = 8.44 mg/L，UV$_{254}$ = 0.18 cm^{-1}，且 NO$_3$ – N 浓度较低（0.42 mg/L），说明黑赖沟水中有机质含量较高，主要来自工业性生产活动（周围电厂、煤矿等）；NO$_3$ – N 浓度相对较高的铀矿现场和其上游 2000 m，则更多地受到农业性污染。

（2）井下水样中，有机物和 NO$_3$ – N 均较低，TOC = 0.66 ~ 0.78 mg/L，UV$_{254}$ 未检出，NO$_3$ – N = 0.09 ~ 0.12 mg/L。相比较地表水，这 3 项指标均有较明显降低，主要是由于 DOM 随着地下水下渗过程中，发生了氧化还原反应，DOM 作为碳源，在微生物作用下被消耗，其中腐殖质类大分子有机物以及含 C ＝ C 双键和 C ＝ O 双键的芳香族化合物，在深部含水层还原条件下，已经被微生物基本分解掉。

3）三维荧光光谱分析

溶解性有机质的荧光光谱分布特征因有机质类型和含量不同而各异，具有与水样一一对应的特点，称为"荧光指纹"。三维荧光光谱（Three – dimensional excitation/emission matrix，3DEEM）将荧光强度以等高线方式投影在以激发光波长和发射光波长为横纵坐标的平面上获得的谱图，图像直观，所含信息丰富，具有快速、灵敏度高、样品量少及无须前处理富集样品等优点，已广泛用于 DOM 成分和含量的分析。根据水中天然有机质的分类方法，塔然高勒矿井地下水中 DOM 主要包括：Ⅰ区（芳香族蛋白质）——酪氨酸、Ⅱ区（芳香族蛋白质Ⅱ）——色氨酸、Ⅲ区（类富里酸）——疏水性有机酸、Ⅳ区（溶解性微生物代谢产物）——含色氨酸的类蛋白质、Ⅴ区（类腐殖酸）——海洋性腐殖酸。

（1）地表水。塔然高勒矿井附近的地表水中，主要荧光峰存在一定差异（图 8 – 44）：①黑赖沟水样中（T1），DOM 浓度较高，且三维荧光光谱显示，荧光强度最强的是Ⅱ区的色氨酸类芳香族蛋白质（EX/EM = 230/340），荧光峰强度 FI = 6106.0QSU，可能来源于工业生产过程中的废水排放；另外，还出现了Ⅲ区和Ⅳ区的荧光峰，FI 分别为 1717.0 QSU 和 1805.0 QSU；②伯什太沟支沟（T2）、铀矿现场上游 2000 m（T3）和伯什太沟主沟（T4）的水样中，出现了Ⅱ区和Ⅲ区的荧光峰，FI 分别为 314.5 ~ 811.7QSU 和 337.5 ~ 954.2QSU，其中Ⅲ区的类富里酸荧光峰较强，表明地表水中 DOM 主要来自动植物的分解代谢；③尽管"铀场现场"的水是地浸采铀出水，但也表现为与地表水相似的

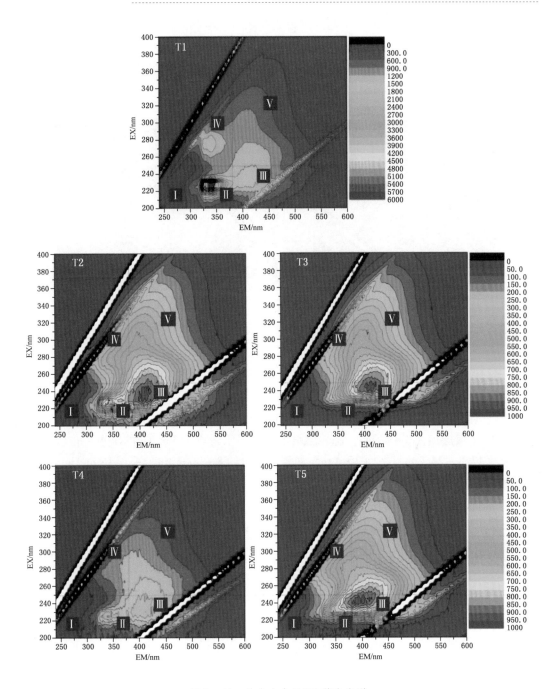

图 8 - 44 地表水中 DOM 荧光光谱

荧光特征（特别是与"铀矿现场上游 2000 m"水样），只出现了Ⅲ区的荧光峰，*FI* 为 944.7QSU，说明地浸采铀过程中，向直罗组注入了大量的地表水。

（2）侏罗系。塔然高勒矿井下钻孔出水和顶板淋水中荧光特征较相似，都出现了Ⅱ区和Ⅲ区的荧光峰，不过荧光强度有一定差异（图 8 - 45）。FS3 钻场水样中 *FI* 分别为 275.7QSU 和 135.7QSU，主井进风巷（T7）水样中 *FI* 分别为 798.4QSU 和 227.1QSU，

FS3 钻场的钻孔水来自直罗组；主井进风巷的水样则是来自直罗组和延安组的混合水，这可能是造成这种差异的主要原因，表明延安组 3 - 1 煤层顶板水中色氨酸类有机质相对较高；另外，这 2 个水样中，都出现了溶解性微生物代谢产物，说明井下巷道掘进和探放水钻孔施工等，对 3 - 1 煤层顶板含水层造成了扰动。

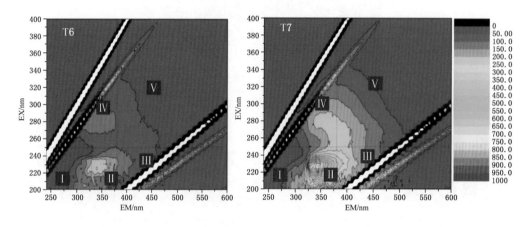

图 8 - 45　侏罗系含水层中 DOM 荧光光谱

七、沉积环境的控水作用

从塔然高勒煤矿放水试验施工的 8 个钻孔资料分析，在放水试验钻场附近，砾岩含水层距离 2 - 2 煤层顶板 0 ~ 6.9 m，砾岩层出水（指涌水量大于 5 m³/h 的出水）位置距离钻场顶板约 17.8 ~ 24.2 m，平均 20.4 m，初始出水量约 8 ~ 30 m³/h，平均 15 m³/h，后随钻进深度的增加，涌水量逐步增加。

8 个钻孔中，有 4 个钻孔穿透砾石层，揭露砾石层厚度 69.6 ~ 81 m，其余 4 个钻孔均在砾石层中终孔。4 个进入砾石层上部砂岩层的钻孔，揭露砂岩厚度为 9.5 ~ 22.5 m，均未穿透砂岩含水层（表 8 - 26）。

表 8 - 26　放水试验钻孔揭露地层概况

孔 号	见砾石层高度/m	砾石层出砾石高度/m	厚度/m	砂岩揭露厚度/m	出水高度（>5 m³/h）/m	初始出水量/（m³·h⁻¹）
FS1 - 1	3.3	65.1（中间夹砂岩一层，厚度 1.2 m）	75.5	10.5	18.4	10
FS1 - 2	4.3	未穿透	25.5	—	21.2	20
FS1 - 3	1.8	70.7	77.5	22.5	20.3	10
FS2 - 1	0.38	65.8	69.6	9.5	21.1	10
FS2 - 2	0.4	66.8	81	31	19.7	10
FS2 - 3	0.23	51.7（中夹砂岩两层，厚度分别为 2.9 m、5.0 m）	67.5	—	20.7	10 ~ 20
FS3 - 1	0	54.6（中间夹砂岩二层，厚 8.7 m、1.7 m）	63	—	17.8	8
FS4 - 1	3	54.6（顶部为砾岩、砂岩混合层，厚 6.9 m）	59.5	—	20.4	25
FS5 - 1	6.9	54.6（中夹砂岩两层，厚度均为 7.8 m）	55	—	24.2	30

根据钻孔施工过程中的涌水情况分析，砾岩层在出水位置（约 20.4 m）以上，钻孔每延米出水量 2 ~ 2.5 m³/h，砂岩层每延米出水量 1 ~ 1.5 m³/h，最大出水位置约在 30 ~ 60 m 段。

分析时统计了井田内 28 个钻孔和一个井筒的含隔水层分布资料（图 8 – 46），在钻孔控制范围内，砾岩层厚度从 13 ~ 93 m 不等，个别钻孔层中间夹有细砂岩或泥岩，但未形成有效隔水层。

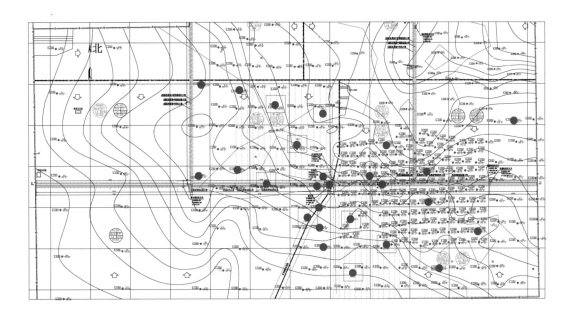

图 8 – 46　塔然高勒煤矿含水层统计钻孔分布

在试采工作面附近，根据 Q108、Q22、WB13、Q109、Q42 的 5 个钻孔资料（图 8 – 47），3 – 1 煤层顶板距离砾岩含水层底部约 0 ~ 8.6 m，分布特征为终采线附近的 Q108 与开切眼附近的 Q42 钻孔附近较厚，分别为 7.5 m 与 8.6 m，而中部 Q22 与 WB13 孔均为 0 m。

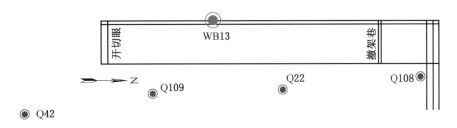

图 8 – 47　塔然高勒煤矿试采工作面附近钻孔分布

3 – 1 煤层顶板直接含水层厚度约 126.34 ~ 150.5 m，变化不大，但主要含水层—砾石层厚度变化较大，最厚处为靠近开切眼的 Q42 钻孔附近，为 83.27 m；最薄处位于工作面中部的 Q109 钻孔附近，柱状图显示厚度 31.59 m，只有 Q42 钻孔的 38%，但上部砂岩含水层厚度达到 108.6 m，从而使总含水层厚度达到 140.19 m。塔然高勒煤矿试采工作面附近钻孔顶板含隔水情况统计见表 8-27。

表 8-27 塔然高勒煤矿试采工作面附近钻孔顶板含隔水情况统计

孔号	3-1 煤层厚度/m	细砂岩厚度/m	砾岩层厚度/m	粗砂岩层厚度/m	含水层厚度/m	细砂、泥岩厚度/m
Q108	5.6	7.5	73.4	61.78	135.18	119.36
Q22	4.9	0	50.48	76.34	126.82	90.5
WB13	5	0	41.2	115	156.2	67.7
Q109	3.76	4.75	31.59	108.6	140.19	93.32
Q42	3.91	8.59	83.27	67.23	150.5	111.97
最大	5.6	8.59	83.27	115	156.2	119.36
最小	3.76	0	31.59	61.78	126.82	67.7
平均	4.634	4.168	55.988	85.79	141.778	96.57

根据 5 个钻孔揭露 3-1 煤层顶板含水层分布情况，绘制工作面走向方向的含隔水层分布情况如图 8-48 所示。

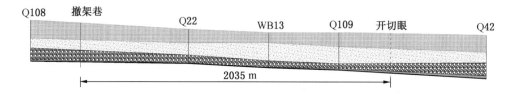

图 8-48 工作面走向方向的含隔水层分布情况

对放水试验孔施工过程中初始水量（大于 5 m³/h）情况进行统计见表 8-28。由表 8-28 可知，钻孔初始出水位置位于 3-1 煤层顶板以上 17.8~24.2 m，平均 20.4 m；初始涌水量为 8~30 m³/h，平均 15.3 m³/h。从图 8-49 可以看出，起始出水位置在小范围内变化不规律不明显，结合井下巷道掘进时，垂直向上的锚索或巷道顶板淋水分布规律同样不明显，分析起始出水位置的分布与原始的沉积环境或后期砾岩层内裂隙、孔隙的发育有关，后期可随井下放水钻孔的增多，再进一步总结和研究。因此，8-1 煤层顶板岩层中，细砂岩、泥岩隔水层厚度较小，尤其是在塔然高勒煤矿中部首采区范围内，平均 4.5 m 的厚度无法进行巷道的安全掘进与工作面回采，但受沉积环境影响，延安组三段上部的砾岩、粗砂岩含水层在成岩时，由于靠近湖泊相沉积的边缘地带，细颗粒物质充填于大块的砾岩或粗砂岩中间，现成较为致密的泥质胶结，使得砾岩层的底部形成一层隔水层，向上随着胶结物颗粒的变粗，逐渐形成强含水层。

表8-28　放水试验钻孔初始出水高度统计表

孔　号	初始出水高度(垂高，>5 m³/h)/m	水量/(m³·h⁻¹)
FS1-1	18.4	10
FS1-2	21.2	20
FS1-3	20.3	10
FS2-1	21.1	10
FS2-2	19.7	10
FS2-3	20.7	10-20
FS3-1	17.8	8
FS4-1	20.4	25
FS5-1	24.2	30
最小值	17.8	8
最大值	24.2	30
平均值	20.4	15.3

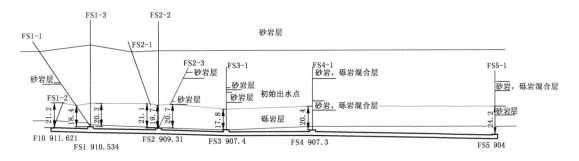

图8-49　放水试验钻孔初始出水高度剖面图

　　砾岩、粗砂岩含水层底部泥质胶结层的发现和应用，不仅能保障在顶板高压水影响下，井下巷道的安全掘进，而且为顶板水预疏放工程施工时，孔口套管的安装和钻孔的安全提供依据。

第三节　鄂尔多斯盆地北部东缘神府煤田水文地质特征

一、第四系孔隙含水层水文地质特征

（一）萨拉乌苏组含水层地下水赋存条件

1. 萨拉乌苏组含水层的分布及厚度特征

　　萨拉乌苏组是区域内最主要的含水层之一，分布广泛，其含水厚度主要受古地形的制约，尤其受到古河槽的影响。古河槽成为了萨拉乌苏组沉积的中心，往两侧方向，厚度逐

渐减小。萨拉乌苏组沉积厚度一般为 30 ~ 80 m，但在区域内不同的矿区，萨拉乌苏组含水层差异也较大。

（1）神东矿区。神东矿区的大柳塔、石圪台、哈拉沟、乌兰木伦井田均发育有萨拉乌苏组含水层，尤其分布在考考赖沟、柳根沟、哈拉沟、公捏尔盖沟等泉域，其他沟谷也有分布，大部分被风积砂所覆盖，呈条带状或片状分布；一般厚度 10 ~ 30 m，水位埋深一般为 0 ~ 10 m。

（2）榆神矿区。萨拉乌苏组在榆神矿区普遍分布，厚度也较大；以矿区内的柠条塔、锦界、大保当、榆树湾井田为代表，含水层厚度大，富水性强。

柠条塔井田内萨拉乌苏组含水层主要分布于考考乌苏沟以南区域，厚度较大为 0 ~ 47.5 m，一般 10 ~ 15 m，低洼区堆积厚，梁峁区薄；在肯铁令河和分水岭附近零星缺失，沉积厚度与中更新世晚期古地形相一致。水位埋深 2.8 ~ 12.6 m。

锦界井田内萨拉乌苏组含水层主要分布于青草界沟流域及河则沟流域，以片状、朵状分布为主，多被风积沙掩盖，与冲积层组成统一的潜水含水层。该含水层厚度变化较大，为 0 ~ 64.10 m（图 8 – 50）。其中青草界沟下游一般 10 ~ 15 m，上游一般 10 ~ 30 m，最大厚度 64.10 m（J607）；河则沟流域一般 10 ~ 40 m，最大厚度 51.26 m（J1210）；青草界沟之南有一孤立的带状分布区，厚度 10 ~ 40 m。井田一盘区东部及东南部、二盘区中部及四盘区东部、北部含水层厚度大部分为零。

另外，大保当井田内的采兔沟以及榆树湾井田内的红柳沟均分布着条带状、片状萨拉乌苏组含水层。

（3）尔林兔、中鸡勘探区。该区水文地质单元属于红碱淖内流区及秃尾河上游补给区，萨拉乌苏组含水层厚度较大，分布不均一，但普遍有发育，本区南部秃尾河源头区的萨拉乌苏组厚度变化大，其厚度与古地形关系密切，古地形低洼处，厚度大，富水性也较强。

（4）小壕兔、孟家湾区。该区域处于榆溪河上游，是萨拉乌苏组含水层厚度最大、分布最稳定的区域，厚度一般为 45 ~ 160 m，水位埋深一般为 1 ~ 10 m，分布全区，出露于沙漠滩地区，滩地周边区该含水层之上多被风积砂覆盖。

2. 萨拉乌苏组含水层的岩性特征

萨拉乌苏组含水层岩性一般以粉细砂、粉砂，夹亚砂土、亚黏土透镜体为主，在古河槽中心部位，底部一般含少量砾卵石。砂层质地均一，结构松散，孔隙率大，透水性强；亚砂土、亚黏土多呈透镜体展布，未形成稳定的相对隔水层。萨拉乌苏组含水层上部往往覆盖现代风积沙、粉细砂，厚度 3 ~ 15 m。

（二）萨拉乌苏组含水层富水性特征

总体来看，区域内萨拉乌苏组含水层的富水性具有 2 个特点：

（1）区域内萨拉乌苏组含水层富水性普遍强到中等，许多矿区中出露的大泉直接或间接源于该含水层，如神东矿区柳根沟泉域、哈拉沟泉域、榆神矿区青草界沟泉域等。

柳根沟泉域中心地带地下水水位埋深 0.55 ~ 5 m，富水性强到中等，地下水以柳根沟泉水排泄，泉群日平均流量 5336.4 m³/d，是神东矿区开发初期的主要水源之一；哈拉沟泉域萨拉乌苏组含水层钻孔揭露单位涌水量为 0.0839 ~ 1.5 L/(s·m)，渗透系数 0.2314 – 5.1 m/d，富水性中等—强（泉域中心），是神东矿区的主要供水水源地之一；青草界沟泉域，萨拉乌苏组含水层以片状及朵状分布为主，通过前期钻孔抽水试验表明，平均单位

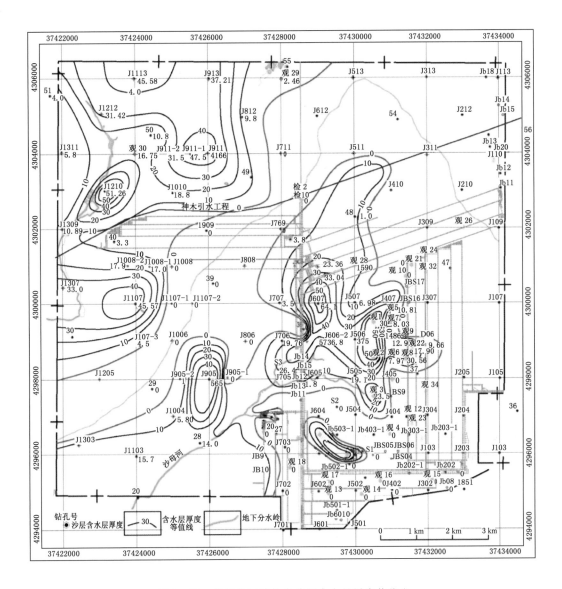

图 8-50　锦界井田萨拉乌苏组含水层厚度等值线

涌水量 0.116~1.7217 L/(s·m)，平均渗透系数 0.813~4.760 m/d，富水性以中等为主。

（2）区域内萨拉乌苏组含水层富水性同样具有分布不均一性，这里以锦界井田为代表。据井田钻孔抽水试验（表 8-29），萨拉乌苏组含水层静止水位埋深 3.08~20.46 m，水位标高自井田北东由 1230 m 标高降至青草界沟底 1110 m 标高（图 8-51），平均水力梯度 1.6%~2.7%，平均单位涌水量 0.116~1.7217 L/(s·m)，平均渗透系数 0.813~4.760 m/d，富水性以中等为主。

根据以泉水流量大小和钻孔抽水试验单位涌水量大小为主要指标，参考沙层含水层厚度及地表湖泊分布，将地表沙层潜水含水层富水性分为 3 类（表 8-30）：强富水性区，中等富水性区与弱富水区（一般丰水期易形成局部中等富水，旱季贫乏或无水）。

表 8-29 锦界井田萨拉乌苏组含水层抽水试验成果

钻孔	试段时代	水位埋深/m	含水层厚度/m	平均单位涌水量/[L·(s·m)⁻¹]	平均渗透系数/(m·d⁻¹)	平均影响半径/m
J506	Q_{3S}	15.29	37.50	0.337	0.994	115.00
J706	Q_{3S}	22.70	19.76	0.116	0.813	99.00
Jbs1	Q_{3S}	7.73	40.15	0.3731	1.204	263.67
观1	Q_{3S}	9.14	60.86	1.7217	2.475	106.53
观2	Q_{3S}	12.93	51.42	0.66178	1.101	104.58
观3	Q_{3S}	20.46	23.50	1.277	4.76	80.38
J1212	Q_{3S}	3.08	31.42	0.3166	1.001	80.77

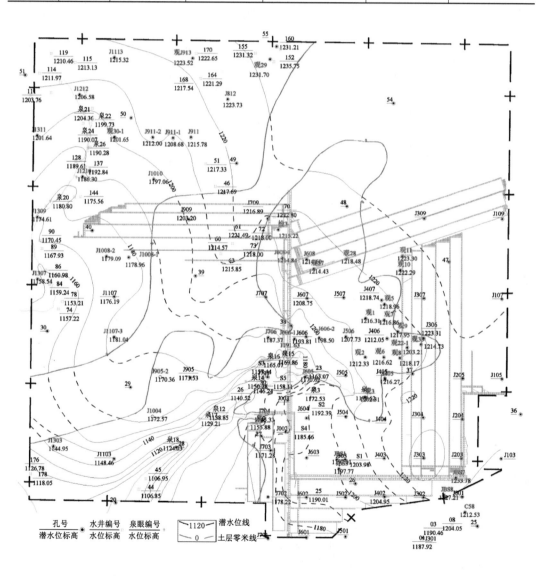

图 8-51 萨拉乌苏组含水层等水位线

表 8 – 30　沙层潜水含水层富水性分类方案

类　　型	主　要　指　标		参　考　指　标	
	钻孔单位涌水量 q/ $[L \cdot (s \cdot m)^{-1}]$	泉流量 Q/ $(L \cdot s^{-1})$	含水层厚度/ m	海子，河流分布
强富水性区	$1.0 < q \leqslant 5.0$	$10.0 < Q \leqslant 50.0$	大于零	有较大海子或河流
中等富水性区	$0.1 < q \leqslant 1.0$	$1.0 < Q \leqslant 10.0$		小湖泊或河流
弱富水区	$q < 0.1$	$Q < 1.0$	为零	无

强富水区主要分布在青草沟流域与河则沟流域。其特点是地表泉水流量大，钻孔单位涌水量高，含水层厚度大，或地表为密集的海子或为火烧岩分布区；中等富水区主要分布在青草沟流域与河则沟流域强富水区的外围，泉水流量较小，含水层厚度小，地表海子很少或规模很小，钻孔单位涌水量均在 $1.0 L/(s \cdot m)$ 以下；弱富水区主要分布于青草界沟及河则沟以外的地下水分水岭两则一带，钻孔揭露沙层含水层厚度普遍为零（图 8 – 52）。

（三）萨拉乌苏组含水层地下水化学条件

1. 水化学空间分布规律

萨拉乌苏组地下水的水化学特征主要受到地形、地貌、气候地层岩性及补给、径流条件的影响。大部分地区岩性为砂，结构疏松，孔隙发育，有利于大气降水的入渗补给和潜水的水平渗流，水循环交替积极，加之含水介质含盐量低，水化学类型主要以 HCO_3 型，矿化度一般小于 $0.5 g/L$，水质普遍较好。但部分地段，由于地势低洼，地下水径流缓慢，水位埋藏浅，地下水以垂直交换为主，蒸发浓缩作用强，出现多元型重碳酸、硫酸、氯化钙型水，矿化度可达 $1 g/L$。

1）地下水化学成分演化特征

候光才、窦研等 2010 年通过对近年来鄂尔多斯盆地中东部采集的萨拉乌苏组含水层地下水化学样品分析测试结果的整理与研究，揭示了该区萨拉乌苏组含水层地下水化学成分的演化特征。

（1）地下水 TDS 与各主要离子的相关性分析。根据地下水水化学数据，分别对各含水层地下水中矿化度（TDs）与离子浓度进行相关性分析（图 8 – 53）。

由图 8 – 53 可知，在萨拉乌苏组地下水中，各主要离子含量与矿化度呈正相关关系，其中 Ca^{2+}、Mg^{2+} 与 TDS 的相关性较差，Na^+、HCO^-、Cl^-、SO_4^{2-} 是决定该层地下水中矿化度的主要化学成分。

（2）萨拉乌苏组地下水矿化度分区。萨拉乌苏含水岩组是鄂尔多斯盆地中东部主要的含水层之一，以白垩系为基底，厚度严格受基底形态控制。其厚度总体上表现为区域东南部边界附近较厚，在 $40 \sim 100 m$，向西逐渐变薄尖灭（图 8 – 54）。

由图 8 – 54 可知，大部分地区的地下水矿化度在 $1 g/L$ 以下，地下水水质较好，只有在乌审旗的西部以及小部分地区的矿化度在 $1 \sim 2 g/L$。

2）萨拉乌苏组地下水水化学类型分布特征

将萨拉乌苏组地下水样点的测试结果表示在 Piper 图中（图 8 – 55），萨拉乌苏组地下水中阳离子主要以 Ca^{2+} 和 Na^+ 为主，阴离子主要以 HCO^- 为主，不同地区的地下水水化

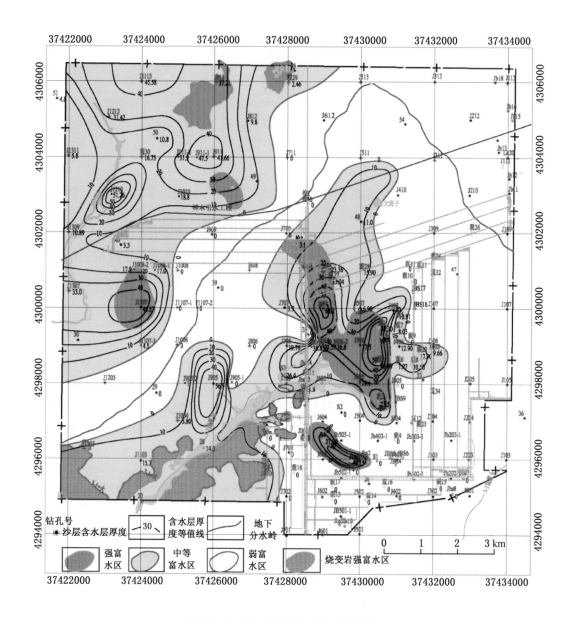

图 8-52 萨拉乌苏组含水层富水性分区

学类型基本不变。

根据舒卡列夫分类法对萨拉乌苏组地下水水化学类型分类，其结果如图 8-56 所示。萨拉乌苏组地下水的以 HCO_3^- 型水为主，在研究区域西南地区水化学类型为 $HCO_3 \cdot Cl$ 型以及 $Cl \cdot HCO_3$ 型，在珠和苏木与堵嘎尔湾之间带状分布着 $HCO_3 \cdot SO_4$ 型及 $SO_4 \cdot HCO_3$ 型水，在三段地附近，矿化度较高，水化学类型为 $SO_4 \cdot Cl$ 型及 $Cl \cdot SO_4$ 型。

2. 影响萨拉乌苏组地下水水质主要因素

在风沙草滩区，地层以砂为主，质纯，含盐低，因此大部分地区表现为矿化度低，水质良好。

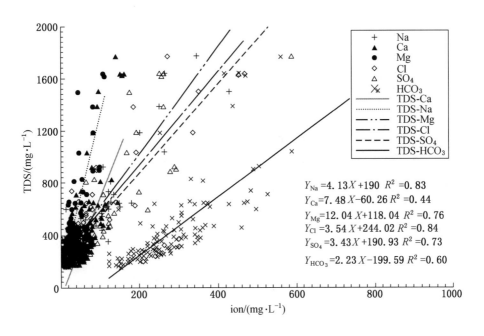

图 8-53　萨拉乌苏组 TDS 与离子浓度相关关系（据窦研，2010）

图 8-54　鄂尔多斯盆地中东部萨拉乌苏组含水层地下水矿化度分区（据窦研，2010）

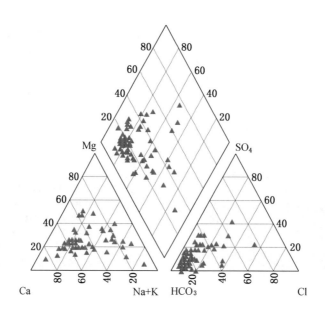

图 8-55 萨拉乌苏组含水层地下水 Piper 图（据窦研，2010）

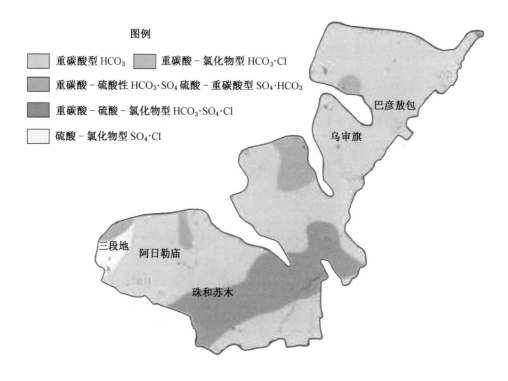

图 8-56 萨拉乌苏组含水层地下水化学类型分区图（据窦研，2010）

蒸发作用：沙漠草滩的部分地段，地下水埋深小于 3 m，在蒸发影响深度范围内，地下水除水平交替外，垂直水交替也较为强烈。特别是在封闭的滩地，地下水以蒸发排泄为主，矿化度偏高，水质略差。

3. 萨拉乌苏组含水层地下水动力条件

区域内萨拉乌苏组含水层地下水主要接受降雨入渗补给，降雨入渗补给约占总补给量的 95%；地下水流动方向受地形控制，以泉和渗流的方式排泄。

沙漠滩区地形开阔，呈舒缓状起伏，上覆透水性强的现代风积沙，非常有益于大气降水入渗补给，是地下水的主要补给源。

沟谷区地下水流向受到河流切割控制，并以沙盖黄土梁为分水岭，地下水在各自系统内由高往低向河谷排泄，等水位线与现代地形吻合。

含水层水主要排泄于河谷形成地表径流，少量补给下伏碎屑岩含水层。在水位浅埋处存在蒸发排泄，人工开采也是地下水重要的排泄方式之一。

二、白垩系裂隙含水层水文地质特征

1. 白垩系裂隙含水层厚度及分布特征

白垩系裂隙含水层主要分布于鄂尔多斯盆地中部，鄂尔多斯盆地东部地区该含水层分布有限，仅分布在乌兰木伦河上游、神东矿区西北隅部分区域（图 8 – 57），如补连塔、布尔台及上湾等井田部分区域。

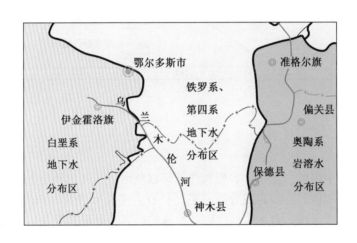

图 8 – 57　鄂尔多斯东部地下水类型划分示意图

白垩系裂隙含水层在补连塔与布尔台井田范围内基本全区分布，在上湾井田局部分布。

补连塔井田范围内的白垩系裂隙含水层主要含水岩段位白垩系下统志丹群，其厚度较大，在沟谷两侧广泛出露，是本区主要的含水层。根据《内蒙古自治区伊克昭盟东胜煤田补连区呼和乌素井田（精查）地质报告》（1991 年 9 月）成果表明，含水层厚度为 20.52～194.98 m，平均厚度达到 118.09 m。

布尔台井田范围内的白垩系裂隙含水层含水岩段主要为伊金霍洛组，其厚度为 0～

273.28 m，平均93.5 m。含水层厚度分布与岩层厚度分布规律一致，呈现由西北向东南变薄的趋势（图8-58）。

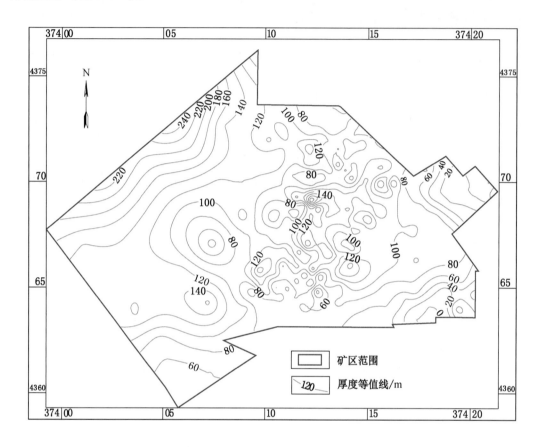

图8-58　布尔台井田范围内白垩系裂隙含水层厚度分布

2. 白垩系裂隙含水层岩性特征

补连塔井田范围内的白垩系含水层岩性下部以灰绿、浅红色砾岩为主，上部为深红色泥岩、砂质泥岩夹细砂岩。砂岩成分以石英、长石为主，分选及磨圆度较差，泥质胶洁，具大型斜层理和交错层理。含水层岩性以各粒级的砂岩及砂砾岩为主，局部裂隙发育，特别是在顶部20 m 范围内，风化带岩石破碎、风化裂隙较为发育。

布尔台井田范围内的白垩系伊金霍洛组含水层由各种粒级的砂岩、含砾粗砂岩及砾岩夹粉砂岩、砂质泥岩组成，孔隙率可达20% ~40% 。

3. 白垩系裂隙含水层富水性特征

根据补连塔煤矿五、六盘曲补充地质勘探抽水试验成果表明，白垩系下统志丹群孔隙、裂隙承压水含水层水位埋深13.55 ~28.15 m，水位标高1304.30 ~1327.42 m，钻孔最大涌水量 Q 为0.267 ~0.349 L/s，单位涌水量 q 为0.00835 ~0.0144 L/(s·m)，渗透系数 K 为0.0174 ~0.0238 m/d。含水层的富水性不均匀，由弱—中等，透水性能较强。由于没有较好的隔水层，所以与上、下部含水层均有一定的水力联系。该含水层为矿床的直接充水含水层。

根据布尔台井田范围内 BK102、BK105 和 BK153 孔的抽水试验表明，该组含水岩组水位标高 1291.98～1304.08 m，单井涌水量 Q 为 0.102～0.577 L/s，单位涌水量 q 为 0.0053～0.0552 L/(s·m)，渗透系数 K 为 0.0122～0.0531 m/d，富水性和导水性均较差。

4. 白垩系裂隙含水层水化学条件

根据补连塔煤矿五、六盘曲补充地质勘探资料显示，白垩系裂隙含水层水溶解性总固体 808 mg/L，pH 值 7.6，硝酸盐 NO_3 含量 0.00 mg/L，F 含量 0.65 mg/L，As 含量 0.000 mg/L，地下水化学类型为 HCO_3 – Na、型水，水质较好。

根据布尔台煤矿前期勘探结果表明，井田范围内白垩系裂隙含水层水矿化度为 0.335～0.335 g/L，pH 值为 8.0，水化学类型属于 HCO_3 – Ca·Mg 型。

5. 白垩系裂隙含水层水动力条件

据侯光才 2008 年研究表明，本区白垩系地下水流系统属于乌兰木伦河 – 无定河水流亚系统中的乌兰木伦河子系统的一部分（图 8 – 59 中红色区域），地下水的径流方向和循环深度受到地形和不同级别排泄基准面的控制。

补连塔井田范围内的志丹群承压水的主要补给来源有上部潜水的渗入补给、区外承压水的侧向径流补给及大气降水的渗入补给，径流方向受到构造和地形影响，主要向乌兰木伦河排泄，此为人工开采排泄。

布尔台井田范围内的伊金霍洛镇组含水层主要补给来源降雨、上部潜水的入渗补给，以及侧向的径流补给径流方向受构造和地形控制，主要向沟谷排泄。

三、直罗组孔隙裂隙含水层水文地质特征

1. 神东矿区

侏罗系中统直罗组裂隙潜水 – 承压水（J_{2z}）主要分布于矿区西部，厚度 45.17～137.54 m。上部岩性以灰绿色粉砂岩为主，夹黄绿、紫灰色泥岩和细粒砂岩，具水平及缓波状层理；下部为绿灰色、白色巨厚层状中粗粒长石石英砂岩，夹灰色细粒砂岩、粉砂岩和砂质泥岩，局部夹灰绿色厚层状泥岩，为一套黄绿色、灰黄色中粗粒砂岩、粉细砂岩和泥岩组成，假整合于延安组之上。含水层为灰白色，灰绿色中粗粒长石砂岩，厚 10～30 m，岩石风化强烈，裂隙发育，渗透系数 0.0367～0.111 m/d，富水性弱。出露于乌兰木伦河、活鸡兔沟及其支沟、扎子沟和束鸡河沿岸一带的山梁、峁之上。因受后期剥蚀，大部仅残存下部地层，厚度变化大，在乌兰木伦河及活鸡兔沟河床附近已全部剥蚀。

该含水层主要接受大气降水以及上游径流补给。岩层渗透性能较差，径流较为缓慢；局部地下水流向又受地形控制，径流方向较为复杂。主要通过径流排泄和泉水直接排泄。

2. 榆神矿区

榆神矿区直罗组含水层主要分布于黄土庙—黑龙沟—古庙梁以西，厚度变化大，一般为 8.9～190.50 m，平均厚 90 m。上部为紫杂色、灰绿色泥岩与砂质泥岩互层，下部为灰白色中粗粒长石石英砂岩，局部地段底部为白色石英砂岩和细砾岩，厚度 10～30 m，大型交错层理发育，胶结疏松，是本组的主要含水层。据区内 C52 号孔资料：含水层厚度 28.51 m，当 $S = 56.18$ m 时，$q = 0.0933$ L/(s·m)，$K = 0.35$ m/d，矿化度 0.225 g/L，为 HCO_3 – Ca·Mg 型水。

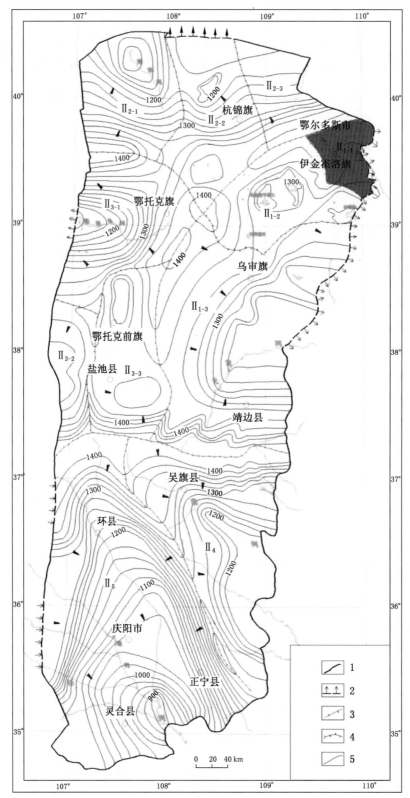

1—隔水边界；2—透水边界；3——级地下水分水岭；4—二级地下水分水岭；5—等水位线

图8-59 鄂尔多斯盆地白垩系地下水流系统划分（据侯光才，2008）

　　锦界煤矿是榆神矿区典型矿井之一，直罗组风化基岩含水层为井田主要充水含水层之一，除青草界沟外，基本全区分布（图8-60）。该含水层平均厚度45.01 m，水头高度平均66.30 m，静止水位埋深平均17.98 m，勘探钻孔平均涌水量8.34 m³/h，平均渗透系数0.5010 m/d，单位涌水量平均为0.24952 L/(s·m)，富水性属于弱富水—中等富水，以中等富水为主。因该含水层顶板多为土层隔水层，底板为直罗组正常基岩砂泥岩相对隔水层，多显示承压含水层性质，是煤矿开采时最主要的直接充水含水层。其水质为 HCO_3 - Ca 型水，矿化度小于 0.3 g/L。

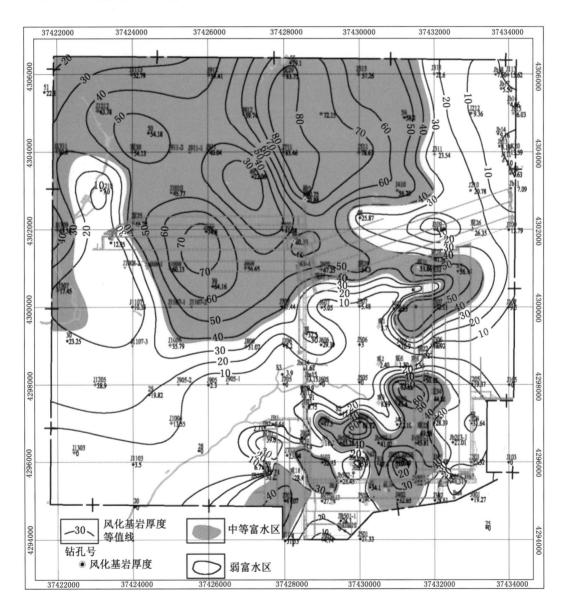

图8-60　直罗组风化基岩含水层厚度等值线及富水性分区

　　该含水层为一套黄绿、灰黄色中粗粒砂岩、细砂岩，局部为粉砂岩，砂岩成分以石英、长石为主，含有少量云母及暗色矿物，分选中等，泥质胶结为主，局部钙质胶结，厚层—中厚层状，块状构造。岩石严重风化至中等风化，岩芯疏软碎裂，风化裂隙发育，具有较好的渗透性及储水条件。

　　该含水层主要接受区域侧向补给和上部地下水的渗透补给。在地势较高的沟谷裸露区，则有直接接受降水及地表水沿裂隙向岩层内微弱渗透补给。径流一般沿基岩面由高向低运移至河谷区出渗和顶托越流排泄，部分地段流经至烧变岩区和沟谷露头区以泉排泄。

第九章　鄂尔多斯盆地北部煤层顶板水害类型及形成机理

第一节　鄂尔多斯盆地北部西缘典型顶板水害类型及形成机理

一、西缘宁东煤田典型顶板水害类型

红柳煤矿为神华宁夏煤业集团新建的大型矿井，位于宁东煤田鸳鸯湖矿区南部，矿井设计资源/储量为 1667.76Mt，设计可采储量为 1188.14 Mt，生产能力为 8.00 Mt/a，设计服务年限 99 年。目前煤矿主要开采煤层为侏罗系延安组 2 号煤层，近几年主采 2 号和 3 号煤层。

010201 工作面为矿井 11 采区 2 号煤层首采工作面，工作面埋深 150～350 m，走向长 1379 m，平均倾斜长 302 m，煤厚 4.3～5.8 m，平均 5.3 m，倾角 5.3°～15.5°，平均 8.5°，可采储量 278 万 t。

1. 突水概况

红柳煤矿 010201 工作面作为矿井的首采工作面，于 2009 年 9 月开始回采至 2010 年 3 月共推进 186 m，却发生了 4 次规模不同的突水，最大突水量 3000 m³/h，工作面被迫 2 次停产。以往认为较大水量的突水一般发生在受采空区水、地表水或底板水威胁的工作面，但是在受顶板砂岩水威胁的工作面发生如此大规模的突水，在国内较为罕见。

2. 突水量与工作面推进距离的关系

根据 4 次突水发生的时间、突水量以及工作面推进距离（表 9-1），绘制出其相关关系如图 9-1 所示。

表 9-1　红柳煤矿 010201 工作面突水与推进距离关系统计

序号	推进日期	风巷推进距离/m	机巷推进距离/m	平均推进距离/m	之前涌水量/(m³·h⁻¹)	最大涌水量/(m³·h⁻¹)	稳定涌水量/(m³·h⁻¹)	涌出水量/m³
1	2009-11-03	39.0	54.0	46.5	15	212	135	31800
2	2009-11-21	47.5	64.5	56.0	135	1817	120	5670
3	2010-03-03	100.7	124.3	112.5	90	793	108	55700
4	2010-03-25	172.0	200.0	186.0	108	3000	178	121880

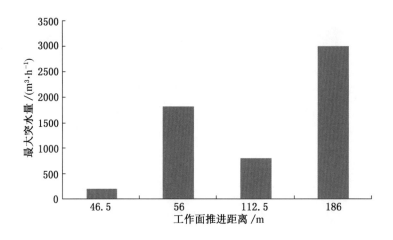

图 9-1　红柳煤矿 010201 工作面突水与推进距离关系

由图 9-1 和表 9-1 可以看出，突水的发生时间和工作面推进距离具有一定的相关性，特别是后 3 次突水呈现出周期性，由此推测突水是伴随着工作面基本顶的周期性垮落，并且基本顶的垮落步距为 60 m 左右。

3. 顶板岩性组合分析

010201 工作面范围内自北西向南东依次有 H1504、H1604 和 H1704 三个钻孔，根据其柱状资料，统计出 2 号煤层直接顶为粉、细砂岩，厚度 8~10 m，基本顶为直罗组下段下分层粗砂岩含水层，厚度 14.66~47.17 m，平均厚度 22.2 m；其上为 7.0~25.5 m 粉砂岩、泥岩，平均厚度 20 m，为隔水层；再向上为厚 29.07~41.76 m、均厚 40.6 m 的直罗组下段上分层粗砂岩含水层。2 号煤层平均埋深 300 m。2 号煤层顶底板岩性详见表 9-2，覆岩组合如图 9-2 所示。

表 9-2　010201 工作面 2 号煤层顶底板岩性简表

序号	岩性	厚度/m	岩 性 特 征	备 注
1	表土	4	第四系黄砂	
2	黏土	45	红色，块状，泥质胶结，含少量砂粒，松散	
3	泥岩	76	浅灰—灰绿—杂色，团块状，含包体，局部含砂量较高，岩石细腻，胶结致密	
4	细砂岩	32	灰白色，以石英、长石为主，含大量云母，夹粉砂岩条带，局部见少量植物化石，岩石坚硬	
5	粉砂岩	14	黑灰色，薄层状，泥质胶结	
6	细砂岩	12	灰白色，以石英为主，含大量云母，层面富集暗色矿物，具波状水平层理	
7	粗砂岩	40	灰白色，巨厚层状，以石英、长石为主，见泥质结核，泥质胶结为主，局部钙质胶结，松散易碎	上分层含水层

表9-2（续）

序号	岩性	厚度/m	岩 性 特 征	备注
8	泥岩	20	蓝灰—褐红—灰绿色，团块状，含包体，泥质成分较高，夹粉砂岩条带，局部泥粉互层，岩石细腻，胶结致密	隔水层
9	粗砂岩	22	灰白色，巨厚层状，以石英、长石为主，富含云母，砾径自上而下变粗，泥质胶结	下分层含水层
10	粉砂岩	10	深灰色，泥质胶结，富含炭屑及炭化的植物茎叶化石，岩芯破碎，半坚硬	直接顶
11	2号煤层	5	深灰色，泥质胶结，富含炭屑及炭化的植物茎叶化石，岩芯破碎，半坚硬	开采煤层
12	粉砂岩	20	深灰色，泥质胶结	直接底
合计		300		

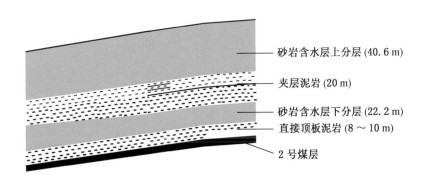

砂岩含水层上分层（40.6 m）
夹层泥岩（20 m）
砂岩含水层下分层（22.2 m）
直接顶板泥岩（8～10 m）
2号煤层

图9-2　红柳煤矿010201工作面顶板覆岩组合

二、西缘宁东煤田离层水害形成机理

1. 水害产生过程分析

由于2号煤层顶板特殊的岩性及其组合，特别是夹层泥岩的地质特征，导致010201工作面特殊的涌水机理。可以描述如下：

工作面开采伴随着顶板垮落，离层逐渐形成，上、下分层粗砂岩含水层水顺着导水裂隙带涌入井下，矿井涌水正常，此时泥岩隔水层遇水膨胀、松散，逐渐填堵了导水裂隙，类似于"再造隔水层"，使得离层成为可以储水的地质体，直罗组粗砂岩含水层虽然渗透性较弱，但其具有孔隙水的特征，一旦可储水的离层形成，地下水通过原生裂隙、孔隙迅速充填离层带，使得离层成为了一个相对稳定的"储水体"，此时整个地层处于平衡状态，随着工作面的继续推进，顶板破坏强度加大，伴随着周期来压，基本顶垮落、断裂，原先的平衡被打破，离层水瞬间溃入矿井造成突水（图9-3），2号煤层覆岩主要物理参数见表9-3。

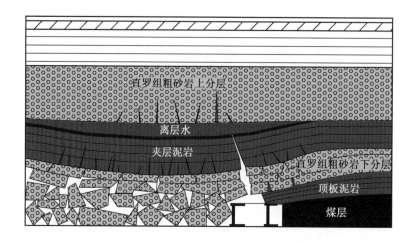

图 9 - 3　红柳煤矿 010201 工作面离层水形成示意图

表 9 - 3　2 号煤层覆岩主要物理参数

序号	岩性	厚度/ m	饱水容重/ (kg·m⁻³)	抗压强度/ MPa	抗拉强度/ MPa	黏聚力/ MPa	内摩擦角/ (°)	弹性模量/ 10⁴ MPa	泊松比
10	表土	4	1.60						
9	黏土	45	2.00						
8	泥岩	76	2.46	15.2	0.82	1.92	35	0.8	0.20
7	细砂岩	32	2.30	23.9	1.94	3.51	34	1.33	0.17
6	粉砂岩	14	2.31	23.5	1.29	3.18	34	1.05	0.16
5	细砂岩	12	2.30	23.9	1.94	3.51	34	1.33	0.17
4	粗砂岩	40	2.18	19.8	1.38	3.07	34	1.43	0.17
3	泥岩	20	2.46	15.2	0.82	1.92	35	0.8	0.20
2	粗砂岩	22	2.18	19.8	1.38	3.07	34	1.43	0.17
1	粉砂岩	10	2.31	23.5	1.29	3.18	34	1.05	0.16
11	2 号煤层	5	1.45						
12	粉砂岩	20	2.66	23.5	1.29	3.18	34	1.05	0.16

　　2. 离层空间产生位置的判断

　　计算离层空间的高度要用到岩层的载荷计算方法，用关键层理论判断有一定的局限性，公式中对载荷计算最有影响的是岩层的厚度与弹模，如果厚度够大，往往会成为主关键层，用关键层理论判断离层空间产生并没有考虑岩层节理及采动过程中岩层移动的时空效应等其他影响因素，在此判断离层空间的产生以载荷判断式为主，没考虑岩层移动的时空效应。一般情况下，主关键层破断后，上位岩层并不是立即全部跟随主关键层的破断而整体下沉，往往主关键层之上岩层的破断会滞后，离层空间的产生是各岩层之间不连续移动而形成的。利用上述分析的结论，在判断红柳煤矿 010201 综采工作面覆岩可能产生离层空间的位置之前，先分析工作面覆岩可能产生储水空间的位置。

1）储水空间位置的确定

利用公式进行计算，即

$$E_{n+1}h_{n+1}^2 \sum_{i=1}^{n} \rho_i h_i > \rho_{n+1} \sum_{i=1}^{n} E_i h_i^3$$

（1）计算第 2 层与第 1 层之间，左边 $E_{n+1}h_{n+1}^2 \sum_{i=1}^{n} \rho_i h_i = 1.43 \times 22^2 \times 2.31 \times 10 = 15987.97$，右边 $\rho_{n+1} \sum_{i=1}^{n} E_i h_i^3 = 2.18 \times 1.05 \times 10^3 = 2289$。可见，左式＞右式，说明第 2 层对第 1 层之间在采动过程中会有一段时间产生储水空间。由于第 1 层会随工作面的推进而垮落，故该储水空间没有任何实际意义，事实上会很快消失。

（2）计算第 3 层与第 2 层之间，由于第 2 层与第 1 层已经有储水空间，所以将第 2 层作为本组合层的第 1 层，此时，左式为 $0.8 \times 20^2 \times 2.18 \times 22 = 15347.2$，右式为 $2.46 \times 1.43 \times 22^3 = 37457.53$，左式＜右式，故第 3 层与第 2 层之间不会产生储水空间。

（3）计算第 4 层与第 3 层之间，由于第 3 层岩层也为较厚岩层，厚度近 20 m，其下位岩层破断后，并不会立即跟着破断，因此将会有一个时间效应，在此段时间内将有可能产生储水空间，故考虑时间效应及岩层之间的不连续移动与变形，将第 3 层作为组合层的第 1 层，此时左式为 $1.43 \times 40^2 \times 2.46 \times 20 = 112569.6$，右式为 $2.18 \times 0.8 \times 20^3 = 13952$，左式＞右式，故在第 4 层与第 3 层间会产生储水空间。

（4）计算第 5 层与第 4 层之间，第 4 层为组合层的第 1 层，此时左式为 $1.33 \times 12^2 \times 2.18 \times 40 = 16700.54$，右式为 $2.30 \times 1.43 \times 40^3 = 210496$，左式＜右式，故在第 5 层与第 4 层间不会产生储水空间。

（5）计算第 6 层与第 5 层之间，仍然第 4 层为组合层的第 1 层，此时左式为 $1.05 \times 14^2 \times (2.18 \times 40 + 2.30 \times 12) = 23625.84$，右式为 $2.31 \times (1.43 \times 40^3 + 1.33 \times 12^3) = 216720.1$，左式＜右式，故在第 6 层与第 5 层间不会产生储水空间。

（6）计算第 7 层与第 6 层之间，仍然第 4 层为组合层的第 1 层，此时左式为 $1.33 \times 32^2 \times (2.18 \times 40 + 2.30 \times 12 + 2.31 \times 14) = 200392.9$，右式为 $2.30 \times (1.43 \times 40^3 + 1.33 \times 12^3 + 1.05 \times 14^3) = 222408.2$，左式＞右式，故在第 7 层与第 6 层间可能产生储水空间。

（7）第 8 层与第 7 层之间，很显然，现将第 7 层作为组合层的第 1 层，此时左式为 $0.8 \times 76^2 \times 2.30 \times 32 = 340090.9$，右式为 $2.46 \times 1.33 \times 32^3 = 107210.2$，左式＞右式，故在第 8 层与第 7 层间可能产生储水空间。

2）判断结论

将产生储水空间的位置有第 1 层与第 2 层、第 3 层与第 4 层、第 6 层与第 7 层、第 7 层与第 8 层之间将产生储水空间。

3. 离层水形成位置的判断

1）发育位置

当 2 号煤层开采时，导水裂隙带发育高度按公式计算为

$$H_{裂} = \frac{100 \sum M}{1.6 \sum M + 3.6} \pm 5.6 = 37.5 \sim 48.7 \text{ m}$$

在煤炭科学研究总院提交的《神华宁煤集团红柳煤矿1121工作面（简称010201工作面）覆岩破坏导水裂隙带高度及顶板富水性探测报告》中，提出利用钻孔冲洗液漏失量观测和钻孔电视2种方法，对010201工作面2号煤层开采导水裂隙带发育高度进行了探测研究。认为红柳煤矿010201工作面垮落带高度为42.7 m，按采高5.3 m计算，其垮采比为8倍；导水裂隙带高度62.5 m，裂采比为11.8倍。010201工作面2号煤层开采形成的导水裂隙带已经波及到了直罗组底部粗粒砂岩含水层上段及4号岩层。

综上可知，H平均为57 m，小于导水裂隙带高度$H_导$为62.5 m，导通了主要含水层。因此，第3层与第4层之间的储水空间、第6层与第7层将产生储水空间及第7层与第8层之间的储水空间可以充水。

2）补给水源

由于第4层为主要含水层，其上没有含水层，因此能形成储水体的只有第3层与第4层之间的储水空间。虽然该位置储水空间已处在导水裂缝带范围内，但由于隔水层为20 m左右的泥岩，该泥岩遇水膨胀、松散，逐渐填堵了导水裂隙，类似于"再造隔水层"，形成了"离层水"。

3）发育高度

第4层为刚性岩梁，其挠度计算式

$$z = \frac{5q}{384EI} l^4 \qquad (9-1)$$

将$z = \frac{5q}{384EI}\left(h\sqrt{\frac{2\sigma_t}{q}}\right)^4 = \frac{5h^4\sigma_t^2}{96EIq} = \frac{5\sigma_t^2}{8E^2h^2} \times \frac{E_1 h_1^3 + E_2 h_2^3 + \cdots + E_n h_n^3}{\rho_1 h_1 + \rho_2 h_2 + \cdots + \rho_n h_n}$代入岩层参数得$z = 0.454$ m。

第3层为弹性岩梁

$$z = \frac{qx}{24EI}(l^3 - 2lx^2 + x^3)$$

式中，l为此刚性岩梁（关键层）将要破坏时的极限跨距。

当$x = l/2$是最大挠度时，式（9-1）中q为岩梁自身荷载和其上方软弱岩层的荷载之和，即

$$q_{n,1} = \frac{E_1 h_1(\rho_1 h_1 + \rho_2 h_2 + \cdots + \rho_n h_n)}{E_1 h_1^3 + E_2 h_2^3 + \cdots + E_n h_n^3}$$

由上得，可形成的储水空间的高度公式为

$$h' = s - z$$

下沉系数η取0.55，$s = M\eta = 5 \times 0.55 = 2.75$ m。则

离层空间的高度

$$h' = s - z = 2.75 - 0.454 = 2.296 \text{ m}$$

4）工作面开采尺寸

（1）离层空间中心距工作面距离为

$$S = \frac{H\cot\theta_2 + l}{2}$$

其中，$l = \sqrt{\frac{2\sigma_t}{q}} = 52$ m。

根据研究资料，断裂角根据岩层性质有一个范围取值，开切眼处断裂角一般大于终采线侧断裂角，针对本矿中硬岩层，选取开切眼处断裂角平均值60°，终采线侧断裂角平均值55°，储水空间距工作面的距离为 $H = 52.0$ m，所以

$$S = 52\cot 55° + 52/2 = 62.4 \text{ m}$$

（2）工作面推进距离见下式：

$$S_推 = H\cot\theta_1 + H\cot\theta_2 + l = 52 \times (\cot 60° + \cot 55°) + 52 = 118 \text{ m}$$

综上，当隔水关键层厚度为 20 m 时，工作面推进到 118 m 时，形成宽度为 78 m，高度为 2.296 m 的离层空间，沿工作面倾向单位长度内体积为 179.1 m^3。

4. 离层空间在工作面推进工程中的变化

在煤层的开采过程中，随着工作面的不断推进，上覆岩层发生移动和破坏。一般情况下，总是首先在离煤层顶板较近的硬岩层下方出现储水空间现象；随着工作面的不断推进，该硬岩层断裂，离层空间闭合，在离煤层顶板较远的硬岩层下又会出现储水空间现象，实际上储水空间的位置是在动态变化着的。掌握其动态变化规律，对研究离层水有着重要的意义。上面已经确定了储水空间长度以及储水空间在垂直平面内可能出现的位置。

第一次出现的储水空间后，则以后每次出现最大储水空间将呈现周期性变化，但距离工作面的水平距离和离地表深度不变，由于岩层断裂角在采空区两侧不同，使得第一次出现储水空间时工作面推进长度为公式 $H \geqslant H_导 + H_压 + H_保$ 计算值，在第二次以后工作面每推进一定距离，顶板进入周期断裂阶段，则储水空间将周期性出现。

依据红柳煤矿的煤层埋藏条件和开采方法，对研究矿井涌水的水源、通道、机理具有重要意义。

对 010201 工作面涌水机理的分析，首先要研究其煤层开采覆岩破坏规律，同时充分考虑地质、水文地质、煤层埋藏与开采等条件，特别是 2 号煤层顶板特殊的岩性组合。

三、西缘宁东煤田离层水害数值模拟研究

控制离层水害发生的关键因素为煤层顶板砂岩含水层中的夹层泥岩隔水层，如果隔水层厚度大于一定数值（临界隔水关键层厚度），泥岩底板的导水裂隙的渗流能力显著减小，泥岩底板砂岩含水层下分层中的导水裂缝呈闭合状态，离层水不会进入工作面。因此，判断是否能够发生离层水害主要依据为临界隔水关键层厚度的确定。下面将采用数值模拟的方法针对临界隔水关键层厚度进行研究。

1. 理论分析

本节的数值模型基于以下基本假设：①岩石材料介质中的流体遵循 Biot 渗流理论；②岩石介质为带有残余强度的弹脆性材料，其加载和卸载过程的力学行为符合弹性损伤理论；③最大拉伸强度准则和 Mohr – Coulomb 准则作为损伤阀值对单元进行损伤判断；④在弹性状态下，材料的应力 – 渗流系数关系按负指数方程描述，材料破坏后，渗透系数明显增大；⑤材料细观结构的力学参数按 Weibull 分布进行赋值，以引入非均匀性。

1）应力耦合的基本方程

Biot 的渗流耦合作用的基本方程为

平衡方程

$$\sigma_{ij,j} + \rho X_j = 0 \quad (i, j = 1, 2, 3) \tag{9 – 2}$$

几何方程

$$\varepsilon_{ij} = \frac{1}{2}(u_{i,j} + u_{j,i}) \tag{9-3}$$

$$\varepsilon_\nu = \varepsilon_{11} + \varepsilon_{22}\varepsilon_{33} \tag{9-4}$$

本构方程

$$\sigma'_{ij} = \sigma_{ij} - ap\delta_{ij} = c\delta_{ij}\varepsilon_v + 2G\varepsilon_{ij} \tag{9-5}$$

渗流方程

$$K\nabla^2 p = \frac{1}{Q}\frac{\partial p}{\partial t} - \alpha\frac{\partial \varepsilon_v}{\partial t} \tag{9-6}$$

式中　　　ρ——体力密度；

　　　　σ_{ij}——正应力之和；

　　ε_v、ε_{ij}——体应力和正应变；

　　　　δ——Kronecker 常量；

　　　　Q——Biot 常量；

　　　　G——剪切模量；

　　　　∇^2——拉普拉斯算子。

　　式（9-2）~式（9-6）是基于 Biot 经典渗流理论的表达式，在经典的 Biot 渗流耦合方程中，在渗流非稳定流方程增加了应力对渗流方程的影响项，是 Biot 固结理论的特征项，反映了应力对流体质量守恒的影响。在稳定流计算时，渗流方程的右端项为零，忽略了总应力和孔隙水压力相互作用的时间过程。按有效应力原理，岩体变形中由于增加了孔隙水压力项，反映了岩体变形特性参数受孔隙水压的影响，同时把引起空隙变形的介质应力和孔隙水压力分开讨论。当考虑应力对渗流的影响时，需要补充耦合方程：

$$K(\sigma, p) = \xi K_0 e^{-\beta(\sigma_{ii}/3 - \alpha p)} \tag{9-7}$$

式中　　　K_0、K——渗透系数初值和渗透系数；

　　　　p——空隙水压力；

　　ξ、α、β——渗透系数突跳倍数、孔隙水压力系数、耦合系数。

　　式（9-7）说明应力对渗透系数的影响。渗透系数不仅是应力的函数，而且随着应力诱发损伤破裂演化，渗透系数也会发生显著变化。

　　2）损伤耦合方程

　　当单元的应力状态或者应变状态将满足某个给定的损伤阀值时，单元开始损伤，损伤单元的弹性模量为

$$E = (1 - D)E_0 \tag{9-8}$$

式中　　　D——损伤变量；

　　E、E_0——损伤单元和无损单元的弹性模量。

　　这些参数假定都是标量。

　　对于以单轴压缩，单元的破坏准则（F）采用莫尔-库仑准则，即

$$F = \sigma_1 - \sigma_3\frac{1 + \sin\varphi}{1 - \sin\varphi} \geqslant f_c \tag{9-9}$$

式中　φ——摩擦角，（°）；

f_c——单轴抗压强度，MPa。

当剪应力达到莫尔－库仑损伤阈值时损失变量 D 按下式表达：

$$D = \begin{cases} 0 & \varepsilon < \varepsilon_{c0} \\ 1 - \dfrac{f_{cr}}{E_0 \varepsilon} & \varepsilon \geqslant \varepsilon_{c0} \end{cases} \tag{9-10}$$

式中　f_{cr}——单轴抗压残余强度，MPa；

ε_{c0}——最大压应变；

ε——残余应变。

单元的渗透系数可按下式描述：

$$K = \begin{cases} K_0 e^{-\beta(\sigma_1 - \alpha P)} & D = 0 \\ \xi K_0 e^{-\beta(\sigma_1 - \alpha P)} & D > 0 \end{cases} \tag{9-11}$$

当单元达到单轴抗拉强度 f_t 损伤阈值时，有

$$\sigma_3 \leqslant -f_t \tag{9-12}$$

损伤变量 D 为

$$D = \begin{cases} 0 & \varepsilon_{t0} \leqslant \varepsilon \\ 1 - \dfrac{f_{tr}}{E_0 \varepsilon} & \varepsilon_{tu} \leqslant \varepsilon \leqslant \varepsilon_{t0} \\ 1 & \varepsilon \leqslant \varepsilon_{tu} \end{cases} \tag{9-13}$$

式中　f_{tr}——单轴抗拉残余强度，MPa；

其余参数同上。

单元渗透系数描述为

$$K = \begin{cases} K_0 e^{-\beta(\sigma_3 - \alpha p)} & D = 0 \\ \xi K_0 e^{-\beta(\sigma_3 - \alpha p)} & 0 < D < 1 \\ \xi' K_0 e^{-\beta(\sigma_3 - p)} & D = 1 \end{cases} \tag{9-14}$$

真实破裂过程分析（Realistic Failure Process Analysis，RFPA）软件是基于 RFPA 方法（真实破裂过程分析方法）研发能够模拟材料渐进破坏的数值实验工具。其计算方法基于有限元理论和统计损伤理论，该方法考虑了材料性质的非均性、缺陷分布的随机性，并把这种材料性质的统计分布假设结合到数值计算方法（有限元法）中，对满足给定强度准则的单元进行破坏处理，从而使得非均匀性材料破坏过程的数值模拟得以实现。RFPA 是一个以弹性力学为应力分析工具，以弹性损伤理论及其修正后的 Coulomb 破坏准则为介质变形和破坏分析模块的真实破裂过程分析系统，是一个数学上相对简单但能充分研究岩石介质复杂性的方法。其基本思路是：

（1）把材料介质模型离散化成由细观基元组成的数值模型，材料介质在细观上是各向同性的弹－脆性介质。

（2）假定离散化后的细观基元的力学性质服从某种统计分布规律，由此建立微观与宏观介质力学性能之间的联系。

（3）按弹性力学中的基元线弹性应力、应变求解方法、分析模型的应力、应变状态。RFPA 利用线弹性有限元方法作为应力计算器。

（4）引入适当的基元破坏准则（相变准则）和损伤规律，基元的相变临界点用修正的 Coulomb 准则。

（5）基元的力学性质随演化的发展是不可逆的。

（6）基元相变前后均为线弹性体。

（7）材料介质中的裂纹扩展是一个准静态过程，忽略因快速扩展引起的惯性力的影响。

RFPA 程序工作流程主要由 3 部分工作完成：实体建模和网格划分、应力计算和基元相变分析。

实体建模和网格划分主要是用户选择基元类型，定义介质的力学性质，进行实体建模及网格剖分；应力计算是依据用户输入的边界条件和加载控制参数以及输入的基元性质数据，形成刚度矩阵，求解并输出有限元计算结果；基元相变分析是根据相变准则对应力求解器产生的结果进行相变判断，然后对相变基元进行弱化或重建处理，最后形成迭代计算刚度矩阵所需的数据文件。

整个工作流程如图 9 - 4 所示。对于每个给定的位移增量，首先进行应力计算；然后，根据相变准则来检验模型中是否有相变基元；如果没有，继续加载增加一个位移分量，进行下一步应力计算；如果有相变基元，则根据基元的应力状态进行刚度弱化处理，再重新进行当前步的应力计算，直至没有新的相变基元出现。重复上面的过程，直至达到所施加的载荷、变形或整个介质产生宏观破裂。在 RFPA 系统执行过程中，对每一步应力、应变计算采用全量加载，计算步之间是相互独立的。

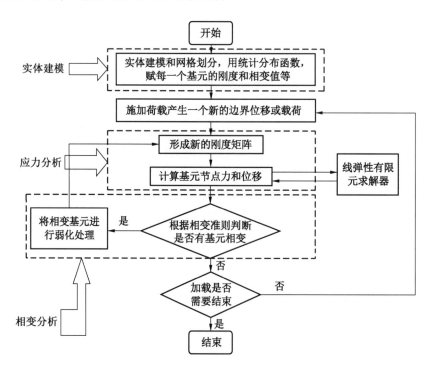

图 9 - 4　RFPA 程序流程

RFPA - Flow 渗流版是继 RFPA 基本版推出的，利用该版本可进行岩石（体）基本渗流特性的模拟研究，亦可进行水工中岩石（体）流固耦合问题的数值计算分析。

2. 数值模拟方案

通过计算机数值模拟实验，确定在采厚和覆岩结构不变的条件下：

（1）确定走向方向上，隔水关键层从 7 m 增加到 22 m，每增加 1 m，建立一个模型，考察煤层开采引起上覆岩层移动破坏的形式、范围、规律（冒落带、裂隙带两带的高度、范围）；

（2）确定倾向方向上，隔水关键层从 7 m 增加到 22 m，每增加 1 m，建立一个模型，考察煤层开采引起上覆岩层移动破坏的形式、范围、规律（垮落带、裂隙带两带的高度、范围）；

（3）研究覆岩中关键控制层移动破坏形式，确定控制隔水关键层破坏的临界宽度。

以红柳矿综合钻孔柱状图为原形，以钻孔岩石力学性质测试数据（饱水态）为依据设计实验模型。根据研究任务，需要设计、计算 2 大类每类 16 个模型，按照隔水关键层厚度从 7 m 增加到 22 m，其中每增加 1 m 建立 1 个数值模型，共计 16 个模型，各层物理力学参数见表 9－3，数值模拟模型统计表见表 9－4。

表9-4 计算机数值模拟模型

序号	模型代号	隔水关键层厚度/m	序号	模型代号	隔水关键层厚度/m
1	Ⅰ-1	7	9	Ⅰ-9	15
2	Ⅰ-2	8	10	Ⅰ-10	16
3	Ⅰ-3	9	11	Ⅰ-11	17
4	Ⅰ-4	10	12	Ⅰ-12	18
5	Ⅰ-5	11	13	Ⅰ-13	19
6	Ⅰ-6	12	14	Ⅰ-14	20
7	Ⅰ-7	13	15	Ⅰ-15	21
8	Ⅰ-8	14	16	Ⅰ-16	22

红柳煤矿 010201 综采工作面范围内有钻孔 H1504、H1604 和 H1704，结合矿井综合柱状图，以 H1604 钻孔作为主，适当合并地层，建立实验模型。

整个模型由 12 层煤岩层组成，其中 2 号煤层上方第 4 层为主要的砂岩含水层，第 3 层泥岩为隔水关键层。当该层隔水关键层为 7 m 时，模型延走向长度为 500 m，高为 287 m，划分为 500×287 共 143500 个单元，岩体只承受自重应力和水压力（模型编号为 Ⅰ-1）。边界条件为两端水平约束，底端固定，设定周边为隔水边界。为得到更好的垮落效果，每层之间增加横向节理。通过分步开挖来模拟导水裂隙发育的过程：模型计算沿走向自左侧 100 m 开始开挖，共推进 300 m，采高 5 m，每步开挖 10 m，共分 30 步。数值计算模型如图 9－5 所示。

含水层的水压力在之前的研究中往往忽略，这导致实验结果与实际有较大出入。为了克服该因素的影响，本实验根据实际情况建立数值模型，在模型中考虑了含水层的水压在

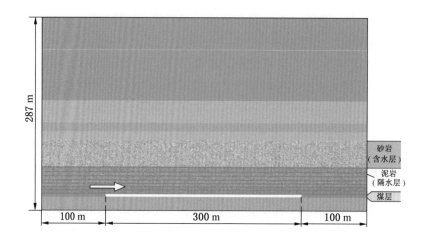

图 9-5　RFPA 数值计算模型（Ⅰ-1 模型）

开采过程中对导水裂隙带发育的影响，建模时给含水层赋 50 m 的水头，研究导水裂隙发育规律及煤层开采对覆岩砂岩含水层的影响。

3. 临界隔水关键层的数值模拟分析

红柳煤矿 010201 综采工作面隔水关键层为厚度 7～25.5 m 的泥岩，平均 20 m。该隔水层对 010201 综采工作面的侏罗系中统直罗组裂隙孔隙含水层（Ⅱ）能否导入采空区，离层水能否形成等均具有重要意义。本节针对数值模拟的结果进行分析，确定该隔水层的临界厚度。

1）覆岩破裂对比分析

限于篇幅，此处只给出了模型Ⅰ-12（泥岩隔水层厚度 18 m）、Ⅰ-15（泥岩隔水层厚度 21 m）的覆岩破裂图件。

当泥岩隔水层厚度为 18 m 时，开挖 35 m 储水空间就已经发育至第 3 层和第 4 层，随着工作面持续推进而逐步扩展。当工作面推进至 100 m，储水空间最大宽度增至最大约为 120 m，最大高度约为 1.1 m，随后开始闭合（图 9-6a）。此时，覆岩中的裂隙已经贯通该储水空间，也就是说该储水空间汇集的地下水将被疏导入采空区。然后，工作面继续推进，覆岩整体出现移动，储水空间和采空区逐步被压缩。此后，再也没有大范围的储水空间出现，导水裂隙带持续向上发展，直至增加到 63 m。当模型Ⅰ-12"开采"完毕后，覆岩中裂隙分别较为普遍，没有出现周期性的储水空间。因此，隔水层厚度小于 18 m 时，储水空间没有发育完全，导水裂隙带可以导穿隔水层，进入含水层底部，离层水形成规律不明显（图 9-6b）。当隔水层厚度为 19 m 时，即模型Ⅰ-13 实验结果显示，储水空间发育相对模型Ⅰ-12 规律性有所改善，所得结论大致同模型Ⅰ-14 实验结果。因此，认为隔水层厚度临界厚度为 19 m。

当泥岩隔水层厚度为 21 m 时，工作面推进到 40 m 时，储水空间就已经发育至第 3 层和第 4 层，随着工作面持续推进，储水空间逐步扩展。当工作面推进至 190 m，储水空间最大宽度增至最大约为 81 m，最大高度约为 2.5 m，随后开始闭合（图 9-7a）。此时，

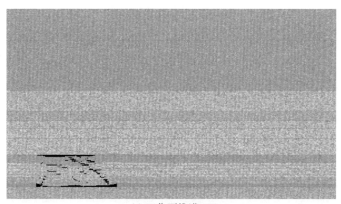

(a) 工作面推进 100 m

(b) 工作面推进 250 m

图 9 - 6　隔水层厚 18 m 时弹性模量

覆岩中的裂隙仍然没有贯通该储水空间。此后，储水空间周期性出现，导水裂隙带持续向上发展，直至增加到 58 m。当模型 Ⅰ - 15 "开采" 完毕后，可见出现周期性的储水空间，该周期约为 62 m。工作面推进到 400 m，即开挖完毕，离层水形成规律明显（图 9 - 7b）。

(a) 工作面推进 100 m

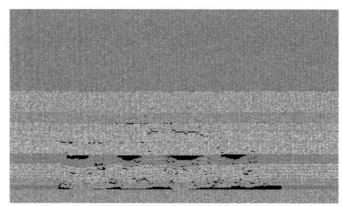

(b) 工作面推进 300 m

图 9 - 7　隔水层厚 21 m 时弹性模量

2）渗流过程对比分析

提取第三层关键隔水层（泥岩层）底部、开采煤层顶部的垂向渗流速度数据，工作面推进 300 m 不同隔水层厚度时的渗流情况如图 9 - 8 所示。

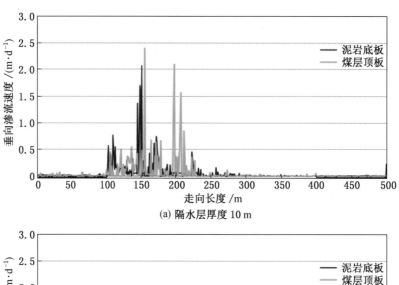

(a) 隔水层厚度 10 m

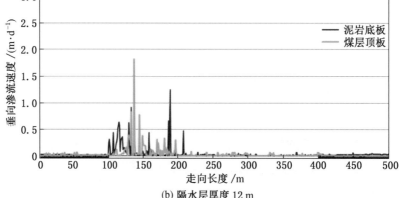

(b) 隔水层厚度 12 m

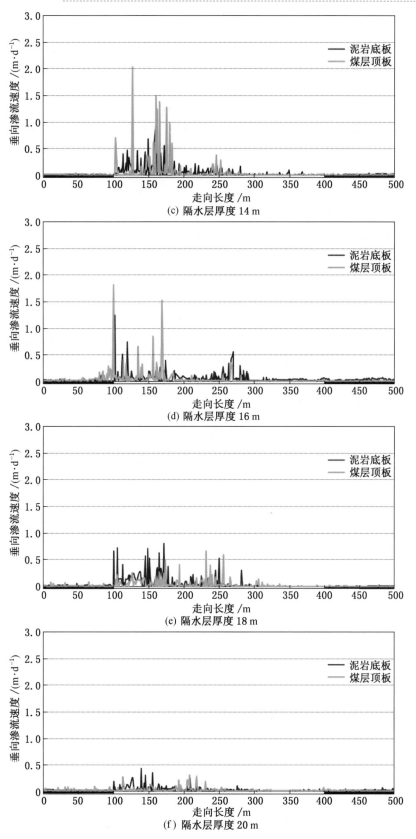

图 9-8　不同隔水层厚度渗流速度对比

当隔水层厚度为 10 m 时（图 9-8a），泥岩底板的渗流速度在采空区中部至开切眼范围内显著大于其他区域的情况，最大渗流速度约 2.1 m/d。煤层顶板的渗流速度的分布特征与泥岩底板的情况是相同的，在靠近开切眼一侧采空区的渗流速度最大，最大渗流速度约 2.4 m/d。此时隔水层中已经形成了上下导通的裂隙，其上方主要含水层的承压水通过导水裂隙进入采空区内，使得隔水层底板和煤层顶板的渗流速度表现为基本一致的特点。

当隔水层厚度为 12 m 时（图 9-8b），泥岩底板和煤层顶板的渗流速度较大的区域仍主要出现在采空区中部至开切眼的范围内，且两者仍表现为基本一致的特点。泥岩底板的最大渗流速度约 1.2 m/d，煤层顶板的最大渗流速度约 1.8 m/d。

当隔水层厚度为 14 m（图 9-8c）、16 m（图 9-8d）时，泥岩底板和煤层顶板的渗流速度分布区域仍表现为基本一致的特点，在采空区中部至开切眼的范围内的渗流速度相对较大。在开切眼附近的岩层中的渗流速度最大，其中泥岩顶板的最大渗流速度一般为 1.1 m/d 左右，煤层顶板的最大渗流速度在 1.9 m/d 左右。在采空区中部的渗流速度则一般小于 0.5 m/d。

当隔水层厚度为 18 m（图 9-8e）时，在采空区中部至开切眼的范围内的渗流速度仍相对较大，但数值明显减小，泥岩底板和煤层顶板的最大渗流速度小于 0.8 m/d。

当隔水层厚度为 20 m（图 9-8f）时，泥岩底板和煤层顶板的最大渗流速度小于 0.4 m/d，渗流速度较大的区域仍主要出现在采空区中部至开切眼的范围内。

当隔水层厚度大于 18 m 时，泥岩底板的导水裂隙的渗流能力显著减小，表明此时导水裂隙的横向宽度和纵向深度都显著减小；当隔水层厚度达到 20 m 时，泥岩底板和煤层顶板的渗流速度均很小，表明此时导水裂隙接近闭合状态，主要含水层中的水无法透过关键隔水层，到达采空区内。

综上所述，临界隔水关键层厚度约为 19 m，这与红柳煤矿 010201 工作面顶板直罗组下段含水层中夹层泥岩隔水层厚度 20 m 较为接近，进一步证明了 010201 工作面具备了形成离层水害的覆岩组合条件。

第二节　鄂尔多斯盆地北部北缘煤层顶板水害类型及形成机理

一、北缘东胜煤田顶板水害类型

塔然高勒井田内属于鄂尔多斯盆地北部的东胜煤田，构造上位于东胜隆起区的中北部，基本构造形态为一向南西倾斜的单斜构造，岩层倾角 1°~3°，褶皱、断层不发育，但局部有小的波状起伏，无岩浆岩侵入，属构造简单型煤田。各矿井均主采延安组二段顶部 3-1 煤层，充水影响最大的是侏罗系中统—侏罗系中下统延安组（$J_{2z} \sim J_{1-2y}$）裂隙孔隙承压水含水层。

该含水层段上部的直罗组段岩性为灰白、灰黄、灰绿、紫红色砾岩、中粗砂岩、夹砂质泥岩、细砂岩。局部含薄煤层及油页岩，含 1 煤组。底部多见煤及泥岩包裹体，呈明显的冲刷相沉积建造；下部的延安组三段岩性以灰白色细~粗砂岩为主，夹灰色、深灰色粉砂质和砂质泥岩，发育有平行层理和水平纹理。其中下部普遍发育厚层状含砾粗砂岩或细砾岩。砂岩成分以石英为主、长石次之，含岩屑及大量植物化石碎片。该岩段在井田内大部地段遭受后期剥蚀。因此，鄂尔多斯盆地中部侏罗系煤田顶板水害类型以砂岩孔隙、裂隙水为主，该含水层由直罗组与延安组三段上部含砾粗砂岩或细砾岩组成，具有厚度大、水压高等特点。在塔然高勒煤矿首采区范围内 $117 \sim 198.9$ m，平均 158.63 m，水位标高为 $+1300$ m 左右，单位涌水量 $q = 0.03 \sim 0.2$ L/(s·m)，渗透系数 $K = 0.0154 \sim 0.2327$ m/d，含水层富水性弱到中等，渗透性中等，井下放水试验观测水压约 4.0 MPa。

二、北缘东胜煤田高承压厚砾岩含水层水害形成机理

在中部侏罗系煤田，高承压砾岩、粗砂岩含水层水主要特点是通过采矿扰动裂隙突入矿井。突水过程一般不同于岩溶水的突发性和溃入性，与一般厚层砂岩含水层顶板水突出情况类似，往往呈现出小→大→小的突水过程，也就是说突水前期一般有先兆，突水后期水量会逐渐衰减。

在正常情况下，随着工作面的推进，砂岩采动裂隙自下而上逐步发展，对应于不同的工作面推进距离形成不同的裂隙网络分布。当工作面推进一定距离时，在采动应力作用下首先在强度较低的层面开裂，左右两侧的裂隙以层间开裂为中段，分别向采空区内侧和外侧扩展，形成 S 形断裂对；随着工作面的进一步推进，原有的采动岩体裂隙网络发生了变化，扩展、闭合和张开，又叠加上新的采动裂隙，从而使采动岩体裂隙分布更趋复杂，当采掘工作结束且岩移基本稳定后，采空区中部离层基本闭合。

由于煤层及采场砾岩、粗砂岩顶板属于孔隙—裂隙结构体，不同煤岩体，其孔隙、裂隙的尺寸、结构形式及发育程度差别是很大的，同时孔隙和裂隙的扩张与闭合程度受采动及岩层的运动也很敏感。岩层在运动过程中，随时伴随着新裂隙的生成和原有裂隙的闭合。根据塔然高勒煤矿试采工作面顶板岩性特征，对工作面不同回采阶段顶板裂缝带发育和涌水机理分析如下：

（1）回采 20 m 时，工作面回采形成的采场范围相对较小，工作面直接顶随采随跨，垮落高度 12 m 左右，工作面周围岩体应力释放使得开切眼上方形成了小范围的应力卸载区，高应力区出现在工作面前后方的煤壁，其中回采工作面前方煤壁出现压剪破坏，范围为 $0 \sim 30$ m，如图 9-9a 所示。垂向力场的分布基本上以采空区中心呈轴对称分布，此时工作面前端 10 m 左右的煤壁处支承压力达到最大值 20.9 MPa，向前出现应力降低区，在工作面前端 $20 \sim 25$ m 处垂直应力趋于稳定，垂直应力值在 16 MPa 左右，如图 9-9b 所示。此时，裂缝带发育虽然已经沟通了延安组三段砾岩层，但由于泥质胶结的作用，顶板水不会突入井下。

（2）回采 40 m 时，回采工作面导水裂隙带高度进一步发育，垮落高度达到 34 m 左右，工作面周围岩体应力释放使得采场上方形成了 25 m 左右的应力卸载区，高应力区出现在工作面前后方的煤壁，其中回采工作面前方煤壁出现压剪破坏，范围为 $0 \sim 35$ m，如图 9-10a 所示。垂向力场的分布基本上以采空区中心呈轴对称分布，此时工作面前端 10 m 左右的煤壁处支承压力达到最大值 22.0 MPa，向前出现应力降低区，在工作面前端 $20 \sim 25$ m 处垂直应力趋于稳定，垂直应力值在 17.5 MPa 左右，如图 9-10b 所示。在此过程中，由于裂缝带的发育沟通了砾岩含水层，顶板水成为工作面回采时主要的突水水源。

（4）工作面回采 60 m 时，开采扰动范围随工作面回采而继续扩大，回采工作面围岩

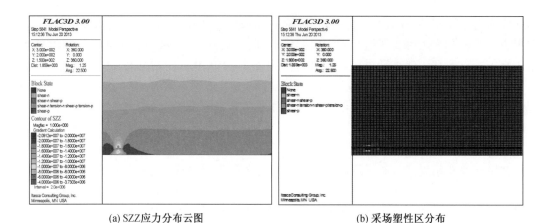

(a) SZZ应力分布云图 （b) 采场塑性区分布

图9-9 工作面推进20 m时，SZZ应力分布和采场塑性分布

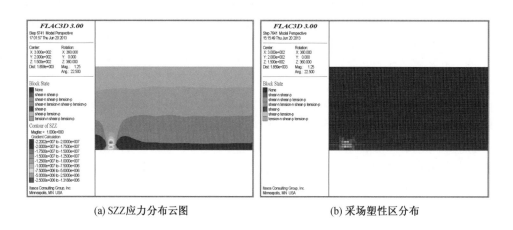

(a) SZZ应力分布云图 （b) 采场塑性区分布

图9-10 工作面推进40 m时，SZZ应力分布和采场塑性区分布图

扰动区进一步扩大，直接顶的大范围垮落，基本顶岩层开始出现应力降低区，垂直应力释放于工作面中部顶底板区域，覆岩塑性破坏区进一步扩大，塑性破坏区发育高度达到55 m，如图9-11a所示。在煤壁前方20 m处出现最大支承应力25.3 MPa，煤壁前方40 m左右范围内支承应力趋于平衡，其值大小在17.5 MPa左右，如图9-11b所示。此时，顶板涌水范围在垂向和平面上，由于破坏区的增大和回采时间的增加，受影响的顶板水漏斗范围也进一步扩大。

（5）工作面回采80 m时，开采扰动影响继续扩大，顶板零应力区域进一步扩大，基本顶岩层进一步开始破坏，在并在工作面覆岩前方出现拉剪破坏区，其中覆岩塑性破坏区发育高度达到69.5 m，煤壁最大支承应力为26.6 MPa左右，出现在工作面前方20 m处，如图9-12a所示；煤壁前方40 m左右范围内支承应力趋于平衡，其值在17.5 MPa左右，如图9-12b所示。

（6）工作面回采120 m时，开采扰动影响区域进一步增大，顶板零应力区域也进一

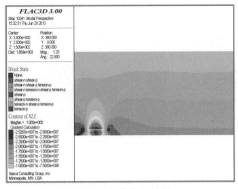
(a) SZZ应力分布云图

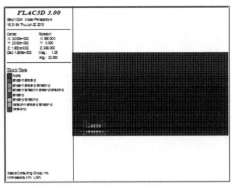
(b) 采场塑性区分布

图 9-11　工作面推进 60 m 时，SZZ 应力分布和采场塑性区分布

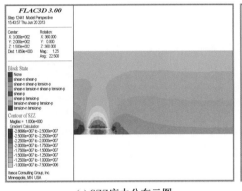
(a) SZZ应力分布云图

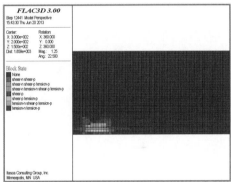
(b) 采场塑性区分布

图 9-12　工作面推进 80 m 时，SZZ 应力分布和采场塑性区分布

步扩大，基本顶岩层进一步开始破坏，在并在工作面覆岩前方出现拉剪破坏区，其中覆岩塑性破坏区发育高度达到 95 m，煤壁最大支承应力为 28.2 MPa 左右，出现在工作面前方 20 m 处，如图 9-13a 所示；煤壁前方 40 m 左右范围内支承应力趋于平衡，其值在 17.5 MPa 左右，如图 9-13b 所示。

（7）工作面回采 200 m 时，开采扰动影响区域进一步增大，顶板零应力区域也进一步扩大，基本顶岩层进一步开始破坏，并在工作面覆岩前方出现拉剪破坏区，其中覆岩塑性破坏区发育高度达到 107 m，煤壁最大支承应力为 31.7 MPa 左右，出现在工作面前方 20 m 处，如图 9-14a 所示；煤壁前方 50 m 左右范围内支承应力趋于平衡，其值在 17.5 MPa 左右，如图 9-14b 所示。此时，裂缝带发育高度达到最大，导水通道虽然不再向上发展，但会随着采煤工作的推进，裂缝带会逐步向前扩展。同时，采空区顶板范围内的静储量会被逐步疏干，而裂缝带范围外的水，仍会以动储量的形式补给到采空区顶板裂缝带发育范围内，参与工作面的采后涌水。

工作面回采 240 m、280 m、300 m 时和回采 200 m 时应力场分布特征基本一致，最大

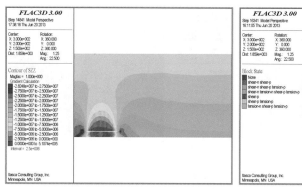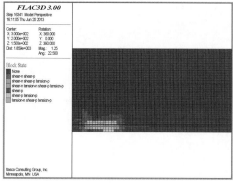

(a) SZZ应力分布云图　　　　　　　　　　(b) 采场塑性区分布

图 9-13　工作面推进 120 m 时，SZZ 应力分布和采场塑性区分布

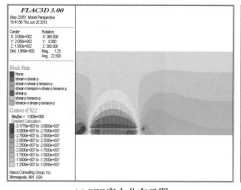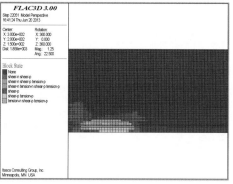

(a) SZZ应力分布云图　　　　　　　　　　(b) 采场塑性区分布

图 9-14　工作面推进 200 m 时，SZZ 应力分布和采场塑性区分布

支撑压力值量相对增加较少。

根据回采过程中应力图及塑性破坏区分布可知，煤壁前方应力集中区域存在着明显的分区特点，即沿着工作面推进方向分布着减压区、增压区和稳压区 3 个应力特征区域；在工作面的推进过程中，3 个应力特征区域的范围也不断变化。当工作面推进 20 m 时，减压区和增压区的影响范围约为 20 m；工作面推进至 60 m 时，减压区和增压区的影响范围约为 30 m 左右；工作面推进至 120 m 时，减压区和增压区的影响范围约为 40 m；当工作面继续推进，该应力区域的范围稳定在 50 m 左右。此外，工作面塑性区分布图可知，SC3102 首采面导水裂隙带发育高度为 107 m 左右（该数据为 4.89 m 采高的数值模拟计算结果）。

顶板水的涌出是伴随拉应力区和剪切破坏区裂缝的出现而发生，在初期，裂缝带未沟通含水层出水位置时，顶板水不会工作面的采后涌水；在裂缝带发育至含水层出水位置时，顶板水开始参与工作面的采后涌水；随着裂缝向上、向周围的扩展，涌水逐步增大，在塔然高勒煤矿顶板高压水和砾岩含水层渗透性好的情况下，涌水的增大过程会发生突变，瞬时大量顶板水的涌入往往造成灾害；在裂缝带扩展最高点时，采空区顶板一定范围内的静储量被释放，但周边含水层水仍会以动储量的形式进行补给，在工作面采后范围内形成一个逐步扩展的降落漏斗。

第三节　鄂尔多斯盆地东缘煤层顶板水害类型及形成机理

一、东缘神府煤田典型顶板水害类型

在前面分析了该区水文地质条件的基础上，结合多年来区内各矿生产实践过程中所受水害情况，并根据充水水源，本区顶板水害分为以下几种类型。

1. 风化基岩裂隙水水害

风化基岩裂隙水主要来源于本区直罗组风化基岩含水层，该含水层基本上全区分布，由于受到风化作用的影响该组地层上部层段，甚至全部以致部分延安组顶部层段全部成为风化岩层，岩层严重风化至中等风化，风化裂隙发育，具有较好的渗透性及储水条件，富水性强，往往侧向补给也较强，采动裂隙沟通该含水层时，导致工作面用涌水量增大，在正常基岩相对薄弱地段，往往可能发生透水事故（图9－15）。

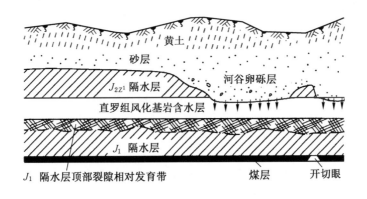

图9－15　直罗组风化基岩水溃入井下模式

受此类水害威胁的典型矿井如锦界煤矿，锦界煤矿矿井涌水量一度达到5499 m³/h，基本来源于直罗组风化基岩含水层（图9－16），极大地矿井涌水量导致防治水工作任务较重，经济投入较大，甚至有时造成灾害事故。例如，2010年1月27日，锦界煤矿31210工作面涌水过大，造成工作面局部被淹。

2. 松散层孔隙水水害

松散层孔隙水水害主要来源于本区第四系萨拉乌苏组含水层，以细砂、中砂为主，由于沉积受古地形制约，各地厚度差异较大。在古沟槽及低洼中心沉积最厚，向两侧逐渐变薄，有些至分水岭处尖灭。在局部地段如河谷、古冲沟一带易形成富水区，这些地段内由于煤层埋藏浅，基岩较薄，砂层含水层厚度大，回采过程中断裂带导通砂层含水层会出现较大涌水（图9－17）。

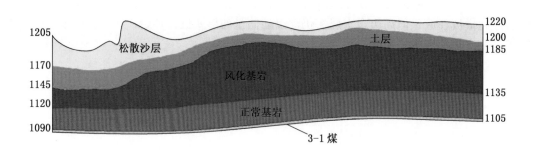

图 9 – 16　锦界煤矿典型工作面（31205）剖面示意图

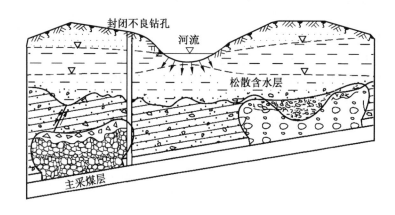

图 9 – 17　松散层孔隙水溃入矿井模式

受此类水害威胁的典型矿井如神东矿区大柳塔、哈拉沟、石圪台等矿井。大柳塔井田 1203 工作面平均埋深 61 m，上覆平均基岩厚度 27.5 m，平均松散层厚度 28.5 m，煤层采高 4.3 m。1993 年 3 月 24 日，当 1203 工作面推进至开切眼 20.12 m 位置时，顶板来压，发生直达地表的顶板切落，顶板水沿煤壁倾泻而下，正常涌水量 40 ~ 80 m³/h，最大涌水量达到 408 m³/h，造成工作面被淹，停产 19 d。

3. 浅埋薄基岩厚松散层突水溃砂

此类水害在突水的同时伴随溃砂，水沙主要来源同样为第四系萨拉乌苏组含水层。由于区域部分地段地处沟谷，工作面上方基岩较薄，松散层较厚，并以中细砂岩性为主，水沙具有较强流动性，一旦采动裂缝沟通该含水层时，即会发生突水溃砂事故（图 9 – 18）。

受此类水害威胁的典型矿井如哈拉沟、上湾、瓷窑湾煤矿等。瓷窑湾煤矿先前开采 12 号煤和 22 号煤，两组煤层埋藏较浅，且上覆基岩较薄，最薄处仅为 1.4 m，顶板软弱—半坚硬，属于易垮落顶板。上覆松散砂层以中、细砂为主，厚 30 ~ 80 m，底部富水饱和。1990 年 4 月 20 日和 12 月 28 日，瓷窑湾煤矿在掘进过程中，先后发生 2 次冒顶突水溃砂事故，涌水量 50 m³/h 和 35 m³/h，溃砂量达到 4000 m³ 和 6000 m³，造成了 2000 m 巷道报废。

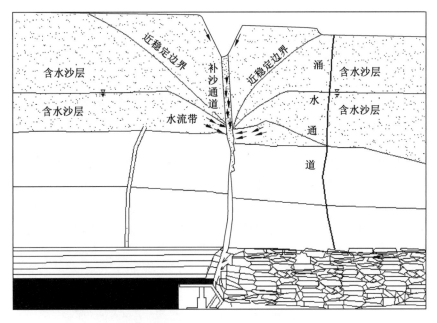

图 9 - 18　工作面回采突水溃砂模式

二、东缘神府煤田顶板水害形成机理

上述 3 种水害类型中，风化基岩裂隙含水层及松散空隙含水层水害形成的机理较为类似，本节从以下两个方面分析各自水害形成机理。

（一）直罗组风化基岩裂隙水和松散层孔隙水害形成机理

直罗组风化基岩裂隙水和松散层孔隙水害形成机理水害的发生，除了受含水层本身的水文地质条件控制外，还取决于煤层采动对顶板覆岩的破坏情况。当工作面回采、顶板裂缝带发育至主要充水含水层时，含水层水通过导水通道突入井下，造成水害事故（图 9 - 19）。

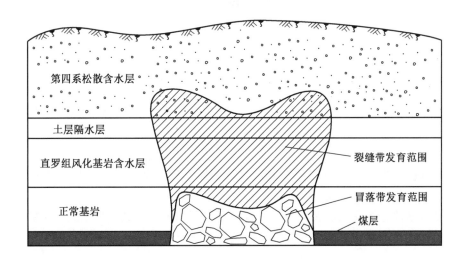

图 9 - 19　煤层采动顶板导水裂缝带结构示意图

该类突水事故发生的条件：①工作面上覆具有富水性较强的含水层（萨拉乌苏组及直罗组含水层）；②煤层采动造成顶板覆岩破坏波及至主要含水层，垮落带和导水裂缝带的发育高度大于隔水层的厚度；③煤层埋藏较浅；④井下排水系统能力不足。

工作面上覆具有富水性较强的含水层构成了水害事故的突水水源，煤层采动导水裂缝带则构成了水害事故的突水通道。其中带水裂缝带的发育范围、有效隔水层厚度、含水层水压、煤层埋藏深度等成为突水的关键因素。

1. 导水裂缝带

现行的各种计算公式是在总结大量实际资料的基础上，归纳出的经验公式，随具有一定的代表性，但对于浅埋煤层，其经验公式的预测值往往偏小。如鄂尔多斯盆地东部侏罗系煤田神东矿区各矿主采煤层普遍埋藏较浅，再加之主采煤层普遍较厚（>3 m），则大尺度工作面机械化开采后对顶板覆岩的扰动较大，上覆岩层往往以切冒的形式垮落，导水裂缝直接发育至地表（图 9-20）。

图 9-20 浅埋煤层采动裂缝发育至地表

2. 有效隔水层厚度

有效隔水层是阻止煤层顶板突水的关键。煤层顶板有效隔水层抵抗水压的能力、有效隔水层厚度又受到岩体强度、构造发育情况、岩层组合关系以及开采工艺等众多因素的影响，对有效隔水层的阻水能力只能在实践中逐步认识。实际生产过程中，有效隔水层厚度的确定需在仔细分析地质资料的基础上，通过钻探及现场试验等方法确定风化裂隙带高度，进而确定有效隔水层厚度。

本区部分地段松散含水层底部普遍发育一层离石组黄土，其对带水裂缝带的发育具有一定的抑制作用，是防止松散含水层突水的关键隔水层。

3. 含水层水压作用

含水层的水压力是作用在隔水层顶板上的，通过对岩体微裂隙的扩张、冲刷等作用，隔水层有效厚度不断减少，同时含水层压力不断增加，最终突破隔水层，沟通导水裂缝带。这种作用的前提条件是因采矿活动而使岩体产生了微裂隙，当采矿活动停止后，这种作用逐渐减弱，水压对微裂隙的扩张、冲刷等作用逐渐消失。因此，煤层顶板突水过程中，含水层的水压力作用是伴随采矿活动发生、发展和消失的。

4. 煤层埋藏深度

煤层的埋藏深度对顶板水害发生的影响主要体现在影响导水裂缝带发育高度上。浅埋煤层覆岩采动破坏后往往不会形成传统意义上的顶板"三带"，而是导水裂缝带直接发育至地表，这样即沟通了煤层上覆所有含水层。煤层埋深越浅，对导水裂缝带的发育越有利，成为顶板水害发生的重要因素之一。

(二) 浅埋薄基岩厚松散层突水溃砂形成机理

1. 浅埋煤层覆岩破坏特征

浅埋煤层最初是采矿界学者在神府大煤田开发过程中，由于特殊地质条件导致工作面矿压显现有别于一般工作面，而从岩层控制角度提出的概念，其定性特征为埋藏浅、基载比小，基本顶为单一主关键层结构；定量识别指标为埋深不超过 150 m，基载比小于 1.0；覆岩破坏特点为基本顶破断运动直接波及地表，顶板不易形成稳定结构。

从顶板水害防治角度解读浅埋煤层覆岩破坏规律，就是导水裂缝带直接贯穿基岩，进入到松散层内，当采厚较大且土层较薄或缺失时，会将松散层水、风化基岩和正常基岩内的水全部导入到工作面内，易造成工作面突水灾害的发生，在其采空区上部将直接形成"两带"结构，而不会形成典型的"三带"结构。以上浅埋煤层覆岩破坏规律及特点是国内诸多学者经过数年研究的精辟结论，为浅埋煤层岩层控制和水害防治提供了重要的理论支撑。目前，浅埋煤层开采主要面临的是水砂溃涌威胁，由于富水砂层都是由颗粒较细的风积沙组成，在开采扰动条件下，这些风积沙在水流带动下，就会发生不同规模的水砂溃涌灾害。导水裂缝带是从顶板水害防治角度提出的概念，对于新时期条件下的水砂溃涌灾害问题已经无法适用，因此必须寻求一种基于水砂溃涌灾害防治要求的新概念，通过对其发育规律及高度的研究，能够为揭示顶板水砂溃涌机理奠定基础，也可作为判别水砂溃涌发生的理论依据，以此有效地指导该类灾害的防治工作。

2. "横两区""竖两带"划分

从水害防治角度出发，导水裂缝带能够满足判别不同水体是否为直接充水水源要求；但从水砂溃涌防治角度出发，导水裂缝带划分过于笼统，不能满足浅埋煤层判别水砂源是否会溃入到工作面内的要求。传统观点认为仅垮落带波及至含水砂层才会引发工作面水砂溃涌事故，忽略了裂缝带垂向位置下部也会成为含水风积沙溃入到工作面的通道，出现这种认识误区主要原因是溃砂主体的改变。以往水砂溃涌的主体主要是指含在砂砾互层中或具有一定胶结强度的砂层，这些砂体属于新近系和第四系组合体，均已固结成块，流动性较差，只有通过垮落带这种大裂缝才能溃入到工作面内，而风积砂非常细小，极小的裂缝也能顺水而下，引发工作面水砂溃涌灾害的发生。因此，必须对导水裂缝带重新进行划分，为水砂溃涌防治方案制定提供判别依据。

据此，本次将浅埋煤层开采后的覆岩按照裂缝发育形态，自下而上依次划分为垮落性裂缝带、网络性裂缝带、贯通性裂缝区和方向性裂缝区，即"横两区""竖两带"，覆岩破坏分带如图 9-21 所示。

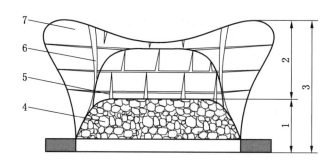

1—垮落带；2—裂缝带；3—导水裂缝带；4—垮落性裂缝带；5—网络性裂缝带；
6—贯通性裂缝区；7—方向性裂缝区

图9-21 浅埋煤层覆岩破坏划分示意图

1）垮落性裂缝带

煤层开采后，受重力、挤压力及挠曲张力的共同作用，采空区上覆岩层沿水平方向上的软弱面将出现离层裂隙或层间滑动面，沿垂向上则形成较多的断裂面，当水平与垂向裂隙相互交叉时，岩层断裂成块并产生垮落，以不规则碎块状充填于采空区。采空区垮落岩块间垂向裂隙发育且宽度大，表明垮落带内为垮落性裂缝带。同时由于垮落的岩块块度较大，大小不均，堆积时原有层位完全错乱，因此岩石不但破碎，而且堆积混乱，无一定规则，完全失去原有的连续性和层状结构，导致岩块间空隙多，连通性极好，不但透水而且流砂也极易从中穿过。垮落性裂缝带范围内波及到水砂体，将引起工作面水砂溃涌事故的发生，在杂乱状破坏区内的地下水呈管道流状态。

2）网络性裂缝带

垮落性破坏带上部基本顶岩层由于挠曲形变，产生既具有层间离层裂隙又具有层内纵向裂隙的网络性裂隙。垮落性破坏带上部基本顶岩层受竖向荷载作用产生层向拉应力，导致岩层的层间结构破坏，但受到底部垮落带内堆积岩块的支撑作用，破坏岩层的层序仍保持原有的连续性，并形成层间裂缝；与此同时，基本顶岩层在拉应力的作用下又会形成垂直于岩层的垂向裂缝，这样层间裂缝与垂向裂缝纵横交错而形成了裂缝网络，连通性好，一旦波及含水砂体，将成为水砂纵向运移的主要通道。由于裂缝间连通性极好，既透水又透砂，该区一旦波及水体易引起工作面水砂溃涌事故的发生。但由于该带内的裂缝呈网络状分布，没有水流带动的砂体在其内部流动性却很差，因此开采过程中虽会有少量砂体进入到工作面内，但大规模的溃砂灾害将不会发生。网络裂隙带内的地下水一般呈现紊流状态。

3）贯通性裂缝区

在基本顶进入到不同垮落阶段时，由于薄基岩煤层特殊的工程地质条件，上覆岩层在工作面后方、前上方易形成穿透基岩的贯通裂缝，造成顶板切落式垮落，上宽下窄的贯通裂缝直接将工作面与饱和含水层砂层连通，从而诱发顶板水砂溃涌事故的发生，这种灾害发生在基本顶初次来压位置较多，在正常推进段由于岩梁之间的铰接作用，发生这种灾害的可能性较小。在贯穿裂缝区内的地下水呈管道流状态。

4）方向性裂缝区

当采空区上方直接顶板岩层垮落后，上覆岩层内部应力条件将发生改变，致使影响区域内围岩应力得到释放或重新分布，基本顶岩层在一定时间内会因悬空或支撑不足而处于拉应力状态，在受拉岩层上方的地层受拱型力的效应而处于水平挤压状态，在工作面四周煤壁上方顶板岩层处于向工作面内侧倾斜的拉扭应力状态，顶板岩层在上述应力的作用下，当作用力超过岩层自身的强度极限后，顶板覆岩便会产生垮落、离层、张裂等变形和破坏，岩石形成以采空区为中心的方向性裂缝，该裂缝一般由下而上逐渐变弱，在垂直或斜交于岩层的新生张裂隙，裂隙带随采空区的扩大而向上发展。当同时受到拉应力和张应力的双重作用时，岩石形成以采空区为中心的方向性裂隙，形成方向裂隙区。方向裂缝常沟通煤层上部多个含水层，成为地下水流动的良好通道，地下水从含水层中释放以渗流的形式进入采矿空间。由于裂缝间连通性较差，方向裂缝区能透水但不透砂，该区一旦波及水体易引起工作面突水事故的发生。在方向裂缝区内的地下水一般呈现渗流状态。

3. 基岩分类

当水体、含水层或含水砂层位于导水裂缝带范围内时，不同类型的水体或含水砂层将以此为通道涌入到工作面内，引发突水或水砂溃涌灾害的发生。显然，基岩厚度的大小决定着水、流砂对工作面安全生产构成的威胁程度，从水砂溃涌灾害防治角度出发，以导水裂缝带、导水砂裂缝带、垮落性裂缝带高度为分类依据，根据基岩厚度的不同将之分为厚基岩、中厚基岩、薄基岩及超薄基岩 4 种。大于导水裂缝带高度的为厚基岩，介于导水裂缝带与导水砂裂缝带之间的为中厚基岩，介于导水裂缝带与垮落带之间的为薄基岩，小于垮落带高度的为超薄基岩。显然，超薄基岩引发的水砂溃涌灾害最为严重，在实际开采过程中最常用的是对超薄基岩上覆砂层进行注浆加厚改造，或直接进行充填开采。充填开采由于涉及民事纠纷、征地赔偿，很难实施，目前该方案在现场已很少采用；注浆加厚工程由于可以在井下实施，因此应用较多，该方法主要是使注浆加固段与原有基岩厚度达到薄基岩厚度，再采取疏排水工程及其他配套技术措施，以此保证工作面不会发生水砂溃涌灾害。薄基岩虽然能够引发水砂溃涌灾害的发生，但治理措施较前者简单，如注浆加厚基岩这一环节就可以省略，直接采取超薄基岩注浆加厚后的工程及技术措施就可以实现工作面安全回采。中厚基岩段沟通含水砂层时，只需采取疏放水工程就可以保证工作面安全回采。因此，研究浅埋覆岩破坏规律，确定导水砂裂缝带的高度，对于工作面制定防治水砂溃涌方案具有重要的指导意义，可以避免有些工程的盲目上马，节约大量的人力、物力和财力。

4. 导水砂裂缝带高度计算

上述"横两区""竖两带"中，垮落性裂缝带与贯通性裂缝区内的地下水属于管道流，一旦与含水砂层沟通，极易引发大规模水砂溃涌灾害的发生，破坏性极大，因此必须采取注浆固砂、降低采高或充填开采等方式，方能保证工作面安全开采；网络性裂缝带内的地下水呈现紊流状态，与含水砂层沟通时也易引发水砂溃涌灾害的发生，但破坏性相对较小，可通过疏排水方式将砂体内部的水排完，保证工作面安全开采。方向性裂缝区内部裂缝连通性较差，属于透水不溃砂，只需加大排水能力和提前探放水就能保证工作面安全回采。根据竖"两带"导水砂特性，本次将垮落性裂缝带和网络性裂缝带合称为导水砂裂缝带。

1）模型建立

根据大量的物理模拟实验及实测结果，在工作面达到临界宽度前，覆岩不能达到充分采动，其发育形态呈"拱形"分布，如图9-22、图9-23所示。

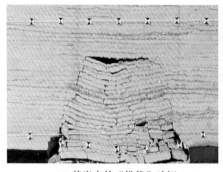

(a) 基岩中的"拱状"破坏　　　　　　　(b) 基岩及土层中的"拱状"破坏

图9-22　基岩发育形态呈"拱形"分布

从图9-22中可以看出，由于拱内岩层已被垮落性裂缝、网络性裂缝所贯通，一旦波及含水砂层，这些裂缝将会成为导水砂通道，引发工作面突水或水砂溃涌灾害事故的发生。由于拱内裂缝具有导水砂功能，将该拱定义为导水砂拱。导水砂拱的大小是随着工作面的推进而不断变化的，最终形成的平衡结构可以简化为一"拱墙"结构，如图9-23所示

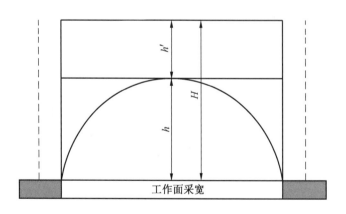

h'—导水裂缝带最高点距地表距离；H—开采煤层深度；h—导水裂缝带高度

图9-23　"导水砂拱"形成的拱墙结构

图9-23中的"导水砂拱"承压结构可以简化为结构力学上的拱模型，简化后的"导水砂拱"力学模型如图9-24所示。

2）模型求解

任取x截面，截面上作用的弯矩和力可表示为

$$\begin{cases} M_x = M_x^0 - R_h y \\ N_x = Q_x^0 \sin\theta + R_h \cos\theta \\ Q_x = Q_x^0 \cos\theta + R_h \sin\theta \end{cases} \quad (9-15)$$

式中　M_x、N_x、Q_x——x 截面上作用的弯矩、轴向力与剪力；

　　　　M_x^0、Q_x^0——支座上无水平反力时 x 截面上作用的弯矩与剪力；

　　　　R_h——煤岩块体间摩擦力。

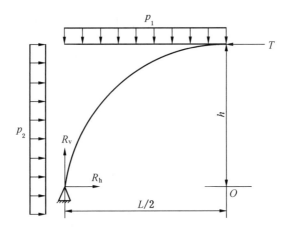

T—右半边拱作用反力；p_1—拱洞上覆岩层平均容重；p_2—拱墙侧面压力；

R_v—拱墙侧面剪切力的宏观表现；R_h—煤岩块体间摩擦力的宏观表现

图 9-24　"导水砂拱"力学模型

当 $\sum Y = 0$ 时，可得

$$R_v = p_1 \frac{L}{2} \quad (9-16)$$

当 $\sum X = 0$ 时，可得

$$T = p_2 h - R_v \quad (9-17)$$

式中　R_v——拱墙侧面剪切力；

　　　　T——右半边拱作用力。

将式（9-16）代入式（9-17），可得

$$T = p_1 \frac{\beta K_0 h - \mu L}{2} \quad (9-18)$$

式中　μ——层间岩层摩擦系数。

由散体力学可知，在地表下任意深度 z 处取一微小单元体，则该处压力强度可由下式计算：

$$\sigma_0 = K_0 \gamma z \quad (9-19)$$

假设此时，拱墙两侧亦达到极限强度状态，由极限强度理论可知拱墙侧面压力及其剪切力则满足：

$$\tau = c + \sigma \tan\varphi \quad (9-20)$$

则由式（9 – 19）、式（9 – 20）可得

$$\tau_0 = c + \sigma_0 \tan\varphi = c + K_0 \gamma z \qquad (9-21)$$

又由式（9 – 16）、式（9 – 21）以及边界条件描述并取积分区域为地表到煤层埋深可知

$$R_v = p_1 \frac{L}{2} = \int \tau \, \mathrm{d}z = cH + \frac{1}{2} K_0 \gamma H^2 \tan\varphi \qquad (9-22)$$

求解可得工作面临界采宽表达式为

$$L = \frac{1}{p_1}(2cH + K_0 \gamma H^2 \tan\varphi) \qquad (9-23)$$

假设在此极限状态下拱形曲线为合理共轴线，即任意共轴截面处的弯矩为零，即 $\sum M = 0$，得到拱轴曲线方程为

$$x^2 + K_0 y^2 - (2K_0 h - \mu L)y = 0 \qquad (9-24)$$

式（9 – 24）说明合理拱轴线为一段椭圆曲线。再将式（9 – 24）代入拱趾坐标（$L/2$，h）还可以得到拱的高跨比表达式为

$$\frac{h}{L} = \frac{\mu + \sqrt{\mu^2 + \beta K_0}}{2\beta K_0} \qquad (9-25)$$

则导水砂裂缝带高度为

$$h_{导水砂} = \frac{\mu + \sqrt{\mu^2 + [1 + h/2(H-h)]K_0}}{2[1 + h/2(H-h)]K_0} L \qquad (9-26)$$

将式（9 – 23）代入式（9 – 26）中，可得到导水砂裂缝带发育最大高度为

$$h_{导水砂} = \left(H - \sqrt{H^2 - \frac{4AB}{\gamma}}\right)\Big/2 \qquad (9-27)$$

其中

$$A = \frac{\mu + \sqrt{\mu^2 + \beta K_0}}{2\beta K_0} \qquad B = 2cH + K_0 \gamma H^2 \tan\varphi$$

现将式（9 – 27）展开简化后，有

$$ah^4 + bh^3 + fh^2 + dh + e = 0 \qquad (9-28)$$

其中，$a = 2\gamma^2 K_0$，$b = -6K_0 H\gamma^2$，$f = 4(\gamma^2 H^2 K_0 + \gamma\mu B)$，$d = -4\gamma\mu HB$，$e = -B^2$。

再由一元四次方程的经典解法—费拉里解法可知，式（9 – 28）方程存在 4 个解，即

$$h_1 = \frac{\left(-b - \sqrt{4a^2\Delta - C/3} - \sqrt{-4a^2\Delta - 2C/3 - \dfrac{-b^3 + 4abf - 8da^2}{\sqrt{a^2\Delta - C/12}}}\right)}{4a}$$

$$h_2 = \frac{\left(-b - \sqrt{4a^2\Delta - C/3} + \sqrt{-4a^2\Delta - 2C/3 - \dfrac{-b^3 + 4abf - 8da^2}{\sqrt{a^2\Delta - C/12}}}\right)}{4a}$$

$$h_3 = \frac{\left(-b + \sqrt{4a^2\Delta - C/3} - \sqrt{-4a^2\Delta - 2C/3 + \dfrac{-b^3 + 4abf - 8da^2}{\sqrt{a^2\Delta - C/12}}}\right)}{4a}$$

$$h_4 = \frac{\left(-b + \sqrt{4a^2\Delta - C/3} + \sqrt{-4a^2\Delta - 2C/3 + \dfrac{-b^3 + 4abf - 8da^2}{\sqrt{a^2\Delta - C/12}}}\right)}{4a}$$

为了能得到满足实际需求的唯一解，将各参数的取值区间代入式（9－28）中所包含的 4 个解，可以得到满足要求的解只有 1 个，即

$$h_{导水砂} = \frac{\left(-b + \sqrt{4a^2\Delta - C/3} + \sqrt{-4a^2\Delta - 2C/3 + \dfrac{-b^3 + 4abf - 8da^2}{\sqrt{a^2\Delta - C/12}}}\right)}{4a} \qquad (9-29)$$

其中

$$\Delta = \frac{\sqrt[3]{2}\Delta_1}{3a^3\sqrt[3]{\Delta_2 + \sqrt{-4\Delta_1^3 + \Delta_2^2}}} + \frac{\sqrt[3]{\Delta_2 + \sqrt{-4\Delta_1^3 + \Delta_2^2}}}{3\sqrt[3]{2}a}$$

$$\Delta_1 = f^2 - 3bd + 12ae$$

$$\Delta_2 = 2f^3 - 9bfd + 27ad^2 + 27b^2e - 72afe \qquad C = -(3b^2 - 8af)$$

从现场实际情况来看，由于垮落岩层具有碎胀性特征，当工作面达到临界采宽时，导水裂缝带将不受式（9－29）中任何参数的影响，始终保持在一个较为稳定的范围内，因此在进行导水砂裂缝带高度计算时，首先必须确定在具体采矿、地质条件下的工作面临界采宽值，然后再将工作面临界采宽值作为已知参数代入到导水砂裂缝带高度计算式中，再结合其他相关参数，最终得出导水砂裂缝带高度计算值。

3）影响参数分析

由式（9－29）可知，影响导水砂裂缝带高度的因素有岩层间摩擦系数 μ、煤层内摩擦系数 ϕ、煤层黏聚力 c、煤层埋深 H（从煤层底板算起包括煤层厚度 M）、煤岩平均容重 γ，本章针对影响导水砂裂缝带高度的因素进行讨论分析。为讨论各参数对导水砂裂缝带高度的影响，所选参数见表 9－5。

表 9－5　导水砂裂缝带高度影响参数选取一览表

岩层间摩擦系数 μ	侧向压力系数 K_0	煤层埋深 H/m	煤层采场宽度 L/m
	0.25	200	100
	—	—	200
	—	—	300
0.2	—	200	100
—	—	—	200
—	—	—	300
0.2	0.15	—	100
—	0.20	—	—
—	0.25	—	—
0.2	0.25	200	—
—	—	300	—
—	—	400	—

（1）层间岩层摩擦系数影响分析。层间岩层摩擦系数与导水砂裂缝带高度的关系如图 9－25 所示。从图 9－25 可以看出，随着层间岩层之间的摩擦系数的增加，导水砂裂缝

带的发育高度呈增长趋势。同时，随着工作面采宽的增加，层间岩层之间的摩擦阻力对其高度的影响区域将变得平缓，但增加了对其初始值的影响。

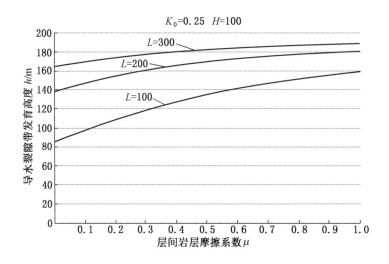

图 9 – 25　层间岩层摩擦系数与导水砂裂缝带高度关系

（2）水平侧向压力系数影响分析。水平侧向压力系数与导水裂缝带高度的关系如图 9 – 26 所示。从图 9 – 26 可以看出，水平侧向压力的存在或其值的增大将阻止上覆岩层裂隙的发展高度，且这种影响较为明显，但侧向压力的影响是有限制的。导致这种限制的力学机理是煤岩微元体处在两向应力约束状态下，按照莫尔—库仑准则发生破坏，在最大剪切面处存在平衡状态。同样，随着工作面宽度的增加，其区域稳定时的导水裂缝带高度值将变大，但这种变化将趋于平缓。

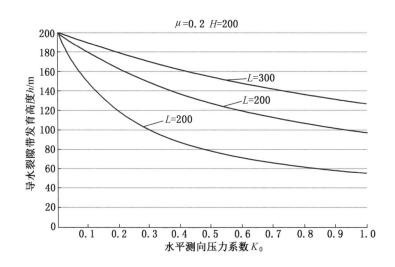

图 9 – 26　水平侧向压力系数与导水砂裂缝带高度关系

（3）煤层埋深影响分析。煤层埋深与导水砂裂缝带高度的关系如图 9 - 27 所示。从图 9 - 27 可以看出，随着煤层距地表距离的加深，上覆岩层导裂不断发展，表明这种影响相对于其他因素的作用是较为缓慢的，而对侧向压力系数的不同取值说明了图 9 - 27 中其对导水裂缝带高度的影响规律。

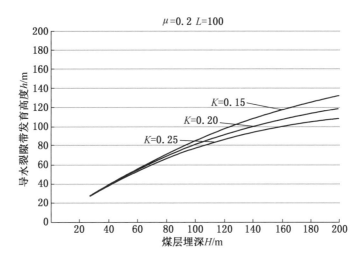

图 9 - 27 煤层埋深与导水砂裂缝带高度关系

（4）工作面采宽影响分析。工作面采宽与导水砂裂缝带高度的关系如图 9 - 28 所示。从图 9 - 28 可以看出，导水砂裂缝带高度随着工作面采宽的增加而增高，同时发现在工作面采宽达到 300～400 m 时导水裂缝带发育高度增长曲率出现拐点趋于平滑，最终保持不变。该规律说明工作面采宽在一定范围内导水裂缝带会加速向上发育，但这种影响不是无限制的，当达到一定采宽后，导高受其影响则变小，这一结果也被实际探测所证实。在进行导水砂裂缝带高度计算时，采宽参数不能采用工作面实际宽度，可采用 1.2～1.4 倍的基岩厚度代入计算。

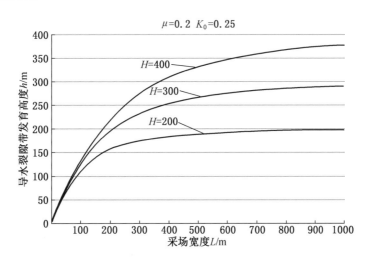

图 9 - 28 工作面采宽与导水砂裂缝带高度关系

5. 突水溃砂形成条件

经前人研究和实践经验总结表明，突水溃砂灾害的发生需具备以下 4 个条件：

1）存在水沙溃涌的物质基础

水沙溃涌事故的发生与含水砂层富水性强弱、水沙组合情况密切相关。含水层的富水性强弱、地下水侧向补给量及大气降水补给量决定静水压力的大小，对于中等—强富水含水层，较高的静水压力潜伏有强大的水势能，为水沙溃涌提供充足的动力，潜水一旦转化为直接充水水源，将造成工作面或巷道水沙溃入的局面，溃入量的多少则取决于含水层结构及空间配置，即水沙组合情况。基岩与水沙接触类型可以分为以下 3 种情况：

（1）基岩顶面为砂砾石层含水层，上部为黄土层和松散砂层。这种情况工作面溃砂的沙源则是砾石层中所夹的中 – 细砂，在防沙范围内，顶板初次全厚切落贯通时，其中所含的砂直接进入工作面或采空区，随着涌水时间增长，砾石层则变为滤砂层，有阻止进一步溃入之功效；另外由于水势能的减小，溃砂失去动力。

（2）基岩顶面为黄土层，上部为松散砂层含水层。这种结构由于黄土层（厚度大于 5 m）有较好的隔水性能，有一定的抗剪强度，结构致密，水沙进入工作面的通道受阻不易形成涌水溃砂事故，但不可避免有这种情形存在，即煤层上覆基岩过于薄，加之黄土层厚度不大（小于 5 m），煤层采高大，采掘垮落后，产生干扰的黄土"天窗"，此时砂在水动力的作用下，通过天窗进入工作面，造成灾害性溃砂事故。

（3）基岩顶直接为砂层含水层。在这种条件下开采浅埋煤层，极易造成水沙俱下的严重灾害，特别是当煤层顶板被冲蚀严重时，会引起工作面的报废，这种饱和含水砂层直接与基岩接触的类型是突水溃砂防治的重点。

2）存在水沙流动的通道

浅埋煤层薄基岩厚松散层下开采水沙溃涌通道主要分为 3 种类型：一类是天然地质条件因素，由断层、褶皱等地质结构组成的先天性破碎通道；另一类是人为开采活动引起覆岩破坏而形成的网络裂隙通道与垮落裂隙通道；第三类是天然构造因素与人为开采活动共同作用的结果，如采动造成断层活化及导致加剧导水裂隙带高度发育。3 种类型的通道产生原因都与地质因素有关，第 1 类通道是开采前就已经形成的优势通道，第 2 类通道是在开采过程中产生的人为通道直接贯穿薄基岩，第 3 类通道是前 2 类通道的叠加。这 3 类通道一旦与含水砂层直接沟通，极易将水砂导入到工作面内。

第 2 类通道（人为采动形成的通道）是突水溃砂的主要通道，根据浅埋煤层回采覆岩的破坏规律，这类通道又分为 3 种情形（图 9 – 29）：

（1）工作面支架前方切顶。工作面回采至周期来压的位置时，由于应力集中，支架前方工作面煤壁上方可能产生切顶现象，导致突水。因此，应保证支架足够的初撑力，并及时跟进，防止上覆基岩形成错断，导致工作面采场上部直接突水。正常情况因错断距较小，不会形成溃砂，如图 9 – 29 中的导水通道 I。

（2）工作面支架后垮落。随着工作面的向前推进，在工作面支架后侧，采空区形成切落式垮落。该区域煤层直接顶上部岩层，由于受到重力、挤压力及挠曲张力的共同作用，沿垂向形成较多的断裂面，水平方向沿软弱面出现层间滑动面，并呈碎块状垮落充填于采空区，总体上块度自下而上逐渐增大。其上部基本顶岩石由于挠曲形变产生的拉张力裂隙，总体沿垂向产生裂隙，裂隙呈上宽下窄的特点，在重力作用下，沿深度较大裂隙面

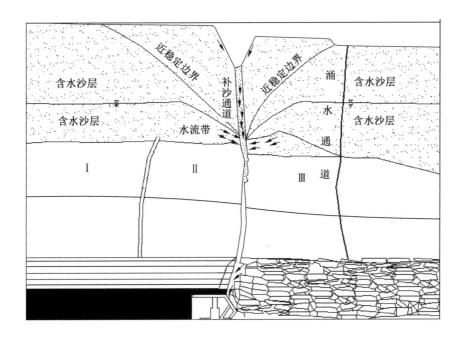

图 9 - 29 顶板垮落形态示意图

形成滑动和错断离层，该滑动直达上覆饱和含水砂层，必然导致砂层含水层中的水沙，沿着工作面前方尚未垮落岩梁与已经切落的岩块之间存在的裂缝区域涌入到工作面内，从而导致工作面水沙溃涌事故的发生，如图 9 - 29 中的断裂面Ⅱ。

（3）采空区垮落。随着工作面的继续推进，新的垮落使已形成的溃砂裂隙面错断距减小，间隙愈合，再加上砂岩含水层水位降低，该溃水通道呈逐渐减小趋势。因此，新裂隙形成后，先期形成的溃砂裂隙面基本中止溃砂，水沙转入其后出现的新裂缝中涌出，如图 9 - 29 中的断裂面Ⅲ。

通过对上述浅埋煤层采动覆岩垮落形态分析，只要确保支架带压支护，及时跟进，防止架前基岩错动，架前裂隙带（图 9 - 29 中的通道Ⅰ）可能出现突水而不会溃砂；同样裂隙稳定带（图 9 - 29 中的通道Ⅲ）也以突水为主，且水量偏小，溃砂的可能性极小。因此，工作面回采中，刚形成的垮落、裂隙带成为突水溃砂的主要通道（图 9 - 29 中的通道Ⅱ），对工作面安全生产的威胁较大。

3）存在较大的动水压力

含水沙层在未采动之前存在一定的静水压力，该压力与含水层富水性成正比关系，相对开采煤层底板而言，含水层的静水压力隐含强大的势能，在含水沙层被网络或垮落裂隙沟通的瞬间，含水层水发生流动，势能立即转化为动能，此时沙层不但要受到静水压力对其的劈裂作用，而且还要面临地下水为克服阻力而对砂层施加的动水压力作用，在静、动水压力共同驱动下，含水沙粒发生大范围移动，从而引发水沙溃涌事故的发生。

4）存在容纳水砂流入的空间——工作面、采空区或巷道

当饱和含水沙层直接被网络或垮落裂隙沟通时，在动、静水压共同作用下，含水层中

的砂粒随着水流方向朝涌水口移动，如果涌水口下方存在较大的空间，那么流动的沙颗粒在足够大的水流带动下朝工作面、采空区和巷道汇聚，短时间内将空间充填、淹没。如果被充填的空间较小，即使有较大的水流作用，溃决的沙体也只能堆积在溃砂口的下方，从而阻止溃砂的进一步发展。因而，临空面空间的大小将决定溃砂危害性的大小及发展程度。

综上所述，突水溃砂的 4 个影响因素归纳起来包括：水沙源、通道、动力源、流动空间，这 4 个要素的相互作用是导致突水溃砂的内在机理。上述 4 个条件缺一不可，必须同时具备，才能导致工作面突水溃砂事故的发生。

第十章　鄂尔多斯侏罗系煤田工作面与矿井涌水量预测方法研究

第一节　矿井涌水量预测值与实际值对比分析

矿井涌水量预测是矿井正常生产之前对开采后流入矿井的水总量的估计，以便在建井和生产时采取相应的防治措施。矿井涌水量预测是勘探阶段的重要任务。宁东煤田部分矿井地质勘探报告中的预测矿井涌水量与实际矿井涌水量统计见表10-1，实际与预测正常涌水量对比图如图10-1所示。

表10-1　宁东煤田部分矿井涌水量预测值统计

矿　井	实测矿井涌水量/$(m^3 \cdot h^{-1})$		矿井涌水量预测值（地质勘探报告）/$(m^3 \cdot h^{-1})$		误差/%	
	正常	最大	正常	最大	正常	最大
石槽村煤矿	785.4	896	420.8	545	87	64
枣泉煤矿	330	630	170	250	94	152
红柳煤矿	1000	1250	617.7	712.3	62	75
平均值	—	—			81	97

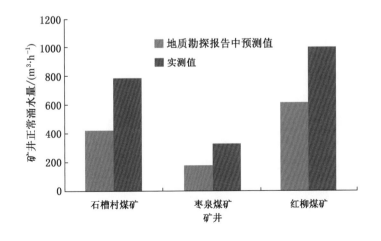

图10-1　宁东煤田部分矿井正常涌水量对比

　　从表10-1统计对比可看出，地质勘探报告中无论是矿井的正常涌水量还是最大涌水量均明显小于实测值，并且矿井涌水量是一个固定的数值，不仅使后期的排水系统需要升级改造，同时对矿井防治水工作提供的数据可靠性显著降低。

　　煤田勘探及水文地质补勘计算矿井涌水量及所采用参数统计见表10-2。

表10-2　矿井涌水量预测采用参数统计

矿井	勘探	采用方法		$K/(\text{m}\cdot\text{d}^{-1})$	M/m	H/m	R/m	r/m	B/m
梅花井	煤田勘探	集水廊道法	北翼	0.0551	98.12	576.15	6492.46	—	5000
			南翼	0.0131		520.07	2714.93		5600
	水文补勘	集水廊道法	北翼	0.03	68.64	353.57	1457.73	—	5000
			南翼	0.032	76.93	420.17	1221.53		5600
石槽村	煤田勘探	集水廊道法		0.03	94.41	456.00	2081.60	—	2250
	水文补勘	大井法		0.0609	157.60	356.48	879.72	2587.50	

　　通过表10-2统计对比，煤田勘探中矿井预测正常涌水量与实际涌水量有比较大的差别，其误差达到了62%～94%，预测最大涌水量与实际涌水量误差为64%和152%，且预测涌水量全部偏小；地质勘探报告中的水文地质参数和水文补勘中的也存在一定的差异性，有的渗透系数差距达50%以上。可见，随着对水文地质条件的不断认识，水文地质参数的识别更趋于合理，但从预测结果来看，与实际矿井涌水量还是有一定误差，说明水文地质参数还存在一定的误差；另外，不同的预测方法对涌水量预计也有很大的影响。

　　根据《煤矿防治水细则》第一百零六条规定："工作水泵的能力，应当能在20 h内排出矿井24 h的正常涌水量（包括充填水及其他涌水）。备用水泵的能力应当不小于工作水泵能力的70%。工作和备用水泵的总能力，应当能在20 h内排出矿井24 h的最大涌水量"。矿井排水系统设计依靠勘探阶段所得的矿井预测涌水量，因此当矿井开采后实际涌水量大于排水系统排水能力时就会对矿井安全生产带来威胁，即 $Q_{实际}>Q_{排}=24/20Q_{预测}$，$(Q_{实际}-Q_{预测})/Q_{实际}>20\%$ 时（其中，$Q_{实际}$ 表示矿井实际涌水量，$Q_{预测}$ 表示矿井预测涌水量，$Q_{排}$ 表示矿井排水能力），矿井安全生产受到威胁。而区内矿井涌水量预测值与实际值误差最大达到了99%，这都是由于矿井涌水量预测值不准确所造成的，预测值不准确的主要原因是水文地质参数不具有代表性及计算方法和数学模型选取不当。

第二节　水文地质参数的影响因素

一、原始资料对水文地质参数的影响

　　原始资料是否精确、详细，直接反映为对矿区水文地质条件的认识程度，矿区水文地质条件、矿井充水因素、地下水补给、径流、排泄、含隔水层岩性、厚度、产状、分布范围、埋藏条件、含水层富水性、隔水层稳定性、含隔水层的水文地质参数及地下水的水位、水质、径流特征等都需要从勘探及原始资料中获得，矿井涌水量预计必须建立在对这

些条件正确认识的基础上，也就是说矿井涌水量预计必须有详细的原始资料，且需要对原始资料合理地批判和有根据的选择，选择最可靠的资料来计算。

1. 勘探精度

鸳鸯湖矿区煤田地质勘探工作始于 1958 年，至 1992 年分别经历了找煤、普查和详查阶段，各勘察阶段完成主要工程量见表 10-3。

表 10-3　前期完成的主要工作

阶　段	找　煤	普　查	详　查
报告名称	宁夏灵武煤田鸳鸯湖—萌城找煤地质报告	宁夏回族自治区灵武煤田鸳鸯湖矿区普查地质报告	宁夏回族自治区灵武煤田鸳鸯湖矿区详查地质报告
工作时间	1959—1980 年	1985—1989 年	1990—1992 年
勘探面积/km²	2108	150	150
钻探/(m/孔)	32177.78/108	27476.10/52	34832.27/69
完成测井/m	15772(41 孔)	26917	34082
主要地震(物理点)	—	1221	0
工作地质测量/km²	1010.79(1/50000)	450(1/5000)	1000(1/5000)
量抽水试验/(次/孔)	—	—	4/4
各种采样/件	379	907	1509

在以往找煤普查及详查阶段中，除以地质勘查为主外，也施工了少量的水文地质勘察孔，但是矿井水文地质条件查明程度较低。

此后，区内又进行了一系列勘察工作，但投入的水文地质工作都偏少，直至 2005 年，区内 5 对矿井先后进行了煤田地质勘探，随后在矿井开采之前及开采过程中，梅花井、石槽村、麦垛山井田对首采区进行了水文地质勘察，其勘察工作量见表 10-4。

矿井采掘之前，水文地质条件主要靠前期勘察查明。因此，勘察精度直接影响对区内水文地质条件的掌握程度及水文地质参数的精细程度。前期勘察对矿井防治水措施制定及防排水系统建设有决定性的作用，尤其是对矿井直接充水含水层的勘察，如果直接充水含水层水文地质条件探查不清，则可能会导致所采取的防治水措施严重脱离实际。研究区内对矿井首采煤层直接充水含水层直罗组下段含水层所做工程量见表 10-5。

表 10-4　主要工程量统计

矿　井		清水营		梅花井		石槽村		红　柳		麦垛山	
		煤田勘探	水文补勘	煤田勘探	水文补勘	煤田勘探	水文补勘	煤田勘探	水文补勘	煤田勘探	水文补勘
地面	施工钻孔/个	40	—	67	5	34	5	107	—	120	14
	水文钻孔/个	6	—	4	5	4	5	11	—	11	14
	单孔抽(注)水/次	7	—	6	4	5	4	11	—	11	5
	多孔抽水/次	0	—	0	0	0	1	0	—	0	1
	群孔抽水/次	0	—	0	0	0	0	0	—	0	0

表10-5　首采煤层直接充水含水层工作量

矿　井	水文钻孔	抽水试验	水质测试
清水营	3	3	3
梅花井	7	7	11
石槽村	6	6	9
红柳	4	4	0
麦垛山	19	19	44

综上可看出，区内已做了大量的水文地质工作，对水文地质条件有了一定的了解，但从矿井开采实际揭露的水文地质条件可以反映出区内的水文地质工作远远不够。水文地质工作的不足，导致对水文地质条件的了解不够深入，甚至有时会存在一些错误的认识，使用精确度较差或错误的水文地质参数预测矿井涌水量及制定矿井水害防治措施，势必会为后期矿井正常采掘带来各种安全隐患。

2. 钻探方法

区内勘探中水文地质钻孔全部采用循环液回转钻进，采用泥浆回转钻进的目的主要是为了护壁，避免井壁坍塌。而在钻进时泥浆都有一定的压力和黏性，且泥浆密度和稠度均大于水。使用泥浆回转钻进最终形成一定厚度的井壁，且由于压力和地下水的溶解及地下水的带动，在钻孔周围相当距离的范围内逐渐渗入黏土颗粒及细小砂粒，使井壁附近一定范围内岩石地层的渗透性大大地降低，即使经过长时间的洗井及抽水也不易洗净，造成在抽水时钻孔周围形成一个相对低的渗透带，如图10-2所示。在相同的降深下，相对于原始状态泥浆对出水量的影响分析如下：

若地层渗透系数完全为 K_1 时，此时出水量为

$$Q_1 = \frac{2\pi \cdot K_1 \cdot M \cdot S}{\ln \cdot \frac{R}{r_w}} \tag{10-1}$$

若地层渗透系数完全为 K_2 时，此时出水量为

$$Q_2 = \frac{2\pi \cdot K_2 \cdot M \cdot S}{\ln \frac{R_2}{r_w}} \tag{10-2}$$

根据稳定流理论，通过 R_1 断面和 r_w 断面的流量相等，若地层渗透系数为图10-2所示时，则此时钻孔出水量 Q 为

$$Q = \frac{2\pi \cdot M \cdot S}{\frac{1}{K_1} \cdot \ln \frac{R_1}{r_w} + \frac{1}{K_2} \cdot \ln \frac{R_2}{R_1}} \tag{10-3}$$

采用泥浆钻井时对出水量的影响为

$$\frac{Q}{Q_2} = \frac{\ln \frac{R_2}{r_w}}{\ln \frac{R_2}{R_1} + \frac{K_2}{K_1}\ln \frac{R_1}{r_w}} \tag{10-4}$$

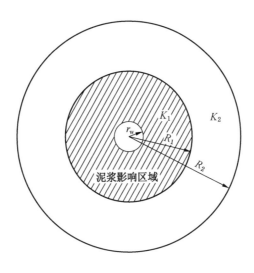

图 10 - 2　循环液影响示意图

设 $R_2 = 1000$ m，$r_w = 0.0565$ m 时，以泥浆回转钻进时造成的井孔附近渗透系数比实际岩层渗透系数值减小 1 倍，泥浆影响岩层范围 $R_1 = 100$ m，则此时抽取的水量只相当于未受影响时所抽取水量的 57%。由此可知，泥浆钻进对抽水试验的影响时非常显著的，若对其影响不采取有效的措施，将会大大降低抽水试验的真实性。

3. 抽水试验方式

抽水试验方式主要有单孔抽水、多孔抽水及群孔抽水。从统计的研究区抽水试验方式中可看出，区内勘探抽水试验主要以单孔抽水试验为主，多孔抽水试验只在石槽村煤矿和麦垛山煤矿各有 1 次，且分别只带 1 个观测孔，群孔抽水试验 1 次也没有。区内抽水试验全部采用稳定流抽水试验，抽水设备普遍采用深井潜水泵，抽水试验涌水量观测采用三角堰进行计量，水位观测采用电测水位计进行观测，水温采用普通煤油温度计观测。当单位涌水量 $q > 0.01$ L/(m·s) 时，进行 3 次降深的抽水试验，每次降深稳定时间不小于 8 h；当单位涌水量 $q \leq 0.01$ L/(m·s) 时，对设备能力做 1 次最大降深，抽水延续时间大于 36 h。抽水试验对水文地质参数的影响从以下几方面分析：

1）抽水降深

通过对区内抽水试验成果分析，从水位降深、单位涌水量及渗透系数的关系上，最大水位降深在 30 m 范围内，最小降深和最大降深所得渗透系数之差可达 0.1 ~ 0.4，水位降深在 100 m 范围内，最小降深和最大降深所得单位涌水量和渗透系数之差一般在 0.07 ~ 0.14，水位降深大于 100 m 时，最小降深和最大降深所得单位涌水量和渗透系数之差只有 0.014 ~ 0.016。从以上统计规律可知，为了获得更加准确的资料，抽水试验水位降深应尽可能地大一些。

另外，根据区内已有 3 次稳定流抽水试验水位及降深测量数据，存在一个普遍的规律，即降深越大所得渗透系数值越大。分析其主要原因有两个：一是尺度效应的影响，即渗透系数随着抽水试验影响范围的增大而增大；二是水位降深越大，水流速度越快，对渗入岩层的泥浆等冲洗效果更好，也有可能会有紊流的影响。在矿区内做抽水试验是为了给煤矿安全生产提供保障，而矿井开采时一般都是对波及的上覆含水层水疏干。因此，为了更加符合实际，在矿区内做抽水试验应尽可能地选择大降深抽水。从降深增大渗透系数增大，而相对应的单位涌水量则减小，说明了随着降深的增大，水跃值也增大。因此，在大降深抽水应该充分考虑水跃值的影响。区内 3 次降深稳定流抽水计算获得的水文地质参数见表 10-6。

表 10-6　区内 3 次降深稳定流抽水计算获得的水文地质参数统计

矿井	钻孔	降深/m	$K/(\mathrm{m \cdot d^{-1}})$	离散度/%	$q/[\mathrm{L \cdot (s \cdot m)^{-1}}]$	离散度/%
麦垛山	ZL2	47.58	1.0177	14.61	0.1898	24.95
		31.88	0.9714		0.2190	
		15.65	0.8781		0.2441	
	ZL3	47.70	0.5656	14.22	0.1205	40.37
		31.75	0.5326		0.1404	
		17.51	0.4903		0.1798	
	ZL5	29.47	0.7067	16.71	0.1863	11.57
		17.79	0.6682		0.1980	
		9.70	0.5969		0.2092	
	ZL6	140.20	0.1059	16.1	0.0419	15.03
		94.02	0.1003		0.0451	
		48.23	0.0900		0.0487	
	ZL7	44.83	0.5737	16.35	0.2290	29.35
		27.19	0.5377		0.2623	
		14.16	0.4866		0.3071	
	ZL8	36.44	0.6074	86.07	0.1916	10.83
		24.84	0.4354		0.2013	
		12.33	0.2392		0.2135	
	ZL9	126.76	0.0677	22.03	0.0352	4.45
		85.20	0.0634		0.0359	
		42.88	0.0541		0.0368	

2）抽水时间

煤矿地质勘探中大部分采用稳定流抽水试验，使用稳定井流公式计算水文地质参数时抽水试验是否已达稳定对参数计算结果影响很大。从研究区及其他水文地质条件类似地区矿井勘探阶段抽水试验可知，虽然主抽孔水位已经近似稳定达 8 h 以上，但是观测孔水位还有明显的下降趋势，降落漏斗继续扩展，因此单孔抽水试验水流是否已经近似稳定很难判断，若未达到稳定而按照稳定流计算公式计算参数，必然会造成参数计算结果的不精确。另外，抽水井的构造、抽水过程中水位及流量的观测方法等都会对抽水试验造成影响。以井径为例，小井径在降深较大时，所产生的水跃现象较为明显，井径越大则水跃现象越弱。

二、不同的参数计算方法对水文地质参数的影响

水文地质参数的确定方法很多，煤田勘探中抽水试验方法是确定含水层参数的主要方法，抽水试验方法主要有单孔抽水、多孔抽水及群孔抽水，从水流形态上又可分为稳定流抽水和非稳定流抽水，不同的抽水试验方式相应的计算方法也不同。

1. 稳定流计算

承压水稳定流抽水试验求参单孔、带 1 个观测孔、带 2 个及以上观测孔，其求参公式如下：

单孔抽水试验公式为

$$K = 0.366 \cdot \frac{Q}{M \cdot S_w} \lg \frac{R}{r_w} \qquad (10-5)$$

$$R = 10 \cdot S_w \cdot \sqrt{K} \qquad (10-6)$$

带 1 个观测孔抽水试验公式为

$$K = 0.366 \cdot \frac{Q}{M(S_w - S_1)} \lg \frac{r_1}{r_w} \qquad (10-7)$$

$$\ln R = \frac{2\pi \cdot K \cdot M \cdot S_1}{Q} + \ln r_1 \qquad (10-8)$$

带 2 个观测孔抽水试验公式为

$$K = 0.366 \cdot \frac{Q}{M(S_1 - S_2)} \lg \frac{r_2}{r_1} \qquad (10-9)$$

$$\lg R = \frac{S_1 \cdot \lg r_2 - S_2 \cdot \lg r_1}{S_1 - S_2} \qquad (10-10)$$

式中　　K——渗透系数，m/d；

$\quad\quad Q$——流量，m³/d；

$\quad\quad M$——含水层厚度，m；

$\quad\quad S_w$——主抽孔水位降深，m；

$\quad\quad S_1$——观测孔一水位降深，m；

$\quad\quad S_2$——观测孔二水位降深，m；

$\quad\quad R$——影响半径，m；

$\quad\quad r_w$——主抽孔半径，m；

$\quad\quad r_1$——观测孔一距主抽孔距离，m；

$\quad\quad r_2$——观测孔二距主抽孔距离，m。

2. 非稳定流计算

非稳定流理论的基础是著名的 Theis 公式，相对稳定流而言，非稳定流在理论上更加切合实际。非稳定流理论是建立在一系列假设条件基础之上的，非稳定流求解水文地质参数主要有以下几种方法。

1）配线法

根据承压水完整井定流量非稳定流的相关理论公式，对其两端取对数，可得

$$\begin{cases} \lg S(r,t) = \lg W(u) + \lg \dfrac{Q}{4\pi T} \\ \lg \dfrac{t}{r^2} = \lg \dfrac{1}{u} + \lg \dfrac{S_s}{4T} \end{cases} \tag{10-11}$$

式中　$S(r,t)$——水位降深，m；

T——导水系数，m^2/d；

$W(u)$——井函数；

r——观测孔距抽水孔距离，m；

S_s——贮水系数。

在双对数坐标系内，对于定流量抽水 $S - \dfrac{t}{r^2}$ 或 $S-t$ 曲线和 $W(u) - \dfrac{1}{u}$ 标准曲线在形状上是相同的，因此，只要将二曲线重合，任选一匹配点，记下对应的坐标值，代入相应公式即可确定有关参数。配线法的最大优点是，可以充分利用抽水试验的全部资料，避免个别资料的偶然误差，提高计算精度。但也存在一定的缺点：一是抽水初期实际曲线常与标准曲线不符；二是抽水后期抽水曲线比较平缓时，同标准曲线不容易拟合准确，常因个人判断不同引起误差。

传统的标准曲线对比法一般采用人工配线，参数求解工作量大且受人为影响大。

2）Jacob 直线图解法

当 $u \le 0.01$ 时，绘制 $S-\lg t$ 曲线，设在 t_1 时间测定降深 S_1，t_2 时间测定降深 S_2，有 $S_2 - S_1 = \Delta S$，则

$$T = \frac{0.183Q}{\Delta S}$$

当 $\Delta S = 0$ 时，$t_1 = t_0$ 有

$$a = \frac{r^2}{2.25 t_0}$$

同样，渗透系数 $K = \dfrac{T}{M}$，弹性释水系数 $S_s = \dfrac{T}{a}$。

采用直线解析法常因人为误差导致直线斜率和截距的不准确，而影响计算结果。实际工作中可用最小二乘法推求直线方程斜率和截距后，再用上述方法求参。

3）水位恢复试验

水位恢复试验方法优点是排除了抽水过程中的干扰因素，是常被采用的方法。计算公式为

$$T = \frac{0.183Q}{S_2 - S_1} \lg \frac{t_1}{t_2} \tag{10-12}$$

$$a = \frac{r^2}{2.25 t_0} 10^{\frac{S_n - S_1}{S_1 - S_2} \lg \frac{t_2}{t_1}} \tag{10-13}$$

由式（10-12）和式（10-13）得 T、a，同样再求出 K、S。

剩余降深往往比抽水降深更可靠，是因为恢复水位是以恒定的速率恢复，而抽水过程中恒定的流量一般很难实现。

传统的非稳定流参数计算一般采用人工方法，参数求解花费时间长、工作量大且结果

人为影响大，随着计算机技术的发展，许多人力操作改为由计算机来完成，大大提高了工作效率，计算结果也降低了人为主观性带来的误差。Aquifer Test 是由加拿大 Waterloo Hydrogeologic 公司设计研发的一款专门用于对抽水试验和微水试验数据进行图形化分析及计算参数的软件，它是使用一般非线性最小二乘法"下山单纯形法"，经过多次迭代自动匹配曲线数据类型，Aquifer Test 的出现，大大减轻了人工配线的工作量，降低了人为配线的误差，提高了水文地质参数的计算精度。

　　下面用具体抽水数据说明不同抽水及求参方式对水文地质参数的影响。试验是在袁大滩煤矿水文地质补充勘探时进行的，袁大滩煤矿位于榆林市榆阳区境内，主采煤层侏罗系为 2 号煤层，直接充水含水层位直罗组下部中～粗粒砂岩，与研究区矿井开采及充水模式相似。选用试验中两组数据进行说明，每组各 3 个钻孔，其中 C_1 代表抽水钻孔，G_1 和 G_2 为观测钻孔，钻孔布置如图 10-3 所示。C_1 钻孔在对指定含水层进行抽水试验时，G_1 和 G_2 作为其同含水层观测孔进行水位观测。抽水层位为煤层顶板砂岩孔隙裂隙承压含水层，含水层岩性为细、中、粗粒砂岩，抽水层段上部地层下入无缝钢管，采用水泥永久隔离止水。抽水试验数据见表 10-7。

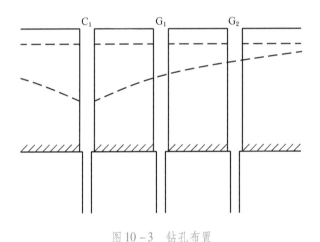

图 10-3　钻孔布置

表 10-7　抽水试验数据

孔组	降次	C_1			G_1			G_2	
		$Q/(\mathrm{m^3 \cdot d^{-1}})$	S_w/m	r_w/m	M/m	r_1/m	S_1/m	r_2/m	S_2/m
一孔组	1	121.56	42.08	0.0565	129.18	35.64	15.51	71.92	12.84
	2	82.77	28.63	0.0565	129.18	35.64	10.55	71.92	8.73
	3	46.92	16.29	0.0565	129.18	35.64	5.98	71.92	4.95
二孔组	1	64.97	47.19	0.0565	49.07	45.28	11.12	79.51	8.12
	2	44.32	32.25	0.0565	49.07	45.28	7.62	79.51	5.56
	3	22.47	16.35	0.0565	49.07	45.28	3.85	79.51	2.81

　　（1）单孔抽水试验。单孔抽水试验可以使用稳定流及非稳定流恢复水位数据计算参数，稳定流计算使用式（10-5）和式（10-6）迭代求解，求参结果见表 10-8。

表10-8 单孔稳定流求参结果

降 次	孔 组			
	一		二	
	$K/(\mathrm{m \cdot d^{-1}})$	R/m	$K/(\mathrm{m \cdot d^{-1}})$	R/m
1	0.0252	66.79	0.0327	85.32
2	0.0237	44.13	0.0308	56.62
3	0.0214	23.91	0.0275	27.17

由表 10-8 可看出，同一钻孔不同降次抽水所得参数存在明显的差异，随着降深减小所得参数也相应减小，影响半径值表现尤为明显。

非稳定流单孔抽水试验考虑到抽水时的水跃值及钻孔水位受抽水影响而波动等因素，故使用恢复水位求参，两孔组 C_1 水位恢复分析如图 10-4 所示。

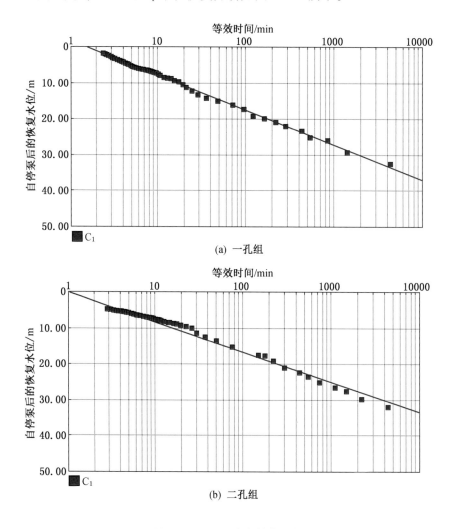

(a) 一孔组

(b) 二孔组

图 10-4 C_1 孔水位恢复分析

一孔组计算得 $T = 2.31\ \mathrm{m^2/d}$，二孔组计算得 $T = 1.43\ \mathrm{m^2/d}$。

（2）带一个观测孔的多孔抽水试验。带一个观测孔的稳定流求参使用式（10-7）和式（10-8），求参结果见表10-9。

表10-9　带一个观测孔稳定流求参

降次	孔　组							
	一				二			
	近端观测孔		远端观测孔		近端观测孔		远端观测孔	
	$K/(\mathrm{m\cdot d^{-1}})$	R/m	$K/(\mathrm{m\cdot d^{-1}})$	R/m	$K/(\mathrm{m\cdot d^{-1}})$	R/m	$K/(\mathrm{m\cdot d^{-1}})$	R/m
1	0.0364	1536.19	0.0366	1661.09	0.0391	355.70	0.0391	358.72
2	0.0364	1533.46	0.0367	1654.93	0.0390	358.27	0.0391	359.93
3	0.0362	1500.05	0.0365	1629.48	0.0390	354.98	0.0390	357.94

非稳定流使用观测孔水位资料 Theis 配线法及恢复水位法计算参数，配线结果及分析如图10-5和图10-6所示，计算结果见表10-10。

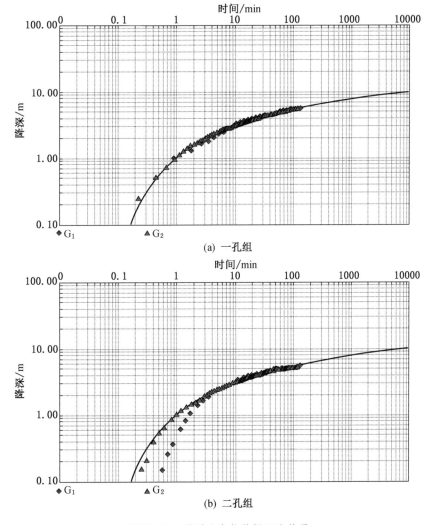

(a) 一孔组

(b) 二孔组

图10-5　观测孔水位数据配线结果

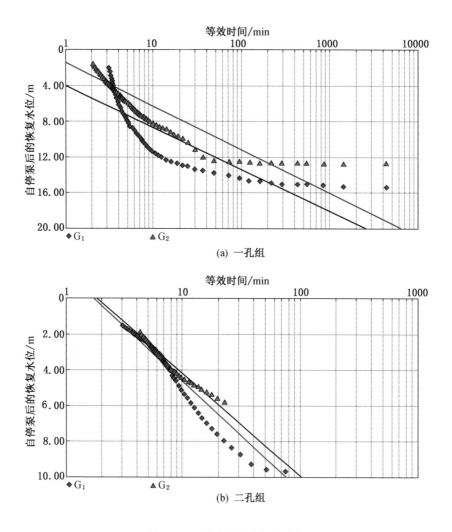

图 10-6　观测孔水位恢复分析

表 10-10　计　算　结　果

孔组	配　线　法				水位恢复法	
	近端观测孔		远端观测孔		近端观测孔	远端观测孔
	$T/(m^2 \cdot d^{-1})$	S	$T/(m^2 \cdot d^{-1})$	S	$T/(m^2 \cdot d^{-1})$	
一孔组	5.49	1.01	5.05	9.11×10^{-5}	4.80	4.60
二孔组	1.91	2.25×10^{-5}	2.19	2.38×10^{-5}	1.97	2.09

（3）带 2 个及以上观测孔的多孔抽水试验。带 2 个及 2 个以上观测孔的稳定流求参结果见表 10-11。

从上述使用不同计算方法所得参数可知，单孔稳定流计算所得参数最小，其次是单孔非稳定流恢复水位所得参数，使用观测孔数据稳定流及非稳定流计算所得参数差距较小。

表 10 - 11　带 2 个及 2 个以上观测孔稳定流求参结果

孔　组	一		二	
降次	$K/(\mathrm{m \cdot d^{-1}})$	R/m	$K/(\mathrm{m \cdot d^{-1}})$	R/m
1	0.0394	2104.48	0.0396	364.96
2	0.0394	2086.41	0.0393	363.39
3	0.0394	2099.81	0.0395	363.98

单孔稳定流计算所得同一钻孔 3 次降深渗透系数及影响半径值也存在较大差异。造成差异的主要原因有 2 个：一是水跃的影响，一般降深越大水跃值越大，而在计算过程中并没有消除水跃的影响；二是影响半径经验公式的影响，吉哈尔特公式中影响半径与降深呈正相关的关系，而在裴布依公式假设中影响半径是一个定值。可见，两者完全不是同一个概念，由经验公式所计算的影响半径是否是实测影响半径，下面用实际资料来证明：袁大滩煤矿水文地质勘探一孔组多孔抽水试验，使用观测孔数据计算出渗透系数为 0.0394 m/d，降深 42.08 m 时，代入吉哈尔特经验公式：

$$R = 10S\sqrt{K} = 10 \times 42.08 \times \sqrt{0.0394} = 83.52 \text{ m}$$

而距离抽水孔 71.92 m 远的观测孔水位降深达到了 12.84 m，从实践上也可以证明吉哈尔特的影响半径也不能代表抽水井的实测影响范围。

单孔抽水试验非稳定流恢复试验所得参数较稳定流所得参数大，但是比带观测孔的非稳定流所得参数及带 2 个观测孔稳定流所得参数值小。主要原因是抽水井水跃值未消除，由于水跃值的存在，使得恢复之初水位较实际水位深，也就是说剩余降深比实际大，且前期恢复水位加密观测，使用最小二乘法迭代拟合 $S' \sim \lg \dfrac{t}{t'}$ 直线时前期恢复水位权重较大，从而使 $S' \sim \lg \dfrac{t}{t'}$ 直线斜率偏大，计算得到的导水系数偏小。

由以上计算及分析可见，使用带观测孔的抽水试验中观测孔数据所得水文地质参数较为精确，主要原因是观测孔水位不受抽水干扰因素影响，没有明显的水跃值，在测量精确的前提下可以得到比较理想的结果。稳定流多孔抽水试验观测孔布置方法是限制抽水准确的重要因素，若远端观测孔离抽水孔太近，不容易确定抽水是否已经达到稳定，若布置太远，有可能影响半径影响不到，造成不必要的浪费，且稳定流多孔抽水计算参数为了排除抽水孔的干扰因素，需要布置两个及以上观测孔，经济效益不理想。非稳定流多孔抽水则避免这一切，且非稳定流可利用的数据较多，计算所得参数也比较多。因此不管从经济效益上，还是计算准确度上，非稳定流抽水都优于稳定流抽水。但是，非稳定流抽水可以单独使用抽水数据或恢复水位数据计算参数，使用不同的方法计算所得参数往往不同，导致同一含水层水文地质参数不具有唯一性。

第三节　水文地质参数精确化方法

一、煤田水文勘探改进措施

勘探是取得原始资料的最直接手段，针对区内矿井勘探及抽水试验所存在的问题，现行煤田水文地质勘探需要采取的改进措施如下：

（1）加大对矿井水害防治工作的投资。应用和改进已有的水文地质勘探技术设备，研制及利用自动化测量仪器，以便在抽水时精确地测量水位和流量。利用综合地球物理测量方法，以确定含隔水层的厚度、结构、岩性特征，确定地下水流入钻孔的地点、地下水流向及流速等。

（2）相关规程规范中并没有要求勘探中抽水试验使用单孔抽水试验还是多孔抽水试验。单孔抽水试验计算水文地质参数在区内存在诸多不合理之处，因此应该根据矿区水文地质条件确定抽水试验方式。例如，可以根据矿区水文地质条件复杂程度确定抽水试验方式。若水文地质条件简单及中等的矿井，则可以只使用单孔抽水试验了解井田内含水层富水性情况；若水文地质条件复杂和极复杂的矿井除需要有单孔抽水试验，还必须有多孔抽水试验或群孔抽水试验，以查清径流条件及上下含水层之间的水力联系。

（3）钻孔施工应该鼓励使用空气潜孔锤冲击钻进或其他先进的钻探方法，以消除循环液对抽水试验的影响。即使使用泥浆钻井，必须严格按照相关规范进行，抽水段尽量使用清水钻进，若使用泥浆钻进则必须建立严格且明确的洗井措施，且应对洗井效果做出定量化的评价。

（4）抽水试验要有明确的目的性。若只是为了得到相关含水层的精确水文地质参数，则一般建议使用小降深抽水试验；若是为矿井防治水工作服务，由于矿井开采时一般都是对上覆含水层疏干，水位降深很大，因此，抽水试验应该尽可能地采用大降深抽水。但在井径一定的情况下降深越大水跃值越大，可以通过观测孔水位反推得抽水孔实际水位或是研究水跃值规律，总结推导可以消除水跃值的公式。

（5）建立水文地质参数计算结果的评价体系。根据渗透系数的水文地质意义，同一含水层的同一抽水试验不能因为计算方法不同而得到不同的渗透系数值。因此，计算渗透系数值时应该选取 2 种及以上方法计算，相互验证。若不同方法所得参数值相差不大，则可认为其为含水层的实际值；若所得结果相差太大，则应该分析可能产生差异的原因，排除差异产生的原因后重新计算。

二、消除水跃值的方法

抽水井的水头损失主要是由于井壁瞬时水头损失、滤水管阻力造成的水头损失、管道摩擦水头损失及井内和井附近可能出现紊流等原因所造成的，目前计算抽水井水头损失的方法主要有直接测量法、S－lgr 图解法、多次降深的稳定流抽水试验、阶梯降深抽水试验等方法。但这些方法都有其特定的使用条件，S－lgr 图解法要求观测孔较多，多次降深的稳定流抽水试验需要做多次独立的抽水试验，相邻 2 次抽水试验水位要求完全恢复。另外，这几种方法都没有考虑井附近和井中可能出现紊流的影响。

本项目采用带有观测孔的非稳定抽水试验确定井损。由于抽水井附近可能出现紊流，因此必须把观测孔布置在紊流区外（图 10 - 7）。判别地下水流态的方法有多种，最常用的还是用 Reynolds 数来判别，其表达式为

$$Re = \frac{v_d}{v} \qquad (10-14)$$

式中　v——地下水的渗流速度；

　　　d——含水层颗粒的平均粒径；

　　　v——地下水的运动黏滞系数。

为了避免紊流对水位的影响，则观测孔必须布置在紊流区以外。随着抽水时间的延长，抽水会达到近似稳定，则各过水断面流量相等，即流过观测孔所在过水断面和抽水井井壁流量相等，对于承压含水层有

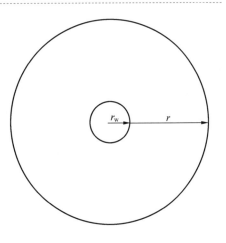

图 10 - 7　观测孔布置示意图

$$Q = 2\pi \cdot r_w \cdot M \cdot n \cdot v_w = 2\pi \cdot r \cdot M \cdot n \cdot v \qquad (10-15)$$

式中　Q——抽水井流量；

　　　r_w——抽水井半径；

　　　M——含水层厚度；

　　　v_w——抽水井井壁水流速度；

　　　v——观测井处水流速度；

　　　n——含水岩层孔隙率。

观测孔需要布置在紊流区外，即

$$r > \frac{Q_d}{2\pi \cdot M \cdot n \cdot Re \cdot v} \qquad (10-16)$$

若在做抽水试验时，在紊流影响区外布置一个观测孔，则可根据抽水孔及观测孔水位降深资料计算水跃值。

抽水孔：

$$S_0(t) = \frac{Q}{4\pi T} \cdot \ln \frac{2.25at}{r_w^2} + \Delta h \qquad (10-17)$$

观测孔：

$$S_1(t) = \frac{Q}{4\pi \cdot T} \ln \frac{2.25at}{r^2} \qquad (10-18)$$

得

$$\Delta h = S_0(t) - S_1(t) - \frac{Q}{2\pi T} \ln \frac{r}{r_w} \qquad (10-19)$$

式中　$S_0(t)$——抽水孔水位降深，m；

　　　$S_1(t)$——观测孔水位降深，m；

　　　a——导压系数/（$m^2 \cdot d$）；

　　　Δh——水跃值，m。

水跃值的变化规律和抽水井的降深及抽水时间有一定的关系，一般为抽水开始时水跃值迅速增加，随后缓慢增加至最大值，然后达到稳定状态。这主要是因为抽水开始时抽取水量主要为井中的储存水量，井内水位迅速下降，而井壁水位下降较为缓慢，随后含水层内水开始补给到井内，井内水位下降速度减缓，最后抽取的水量和含水层的涌水量相等，水跃值增至最大。式（10-6）所反映的规律符合实际抽水过程中水跃值所反应的规律。

根据研究区内直罗组下段砂岩含水层多孔抽水试验资料，计算抽水孔水跃值见表 10-12。

表 10-12 水跃值计算值

孔号	$Q/(\mathrm{m}^3 \cdot \mathrm{d}^{-1})$	S_0/m	S_1/m	r/m	r_w/m	$\Delta h/\mathrm{m}$
1	887.16	59.24	7.72	149.42	0.11	25.02
2	600.24	41.20	6.14	149.41	0.11	16.93
3	271.92	20.31	3.78	149.41	0.11	6.77

根据上述计算结果，在钻孔孔径相同的情况下，水跃值随水位降深的稳定而基本保持稳定不变，特定的水位降深下水跃值达到最大值后与降深呈较显著的线性关系，上述抽水试验中水跃值与降深也近乎呈直线关系，斜率为 0.4167，即井损系数为 0.4167。

三、水文地质参数计算

使用解析方法预测矿井涌水量时，影响矿井涌水量计算的主要参数有渗透系数、影响半径、给水度及含水层厚度等，其计算方法如下：

1. 渗透系数 K

选取何种抽水试验方式应该根据区域水文地质条件来确定，若确实存在补给边界，则可以选择稳定流抽水试验，且为了消除水跃值的影响，一般应使用观测孔的水位数据进行计算。在研究区内，根据多孔抽水试验资料发现，即使抽水时间超过 24 h，抽水孔水位已近似稳定，但从观测孔可明显看出，水位仍然在下降。研究区内 2 号煤层直接充水含水层直罗组下段砂岩含水层径流条件、补给条件较差，短期内抽水很难达到近似稳定，多孔抽水主孔已近似稳定，而观测孔水位仍持续下降也说明了这一点。因此，综合水文地质条件及经济效益，研究区内抽水试验易使用非稳定流抽水试验计算水文地质参数。区内勘探已有的抽水资料基本上全部为单孔抽水试验，对于单孔抽水非稳定流计算参数，为了获得较为精确的水文地质参数，需要消除水跃值的影响。配线法求取水文地质参数利用的是抽水阶段的水位及流量数据，水位恢复试验利用的是水位恢复阶段的水位资料，容易导致同一含水层参数因方法不同而不同。基于肖长来等提出的全程曲线拟合法，在消除水跃值的前提下，将其应用于研究区内承压含水层，全程曲线拟合是利用抽水试验数据和水位恢复数据，采用 Theis 公式和优化理论相结合的方法进行曲线拟合，进而确定水文地质参数。

（1）抽水阶段：

$$S(r,t) = \frac{Q}{4\pi T} W(u) \tag{10-20}$$

$$u = \frac{r^2 S}{4Tt} \tag{10-21}$$

$$W(u) = \int_u^\infty \frac{1}{y} e^{-y} dy = -0.577216 - \ln u + u - \sum_{n=2}^\infty (-1)^n \frac{u^n}{n \cdot n!} \tag{10-22}$$

当 $u \leqslant 0.01$ 或 0.05 时，有

$$W(u) \cong -0.577216 - \ln u = \ln \frac{2.25 Tt}{r^2 S} \tag{10-23}$$

水位恢复试验期间，剩余降深计算公式为

$$S' = \frac{Q}{4\pi T}\left[W\left(\frac{r^2 S}{4Tt}\right) - W\left(\frac{r^2 S}{4Tt}\right) \right] \tag{10-24}$$

（2）抽水期间：

目标函数为

$$Z = \min \sum (S_m - S_c)^2 \tag{10-25}$$

绝对误差为

$$S_m - S_c \in \xi_1 \tag{10-26}$$

相对误差为

$$\frac{S_m - S_c}{S_m} \in \xi_2 \tag{10-27}$$

式中　　S_m——实测降深，m；

S_c——计算降深，m；

ξ_1——降深绝对误差允许值，m；

ξ_2——降深相对误差允许值，% 。

（3）水位恢复期间：

目标函数为

$$Z = \min \sum (S'_m - S'_c)^2 \tag{10-28}$$

绝对误差为

$$S'_m - S'_c \in \xi_1 \tag{10-29}$$

相对误差为

$$\frac{S'_m - S'_c}{S'_m} \in \xi_2 \tag{10-30}$$

式中　　S'_m——实测降深，m；

S'_c——计算降深，m。

要使 Z 达到最小，必须使 Z 对 T 和 S 的一阶偏导数为零，即

$$\frac{\partial Z}{\partial T} = \frac{Q}{2\pi T^2} \sum_{i=1}^n \left\{ \left[S_{mi} - \frac{Q}{4\pi T} W(u_i) \right] \cdot \left[W(u_i) - \mathrm{Exp}(-u_i) \right] \right\} = 0 \tag{10-31}$$

$$\frac{\partial Z}{\partial S} = \frac{Q}{2\pi TS} \sum_{i=1}^n \left\{ \left[S_{mi} - \frac{Q}{4\pi T} W(u_i) \right] \mathrm{Exp}(-u_i) \right\} = 0 \tag{10-32}$$

由此，求解 T 和 S 就归结为求方程组

$$\begin{cases} f_1(T,S) = 0 \\ f_2(T,S) = 0 \end{cases} \qquad (10-33)$$

的解。

给定一组初始近似值（T_0，S_0），把上述方程组在（T_0，S_0）处二级泰勒公式展开，并取其线性部分，得

$$\begin{cases} \dfrac{\partial f_1(T_0,S_0)}{\partial T}(T-T_0) + \dfrac{\partial f_1(T_0,S_0)}{\partial S}(S-S_0) = -f_1(T_0,S_0) \\[3mm] \dfrac{\partial f_2(T_0,S_0)}{\partial T}(T-T_0) + \dfrac{\partial f_2(T_0,S_0)}{\partial S}(S-S_0) = -f_2(T_0,S_0) \end{cases} \qquad (10-34)$$

只要方程组（10-21）中系数矩阵 $\boldsymbol{J}_0$ 的行列式不为零，则方程组的解可以写成：

$$T_{k+1} = T_k + \dfrac{1}{J_k}\begin{vmatrix} \dfrac{\partial f_1(T_k,S_k)}{\partial u} & f_1(T_k,S_k) \\[3mm] \dfrac{\partial f_2(T_k,S_k)}{\partial u} & f_2(T_k,S_k) \end{vmatrix} \qquad (10-35)$$

$$S_{k+1} = S_k + \dfrac{1}{J_k}\begin{vmatrix} \dfrac{\partial f_1(T_k,S_k)}{\partial T} & f_1(T_k,S_k) \\[3mm] \dfrac{\partial f_2(T_k,S_k)}{\partial T} & f_2(T_k,S_k) \end{vmatrix} \qquad (10-36)$$

借助计算机编程经过迭代，当满足约束条件时即为所求结果。

2. 影响半径 R

裴布依的 R 和吉哈尔特经验公式的 R 是完全不同的 2 个概念，利用单孔稳定流抽水试验的 $Q \sim S_w$ 数据不能求得 K 和 R 真值的。因此为求得准确的 R 值还需依靠带观测孔的抽水试验或是使用已求得的渗透系数值代入式（10-24）得到。即

$$\lg R = 2.73\frac{KMS_w}{Q} + \lg r_w \qquad (10-37)$$

3. 给水度 μ

给水度是被水饱和了的岩石在重力作用下自由流出水的体积与整个岩石体积之比，其计算公式为 $\mu = V_1/V$。潜水含水层给水度可以根据非稳定流抽水试验计算得到，承压含水层转无压后岩石给水度不能通过抽水试验直接获得，其给水度一般可以通过实验方法得到。实验方法可以通过勘探阶段钻孔所取岩芯进行给水度测试，取目标含水层岩样若干份，经自然风干后称得其重量，浸入水箱内 24 h，使岩样充分饱水后迅速取出，称得其饱水重量，计算得岩样饱水含水率。饱水岩样经 8 h 充分重力释水后，再称取其湿重，经计算得岩样给水度。另外，压汞实验在多孔介质中也有广泛的应用，其原理是通过加压使汞进入多孔介质中，压汞实验得到的比较直接的结果是多孔介质的孔隙率，经过换算后可得到多孔介质的给水度。这 2 种测试给水度的方法均可在勘探阶段所采取岩心在实验室测试得到。

4. 含水层厚度 M

对于涌水量以静储量为主的矿井，含水层厚度直接决定着动态补给量及静储量的计算值，因此对含水层的正确划分十分重要。研究区内矿井直接充水含水层主要以裂隙孔隙含

水层为主，因此可以通过岩性判断含水层的厚度。

第四节 工作面涌水量预测方法研究

矿井正常生产后，工作面涌水量将成为矿井涌水量的最主要组成部分，因此应该在正常生产之前，基于前期对矿井水文地质条件的了解，对工作面涌水量的精确预测就极为重要。

根据研究区内矿井涌水特征可知，工作面矿井涌水量主要由2部分组成，涌水量的构成如图10-8所示。图中的冒裂区$Q_{静}$为静态水量，该部分水量随着工作面上方岩层周期性垮落而呈周期性地被释放出来，当一个工作面回采结束后，该部分水量的释放涌出也随之结束，这部分水量取决于直接充水含水层的富水性及导水裂缝带发育高度。降落漏斗外的$Q_{侧动}$为侧向稳定补给量，这部分水量一般随着工作面的开拓而呈增加的趋势。矿井开采时间较长，动态补给量一般都会达到稳定，因此$Q_{侧动}$可以使用大井法计算，$Q_{静}$可以采用相似条件下工作面典型突水量进行比拟计算。工作面总涌水量Q计算公式为

$$Q = Q_{静} + Q_{侧动} \tag{10-38}$$

一、静态储存量计算

鸳鸯湖矿区矿井首采煤层上覆含水层厚度大，补给及渗透条件差，矿井开采时动态补给

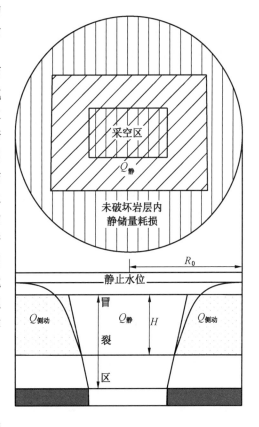

图10-8 工作面涌水量构成图

量不大，上覆含水层的静态储量瞬时释放是造成矿井的主要水害问题之一。因此，了解上覆含水层静储量的释放特征对矿井安全生产十分重要。由于未被破坏的岩层范围内静储量不会短时间涌入矿井，因此只预计被破坏岩层内的静储量。

承压含水层地下水静储量包括含水层顶板以上弹性释水和含水层的重力给水，在没有相关水文地质参数的基础上，含水层的静储量可以利用下列公式估计：

$$W_{静储量} = W_{弹} + W_{重力} = SFh + \mu V \tag{10-39}$$

式中　$W_{弹}$——地下水弹性释放量，m^3；

　　　S——弹性释水系数；

　　　μ——含水层重力给水度；

　　　F——评价区疏干范围面积，m^2；

　　　h——自含水层顶面算起的水头高度，m；

　　　V——含水层体积，m^3。

弹性释水系数比重力给水度通常要小两个数量级以上，因此相对于重力给水量，弹性释水量可以忽略不计。式（10-39）可写为

$$W_{静储量} = \mu V \tag{10-40}$$

上覆含水层静储量储存量容量可以通过式（10-40）确定，含水层厚度可以通过勘探查明，含水层重力给水度可以通过实验测得或者通过矿井涌水量反推得到。而如何确定上覆砂岩含水层内静储量是何时、何地及多长时间涌入工作面内成为确定静储量涌水量的关键。根据区内矿井工作面涌水特征，矿井涌水量一般都是呈周期性变化的（表10-2），且和顶板垮落周期相符，其他地区以顶板水害为主的矿井，其工作面涌水也是呈现出这样的特征。因此，计算静储量涌出需要在每个垮落周期内分别计算，此时：

$$V = \frac{L\left(2a + \dfrac{M}{\tan\theta}\right)M}{2} \tag{10-41}$$

式中 L——周期垮落步距，m；

a——工作面斜长，m；

M——导水裂缝带内含水层厚度，m；

θ——导水裂缝角。

导水裂缝角比相应条件下岩层移动角大4°~10°，即

$$\begin{cases} 走向方向: \delta_2 = \delta + 4° \sim 10° \\ 上山方向: \gamma_2 = \gamma + 4° \sim 10° \\ 下山方向: \beta_2 = \beta + 4° \sim 10° \end{cases} \tag{10-42}$$

式中 δ、γ、β——走向、上山、下山方向的岩层移动角，（°）；

δ_2、γ_2、β_2——相应的导水裂缝角，（°）。

岩层移动角可以实测得到，研究区内没有实测资料，可以根据《建筑物、水体、铁路及主要井巷煤柱留设与压煤开采规程》中我国主要煤矿实测的地层移动角数据，供类似条件矿区和工作面预计岩层移动角时参考，鸳鸯湖矿区和石嘴山矿区地理位置接近、条件相似，因此石嘴山矿区实测资料可以作为参考，石嘴山矿区走向方向实测移动角为74°。

基于工作面涌水量这种变化特征，首先将其涌水量进行分割，分割线以下的涌水量为动态补给涌水量，分割线以上部分为静储量涌出量。工作面一个顶板垮落周期内涌水量涌出过程及涌水量分割如图10-9所示。

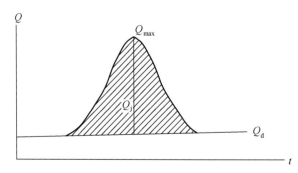

图10-9 工作面一个垮落周期内涌水量分割

二、动态补给量计算

C. B. 特罗扬斯基基于稳定流理论提出的"大井法"是矿井涌水量预测的最常用方法之一，大井法是在一系列假设条件下才成立的，使用大井法预测矿井涌水量需要判断条件是否合适。

矿井开采是一个长期性的过程，矿井水的疏放一直伴随着整个过程。在研究区内矿井直接充水含水层没有明显的补给边界，因此随着矿井排水时间的延长，影响范围和汇水范围会越来越大，但是当影响范围及汇水范围足够大时，降落漏斗下降的幅度越来越小，以至于在短时间内观测不到水位的变化，此时，可以将影响范围内的含水层水流看作近似相对稳定。非稳定流长时间抽水，当 $u \leqslant 0.01$（$t \geqslant 25$）后，非稳定流利用同一时刻 2 个观测孔的水位资料求解含水层渗透系数表达式为

$$K = 0.366 \frac{Q}{M(S_1 - S_2)} \lg \frac{r_2}{r_1}$$

此式与稳定流蒂姆方程的表达式完全相同。这也在理论说明非稳定流长时间抽水当水位降幅很小时可以当作近似稳定流。

首采工作面及单侧进水工作面动态补给量的预测方法如下：

1. 首采工作面动态补给量计算

顶板垮落后，冒裂带周边未受开采影响的含水层，沿冒裂边界侧向径流源不断地流入到工作面内，这部分水量随着工作面开采面积的不断扩大而呈增大的趋势。从矿区勘探抽水资料及邻近矿井涌水量资料可知，2 号煤层直接充水含水层渗透性弱，径流条件差，因此这部分水量在工作面开始回采至回采结束增加量不是很多，为了增加回采安全系数，计算整个工作面动态补给量的最大值作为工作面的动态补给水量。当工作面回采面积达到最大时，动态补给涌水量也达到最大，可以使用大井法预测，预测公式为

$$Q = 1.366K \frac{(2H - M)M}{\lg R_0 - \lg r_0} \times \frac{1}{24} \tag{10-43}$$

2. 单侧进水工作面动态补给量计算

在首采工作面开采完毕后，随着矿井接续工作面的交替，首采工作面采空区与次采工作面、次采工作面与下一个工作面等，不同工作面之间的涌水量也会发生相互干扰，当相邻工作面开采时，会出现某一侧的动态补给量被上一个已采工作面截留的情况，因此在非首采工作面水量预测计算时，一定要分析工作面之间的位置关系和开采现状，避免水量的重复计算。当某一侧动态补给量被已采工作面截留后，此时工作面动态补给量呈单侧进水，此时计算公式变为

$$Q = 1.366K \frac{(2H - M)M}{\lg R_0 - \lg r_0} \times \frac{1}{2} \times \frac{1}{24} \tag{10-44}$$

第五节　矿井涌水量预测方法研究

矿井涌水量是一个随着矿井生产而不断波动的变量，包括正在回采工作面的涌水量、回采完毕工作面的采空区涌水量、正在进行顶板水提前预疏放的工作面、正在掘进的巷道及工作面、井下生产用水以及特殊出水点涌水量（包括断层水、风氧化带水等）。

由于矿井涌水量是一个随时间变化的变量，不是一个固定的数值，矿井涌水量主要随着回采工作面数量变化而变化的，同时也受到工作面采空区涌水量、巷道涌水量和断层涌水量等因素的影响。因此，在对矿井涌水量预测时必须根据矿井的接续计划，分时间段对矿井涌水量进行预测。

下面根据石槽村煤矿接续计划对矿井涌水量进行预测：

石槽村煤矿首采区为生产、排水系统独立采区，因此对涌水量的预测应根据矿井的生产接续进行，根据前面对水文地质条件的分析，整个采区涌水量主要由4部分构成：①开采工作面顶板直罗组砂岩水静储量；②开采工作面顶板周围含水层的动态补给量；③现有井筒、巷道及未来新掘进巷道等其他涌水；④工作面采后的残余涌水。

根据采掘规划，石槽村煤矿在2012—2015年内，生产接续规划见表10-13。

表10-13　2012—2015年石槽村煤矿生产接续计划

时 间 分 区	采煤工作面	时 间 分 区	采煤工作面
2012年11月前	112201，112202	2014年7月—2014年11月	112205，112103
2012年11月—2013年7月	112203，112101	2014年12月—2015年5月	112205，112105
2013年8月—2013年10月	112203，112101	2015年5月后	112207，112107
2013年11月—2014年6月	112206，112101		

1. 2012年11月—2013年7月矿井涌水量预测

2012年11月—2013年7月，石槽村煤矿112201工作面与112202工作面开采结束，接续开采112203、112204工作面，涌水量主要由五部分构成：①工作面采动涌水：112203与112204工作面；②工作面采空区涌水：112201与112202工作面；③断层带涌水：杨家窑北断层涌水量；④其他巷道掘进与井筒淋水：约126 m^3/h；⑤矿井生产、消防等涌水20 m^3/h。

其中，112203与112204工作面涌水依据计算结果取正常值与最大值，112201与112202工作面采空区涌水均取112201工作面2013年1月涌水的平均值；断层水由于在112204工作面开采时，与上部112202工作面类似，断层探放水量约为267 m^3/h；其余巷道掘进与生产涌水水量不变，计算结果见表10-14。

表10-14　2012年11月—2013年7月涌水量预计表　　　　　　　m^3/h

采动工作面涌水				采空区涌水		断层涌水	其他涌水
112203		112204		112201	112202		
正常	最大	正常	最大				
153	308	145	289	81.25	81.25	267	146
正常涌水量：873.5 m^3/h							
最大涌水量：1172.5 m^3/h							

其余时间段的矿井涌水量均采用这种方法预测，过程从略。

2. 基于时间分区的石槽村煤矿矿井涌水量预测结果

通过对石槽村煤矿首采区水文地质条件及采掘现状的综合分析，结合以往勘探资料，在采用多种方法进行参数演算、测试的基础上，对 2012—2015 年矿井涌水量进行了预测计算分析，见表 10 – 15。

表 10 – 15　2012—2015 年各年度首采区矿井涌水量预计结果

序号	年　　度	矿井涌水量/(m³·h⁻¹)	
		正常	最大
1	2012 年 11 月—2013 年 7 月	873.5	1172.5
2	2013 年 8 月—2013 年 10 月	825	1124
3	2013 年 11 月—2014 年 6 月	882	1020
4	2014 年 7 月—2014 年 12 月	821.5	957.5
5	2015 年 1 月—2015 年 5 月	675.5	1031.5
6	2015 年 5 月后	681	890

第六节　典型矿井涌水量预测

根据动态补给量耦合静储量法以及基于时间分区的矿井涌水量预测法对研究区石槽村煤矿、红柳煤矿以及临近碎石井矿区的枣泉煤矿矿井涌水量进行预测（实测矿井涌水量时间为 2013 年 9 月），结果见表 10 – 16 和图 10 – 10。

表 10 – 16　实测矿井涌水量、以往预测矿井涌水量、动态补给量耦合静储量预测值

矿　井	实测矿井涌水量/(m³·h⁻¹)		矿井涌水量预测值(地质勘探报告)/(m³·h⁻¹)		误差/%		动态补给量耦合静储量法预测值/(m³·h⁻¹)		误差/%	
	正常	最大	正常	最大	正常	最大	正常	最大	正常	最大
石槽村煤矿	785.4	896	420.8	545	87	64	873.5	1172.5	10	27
枣泉煤矿	330	630	170	250	94	52	314.8	362.1	5	43
红柳煤矿	1000	1250	617.7	712.3	62	75	1203	2067	17	26
平均值	—	—	—	—	81	97	—	—	11	32

从表 10 – 16 中可以看出，石槽村煤矿矿井正常和最大涌水量在使用动态补给量耦合静储量法预测值相比地质勘探报告中预测值误差分别由 87% 和 64% 下降到 10% 和 27%；枣泉煤矿矿井正常和最大涌水量在使用动态补给量耦合静储量法预测值相比地质勘探报告中预测值误差分别由 94% 和 152% 下降到 5% 和 43%；红柳煤矿矿井正常涌水量和最大涌水量在使用动态补给量耦合静储量法预测值相比地质勘探报告中预测值误差由 62% 和 75% 下降到 17% 和 26%。各矿井的正常涌水量和最大涌水量预测值的准确性均有了显著的提高。

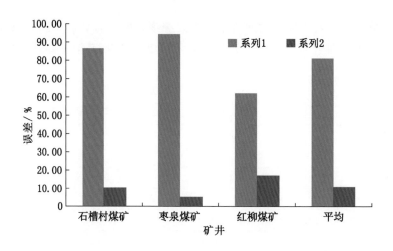

图 10-10 地质勘探报告与动静法预测值误差对比

第十一章　鄂尔多斯盆地北部煤层顶板砂岩水害防治技术

第一节　鄂尔多斯盆地北部煤层顶板水害防治思路

鄂尔多斯盆地侏罗系煤田煤层顶板含水层普遍发育，具有代表性的包括侏罗系直罗组含水层、白垩系保安群含水层（组）和第四系萨拉乌苏组含水层，对于中等埋藏深度的煤层主要受到直罗组下段含水层的威胁，对于埋藏较浅的煤层可能同时受到直罗组风化基岩、白垩系和萨拉乌苏组含水层的影响和威胁。由于煤层开采对顶板的破坏远大于对底板的破坏，因此，顶板水害的产生机理和形式也是多种多样的。

一、顶板含水层预疏放

目前对于顶板水害防治最广泛也是最有效的做法是在工作面回采前，对顶板含水层进行预疏放，将含水层中的地下水通过可控、有序的疏放，达到疏水降压的目的，在回采过程中起到对涌水量"削峰平谷"的作用。因此，鄂尔多斯盆地侏罗系煤田顶板水害防治的关键技术是围绕着顶板水疏水降压而开展的。

二、顶板水疏放三阶段

在对顶板含水层进行疏放之前，需要对水文地质条件进行分析，因此实施顶板水疏放工程分为 3 个阶段：疏放水前分析→疏放水→疏放水后评价。

对顶板含水层疏放前的分析主要包括：科学合理的对含水层富水性进行分区，使顶板水疏放工程达到经济合理；导水通道的分析，主要指导水裂缝带发育高度的预测；工作面和矿井涌水量的预测。这 3 点概括起来就是充水因素中的充水水源、充水通道和充水强度的分析和研究。

当疏放水工作完毕，则需要对顶板水疏放效果进行定量化评价，来确定工作面是否达到安全开采的水文地质条件。

以上各阶段顶板水害防治思路是一个统一的整体，彼此影响和制约，不能孤立的分析，必须将其统一考虑、统一实施和统一评价，以达到避免顶板水害事故发生的目的。

第二节　顶板砂岩含水层富水性分区关键技术

由于直罗组下段含水层是影响和威胁盆地西缘宁东煤田鸳鸯湖矿区 2 号煤层回采的主要充水含水层，因此在总结了直罗组沉积控水规律的基础上，结合构造控水规律对直罗组下段含水层进行富水性分区研究。研究区清水营煤矿未开展水文地质补勘工作，梅花井和石槽村煤矿施工的水文地质钻孔较少，麦垛山煤矿目前尚未开采。因此，选择红柳煤矿的首采区作为富水性分区的研究区。

一、含水层富水性评价指标的确定

影响直罗组下段含水层富水性的因素是多方面的。例如，含水层的砂地比、砂岩厚度、粗砂岩厚度、砂岩层数等，砂岩厚度是影响地下水赋存的重要因素，厚度大则储水空间就大，砂岩如果层数较多，就会限制砂岩含水层中构造裂隙的延展性和不同砂体之间的水力联系，降低含水层的富水性。而这些因素也是彼此作用、互相影响的，如果地层的砂地比较大，则相应的砂岩和粗砂岩厚度较大，砂岩层数就会相应较少，这时含水层的富水性就会较大。

直罗组下段含水层往往存在大量的裂隙，含水层的富水性受到裂隙发育的影响，而裂隙的发育与构造发育情况有着密切的联系。构造的发育情况主要取决于断裂构造和褶皱构造的发育程度，与断裂构造的规模、密集程度、褶皱构造特征等有关。

综上所述，由于直罗组下段含水层同时受到沉积控水规律和构造控水规律的影响，因此可以基于含水层的沉积特征和构造特征来选取富水性评价指标，结合红柳煤矿首采区的具体情况，选取了直罗组下段含水层的砂地比、砂岩厚度、粗砂岩厚度、砂岩层数、断层分维值和褶皱分维值来作为评价富水性的指标。下面分别对这几个指标做定量研究。

1. 砂地比

砂地比作为在大区域刻画直罗组含水层沉积相的重要指标，同时也反映了地层中砂岩的百分含量，从前面章节的分析，直罗组下段含水层主要为中、粗砂岩，如果其含量较大，则含水层的储水空间以及渗透性能则较好。

2. 砂岩厚度

砂岩厚度是指粗砂岩、中砂岩和细砂岩等含水介质的累加厚度，其作为决定含水层富水性的先决条件，是地下水主要的赋存场所，也是影响地下水赋存的重要因素。砂岩厚度大的区段单位面积上静储量较大，富水性较好；反之，砂岩厚度小的区段，则富水性较差。

3. 粗砂岩厚度

直罗组下段含水层的粗砂岩的沉积相主要为辫状河河道砂体沉积，是构成直罗组下段含水层的主体，并且孔隙率相对中砂岩和细砂岩较大，根据对不同岩性的岩石进行物理测试，粗砂岩的给水度和渗透性都较大，因此其厚度可以有效表征直罗组下段含水层的富水性。

4. 砂岩层数

在含水层厚度一致的条件下，砂岩层数较多意味着单层砂岩厚度较薄，并且含水层中地下水的水力联系被减弱，导致含水层富水性减小；反之，如果砂岩层数较少，相应的单层砂岩厚度增加，在平面上易形成连通砂体，使含水层的富水性增大。

5. 断层分维值

一般来说，在断层附近构造裂隙较为发育，成为地下水储存的空间和径流的通道，根据已有的突水资料分析和矿井防治水经验可知，一般在断层发育、密度大的地方容易发生突水。断层分维方法和获得的分维值已经在前面章节论述，在此不再赘述。

6. 褶皱分维值

褶皱轴部受力集中，裂隙往往比较发育，背斜通常表现为拉张作用，向斜轴部通常表现为挤压作用。因此，在不同地应力的作用下，褶皱轴部及附近的裂隙较为发育，在一定程度上成为地下水的储存场所和径流通道。

同断层分维研究类似，将研究区按照经纬网格划分为 500 m × 500 m 的块段，计算得到各个块段的分维值，由于褶皱的紧闭程度影响其对岩石的破坏程度，因此应该根据褶皱的紧闭程度对褶皱的分维值进行修正，然后绘制等值线，以便更准确的表达褶皱对岩石的破坏程度。褶皱的紧闭程度可由翼间角来反映，翼间角是褶皱两翼相交的二面角，在煤层底板等高线图上可以近似获得。

根据翼间角的大小，可以将褶皱分为极平缓褶皱、平缓褶皱、开阔褶皱、中常褶皱、紧闭褶皱以及等斜褶皱，并且赋予相应的修正系数，具体见表 11 - 1。

表 11 - 1　基于翼间角的褶皱分类以及修正系数

褶　　皱	翼间角/(°)	修正系数	褶　　皱	翼间角/(°)	修正系数
极平缓褶皱	$180 > \alpha > 170$	1.0	中常褶皱	$70 > \alpha > 30$	1.4
平缓褶皱	$170 > \alpha > 120$	1.1	紧闭褶皱	$30 > \alpha > 5$	1.6
开阔褶皱	$120 > \alpha > 70$	1.2	等斜褶皱	$5 > \alpha > 0$	1.8

用褶皱的分维值乘以相应的修正系数可以得到修正后的分维值。把块段修正后的分维值赋给该块段的中心点，然后利用 Surfer 软件进行 Kriging 插值，绘制出研究区褶皱分维等值线如图 11 - 1 所示。

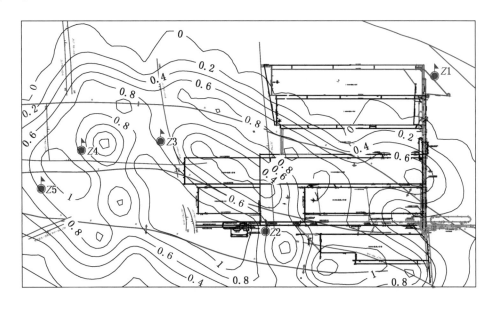

图 11 - 1　红柳煤矿首采区褶皱分维等值线

二、含水层富水性评价体系及各指标的权重

根据对直罗组下段含水层富水性的分析，影响富水性的主要有含水层的砂地比、砂岩厚度、粗砂岩厚度、砂岩层数、断层分维值和褶皱分维值，结合各水文地质钻孔抽水试验数据以及研究区的具体情况，建立含含水层富水性评价的标准见表 11－2。其中，一级富水区至五级富水区富水性依次增强。

表 11－2　直罗组下段含水层富水性评价标准

指标	一级富水区	二级富水区	三级富水区	四级富水区	五级富水区
砂地比	0.80～0.84	0.84～0.88	0.88～0.92	0.92～0.96	0.96～1.00
砂岩厚度/m	0～30	30～60	60～90	90～120	120～150
粗砂岩厚度/m	0～24	24～48	48～72	72～96	96～120
砂岩层数	8～10	6～8	4～6	2～4	0～2
断层分维值	0～0.2	0.2～0.4	0.4～0.6	0.6～0.8	0.8～1.0
褶皱分维值	0～0.2	0.2～0.4	0.4～0.6	0.6～0.8	0.8～1.0

由于以往研究确定富水性评价指标的权重基本上采用了专家评分法或者类似方法，主观性较强，为了更加客观合理的确定富水性评价指标的权重，本研究先采用灰色关联度法确定出各指标与富水性之间的关联度，在此基础上，采用语气算子比较法确定各指标的权重。

1. 含水层富水性及各评价指标的关联度

将红柳煤矿首采区水文补勘中的水文孔资料以及各评价指标值列入表 11－3。

表 11－3　红柳煤矿首采区水文地质补勘钻孔各指标统计

钻孔	单位涌水量/$[\mathrm{L}\cdot(\mathrm{s}\cdot\mathrm{m})^{-1}]$	砂地比	砂岩厚度/m	粗砂岩厚度/m	砂岩层数	断层分维值	褶皱分维值
Z1	0.0245	0.91	62.65	30.60	2	0.42	0.00
Z2	0.0085	0.87	77.15	53.00	2	0.52	0.65
Z3	0.0798	0.92	219.94	57.03	3	1.25	0.75
Z4	0.0085	0.79	123.83	73.34	4	0.95	0.70
Z5	0.0174	0.97	166.33	89.25	3	0.60	0.80

根据灰色关联度计算结果，得

$$r_{砂岩厚度} > r_{断层分维值} > r_{砂地比} > r_{粗砂岩厚度} > r_{褶皱分维值} > r_{砂岩层数}$$

2. 语气算子比较法确定权重

在确定各评价指标的权重向量时，采用语气算子比较法，具体算法如下：

设有 6 项含水层富水性评价指标组成的指标集

$$D = (d_1, d_2, \cdots, d_6)$$

其中，d_j 为指标集中的指标，$j=1,2,\cdots,6$。

首先研究指标集 D 对重要性的二元比较定性排序。指标集 D 中的元素 d_k 与 d_l 就"重要性"作二元比较，若①d_k 比 d_l 重要，记定性标度 $e_{kl}=1$，$e_{lk}=0$；②d_k 与 d_l 同样重要，记 $e_{kl}=0.5$，$e_{lk}=0.5$；③d_l 比 d_k 重要，记 $e_{kl}=0$，$e_{lk}=1$；$k=1,2,\cdots,6;l=1,2,\cdots,6$。矩阵为

$$E=\begin{bmatrix} e_{11} & e_{12} & \cdots & e_{16} \\ e_{21} & e_{22} & \cdots & e_{26} \\ \cdots & \cdots & \cdots & \cdots \\ e_{66} & e_{66} & \cdots & e_{66} \end{bmatrix}=(e_{kl}) \qquad (11-1)$$

式（11-1）为指标集 D 对重要性作二元比较的定性排序标度矩阵。在二元比较过程中要求判断思维不出现矛盾，即要求逻辑判断的一致性，其一致性检验条件：①若 $e_{hk}>e_{hl}$，有 $e_{kl}=0$；②若 $e_{hk}<e_{hl}$，有 $e_{kl}=1$；③若 $e_{hk}=e_{hl}=0.5$，有 $e_{kl}=0.5$，$h=1,2,\cdots,6$。

若定性排序矩阵 E 通不过一致性检验条件，则说明判断思维过程自相矛盾，需重新调整排序标度 e_{kl}，在人机结合的情况下，这样的调整是很方便的；若通过一致性检验条件，则可计算矩阵 E 的各行元素之和，其大小排序给出了指标集重要性的定性排序。

为了在二元定量对比中更便于我国的语言习惯，陈守煜教授给出了语气算子与重要性定量标度之间的对应关系，见表11-4。

表11-4　语气算子与相对隶属度（权重）关系

语气算子	同样	稍稍	略为	较为	明显	显著	十分	非常	及其	极端	无可比拟
相对隶属度（权重）	1.0	0.818	0.667	0.538	0.429	0.333	0.25	0.176	0.111	0.053	0

根据灰色关联度计算结果以及结合研究区的具体情况，认为砂岩厚度比断层分维值稍稍重要，比砂地比略为重要，比粗砂岩厚度较为重要，比褶皱分维值明显重要，比砂岩层数显著重要。构造一致性标度矩阵 F 为：

E 排序

$$F=\begin{bmatrix} 0.5 & 0 & 1 & 1 & 0 & 1 \\ 1 & 0.5 & 1 & 1 & 1 & 1 \\ 0 & 0 & 0.5 & 1 & 0 & 1 \\ 0 & 0 & 0 & 0.5 & 0 & 0 \\ 1 & 0 & 1 & 1 & 0.5 & 1 \\ 0 & 0 & 0 & 1 & 0 & 0.5 \end{bmatrix} \begin{matrix} 3.5 & (3) \\ 5.5 & (1) \\ 2.5 & (4) \\ 0.5 & (6) \\ 4.5 & (2) \\ 1.5 & (5) \end{matrix}$$

将一致性标度矩阵 F 每行元素值之和 E_i 作为每个因子的得分，并且根据得分的高低确定每个指标的排序，在确定了指标重要性定性排序以后，将定性排序的最重要指标与其他指标逐一进行二元对比，可应用表中提出的语气算子与对重要性的相对隶属度的对应关系，根据经验知识，逐一判断最重要指标与其他指标语气算子间的比较关系。按确定的比较关系，可以得到二元比较矩阵 C：

$$C = \begin{bmatrix} 1 & 0.667 & 1.222 & 1.859 & 0.818 & 1.499 \\ 1.499 & 1 & 1.859 & 3.003 & 2.331 & 2.331 \\ 0.818 & 0.538 & 1 & 1.499 & 0.667 & 1.222 \\ 0.538 & 0.333 & 0.667 & 1 & 0.429 & 0.818 \\ 1.222 & 0.818 & 1.499 & 2.331 & 1 & 1.859 \\ 0.667 & 0.429 & 0.818 & 1.222 & 0.538 & 1 \end{bmatrix}$$

用 MATLAB 可以计算出上述矩阵的特征值 $\lambda_{max} = 6.1455$，对应的特征向量为 $W = (0.3790, 0.6638, 0.3081, 0.2012, 0.4688, 0.2500)$，归一化为

$$A = (0.167, 0.293, 0.136, 0.089, 0.206, 0.110)$$

由于含水层富水性的复杂性和人们对其认识的片面性，需要对所构造的判断矩阵求出的特征向量（权值）是否合理进行一致性和随机性检验，检验公式为

$$CR = \frac{CI}{RI} \qquad (11-2)$$

式中　CR——判断矩阵的随机一致性比率；

$\quad CI$——判断矩阵一致性指标，它的计算公式为

$$CI = \frac{1}{m-1}(\lambda_{max} - m) \qquad (11-3)$$

式中　λ_{max}——最大特征根；

$\quad m$——判断矩阵阶数；

$\quad RI$——判断矩阵的平均随机一致性指标。

由大量试验给出，对于低阶判断矩阵，RI 取值见表 11-5。

表 11-5　平均随机一致性指标值

m	1	2	3	4	5	6	7	8	9	10	11
RI	0.00	0.00	0.58	0.90	1.12	1.24	1.32	1.41	1.45	1.49	1.51

当 $CR < 0.10$ 时，认为判断矩阵具有满意的一致性，说明权数分配是合理的；否则，需要调整判断矩阵，直到达到一定的一致性为止。

在确定了权重集后，对其进行一致性检验。因为 $m = 6$，由表 11-5 可以查出 $RI = 1.24$，故有

$$CI = \frac{\lambda_{max} - m}{m-1} = \frac{6.1455 - 6}{6-1} = 0.0291$$

$$CR = \frac{CI}{RI} = \frac{0.0291}{1.24} = 0.0235 < 0.10$$

可见，所构造的判断矩阵具有较好的一致性，说明权数分配合理。

三、建立模糊评判矩阵

由于红柳煤矿首采区地质勘探钻孔较多，不能全部参与分析，因此选取 H8、H10、H12、H14、H16 和 H18 勘探线上的 H801、H803、H805、H806、H1001、H1003、H1005、H1006、H1201、H1203、H1205、H1206、H1401、H1403、H1405、H1406、H1601、H1603、

H1605、H1801、H1803 和 H1805 钻孔的砂地比、砂岩厚度、粗砂岩厚度、砂岩层数、断层分维值和褶皱分维值作为含水层富水性评价的指标，在此基础上建立模糊评判矩阵。

$$
\boldsymbol{R} = \begin{bmatrix}
r_{11} & r_{12} & \cdots & r_{1n} \\
r_{21} & r_{22} & \cdots & r_{2n} \\
\vdots & \vdots & \ddots & \vdots \\
r_{m1} & r_{m2} & \cdots & r_{mn}
\end{bmatrix}
$$

其中，$\boldsymbol{R}$ 为 $U \times V$ 上的模糊子集，通常称为模糊关系矩阵，由各单因素评判结果得到；r_{ij} 为第 i 个因素对第 j 个评语的隶属度；隶属函数的建立是用来刻画模糊集合的，即用来计算 r_{ij}。对模糊对象只有给出切合实际的隶属函数，才能应用模糊数学方法进行计算。三角形隶属度函数是最常见最简单的一种模糊隶属度函数，在此 A_i 均选取三角形隶属度函数。即

$$
r_{ij}(x) = \begin{cases}
(x - x_{i-1})/(x_i - x_{i-1}) & x \in [x_{i-1}, x_i] \\
(x_{i+1} - x)/(x_{i+1} - x_i) & x \in [x_i, x_{i+1}] \\
0 & \text{其他情况}
\end{cases}
\quad \begin{array}{l}(i = 1, 2, \cdots, m) \\ (j = 1, 2, \cdots, n)\end{array}
\quad (11-4)
$$

将 H801 钻孔的砂地比代入式（11-4），可得到 H801 钻孔的砂地比隶属度向量 $\boldsymbol{r} = (0.75, 0.25, 0, 0, 0)$。

同理，可以求出 H801 钻孔其他评价指标相应的隶属度向量，下面仅列出结果，不再详述。

$$
\boldsymbol{R}_{\text{H801}} = \begin{bmatrix}
0.75 & 0.25 & 0 & 0 & 0 \\
0 & 0.90 & 0.10 & 0 & 0 \\
0 & 0.57 & 0.43 & 0 & 0 \\
0 & 0 & 0 & 1 & 0 \\
0 & 0 & 0 & 0.25 & 0.75 \\
1 & 0 & 0 & 0 & 0
\end{bmatrix}
\quad
\boldsymbol{R}_{\text{H803}} = \begin{bmatrix}
0.25 & 0.75 & 0 & 0 & 0 \\
0.24 & 0.76 & 0 & 0 & 0 \\
0.75 & 0.25 & 0 & 0 & 0 \\
0 & 0 & 0.50 & 0.50 & 0 \\
0 & 0 & 0 & 0.50 & 0.50 \\
0 & 0 & 1 & 0 & 0
\end{bmatrix}
$$

$$
\boldsymbol{R}_{\text{H805}} = \begin{bmatrix}
0 & 0 & 0 & 0 & 1 \\
0 & 0 & 0.42 & 0.58 & 0 \\
1 & 0 & 0 & 0 & 0 \\
0 & 0 & 0 & 1 & 0 \\
0 & 0 & 0 & 0.50 & 0.50 \\
0 & 0 & 0.10 & 0.90
\end{bmatrix}
\quad
\boldsymbol{R}_{\text{H806}} = \begin{bmatrix}
0 & 0 & 0 & 0 & 1 \\
0 & 0 & 0.83 & 0.17 & 0 \\
0 & 0 & 0.43 & 0.57 & 0 \\
0 & 0 & 0 & 1 & 0 \\
0 & 0 & 0 & 0.75 & 0.25 \\
1 & 0 & 0 & 0 & 0
\end{bmatrix}
$$

$$
\boldsymbol{R}_{\text{H1001}} = \begin{bmatrix}
0.25 & 0.75 & 0 & 0 & 0 \\
0 & 0.85 & 0.15 & 0 & 0 \\
0.15 & 0.85 & 0 & 0 & 0 \\
0 & 0 & 0 & 0.50 & 0.50 \\
0.75 & 0.25 & 0 & 0 & 0 \\
1 & 0 & 0 & 0 & 0
\end{bmatrix}
\quad
\boldsymbol{R}_{\text{H1003}} = \begin{bmatrix}
0.50 & 0.50 & 0 & 0 & 0 \\
0 & 0.68 & 0.32 & 0 & 0 \\
0 & 0.22 & 0.78 & 0 & 0 \\
0 & 0 & 0 & 0.50 & 0.50 \\
0 & 0 & 1 & 0 & 0 \\
0 & 0 & 0 & 0.75 & 0.25
\end{bmatrix}
$$

$$R_{H1005} = \begin{bmatrix} 0 & 0 & 0 & 0 & 1 \\ 0 & 0 & 0 & 0.81 & 0.19 \\ 0 & 0 & 0 & 0 & 1 \\ 0 & 0 & 0 & 0 & 1 \\ 1 & 0 & 0 & 0 & 0 \\ 0 & 0.10 & 0.90 & 0 & 0 \end{bmatrix} \quad R_{H1006} = \begin{bmatrix} 0 & 0 & 0 & 0 & 1 \\ 0 & 0 & 0 & 0.35 & 0.65 \\ 0 & 0 & 0 & 0.53 & 0.47 \\ 0 & 0 & 1 & 0 & 0 \\ 0 & 1 & 0 & 0 & 0 \\ 1 & 0 & 0 & 0 & 0 \end{bmatrix}$$

$$R_{H1201} = \begin{bmatrix} 0 & 0 & 0 & 0 & 1 \\ 0 & 0.64 & 0.36 & 0 & 0 \\ 0 & 0.17 & 0.83 & 0 & 0 \\ 0 & 0 & 0 & 0 & 1 \\ 1 & 0 & 0 & 0 & 0 \\ 1 & 0 & 0 & 0 & 0 \end{bmatrix} \quad R_{H1203} = \begin{bmatrix} 0 & 0 & 0 & 0 & 1 \\ 0 & 0.06 & 0.94 & 0 & 0 \\ 0 & 0.65 & 0.35 & 0 & 0 \\ 0 & 0 & 0 & 0.50 & 0.50 \\ 0 & 0 & 0 & 1 & 0 \\ 0 & 0 & 0.40 & 0.60 & 0 \end{bmatrix}$$

$$R_{H1205} = \begin{bmatrix} 0 & 0 & 0 & 0 & 1 \\ 0 & 0 & 0.67 & 0.33 & 0 \\ 0 & 0 & 0.86 & 0.14 & 0 \\ 0 & 0 & 0 & 0 & 1 \\ 0 & 0 & 0.25 & 0.75 & 0 \\ 0 & 0 & 0 & 0 & 1 \end{bmatrix} \quad R_{H1206} = \begin{bmatrix} 0 & 0 & 0 & 0 & 1 \\ 0 & 0 & 0 & 0 & 1 \\ 0 & 0 & 0.29 & 0.71 & 0 \\ 0 & 1 & 0 & 0 & 0 \\ 0 & 0 & 0 & 0.50 & 0.50 \\ 0 & 0.15 & 0.85 & 0 & 0 \end{bmatrix}$$

$$R_{H1401} = \begin{bmatrix} 0 & 0 & 0 & 0 & 1 \\ 0 & 0.12 & 0.88 & 0 & 0 \\ 0 & 0.86 & 0.14 & 0 & 0 \\ 0 & 0 & 0 & 0.50 & 0.50 \\ 0 & 0 & 0.10 & 0.90 & 0 \\ 1 & 0 & 0 & 0 & 0 \end{bmatrix} \quad R_{H1403} = \begin{bmatrix} 0 & 0 & 0 & 0 & 1 \\ 0 & 0.26 & 0.74 & 0 & 0 \\ 0 & 0 & 0.99 & 0.01 & 0 \\ 0 & 0 & 0 & 0.50 & 0.50 \\ 0 & 0 & 0 & 0.40 & 0.60 \\ 0 & 0 & 0.90 & 0.10 & 0 \end{bmatrix}$$

$$R_{H1405} = \begin{bmatrix} 0 & 0 & 0.50 & 0.50 & 0 \\ 0 & 0 & 0.96 & 0.94 & 0 \\ 0 & 0 & 0.32 & 0.68 & 0 \\ 0 & 0 & 0 & 0.50 & 0.50 \\ 0 & 0 & 0.35 & 0.65 & 0 \\ 0 & 0 & 0.95 & 0.05 & 0 \end{bmatrix} \quad R_{H1406} = \begin{bmatrix} 0 & 0 & 0.75 & 0.25 & 0 \\ 0 & 0.06 & 0.94 & 0 & 0 \\ 0.03 & 0.97 & 0 & 0 & 0 \\ 0 & 0 & 0 & 1 & 0 \\ 0 & 0 & 0 & 0 & 1 \\ 0 & 0 & 1 & 0 & 0 \end{bmatrix}$$

$$R_{H1601} = \begin{bmatrix} 0 & 0 & 0 & 0 & 1 \\ 0 & 0.50 & 0.50 & 0 & 0 \\ 0.16 & 0.84 & 0 & 0 & 0 \\ 0 & 0 & 0 & 1 & 0 \\ 1 & 0 & 0 & 0 & 0 \\ 1 & 0 & 0 & 0 & 0 \end{bmatrix} \quad R_{H1603} = \begin{bmatrix} 1 & 0 & 0 & 0 & 0 \\ 0 & 0.62 & 0.38 & 0 & 0 \\ 0.20 & 0.80 & 0 & 0 & 0 \\ 0 & 0 & 0 & 0.50 & 0.50 \\ 0 & 0 & 1 & 0 & 0 \\ 0 & 0 & 0.50 & 0.50 & 0 \end{bmatrix}$$

$$R_{H1605} = \begin{bmatrix} 0 & 0 & 0 & 0.75 & 0.25 \\ 0 & 0.04 & 0.96 & 0 & 0 \\ 0 & 0 & 0.42 & 0.58 & 0 \\ 0 & 0 & 0 & 0.50 & 0.50 \\ 0 & 0.60 & 0.40 & 0 & 0 \\ 0 & 0 & 0 & 0.75 & 0.25 \end{bmatrix} \quad R_{H1801} = \begin{bmatrix} 0 & 0 & 0 & 0 & 1 \\ 0 & 0 & 0.93 & 0.07 & 0 \\ 0 & 0.96 & 0.04 & 0 & 0 \\ 0 & 0 & 0 & 0.50 & 0.50 \\ 1 & 0 & 0 & 0 & 0 \\ 1 & 0 & 0 & 0 & 0 \end{bmatrix}$$

$$R_{H1802} = \begin{bmatrix} 0 & 0 & 0 & 0 & 1 \\ 0.56 & 0.44 & 0 & 0 & 0 \\ 0.33 & 0.67 & 0 & 0 & 0 \\ 0 & 0 & 0 & 0 & 1 \\ 0.85 & 0.15 & 0 & 0 & 0 \\ 0 & 0.85 & 0.15 & 0 & 0 \end{bmatrix} \quad R_{H1805} = \begin{bmatrix} 0 & 0 & 0 & 0 & 1 \\ 0 & 0 & 0.89 & 0.11 & 0 \\ 0.69 & 0.31 & 0 & 0 & 0 \\ 0 & 0 & 1 & 0 & 0 \\ 1 & 0 & 0 & 0 & 0 \\ 1 & 0 & 0 & 0 & 0 \end{bmatrix}$$

四、基于模糊综合评价的含水层富水性评价

模糊综合评判数学模型的基本形式为

$$B = A \circ R$$

式中　　A——n 个参与模糊综合评判因素的权重，$A = (a_1, a_2, \cdots, a_n)$；

　　　　R——模糊综合评判矩阵；

　　　　B——评判对象的综合评判结果，$B = (b_1, b_2, \cdots, b_m)$；

　　　　$A \circ$——合成运算算子。

由于加权平均型算子对所有因素权重大小均衡兼顾，因此采用了加权平均算子。

$$B_{H801} = A \circ R_{H801}$$

$$= (0.167, 0.293, 0.136, 0.089, 0.206, 0.110) \begin{bmatrix} 0.75 & 0.25 & 0 & 0 & 0 \\ 0 & 0.90 & 0.10 & 0 & 0 \\ 0 & 0.57 & 0.43 & 0 & 0 \\ 0 & 0 & 0 & 1 & 0 \\ 0 & 0 & 0 & 0.25 & 0.75 \\ 1 & 0 & 0 & 0 & 0 \end{bmatrix}$$

$$= (0.24, 0.38, 0.09, 0.14, 0.15)$$

根据最大隶属度原则，H801 钻孔所揭露含水层属于二级富水区；同理，计算出所有钻孔的隶属度向量，在此基础上得到所揭露含水层的富水性分区，计算结果见表 11-6。

根据对红柳煤矿首采区各钻孔所揭露含水层的富水性分级结果，绘制研究区的富水性分区如图 11-2 所示。

010201 工作面作为整个矿井的首采工作面，在回采过程中发生过集中涌水现象，因此涌水量较大，其涌水量为 202.92 m³/h；010202、010203 和 010204 工作面涌水量依次为 83.29 m³/h、78.40 m³/h 和 57.34 m³/h；020201 和 030201 工作面涌水量分别为 261.29 m³/h 和 103.56 m³/h。基于含水层沉积和构造特征的富水性分区结果与实际井下工作面涌水量较为一致。

表 11-6　模糊综合评判结果

钻孔	对各级富水性的隶属度					分区结果	钻孔	对各级富水性的隶属度					分区结果
	一级	二级	三级	四级	五级			一级	二级	三级	四级	五级	
H801	0.24	0.38	0.09	0.14	0.15	二级	H1206	0.00	0.11	0.13	0.20	0.56	五级
H803	0.21	0.38	0.15	0.15	0.10	二级	H1401	0.11	0.15	0.30	0.23	0.21	三级
H805	0.14	0.00	0.13	0.46	0.27	四级	H1403	0.00	0.08	0.45	0.14	0.33	五级
H806	0.11	0.00	0.30	0.37	0.22	四级	H1405	0.00	0.58	0.37	0.04		三级
H1001	0.33	0.54	0.04	0.04	0.04	二级	H1406	0.00	0.15	0.51	0.13	0.21	三级
H1003	0.08	0.31	0.40	0.13	0.07	三级	H1601	0.34	0.26	0.15	0.09	0.17	一级
H1005	0.21	0.01	0.10	0.24	0.45	五级	H1603	0.30	0.25	0.30	0.10	0.04	三级
H1006	0.11	0.21	0.09	0.17	0.42	五级	H1605	0.00	0.13	0.42	0.33	0.11	三级
H1201	0.32	0.21	0.22	0.00	0.26	一级	H1801	0.32	0.13	0.28	0.06	0.21	一级
H1203	0.00	0.10	0.37	0.32	0.21	三级	H1802	0.38	0.34	0.02	0.00	0.26	一级
H1205	0.00	0.00	0.36	0.27	0.37	五级	H1805	0.41	0.04	0.35	0.03	0.17	一级

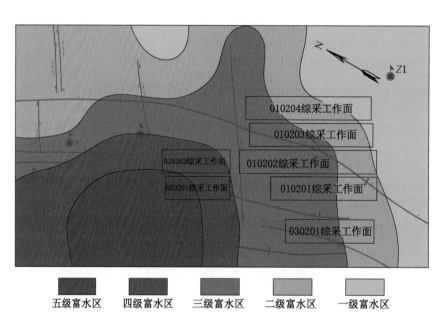

图 11-2　红柳煤矿首采区直罗组下段含水层富水性分区

第三节　顶板含水层疏放效果定量化评价关键技术

一、直罗组下段砂岩含水层井下疏放水效果评价方法

由于宁东煤田浅部煤层顶板直罗组砂岩含水层为主要充水水源的工作面涌水量主要以含水层静储量为主，动态补给量较小，当工作面回采前采取超前预疏放工作后，如果钻孔

疏放水总量小于含水层静储量，同时钻孔残余水量大于含水层的动态补给量，说明静储量还没有得到有效疏放，需要延长疏放水时间或局部增加疏放水钻孔；如果钻孔疏放水总量等于或大于含水层静储量，并且钻孔残余水量等于或小于动态补给量，说明含水层中的静储量已经得到了有效疏放，钻孔的残余水量为含水层中的动态补给量，即可认为工作面的疏放水效果良好，达到了疏放水的目的。

二、研究区典型工作面井下疏放水效果评价

由于研究区各井田工作面水文地质条件较为复杂，差异性也较大，在工作面回采前进行水文地质条件评价显得尤为重要，不仅可以对前期开展的防治水工作进行阶段总结，而且可以定量评价直罗组下段含水层疏放水效果，使得顶板水防治工作更加科学。

具体评价过程通常将工作面前 300 m 作为疏放水试验段，一方面可以通过试验段内疏放水效果总结，用来指导下一步正式疏放水工作；另一方面可以根据试验段疏放水情况，结合工作面涌水量预测成果，对工作面是否初步具备回采的水文地质条件进行科学评价。如果满足回采条件，则工作面可以正常开采；如果不满足回采条件，则可以根据实际情况制定相应的防治水措施。

由于石槽村煤矿 112202、112206 工作面，红柳煤矿 020202、020204 工作面水文地质条件相对复杂，在工作面回采前均进行了采前水文地质条件评价，具体评价效果见表 11 - 7。

表 11 - 7　典型工作面试验段疏放水效果评价

矿　井	工作面	工作面涌水量预测值		工作面疏放水观测值		疏放水效果评价
		静储量/ 10^4 m^3	动态补给量/ (m^3·h^{-1})	疏放总水量/ 10^4 m^3	残余水量/ (m^3·h^{-1})	
石槽村	112202	35.84	196.00	72.00	183.00	好
石槽村	112206	23.21	179.33	46.79	202.00	较好
红柳	020202	14.54	161.40	124.60	143.80	好
红柳	020204	26.01	506.16	48.00	289.40	好
枣泉	110202	71.50	247.44	233.48	297.00	较好

以上工作面在回采过程中涌水量平稳，说明顶板水疏放起到了对工作面涌水量"削峰平谷"的作用（图 11 - 3）。枣泉煤矿 110202 工作面位于碎石井矿区，其主要充水水源为直罗组下段含水层，在工作面回采前也进行了试验段疏放水效果评价，疏放水效果较好，说明利用工作面涌水量预测值和疏放水观测值评价顶板水疏放效果的方法科学合理，具有一定的推广价值。

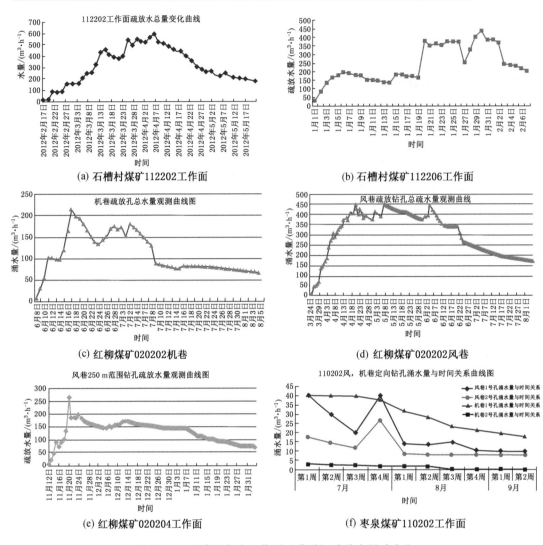

图11-3 研究区部分工作面（巷道）疏放水历时曲线

第四节 薄基岩突水溃砂防治关键技术

薄基岩厚松散层突水溃砂是鄂尔多斯东部侏罗系煤田浅埋煤层开采所面临的重要水害之一，其危害较大，一旦发生就会导致巨大的经济损失和人员伤亡。因此，需采取合理可行的防治水措施和工程，避免此类事故发生，以此为目的，根据突水溃砂水害特征及其形成机理，本节提出了针对其防治的基本思路和关键技术，并以哈拉沟煤矿典型工作面为例，论证了防治技术的可行性。

一、薄基岩突水溃砂防治基本思路

1. 条件探查与分析

物探结合钻探，探查开采工作面顶板地质及水文地质条件，主要包括富水异常区的圈定，含水层厚度、渗透系数、给水度、补迳排条件，基岩厚度、物理力学性质参数，地表沟谷明流量、洪水量等。

2. 突水溃砂风险性分析

根据具体的水文地质条件，依据竖两带、横两区理论，对垮落性裂缝带、网络性裂缝带、贯通性裂缝区发育高度等进行计算，并依据突水溃砂发生所具备的 4 个条件，逐一分析工作面突水溃砂发生的可能性。

3. 突水溃砂防控措施与工程

经上述分析，一旦工作面具有突水溃砂可能性，则根据突水溃砂发生的风险性大小，需采取地面和井下相配套的防控措施与工程，包括井下探放水、井下注浆加固改造含水砂层、地面抽放水、地面注浆加固含水松散沙层以及地表防渗或建坝截流等。待采取完防控工程和措施并验收合格后，工作面方可回采。

浅埋煤层水砂溃涌灾害防控体系如图 11 - 4 所示。

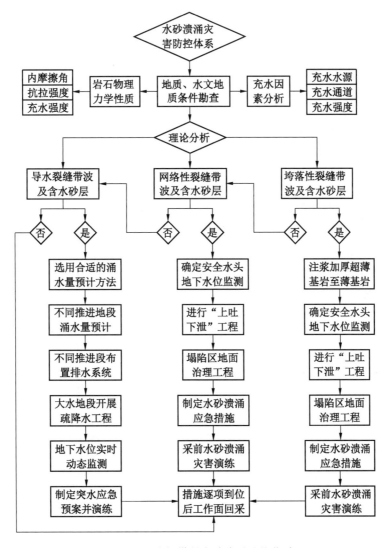

图 11 - 4　浅埋煤层水砂溃涌防控体系

二、薄基岩突水溃砂防治关键技术

根据突水溃砂防治的基本思路，总结了其防治的关键技术，主要包括以下两个方面：

（一）突水溃砂风险性预测技术

突水溃砂的4个影响因素为水沙源、通道、动力源、流动空间，这4个要素的相互作用是导致突水溃砂的内在机理。这4个要素缺一不可，必须同时具备，才能导致工作面突水溃砂事故的发生。

1. 突水溃砂通道发育高度的确定

突水溃砂通道发育高度就是人们通常所说的垮落性裂缝带，即垮落带，国内对浅埋煤层条件下垮落带发育高度现仍处于探索阶段，对其高度的主要预测方法如下：

1）碎胀系数法

单一煤层开采时，当开采煤层顶板覆岩内有极坚硬的岩层，采后能够形成悬顶，垮落带最大高度可采用下式计算：

$$H_{垮落} = \frac{M}{(k-1)\cos\alpha} \tag{11-5}$$

式中　$H_{垮落}$——垮落带高度，m；

　　　k——垮落岩石碎胀系数；

　　　α——煤层倾角，（°）；

　　　M——煤层采高，m。

当煤层顶板覆岩内为坚硬、中硬、软弱、极软弱互层时，垮落带最大高度可采用下式计算：

$$H_{垮落} = \frac{M-W}{(k-1)\cos\alpha} \tag{11-6}$$

式中　W——垮落过程中顶板下沉值，m。

由于破碎后的体积不易计算，而破碎后的碎胀量主要在竖直方向上，对顶板控制、开采沉陷的影响最大，式（11-5）中碎胀系数 k 可用岩体内竖直线上两点间的下沉差 Δw 与它们之间的距离 Δh 之比，即 $k = \Delta w/\Delta h$ 来表示，其值一般为 1.10~1.40，得出的冒采比介于 2.5~10。

2）经验公式法

三下采煤规程中，针对厚煤层分层开采时垮落带高度根据岩性的不同，给出的计算方法见表11-8。

表11-8　厚煤层分层开采垮落带高度预计公式

覆岩岩性（单向抗压强度/MPa）	经验公式/m
坚硬（40~80，石英砂岩，石灰岩、砂质页岩、砾岩）	$H_{垮落} = \frac{100\sum M}{2.1\sum M + 16} \pm 2.5$
中硬（20~40，砂岩，泥质灰岩石灰岩、砂质页岩、页岩）	$H_{垮落} = \frac{100\sum M}{4.7\sum M + 19} \pm 2.2$
坚硬（10~20，泥岩、泥砂质岩）	$H_{垮落} = \frac{100\sum M}{6.2\sum M + 32} \pm 1.5$
坚硬（<10，铝土岩，风化泥岩、黏土、砂质黏土）	$H_{垮落} = \frac{100\sum M}{7.0\sum M + 63} \pm 1.2$

采高按照 2～7 m 考虑，得出的冒采比介于 0.7～6.2。

3）数值模拟

经验公式适用于主采煤层厚度不大于 3 m 的垮落裂缝带的预测，若如煤层大于 3 m 时，则可以采用数值模拟对采空区垮落裂隙带发育高度进行计算，然后利用模拟结果对经验公式做一修正，再利用修正后的公式计算整个工作面的垮落裂隙带发育高度特征。

垮落裂缝带发育高度数值模拟可应用美国明尼苏达大学和美国 Itasca Consulting Group Inc. 开发的三维有限差分计算机程序 FLAC^{3D}（Fast Lagrangian Analysis of Continua）进行计算。该程序主要适用模型计算地质材料和岩土工程的力学行为，特别是材料达到屈服极限后产生的塑性流动。FLAC^{3D} 程序建立在拉格朗日算法基础上，特别适合模拟大变形和扭曲。FLAC^{3D} 采用显式算法来获得模型全部运动方程的时间步长解，从而可以追踪材料的渐进破坏和垮落，这对研究采矿设计是非常有效的。FLAC^{3D} 程序具有强大的后处理功能，用户可以直接在屏幕上绘制或以文件形式创建和输出打印多种形式的图形。使用者还可根据需要，将若干个变量合并在同一幅图形中进行研究分析。基于上述计算功能和特点，可应用 FLAC3D 程序计算因开采引起的垮落裂隙发育高度特征。

（1）建立工作面计算模型。根据所需模拟工作面走向剖面为依据，研究工作面回采过程中的矿压显现及覆岩破坏规律，根据工作面地质资料，并考虑计算需要，确定数值计算模型。以鄂尔多斯盆地内典型矿井工作面为例（图 11－5），在建立力学模型过程中，使主要研究区域处于边界效应影响的范围外，消除边界效应的影响。

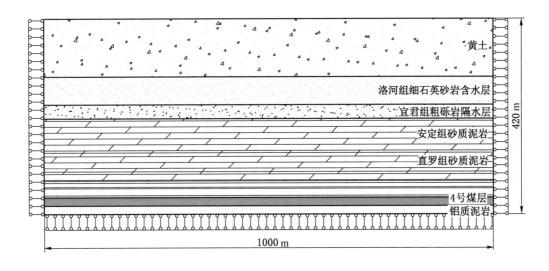

图 11－5 典型工作面力学模型

根据以上计算力学模型建立工作面三维数值计算模型，在建模过程中，尽可能保持重要区域网格的统一，避免长细比大于 5：1 的单元，以保证计算的准确程度。三维计算模型应用 Generate 命令生成，工作面推进方向沿 x 轴正方向，采用 Mohr－Coulomb plasticity model 本构模型，采用大应变变形模式，用 brick 单元模拟煤层及围岩，模型底部限制垂直移动，模型前后和侧面限制水平移动，三维数值模型如图 11－6 所示。

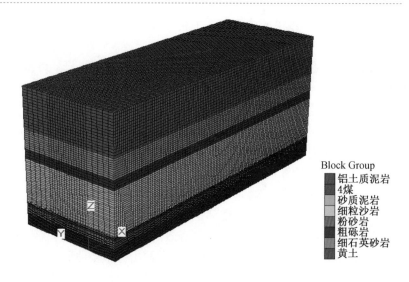

图 11-6　典型工作面数值计算模型

（2）本构关系。采用理想弹塑性本构模型——莫尔-库仑（Mohr-Coulomb）屈服准则描述岩体强度特征：

$$f_s = \sigma_1 - \sigma_3 \frac{1 + \sin\varphi}{1 - \sin\varphi} - 2c \sqrt{\frac{1 + \sin\varphi}{1 - \sin\varphi}} \tag{11-7}$$

式中　σ_1、σ_3——最大和最小主应力；

　　　　c、φ——黏聚力和摩擦角。

当 $f_s > 0$ 时，材料将发生剪切破坏。另外，根据抗拉强度准则（$\sigma_3 \geqslant \sigma_T$）判断岩体是否产生拉破坏。

（3）力学参数选取。模拟计算采用的煤和岩体的力学参数可根据现场地质调查和相关研究提供的岩石力学试验结果来进行选取确定。

（4）数值模拟计算方案。数值模拟分为2个步骤：①建立数值计算模型，固定边界，模型进行初始平衡计算；②推进工作面，按回采工艺开采，确定工作面回采距离段，并分阶段确定每次推进距离，分若干步模拟工作面推进过程，直到回采距离段完成，具体的回采方案及计算时步安排根据工作面情况而定。

（5）模拟计算结果。采用有限差分计算机程序 FLAC^{3D}，对所需模拟的设计方案分别进行了数值模拟，输出具体计算结果，如图 11-7 所示。

（6）经验公式修正。通过上述数值模拟，得出主采煤层垮落带发育高度，对经验公式进行修正。即

$$H_{f_{\text{修}}} = \frac{H_f x}{y} \tag{11-8}$$

式中　　x——数值模拟垮落带高度计算值；

　　　　y——经验公式计算值；

　　　　H_f——经验公式；

　　　　$H_{f_{\text{修}}}$——修正后的公式。

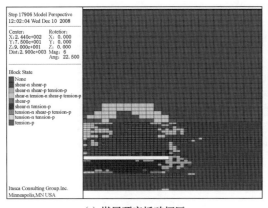

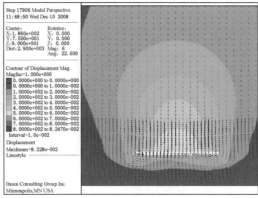

(a) 煤层顶底板破坏区　　　　　　　　　(b) 围岩位移场

图 11 - 7　典型工作面推进至若干米时煤层顶底板破坏区及围岩位移场

2. 突水溃砂含水沙层临界水头高度的确定

当含水砂层被导水通道触及时，水体首先沿着导水沙通道突涌到工作面内，造成涌水砂通道上覆含水砂层水位急剧下降，并在涌水通道附近迅速形成大的水力坡度，一旦达到或超过含水层中砂粒移动的临界水力坡度，含水层的砂粒将随着涌水大规模地溃入到采空区内，此时水砂溃涌发生的临界条件可表示为

$$J_r \geqslant J_{cr} \tag{11-9}$$

式中　　J_r——距离涌水通道某点的含水层实际水力坡度；

　　　　J_{cr}——临界水力坡度。

目前，煤矿防治水推荐使用扎马林公式来确定临界水力坡度，其计算式为

$$J_{cr} = \left(\frac{\gamma_s}{\gamma} - 1 \right) (1 - n) + 0.5n \tag{11-10}$$

式中　　J_{cr}——临界水力坡度；

　　　　γ_s——土粒容重；

　　　　γ——水的容重；

　　　　n——孔隙率。

而实际的水力坡度计算公式为

$$J_r = \frac{H_0^2 - h_w^2}{2 r_w h_w \ln \dfrac{R}{r_w}} \tag{11-11}$$

式中　　R——影响半径；

　　　　r_w——涌水通道半径；

　　　　H_0——含水层初始水头；

　　　　h_w——含水层稳定后的水头。

结合上述公式，得出临界水头高度为

$$H_0 \geq \frac{8}{3} J_{cr} r_w \ln \frac{R}{r_w} \tag{11-12}$$

其中
$$h_w = \frac{1}{2} H_0$$

当 $H_0 \geq \frac{8}{3} J_{cr} r_w \ln \frac{R}{r_w}$ 时，存在水沙溃涌的危险；反之，不会存在水沙溃涌的危险。

（二）突水溃砂防治措施与工程关键技术

突水溃砂防治工程与措施是整个防治关键技术的核心，从工程、措施开展的空间地点来看，主要分为地面防治技术和井下防治技术；从工程、措施的效果和目的来看，主要分为疏水降压技术和注浆改造加固技术。

1. 疏水降压技术

疏水降压即是通过改变"水沙源"和"动力源" 2 个影响因素来防止突水溃砂的发生。针对突水溃砂区域的疏水降压可分为 2 种形式：一是井下施工放水孔进行疏水降压；二是地面施工抽水孔进行抽水降压。

1）井下放水

（1）疏降原理。在井下已形成的顺槽巷道、联巷及硐室内，向顶板施工疏放水钻孔至松散含水层底部（图 11 -8），疏干或降低含水层水位，减少饱水沙层的厚度。

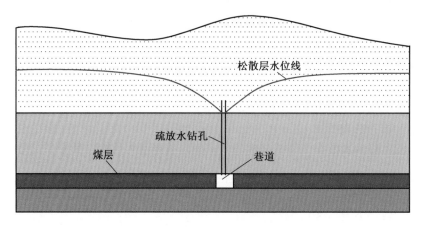

图 11 -8　井下放水疏降原理示意图

（2）钻孔设计及结构。井下疏放水钻孔施工前，需根据具体的水文地质条件编制相应的探放水设计，设计中应包含探放水钻孔数量、钻孔结构、疏放水施工工艺、安全措施等。

一般情况下，井下疏放水钻孔的结构见表 11 -8，疏放水钻孔单孔设计如图 11 -9 所示。

（3）钻孔施工顺序：钻孔定位→开孔钻进至孔口管设计深度→下入孔口管注浆封闭→浆液凝固后继续钻进至设计层位。

2）地面抽水

地面施工抽水钻孔（图 11 -10），进入饱水砂层进行抽水，抽干或降低松散含水层的水位，从而降低饱水砂层的厚度。

表11-8　疏放水钻孔结构

开孔孔径/ mm	终孔孔径/ mm	孔口管尺寸/ （mm×m）	钻 孔 参 数
113	75	89×5.5	上仰斜孔，偏角、仰角、孔深不等，需施工进入松散含水层底部

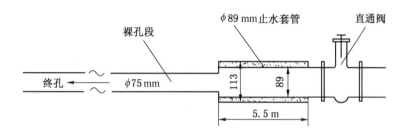

图11-9　疏放水钻孔单孔设计示意图

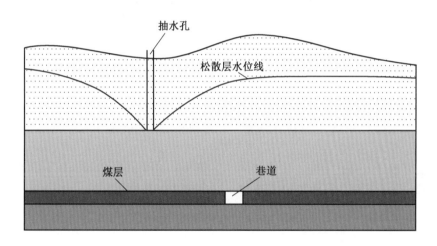

图11-10　地面抽水疏降原理示意图

　　地面抽水和井下放水虽然效果和目的相同，但地面施工抽水钻孔进行抽放相比井下疏放水的不利条件：①地面施工需征地，并且难以协调；②地面施工需铺设供、排水管路，工程量大；③地面施工受季节影响较大，冬季寒冷，影响施工。

　　因此，如无特殊情况，对于松散含水层的疏水降压基本采用井下疏放技术，这里不再详细讨论地面抽水设计、钻孔施工工艺等。

　　不管是地面抽水还是井下放水，原理都是通过对松散砂层中的潜水进行疏降，使钻孔布设范围内形成稳定的水位降落漏斗，将含水层的水位降至安全水头高度以下，减轻或消除含水层水在水压力作用下携带泥沙通过顶板垮落裂隙通道溃入工作面，实现安全开采的目的。

　　2. 注浆加固改造技术

　　注浆加固改造即是通过改变"水沙源"和"通道"2个因素来防止突水溃砂事故的发生。针对突水溃砂区域的注浆加固改造工艺可分为2种形式：一是井下施工注浆钻孔进行改造；二是地面施工注浆钻孔进行改造。

1）井下注浆

在井下已形成的顺槽巷道、联巷及硐室内，向顶板施工注浆钻孔至松散含水层（图11-11），进行注浆固结沙层，填堵裂缝，降低饱水砂层的流动性。

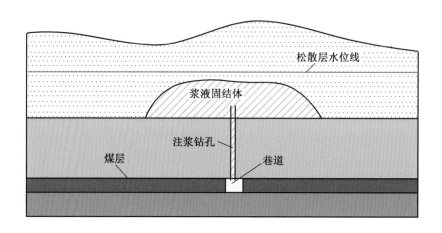

图11-11　井下注浆加固松散含水层示意图

（1）注浆设计。注浆工程开始前，需根据具体的水文地质条件编制相应的注浆设计方案，设计中应包含注浆范围、注浆工艺、施工安全保障措施、工程量及工期等内容。

（2）注浆顺序及钻孔结构。注浆加固工艺流程：注浆材料选择—钻孔孔位布置—注浆工程施工—注浆结束。钻孔结构如图11-12和表11-9所示。

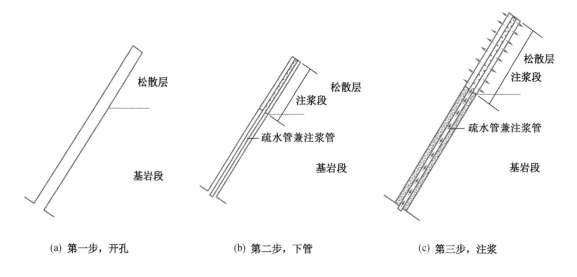

图11-12　钻孔结构图

表 11-9 井下注浆钻孔结构表

开孔孔径/mm	钻 孔 参 数
94	上仰斜孔，偏角、仰角、孔深不等

（3）注浆工艺。

① 注浆材料与配比：基于经济性与技术成熟度考虑，采用 P.O42.5 硅酸盐水泥，配制水灰比 1：1 的浆液进行注浆；②施工注意事项：在配置浆液时，应先开动搅拌机，加水到一定程度时方可向搅拌桶内依次加入水泥充分搅拌；储浆池内浆液应不断搅动；单孔灌浆过程中间停歇时间不得过长，以免浆液凝固堵塞通道；当灌浆设备需维修时，在维修前，应将灌浆管道用清水清洗干净；注浆过程中要对泵压及泵量变化进行记录。

2）地面注浆

通过在地面施工注浆钻孔（图 11-13），进入饱水砂层进行注浆，固结沙层，填堵裂缝，降低饱水砂层的流动性。

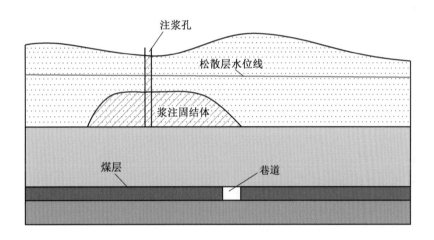

图 11-13 地面注浆加固松散含水层示意图

地面注浆与井下注浆相比，同样具备的不利条件：①地面施工需征地，并且难以协调；②地面施工需铺设供、排水管路，工程量大；③地面施工受季节影响较大，冬季寒冷，影响施工；④井下注浆钻孔施工成孔后对含水层水起到一定疏放作用，而地面钻孔无法满足。因此，如无特殊情况，采用井下注浆改造加固技术较为成熟和方便。这里不再详细讨论地面注浆设计、钻孔施工工艺等。

三、现场应用实例

哈拉沟煤矿 22206 综采工作面位于二盘区，主采 22 号煤层，工作面回采范围煤层厚度 4.45～5.95 m，从开切眼向回撤通道逐渐变厚，平均煤厚 5.5 m，一次采全高（图 11-14）。该工作面自开切眼至回采 760 m 段需过三元沟两条支沟，过沟段上覆基岩厚度 12.8～57.2 m，薄基岩区位于两沟沟谷，厚度为 12.8～25 m。含水沙层厚度 1.02～

14.84 m，平均9 m，过沟回采时导水裂隙带会发育到松散含水层，存在突水溃砂淹没工作面的危险。

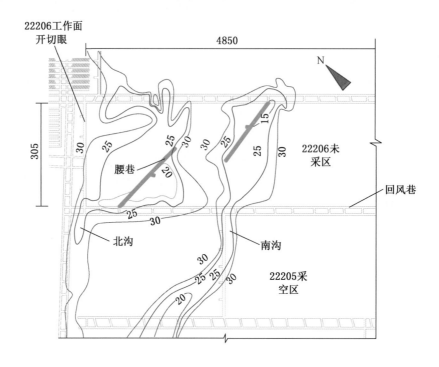

图 11-14 22206 工作面过沟段位置示意图

（一）工作面突水溃砂风险性评价

1. 导水沙通道的发育

水沙流动通道主要为垮落裂隙通道，该矿 22402 工作面在过哈拉沟开采过程中，在采高为 5 m、基岩厚度为 42 m 的情况下发生了突水溃砂事故，冒采比达到了 8.4 倍。以此来比拟，则 22206 工作面垮落带发育高度为 46.2 m，大于部分正常基岩厚度（12.8~57.2 m），直接沟通饱和含水砂层，从而具备了水砂溃涌的通道。

2. 突水溃砂临界水头

根据钻孔观测资料，22206 工作面过沟段松散含水层初始水位为 15 m，渗透系数为 1.7424 m/d，水位降深按含水层厚度 1/2 考虑，则发生突水溃砂时，导水通道引起的影响半径 R 为 140.6 m。

根据公式计算可得：$J_r \geq 1$，则根据公式计算得 22206 工作面过沟段突水溃砂临界水头为 4.9 m。

对于 22206 工作面而言，过沟段最薄基岩对应的松散含水砂层厚度为 15 m，含水层实际水头高度大于突水溃砂发生时临界的水头高度，在 22206 工作面进行回采之前，需要对松散潜水含水层进行预先疏降，并采取配套注浆加固措施，才能保证不会发生大规模的突水溃砂灾害。

（二）工作面防突水溃砂工程及措施

鉴于 22206 工作面过沟段存在突水溃砂的危险性，矿方先后采取了相应的防控工程和措施，包括井下疏放水、井下注浆加固以及过沟开采期间的防治措施。

1. 井下疏放水

1）井下疏放水目的、设计与施工

通过井下疏放水钻孔的施工，疏降三元沟流域松散含水层水位，减少饱水沙层厚度，降低突水溃砂风险。

结合疏放水目的，前期在 22206 工作面巷道内设计布置疏放水钻孔 206 个，其中 22206 回风巷设计 35 个；22206 运输巷设计 38 个；22206 开切眼设计 26 个；22206 腰巷一设计 17 个；22207 回风巷设计 53 个（包括 1 个直通孔）；22207 开切眼设计 13 个；22206 腰巷二设计 24 个。工程布置如图 11－15 所示。所有疏放水钻孔均从 2－2 煤层巷道顶板开孔，向上施工至松散沙层底部。

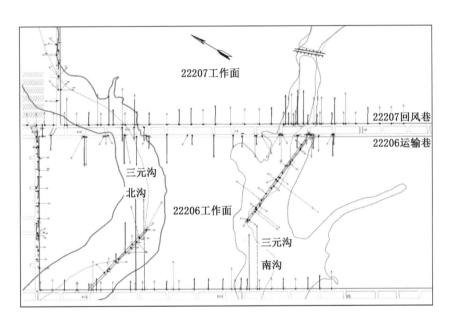

图 11－15　22206 工作面疏放水设计

从 2013 年 10 月 31 日至 2014 年 1 月 20 日，在 22206 工作面开切眼、回风巷、运输巷及泄水巷共施工了 206 个探放水孔，总进尺 9974.9 m。所有钻孔均终孔于松散层底部。

2）疏放水效果评价

（1）疏水量变化情况。所有施工的 206 个钻孔初始涌水量合计 2528.4 m³/h，至工作面回采时衰减为 24.1 m³/h，历时 150 d 左右，累计疏放水量 286399.1 m³，大量疏放了松散含水层水。

（2）松散含水层水位变化情况。工作面三元沟流域地面共有松散含水层观测孔 6 个。从观测孔数据显示（表 11－10）可以看出，过沟段松散含水层初始平均水位为 8.11 m，经过疏放后，回采前含水层平均厚度为 3.1 m。经对比，松散含水层水位平均下降了 5 m 左右。

表 11－10 22206 工作面过沟段地表水文孔观测成果

孔 号	所 在 位 置	含水介质 厚度/m	原含水层 厚度/m	采前含水层 厚度/m
H156	206 面北沟运输巷侧 100 联巷	26.30	1.02	2.40
H152	206 面北沟中部	25.20	10.11	2.02
H155	206 面北沟回风巷侧 105 联巷	28.83	9.46	0.01
H154	206 面南沟运输巷侧 92 联巷	28.78	10.68	9.43
H153	206 面南沟中部	24.50	10.08	1.40
H157	206 面南沟中部坡顶	40.18	7.32	3.15

表 11－10 观测数据表明，疏放工程降压效果较好，已改变了原含水层的水力性质，相对而言，沙体流动性变差，突水溃砂的风险变小。

2. 井下注浆改造

1）井下注浆目的、设计与施工

（1）目的。经井下疏放水工程开展后，虽对松散含水层水进行了有效疏放，但含水层未彻底疏干，工作面仍存在突水溃砂的可能。因此，对薄基岩厚松散层区域进行注浆改造，降低沙层流动性，以防止突水溃砂事故的发生。

（2）注浆范围及高度。结合工作面基岩厚度变化情况，确定注浆范围：在工作面开切眼两顺槽 L 形注浆区域及开切眼基岩厚度小于 20 m 的区域进行注浆加固；在南沟对应工作面运输巷侧基岩厚度小于 25 m 区域进行注浆加固（图 11－16）。注浆加固高度在垂高上高于地下水位 2.0 m 以上或加固垂高不小于 28.0 m。

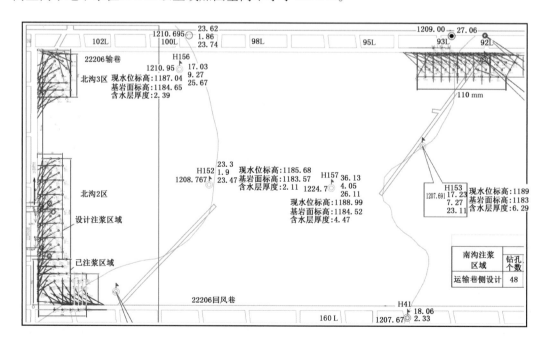

图 11－16 22206 工作面进行注浆布置示意图

（3）注浆工程量。注浆孔呈正三角形布置（图11-17），孔间距10 m。共在工作面开切眼初采段及运输巷91～93联巷对应南沟基岩厚度小于20 m的区域布置注浆面积10797.7 m²，注浆孔161（其中，开切眼初采段注浆面积7939.8 m²，注浆孔113个；运输巷侧注浆面积2857.9 m²，注浆孔48个）。

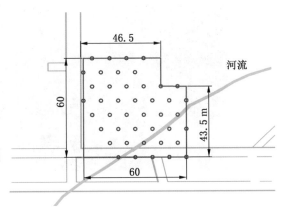

图11-17　三角形布孔示意图

2）注浆施工工艺

（1）注浆施工顺序：①钻孔定位；②钻孔至设计深度；③提钻；④利用特制钻杆、一次性钻头下入深孔注浆管；⑤提钻；⑥插入浅孔注浆管、利用速凝材料封堵浅孔；⑦深孔对松散砂层注浆。

（2）钻孔参数：根据地层情况，从工作面顶板进行开孔，穿过顶板基岩层进入松散砂层不小于7 m。实际施工中钻孔孔深及注浆管长度随钻孔揭露松散层厚度情况灵活调整。为减少钻探过程中钻孔轨迹的下沉量，钻探施工过程中采用 ϕ80 mm钻头配 ϕ73 mm钻杆。

（3）注浆材料与配比：采用P.O42.5硅酸盐水泥，配制水灰比1:1～0.5:1的浆液，依据现场情况进行注浆，必要时可添加相应配比的速凝剂，终止注浆时采用0.5:1的浆液封孔。注浆时浆液浓度控制、先后顺序的原则是先稀后浓，逐级变化。

（4）注浆参数及控制：设计注浆压力4.0～5.0 MPa，注浆时根据实际情况临时做出调整，注浆终孔标准为压力不小于5.0 MPa，单位吸浆量小于30 L/min，持续5 min以上时即可结束注浆。

3）注浆施工情况

本次设计注浆孔161个，实际施工钻孔161个，进行注浆的钻孔161个。具体工程量见表11-11，井下注浆孔施工如图11-18所示。

表11-11　注浆工程量

注浆范围	钻孔个数	钻孔进尺/m	注浆量/m³
1区	43	1765.86	1389.57
2区	42	1837.00	1739.29
3区	28	1353.5	1026.64
南沟注浆区域	48	2548	1455
合计	161	7503.86	5610.53

4）注浆效果评价

注浆工程完毕后，在井下3个注浆区域施工了7个检验孔。以南沟区注浆为例，检验孔取芯情况如图11-19所示。从岩芯剖面裂隙中可见水泥痕迹，根据现场岩芯的固结程

图 11 - 18　井下注浆孔施工

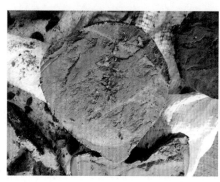

图 11 - 19　南沟注浆区域检验孔岩芯情况

度，南沟区注浆固结效果较好。因此，通过对薄基岩区域的注浆，有效地改变了原有松散层结构，降低了富水沙层的流动性，大大降低了突水溃砂的危险性。

22206 工作面于 2015 年 3 月开始回采，至 6 月时已顺利推进通过三元沟两条支流。由于采取了一系列防突水溃砂措施和工程，过沟期间无溃砂，且涌水较小，保证了工作面的高效安全回采。

第五节　离层水害防治关键技术

一、离层水害防治思路及方案

1. 离层水害防治思路

离层突水的防治工作的重点在于防止离层水的形成或阻止离层水发生突水。其中，防止离层水的形成即为破坏覆岩离层空间形成所需的基本条件，使原采场覆岩中可发育离层空间的区域不具备形成离层储水空间的条件，即可实现离层水害防治目的。

纵观离层水形成的 4 个条件：相对封闭的储水空间、具备对离层空间的补给水源、较持久离层空间发育和离层储水空间周围岩体有较好的渗透性能，其中第 3 和第 4 个条件是由采场覆岩岩性及其结构所决定，无法改变。因此，确定了 010201 工作面的防治水思路：①先期对煤层顶板直落组底部粗砂岩含水层进行有效疏放；②结合工作面周期垮落步距，在周期垮落前对产生的离层水进行疏放。

2. 离层水害防治方案

由于离层水突出事故具有涌突水量大、突水征兆不明显及破坏性大等特点，因而在离层空间水危害区域事先采取相应的防治水技术及措施就显得非常重要，也是确保离层空间水危险区内工作面安全生产的有效手段之一。

根据理论分析、数值模拟并结合010201工作面的实际情况，工作面240 m回采期间防治水技术措施分6个阶段进行：第一阶段是离层水的试验性探放和工作面回采18 m时的探放；第二阶段是工作面推至45 m时离层水探放；第三阶段是当工作面推进至90 m时离层水探放，第四阶段是当工作面推进至120 m时离层水探放；第五阶段是当工作面推进至187 m时离层水探放；第六阶段是工作面推进至240 m时离层水探放。

二、离层水害防治工程实践

第一批施工了5个离层水探放孔，主要是为了验证离层水的存在性，摸索离层空间的发育位置及其充水性。

第一批离层水探放情况见表11-12，各钻孔流量历时曲线如图11-20所示。

表11-12　各钻孔观测数据

钻孔	设计孔深/m	实际孔深/m	初见水进尺/m	初见水高度/m	初始水量/(m³·h⁻¹)	最大水量/(m³·h⁻¹)	平均水量/(m³·h⁻¹)	总水量/m³（截至10月14日晚班）
T2-3	145.02	145.5	63.42	44.86	10	40	15.71	6156.7
T2-2	134.50	134.6	74	55.06	8	60	0.26	83.9
T2-1	126.17	86	73.99	58.17	4	10	4.45	926.5
T1-3	134.63	121.5	75	60.49	27	85	38.06	6393.9
T1-2	123.33	80.5	73	58.82	9	90	45.89	3304.0
合　计								16865.1

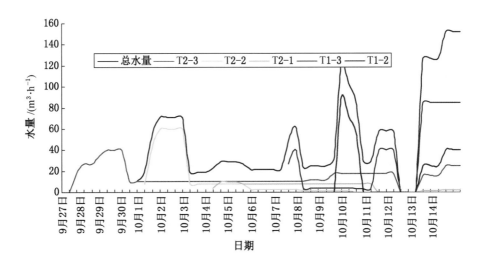

图11-20　各钻孔流量历时曲线

离层水探放钻孔总水量、各单孔水量历时曲线如图 11 – 21 所示。

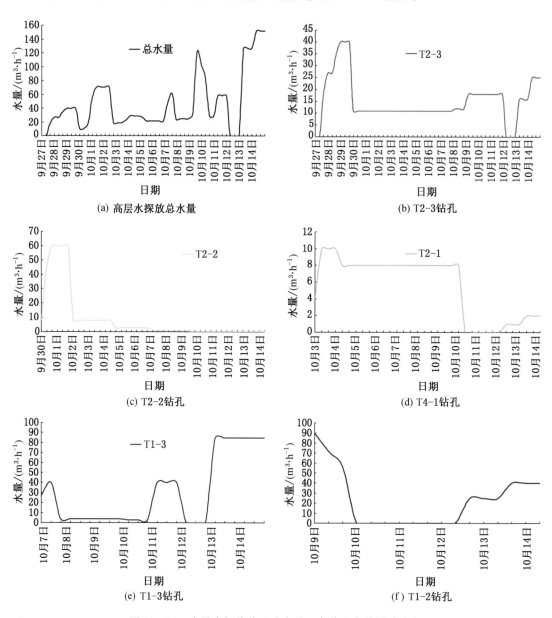

图 11 – 21 离层水探放钻孔总水量、各单孔水量历时曲线

各钻孔在钻进过程中均在不同深度出水，各孔初见水量、出水位置距煤层底板距离见表 11 – 13。

表 11 – 13 各孔初见水量、出水位置距煤层底板距离统计

钻　　孔	T2 – 3	T2 – 2	T2 – 1	T1 – 3	T1 – 2
初见水量/(m³·h⁻¹)	10	8	4	27	9
初见水位置距煤层底板距离/m	53.479	55.06	58.165	60.493	58.817

依据这 5 个钻孔出水位置距煤层底板的距离数据，差值得各钻孔出水位置距离煤层底板距离等值线，如图 11 - 22 所示。

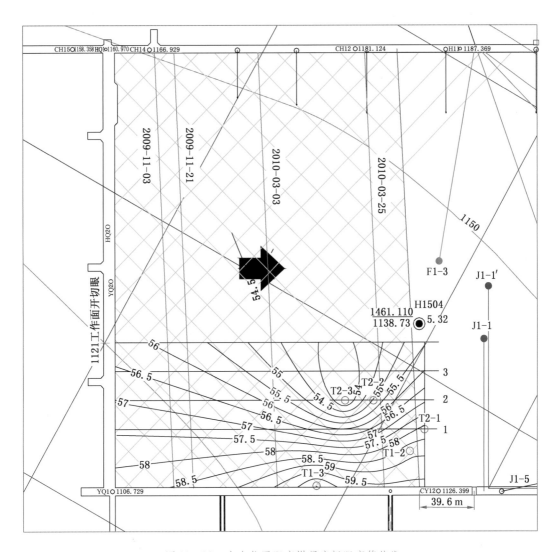

图 11 - 22　出水位置距离煤层底板距离等值线

1. 试验性离层水探放成果

通过对第一批 5 个试验性离层水探放钻孔施工过程、出水位置、单孔出水量及水量历时曲线分析，主要得出以下几点认识：

（1）在前期对 010201 工作面顶板直罗组砂岩含水层水的疏放情况可知，风巷、机巷各钻孔出水，最大流量 20 m³/h 左右，且持续时间短，单孔平均出水量 1.5 m³/h 左右。本次的离层水探放钻孔最大流量 90 m³/h 左右，下花管后持续时间较长；除 T2 - 1 钻孔外，其他 4 个钻孔出水量均在塌孔前达到 40 m³/h 以上。

（2）根据煤炭科学研究总院提交的《神华宁煤集团红柳煤矿 010201 工作面覆岩破坏导水裂隙带高度及顶板富水性探测报告》（简称《报告》），该报告利用钻孔冲洗液漏失量观测和钻孔电视 2 种方法，对 010201 工作面 2 号煤层开采导水裂隙带发育高度进行了探测研究。综合 2 种方法的探查结论得出，红柳煤矿 010201 工作面"两带"最大高度值：垮落带高度 42.7 m，按采高 5.3 m 计算，其垮采比为 8 倍；导水裂隙带高度 62.5 m，裂采比为 11.8 倍。

本次施工的 5 个钻孔的出水位置均在导水裂隙带范围以内，并且出水量大、出水突然。直接的验证了前期对 010201 工作面突水机理的分析。

（3）各钻孔在出水后但是钻具未撤出前，出水量大（40 m³/h 以上），但当钻具撤出后，水量随即减小，这就说明出水位置塌孔严重。这也提示施工后续的离层水探放钻孔下设花管的必要性。

（4）以目前 5 个钻孔的探查结果，由图 11 - 21 可以基本推断，距上次突水工作面开采 18 m 后，产生的离层水在空间上的发育位置，即垂向上的发育最低点标高在距煤层底板以上 50 ~ 60 m，平面上看，最低点位置在 2 号探查线附近，即距离机巷 25 m 左右。

（5）根据第一阶段的离层水的探放成果，进一步明确下一步工作面阶段性开采过程中防治水工作的重点和思路。

2. 工作面回采期间离层水探放

工作面 240 m 回采期间和回采的离层水探放共分为 6 个阶段：第一阶段是工作面回采 18 m 时离层水探放；第二阶段是工作面推至 45 m 时离层水探放；第三阶段是当工作面推进至 90 m 时离层水探放，第四阶段是当工作面推进至 120 m 时离层水探放；第五阶段是当工作面推进至 187 m 时离层水探放；第六阶段是工作面推进至 240 m 时离层水探放。在此对各阶段的离层水探放情况进行阐述和总结。

（1）第一阶段是工作面回采 18 m 时离层水探放。当 T1、T2 和 T3 钻场离层水探放钻孔（T1 - 1、T1 - 2、T1 - 3、T2 - 1、T2 - 2、T2 - 3、T3 - 3）出水量均小于 15 m³/h 后，工作面进行了阶段性回采，到 2010 年 8 月 28 日工作面安全推进了 18 m，工作面涌水未出现异常，个钻孔水量变化曲线如图 11 - 23 所示。

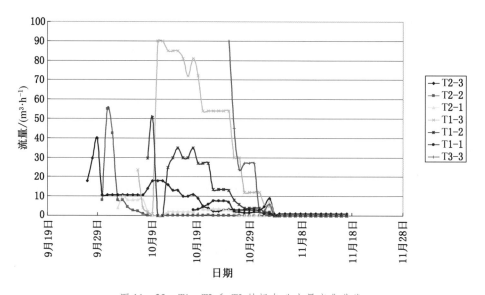

图 11 - 23　T1、T2 和 T3 钻场各孔水量变化曲线

（2）第二阶段工作面推至 45 m 时离层水探放。在机巷施工 T4 钻场 4 个钻孔（T4 - 1、T4 - 2、T4 - 3、T4 - 4），各钻孔水量观测数据见表 11 - 14，变化曲线如图 11 - 24 所示。其中 T4 - 1 钻孔出水量最大，持续时间最长，初见水量 60 m³/h，最大水量 85 m³/h，持续了 12 d 后衰减到 27 m³/h。

表 11 - 14　T4 钻场各钻孔流量观测数据　　　　　　　　　　　　　　m³/h

日　期	11 月 2 日	11 月 3 日	11 月 4 日	11 月 5 日	11 月 6 日	11 月 7 日	11 月 8 日	11 月 9 日
T4 - 1	60	85	85	46	46	46	43.2	46.3
T4 - 2				2	2	2.84	1.1	1.1
T4 - 3						13.5	9	7.7

日　期	11 月 10 日	11 月 11 日	11 月 12 日	11 月 13 日	11 月 14 日	11 月 16 日
T4 - 1	28	25	28	28	27	27
T4 - 2	1.92	1.92	0.94	0.35	0.36	0.24
T4 - 3	3.6	3.6	4.4	4	4	6
T4 - 4	5.4	2.34	2.34	2.84	3.38	3

11 月 2 日工作面日回采至 45 m，在泄水巷设计并施工了 T5 钻场 6 个钻孔，其目的：①为了探放工作面后路离层水，包括 2010 年 3 月 25 日以前的开采段所产生的储水体；②探放本开采段所产生的离层水；③为了探查各个阶段所产生的离层水之间的连通性。T4 钻场、T5 钻场各孔流量变化曲线如图 11 - 24 所示。

从图 11 - 24b 可以看出，T5 钻场大部分钻孔自成孔之后 2 个月的时间，水量虽然有变化但是一直有水，未出现断流干孔现象。T5 - 3 是水量最大的钻孔，11 月 17 日初见水量 79 m³/h，12 月 20 日稳定在 36 m³/h，期间有波动；T5 - 7 钻孔水量虽然不大但一直有水，特别是从 12 月 24 日后水量有增大的现象。从 T5 钻场各孔水量变化、持续情况可得出几点认识：①工作面 3 月 25 日终采线后路存在离层水，但总水量不大，虽然工作面经历了大规模的垮落，离层水大部分泻出，但工作面长时间停滞后又产生了较小规模的离层水；②后路离层水有补给水源；③工作面回采过程产生的离层水与后路离层水有一定的连通性，但连通性比较差。

（3）第三阶段是工作面推进至 90 m 时离层水探放。当工作面推进至 90 m 时，设计并施工了 T6 钻场 4 个离层水探放钻孔，各钻孔流量变化如图 11 - 25 所示。

（4）第四阶段是工作面推进至 120 m 时离层水探放。当工作面推进至 120 m 时，设计并施工了 T7 钻场 1 个钻孔 T7 - 1，无水。

（5）第五阶段是工作面推进至 187 m 时离层水探放。当工作面推进至 187 m 时，设计并施工了 T8 钻场 3 个钻孔，首先施工的是 T8 - 1 孔，2011 年 1 月 6 日 T8 - 1 成孔时初见最大水量达到 140 m³/h，持续时间约 10 h，之后衰减至 90 m³/h，1 d 后再次衰减到 45 m³/h 左右。1 月 8 日打成的 T8 - 3 钻孔水量 40 m³/h 左右，1 月 10 日打成的 T8 - 1 钻孔水量 36 m³/h 左右。各孔水量观测数据见表 11 - 15。

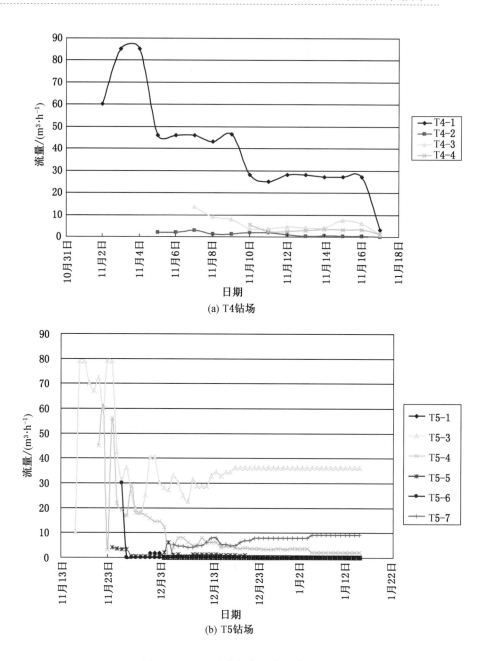

(a) T4钻场

(b) T5钻场

图 11 - 24 不同钻场各孔水量变化曲线

表 11 - 15 T8 钻场各钻孔流量观测数据   m³/h

日　　期	2011 年 1 月 6 日	2011 年 1 月 7 日	2011 年 1 月 8 日	2011 年 1 月 9 日	2011 年 1 月 10 日	2011 年 1 月 11 日
T8 - 1						48
T8 - 2	65	90	36	55.4	90	90
T8 - 3						

表 11 - 15（续） m³/h

日　期	2011 年 1 月 12 日	2011 年 1 月 13 日	2011 年 1 月 14 日	2011 年 1 月 15 日	2011 年 1 月 16 日
T8 - 1	31. 3	31. 3	55. 4	55. 4	36
T8 - 2	36	36	36	5. 4	0. 86
T8 - 3					1

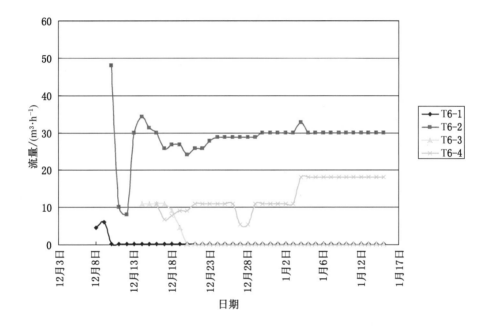

图 11 - 25　T6 钻场各孔水量变化曲线

从 T8 钻场 3 个钻孔的水量变化可得两点认识：①工作面推进距离越长，产生的离层空间越大，储水量越多，相邻两个有水的 T6 - 3 与 T8 - 1 孔距离约 36 m；②每个垮落步距产生的离层水是一个相对独立的水体，与后路产生的离层水有一定的水力联系，但是连通性很小。

（6）第六阶段是工作面推进至 240 m 时离层水探放。T8 钻场钻孔对本阶段的离层水也有一定的疏放作用，已经设计了 T9 钻场，将对本段工作面回采产生的离层水进行疏放。

截止到 2011 年 1 月 16 日，010201 工作面自 2010 年 3 月 25 日停采，安全推进了 240 m，回采期间工作面涌水无明显异常，涌水量基本稳定在 130 ~ 150 m³/h，说明对于 010201 工作面制定的防治水思路和技术路线是科学合理的。

三、离层水害防治技术

截止到 2011 年 1 月 15 日，红柳煤矿 010201 工作面自 2010 年 3 月 25 日终采线起共安全回采了 240 m，回采期间工作面涌水无明显异常，涌水量基本稳定在 130 ~ 150 m³/h。期间分别在机巷和泄水巷设计并施工离层水探放钻孔 25 个，总疏放量约 21. 2 万 m³。通过本阶段工作面回采和对离层水的探放，可以得出以下几个方面的规律。

1. 工作面周期来压和垮落步距

在工作面 2010 年 3 月 25 日以前开采过程经历的 4 次较大规模的涌水推断 010201 工作面周期垮落步距为 60 m 左右。通过之后工作面 240 m 回采过程中，对井下液压支架的压力显现和离层水探放距离和出水情况判断：010201 工作面回采过程中周期来压步距为 55 m 左右，周期垮落步距为 62 m。

2. 离层水的发育规律

（1）从发育时间上看，离层水是随着工作面的向前推进逐步发育的，即随采随形成。

（2）工作面后路存在离层水，但总水量不大，虽然工作面经历了大规模的垮落，离层水大部分已泻出，但是工作面长时间停滞后又产生了较小规模的离层水。

（3）后路离层水有补给水源。

（4）工作面回采过程产生的离层水与后路离层空间有一定的连通性，但是连通性比较差。也就是说每个垮落步距产生的离层水是一个相对独立的水体。

（5）垂向上的离层水发育最低点标高在距煤层底板以上 50～60 m，平面上位于机巷煤帮 15～30 m。

第四篇 强富水含水层下综放开采水砂灾害防控技术

第十二章　强富水含水层下综放开采水砂灾害防控技术

第一节　矿井水文及工程地质概况

一、矿井地理概况

伊敏河东矿区位于大兴安岭西坡、呼伦贝尔草原伊敏河中下游东侧，属内蒙古自治区呼伦贝尔市鄂温克族自治旗管辖。矿区南北平均长 20 km，东西宽 13.2 km，面积约 264 km²。矿区被划分为敏东一矿、敏东二矿以及后备区 3 部分。矿区整体规模为 1800 万 t/a。

矿区内地势整体呈东南高、西北低，地面最大高程约 770 m，最低 675 m。矿区内伊敏河全长 200 km，流域面积 9000 km²；据 1999—2008 年水文观测资料，伊敏河多年平均径流量为 5.86×10^8 m³。

二、煤层条件

1. 含煤地层特征

矿区内煤层主要赋存于伊敏组，大磨拐河组煤层只出现在本区西北部；其中 27 – 3 煤层发育面积最大，约 8 km²；26 号煤组埋深在 600 m 以下，27 号煤组埋深最大超过 1000 m。

1）伊敏组

伊敏组地层包括 15 号、16 号 2 个煤组，赋存 17 层煤；其中仅 16 – 3 煤层为全区大部分可采，15 – 5下、16 – 1、16 – 2下、16 – 3上 4 层煤为局部可采，其余为不可采或零星可采煤层。16 – 3 煤层发育最好，是本次勘探的主要目的层。区内含煤地层总厚平均 448.2 m，含煤总厚平均 41.9 m，含煤系数 9.3%。区内煤层比较均匀地发育在伊敏组地层中，且多以几个煤层所组成的层组形式出现，层组内各煤层的间距较小，而各层组间的间距较大。煤层间距沿倾向由北向南逐渐减小，沿走向中间大、往东西两侧逐渐减小。

2）大磨拐河组

大磨拐河组含 25 号、26 号、27 号 3 个煤组，包括 9 层煤，自上而下编号依次为 25上、25下、26 – 1、26 – 2、26 – 3上、26 – 3下、27 – 1、27 – 2、27 – 3。组内煤层比较集中地发育在该组地层中部，也是以若干煤层所组成的煤组形式出现，组间距大而层间距较小。该组所含 3 个煤组主要发育于向斜的北西翼，在向斜轴附近赋存深度大于 1000 m，向南东翼则变为以粉砂岩为主的细碎屑岩。25 号、26 号 2 个煤组分布于向斜的北西翼，27 号煤组仅发育于 48 线以西的向斜北西翼。

2. 主要可采煤层

伊敏组包括全区大部可采煤层 1 层（16 – 3）、局部可采煤层 4 层（15 – 5$_下$、16 – 1、16 – 2$_下$、16 – 3$_上$）。各可采煤层特征见表 12 – 1。

表 12 – 1 伊敏组可采煤层特征

序号	层号	煤层全区厚度/m	煤层可采程度/m	煤层层间距/m	夹矸层数	夹矸厚度/m	顶板	底板	煤层稳定性	煤层可采范围	体积密度/(t·m^{-3})
1	15 – 5$_下$	$\frac{0.40 \sim 5.90}{2.42}$	$\frac{1.50 \sim 5.20}{3.05}$	$\frac{92.41 \sim 245.90}{147.44}$	0 ~ 3	0.18 ~ 0.70	泥岩、粉砂岩、砂砾岩	泥岩、粉砂岩、炭质泥岩	较稳定	局部可采	1.32
2	16 – 1	$\frac{0.54 \sim 8.70}{2.64}$	$\frac{1.55 \sim 5.00}{2.98}$	$\frac{2.30 \sim 95.45}{53.18}$	0 ~ 3	0.19 ~ 1.90	粉砂岩、泥岩、砂砾岩和粗砂岩	泥岩、粉砂岩等	较稳定	局部可采	1.38
3	16 – 2$_下$	$\frac{0.40 \sim 6.30}{2.08}$	$\frac{1.50 \sim 5.40}{3.16}$	$\frac{14.40 \sim 77.30}{35.82}$	0 ~ 3	0.20 ~ 1.20	泥岩、粉砂岩	粉砂岩和细砂岩等	较稳定	局部可采	1.33
4	16 – 3$_上$	$\frac{0.35 \sim 20.45}{7.50}$	$\frac{1.55 \sim 15.20}{7.17}$	$\frac{51.95 \sim 99.11}{17.76}$	0 ~ 12	0.06 ~ 1.10	砂砾岩，少数为泥岩、粉砂岩、细砂岩	粉砂岩、泥岩等	较稳定	局部可采	1.32
5	16 – 3	$\frac{1.10 \sim 43.90}{22.71}$	$\frac{1.80 \sim 40.50}{21.50}$		0 ~ 18	0.09 ~ 7.85	砂砾岩，少数为泥岩、粉砂岩等	粉砂岩、泥岩、少数中砂、细砂岩	较稳定	大部可采	1.30

（1）15 – 5$_下$煤层。分布在 214 线以北 40 – 56 线间，可采面积 7.49 km^2。煤层可采厚度最大 5.2 m、最小 1.5 m，平均 3.1 m。煤层含 0 ~ 3 层夹矸，结构简单 ~ 复杂，主要为泥岩、粉砂岩及炭质泥岩。顶板主要为泥岩、粉砂岩和砂砾岩，底板主要为泥岩、粉砂岩、炭质泥岩。煤层在北部及中间厚度最大，向东、向西变薄尖灭，向南露出，埋深 71.2 ~ 228.2 m，平均约 170 m。煤层变异系数 0.79，较稳定。

（2）16 – 1 煤层。分布在 214 线以北 36 – 64 线间，可采面积 9.19 km^2。煤层可采厚度最大 5.0 m、最小 1.6 m，平均 3.0 m。煤层含夹矸 0 ~ 3 层，结构简单 ~ 复杂。顶板为粉砂岩、泥岩、砂砾岩和粗砂岩，底板为泥岩、粉砂岩。煤层在中北部较厚，向东、南、向西逐渐变薄尖灭，埋深 209.2 ~ 382.6 m，平均约 280 m。煤层的变异系数 0.66，较稳定。

（3）16 – 2$_下$煤层。分布于 214 线以北 32 – 68 线间，可采面积 10.58 km^2。煤层可采厚度最大 5.4 m、最小 1.5 m，平均 3.2 m。煤层含夹矸 0 ~ 3 层，结构简单 ~ 复杂。顶板为泥岩、粉砂岩，底板为粉砂岩、细砂岩。厚度变化趋势是中间厚，西部较薄，往东南逐渐变薄尖灭，埋深 224.2 ~ 430.30 m，一般 330 m 左右。煤层变异系数 0.80，为较稳定煤层。

（4）16 – 3$_上$煤层。分布在 218 线以南，以北与 16 – 3 煤层合并为一层，可采面积 21.73 km^2。煤层可采厚度最大 15.2 m、最小 1.6 m，平均 7.2 m。煤层含夹矸 0 ~ 10 层，结构简单~极复杂。顶板以砂砾岩为主，少数为泥岩、粉砂岩、细砂岩，底板为粉砂岩、泥岩等。区内中部煤层较厚，往北与16－3煤合并，往南、东、西变薄尖灭，与16－2下煤层的间距最大77.30 m、最小14.40 m，平均35.82 m。层间距，北部大，往南及东西两侧变小，埋深180.21~549.55 m，一般360 m左右。煤层的变异系数0.85，为较稳定煤层。

（5）16－3煤层。全区发育，厚度巨大，是伊敏组的赋煤中心，可采面积48.12 km²。煤层可采厚度最大40.5 m、最小1.8 m，平均21.5 m。结构简单—极复杂，含夹矸0~18层，夹矸主要为泥岩、粉砂岩以及少量炭质泥岩、细砂岩等。顶板为砂砾岩，少数为泥岩、粉砂岩等；底板为粉砂岩、泥岩，含少数中砂、细砂岩。该煤层在40~46煤间214线以北厚度巨大，尤其在先期开采地段，结构简单，厚度大，由此地段往南、东、西分叉变薄尖灭，煤层结构由此部位向南东变得复杂起来。层间距先期开采地段最小，向南及东、西两侧逐渐变大。该煤层厚度总的变化趋势是在倾向上，由合并带从北向南一分二、二分三（16－3上、16－3中、16－3），并逐渐变薄尖灭。沿走向由合并带向东一分二、二分三，向西基本分为2层（16－3上、16－3），分叉后厚度逐渐变薄，埋深183.29~576.30 m，一般370 m左右。煤层的变异系数0.60，在先期开采地段内煤层相对稳定，其他地段为较稳定煤层。

三、矿井水文条件

1. 水源

1）地表水体及地下水补给、径流、排泄条件

（1）地表水体。区域内主要河流为伊敏河，其次为锡尼河、苇子坑河等。每年洪水多发生于4月中、下旬以及6—8月的雨季，汛期漫滩被部分或全部淹没，积水深0.2~1.0 m。每年4月中、下旬冰雪融化和雨季时，地表水一部分渗入地下成为地下径流，另一部分以地表径流的方式汇入伊敏河。

（2）地下水补给、径流条件。本区地下水的主要补给来源为大气降水，直接补给第四系含水层及煤系地层露头部位。在煤系或第四系地层中径流，排泄于下游地区。

2）含水层

河东区内的含水层自上而下包括第四系砂砾石、中粗砂含水层和白垩系伊敏组煤层间砂砾岩以及中粗砂岩含水层。

3）隔水层

河东区内的隔水层按地层时代划分为第四系黏土、亚黏土类隔水层和白垩系煤系地层的泥岩，粉砂岩类隔水层。第四系黏土、亚黏土类隔水层隔水性较差，大部分地区第四系细砂层裸露，大气降水可直接渗入补给。煤系地层隔水层分为4层，包括15号煤层组顶板隔水层、15号煤层组层间隔水层、16号煤层组顶板隔水层、16号煤层组层间隔水层。

4）断层带导水性

本区区内有组合断层20条，均为正断层，地质构造简单。倾角一般20°~50°，断层落差0~47 m，且基本不能发育到地表。测区内发育的断层主要有：

F_{42}：发育在测区的东北部，为正断层，走向EW，倾向近N，倾角45°~55°，落差在0~90 m，较为可靠。

F_{38}：发育在测区的中南部，为逆断层，走向NNW，倾向近SWW，倾角37°~50°，

落差在 0～6 m，可靠。

F_{37}：发育在测区的中南部，为正断层，走向 NW—NWW，倾向近 SW—SSW，倾角 23°～57°，落差在 0～7 m，较为可靠。

F_{34}：发育在测区的中南部，为正断层，走向 NNE，倾向近 SEE，倾角 51°～76°，落差在 0～17 m，可靠。

F_{30}：发育在测区的中南部，为正断层，走向 NE—NNE，倾向近 NW—NWW，倾角 25°～35°，落差在 0～4 m，可靠。

F_{23}：发育在测区的西南部，为正断层，走向 SN—NW，倾向近 E—NE，倾角 27°～56°，落差在 0～6 m，可靠。

F_{22}：发育在测区的西南部，为正断层，走向 NW，倾向近 NE，倾角 28°～43°，落差在 0～4 m，较为可靠。

上述断层均切割主采煤层 16－3_上 煤。根据邻区勘探经验，断层导水性取决于断层两侧岩层岩性，当断层两侧为砂岩或砂砾岩时，断层导水性好；断层两侧为泥岩或粉砂岩时，断层阻水性好。结合地质资料初步分析认为，F_{42}、F_{34} 断层落差较大，对 16－3_上 煤层开采影响较大，其余断层落差较小，影响相对较小。

2. 矿井水害

1）充水危险因素

根据矿井的水文地质条件以及抽水试验资料，认为本井田主要充水因素包括：16－3 煤层间砾岩、砂砾岩含水岩组及其顶板含水岩组，大气降水、地表水体及地下水，断裂带及钻探后封闭不良钻孔，春汛期的冰雪融水。

2）矿井水文地质类型

河东区主要可采煤层的直接充水含水层的单位涌水量为 2 L/(s·m)＞1 L/(s·m)，依据《煤矿防治水细则》，矿井水文地质类型属于水文地质条件复杂型。

3）矿井涌水量

勘探报告推荐 340 m 水平综放工作区范围矿井涌水 1356 m³/h，最大矿井涌水量 1888 m³/h。109 勘探队 2007 年 1 月编制的《敏东一矿井筒检查钻探工程及水文孔施工勘探报告》中对矿井涌水量进行了修正，根据 2007 年 4 月 109 勘探队提供的资料，确定本矿井正常涌水量 700 m³/h，最大涌水量 1070 m³/h。

四、煤层及首采盘区顶底板工程地质性质

1. 煤层顶底板工程地质性质

根据《矿区水文地质工程地质勘探规范（GB 12719—1991）》和现场勘探报告对 16－3 煤以及顶板 50 m、底板 30 m 范围内岩层进行取样分析。所得岩石力学性质参数统计见表 12－2。由表 12－2 可以看出，岩石的抗压强度较低。本区煤层的平均强度大于其他地层，在勘探区内局部地层有硬岩（抗压强度大于 30 MPa）存在。如粉砂岩局部样品抗压强度为 55.8 MPa，从分析数据岩石随深度增加，岩石抗压强度增加不明显。根据取样分析结果，本区煤岩含水率较高，单轴抗压强度受含水层影响较低。地层以松散、软弱岩层为主，岩性较复杂，断层发育，工程地质勘探类型划分为 I 类Ⅲ型。本区软弱覆岩强含水层对煤层综放开采势必造成较大影响。

表 12-2　岩石工程地质力学性质统计（平均值）

岩　性	天然含水率/%	抗压强度/MPa	弹性模量/GPa	泊松比	内摩擦角/(°)	黏聚力/MPa
泥岩	18.42	12.38	1.33	0.35	28.91	0.76
粉砂岩	13.20	13.18	1.95	0.42	33.04	0.86
粗砂岩	14.09	14.60	5.10	—	35.69	0.48
含砾砂岩类	13.80	11.83	1.44	—	33.57	0.37
细砂岩	17.71	12.24	1.58	0.34	31.80	1.42
砂质砾岩	11.84	9.07	1.97	—	36.56	0.80
煤层	—	12.05	1.52		34.92	1.54

2. 首采盘区覆岩岩性及其结构特征

1）西翼 16-3$_上$ 煤层覆岩岩性及其结构特征

对 16-3$_上$ 煤层顶板以上 30 m 与 100 m 范围内覆岩的岩性构成进行统计（数据来源于首采盘区揭露的 16-3$_上$ 煤层钻孔资料），统计结果见表 12-3 和表 12-4。由表 12-3 可知，16-3$_上$ 煤层以上 30 m 范围基岩柱中的泥岩类岩层、砂岩类岩层的厚度占该基岩柱厚度的平均比例分别为 19.1%、80.9%；由表 12-4 可知，煤层以上 100 m 范围内基岩柱中泥岩类岩层、砂岩类岩层的厚度占该基岩柱厚度的平均比例分别为 16.7%、83.3%。统计结果表明，敏东一矿首采盘区西翼 16-3$_上$ 煤层上覆岩层以砂岩类岩层为主。

表 12-3　敏东一矿首采盘区西翼 16-3$_上$ 煤层上方 30 m 范围基岩构成

钻孔编号	泥岩类岩层		砂岩类岩层	
	厚度/m	所占比例/%	厚度/m	所占比例/%
40-14	5.4	17.8	24.6	82.2
40-17	0.7	2.3	29.3	97.7
40-18	1.2	4.0	28.8	96.0
44-20	1.7	5.5	28.4	94.5
44-21	0	0	30.0	100.0
44-22	0.2	0.7	29.8	99.3
44-24	29.1	97.0	0.9	3.0
46-17	8.7	28.8	21.4	71.2
46-18	2.6	8.7	27.4	91.3
48-19	0	0	30.0	100.0
48-20	16.5	54.8	13.6	45.2
48-22	0.6	2.0	29.4	98.0
50-14	18.0	60.0	12.0	40.0
50-15	1.9	6.3	28.1	93.7
50-16	1.3	4.3	28.7	95.7
50-17	4.0	13.2	26.1	86.8
平均	5.7	19.1	24.3	80.9

表 12 - 4　敏东一矿首采盘区西翼 16 - 3ₗ 煤层上方 100 m 范围基岩构成

钻孔编号	泥岩类岩层		砂岩类岩层	
	厚度/m	所占比例/%	厚度/m	所占比例/%
40 - 14	9.3	9.3	90.8	90.8
40 - 17	2.4	2.4	97.6	97.6
40 - 18	2.5	2.5	97.5	97.5
44 - 20	14.6	14.7	85.4	85.4
44 - 21	1.7	1.7	98.3	98.3
44 - 22	0.2	0.2	99.8	99.8
44 - 24	80.6	80.6	19.4	19.4
46 - 17	31.3	31.3	68.8	68.8
46 - 18	16.1	16.1	83.9	83.9
48 - 19	0.2	0.2	99.8	99.8
48 - 20	63.2	63.2	36.8	36.8
48 - 22	2.1	2.1	98.0	98.0
50 - 14	23.4	23.4	76.6	76.6
50 - 15	14.3	14.3	85.8	85.8
50 - 16	1.8	1.8	98.2	98.2
50 - 17	4.4	4.4	95.7	95.7
平均	16.7	16.7	83.3	83.3

2）首采盘区东翼 16 - 3 煤层覆岩岩性及其结构特征

根据敏东一矿首采盘区东翼钻孔勘探资料,由表 12 - 5 可知,16 - 3 煤层顶板以上 60 m 范围内基岩柱中泥岩类岩层的厚度占该基岩柱厚度的比例为 22.08% ~ 75.38%,平均 44.3%;砂岩类岩层占基岩柱厚度的比例为 24.62% ~ 77.92%,平均 55.7%。由表 12 - 6 可知,16 - 3 煤层顶板以上 150 m 范围内基岩柱中泥岩类岩层的厚度占该基岩柱厚度的比例为 8.83% ~ 47.82%,平均 27.11%;砂岩类岩层占基岩柱厚度的比例为 52.18% ~ 92.63%,平均 72.9%。统计结果表明,敏东一矿首采盘区东翼 16 - 3 煤层顶板以砂岩类岩层为主。

表 12 - 5　敏东一矿首采盘区东翼 16 - 3 煤层上方 60 m 范围内基岩构成

钻孔编号	泥岩类岩层		砂岩类岩层	
	厚度/m	所占比例/%	厚度/m	所占比例/%
50 - 17	16.15	26.92	43.85	73.08
52 - 20	13.25	22.08	46.75	77.92
54 - 18	31.65	52.75	28.35	47.25
56 - 22	45.23	75.38	14.77	24.62
平均	26.57	44.3	33.43	55.7

表 12-6　敏东一矿首采盘区东翼 16-3 煤层上方 150 m 范围内基岩构成

钻孔编号	泥岩类岩层		砂岩类岩层	
	厚度/m	所占比例/%	厚度/m	所占比例/%
50-17	16.60	11.07	133.40	88.93
52-20	13.25	8.83	136.75	91.17
54-18	61.05	40.70	88.95	59.30
56-22	71.73	47.82	78.27	52.18
平均	40.66	27.11	109.34	72.90

第二节　首采区含水层评价与控水开采设计

一、首采盘区概况

根据《敏东一矿初步设计说明书》，将矿井分为 6 个盘区，分别为 16-1 煤盘区、16-2 煤盘区、南一盘区、南二盘区、北一盘区和北二盘区，矿井首采区选择在南一盘区与北一盘区。根据本矿井开拓巷道布置、盘区接续关系，南一盘区 16-3$_上$ 煤层与 16-3 煤层存在压茬，矿井采用下行开采，开采南一盘区需先解放 16-3$_上$ 煤层。北一盘区同样存在煤层压茬关系，初期在北一盘区南部 16-3$_上$ 煤层布置工作面，矿井采用下行开采模式，采煤方法为综合机械化放顶煤开采。

南一盘区东西宽 1.7 km，南北长 4.2 km，面积 4.87 km²。盘区内有 8 条断层，落差均小于 30 m。南一盘区内 16-3$_上$ 煤层厚度 1.50 ~ 14.60 m，夹矸厚度 0.06 ~ 2.25 m。盘区内设计布置 8 个工作面开采 16-3$_上$ 煤层，其中南一盘区 16-3$_上$ 煤层首采工作面位于南一盘区大巷西翼最北端，紧贴工业广场保护煤柱。

南一盘区工作面布置如图 12-1 所示。由图 12-1 可知，南一盘区 16-3$_上$ 煤层首采工作面位于南一盘区大巷西翼最北端，紧贴工业广场保护煤柱。南一盘区内 16-3 煤层厚度为 5.15 ~ 29.10 m，盘区内设计布置 7 个工作面开采 16-3 煤层，工作面布置如图 12-2 所示。由图 12-2 可知，南一盘区 16-3 煤层首采工作面位于南一盘区东翼最北端，紧贴工业广场煤柱。

北一盘区东西宽 5.8 km，南北长 2.0 km，面积 5.19 km²。盘区内有 5 条断层，其中 F$_{28}$、F$_{42}$ 断层落差较大，对煤层开采有一定影响。北一盘区内 16-3$_上$ 煤层厚度 1.80 ~ 13.50 m，平均 7.51 m，夹矸厚度 0.20 ~ 6.95 m。北一盘区设计布置 3 个工作面开采 16-3$_上$ 煤层（图 12-1），北一盘区 16-3$_上$ 煤层首采工作面位于北一盘区西翼最南端，回采工作面巷道与北翼大巷直接相连。

二、首采盘区煤层开采充水水源分析

1. 首采盘区内 16-3$_上$ 煤层开采充水水源

根据矿井地质资料，白垩系伊敏组砂岩含水层为影响 16-3$_上$ 煤层安全开采的主要充

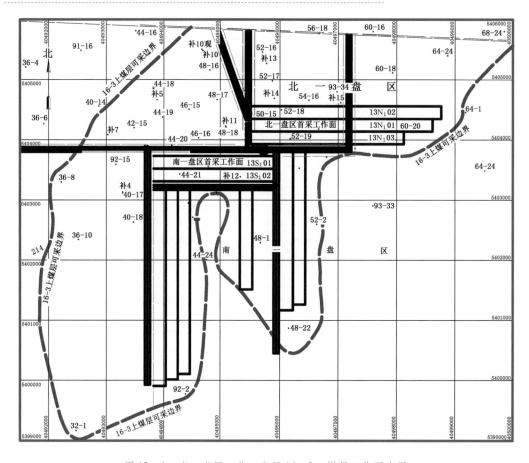

图 12-1　南一盘区、北一盘区 16-3$_上$ 煤层工作面布置

图 12-2　南一盘区开采 16-3 煤层工作面布置

水水源。该含水层包括 3 方面：15 号煤组顶板及 15 号煤组间砂砾岩含水层（简称 I 含）、16 号煤组顶板砂砾岩含水层（简称 II 含）及 16 号煤层间砂砾岩含水层（简称 III 含）。

　　2. 首采盘区内 16-3 煤层开采充水水源

　　白垩系伊敏组砂岩含水层与 16-3$_上$ 煤层采空区积水是影响 16-3 煤层安全开采的主要充水水源。其中，白垩系伊敏组砂岩含水层同样包括 I 含、II 含和 III 含 3 个含水层。

　　煤系砂岩含水层垂向分布如图 12 – 3 所示，2012 年水文地质补勘钻孔位置如图 12 – 4 所示。下面对首采盘区各砂岩含水层的富水性进行评价。

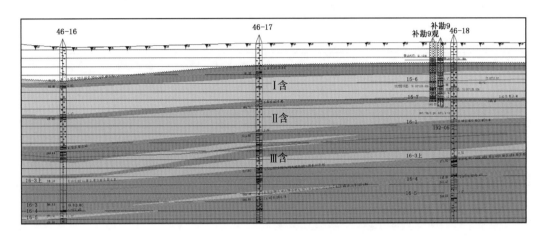

图 12 – 3　煤系砂岩含水层垂向分布

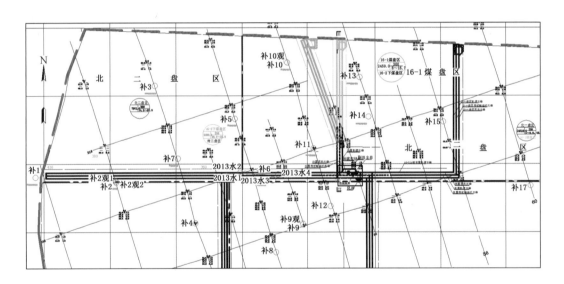

图 12 – 4　补勘钻孔位置

三、含水层富水性评价

1. Ⅰ 含水层

　　Ⅰ 含水层位于 15 号煤组间及上部，第四系黏土层位于其与第四系含水层之间，第四系黏土层具有"隔断"作用。Ⅰ 含水层主要由砂砾岩和中粗砂岩组成，灰色~深灰色，凝灰质胶结，含水层抽水试验结果见表 12 – 7。由表 12 – 7 可知，该含水层单位涌水量 1.41~1.89 L/（s·m），渗透系数 1.62~3.37 m/d。水化学类型为 HCO_3 – Cl – Na – Ca 型水，矿化度 0.349 g/L，水位标高 +653.287~ +672.34 m，地下水类型为承压水。根据水文地质勘探结果揭露，首采盘区内含水层厚度 0~136.5 m，其中南一盘区 0~78.4 m，北一盘区 12.5 ~ 136.5 m，首采区内 I 含等厚线如图 12 - 5 所示。由图 12 - 5 可知，首采盘区内该含水层厚度变化大，沉积不稳定，由东北部向西南部逐渐变薄。这表明首采盘区内该含水层赋存条件变化大，导致不同地段富水性差异大，富水性具有明显的不均质性。

表 12 - 7　I 含抽水试验结果

孔号	岩　性	起止深度/m	含水层厚度/m	静止水位/m	渗透系数/(m·d^{-1})	单位涌水量/[L·(s·m)$^{-1}$]
补 8	粗砂岩、中砂岩、含砾砂岩	158.8 ~ 212.9	53.1	+653.3	3.2	1.8
补 9	粗砂岩、砂质砾岩	70.7 ~ 127.8	50.2	+653.6	3.4	1.9
补 15	粗粒砂岩、中粒砂岩、砂质砾岩	83.3 ~ 250.3	78.0	+672.3	1.6	1.4

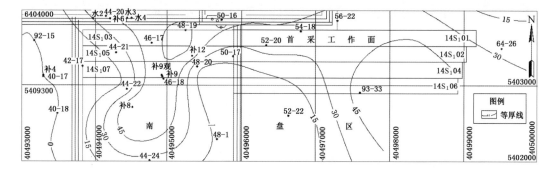

图 12 - 5　南一盘区 I 含等厚线

2. II 含水层

II 含水层位于 16 号煤组上方，与 I 含水层之间有 15 号煤组作为隔水层。II 含水层主要由砾岩、砂砾岩、粗砂岩组成，颜色为灰白 ~ 深灰，含水层抽水试验结果见表 12 - 8。由表 12 - 8 可知，该含水岩组单位涌水量 1.1 ~ 3.6 L/(s·m)，渗透系数 1.3 ~ 4.7 m/d，水位标高 +622.4 ~ +654.8 m，地下水类型为承压水。首采盘区内该含水层厚度为 0 ~ 91.1 m，其中南一盘区 0 ~ 91.1 m，北一盘区 8.1 ~ 85 m。图 12 - 6 为首采盘区内 II 含等厚线图，由图可知，首采盘区内该含水层厚度变化大，沉积不稳定，首采盘区的西部和西北部较厚，向东南变薄。这表明首采盘区内该含水层赋存条件变化大，导致不同地段富水性差异大，富水性具有明显的不均质性。

表 12 - 8　II 含抽水试验成果

孔号	含水层厚度/m	水位标高/m	渗透系数/(m·d^{-1})	单位涌水量/[L·(s·m)$^{-1}$]
补 6	67.4	+653.1	4.7	3.6
补 11	68.5	+652.7	2.3	1.6
补 13	73.6	+622.4	1.3	3.4
补 14	54.2	+651.4	1.7	1.1

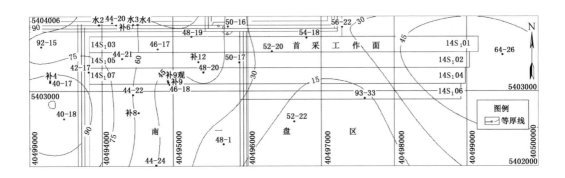

图 12 - 6　南一盘区Ⅱ含等厚线

3. Ⅲ含水层

Ⅲ含水层位于 16 号煤组煤层之间，距离 16 - 3$_上$及 16 - 3 煤层均较近，含水层大部分区域直接位于 16 - 3$_上$、16 - 3 煤层之上，是其开采的直接充水含水层。16 - 1 煤层顶底板隔水层位于Ⅱ含水层和Ⅲ含水层之间。Ⅲ含水层主要由砾岩、砂砾岩、粗砂岩组成，Ⅲ含水层抽水试验结果见表 12 - 9。由表 12 - 9 可知，含水层单位涌水量 0.027 ~ 1.38 L/(s · m)，渗透系数 0.19 ~ 1.71 m/d，矿化 0.208 ~ 0.562 g/L，水位标高 +628.996 ~ +659.554 m，地下水类型为承压水。根据钻孔揭露，首采盘区内含水层厚度 0 ~ 80 m，其中南一盘区 0 ~ 62.5 m，北一盘区 0 ~ 80 m，图 12 - 7 首采盘区内Ⅲ含等厚线如图 12 - 7 所示。由图 12 - 7 可知，首采区内该含水层厚度变化大，沉积不稳定，在首采盘区北部和西部较厚，向东南变薄，由此导致含水层在平面上富水性差异大，具有明显的不均质性。

表 12 - 9　Ⅲ含抽水试验结果

孔号	岩　　性	起止深度/m	含水层厚度/m	静止水位/m	渗透系数/(m · d)$^{-1}$	单位涌水量/[L · (s · m)$^{-1}$]
水 1	砂砾岩	251.9 ~ 315.5	63.6	+659.6	1.00	0.56
水 2	砂砾岩	327.9 ~ 371.2	43.3	+656.6	0.19	0.03
补 4	粗砂岩、中砂岩、砂质砾岩	107.6 ~ 202.3	43.6	+643.0	0.64	0.43
补 5	中砂岩、粗砂岩、砂质砾岩	251.3 ~ 323.7	72.4	+629.0	0.28	0.18
补 7	粗砂岩、中砂岩、含砾砂岩	202.1 ~ 267.6	65.6	+651.0	1.19	0.57
补 10	粗砂岩	303.5 ~ 378.3	74.8	+576.5	0.16	0.15
补 12	粗砂岩、中砂岩	191.3 ~ 283.5	68.6	+651.8	1.71	1.38

通过首采盘区西翼 16 - 3$_上$煤层首采 13S$_1$01 工作面的水文地质补勘及疏放水结果可以进一步评价Ⅲ含的赋存条件。13S$_1$01 工作面开采初期涌水量为 60 m^3/h，在工作面运输巷

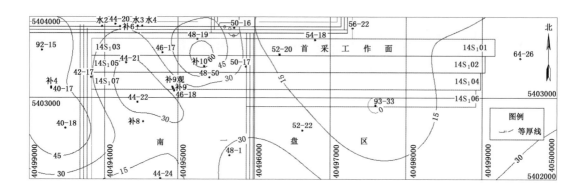

图 12 - 7 南一盘区Ⅲ含等厚线

推进 10.6 m、回风巷推进 22.1 m 时，采空区与探放孔水量总计达 800 m³/h，工作面因顶板淋水量较大而停产。停产后在工作面附近施工了 4 个钻孔（2013 水 1、2013 水 2、2013 水 3、2013 水 4），根据以往钻孔揭露，Ⅲ含在该区域分为上、下两段及上、下段之间赋存有相对稳定的隔水层。因此，施工的 4 个钻孔中 2013 水 1、2013 水 3 的目的层是Ⅲ含水层下段，2013 水 2、2013 水 4 的目的层是Ⅲ含水层上段，补勘钻孔布置如图 12 - 8 所示。

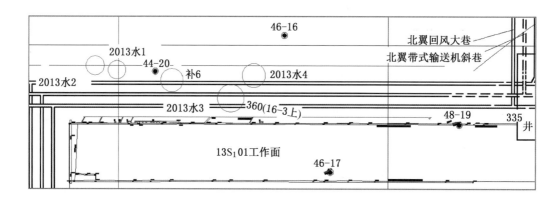

图 12 - 8 南一盘区 13S₁01 面补勘钻孔位置

通过井下疏放水钻孔对Ⅲ含水层疏降。经过井下疏放水，观测Ⅲ含水层下段的 2013 水 1 长观孔水位埋深 185 m，观测Ⅲ含水层上段的 2013 水 2 孔水位埋深 35.2 m，2 个孔间距约为 68 m，水位相差近 150 m。这说明井下疏放水使得Ⅲ含水层下段水位大幅下降，而Ⅲ含水层上段受疏放水的影响小。导致Ⅲ含水层上下分段差异明显，局部区域上、下段之间的水力联系很微弱。位于工作面附近的 2013 水 3、2013 水 4 长观孔同样作为Ⅲ含水层上下段之间的水位观测孔，水位埋深处于 147～148 m 范围，非常接近；两观测孔间距约60 m，与水 1、水 2 孔的间距均大于 400 m，说明井下疏放水也影响到了Ⅲ含水层上段。综上所述，前期的疏放水工程可能人为造成水力通道，从而强化了部分地段的水力联系。

整体而言，Ⅲ含砂岩含水层结构复杂，沉积不稳定。

13S₁01面周围Ⅲ含长观孔水位观测结果见表12-10。由表12-10可见，受采动和疏水影响，Ⅲ含水层观测孔水位下降的程度存在差异。其中，补2孔水位下降最小，大约比原始水位下降4m；补4孔下降了约20m；补5孔水位降幅最大，下降了约30m。分析认为，疏放水操作已经波及到首采工作面周围的Ⅲ含水层，疏放水形成了以疏放区域为降落漏斗中心的渗流场。从各含水层的下降幅度可以看出，疏放水初期含水层水位下降较快，后期逐渐趋于稳定，说明在现有的井下疏放水条件下，含水层已基本达到动态平衡。

表12-10　Ⅲ含水位标高单位　　　　　　　　　　　　　　m

日　期	孔　号				
	水2	补4	补5	补7	补12
2012年9月15日	+652.4	+643.0	+630.4	+650.0	—
2012年11月21日	+651.7	+641.9	+629.1	+647.3	+652.2
2013年1月29日	—	—	—	—	+651.6
2013年4月16日	+651.4	+640.6	+626.5	+648.6	+650.6
2013年6月20日	+653.0	+640.8	+627.0	+649.7	+651.6
2013年7月1日	+652.5	+641.0	+627.2	+649.6	+651.8

4. 含水层间水力联系

根据矿井地质资料，Ⅰ含水层与Ⅱ含水层之间的15号煤层组可作为层间隔水层，主要是15号煤层层间的泥岩和粉细砂岩层，厚度最大214.3m，平均43.5m。平面上东北部较厚，向西南逐渐变薄直至尖灭，为不稳定隔水层。隔水层缺失的区域，Ⅰ含水层与Ⅱ含水层之间存在水力联系。首采盘区设计工作面范围内隔水层厚度6~57.9m，Ⅰ含水层与Ⅱ含水层之间在设计工作面范围内水力联系不密切。

通过分析盘区钻孔资料、试采工作面周边钻孔统计、补6钻孔及周边钻孔水位对比、首采盘区Ⅱ含水层与Ⅲ含水层之间隔水层等厚线图、首采工作面回采总结，Ⅱ含水层与Ⅲ含水层之间隔水层赋存稳定，隔水性能良好，二者之间未见明显水力联系证据，仅在局部地段可能存在水力联系，造成Ⅱ含水层补给Ⅲ含水层，这对Ⅲ含的疏放水是十分不利的。主要分析证据如下：

（1）图12-9为首采盘区Ⅱ含水层与Ⅲ含水层之间隔水层等厚线，从图12-9可以看出，Ⅱ含水层与Ⅲ含水层之间赋存稳定的隔水层，正常地质条件下，Ⅲ含水层与上部含水层之间水力联系不密切。

（2）补11孔揭露16-1煤层厚度2.4m，其顶底板均为粉砂岩，煤层与粉砂岩厚度共计10.8m；48-18钻孔揭露的16-1煤层顶底板均为泥岩，隔水层厚度12.6m。因此，该地段隔水层的隔水性能良好。

（3）南一盘区首采工作面周围钻孔揭露的16-1煤层隔水层厚度见表12-11。根据南一盘区13S₁01工作面周围钻孔统计，16-1煤层隔水层厚度8.95~27.29m，该层厚度虽有一定变化，但赋存稳定，可有效阻止Ⅲ含水层与Ⅱ含水层间的水力联系。

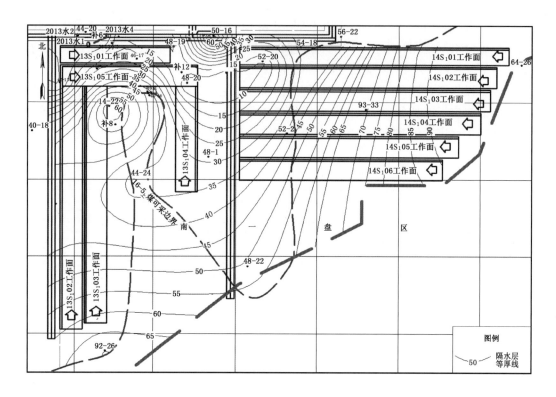

图 12-9 首采盘区Ⅱ含水层与Ⅲ含水层之间隔水层等厚线

表 12-11 Ⅱ含水层与Ⅲ含水层之间隔水层厚度

孔号	水 1	水 2	水 3	水 4	44-20	44-21	46-17	48-19	补 6
厚度/m	21.62	14.37	23.96	27.29	15.50	25.90	11.40	8.95	11.44

（4）补 6 钻孔在 2013 年 7 月的水位埋深 35.9 m，周围的 2013 水 4 孔水位埋深超过 140 m，说明南一盘区 $13S_101$ 工作面Ⅲ含水层与Ⅱ含水层的水力联系不密切。

（5）首采工作面的试采结果也表明，导水裂隙未沟通Ⅱ含水层。

（6）勘探资料表明，作为Ⅱ含水层抽水孔的补 11 孔抽水时，造成邻近的观察Ⅲ含水层水 2 孔水位下降很快，当天水位下降 2 m，降幅明显。表明Ⅱ含水层在该地段补给受疏放水影响的Ⅲ含水层，造成Ⅲ含水层除接受本层横向补给以外，在该地段还接受Ⅱ含水层补给。Ⅲ含水层与Ⅱ含水层之间在局部地段可能存在水力联系。

（7）$13S_101$ 工作面的疏放水结果表明疏放Ⅲ含水层时局部地段的Ⅱ含水层水位会有下降。Ⅱ含水层观测孔的水位观测资料见表 12-12。由表 12-12 可知，Ⅱ含水层水位也产生了下降，但下降幅度相差较大，这表明疏放水也波及到了Ⅱ含水层，Ⅱ含水层通过补给Ⅲ含水层向工作面排泄。

表 12 - 12　Ⅱ含水层水位标高单位　　　　　　　　　m

日　期	孔　号		
	补 6	补 9	补 11
2012 年 9 月 15 日	+652.8	+653.9	+655.1
2012 年 11 月 21 日	+652.1	+653.4	+652.0
2013 年 1 月 29 日	+652.2	+653.4	—
2013 年 4 月 16 日	+651.7	+652.6	+651.3
2013 年 6 月 20 日	+651.3	+653.6	+651.9
2013 年 7 月 1 日	+652.1	+653.4	+652.7

四、首采盘区首层开采方案

首采盘区Ⅰ含水层距离工作面较远，不会对工作面产生充水溃砂影响，对工作面生产安全构成威胁的主要是Ⅱ含水层和Ⅲ含水层，Ⅱ含水层和Ⅲ含水层对各工作面的充水溃砂影响综合见表 12 - 13。

表 12 - 13　含水层对各工作面的充水溃砂影响

名　称	工作面	Ⅱ含水层影响		Ⅲ含水层上段影响		Ⅲ含水层下段影响	
		充水	溃砂	充水	溃砂	充水	溃砂
首采盘区西翼	13S₁01	局部√	×	√	×	√	√
	13S₁02	局部√	×	局部√	×	√	√
	13S₁03	局部√	×	局部√	×	√	√
	13S₁04	×	×	×	×	√	√
	13S₁05	局部√	×	局部√	√	√	√
首采盘区东翼	14S₁01	×	×	部分√	×	√	部分√
	14S₁02	×	×	部分√	×	√	部分√
	14S₁03	×	×	部分√	×	√	部分√
	14S₁04	×	×	部分√	×	√	部分√
	14S₁05	×	×	部分√	×	√	部分√
	14S₁06	×	×	部分√	×	√	部分√

注：表中划√表示有影响，划×表示没影响。

（一）首采盘区西翼 16 - 3$_上$ 煤层开采方案

首采盘区西翼共布置 5 个工作面，分别为 13S₁01、13S₁02、13S₁03、13S₁04、13S₁05 工作面，由于每个工作面上覆含水层的赋存条件不同，它们对工作面的充水影响也不同，需要采取不同的防治水技术措施。首采盘区西翼不同区域针对Ⅲ含水层上段采取的防治水技术措施如图 12 - 10 所示。

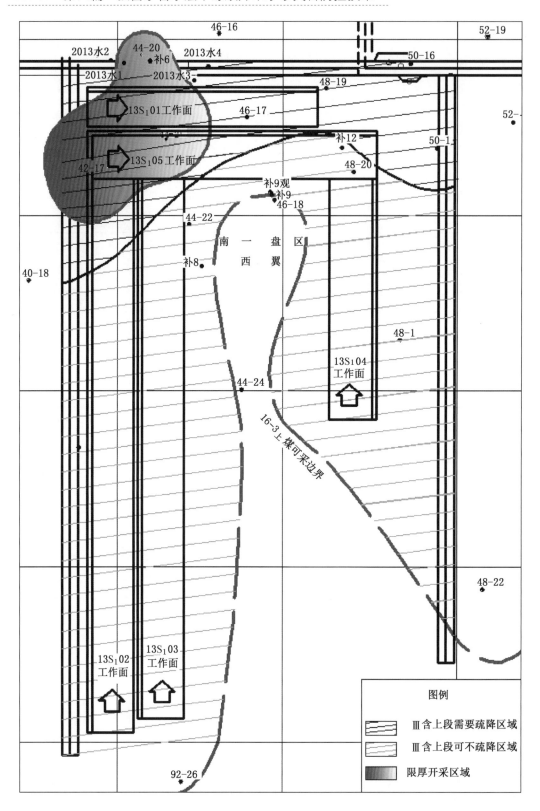

图 12 - 10 首采盘区西翼综合性分区

1. 13S₁01 工作面开采方案

1）13S₁01 工作面概况

13S₁01 工作面为该盘区的首采工作面，也是敏东一矿的首采工作面，工作面沿走向推进长度 2000 m，斜长 200 m，开采 16－3$_上$煤层，煤层顶板为砂砾岩、泥岩、粉砂岩、细砂岩，底板为粉细砂岩、泥岩，据钻孔揭露，首采工作面煤层厚度 15.4 m，煤层底板标高 +404～+353 m，开切眼至推进距离 300 m 范围内为 16－3$_上$和 16－3 煤层合并区，工作面开采范围内揭露一落差 0～4 m 的小断层。

2）13S₁01 工作面的充水影响分析

通过前面的分析可知，正常条件下，Ⅰ含水层对工作面的安全生产不构成威胁。

Ⅱ含水层与 16－3$_上$煤层之间的距离见表 12－14，该含水层大部分地段与 16－3$_上$煤层距离均超过 80 m，个别地段该含水层与煤层之间距离小于 80 m。这表明大部分地段开采时，导水裂隙带将不波及该含水层；个别地段开采时，导水裂隙带存在波及该含水层的可能，这对首采工作面的安全开采是十分不利的。

表 12－14　16－3$_上$煤层与Ⅱ含水层的距离

孔号	44－20	46－17	48－19	44－21	水 4	水 1	水 2	水 3
距离/m	80	97.6	118.45	56.9	89.19	91.83	93.69	84.56

3）首采工作面开采方案

依据首采工作面的现有条件和目前对各含水层赋存条件的认识以及它们对工作面充水影响的评价，提出以下综放开采方案。沿走向分为 5 个块段，开采方案分区如图 12－11 所示。

（1）第Ⅰ块段为自工作面开切眼至距开切眼 350 m 范围内，采高 3 m，只采不放。采前在疏水巷和巷道内施工Ⅲ含水层下段疏放水钻孔，预计工作面涌水量约 900 m³/h。

（2）第Ⅱ块段为自距开切眼 350 m 起推进至距开切眼 500 m 范围内，采放高度 5.0 m，满足对Ⅱ含留设防水安全煤岩柱条件。垮落带发育高度 12 m，局部波及Ⅲ含下段，采前需要对垮落带范围内的含水层进行超前疏干。导水裂隙带波及Ⅲ含上段，需对其进行采前疏降。

（3）第Ⅲ块段为自距工作面开切眼 500 m 起至距开切眼 800 m 范围内。采放高度 7.0 m，该段 16－3$_上$煤层顶板距Ⅱ含 65～85 m，满足对Ⅱ含留设防水安全煤岩柱条件。垮落带发育高度 16 m，波及Ⅲ含下段，采前需要对垮落带范围内的含水层进行超前疏干，导水裂隙带波及Ⅲ含上段，需对导水裂隙带范围内的含水层进行采前疏降。

（4）第Ⅳ块段为自距工作面开切眼 800 m 起至距开切眼 1100 m 范围内。采高 10.0 m，该段范围内 16－3$_上$煤层顶板距Ⅱ含 85～100 m；采高 10 m 时，防水安全煤岩柱高度 82 m；在该地段采高 10 m 开采时，满足对Ⅱ含留设防水安全煤岩柱条件。采高 10 m 时，垮落带发育高度 22 m，垮落带波及Ⅲ含下段，采前需对垮落带范围内的含水层利用探放水钻孔进行疏干，导水裂隙带波及Ⅲ含上段，对其进行采前疏降，该段开采对Ⅲ含上段可产生边采边疏的作用。

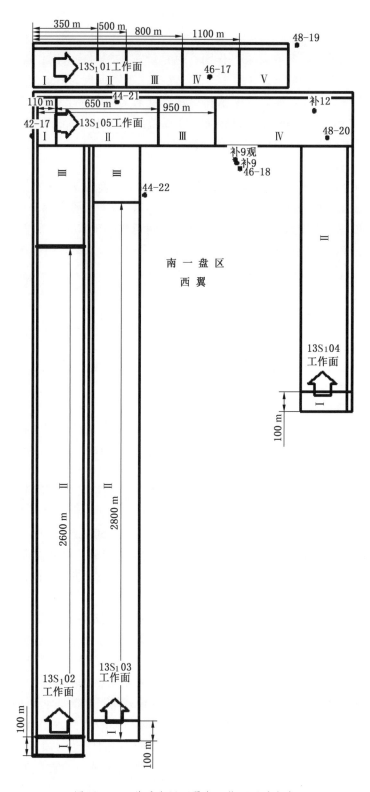

图 12-11 首采盘区西翼各工作面开采方案

（5）第Ⅴ块段为自距开切眼 1100 m 起推进至终采线。采高 14 m，该段 16 – 3 $_\text{上}$ 煤层顶板距Ⅱ含超过 100 m；采高 14 m 时，预计防水安全煤岩柱高度 100 m。因此，在该段采高 14 m 时，也满足对Ⅱ含留设防水安全煤岩柱条件。采高 14 m 时，垮落带发育高度 28 m，对垮落带范围内的含水层进行采前疏干，对导水裂隙带范围内的Ⅲ含上段含水层进行疏水降压。该段的开采可以达到对Ⅲ含上段进一步采动疏降的目的。

4）开采情况

敏东一矿自 2012 年 2 月 8 日开始试生产，涌水量达到 60.3 m³/h，至 2 月 14 日，涌水量增大至 139.7 m³/h，2 月 15 日开始施工井下探放水钻孔，工作面继续推进，至 4 月 12 日工作面出水量增大至 256.13 m³/h，探放水水量超过 500 m³/h，工作面停止推进。工作面停产后，继续施工探放水孔。在首采工作面回风巷、工作面开切眼、开切眼疏水巷、西翼疏水巷内共施工探放水钻孔近百个，钻孔孔深 50 ~ 80 m。2013 年 3 月 19 日开始第 2 次试生产，工作面老塘涌水量逐渐增大，2013 年 6 月 30 日，探放水钻孔出水量 280 m³/h，工作面出水量 618 m³/h，工作面总水量近 900 m³/h。于 2013 年 3 月 19 日继续推进工作面，并从 5 月 5 日开始放煤，最大采高 8.06 m，2014 年 2 月回采结束，2013 年 3 月至回采结束首采工作面采出煤量 1856079 t。工作面结束时，工作面维持的总水量 621 m³/h。

2. 13S$_1$05 工作面开采方案

1）13S$_1$05 工作面概况

13S$_1$05 工作面位于首采工作面南部，开采 16 – 3 $_\text{上}$ 煤层，工作面倾斜宽 250 m，走向长 2044 m，开切眼属 16 – 3 $_\text{上}$ 和 16 – 3 煤层合层区，煤厚 40.5 m，工作面中部的 48 – 20 钻孔揭露，16 – 3 $_\text{上}$ 煤厚 6.35 m，工作面设计采煤方法为综放开采。

2）开采方案

开切眼附近 42 – 17 钻孔揭露煤层厚度 40.5 m，按照采高 12 m 预计，开切眼附近不满足对Ⅱ含留设防水安全煤岩柱开采的条件，需要控制采高，减小覆岩破坏发育高度，达到满足对Ⅱ含留设防水煤岩柱开采的条件。根据现有资料预计，该工作面分 4 个区段开采（图 12 – 11）。

（1）第Ⅰ区段：自开切眼起至推进 100 m 范围内。要求留设顶煤厚度不小于 7 m，限制采高为 3 m，且只采不放，并对Ⅲ含下段在采前钻孔预先疏干的基础上，再采取有效的边回采边疏干措施。

（2）第Ⅱ区段：从距开切眼 100 m 至距开切眼 650 m 范围内。限制采高为 4 m，回采前需实现Ⅲ含下段基本疏干、Ⅲ含上段含水层水位基本降至含水层顶板。

（3）第Ⅲ区段：从距开切眼 650 m 至距开切眼 950 m 区域内。限制采高为 5 m，回采前需实现Ⅲ含下段基本疏干、Ⅲ含上段含水层水位基本降至含水层顶板。

（4）第Ⅳ区段：从距开切眼 950 m 至终采线。按照 16 – 3 $_\text{上}$ 煤层全厚综放开采，回采前需实现Ⅲ含下段基本疏干、Ⅲ含上段含水层水位基本降至含水层顶板，在此基础上，方可进行回采。

3. 13S$_1$02 工作面开采方案

1）工作面概况

13S$_1$02 工作面与 13S$_1$05 工作面垂直布置，工作面推进长度 3100 m，工作面长 250 m，煤厚 10.8 ~ 40.5 m，靠近终采线为 16 – 3 煤与 16 – 3 $_\text{上}$ 煤合层区，厚度较大，开切眼厚度较小，开切眼外侧的 92 - 26 孔揭露 16 - 3$_上$ 煤厚仅 1.62 m。

2）开采方案

开采该区域时，仅在终采线附近不满足对 Ⅱ 含留设防水煤岩柱要求，需限厚开采。在实施采前仰上钻孔预先疏干 Ⅲ 含下段措施和确保距开切眼不少 100 m 范围内可以正常推进，并有效地实施边回采边疏干 Ⅲ 含下段措施的前提下实现正常回采。整个工作面开采分为 3 个区段（图 12 - 11）。

（1）Ⅰ 区段：在开切眼至推进距离 100 m 范围内。为了避免溃砂危害，要求煤层顶板以上隔水层厚度不小于 7 m，煤层开采厚度 3 m，只采不放。为此，要求采前通过井下仰上钻孔进一步探查开切眼附近的顶板含水层厚度及煤层厚度，如探查结果不能满足上述要求，则要调整开切眼位置，直至满足上述要求。在实施采前仰上钻孔预先疏干 Ⅲ 含下段措施和确保该区段可以正常推进，并有效地实施边回采边疏干 Ⅲ 含下段措施的前提下，可以正常回采。

（2）Ⅱ 区段：从距开切眼 100 m 至距开切眼 2600 m，全厚开采。回采前必须对 Ⅲ 含下段进行疏干，在此基础上，才能进行开采。

（3）Ⅲ 区段：从距开切眼 2600 m 至终采线，限制采高 7 m。回采前必须对 Ⅲ 含下段进行疏干、Ⅲ 含上段含水层水位疏降至顶板，才能进行开采。但由于这一区域勘探控制程度低且回采的时间比较长，将来开采时需进行补充勘探，且参考 13S$_1$01、13S$_1$05 工作面的开采实践，再制定详细的开采方案。

4. 13S$_1$03 工作面开采方案

1）工作面概况

13S$_1$03 工作面位于 13S$_1$02 工作面东部，紧邻 13S$_1$03 工作面，与 13S$_1$05 工作面垂直，工作面东部为 13S$_上$04 工作面及盘区边界，工作面推进长度 3020 m，工作面长 250 m，距紧邻工作面终采线的 44 - 22 钻孔揭露，16 - 3$_上$ 煤层厚度 2.2 m，靠近开切眼外侧钻孔揭露，煤厚 1.62 m。

2）开采方案

13S$_1$03 工作面开采范围内 16 - 3$_上$ 煤层全厚开采时，Ⅰ 含、Ⅱ 含对工作面均无充水溃砂影响。Ⅲ 含上段仅在终采线附近对工作面有充水影响，Ⅲ 含下段对工作面有充水溃砂影响。因此，13S$_1$03 工作面开采也分 3 个区段（图 12 - 11）。

（1）Ⅰ 区段：在开切眼至推进距离 100 m 范围内。为了避免溃砂危害，要求煤层顶板以上隔水层厚度不小于 7 m，煤层开采高度 3 m，只采不放。为此，要求采前通过井下仰上钻孔进一步探查开切眼附近的顶板含水层厚度及煤层厚度，如探查结果不能满足上述要求，则要调整开切眼位置，直至满足上述要求。在实施采前仰上钻孔预先疏干 Ⅲ 含下段措施和确保该区段可以正常推进并有效实施边回采边疏干 Ⅲ 含下段措施的前提下，可以正常回采。

（2）Ⅱ 区段：从距开切眼 100 m 至距开切眼 2800 m，全厚开采。回采前必须对 Ⅲ 含下段进行疏干，在此基础上，才能进行开采。

（3）Ⅲ 区段：从距开切眼 2800 m 至终采线。在对 Ⅲ 含下段进行疏干、Ⅲ 含上段含水层水位疏降至顶板后，才能进行开采。但由于这一区域勘探控制程度低且回采的时间比较长，将来开采时需进行补充勘探，且参考已回采工作面的开采实践，再制定详细的开采方案。

5. 13S₁04 工作面开采方案

1) 工作面概况

13S₁04 工作面位于 13S₁03 工作面东部，与 13S₁05 工作面垂直，工作面东西两侧均为 16 - 3上煤层不可采区，工作面推进长度 1320 m，工作面长 250 m，距紧邻工作面终采线的 48 - 20 钻孔揭露，16 - 3上煤层厚度 6.35 m，靠近开切眼厚度变小，48 - 1 钻孔揭露，煤厚 3.5 m。

2) 开采方案

13S₁04 工作面开采范围内 16 - 3上煤层全厚开采时，Ⅰ含、Ⅱ含对工作面均无充水溃砂影响。Ⅲ含上段对整个工作面无充水影响，Ⅲ含下段对工作面有充水溃砂影响。因此，13S₁04 工作面开采分 2 个区段（图 12 - 11）。

(1) Ⅰ区段：在开切眼至推进距离 100 m 范围内。为了避免溃砂危害，要求煤层顶板以上隔水层厚度不小于 7 m，煤层开采高度 3 m，只采不放。为此，要求采前通过井下仰上钻孔进一步探查开切眼附近的顶板含水层厚度及煤层厚度，如探查结果不能满足上述要求，则要调整开切眼位置，直至满足上述要求。在实施采前仰上钻孔预先疏干Ⅲ含下段措施和确保该区段可以正常推进，并有效地实施边回采边疏干Ⅲ含下段措施的前提下，可以正常回采。

(2) Ⅱ区段：从距开切眼 100 m 至终采线，在对Ⅲ含下段进行疏干的基础上才能进行开采。但由于这一区域勘探控制程度低且回采的时间比较长，将来开采时需进行补充勘探，且参考已回采工作面的开采实践，再制定详细的开采方案。

(二) 首采盘区东翼 16 - 3 煤层开采方案

首采盘区东翼 16 - 3 煤层共设计布置 6 个工作面，分别为 14S₁01、14S₁02、14S₁03、14S₁04、14S₁05、14S₁06 工作面。各工作面开采方案如图 12 - 12 所示。

1. 14S₁01 工作面开采方案

1) 工作面概况

14S₁01 工作面位于南一盘区的东部，工作面倾斜宽 200 m，走向长 3390 m，工作面范围内 16 - 3 煤层一般厚度为 11 m，设计采煤方法为综放开采。其开切眼位置邻近本煤层可采边界，南邻 14S₁02 工作面，北邻矿井辅运大巷。工作面开采范围内煤层埋深为 285.80 ~ 343.85 m，采取整层一次开采的方法。

2) 开采方案

根据前文分析，14S₁01 工作面开采范围内 16 - 3 煤层全厚开采时，Ⅰ含、Ⅱ含对工作面均无充水溃砂影响。靠近开切眼Ⅲ含上段对工作面没有充水影响，Ⅲ含下段对工作面也没有溃砂影响，根据Ⅲ含上、下段对工作面的充水溃砂影响，为确保工作面安全回采，14S₁01 工作面开采分为以下 3 个区段（图 12 - 12）。

(1) 第Ⅰ区段：自开切眼起至推进 1400 m 范围内。Ⅲ含上段没有充水影响，Ⅲ含下段有充水无溃砂影响。工作面开采前，需对Ⅲ含下段进行疏降，在Ⅲ含下段水位基本疏降至含水层顶板后，按照全厚开采正常回采。

(2) 第Ⅱ区段：自距开切眼 1400 m 至距离开切眼 2500 m 区域。该范围内Ⅲ含上段有充水影响，Ⅲ含下段有充水无溃砂影响，因此工作面开采前，需对Ⅲ含上、下段进行疏

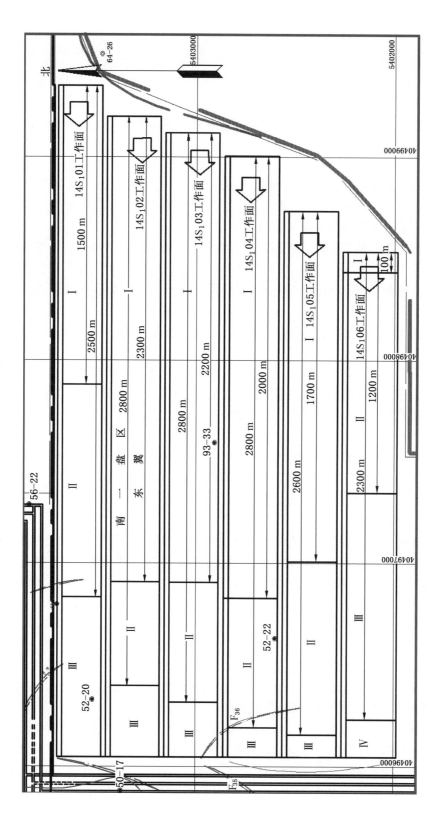

图 12-12 首采盘区东翼工作面开采方案

降，在Ⅲ含上、下段水位基本疏降至含水层顶板后，按照全厚开采。

（3）第Ⅲ区段：距开切眼2500 m至终采线。该区域内，Ⅲ含上段对工作面有充水影响，Ⅲ含下段对工作面有溃砂影响。因此，开采该区段时，需在Ⅲ含上段水位疏降至含水层顶板、Ⅲ含下段水位疏降至含水层底板后，按照全厚开采。

2. 14S₁02工作面开采方案

1）工作面概况

14S₁02工作面位于首采盘区东翼，其开切眼位置邻近本煤层可采边界，南邻14S₁03工作面，北邻14S₁01工作面，工作面倾斜长250 m，走向长3240 m。工作面范围内尚无揭露16 - 3煤层的地质钻孔，根据周边钻孔数据推断，该工作面开采范围内煤层厚度介于5.15 ~ 12.95 m。

2）开采方案

14S₁02工作面开采范围内16 - 3煤层全厚开采时，Ⅰ含、Ⅱ含对工作面均无充水溃砂影响。Ⅲ含上段对整个工作面部分区域有充水影响，Ⅲ含下段对整个工作面有充水影响，Ⅲ含下段对整个工作面部分区域有溃砂影响，根据Ⅲ含上、下段对工作面的充水溃砂影响，为确保工作面安全回采，14S₁02工作面开采分为以下3个区段（图12 - 12）。

（1）第Ⅰ区段：自开切眼起至推进1500 m范围内。Ⅲ含上段没有充水影响，Ⅲ含下段有充水无溃砂影响。工作面开采前，需对Ⅲ含下段进行疏降，在Ⅲ含下段水位基本疏降至含水层顶板后，按照全厚开采正常回采。

（2）第Ⅱ区段：自距开切眼15300 m至距离开切眼2500 m区域。该范围内，Ⅲ含上段有充水影响，Ⅲ含下段有充水无溃砂影响，因此工作面开采前，需对Ⅲ含上、下段进行疏降，在Ⅲ含上、下段水位基本疏降至含水层顶板后，按照全厚开采。

（3）第Ⅲ区段：距开切眼2500 m至终采线。该区域内，Ⅲ含上段对工作面有充水影响，Ⅲ含下段对工作面有充水溃砂影响。因此，开采该区段时，需在Ⅲ含上段水位疏降至含水层顶板、Ⅲ含下段水位疏降至含水层底板后，按照全厚开采。

3. 14S₁03工作面开采方案

1）工作面概况

14S₁03工作面南邻14S₁04工作面，北邻14S₁02工作面，工作面倾斜长250 m，走向长3160 m。工作面开采范围内无揭露16 - 3煤层的地质钻孔，根据周边钻孔数据推断，该工作面范围内煤层厚度5.15 m。

2）开采方案

14S₁03工作面开采范围内16 - 3煤层全厚开采时，Ⅰ含、Ⅱ含对工作面均无充水溃砂影响。Ⅲ含上段对整个工作面部分区域有充水影响，Ⅲ含下段对整个工作面有充水影响，Ⅲ含下段对整个工作面部分区域有溃砂影响，根据Ⅲ含上、下段对工作面的充水溃砂影响，为确保工作面安全回采，14S₁03工作面开采分为以下3个区段（图12 - 12）。

（1）第Ⅰ区段：自开切眼起至推进2200 m范围内。Ⅲ含上段没有充水影响，Ⅲ含下段有充水无溃砂影响。工作面开采前，需对Ⅲ含下段进行疏降，在Ⅲ含下段水位基本疏降至含水层顶板后，按照全厚开采正常回采。

（2）第Ⅱ区段：自距开切眼2200 m至距离开切眼2800 m区域。该范围内，Ⅲ含上段有充水影响，Ⅲ含下段有充水无溃砂影响。因此，工作面开采前，需对Ⅲ含上、下段进行疏降，在Ⅲ含上、下段水位基本疏降至含水层顶板后，按照全厚开采。

（3）第Ⅲ区段：距开切眼 2800 m 至终采线。该区域内，Ⅲ含上段对工作面有充水影响，Ⅲ含下段对工作面有充水溃砂影响。因此，开采该区段时，需在Ⅲ含上段水位疏降至含水层顶板、Ⅲ含下段水位疏降至含水层底板后，按照全厚开采。

4. 14S₁04 工作面开采方案

1）工作面概况

14S₁04 工作面南部为 14S₁05，北邻 14S₁03 工作面，工作面倾斜长 250 m，走向长 3045 m。根据周边钻孔数据推断，该工作面范围内煤层厚度介于 5.15～5.3 m。

2）开采方案

14S₁04 工作面开采范围内 16 - 3 煤层全厚开采时，Ⅰ含、Ⅱ含对工作面均无充水溃砂影响。Ⅲ含上段对整个工作面部分区域有充水影响，Ⅲ含下段对整个工作面有充水影响，Ⅲ含下段对整个工作面部分区域有溃砂影响，根据Ⅲ含上、下段对工作面的充水溃砂影响，为确保工作面安全回采，14S₁03 工作面开采分为以下 3 个区段（图 12 - 12）。

（1）第Ⅰ区段：自开切眼起至推进 2200 m 范围内。Ⅲ含上段没有充水影响，Ⅲ含下段有充水无溃砂影响。工作面开采前，需对Ⅲ含下段进行疏降，在Ⅲ含下段水位基本疏降至含水层顶板后，按照全厚开采正常回采。

（2）第Ⅱ区段：自距开切眼 2200 m 至距离开切眼 28600 m 区域。该范围内，Ⅲ含上段有充水影响，Ⅲ含下段有充水无溃砂影响。因此，工作面开采前，需对Ⅲ含上、下段进行疏降，在Ⅲ含上、下段水位基本疏降至含水层顶板后，按照全厚开采。

（3）第Ⅲ区段：距开切眼 2800 m 至终采线。该区域内，Ⅲ含上段对工作面有充水影响，Ⅲ含下段对工作面有充水溃砂影响。因此，开采该区段时，需在Ⅲ含上段水位疏降至含水层顶板、Ⅲ含下段水位疏降至含水层底板后，按照全厚开采。

5. 14S₁05 工作面开采方案

1）工作面概况

14S₁05 工作面南部为 14S₁06，北邻 14S₁04 工作面，工作面倾斜长 250 m，走向长 2775 m。根据周边钻孔数据推断，该工作面范围内煤层厚度 5 m 左右。

2）开采方案

14S₁05 工作面开采范围内 16 - 3 煤层全厚开采时，Ⅰ含、Ⅱ含对工作面均无充水溃砂影响。Ⅲ含上段对整个工作面部分区域有充水影响，Ⅲ含下段对整个工作面有充水影响，Ⅲ含下段对整个工作面部分区域有溃砂影响，根据Ⅲ含上、下段对工作面的充水溃砂影响，为确保工作面安全回采，14S₁03 工作面开采分为以下 3 个区段（图 12 - 12）。

（1）第Ⅰ区段：自开切眼起至推进 1700 m 范围内。Ⅲ含上段没有充水影响，Ⅲ含下段有充水无溃砂影响。工作面开采前，需对Ⅲ含下段进行疏降，在Ⅲ含下段水位基本疏降至含水层顶板后，按照全厚开采正常回采。

（2）第Ⅱ区段：自距开切眼 1700 m 至距离开切眼 2600 m 区域。该范围内，Ⅲ含上段有充水影响，Ⅲ含下段有充水无溃砂影响。因此，工作面开采前，需对Ⅲ含上、下段进行疏降，在Ⅲ含上、下段水位基本疏降至含水层顶板后，按照全厚开采。

（3）第Ⅲ区段：距开切眼 2600 m 至终采线。该区域内，Ⅲ含上段对工作面有充水影响，Ⅲ含下段对工作面有充水溃砂影响。因此，开采该区段时，需在Ⅲ含上段水位疏降至含水层顶板、Ⅲ含下段水位疏降至含水层底板后，按照全厚开采。

6. 14S₁06 工作面开采方案

1）工作面概况

14S₁06 工作面南部为采区边界，北邻 14S₁05 工作面，工作面倾斜长 275 m，走向长 2526 m。根据周边钻孔数据推断，该工作面范围内煤层厚度 4 m 左右。

2）开采方案

14S₁06 工作面开采范围内 16－3 煤层全厚开采时，Ⅰ含、Ⅱ含对工作面均无充水溃砂影响。Ⅲ含上段对整个工作面部分区域有充水影响，Ⅲ含下段对整个工作面有充水影响，Ⅲ含下段对整个工作面部分区域有溃砂影响，根据Ⅲ含上、下段对工作面的充水溃砂影响，为确保工作面安全回采，14S₁03 工作面开采分为以下 4 个区段（图 12－12）。

（1）第Ⅰ区段：在开切眼至推进距离 100 m 范围内。为了避免溃砂危害，要求煤层顶板以上隔水层厚度不小于 7 m，煤层开采厚度 3 m，只采不放。为此，要求采前通过井下仰上钻孔进一步探查开切眼附近的顶板含水层厚度及煤层厚度，如探查结果不能满足上述要求，则要调整开切眼位置，直至满足上述要求。在实施采前仰上钻孔预先疏放Ⅲ含措施和确保该区段可以正常推进，并有效地实施边回采边疏干Ⅲ含下段措施的前提下，可以正常回采。

（2）第Ⅱ区段：自距开切眼 100 m 起至推进 1200 m 范围内。Ⅲ含上段没有充水影响，Ⅲ含下段有充水有溃砂影响。工作面开采前，需对Ⅲ含下段疏降，在Ⅲ含下段水位基本疏降至含水层底板后，按照全厚开采正常回采。

（3）第Ⅲ区段：自距开切眼 1200 m 至距离开切眼 2300 m 区域。该范围内，Ⅲ含上段有充水影响，Ⅲ含下段有充水无溃砂影响。因此，工作面开采前，需对Ⅲ含上、下段进行疏降，在Ⅲ含上、下段水位基本疏降至含水层顶板后，方可按照全厚开采。

（4）第Ⅳ区段：距开切眼 2300 m 至终采线。该区域内，Ⅲ含上段对工作面有充水影响，Ⅲ含下段对工作面有充水溃砂影响。因此，开采该区段时，需在Ⅲ含上段水位疏降至含水层顶板、Ⅲ含下段水位疏降至含水层底板后，方可按照全厚开采。

（三）工作面涌水量预计

根据防治水方案，首采盘区西翼 16－3上 煤层及 16－3 煤层首层开采时，对Ⅰ含、Ⅱ含实行顶水开采。因此，Ⅰ含、Ⅱ含不会对工作面产生直接充水影响。Ⅲ含位于开采煤层之上，是距离开采煤层最近的含水层，部分地段该含水层直接覆盖在煤层之上，不仅处于采动破坏范围之内，而且位于垮落带范围之内。因此，该含水层对煤层开采不仅存在充水影响，而且构成溃砂威胁。

按照最不利条件，依据现有资料，预计首采工作面Ⅲ含的充水量为

$$Q = \frac{1.366K(2MH - M^2)}{Log(R/r)} \tag{12-1}$$

式中 Q——含水层的最大充水量，m³/h；

K——含水层渗透系数，取 1.71 m/d；

M——含水层厚度，取 45 m；

H——含水层水头，取 240 m；

r——井径，取 302 m；

R——影响半径，取 $R = 10S\sqrt{K} + r = 3449$ m。

计算得：$Q = 1819.96$ m³/h。

首采工作面开采时，由于水头较高，水量比较大，随着工作面的回采，受补给来源不畅的影响，Ⅲ含水位将大幅度下降，后续工作面开采时，水量会逐渐减小。由于后续工作面对Ⅲ含勘探资料不足，难以准确预计后续工作面的涌水量，根据现有认识，首采工作面特别是开切眼位置位于Ⅲ含相对富水的块段。因此，预计后续工作面涌水量将不会超过首采工作面涌水量。

五、结论

为探测首采盘区煤层开采富水情况，降低矿井涌水对安全生产的影响，本节对矿井首采盘区煤层开采充水水源及含水层富水性进行了详细分析，对首采区进行了开采方案设计。主要得到以下结论：

（1）钻孔揭露资料统计和室内物理力学测试结果表明，首采盘区内煤系地层以砂岩为主，岩石强度低，岩性软，属软弱岩层，按照覆岩岩性结构分类，煤层顶板属软弱类型。

（2）类比类似条件矿井开采实践结果，预计首采盘区内 16 – 3_上 煤层采厚为 3.25 ~ 14.60 m 时（对于 16 – 3_上 煤层与 16 – 3 煤层合层的区域按 11.00 m 计算），垮落带发育高度为 10 ~ 29 m，导水裂隙带发育高度为 31 ~ 83 m；防水、防砂、防塌安全煤岩柱高度分别为 10 ~ 29 m、15 ~ 48 m、37 ~ 102 m。

（3）水文地质勘探结果表明，首采盘区内煤系地层砂岩含水层富水性强，但分布不均匀。其中Ⅰ含含水层厚度为 0 ~ 146.5 m，单位涌水量 1.41 ~ 1.89 L/(s·m)，渗透系数 1.62 ~ 3.37 m/d；Ⅱ含含水层厚度为 0 ~ 85 m，单位涌水量 1.061 ~ 6.896 L/(s·m)，渗透系数 1.26 ~ 8.33 m/d；Ⅲ含含水层厚度为 8.65 ~ 80 m，单位涌水量 0.027 ~ 1.38 L/(s·m)，渗透系数 0.188 ~ 1.71 m/d。

（4）水文地质条件分析表明，各含水层的赋存条件及与煤层的距离不同，它们对工作面的充水溃砂影响不同。首采盘区内 16 – 3_上 煤层按照全煤厚进行综放开采时，对Ⅰ含满足留设防水安全煤岩柱的条件，Ⅰ含对工作面开采充水影响小，无溃砂威胁；大部分区域对于Ⅱ含满足留设防水安全煤岩柱的条件，Ⅱ含对工作面充水影响较小，南一盘区的西北部 13S_1 01 工作面与 13S_1 02 工作面的停采线附近区域不满足留设防水安全煤岩柱的条件，Ⅱ含对工作面产生充水影响较大，在这一区域开采时需采取限厚的措施；首采盘区内对于Ⅱ含满足留设防砂安全煤岩柱的条件，Ⅱ含对工作面溃砂影响较小；首采盘区内Ⅲ含分为上、下两段，对于Ⅲ含上段，北一盘区的东南部与南一盘区的大部分区域满足留设防水安全煤岩柱的要求，Ⅲ含上段对工作面充水影响较小，北一盘区的大部分地区及南一盘区的 13S_1 01 与 13S_1 02 工作面附近区域不满足留设防水安全煤岩柱的要求，Ⅲ含上段对工作面充水影响较大；在北一盘区的 56 – 20 孔附近区域不满足对于Ⅲ含上段留设防砂安全煤岩柱的条件，其他区域内满足留设防砂安全煤岩柱的条件；对于Ⅲ含下段首采盘区内都不满足留设防水安全煤岩柱与防砂安全煤岩柱的条件，对工作面开采会产生充水溃砂影响。

（5）依据覆岩破坏发育高度预计结果，首采盘区内 16 – 3_上 煤层开采垮落带波及Ⅲ含下段，导水裂隙带波及Ⅲ含上段，因此采取Ⅲ含上段疏降，下段疏干的方案；岩性和含水层水动力条件的分析表明，Ⅲ含上段疏降，下段疏干是可以实现的；南一盘区首采工作面在Ⅲ含富水性较好的条件下，经过半年时间疏放，达到了采前Ⅲ含水位基本降至含水层顶板的程度，分析认为Ⅲ含上段疏降、下段疏干是可行的。

（6）首采盘区开采 16 - 3$_上$ 煤层时，主要受Ⅱ含与Ⅲ含的充水溃砂影响，对于Ⅱ含需留设防水安全煤岩柱开采，对于Ⅲ含需进行疏干和疏降。

（7）16 - 3$_上$ 煤层开采的总体防治水方案为"顶水开采与疏干或疏降开采相结合、先疏后采与边采边疏相结合、钻孔疏干或疏降与回采疏干或疏降相结合、分段控制开采厚度"。为了实现正常综放开采，处理水体的基本原则是，对垮落带范围内的砂岩含水层采用先疏后采的措施，要求在采前尽量实现疏干，以防止工作面溃砂、溃泥等灾害；对导水裂隙带范围内的砂岩含水层采用先疏后采与边采边疏相结合的措施，要求在采前预先疏降以降低回采期间的涌水压力，通过边采边疏予以疏干或基本疏干，为实现疏干（降）开采创造条件；对处于导水裂隙带范围之上的含水层采用顶水开采措施。在回采期间，由于Ⅲ含砂岩含水层依靠钻孔疏降难以实现预先疏干开采，为了确保回采安全，则应适当限制开采厚度，并与边采边疏措施相结合，以便为尽快实现放顶煤开采创造条件。

（8）编制了首采盘区的疏放水方案。疏放水的总体方案为：对Ⅲ含上段不满足留设防水安全煤岩柱的区域疏降到含水层顶板，对于Ⅲ含上段满足留设防水安全煤岩柱的区域不需疏降，对于Ⅲ含下段需要疏降到含水层底板，首采工作面预先疏放时间约为半年，后续工作面的预先疏放时间应根据前一工作面的开采实践和预先疏放水时间及疏放效果来调整。

（9）根据南一盘区首采工作面的地质采矿条件，进行了覆岩破坏高度预计及充水影响评价，最终确立工作面的开采方案为：沿走向分为 5 个块段。第Ⅰ块段为自工作面现开采位置起推进至距开切眼 350 m 范围内，采高 3 m，只采不放，预计工作面正常涌水量约 900 m³/h；第Ⅱ块段为自工作面开切眼 350 m 起推进至距开切眼 500 m 范围内，采放高度 5.0 m，预计工作面正常涌水量约 1100 m³/h；第Ⅲ块段为自距工作面开切眼 500 m 位置起推进至距开切眼 800 m 范围内，采放高度 7.0 m，预计工作面正常涌水量约 1200 m³/h；第Ⅳ块段为自距工作面开切眼 800 m 至距开切眼 1100 m 范围内，采高 10.0 m，预计工作面正常涌水量约 1400 m³/h；第Ⅴ块段为自距开切眼 1100 m 起推进至停采线，采高 14 m，预计工作面正常涌水量约 1700 m³/h。各块段采前对Ⅲ含下段进行超前疏干，对Ⅲ含上段进行疏水降压。

（10）首采盘区的开采方案为：对于Ⅱ含需要留设防水安全煤岩柱进行开采，对于不满足留设防水安全煤岩柱的区域进行限厚开采，使之满足留设防水煤岩柱开采的要求；对于Ⅲ含上段，满足留设防水安全煤岩柱的区域可以正常回采，不满足留设防水安全煤岩柱但满足留设防砂安全煤岩柱的区域要对该段进行疏降，回采前含水层水位要基本降至含水层顶板，对于不满足留设防砂安全煤岩柱的区域要在采前预先疏干；对于Ⅲ含下段含水层则必须在回采前达到疏干的程度。

以上的结论的中心原则是"控水开采"，在综放工作面不同阶段，控制不同的放煤量，对强富含水层下综放安全开采起到很好作用。但在实际操作中很难控制放煤量，一是安全不够精准，2013 年 6 月 13 日，发生一起突水溃泥事故，死亡 1 人。二是限制放顶煤段回采率太低，不符合国家对煤炭资源的回采率要求。

因此研究应用软弱覆岩综放开采条件下"三带"实测，研发应用精细物探与精准钻探验证，构建三维透明水文地质体，突水－溃砂事故达到精准防控，回采率才能得到进一步提升。

第三节 煤层开采覆岩破坏特征研究

2015 年，神华国能（神东电力）集团公司敏东一矿，联合中煤科工集团西安研究院股份有限公司，研究实测敏东一矿软弱覆岩综放开采条件下"三带"观测研究项目，经过现场钻孔冲洗液漏失量观测、水位观测、彩色钻孔电视观测、关键层理论计算、FLAC³ᴰ二维、三维数值模拟、实验室相似材料模拟、最新经验公式计算等多种方法的综合研究。

一、16 –3$_\text{上}$ 及 16 –3 煤层开采覆岩破坏高度预计

煤层开采后，导水裂隙带范围内的岩体渗透性大大增强，即使是泥岩，也不再具有隔水性能，导水裂隙带范围内的含水层是影响工作面开采安全的主要含水层，导水裂隙带发育高度是评价上部水体是否影响工作面安全开采的重要参数。

1. 综采覆岩破坏高度预计

覆岩结构分析结果表明，首采盘区开采煤层覆岩为软弱类型，按照《建筑物、水体、铁路及主要井巷煤柱留设与压煤开采规范》（以下简称为《规范》）的规定选取软弱覆岩的垮落带、导水裂隙带高度的计算公式分别为

$$H_\text{m} = \frac{100 \sum M}{6.2 \sum M + 32} + 1.5 \,（软弱覆岩）\qquad (12 - 2)$$

$$H_\text{li} = \frac{100 \sum M}{3.1 \sum M + 5.0} + 4.0 \,（软弱覆岩）\qquad (12 - 3)$$

式中 H_m——垮落带高度，m；

H_li——导水裂隙带高度，m；

$\sum M$——煤层累计开采厚度，m。

式（12 –2）和式（12 –3）的应用范围：单层采高 1 ~ 3 m，累计采高不超过 15 m。很显然，式（12 –2）和式（12 –3）不适用于放顶煤开采及单层采高超过 3 m 条件下的覆岩破坏高度预计。选取软弱类型覆岩的计算公式，预计首采盘区采用综采开采高度为 3 m 时的垮落带发育高度为 7 m，导水裂隙带高度 25 m。

2. 综放开采覆岩破坏高度预计

前人针对覆岩垮落三带高度进行了大量研究，并拟合出一些小范围适用的经验公式，旨在摸索规律，指导现场生产。针对工作面回采裂隙带高度预测得出了一系列经验公式，但绝大部分公式仅适用于采高较小的情况。利用以往综采工作面拟合的两带高度计算公式偏小，针对大采高或综放开采的经验公式较少。图 12 – 13 为本文通过大量的文献调研，调查了山东（20 个）、安徽（16 个）、山西（12 个）、内蒙古（9 个）、陕西（8 个）、江

苏（3 个）、河南（2 个）、黑龙江（2 个）等共 72 个煤矿，统计得到蒙－陕－晋－鲁－皖区域带部分矿井综采和综放开采条件下覆岩垮落带和裂隙带高度的实测结果，对统计结果分别进行线性和二次多项式拟合，得出各类别经验公式，在下文中与本文所得实测和模拟结果进行对比。

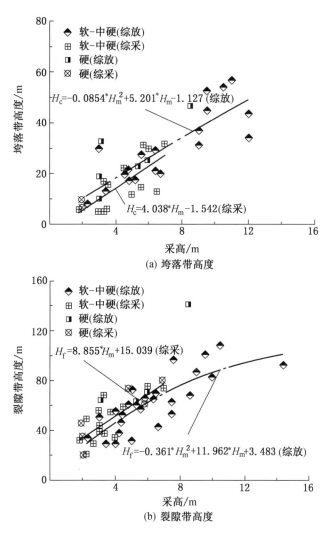

图 12－13　统计的部分煤矿覆岩垮落带和裂隙带高度

1）首采盘区西翼 16－3$_上$ 煤层综放开采覆岩破坏高度预计

敏东一矿首采盘区西翼 16－3$_上$ 煤层综放开采导水裂隙带发育高度预计结果见表 12－15。根据钻孔实际揭露，经计算，敏东一矿首采盘区西翼 16－3$_上$ 煤层厚度为 5.9～14.6 m 时，预计垮落带和导水裂隙带发育高度分别约为 14～29 m 和 48～83 m。

2）首采盘区东翼 16－3 煤层综放开采覆岩破坏高度预计

敏东一矿首采盘区东翼 16－3 煤层综放开采导水裂隙带发育高度预计结果见表 12－16。根据钻孔实际揭露，经计算，敏东一矿首采盘区东翼 16－3 煤层厚度为 5.15～17.05 m 时，预计垮落带和导水裂隙带发育高度分别约为 10～34 m 和 43～90 m。

表 12-15　敏东一矿首采盘区西翼 16-3$_上$ 煤层综放开采覆岩破坏高度预计结果

钻孔编号	16-3$_上$ 煤层厚度/m	垮落带高度/m	导水裂隙带高度/m
42-17	12.00	24	74
44-20	12.00	24	74
44-21	14.05	28	82
46-17	13.70	28	82
48-19	14.60	29	83
48-20	6.35	14	51
50-14	10.20	23	69
50-15	10.20	23	69
50-16	9.60	21	66
50-17	5.90	14	48

注：表中 42-17、44-20 孔为 16-3$_上$、16-3 煤层合层区，其煤厚取 12 m。

表 12-16　敏东一矿首采盘区东翼 16-3 煤层综放开采覆岩破坏高度预计结果

钻孔编号	16-3 煤层厚度/m	垮落带高度/m	导水裂隙带高度/m
50-17	17.05	34	90
52-20	14.85	26	85
52-22	5.30	11	44
54-18	13.15	23	79
56-22	15.87	29	89
93-33	5.15	10	43

3）首采盘区 16-3 煤层综放开采覆岩破坏高度预计

敏东一矿首采盘区 16-3 煤层综放开采导水裂隙带发育高度预计结果见表 12-17。根据钻孔实际揭露，经计算，敏东一矿首采盘区 16-3 煤层采高为 5.15~29.10 m 时，预计垮落带和导水裂隙带发育高度分别约为 10~58 m 和 43~141 m。

表 12-17　敏东一矿首采盘区 16-3 煤层综放开采覆岩破坏高度预计结果

钻孔编号	16-3 煤层厚度/m	垮落带高度/m	导水裂隙带高度/m
42-17	28.00	56	135
44-20	24.30	49	118
44-21	19.35	39	98
44-22	26.60	53	127
44-24	26.75	54	127
46-17	25.90	52	126
46-18	29.10	58	141
48-19	21.70	43	107

表12-17（续）

钻孔编号	16-3煤层厚度/m	垮落带高度/m	导水裂隙带高度/m
48-20	20.10	40	100
50-16	18.40	37	93
50-17	17.05	34	90
52-20	14.85	26	85
52-22	5.30	11	44
54-18	13.15	23	79
56-22	15.87	29	89
93-33	5.15	10	43

二、首采盘区东翼16-3煤层开采两带高度现场实测

1. 现场实测工程布置

为进一步掌握敏东一矿16-3煤层开采覆岩破坏高度，对首采盘区进行了"两带"（垮落带、导水裂隙带）高度实测研究。对现场垮落带和裂隙带高度的测量方法有井下钻孔注水试验法、井下钻孔注气试验法、高密度电阻率法、声波CT层析成像技术、超声成像技术等，本次实测采用钻孔注水试验法。根据敏东一矿南一采区回采情况，将实测工程布置在南一采区东翼Ⅰ0116³02工作面，施工采前孔与采后孔2个钻孔进行观测，目的是进行对比验证，更为准确地确定"两带"高度，钻孔布置如图12-14所示。

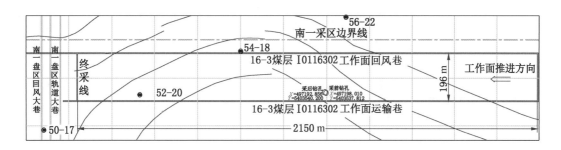

图12-14　敏东一矿三带观测钻孔布置平面

采前孔命名为T1-1，采后孔命名为T1-2，2个钻孔基本按设计要求进行施工，考虑到后期便于观测，实际钻孔孔径比原设计要大，钻孔参数及结构见表12-18，钻孔柱状示意图如图12-15所示。采后孔在工作面推过采前孔30 d后开始施工。

2. 实测要求及过程

现场实测主要有2项，一是通过钻探过程中钻孔冲洗液漏失量消耗判断原始地层裂隙发育程度及导水裂隙带、垮落带顶点；二是通过彩色钻孔电视观测岩石破裂实际形态，辅助判断覆岩破坏高度。观测结果以前者为准，后者是对前者的辅助验证。钻孔冲洗液漏失量消耗观测伴随整个钻探过程，而彩色钻孔电视需要在钻孔施工完成之后进行。

表 12 - 18　敏东一矿三带观测钻孔参数及结构

孔号			T1 - 1	T1 - 2
类型			采前孔	采后孔
坐标	X		5403537.812	5403540.200
	Y		497198.010	497192.856
	Z		730.413	728.219
孔深/m			350.00	319.87
终孔层位			16 - 3 煤底板	16 - 3 煤顶板
结构	一开	孔径	Φ270 mm, 150 m	Φ270 mm, 150 m
		套管	Φ159 mm, 150 m	Φ159 mm, 150 m
	二开	孔径	Φ110 mm 至终孔	Φ110 mm 至终孔
		套管	—	—
工期			2014 - 05 - 06—2014 - 06 - 10	2014 - 09 - 09—2014 - 10 - 03
封孔			是	是

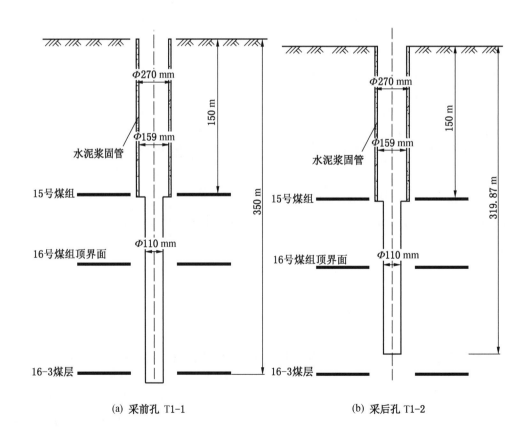

(a) 采前孔 T1-1　　　　　　　　　　(b) 采后孔 T1-2

图 12 - 15　钻孔柱状示意图

1）钻孔冲洗液漏失量观测系统及要求

钻孔冲洗液漏失量观测严格按照煤炭行业标准《导水裂缝带高度的钻孔冲洗液漏失量观测方法（MT/T 865—2000）》进行，冲洗液漏失量观测系统如图 12 – 16 所示。

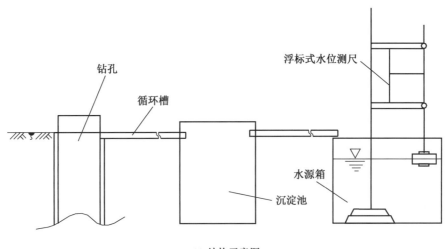

(a) 结构示意图

(b) 沉淀池

图 12 – 16　冲洗液漏失量现场观测系统结构示意图及沉淀池

现场观测内容及要求如下：

（1）漏失量观测。开钻后，当冲洗液形成循环时，测定一次水源箱的水位，并记录开钻时间、钻孔深度，每一次进尺应再测定和记录 1 次；当漏失量变大时，可缩短测定和记录次数，完成一个回次以后，再测定和记录 1 次，并用钢尺测出该回次的实际进尺量，测定结果记入表中。

（2）水位观测。在观测段钻进时，每次起钻后下钻前均测定钻孔水位。当停钻时间较长时，应每隔 5 ~ 10 min 观测 1 次水位，观测数据填入表中。

（3）冲洗液循环中断的观测。当冲洗液循环中断时，及时记录孔深和时间，并填入表中；当冲洗液恢复循环时，同样记录孔深和时间。

2）彩色钻孔电视观测系统及要求

彩色钻孔电视观测系统结构框图如图12-17所示。

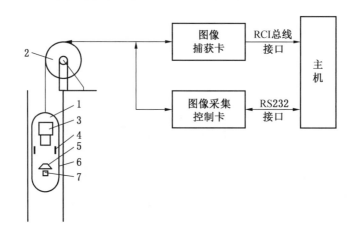

1—探头；2—深度测量装置；3—CCD摄像头；4—光源；5—锥体棱镜；6—透光钢化玻璃；7—磁性罗盘

图12-17 全景面钻孔摄像系统结构框

3. 观测孔实测结果

1）采前孔实测结果

观测时间为2014-05-06，孔深150 m进行固孔，240 m时取芯。

（1）冲洗液漏失量观测。冲洗液消耗变化曲线如图12-18所示。漏失量在孔深159.14 m和294.89 m处有突然变大趋势，后经过与钻孔柱状对比分析，在该孔深处为粗砾岩含水层，使冲洗液消耗增加，见表12-19。

表12-19 采前孔冲洗液漏失量观测结果

孔深/m	进尺/m	钻进时间			水源箱水位/cm			冲洗液消耗	
		开始	结束	用时/min	钻前	钻后	下降	单位时间/$(L \cdot s^{-1})$	单位时间单位进尺/$[L \cdot (s \cdot m)^{-1}]$
150	2.54	13:22	14:09	47.00	130.00	127.70	2.30	0.024	0.010
152.54	6.93	14:18	18:52	146	127.70	119.00	15.20	0.052	0.008
159.47	6.77	19:03	20:58	115	119.00	93.00	26.00	0.113	0.017
166.24	6.93	21:04	23:25	141	119.00	121.00	12.70	0.045	0.006
173.17	6.78	4:15	5:27	72	121.00	100.20	12.80	0.089	0.013
179.95	6.93	6:21	8:50	149	100.20	83.10	10.90	0.037	0.005
186.88	6.68	9:55	23:21	69	77.00	97.00	3.40	0.025	0.004
193.56	6.93	4:00	6:17	137	97.00	79.80	5.20	0.019	0.003
200.49	6.79	8:05	9:53	108	117.00	106.40	7.60	0.035	0.005

表 12 - 19(续)

孔深/m	进尺/m	钻 进 时 间			水源箱水位/cm			冲洗液消耗	
		开始	结束	用时/min	钻前	钻后	下降	单位时间/(L·s⁻¹)	单位时间单位进尺/[L·(s·m)⁻¹]
207.28	6.79	10:45	13:53	188	104.00	90.00	14.00	0.037	0.005
214.21	6.79	15:35	17:50	135	138.00	119.20	12.80	0.047	0.007
221	6.93	18:30	21:45	195	100.50	88.70	8.90	0.023	0.003
227.93	6.74	21:53	6:00	155	88.70	104.30	7.70	0.025	0.004
234.67	6.93	6:11	10:10	239	104.30	136.10	18.20	0.038	0.005
241.60	6.80	12:50	14:10	80	136.10	117.80	5.30	0.033	0.005
248.40	6.93	16:31	19:41	178	105.50	121.10	13.20	0.037	0.005
255.33	6.73	22:17	23:35	78	113.20	109.00	4.20	0.027	0.006
262.06	6.93	4:45	6:20	95	100.00	91.30	8.70	0.046	0.007
268.99	6.75	8:38	9:53	75	128.10	125.50	2.60	0.017	0.003
275.74	6.93	12:38	14:55	107	115.40	135.30	5.10	0.024	0.003
282.67	6.82	17:05	18:05	60	124.80	123.40	1.40	0.012	0.002
289.49	5.40	19:42	20:30	48	117.80	105.90	11.90	0.124	0.023
294.89	6.21	6:43	7:58	75	89.00	80.90	8.10	0.054	0.009
301.10	6.78	10:16	11:25	69	119.70	118.00	1.70	0.012	0.002
307.88	6.45	13:55	15:08	73	109.70	106.30	3.40	0.023	0.004
314.33	5.93	18:13	19:08	55	126.70	125.60	1.10	0.010	0.002
320.26	5.60	10:38	11:45	67	138.00	133.10	4.90	0.037	0.007
325.86	6.93	13:46	15:42	116	119.10	114.30	4.80	0.021	0.003
332.79	6.80	17:48	18:30	42	107.80	105.60	2.20	0.026	0.004
339.52	6.92	20:52	22:04	72	101.10	97.00	4.10	0.028	0.004
346.51	3.49	4:46	5:15	29	87.60	86.30	1.30	0.022	0.006

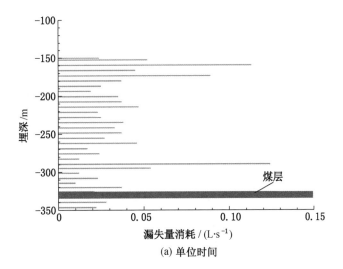

(a) 单位时间

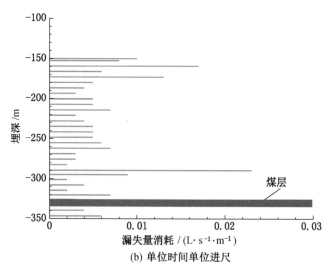

(b) 单位时间单位进尺

图 12-18 采前孔单位时间和单位时间单位进尺冲洗液漏失量消耗变化曲线

采前孔的观测结果描述了原始地层钻进过程中冲洗液的消耗情况，观测过程中工作面推进范围距离该钻孔有数百米之远，采矿活动对观测过程及结果无影响，该结果为采后孔的观测提供了原始地层冲洗液消耗量的背景值，便于对比分析。

（2）水位观测。根据观测要求，在每一回次下钻前与提钻后，均要观测钻孔水位，采前孔每一回次钻孔水位观测结果见表 12-20。

表 12-20 采前孔水位观测结果   m

孔深	观测时间	水位埋深	孔深	观测时间	水位埋深
150.00	5 月 20 日 13:00	42	255.33	5 月 23 日 21:10	56.40
152.54			262.06	5 月 24 日 0:34	53.40
159.47			268.99	5 月 24 日 7:15	52.80
166.24	—	正常钻进，没提钻	275.74	5 月 24 日 11:14	54.16
173.17			282.67	5 月 24 日 15:00	53.70
179.95			289.49	5 月 24 日 18:30	54.20
186.88	5 月 21 日 9:00	42	294.89	5 月 24 日 21:00	57.40
193.56			301.10	5 月 25 日 8:00	58.60
200.49		正常钻进，没提钻	307.88	5 月 25 日 13:13	60.70
207.28	—		314.33	5 月 25 日 4:30	60.20
214.21			320.26	5 月 26 日 9:55	56.50
221.00	5 月 22 日 18:00	43	325.86	5 月 26 日 13:01	60.60
227.93		正常钻进，没提钻	332.79	5 月 26 日 16:00	62.40
234.67	—		339.52	5 月 26 日 19:00	64.40
241.60	5 月 23 日 10:45	47.40	346.51	5 月 26 日 23:00	61.50
248.40	5 月 23 日 14:30	48.90	—	—	—

由表 12 - 20 可知，150 m 处钻孔水位埋深为 42 m，基本与矿井 II 含水位埋深接近。在整个钻进过程中，钻孔水位埋深变化范围为 42 ~ 64.4 m。随着钻孔深度不断增加，钻孔水位呈下降趋势，终孔附近水位接近矿井 III 含水位埋深。

水位变化趋势如图 12 - 19 所示。

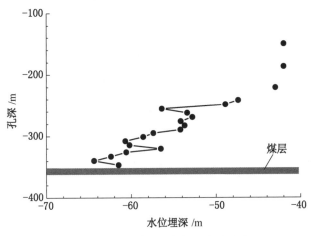

图 12 - 19　采前孔水位埋深变化曲线

（3）钻孔电视观测。敏东一矿岩层胶结松散、破碎，在钻孔钻进过程中，需要采用泥浆护壁防止塌孔，因此钻孔孔壁上包裹一层泥皮，若反复洗井可能导致孔内塌孔程度更加严重，故钻孔电视测试过程中未进行洗井，导致本次观测图片清晰度较差，且不能进行孔壁影像展开，影响了钻孔电视的观测效果。

钻孔电视现场使用及拍摄钻孔内照片如图 12 - 20 和图 12 - 21 所示。由拍摄的钻孔图片可以看出，在原始地层中，由于泥浆护壁且在不受采矿活动影响的情况下，几乎看不到裂隙发育。

图 12 - 20　彩色钻孔电视现场使用图片

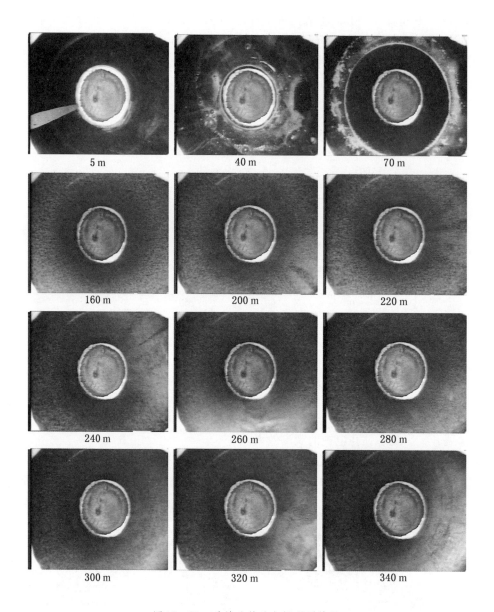

图 12－21 采前孔钻孔电视观测结果

（4）钻孔岩芯。采前孔从孔深 240 m 以后开始取芯，部分岩芯照片如图 12－22 所示。从图 12－22 可以看出，岩性以砾岩、砂岩、粉砂岩，泥岩、砂质泥岩等为主，岩层整体较为松散，胶结程度差，力学强度低，在砾岩层段夹杂大量砾岩块，具有良好的储水空间。

2）采后孔实测结果

（1）冲洗液漏失量观测。采后孔的观测要求与内容与采前孔一致，观测间距为 0.6 m，每一钻进回次约 7 m。每一回次观测数据见表 12－21，冲洗液消耗变化曲线如图 12－23所示。

图 12-22 采前孔部分岩芯照片

表 12-21　采后孔每回次钻孔冲洗液漏失量消耗统计

| 孔深/m | 进尺/m | 钻进时间 | | | 水源箱水位/cm | | | 冲洗液消耗 | |
		开始	结束	用时/min	钻前	钻后	下降	单位时间/ ($L \cdot s^{-1}$)	单位时间单位进尺/ [$L \cdot (s \cdot m)^{-1}$]
149.03	3.98	10:00	11:00	60.00	66.00	66.00	0.00	0.000	0.000
153.01	6.80	13:21	13:43	22	38.00	38.00	0.00	0.000	0.000
159.81	6.76	15:17	16:10	53	48.00	53.00	5.00	0.047	0.007
166.57	6.80	18:45	19:56	46	58.90	59.80	0.90	0.010	0.001
173.37	6.93	21:13	23:07	60	63.00	92.00	29.00	0.242	0.035
180.30	6.80	4:50	5:36	46	43.60	50.90	7.30	0.079	0.012
187.10	6.91	9:15	10:53	96	62.00	98.00	36.00	0.188	0.027
194.01	6.80	12:56	13:15	19	81.00	89.40	8.40	0.221	0.033
200.81	6.88	17:05	17:43	38	76.00	100.00	24.00	0.316	0.047
207.69	6.80	20:05	21:05	60	68.40	77.80	9.40	0.078	0.012
214.49	6.90	4:35	6:10	95	21.00	74.70	52.70	0.277	0.040
221.39	6.80	8:53	9:45	52	41.50	100.50	59.00	0.567	0.084
228.19	6.94	12:35	13:15	43	28.00	48.50	20.50	0.238	0.034
235.13	6.80	15:19	16:12	53	51.40	52.20	0.80	0.008	0.001
241.93	1.29	19:30	19:40	10	45.00	45.00	0.00	0.000	0.000
243.22	1.80	20:30	21:00	30	45.00	47.00	2.00	0.033	0.019
245.02	1.20	4:10	5:10	60	50.00	50.50	0.50	0.004	0.003
246.22	1.20	9:54	10:45	51	29.00	103.00	74.00	0.725	0.605
247.42	1.30	12:50	13:20	30	45.00	54.00	68.00	1.133	0.872
248.72	3.00	14:05	14:57	52	45.00	86.20	117.20	1.127	0.376
251.72	3.80	5:30	6:35	65	12.00	87.70	114.30	0.879	0.231
255.52	6.80	9:04	9:50	38	9.50	90.50	121.10	1.593	0.234
262.32	3.60	14:52	15:20	28	34.50	86.40	101.90	1.820	0.505
265.92	3.20	18:54	19:55	61	11.30	95.60	84.30	0.691	0.216
269.12	4.93	21:17	22:30	73	12.00	100.80	88.80	0.608	0.123
274.05	2.00	8:38	8:50	12	9.50	22.20	12.70	0.529	0.265
276.05	6.80	9:50	10:20	30	24.00	64.00	100.00	1.667	0.241
282.85	6.90	14:18	14:46	28	40.00	80.00	110.00	1.964	0.285
289.75	6.80	19:17	19:50	33	12.00	94.30	132.10	2.002	0.294
296.55	6.90	21:41	22:02	21	59.00	98.60	103.20	2.457	0.356
303.45	6.80	1:09	1:52	43	10.00	126.00	116.00	1.349	0.198
310.25	6.92	13:25	13:48	23	9.00	45.20	76.20	1.657	0.239
317.17	2.70	15:40	16:10	30	10.00	65.00	115.00	1.917	0.710

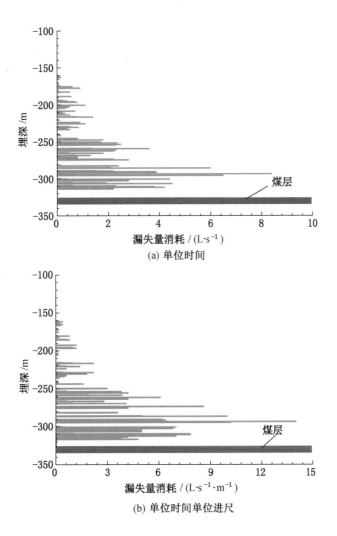

图 12－23　采后孔单位时间和单位时间单位进尺漏失量消耗变化曲线

由图 12－23a 可知，单位时间漏失量为 0～8.40 L/s，平均 0.902 L/s；由图 12－23b 可知，单位时间单位进尺漏失量为 0～14.00 L/(s·m)，平均 1.538 L/(s·m)。不论单位时间漏失量还是单位时间单位进尺漏失量，在数量级上均较采前孔有较大增幅，且都有随钻孔深度增加而变大的趋势。说明受采矿活动影响，上覆地层发生破坏、变形，应力重新分布，产生新的裂隙，冲洗液消耗量大于原始地层。

在钻进过程中，前期观测一切正常，当钻探深度至 243.22 m 时，冲洗液循环中断，此处不应为导水裂隙带顶点，但已经接近顶点，采取用黏土、锯末、石膏等进行堵漏，堵上之后继续钻进，经分析此处应为含水层，裂隙较为发育；继续钻进至 246.22 m 处，当孔口不返浆时，观测数据为观测池中泥浆水位的下降量；为探查垮落带高度，继续钻进，当钻进至 293.35 m 处，消耗量达 14 L/(s·m)，为整个观测过程的最大值，对比采前孔在 294.89 m 消耗量也突然增加，说明此处裂隙发育，但钻孔依然有水位，推测 293.35 m 处为垮落带顶点。

（2）水位观测。根据观测要求，在每一回次下钻前与提钻后，均要观测钻孔水位，采后孔每一回次钻孔水位观测结果见表12-22，采后孔水位埋深变化曲线如图12-24所示。

表12-22　采后孔水位观测一览表　　　　　　　　　　　　　　　　　　m

孔 深	观测时间	水位埋深	孔 深	观测时间	水位埋深
149.03	9 月 20 日 9:00	45.30	245.02	9 月 24 日 22:00	68.30
153.01	9 月 20 日 12:05	44.60	246.22	9 月 25 日 6:20	54.00
159.81	9 月 20 日 14:13	45.80	251.72	9 月 25 日 16:45	54.40
166.57	9 月 20 日 17:20	46.10	255.52	9 月 26 日 7:55	51.40
173.37	9 月 20 日 20:40	45.50	262.32	9 月 26 日 12:15	53.30
180.30	9 月 20 日 23:55	47.00	265.92	9 月 26 日 17:25	54.60
187.10	9 月 21 日 6:20	47.40	269.12	9 月 26 日 20:40	54.10
194.01	9 月 21 日 11:45	49.30	273.92	9 月 26 日 23:50	55.70
200.81	9 月 21 日 15:00	48.60	276.05	9 月 27 日 9:40	60.20
207.69	9 月 21 日 19:15	50.10	282.05	9 月 27 日 12:10	61.30
214.49	9 月 21 日 22:25	50.40	289.75	9 月 27 日 16:40	60.80
221.39	9 月 22 日 7:10	51.30	296.55	9 月 27 日 21:00	81.50
228.19	9 月 22 日 11:00	52.10	303.45	9 月 27 日 23:50	82.00
235.13	9 月 22 日 14:20	51.90	310.25	9 月 28 日 3:00	82.40
241.93	9 月 22 日 17:30	53.60	317.17	9 月 28 日 14:50	87.10
243.22	9 月 22 日 20:00	67.50	319.87	9 月 28 日 18:15	82.30

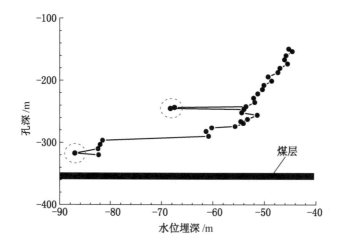

图12-24　采后孔水位埋深变化曲线

采后孔的水位观测结果为判断导水裂隙带与垮落带的顶点提供了较为可靠的参考资料。

（3）钻孔电视观测。在采后孔的观测过程中，采用钻孔彩色电视进行观测，与采前孔类似，受钻进过程中泥浆护壁影响，观测效果较差，且在第2次观测过程中，下至166 m处可能由于孔壁有泥浆导致钻孔电视无法继续向下观测，在提升过程中由于操作不慎将摄像头遗落孔内，致使观测过程结束。观测结果如图12 - 25所示。

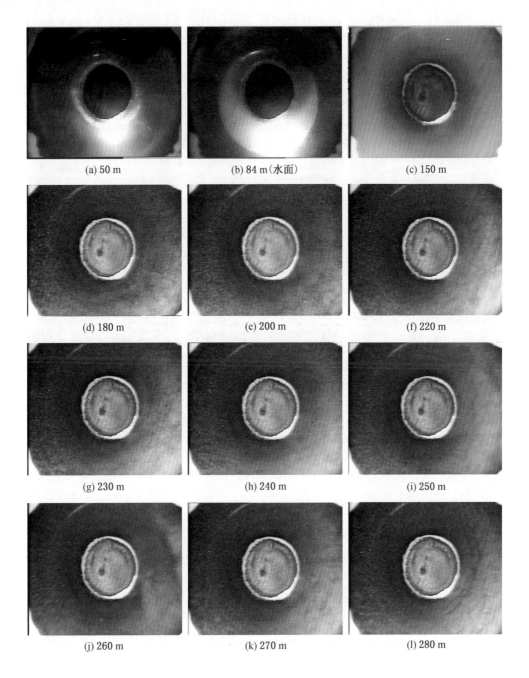

(a) 50 m	(b) 84 m(水面)	(c) 150 m
(d) 180 m	(e) 200 m	(f) 220 m
(g) 230 m	(h) 240 m	(i) 250 m
(j) 260 m	(k) 270 m	(l) 280 m

图12 - 25　采后孔钻孔电视观测结果

（4）采后孔岩芯。采后孔从孔深 150 m 以后开始取芯，部分岩芯照片如图 12 - 26 所示。从图 12 - 26 可以看出，岩层胶结松散，夹杂砾岩块，且在冲洗液消耗严重的 243 ~ 255 m 处、287 ~ 310 m 处岩芯非常破碎，与水位下降较快相吻合。

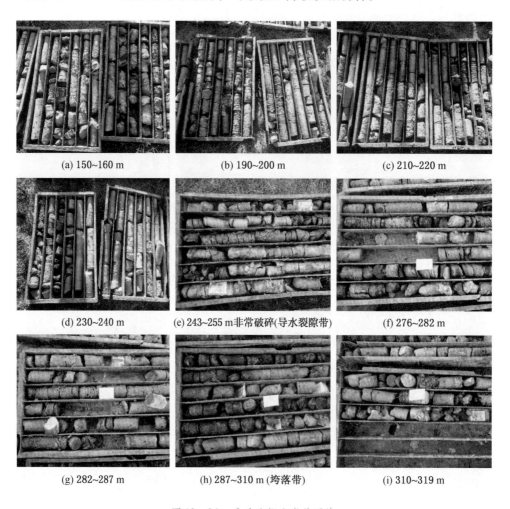

图 12 - 26　采后孔部分岩芯照片

3）观测结果分析及"两带"高度确定

（1）判断标准。采用钻探法确定导水裂隙带最高临界面位置（导水裂隙带起点或顶界面）时的钻孔冲洗液矢量值，尚无统一的标准，据已有资料，主要有 4 种意见：

①1975 年，有关研究部门提出，按照综合分析确定导水裂隙带的顶点位置（临界面）：冲洗液漏失量显著增加，并随深度增加呈现增大趋势，在初始渗透性很差的情况下，漏失量大于 1 L/（min·m）或 0.1 L/（s·m）时即可认为已进入裂隙带；钻孔水位显著降低，水位下降速度加快甚至无水；出现纵向裂隙而有轻微吸风现象；②1981 年，有关生产、研究部门提出，确定导水裂隙带上限所采用的水文参数 Q、q、W 值，一定要大于相应岩层在煤层开采前的原始数据，并根据实际情况，提出导水裂隙带上界面的确定标准；③有些生产单位实际上把钻孔冲洗液漏光，孔内水位大幅度下降或无水，作为导水裂

隙带临界面的确定标准；④有些研究者认为，采用钻探法确定导水裂隙带高度时，还应分析排除局部裂隙、离层裂隙的干扰影响，并将钻孔冲洗液消耗量、水位变化曲线划分为突变型、渐变型、波变型 3 种类型。

由于不同区域、不同井田、不同采区，甚至是同一工作面的不同位置，地质条件都不尽相同，虽然经过半个多世纪的研究、实践，对于煤层顶板导水裂隙带临界面位置仍未有一个统一的标准，即具有不确定性。因此，就地质科学特性而言，这种不确定性正是其科学性的一种体现，决定了必须因地制宜。

三、16−3 煤层开采覆岩破坏规律数值模拟

由于工作面顶板上覆岩层含有三层强含水层，从前期钻探取岩芯的结果表明，工作面顶板多为软弱破碎的岩层，有必要分析工作面顶板覆岩裂隙的发育规律。因此采用 UDEC 离散元软件分析了工作面推进过程中裂隙演化规律，并研究了回采煤层厚度对导水裂隙带发育高度的影响。

1. 数值模型建立

1）模型尺寸及边界条件

UDEC 数值模型图如图 12−27 所示，模型长 500 m，高 330 m，其中预留底板 30 m，由于覆岩中含有强含水层，含水岩层强度和完整性较差，故在模型中设置小的块体；此外，还有三层泥岩隔水层，分别为 1 号隔水层、2 号隔水层和 3 号隔水层，隔水层强度高完整性，故设置大的块体；其余岩层的块体大小随着远离煤层顶板逐渐增大，模型左右各留设 50 m 煤柱以消除边界效应，工作面模拟推进 400 m。模型左右边界采用横向约束，下部边界采用竖向约束，上部边界为自由边界。

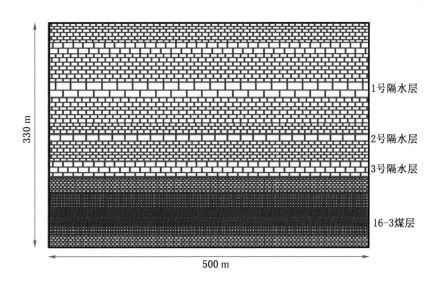

图 12−27　数值模型图

2）模型力学参数校核

为了相对真实地还原现场状况，需要对煤岩层的力学参数以及接触面参数进行校核和

折减，校核过程如下：

（1）通过实验室岩样单轴压缩实验，得出标准试件的应力－应变曲线，对实验所得应力－应变曲线标定计算，得出实验岩样的弹性模量 E、泊松比 μ 和单轴抗压强度 UCS。

（2）运用 UDEC 软件建立与实验所用试件相同尺寸的模型（加载速度不大于 10^{-4} m/s，达到准静态），其中块体采用弹性模型，节理采用摩尔－库仑滑移模型。根据实验室岩样单轴压缩实验所得参数，算出模拟试件块体的体积模量 K 和剪切模量 G 及节理法向刚度 k_n 和剪切刚度 k_s，其中 ΔZ_{min} 与试件块体的平均边长相当，计算公式如下：

$$K = \frac{E}{3(1-2\mu)} \tag{12-4}$$

$$G = \frac{E}{2(1+\mu)} \tag{12-5}$$

$$k_n = 10\left[\frac{K + \frac{4}{3}G}{\Delta Z_{min}}\right] \tag{12-6}$$

$$k_s = 0.4k_n \tag{12-7}$$

模拟试件节理的黏聚力和内摩擦角取值方法，节理的抗拉强度取单轴抗压强度的 1/10。接着可以模拟试件的单轴压缩实验，得到模拟试件的应力－应变曲线。

（3）通过模拟单轴压缩实验得到模拟试件的弹性模量 E_r。根据 RQD 建立岩块和岩体弹性模量之间的关系，折减得到岩体的弹性模量，计算公式如下：

$$\frac{E_m}{E_r} = 10^{(0.0186RQD-1.91)} \tag{12-8}$$

式中　E_m——岩体的弹性模量，MPa；

　　　E_r——模拟岩石的弹性模量，MPa。

再依次由式（12-4）～式（12-7）计算得到岩层块体体积模量 K 和剪切模量 G 及节理法向刚度 k_n 和剪切刚度 k_s。

（4）通过岩块取样制成不同尺寸试件，对试件进行剪切实验得出不同尺寸试件的黏聚力和内摩擦角，分别建立模型黏聚力和内摩擦角与试件尺寸间的关系，得出岩体所表征的黏聚力和内摩擦角。研究发现节理黏聚力/模型黏聚力为定值，节理内摩擦角/模型内摩擦角也为定值，运用上述第（2）步中试件节理的黏聚力和内摩擦角取值方法确定岩体节理的内聚力和内摩擦角。

岩体的抗拉强度同样采用尺寸研究方法，通过模拟巴西劈裂实验得出岩体节理的抗拉强度值。

通过以上步骤对模型岩层和节理参数校核和折减，得到最终岩体的力学参数和节理的力学参数见表 12-23 和表 12-24。为了较为真实地模拟现场工作面回采后顶板岩层垮落，层间节理设置的黏聚力和抗拉强度远小于层内节理的值。

2. 不同煤厚采动覆岩裂隙演化规律

在工作面不断地推进过程当中，顶板覆岩裂隙处于动态变化过程，随着推进长度的增加，裂隙分布区域不断的扩展，但同时也伴随着采空区的逐渐压实局部裂隙发生闭合。

表 12-23　数值模型煤岩层物理力学参数

岩性	厚度/m	弹性模量/MPa	抗压强度/MPa	重力密度/ (10⁴ N·m⁻³)	内摩擦角/ (°)	泊松比	黏聚力/MPa
第四系	56	1000	1.59	1.72	30	0.31	0.069
粗砂岩	15	6000	14.60	2.50	42	0.19	3.27
中砂岩	20	3500	11.83	2.54	40	0.18	2.92
中砾岩	24	6000	14.60	2.50	42	0.19	3.27
泥岩	22	4300	12.38	2.52	39	0.18	3.32
粉砂岩	38	5000	13.18	2.47	41	0.19	2.89
中砾岩	13	4000	9.07	2.46	41	0.19	2.71
泥岩	12	4300	12.38	2.52	39	0.18	3.32
中砾岩	30	6000	14.60	2.50	42	0.19	3.27
泥岩	25	4300	12.38	2.52	39	0.18	3.32
粉砂岩	22	4300	12.38	2.52	41	0.18	4.05
中粗砂岩	38	3500	11.83	2.54	40	0.18	2.92
泥岩	5	4300	12.38	2.52	39	0.18	3.32
16-3	4~16	1000	4.08	1.35	38	0.28	2.13
粉砂岩	30	4800	13.45	2.85	41.5	0.24	4.88

表 12-24　模型节理力学参数

岩　性	法相刚度/GPa	切向刚度/GPa	黏聚力/MPa	内摩擦角/(°)	抗拉强度/MPa
第四系	5	2	0.1	14	0.1
粗砂岩	29	27	1	16	2.4
中砂岩	15	6	1	16	2.4
中砾岩	16	7	1	14	2.5
泥岩	116	82	8	18	9
粉砂岩	14	5	1	18	2.7
中砾岩	12	4	1	14	1.8
泥岩	86	32	5	18	6.5
中砾岩	19	7	1	14	1.2
泥岩	58	13	1	15	1.7
粉砂岩	32	15	2	18	1.7
中粗砂岩	27	11	2	16	1.5
泥岩	57	37	1	14	1.0
16-3	32	29	2.6	14	1.5
粉砂岩	106	58	2	18	2.1

敏东一矿 16 - 3 煤开采高变化较大，采高是影响覆岩裂隙发育高度的最主要和最直接因素，故导水裂隙带发育高度会有大的变化，基于此工程地质条件，本次模拟 16 - 3 煤层开采高度分别为 4 m、8 m、12 m 和 16 m，通过数值模拟分析不同采高工作面推进 400 m 过程中煤层顶板的裂隙发育高度和覆岩破坏特征。

本次模拟主要研究不同煤层采高顶板垮落带和导水裂隙带的发育高度，垮落带高度的确定标准为模型中采空区上方块体裂隙发生分离，块体之间没有铰接；导水裂隙带发育高度的确定以模型中纵向裂隙发育高度为标准，图 12 - 28 ~ 图 12 - 32 描述了工作面推进过程中不同采高煤层顶板裂隙的动态演化规律，图中标注了煤层底板位置（黑色标注线）、煤层顶板位置（浅绿色标注线）、垮落带最高点位置（绿色标注线）以及纵向裂隙带最高点位置（红色标注线），同时统计了垮落带发育高度和纵向裂隙带发育高度。

工作面推进 40 m 时不同采高煤层顶板裂隙的发育规律如图 12 - 28 所示。由于工作面推进距离较短，没有达到直接顶的初次垮落步距，所以煤层顶板都没有发生垮落，只是在顶板浅部出现一些横向裂隙，在煤壁两侧产生很少的纵向裂隙，无法构成导水裂隙。

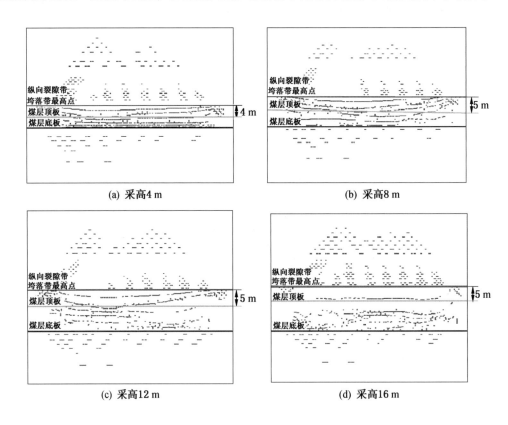

(a) 采高 4 m　　　　　　　　　　　(b) 采高 8 m

(c) 采高 12 m　　　　　　　　　　　(d) 采高 16 m

图 12 - 28　工作面推进 40 m 的不同采高采动覆岩裂隙演化规律

工作面推进 120 m 时不同煤层采高顶板裂隙的发育规律如图 12 - 29 所示。由于推进距离的进一步加大，煤层基本顶也发生垮落，导致纵向裂隙带发育高度有明显的增加。由模拟结果可知，工作面推进 120 m 时，4 m 采高的煤层顶板垮落带高度为 7 m，纵向裂隙带发育高度为 15 m；8 m 采高的煤层顶板垮落带高度为 8 m，纵向裂隙带发育高度为 24 m；

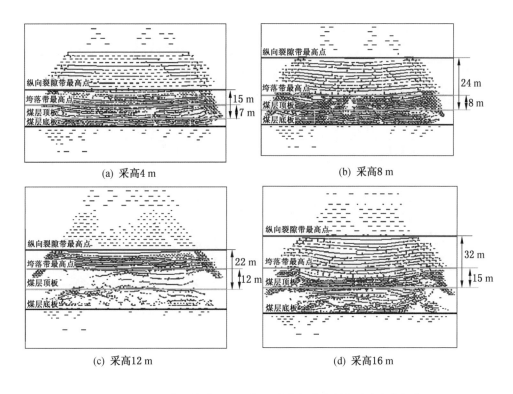

(a) 采高 4 m　　　　　　　　　　(b) 采高 8 m

(c) 采高 12 m　　　　　　　　　　(d) 采高 16 m

图 12 - 29　工作面推进 120 m 的不同采高采动覆岩裂隙演化规律

12 m 采高的煤层顶板垮落带高度为 12 m，纵向裂隙带发育高度为 22 m；16 m 采高的煤层顶板垮落带高度为 15 m，纵向裂隙带发育高度为 32 m。

工作面推进 200 m 时不同煤层采高顶板裂隙的发育规律如图 12 - 30 所示。4 m 采高和 8 m 采高煤层的采空区已基本压实，4 m 采高的垮落带高度 16 m，相比工作面推进 160 m 已经趋于稳定，纵向裂隙带发育高度为 41 m，也趋于稳定；8 m 采高的煤层顶板垮落带高度为 20 m，纵向裂隙带发育高为 42 m；在此处 4 m 和 8 m 采高的纵向裂隙带发育高度基本一致，与工作面推进 160 m 相比纵向裂隙带发育高度基本不变，这是由于此处的粉砂岩层还没有发生破断，纵向裂隙带没有继续发育；12 m 采高煤层顶板垮落带高度为 36 m，纵向裂隙带发育高度为 61 m；16 m 采高煤层顶板垮落带高度为 47 m，纵向裂隙带发育高度为 67 m，较 4 m 和 8 m 采高纵向裂隙带高度有进一步加大，这是由于随着采高增加，垮落带高度加大从而导致粉砂岩层下沉量加大进而产生纵向裂隙；16 m 和 12 m 采高相比纵向裂隙发育高度差距较小，这是由于该处存在 3 号泥岩隔水层和隔水层上下岩层相比，其完整性和强度较大，阻止了 16 m 采高煤层顶板的纵向裂隙向上发育。

工作面推进 280 m 时不同煤层采高顶板裂隙的发育规律如图 12 - 31 所示。4 m 采高煤层的垮落带高度和纵向裂隙带发育高度已经保持不变，分别为 16 m 和 42 m；8 m 采高的煤层顶板垮落带高度为 22 m，纵向裂隙带发育高度达到 62 m，两带高度变化很小；12 m 采高的煤层顶板垮落带高度为 46 m，纵向裂隙带发育高度为 119 m；16 m 采高的煤层顶板垮落带高度为 60 m，纵向裂隙带发育高度为 124 m。与工作面推进 200 m 相比较，4 种采

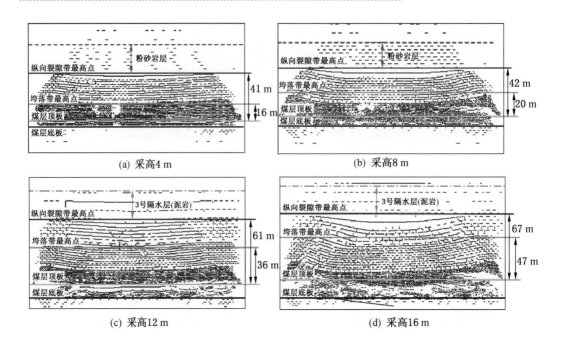

图 12-30 工作面推进 200 m 的不同采高采动覆岩裂隙演化规律

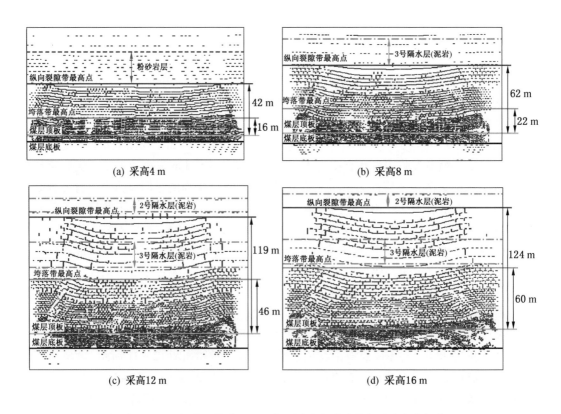

图 12-31 工作面推进 280 m 的不同采高采动覆岩裂隙演化规律

高煤层顶板的两带高度增加不明显。原因之一是粉砂岩层、2 号泥岩隔水层和 3 号泥岩隔水层的存在阻止了纵向裂隙的发育；原因之二是两代高度基本达到了理论或经验上的发育高度。

工作面推进 360 m 时不同煤层采高顶板裂隙的发育规律如图 12 - 32 所示。不同采高的煤层顶板垮落带高度和纵向裂隙带高度基本已经不变，4 m 采高煤层的垮落带高度和纵向裂隙带发育高度分别为 17 m 和 44 m；8 m 采高煤层的垮落带高度和纵向裂隙带发育高度分别为 28 m 和 65 m；12 m 采高煤层的垮落带高度和纵向裂隙带发育高度分别为 48 m 和 119 m；16 m 采高煤层的垮落带高度和纵向裂隙带发育高度分别为 62 m 和 125 m。此时，两带高度已经不在发生变化，基本趋于稳定。

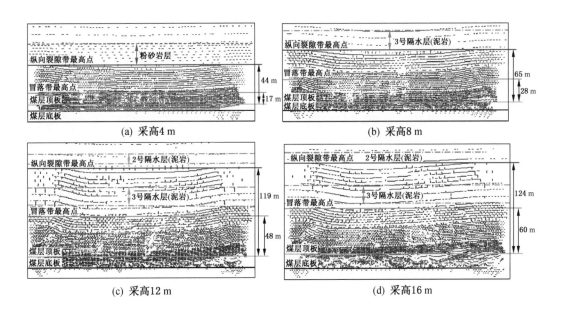

(a) 采高4 m　　　　　　　　　(b) 采高8 m

(c) 采高12 m　　　　　　　　　(d) 采高16 m

图 12 - 32　工作面推进 360 m 的不同采高采动覆岩裂隙演化规律

3. 结果分析与讨论

1）垮落带和纵向裂隙带高度随工作面推进变化规律

将模拟得到的垮落带和纵向裂隙带（垮落带和导水裂隙带的统称）高度进行统计汇总，详见表 12 - 25 和表 12 - 26。

表 12 - 25　数值模拟导水裂隙带发育高度结果

工作面推进距离/m	导水裂隙带高度/m			
	采高 4 m	采高 8 m	采高 12 m	采高 16 m
40	1	1	1	1
80	5	5	5	5
120	15	24	22	32
160	40	40	42	46

表 12 - 25（续）

工作面推进距离/m	导水裂隙带高度/m			
	采高 4 m	采高 8 m	采高 12 m	采高 16 m
200	41	42	61	67
240	42	61	118	119
280	42	62	119	124
320	44	63	119	124
360	44	65	119	125
400	44	65	119	132

表 12 - 26　数值模拟垮落带发育高度结果

工作面推进距离/m	垮落带高度/m			
	采高 4 m	采高 8 m	采高 12 m	采高 16 m
40	0	0	0	0
80	4	5	5	5
120	7	8	12	15
160	15	17	23	30
200	16	20	36	47
240	16	22	42	60
280	16	22	46	60
320	16	26	48	61
360	17	28	48	62
400	17	28	48	62

　　不同采高的工作面推进距离和垮落带发育高度的关系如图 12 - 33a 所示。揭示了随着工作面推进不同采高的煤层顶板垮落带发育高度变化规律，4 m 采高垮落带高度在工作面推进超过 160 m 后基本不在增加，维持在 17 m 左右；8 m 采高的垮落带高度在工作面推进超过 240 m 后维持在 28 m 左右；12 m 采高的垮落带高度在工作面推进超过 280 m 后维持在 48 m 左右；16 m 采高的垮落带高度在工作面推进超过 300 m 后维持在 62 m 左右。

　　不同采高的工作面推进距离和导水裂隙带带发育高度的关系如图 12 - 33b 所示。4 m 采高纵向裂隙带高度在工作面推进超过 160 m 后达到上限 44 m，随着工作面的继续推进高度不再变化；8 m 采高纵向裂隙带高度在工作面推进超过 240 m 后最终发育到 65 m；相比垮落带的高度，12 m 采高和 16 m 采高的纵向裂隙带高度差别较小，分别为 119 m 和 132 m，这是由于在这一高度存在 2 号泥岩隔水层，其强度和完整性较好，16 m 采高的纵向裂隙带发育到这一高度不能继续向上发展，故和 12 m 采高相比差别较小。

　　2）垮落带和纵向裂隙带高度随采高变化规律

　　将模拟结果得到的垮落带和导水裂隙带最大高度与煤层厚度关系进行统计和汇总，同时计算了垮采比和裂采比，详见表 12 - 27。

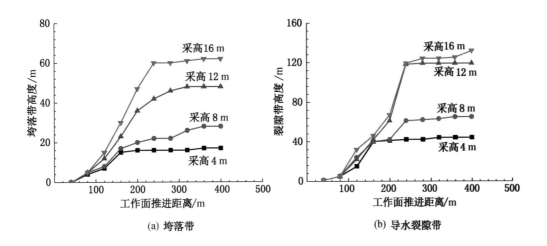

图 12 – 33　不同采高两带高度变化曲线

表 12 – 27　垮落带和导水裂隙带发育高度与煤层开采厚度关系

煤层开采厚度/m	垮落带最大发育高度/m	垮采比	裂隙带最大发育高度/m	裂采比
4	17	4.25	44	11
8	28	3.5	65	8.1
12	48	4	119	9.9
16	62	3.88	132	8.3

　　垮落带和纵向裂隙带最大高度与煤层开采高度关系如图 12 – 34a 所示。由图 12 – 34a 可以明显看出，随着煤层厚度的加大两带高度都呈增大趋势，垮落带的增大趋势基本接近线性增加，而纵向裂隙带的增大和垮落带相比线性不明显，这是由于 2 号泥岩隔水层的存在导致的，致使 16 m 采高的纵向裂隙带发育高度受阻。

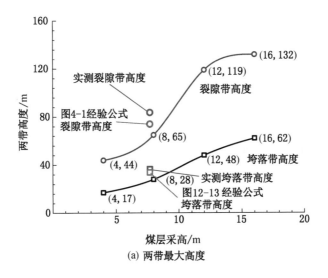

(a) 两带最大高度

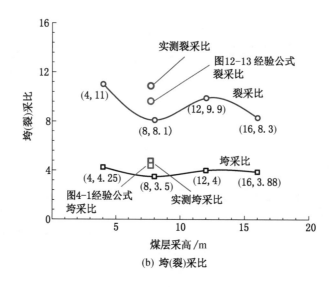

图 12 – 34　两带最大高度与煤层采厚关系

　　垮采比与裂采比跟煤层开采厚度的关系如图 12 – 34b 所示。由图 12 – 34b 结果可知，煤层厚度变化对垮采比和裂采比影响很小，推测这主要是由于上覆不同高度岩层岩性、厚度变化，不同岩层的碎胀系数及破断距不同，导致数值计算中不同采高导致的垮（裂）采比变化规律不甚明显。本次数值计算依据现场实际柱状及反演参数建模，模拟得到的平均垮采比为 3.9，平均裂采比 9.3。

第四节　水砂灾害精准防控关键技术研究与工程实践

一、关键技术研究

1. 精细物探和钻探验证技术研究

　　不同煤矿地质体有不同的地球物理性质，强富含水层下综放的精细探查是工作面形成以后进行的，巷道金属设施对物探干扰很大。敏东一矿之前应用瞬变电磁和直流电的物探方法，因外部干扰因素多，上覆岩层的探查结果不准确。为减小了现场干扰，保证数据采集质量，获取全空间物性数据，提供工程钻孔的岩性与构造精细解释，从而确定地质体靶心与富水性属性，创新应用了网络并行电法技术、巷孔瞬变电磁技术进行煤层顶板富水性探测，目的是精细探查应用工作面煤层顶板导水裂隙带范围内含水层的富水性分布情况。该方法是先成孔后进行电极测线布设，进而采用网络并行电法对测线上电极进行多次三电极视电阻率采集，最终生成能够反映地下异常体的空间分布特征和钻孔三维空间体的视电阻率分布图。该方法减小了人工干预，可以同步观测钻孔内孔壁三维自然电位、钻孔围岩三维电流场和电位场信息，实时计算钻孔周边一定范围内三维电阻率、极化率等特征量随测量位置的变化信息，从而实现钻孔孔壁及其径向区域的三维电法信息。

　　基于矿井地质勘探钻孔和精细物探提供的地质体靶心，研究制定井下探放水技术标准，在工作面开采前对导水裂隙带波及的含水层进行钻探处理，通过加密布置钻孔，疏放导水裂隙带范围的含水层水，探明更为详细的水文地质信息，并根据钻探结果对疑似富水区进行钻探验证，从而构建了三维精细水文地质体。

2. 覆岩破坏高度实测与电－震一体化监测技术

（1）导水裂隙带是强富水含水层水进入采掘空间的主要通道，应用钻孔注水法直接测量其发育高度，对比回归公式、数值模拟和相似材料模拟等间接方法对覆岩破坏高度进行预测研究。

（2）电－震一体化全空间监测技术。煤层开采后，上覆岩层地应力平衡遭到破坏，岩层的结构发生变化，天然电场和人工激励电场发生变化。微震事件与岩层断裂及采动微裂隙的产生有着紧密联系，直接反映了煤层顶板垮落带和裂隙带的发育情况。电－震一体化监测的优点主要体现在采动过程中的实时性、全空间数据获取的特性，并且随着工作面的推进实现连续性的动态监测，将地电场、应力场、渗流场、裂隙场进行多场耦合分析，评价微震密集发生带位置、视电阻率变化区域及其发展变化趋势，从而实时监测覆岩破坏高度与动态范围。通过工作面巷道钻孔向工作面内布置电法、微震传感器如图 12－35 所示。

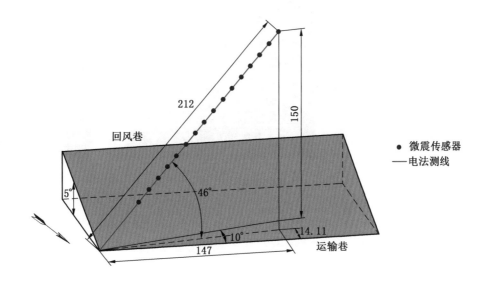

图 12－35　电震监测系统现场布置

通过对煤层开采过程中视电阻率、微震事件进行监测。回采工作面附近顶板岩层受拉剪作用，微震事件仅监测到直接顶板岩层发生变形、破坏，大部分微震事件的发生位置主要集中在导水裂隙带顶界以下层位，进入采空区区域，微震事件数量逐渐减小，能量等级也逐渐减小，反映了采空区上覆受破坏的岩层随时间的推移而压实，采动裂隙闭合、岩层移动逐渐稳定的过程；同时，受电法勘探的体积效应影响，当工作面继续回采至破坏影响区域进入电法测线下方时，视电阻率剖面才逐渐产生变化，最终在视电阻率剖面上逐渐形成垮落带、导水裂隙带形态。

3. 煤层采放高度的精准设计与动态调控技术

（1）综放开采的煤层采放高度对覆岩破坏高度的精准控制至关重要，放顶煤的工放煤艺工序中，全厚放煤、见矸石关门是保持覆岩破坏发育高度与允许高度一致的最简单方法。为防止导水裂隙带异常增高而导通强富水含水层，控制煤层采放高度，即根据允许裂隙带高度反算并设计两巷底板以上煤层高度，必要时留底煤，进而实现裂隙带高度安全控制目标。

（2）通过微震-电法的远近、同步、连续的一体化监测方式，完整、准确的勾勒出覆岩破坏的动态过程。监测数据反映裂隙带变化趋势，进而反算开采煤层采放高度，为实时调整采放高度提供依据，对回采过程采放煤高度实施动态调控。电-震一体化采动裂隙空间分布特征，如图 12-36 所示。

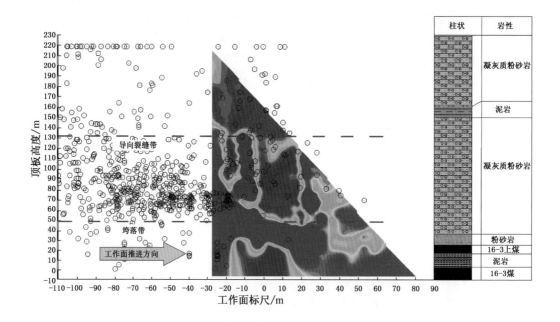

图 12-36　电-震一体化监测采动裂隙的空间分布特征

二、强富水含水层下综放开采技术参数

1. 地层与水文地质特征

神华伊敏河东矿区地层系统由老至新依次为白垩系下统龙江组，含煤地层大磨拐河组、伊敏组，第四系。矿区敏东一矿主采白垩系伊敏组 16 号煤组煤层，矿井设计生产能力为 500 万 t/a，采用立井方式开拓，走向长壁综采放顶煤开采工艺。矿井主采煤层为 16-3 煤层，该煤层部分分叉为 16-3$_上$ 和 16-3 煤层，且 16-3$_上$ 煤层普遍厚度为 15.5 m，16-3 煤层普遍厚度为 25 m，煤层倾角 4°~6°。

16 号煤组顶板岩层巨厚，富水性强，胶结松散，抗压强度低，直接顶的隔水层薄或无隔水层，矿井涌水量大，综放开采过程中存在突水、溃砂、溃泥现象，严重制约了矿井的安全高产高效生产。16-3 煤层顶板主要由 3 个含水层和 3 个隔水层组成（图 12-37），主要分布在煤层顶板 200 m 范围内。

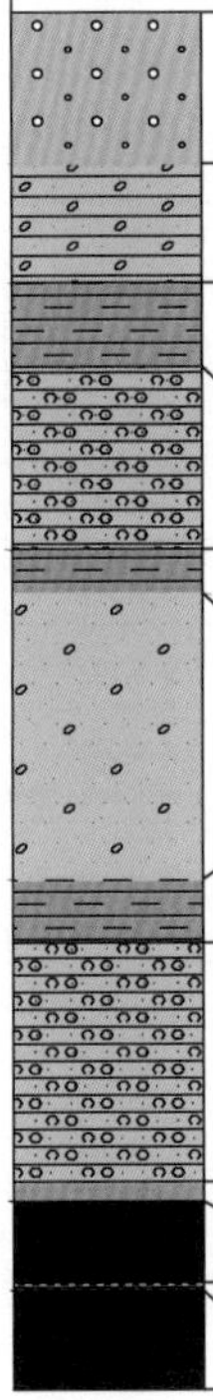

柱状 1:200	岩层厚度/ m	岩性性质	水文地质特征
	38	主要为细砂	大部分不含水
	30	主要为砂砾层	大部分不含水
	21	主要为泥岩，中粒砂岩，砂岩、泥岩互层	隔水层
	46	砂质角砾岩为主	Ⅰ号含水层， $q=1.847$ L/(s·m)
	11	泥岩、砂质泥岩与煤互层	Ⅰ号隔水层
	72	以砂岩，砾岩为主，凝灰质胶结，松散	Ⅱ号含水层， $q=2.152$ L/(s·m)
	16	泥岩，砂岩、泥岩互层	Ⅱ号隔水层
	61	砂质砾岩，粉砂岩，细砂岩，以砂质砾岩为主，砂砾部分为，泥砾部分为泥质胶结或凝灰质胶结	Ⅲ号含水层，富水性较强，$q=0.562\sim$ 2.296 L/(s·m)
	5	粉砂岩，泥岩、煤互层	Ⅲ号隔水层
	15.5	16-3$_上$煤层	
	2	泥岩	
	25	16-3煤层	

图 12-37　16-3煤层巨厚松散覆岩含水层结构柱状图

如图 12-37 所示，16-3 煤层顶部自下而上一次沉积了Ⅲ号隔水层、Ⅲ号含水层、Ⅱ号隔水层、Ⅱ号含水层、Ⅰ号隔水层和Ⅰ号含水层，其水文地质特征如下：

Ⅲ号隔水层平均厚度为 5 m，为泥岩、砂质泥岩互层。Ⅲ号含水层平均厚度为 61 m，砂质砾岩、粉砂岩、细砂岩互层，以砂质砾岩为主，砂质砾岩松散，分选性差，凝灰质胶结或泥质胶结；砂岩为块状，较致密，但厚度不大；该含水层为开采煤层的直接充水含水层，单位涌水量为 2.296 L/(s·m)，渗透系数 0.188~2.972 m/d。Ⅱ号隔水层平均厚度为 16 m，为泥岩、砂质泥岩及薄煤层互层。Ⅱ号含水层平均厚度为 72 m，全为砂质砾岩，砾成分由酸性火山岩屑组成，凝灰质胶结、松散、分选差，砾石大小不一；单位涌水量为 2.152 L/(s·m)，渗透系数 1.47~2.972 m/d。Ⅰ号隔水层平均厚度为 11 m，为泥岩、砂质泥岩及薄煤层互层。Ⅰ号含水层平均厚度为 46 m，砂质角砾岩为主，其他为砂质砾岩、凝灰质胶结或泥质胶结；单位涌水量为 1.847 L/(s·m)，渗透系数 3.72 m/d。

综上可见，3 个含水层均为强富水含水层，各隔水层厚度均较小，具有良好的储导水性。

2. 煤层顶板物理力学性质

对 16-3$_上$煤层放顶煤开采而言，煤层覆岩的岩石结构和岩石物理力学性质是研究顶煤及覆岩破坏规律和突水-溃砂的关键参数。钻孔岩芯统计表明，煤层上覆 100 m 范围内砂岩及砂砾岩平均占 75%，泥岩占 25%，覆岩的组成主要以含水砂砾岩、砂岩为主。顶板岩层物理力学试验结果（表 12 - 28）表明，覆岩的单向抗压强度只有粗砂岩超过 10 MPa，其他岩性岩石均低于 10 MPa，覆岩的岩石强度低，为软弱覆岩类型。

表 12 - 28　上覆岩层物理力学参数

岩石名称	天然容重/ ($g \cdot cm^{-3}$)	干燥容重/ ($g \cdot cm^{-3}$)	单向抗压强度/ MPa	抗拉强度/ MPa	弹性模量	泊松比
中砾砂岩	1.99	1.76	1.49	0.04825	1.97×10^3	0.37
粗粒砂岩	1.99	1.90	14.80	0.596	5.10×10^3	0.30
粉砂岩	1.96	1.86	0.60	0.028	1.95×10^3	0.32
中粒砂岩	2.06	2.03	1.10	—	1.79×10^3	0.39
含砾砂岩	2.07	1.75	1.28	0.072	1.44×10^3	0.29
煤层	1.25	—	8.70			
泥岩	1.97	2.09	2.03	0.116	1.33×10^3	0.36

三、透明水文地质的精细探查

1. 工作面概况

Ⅰ0116^{3}00 回采工作面位于第 50 勘探线至第 64 勘探线之间的 16 - 3 煤层内（煤层赋存标高在 300 ~ 370 m）。东部和北部为 16 - 3 未开采煤层，南邻东翼 3 条大巷，西部为北一盘区 3 条大巷（北一盘区轨道大巷、北一盘区上仓带式输送机斜巷与大巷、北一盘区回风大巷）。本回采工作面距地表 348 ~ 434 m，在回采工作面运输巷与联络巷交叉口附近煤层埋藏较浅，埋藏深度为 348.00 m；在回采工作面回风巷东部煤层埋藏较深，最大埋深为 434.00 m。在工作面采动塌陷影响范围内，对应地表大部为草原；工作面中部第 60 勘探线两侧有一南北走向的森林防火带，防火带宽度为 166.00 m；16 - 3 煤层为褐煤层，该煤层及围岩属于白垩系下统伊敏组含煤岩段。其煤层走向近东西向、倾向北；工作面煤层属近水平煤层，煤（岩）层大体向北西方向倾斜，煤层倾角在 2° ~ 6°，在工作面的中部煤层倾角变化较大，东部及西部煤层变化较小，煤层平均倾角为 4°。在实际掘进过程中，Ⅰ0116^{3}00 回采工作面共揭露 6 条实见断层，其中回风巷揭露 3 条，分别为 F16^3 - 42、F16^3 - 43、F16^3 - 47；运输巷揭露 3 条，分别为 F16^3 - 44、F16^3 - 45、F16^3 - 46。

工作面直接顶板为 13.45 m 厚的粉砂岩，灰色、胶结较坚实、具水平层理、含较多炭化植物碎屑、夹薄煤层；往上为 15.50 m 厚的 16 - 3$_上$ 煤层，褐黑色、硬质、块状构造、条带状结构、见有丝炭、弱沥青光泽、半暗型煤；再往上为 32.20 m 厚的粉砂岩，灰色、胶结较坚实、具波状层理、含较多炭化植物碎屑及煤透镜体、夹薄煤层；再往上为 1.20 m 厚的 16 - 2$_下$ 煤层，褐黑色、块状构造、条带状、无光泽、半暗型煤；再往上为 22.75 m 厚的粉砂岩，灰色、胶结较坚实、具水平层理、含较多炭化植物碎屑、夹薄煤层；再往上为 6.45 m 厚度中砾岩，灰色、长石、石英为主、分选差、次圆及次棱角状、砾径 20 ~ 60 mm。

回采工作面回采的 16 - 3 煤层属于 16 号煤组煤层，该煤组煤层间砾岩、砂砾岩岩层含水（编号为Ⅲ含水层），该砂砾岩含水层位于16-3煤层直接顶板到16-1煤层之间。根据钻孔揭露，回采工作面范围内此砾岩、砂砾岩层分布特点：东部及西部赋存较薄、局部沉缺，中部赋存较厚。16-1煤层上部为16煤层顶板砾岩、砂砾岩含水岩组（Ⅱ含水层），该含水层富水性中等，两含水层之间的隔水层为16-1煤层顶、底板泥岩、粉砂岩，厚度分布不均匀；该含水层在回采工作面分布较广，厚度较大，回采工作面开切眼往西300.0 m范围内工作面煤层顶板距Ⅱ含水层77.0～85.0 m，300 m再往西至设计终采线工作面煤层顶板距Ⅱ含水层85.0～142.0 m。

　　2. 示范工作面基本参数

　　以敏东一矿Ⅰ0116³00回采工作面为例，工作面走向2600 m，斜长240 m，煤层倾角在2°～6°，工作面埋深348～434 m；巷道掘进过程中共揭露6条非导水性断层，没有把煤层断开。

　　由地勘钻孔绘制的Ⅰ0116³00回采工作面水文地质剖面（图12-38）表明，工作面Ⅲ号含水位于16-3煤层直接顶板到16-1煤层之间，根据钻孔揭露，回采工作面范围内此砾岩、砂砾岩层分布特点：东部及西部赋存较薄、局部缺失，中部赋存较厚。16-1煤层上部为16煤层顶板砾岩、砂砾岩含水岩组（Ⅱ号含水层），两含水层之间的隔水层为16-1煤层顶、底板泥岩、粉砂岩，厚度分布不均匀；该含水层在回采工作面分布较广，厚度较大，回采工作面开切眼往沿推进方向300 m范围内工作面煤层顶板距Ⅱ号含水层77～85 m，300 m至终采线范围内煤层顶板距Ⅱ号含水层85～142 m。

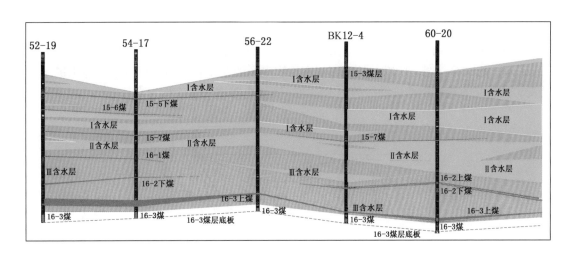

图12-38　Ⅰ0116³00回采工作面水文地质剖面

四、并行电法三维空间精准探查

（一）探测任务

　　Ⅰ0116³00工作面在回采过程中，出现顶板出水现象，为保证Ⅰ0116³00的安全开采，需要查明后面工作面顶板岩层的富水性、裂隙含水情况。为此，本次探测确定采用地球物理勘探手段查明工作面开采范围内顶板岩层富水情况，为工作面安全高效开采提供有效的水文地质依据。

本次勘探，结合现场条件，采用网络并行电法技术、巷孔瞬变电磁技术进行煤层顶板富水性探测，完成以下任务：

（1）精细探查 Ⅰ0116³00 工作面煤层顶板 150 m 范围内Ⅲ含、Ⅱ含的富水性分布情况；

（2）探查 Ⅰ0116³00 工作面顶板上 150 m 范围内Ⅱ含与Ⅲ含的连通情况。

（二）并行电法探测技术原理

1. 并行电法探测的物性基础

因测区内地层沉积序列清晰，地层相对稳定，正常地层组合条件下，在横向与纵向上都有固定的变化规律等地层电性特点，使用并行电法技术能探测工作面顶板、底板中平面上的低阻含水构造分布规律，同时可以发现垂直于地层方向上不同深度的地质构造问题。

并行电法工作面内及底板岩层内的富水区，通常表现为低电阻率值区。工作面内的较大落差断层（大于1/2煤厚），在断层两侧常存在煤层变薄现象，电阻率相对变低；而厚层煤区则表现为相对高的电阻率。因此，富水区范围和煤层变薄区等与正常煤层间存在明显的电性差异，可以进行电法探测查明相关问题。

总之，一旦存在断层等含水地质构造，都将打破地层电性在纵向和横向上的变化规律。这种变化特征的存在，为以电性差异为应用物理基础的并行电法探测技术的实施提供了良好的地球物理前提。

2. 直流电法基本原理

将直流电源的两端通过埋设地下的 2 个电极 A、B 向大地供电，在地面以下的导电半空间建立起稳定电场（图 12-39）。该稳定电场的分布状态决定于地下不同电阻率的岩层（或矿体）的赋存状态。所以，从地面观察稳定电场的变化和分布，可以了解地下的地质情况，这就是直流电阻率法勘探的基本原理。直流电阻率法常简称为直流电法。

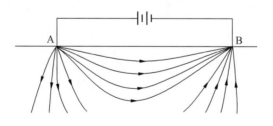

图 12-39 地下稳定电流场装置

为测定均匀大地的电阻率，通常在大地表面布置对称 4 极装置，即 2 个供电电极 A、B，2 个测量电极 M、N，如图 12-40 所示。

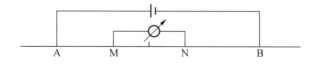

图 12-40 对称 4 极装置

当通过供电电极 A、B 向地下发送电流 I 时，就在地下电阻率为 ρ 的均匀半空间建立起稳定的电场。在 MN 处观测电位差 ΔU_{MN} 大小。均匀大地电阻率计算表达式为

$$\rho = \frac{2\pi}{\dfrac{1}{AM} - \dfrac{1}{BM} - \dfrac{1}{AN} + \dfrac{1}{BN}} \cdot \frac{\Delta U_{MN}}{I} = K \frac{\Delta U_{MN}}{I} \qquad (12-9)$$

其中，$K = \dfrac{2\pi}{\dfrac{1}{AM} - \dfrac{1}{BM} - \dfrac{1}{AN} + \dfrac{1}{BN}}$ 称为装置系数，其单位为 m。装置系数 K 的大小仅与供

电电极 A、B 及测量电极 M、N 的相互位置有关。当电极位置固定时，K 值即可确定。

在均匀各向同性的介质中，不论布极形式如何，根据测量结果，计算出的电阻率始终等于介质的真电阻率 ρ。这是由于布极形式的改变，可使 K 值和 I 及 ΔU_{MN} 也作相应地改变，而 ρ 保持不变。在实际工作中，常遇到的地电断面一般是不均匀和比较复杂的。当仍用 4 极装置进行电法勘探时，将不均匀的地电断面以等效均匀断面来替代，故仍然套用式 (12-10) 计算地下介质的电阻率。这样得到的电阻率不等于某一岩层的真电阻率，而是该电场分布范围内，各种岩石电阻率综合影响的结果，称之为视电阻率，并用 ρ_s 符号表示。因此视电阻率法中视电阻率最基本的计算式为

$$\rho_s = K \frac{\Delta U_{MN}}{I} \qquad (12-10)$$

视电阻率法是根据所测视电阻率的变化特点和规律发现和了解地下的电性不均匀体，揭示不同地电断面的情况，从而达到探查导水构造的目的。

3. 工作面顶板三维电阻率成像方法

电阻率三维反问题的一般形式可表示为

$$\Delta d = G \Delta m \qquad (12-11)$$

式中　　G——Jacobi 矩阵；

　　　　Δd——观测数据 d 和正演理论值 d_0 的残差向量；

　　　　Δm——初始模型 m 的修改向量。

对于三维问题，将模型剖分成三维网格，反演要求参数就是各网格单元内的电导率值，三维反演的观测数据则是测量的单极 – 单极电位值或单极 – 偶极电位差值。由于它们变化范围大，一般用对数来标定反演数据及模型参数，有利于改善反演的稳定性。由于反演参数太多，传统的阻尼最小二乘反演往往导致过于复杂的模型，即产生所谓多余构造，它是数据本身所不要求的或是不可分辨的构造信息，给解释带来困难。Sasaki 在最小二乘准则中加入光滑约束，反演求得光滑模型，提高了解的稳定性。其求解模型修改量 Δm 的算法为

$$(G^T G + \lambda C^T C) \Delta m = G^T \Delta d \qquad (12-12)$$

式中　　C——模型光滑矩阵。

通过求解 Jacobi 矩阵 G 及大型矩阵逆的计算，求取各三维网格电性数据。

并行电法仪采集的数据为全电场空间电位值，保持电位测量的同步性，避免了不同时间测量数据的干扰问题（图 12-41）。该数据体特别适合于采用全空间三维电阻率反演技术。通过在工作面风巷和机巷中联合布置电法测线，由于具有较大的平面展布范围，特别

适合环工作面电阻率成像来得到工作面间的电性分布情况，采用并行电法仪观测不同位置不同标高的电位变化情况，通过三维电法反演得出工作面内及其底板不同深度的电阻率分布情况，从而给出客观的地质解释。

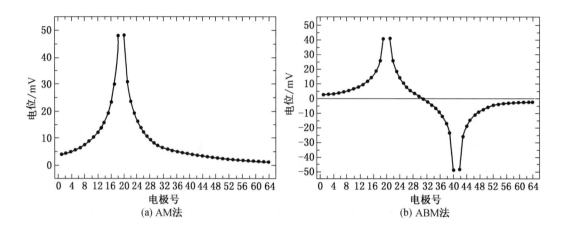

图12-41 网络并行电法采集电位

（三）0116³00工作面顶板富水性探测

1. 技术难点

工作面顶板电法探测与工作面底板电法探测基本原理相同，均以电性差异为物理基础的电法探测技术。由于煤层电阻率极高，当巷道沿底掘进时，对于底板探测可将煤层作为屏蔽层，将电极布置在底板，此时产生的电阻率差异均由底板的物性差异引起；与工作面底板探测相同，对于工作面顶板探测同样需要将电极布置在直接顶上才能更好地反映底板的物性变化。由于是厚煤层，需要采取措施将电极尽量布置在直接顶上；同时由于巷道周边存在松动圈，还需考虑电极与顶板或者煤层的耦合问题（图12-42）。基于以上，采用打孔塞泥的耦合方式布置电极。

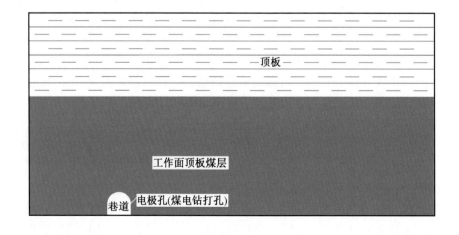

图12-42 电极耦合孔施工

2. 现场布置及数据采集

1) 现场布置

在 Ⅰ0116³00 工作面回风巷、运输巷和联络巷组成的 H 型巷道顶板布置测线，矿方按照电极孔施工，安装要求在侧帮施工电极孔，孔距（电极距）10 m，孔深 1.3 m，采用炮泥耦合的方式，将电极与孔壁进行耦合。

整套探测系统，共计 184 个电极，完全覆盖探测区域，可以一次性采集全空间电场电位值，保持了电位测量的同步性，避免不同时间测量数据的干扰问题，达到全空间三维探测的目的。为方便后期数据处理，建立三维直角坐标系如图 12 – 43 所示，Z 轴向上为正。

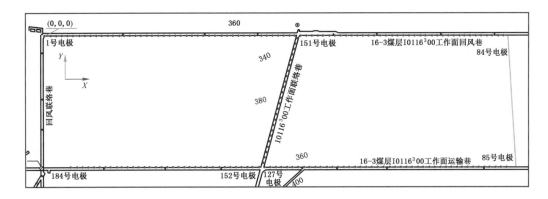

图 12 – 43　电极平面布置

2) 数据采集

本次三维电法探测采用 YBD11 矿用网络并行电法仪，主要使用的仪器设备有（图 12 – 44）：①仪器：YBD11 矿用网络并行电法仪主机 1 台；②电极：184 个；③采集基站：15 台；④采集大线 16 根。

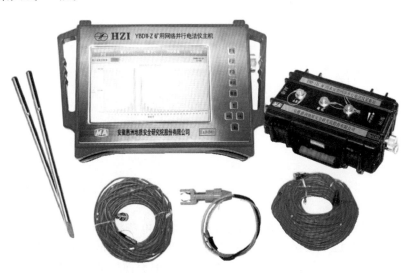

图 12 – 44　并行电法采集系统实物

3）工作量统计

（1）电极孔施工采用 10 m 极距电极距，整个电法勘探系施工 184 个电极孔、炮泥量，按照 32 mm 煤电钻计算，计 0.4 m³ 泥。

（2）观测系统共布置 184 个探测电极，测线总长度 1840 m。

（3）系统布置完成后，进行数据采集，耗时 75 min。

（4）现场数据采集完成后，由乙方负责按要求对数据进行相关处理，形成探测成果报告。

3. 数据质量评述

现场数据严格按照《中华人民共和国能源行业标准煤矿并行电法数据采集方法》进行采集，对数据全部进行了复测，复测结果基本相同。每站数据采集采用 AM 法，各采用 0.5 s 和 0.2 s 恒流供电方波采集数据 1 次，以校验电阻率数据采集的可靠性。经数据解编表明，2 次采集数据电阻率基本一致，符合电法数据采集行业标准，原始数据质量可靠。

4. 数据处理

1）电极坐标系建立

以 16-3 煤层 I0116³00 工作面回风巷与回风联络巷作为坐标点（0，0，312），正北为 $Y+$ 方向，正东为 $X+$ 方向，$Z+$ 方向垂直向上（图 12-45），对 184 个电极进行坐标编录见表 12-29。

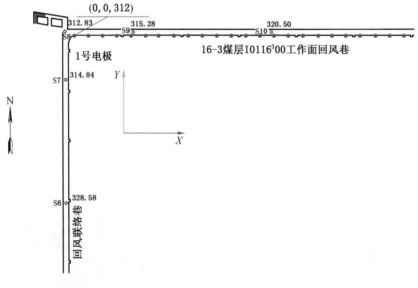

图 12-45 坐标系统示意

2）原始数据处理

（1）电流数据处理。本次探测采用环工作面并行电法探测技术，所有测站采用串联的方式进行连接（图 12-46），对于"H"形布置形式，为满足测站之间的串联关系，需在工作面布置 2 条连接线（连接线③、连接线⑥）。根据现场编录情况，对电流数据进行预处理（图 12-47），删除 56 个空道（连接线③4 道，连接线⑥22 道），电流过小 7 个通道，采集电压异常通道 9 道，最终有效通道共计 168 道。

表12-29　电极的三维坐标

序号	X	Y	Z	序号	X	Y	Z	序号	X	Y	Z	序号	X	Y	Z
1	0	0	312	37	355	0	337	73	711	0	335	109	560	-235	364
2	10	0	313	38	365	0	338	74	721	0	334	110	550	-235	364
3	20	0	314	39	375	0	338	75	731	0	334	111	540	-235	364
4	30	0	314	40	385	0	338	76	741	0	334	112	530	-235	365
5	40	0	315	41	395	0	338	77	751	0	334	113	520	-235	365
6	50	0	316	42	405	0	338	78	761	0	333	114	510	-235	365
7	60	0	316	43	415	0	338	79	771	0	333	115	500	-235	365
8	70	0	317	44	425	0	338	80	781	0	333	116	490	-235	365
9	80	0	317	45	435	0	338	81	791	0	333	117	480	-235	365
10	90	0	318	46	445	0	339	82	801	0	332	118	470	-235	364
11	100	0	318	47	451	0	339	83	811	0	332	119	460	-235	364
12	110	0	319	48	461	0	339	84	821	0	343	120	450	-235	364
13	120	0	319	49	471	0	339	85	800	-235	353	121	440	-235	363
14	130	0	320	50	481	0	339	86	790	-235	354	122	430	-235	363
15	140	0	320	51	491	0	339	87	780	-235	355	123	420	-235	362
16	150	0	321	52	501	0	339	88	770	-235	357	124	410	-235	362
17	160	0	322	53	511	0	339	89	760	-235	358	125	400	-235	361
18	170	0	323	54	521	0	339	90	750	-235	359	126	390	-235	361
19	180	0	324	55	531	0	338	91	740	-235	359	127	385	-235	360
20	190	0	325	56	541	0	338	92	730	-235	360	128	388.6	-224.2	360
21	200	0	326	57	551	0	338	93	720	-235	360	129	391.3	-214.5	359
22	210	0	327	58	561	0	338	94	710	-235	360	130	393.9	-205	359
23	220	0	327	59	571	0	337	95	700	-235	360	131	396.5	-195.5	358
24	230	0	328	60	581	0	337	96	690	-235	361	132	399	-185.7	358
25	240	0	329	61	591	0	337	97	680	-235	361	133	401.6	-176	357
26	250	0	330	62	601	0	337	98	670	-235	361	134	404.2	-166.5	357
27	260	0	331	63	611	0	336	99	660	-235	362	135	406.8	-156.8	356
28	270	0	332	64	621	0	336	100	650	-235	362	136	409.4	-147	356
29	275	0	333	65	631	0	336	101	640	-235	362	137	412	-137.5	355
30	285	0	334	66	641	0	336	102	630	-235	363	138	414.7	-127.8	355
31	295	0	334	67	651	0	336	103	620	-235	363	139	417.3	-118.2	354
32	305	0	335	68	661	0	336	104	610	-235	363	140	419.9	-108.5	354
33	315	0	335	69	671	0	335	105	600	-235	363	141	422.5	-98.9	353
34	325	0	336	70	681	0	335	106	590	-235	364	142	423.8	-94	352
35	335	0	336	71	691	0	335	107	580	-235	364	143	426.4	-84.2	351
36	345	0	337	72	701	0	335	108	570	-235	364	144	429.1	-74.8	350

表 12-29（续）

序号	X	Y	Z	序号	X	Y	Z	序号	X	Y	Z	序号	X	Y	Z
145	431.7	-65.1	350	155	337	-235	351	165	237	-235	352	175	137	-235	344
146	434.4	-55.4	349	156	327	-235	352	166	227	-235	351	176	127	-235	344
147	436.9	-45.9	348	157	317	-235	353	167	217	-235	350	177	117	-235	343
148	439.2	-36.9	347	158	307	-235	354	168	207	-235	349	178	107	-235	342
149	441.8	-27.3	346	159	297	-235	355	169	197	-235	348	179	97	-235	342
150	443	-22.4	345	160	287	-235	356	170	187	-235	347	180	87	-235	341
151	445.5	-12.7	346	161	277	-235	355	171	177	-235	346	181	77	-235	341
152	367	-235	347	162	267	-235	354	172	167	-235	346	182	67	-235	340
153	357	-235	348	163	257	-235	353	173	157	-235	345	183	57	-235	340
154	347	-235	349	164	247	-235	352	174	147	-235	345	184	47	-235	339

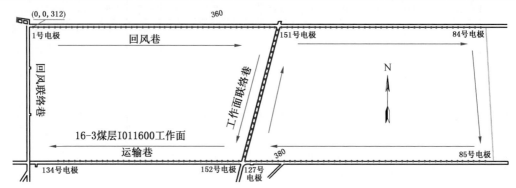

图 12-46 连接站间的串联顺序

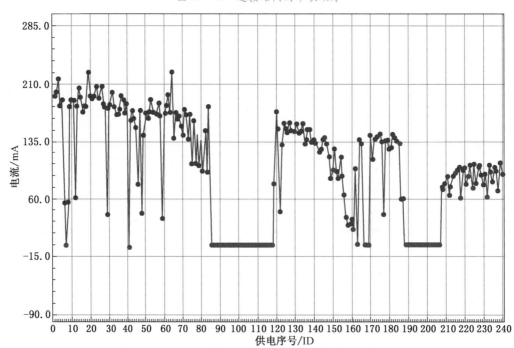

图 12-47 原始数据电流

（2）电压数据处理。由于采用 AM 法进行数据采集，按照理论电位曲线形态对采集到的数据进行筛选、校正，以 41 号电极供电电位曲线为例，如图 12 - 48 所示。

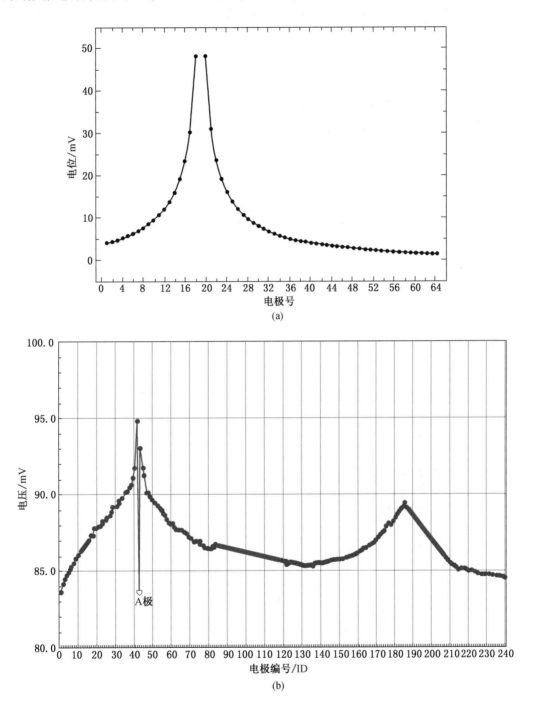

图 12 - 48　41 号电极供电电位曲线

3）数据反演

将预处理数据导入 AGI – Earth Imager 3D 进行三维数据反演，进行数据统计，其界面如图 12 –49 所示。由于采用 Cross – Borehole ERT 方式进行反演计算，允许有负电阻率参与计算，最终有 3.6% 的数据不参与计算。

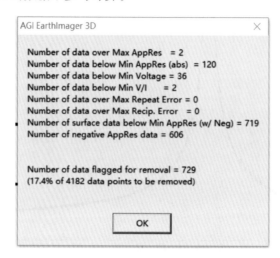

图 12 –49　参与计算视电阻率分布数据统计

设置反演参数进行计算，反演参数设置界面如图 12 –50 所示。

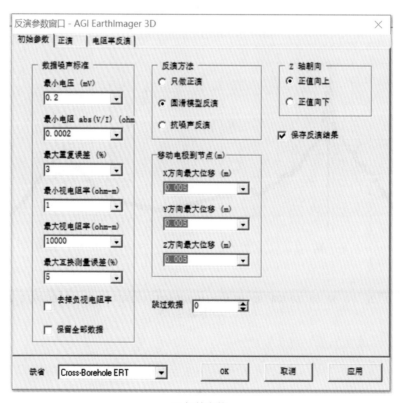

(a) 初始参数

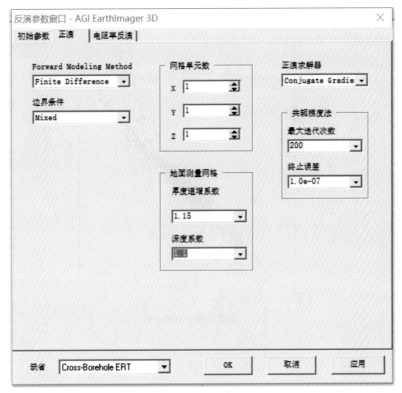

(b) 正演参数

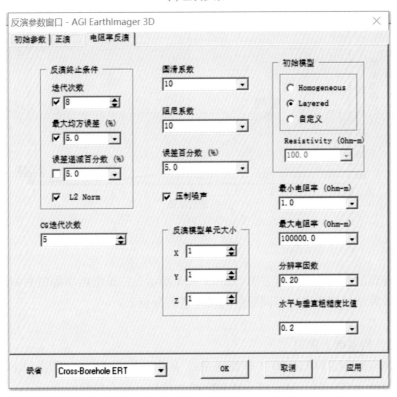

(c) 反演参数

图 12-50　反演参数设置界面

经过 5 次迭加计算，最大 RMS（均方）误差 29.1%，L2 范数 32.9，完成计算（图 12 - 51），数据拟合点分布如图 12 - 52 所示。

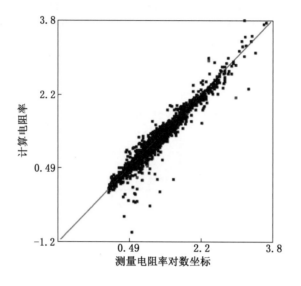

图 12 - 51 电阻率反演参数

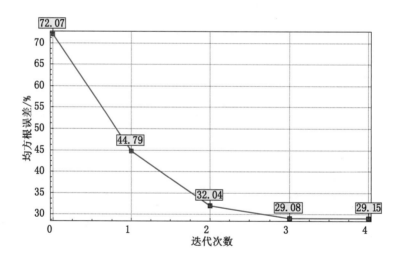

图 12 - 52 数据拟合点分布

经计算得到的电阻率拟合直方图如图 12 - 53 所示，三维电阻率等值面如图 12 - 54 所示，精确的计算结果需要进行不同层位的切面进行分析。

5. 数据分析

1）数据分析基础、依据

依据《16 - 3 煤层 I 0116³00 工作面回采地质说明书》、16 - 3 煤层 I 0116³00 工作面水文地质剖面图及 52 - 19、54 - 17、56 - 22 号地质钻孔综合柱状图分析：

（1）在本次物探区域的东部，54 - 17 钻孔揭露煤层顶板上 78.8 m 处赋存一层 4.40 m

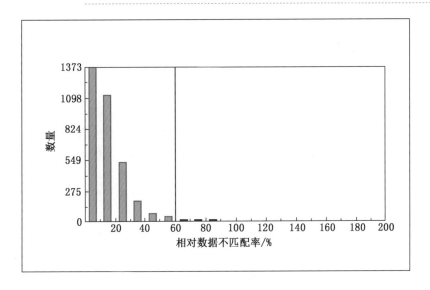

图 12 - 53　电阻率拟合直方图

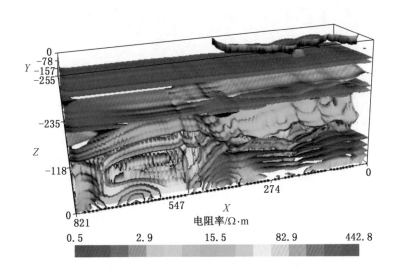

图 12 - 54　三维电阻率等值面

厚的中砾岩，胶结性较差，具备富水条件；在本次物探区域的西部，52 - 19 钻孔揭露煤层顶板上 92.0 m 处赋存一层 6.45 m 厚的中砾岩，胶结性较差，泥质胶结、松散，砾径最大 5 cm，具备富水条件；另外煤层顶板与 Ⅱ 含水层间有细砂岩岩层，细砂岩层如胶结性差和补给水源，将具备弱富水条件（详见图 12 - 38）。通过与测井曲线对比分析，中砾岩岩层在电性显示为高电阻率值含水层。

（2）Ⅲ 含水层上部为粉砂岩、泥岩和薄煤层互层的隔水层，厚度为 46.00 m，通过与测井曲线对比分析，此隔水层在电性显示为低电阻率隔水层。

（3）16 煤层顶板砾岩、砂砾岩含水岩组（Ⅱ 含水层），厚度为 21.50 m，岩性为中砾岩，富水性、渗透性较好，具备富水条件，通过与测井曲线对比分析，此含水层在电性显示为高电阻率值含水层。

综上所述，通过对 16 - 3 煤层 I 0116³00 工作面顶板岩性的电性分析，得到 16 煤层顶板中砾岩含水层（Ⅲ含水层）在电性上显示为高电阻率值，且Ⅱ含水层电阻率大于Ⅲ含水层电阻。

2）数据分析

根据工作面采掘工程平面图，I 0116³00 工作面联络巷位于向斜核部，将工作面分为左右 2 部分，对反演视电阻率图像进行进一步处理后，沿 X - Y 面进行切片，有针对性地选取进行分析。

（1）工作面顶板 50 m 范围内，电阻率呈层状、均匀分布，自顶板往上逐层增大，没有明显的高、低阻异常，如图 12 - 55 所示。

（2）工作面顶板 50 ~ 100 m 范围内，自顶板上方 60 m 处电阻率的连续性在向斜核部断开。根据 16 - 3 煤层顶板往上 85.35 m 处揭露中砾岩含水层为高电阻率值含水层，判断顶板 60 m 处并未到达含水层底，圈定Ⅲ含水层范围，如图 12 - 56 所示。

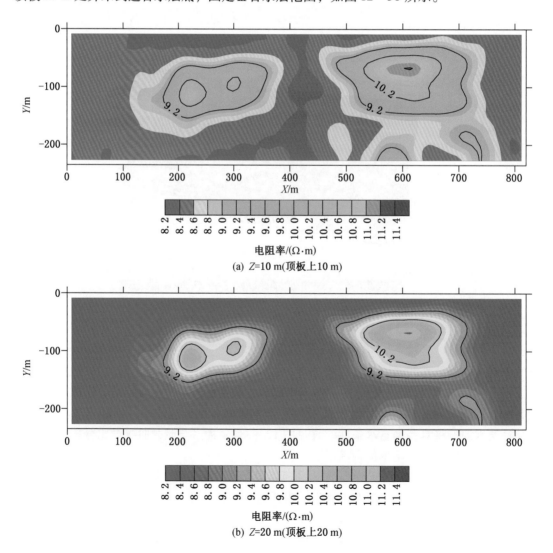

(a) Z=10 m(顶板上10 m)

(b) Z=20 m(顶板上20 m)

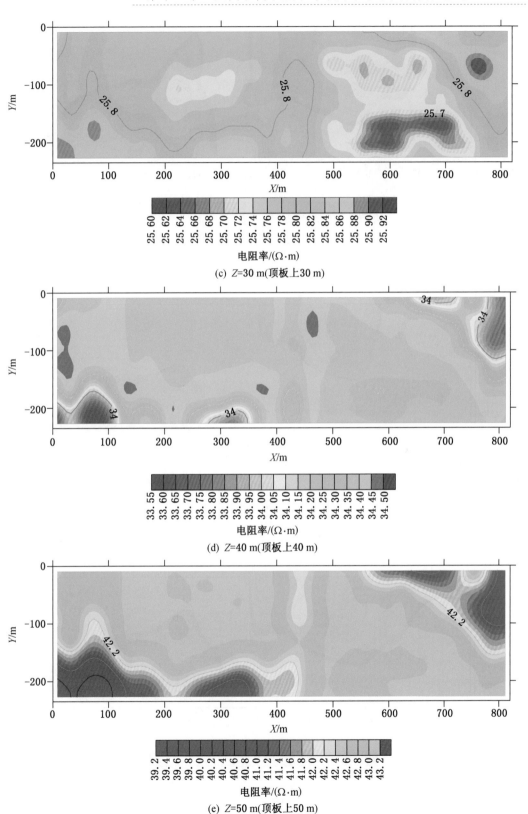

图 12−55　Ⅰ0116³00 工作面顶板 50 m 范围内电阻率分布情况

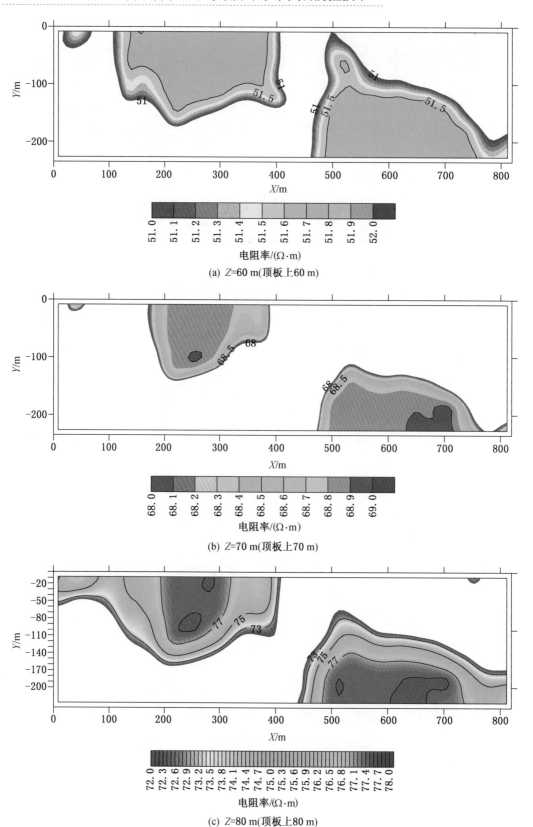

(a) $Z=60$ m(顶板上60 m)

(b) $Z=70$ m(顶板上70 m)

(c) $Z=80$ m(顶板上80 m)

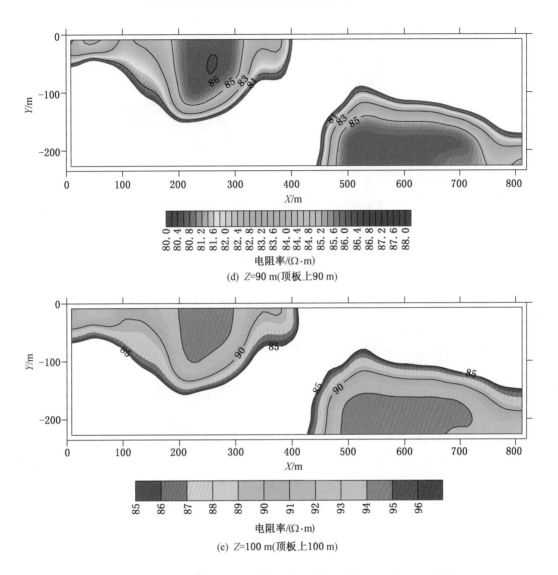

(d) Z=90 m(顶板上90 m)

(e) Z=100 m(顶板上100 m)

图 12-56　Ⅰ0116³00 工作面顶板上 50～100 m 范围内电阻率分布情况

（3）工作面顶板 110 m 范围内，向斜核部上方电阻率数据恢复均匀分布为两含水层之间的隔水层为 16-1 煤层顶底板泥岩、粉砂岩，厚度分布不均匀，如图 12-57 所示。

（4）工作面顶板 110～150 m 范围内，电阻率的连续性在向斜核部断开，根据 16 煤层顶板砾岩、砂砾岩含水岩组（Ⅱ含水层），富水性、渗透性较好，具备富水条件，为高电阻率值含水层。通过与测井曲线对比分析，Ⅱ含水层电阻率值较Ⅲ含水层电阻率高出 50% 以上，圈定Ⅱ含水层范围如图 12-58 所示。

（四）精细探测结论及建议

1. 结论

通过对Ⅰ0116³00 工作面进行三维并行电法探查，得到以下结论：

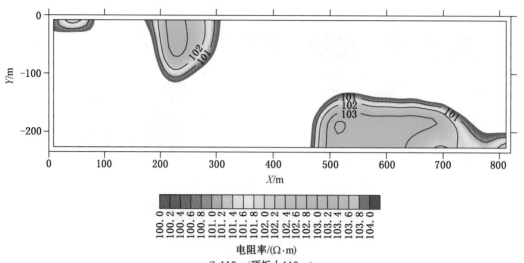

$Z=110\ m(顶板上110\ m)$

图 12 – 57 Ⅰ0116³00 工作面顶板上 110 m 处电阻率分布

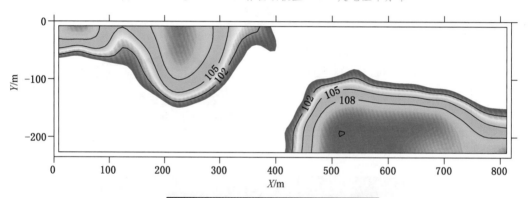

(a) $Z=120\ m(顶板上120\ m)$

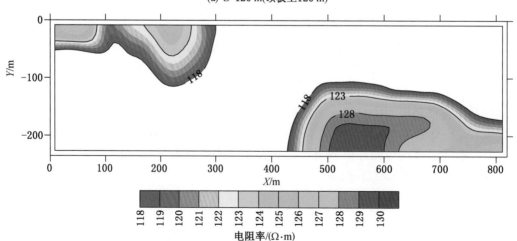

(b) $Z=130\ m(顶板上130\ m)$

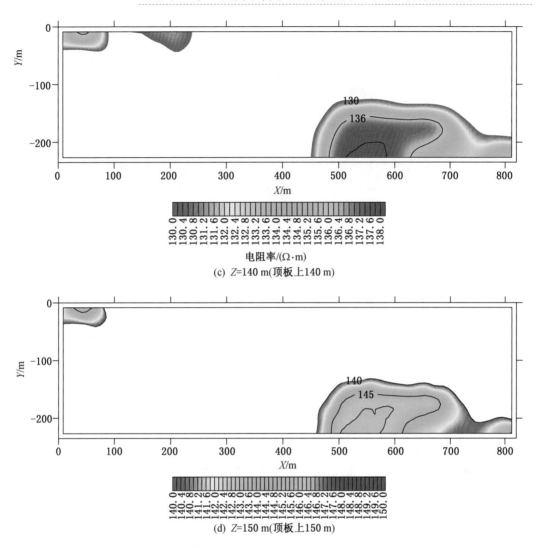

(c) $Z=140$ m(顶板上140 m)

(d) $Z=150$ m(顶板上150 m)

图 12 − 58　Ⅰ0116³00 工作面顶板上 110 ~ 150 m 范围内电阻率分布

（1）通过对 16 − 3 煤层Ⅰ0116³00 工作面顶板岩性的电性分析得到，16 煤层顶板中砾岩含水层在电性上显示为高电阻率值，且Ⅱ含水层电阻率大于Ⅲ含水层电阻，与测井曲线相一致。

（2）Ⅰ0116³00 工作面顶板岩性从煤层顶板向上电阻率值逐步增高。

（3）50 m 以内电阻率值分布均匀且较小，分析判断为岩性稳定，富水性较弱。

（4）工作面顶板 50 ~ 100 m 范围内，自顶板上方 60 m 处电阻率的连续性在向斜核部断开，根据 16 − 3 煤层顶板往上 92.0 m 处揭露中砾岩含水层为高电阻率值含水层，判断顶板 60 m 处并未到达含水层底。

工作面煤层顶板上 70 ~ 100 m 范围内，在工作面靠近回风巷的西部、原回风联络巷往东 180 ~ 320 m 范围，在工作面靠近运输巷的东部、原回风联络巷往东 480 ~ 740 m 范围，出现电阻值逐步增大且变化较大现象，电阻率显示异常，该段地层属Ⅲ含水层范围，分析这两个异常区为疑似富水区域，如图 12 − 59 所示。

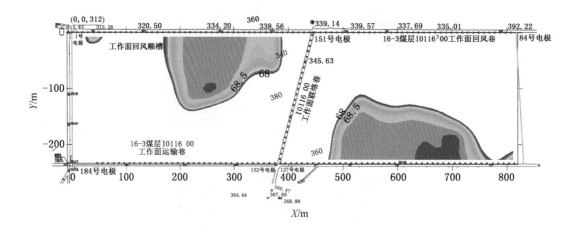

图 12-59　Ⅰ0116³00 工作面顶板上 70～100 m 范围内电阻率分布情况

（5）Ⅰ0116³00 工作面顶板含水层，在工作面向斜分为左右两侧，不连通。

（6）工作面顶板 110 m 范围内，向斜核部上方电阻率数据恢复均匀分布为两含水层之间的隔水层为 16-1 煤层顶、底板泥岩、粉砂岩，厚度分布不均匀。

（7）工作面顶板 120～150 m 范围内，电阻率的连续性在向斜核部断开，根据Ⅰ0116³00 工作面水文地质剖面图，该区域 16 煤层顶板与Ⅱ含水层底板间距 136 m，Ⅱ含水层富水性、渗透性较好，具备富水条件，为高电阻率值含水层。

另通过与测井曲线对比分析，Ⅱ含水层电阻率值较Ⅲ含水层电阻率高出 50% 以上。

工作面煤层顶板上 120～140 m 范围内，在工作面靠近回风巷的西部、原回风联络巷往东 50 m、220 m 附近，在工作面靠近运输巷的东部、原回风联络巷往东 500～750 m 范围，出现电阻值逐步增大且变化较大现象，电阻率显示异常，该段地层属Ⅲ含水层顶部与Ⅱ含水层底部范围，分析这两个异常区为疑似富水区，如图 12-60 所示。

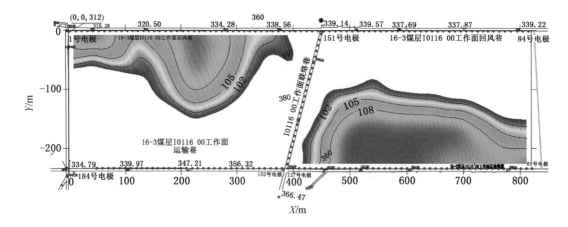

图 12-60　Ⅰ0116³00 工作面顶板上 120～140 m 范围内电阻率分布情况

2. 建议

由于直流电法具有全空间效应，对于煤矿电法勘探以煤层作为高阻屏蔽层将电极布置于直接底板或直接顶板，可有针对性地对顶、底板进行探测。Ⅰ0116³00 采煤工作面平均煤厚 12 m 以上，难以将电极布置在直接顶板上，采用风钻打孔使减小电极与直接顶板之间的距离达到减少底板异常的影响。针对此次物探成果建议矿方对圈定含水疑似区域进行钻探验证，并按照《煤矿防治水细则》探放水钻孔要求进行设计施工。钻孔施工过程中利用轨迹测量及巷孔瞬变或巷巷瞬变技术进行探测。

（五）钻探精准验证

对回采工作面两巷加密钻探。基于地质勘探钻孔和物探成果，在工作面开采前需要对导水裂隙带波及的含水层进行精细探查和预处理。由于Ⅲ号含水层涌水量有限，处于导水裂隙带中下部的剧烈破坏区，含泥砂量大，若不进行预疏放，放顶煤开采过程中出现突水 – 溃砂，造成抽冒，从而导致Ⅱ号含水层破断进而致灾。Ⅱ号含水层距离处于导水裂隙带的上部，在开采过程中有 2 种情况与裂隙导通：一种是Ⅲ号含水层的抽冒，最终导通Ⅱ号含水层；另一种是煤厚不均，覆岩破坏高度异常增大，直接导通Ⅱ号含水层而导致突水。通过加密布置钻孔，疏放Ⅲ号含水层，探明Ⅱ号含水层更为详细的水文地质信息，并根据物探结果对疑似富水区进行钻探验证，钻孔以 50 m 间距沿工作面两巷布置，进一步探明了Ⅲ号含水层不连续透镜体的分布，获取了工作面不同区段煤层与Ⅱ号、Ⅲ号含水层的空间地层结构，精准钻探修正后的地质剖面如图 12 – 61 所示。

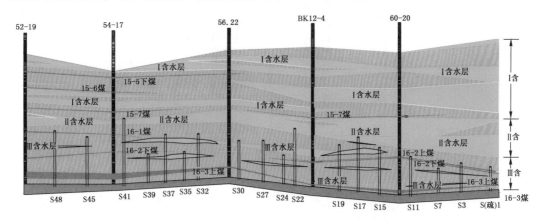

图 12 – 61　Ⅰ0116³00 工作面精准钻探地质剖面

采煤工作面物探异常区钻探验证，如图 12 – 62 所示。工作面回风巷距开切眼 480 m、运输巷距开切眼 740 m，煤层顶板上 70 ~ 100 m 范围电阻率显示异常，该段地层属Ⅲ含水层范围，施工了 E83、E81 号验证钻孔，孔深为 95.00 m、110.20 m，钻进方向为垂直巷道顶板向上。E83 号钻孔成功疏放了Ⅲ含水层水，E81 号钻孔终孔为粉砂岩、粉砂质泥岩，判断不具备富水条件；针对Ⅰ0116³00 采煤工作面运输巷异常"疑似富水区域"，在运输巷施工 E80 号验证钻孔，孔深为 87.4 m，钻进方向为垂直巷道顶板向上，成功疏放了Ⅲ含水层水；7 号孔是放水钻孔，孔深 144 m，钻进方向为垂直巷道顶板向上施工，该段地层属Ⅱ含底部范围"疑似富水区域"，终孔为 11.5 m 粉砂质泥岩，6.5 m 中砾岩，出水量较小，疑似富水区得到验证。

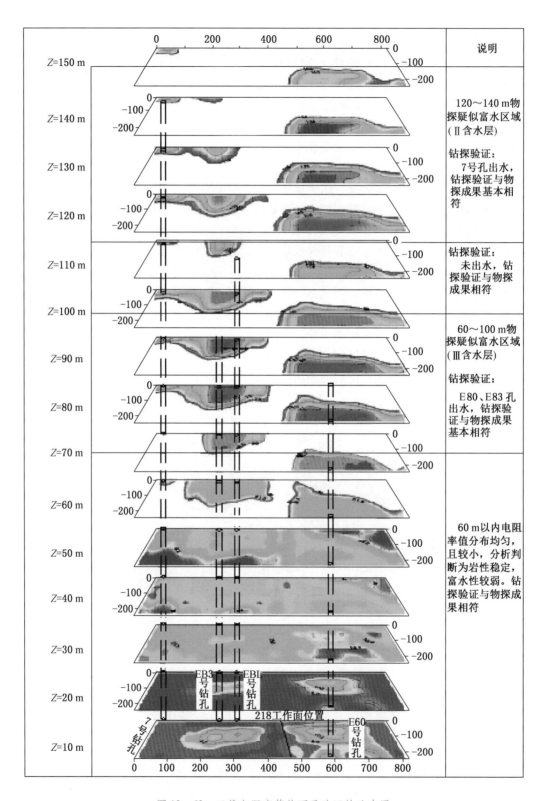

图 12-62 三维电阻率等值面及验证钻孔布置

五、覆岩破坏高度获取与动态调整

采用回归公式、数值模拟和相似材料模拟等间接方法，对覆岩破坏高度发育高度进行预计研究，并实测对比。

（1）经验回归公式预计。根据华北矿区 40 余个综放开采工作面覆岩"两带"高度实测值，采用数理统计回归分析的方法得出软弱覆岩导水裂隙带最大高度常用经验公式：

$$H_{li} = \frac{100 \sum M}{-0.33 \sum M + 10.81} \pm 6.99 \qquad (12-13)$$

式（12-13）适用采放高度 $M = 3.5 \sim 12$ m，取煤层开采厚度 12 m，裂采比为 12.09，比实测裂采比 10.88 偏大。

（2）数值模拟方法预计。选取煤厚 8 m、12 m、16 m 和相应的岩石力学参数，采用 $FLAC^{3D}$ 数值模拟计算结果见表 12-30，比实际偏大。

表 12-30 覆岩破坏高度数值模拟计算结果

煤层开采厚度/m	二 维 数 值 模 拟				三 维 数 值 模 拟			
	垮落带最大发育高度/m	垮采比	导水裂隙带最大发育高度/m	裂采比	垮落带最大发育高度/m	垮采比	导水裂隙带最大发育高度/m	裂采比
8	35.20	4.40	86.00	10.75	35.40	4.43	88.00	11.00
12	53.50	4.46	137.50	11.46	54.30	4.53	134.50	11.21
16	73.50	4.59	191.20	11.95	75.00	4.69	181.20	11.33

（3）相似材料模拟方法预计。以"两带"高度实测工作面为原型，选取模拟地层的总厚度、煤层覆岩厚度、煤厚、开采的速度。根据相似条件，装填砾石与 16-3 煤层之间的岩层，而砾石等上覆岩层则以荷载的形式实现。导水裂隙带发育高度变化稳定，裂采比约为 10.79，接近实测裂采比。

（4）基于现场实测、数值模拟、相似材料模拟、经验回归公式等方法确定的导水裂隙带高度及裂采比统计见表 12-31。现场放煤试验按裂采比 10.88，另外增加 10 m 安全高度，设计采放煤层高度，电-震监测的导水裂隙带高度数值对现场实时修正。

表 12-31 覆岩破坏高度综合研究成果

覆岩破坏高度指标	方 法				
	现场实测	数值模拟		相似材料模拟	经验公式
		二维	三维		
裂采比	10.88	10.75	11	10.79	12.09

六、煤层采放高度设计与修正技术应用

结合应用工作面实际，应用裂采比 10.88 计算煤层采放高度，探查上覆岩层安全高度

设计工作面两巷。本工作面原回风联络巷往东 220 m 的位置，Ⅱ号含水层底部属富水异常区，煤层顶板距离Ⅱ含水层底板只有 132 m，设计并留设工作面底煤以控制放顶高度，工作面采高控制在 12 m 以内，导水裂隙带高度小于 132.0 m；在工作面靠近运输巷 600 m 的位置，煤层顶板上 120~140 m 范围内，出现电阻值逐步增大且变化较大现象，电阻率显示异常，该段地层属Ⅱ号含水层底部异常区，因运输巷输送带影响，无法在该位置施工验证孔，工作面在该区域回采时，参考应用监测数值，采高在 12 m 上下实时调控，安全通过物探的"疑似富水区域"。试验工作面通过预疏放Ⅲ号含水层，精准放煤以控制覆岩破坏高度不导通Ⅱ号含水层等措施，在工作面回采过程中实现了复合含水层水砂灾害的安全精准控制，如图 12-63 所示。

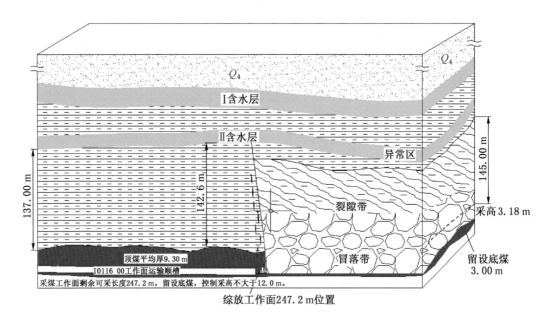

图 12-63 煤层采放高度精准控制与水砂灾害防控模型示意图

第五篇　水害评价与防治标准研发与应用

第十三章　矿井水文地质类型
划分标准研发与应用

第一节　矿井水文地质类型划分标准研发

矿井水文地质类型划分标准规定了国家能源投资集团有限责任公司下属煤矿编制矿井水文地质类型划分报告的一般要求。主要内容有：范围、规范性引用文件、术语和定义、总则、基本规定、类型划分标准的释义及附录等。部分简要介绍如下。

一、矿井水文地质类型划分原则

矿井水文地质类型分类的原则：分类以矿井防治水工作为目的，考虑与矿井地质勘探工作相结合；分类要全面考虑矿井充水诸因素的影响，要突出其中主要因素的作用；分类应符合我国的实际情况，反映近年来煤矿水害事故发生的特点以及在防治水工作中的经验教训，力求简单明了，便于实际应用。

本类型划分所考虑的各种因素（指标）具有同等地位，并且为了煤矿生产安全，类型划分采用就高不就低的原则。例如，根据矿井及其周边采空区水分布状况，某矿井应为极复杂类型，但其他指标均未达到极复杂类型要求，采用就高不就低的原则，将该矿井定为水文地质条件极复杂类型矿井；同理，在单位涌水量 q、矿井涌水量 Q_1、Q_2 和突水量 Q_3，以最大值作为分类依据。

同一井田内煤层较多且水文地质条件变化较大时，应分煤层进行矿井水文地质类型划分。例如，华北型煤田，开采上组煤时，矿井可能是水文地质简单或中等类型的，而开采下组煤层则可能是水文地质条件复杂或极复杂的矿井。

二、矿井水文地质类型划分标准详细要求

1. 受采掘破坏或影响的含水层及水体

受采掘破坏或影响的含水层也就是矿井充水的主要含水层。例如，在华北型煤田中开采上组煤层时可能主要是顶板砂岩含水层，而在开采太原组底部煤层时可能是煤层底板奥陶系灰岩含水层和顶板薄层灰岩含水层。单位涌水量 q 是反映充水含水层富水性的重要指标，q 的取值应以井田内主要充水含水层中有代表性的为准。关于单位涌水量 q 的具体的标准计算方法如下：

含水层富水性的等级标准按钻孔单位涌水量（q），含水层富水性分为以下 4 级。

（1）弱富水性：$q \leqslant 0.1\,\mathrm{L/(s \cdot m)}$；

（2）中等富水性：$0.1\,\mathrm{L/(s \cdot m)} < q \leqslant 1.0\,\mathrm{L/(s \cdot m)}$；

（3）强富水性：$1.0 \text{ L/(s·m)} < q \leqslant 5.0 \text{ L/(s·m)}$；

（4）极强富水性：$q > 5.0 \text{ L/(s·m)}$。

评价含水层的富水性时，钻孔单位涌水量以口径 91 mm、抽水水位降深 10 m 为准；若口径、降深与上述不符，应当进行换算后再比较富水性。换算方法：先根据抽水时涌水量 Q 和降深 S 的数据，用最小二乘法或图解法确定 $Q = f(S)$ 曲线，根据 $Q - S$ 曲线确定降深 10 m 时抽水孔的涌水量，再用式（13-1）计算孔径为 91 mm 时的涌水量，最后除以 10 m 便是单位涌水量。

$$Q_{91} = Q\left(\frac{\lg R - \lg r}{\lg R_{91} - \lg r_{91}}\right) \qquad (13-1)$$

式中　Q_{91}、R_{91}、r_{91}——孔径为 91 mm 的钻孔的涌水量、影响半径和钻孔半径；

$\qquad$ Q、R、r——拟换算钻孔的涌水量、影响半径和钻孔半径。

受采掘破坏或影响的含水层及水体划分标准见表 13-1。

表 13-1　受采掘破坏或影响的含水层及水体划分标准

分类依据		类别			
		简单	中等	复杂	极复杂
受采掘破坏或者影响的含水层及水体	含水层（水体）性质及补给条件	为孔隙、裂隙、岩溶含水层，补给条件差，补给来源少或者极少	为孔隙、裂隙、岩溶含水层，补给条件一般，有一定的补给水源	为岩溶含水层、厚层砂砾石含水层、老空水、地表水，其补给条件好，补给水源充沛	为岩溶含水层、老空水、地表水，其补给条件很好，补给来源极其充沛，地表泄水条件差
	单位涌水量 $q/[\text{L·(s·m)}^{-1}]$	$q \leqslant 0.1$	$0.1 < q \leqslant 1.0$	$1.0 < q \leqslant 5.0$	$q > 5.0$

2. 矿井及周边采空区水分布

采空区水包括古井、小窑、矿井采空区及废弃老塘的积水等。我国煤矿开采历史悠久，采空区水分布广泛，对矿井或相邻矿井造成极大威胁，矿井采掘工程一旦揭露或接近，常会造成突水。采空区水一般位置不清，水体几何形状不规则，空间分布无规律，积水位置难于分析判断，突水来势迅猛，破坏性强。采空区水多为酸性水并具有腐蚀性，但也有含有诸如硫化氢等有害气体的采空区水。

采空区水事故约占总水害事故的 80% 以上，因此，在本矿井水文地质类型划分中，采空区水分布状况作为类型划分的一个重要指标。矿井及周边采空区水分布状况划分标准见表 13-2。

3. 矿井涌水量

对于基建矿井，根据水文地质勘探阶段对含水层富水性的探查预计未来 3 年矿井正常涌水量与最大涌水量。对于已投产矿井，应当预测 3 年内的矿井正常涌水量与最大涌水量。矿井涌水量划分见表 13-3。

表 13 - 2　矿井及周边采空区水分布状况划分标准

简　单	中　等	复　杂	极复杂
无采空区积水	位置、范围、积水量清楚	位置、范围或者积水量不清楚	位置、范围、积水量不清楚
矿井 3 年采掘范围内不存在采空区，或在半年内探明采空区水位置并对其进行疏干	矿井 3 年采掘范围内存在采空区积水，有采空区水位置、范围、积水量调查报告及相应图纸，位置、范围、积水量清楚，并采取了专门管控措施	矿井 3 年采掘范围内存在采空区积水，采空区水位置、范围或者积水量不清楚	矿井 3 年采掘范围内存在采空区积水，采空区水位置、范围、积水量都不清楚

表 13 - 3　矿井涌水量划分标准

分类依据		简　单	中　等	复　杂	极复杂
矿井涌水量/$(m^3 \cdot h^{-1})$	正常 Q_1	$Q_1 \leqslant 180$	$180 < Q_1 \leqslant 600$	$600 < Q_1 \leqslant 2100$	$Q_1 > 2100$
	最大 Q_2	$Q_2 \leqslant 300$	$300 < Q_2 \leqslant 1200$	$1200 < Q_2 \leqslant 3000$	$Q_2 > 3000$

4. 突水量

矿井突水量以相同地质条件与采掘条件下的历史最大突水量为准核定。由于矿井突水量是难以预测，采用矿井采掘历史上出现的最大突水量。底板突水量采用底板发生突水时涌水量最大值，顶板突水一般指顶板初始来压或离层水滞后突水的突水量。突水量划分标准见表 13 - 4。

表 13 - 4　突水量划分标准

分类依据	简　单	中　等	复　杂	极复杂
突水量 $Q_3/(m^3 \cdot h^{-1})$	$Q_3 \leqslant 60$	$60 < Q_3 \leqslant 600$	$600 < Q_3 \leqslant 1800$	$Q_3 > 1800$

5. 开采受水害影响程度

开采受水害影响程度划分标准见表 13 - 5。

表 13 - 5　开采受水害影响程度划分标准

分类依据		简　单	中　等	复　杂	极复杂
开采受水害影响程度		采掘工程不受水害影响	矿井偶有突水，采掘工程受水害影响，但不威胁矿井安全	矿井时有突水，采掘工程、矿井安全受水害威胁	矿井突水频繁，采掘工程、矿井安全受水害严重威胁
受水害威胁程度	地表水	无地表水体或采掘不受地表水威胁	位于干旱、半干旱区，导水裂缝带发育到地表，但汛期涌水量变化小	位于湿润或半湿润区，导水裂缝带发育到地表，雨季大气降水、沟谷洪水、季节性河流通过导水裂缝带进入井下，汛期涌水量变化大	常年河流、湖、海下采煤，导水裂缝带可能沟通地表含水体

表 13 - 5（续）

分 类 依 据		简 单	中 等	复 杂	极 复 杂
受水害威胁程度	顶板含水层水	主要充水水源为顶板砂岩水、薄层灰岩水，富水性弱，不存在突水溃砂威胁	主要水害威胁为顶板砂岩水、薄层灰岩水，富水性中等	主要水害威胁为顶板砂岩水、薄层灰岩水，富水性强	顶板砂岩水、薄层灰岩水，富水性强且与底板奥灰水存在水力联系难以疏干
	底板岩溶水	底板隔水层不带压	奥灰含水层富水性弱 - 中等，$T < 0.06\ MPa/m$，地质构造不发育	奥灰含水层富水性中等 - 强，$0.06 \leqslant T < 0.1\ MPa/m$	奥灰含水层富水性中等 - 强，$T \geqslant 0.1\ MPa/m$
	采空区积水（烧变岩水）	矿井范围无采空区积水	采空区位置、范围、水量清楚，采掘不受采空区积水威胁或回采前已疏干	采空区位置、范围不清楚，少量积水，回采受采空区积水威胁	采空区位置、范围、水量不清楚；或者位置范围基本清楚存在大量积水，回采受采空区积水威胁，疏干难度大
水害对矿井安全的影响程度		对矿井生产基本没影响	工作面涌水影响回采工作环境；掘进偶有淋水，影响掘进工作环境	采掘工作面涌水量大，时有停产	掘进面突水、溃砂，水砂量大导致无法掘进；工作面涌水量大，经常停产

6. 防治水工作难易程度

防治水工作难易程度划分标准见表 13 - 6。

表 13 - 6　防治水工作难易程度划分标准

分 类 依 据		简 单	中 等	复 杂	极 复 杂
防治水工作难易程度		防治水工作简单	防治水工作简单或易于进行	防治水工作难度较高，工程量较大	防治水工作难度高，工程量大
条件探查难度		容易探查	现有手段可以查明	现有手段基本可以查明	现有手段有效性不足，特指导水陷落柱等垂向导水构造
防治水工程	工作面或巷道排水	√	√	√	√
	物探探测	√	√	√	√
	钻探验证	√	√	√	√
	顶板疏放水		√	√	√
	底板注浆加固			√	√
	底板改造				√

三、矿井水文地质类型划分报告编制提纲

矿井水文地质类型划分报告提纲如下：

1　矿井及井田概况

　　1.1　矿井基本情况

　　1.2　矿井自然地理情况

　　1.3　矿井防排水系统现状

2　以往地质和水文地质工作评述

　　2.1　预查、普查、详查、勘探阶段地质和水文地质工作成果评述

　　2.2　矿区地震勘探及其他物探工作评述

　　2.3　矿井建设、生产、改扩建时期的地质和水文地质工作成果评述

3　井田地质概况

　　3.1　井田地层

　　3.2　井田构造

　　3.3　井田岩浆岩

4　区域水文地质

5　矿井水文地质

　　5.1　井田边界及其水力性质

　　5.2　井田含水层

　　5.3　井田隔水层

　　5.4　矿井充水因素分析

　　5.5　井田及周边老空水分布状况

　　5.6　矿井充水状况

6　矿井未来3年采掘和防治水规划，开采受水害影响程度和防治水工作难易程度评价

　　6.1　矿井未来3年采掘规划

　　6.2　矿井未来3年防治水规划

　　6.3　矿井开采受水害影响程度评价

　　6.4　矿井防治水工作难易程度评价

7　矿井水文地质类型划分结果及防治水工作建议

　　7.1　矿井水文地质类型划分结果

　　7.2　矿井防治水工作建议

四、矿井水文地质类型划分标准

国家能源投资集团有限责任公司《矿井水文地质类型划分规范》于2020年11月16日发布，2021年1月1日实施，见附录1。

第二节　矿井水文地质类型划分实例——某某煤矿水文地质类型划分报告

一、矿井及井田概况

(一) 矿井及井田基本情况

某某煤矿位于内蒙古自治区准格尔煤田中西部，井田面积 42.6794 km²，地质资源储量 1507.31Mt。含煤地层为石炭系太原组和二叠系山西组，主采煤层为 4 号、6₊、6 号煤层，平均厚度 3.25 m、11.43 m、5.29 m，煤的硬度较大，结构较简单。煤质为中灰分、低硫、低磷、高灰发分、中高热值的长焰煤。井田内可采煤层顶底板多为泥岩和泥质砂岩，首采盘区煤层埋深在 250~360 m。

矿井采用斜立井混合开拓方式，水平大巷条带式开采（分 4 号、6₊ 两个水平），其中 4 号煤层采用一次采全高综采工艺，6₊ 煤层采用一次采全高综放工艺。根据煤层开采技术条件，其采掘设备以引进综连采设备为主（其中支架为国产）。

矿井由中煤国际工程集团北京华宇工程有限公司设计，设计生产能力为 10 Mt/a，服务年限 66.2a。矿井于 2007 年 8 月 28 日开工建设，2013 年 6 月 23 日进入试生产阶段，2016 年 4 月通过了内蒙古自治区煤炭工业局组织的矿井项目竣工验收。2018 年实际生产能力 9.40 Mt/a。

(二) 矿井所在位置、范围

1. 位置

某某煤矿位于准格尔煤田中西部。行政区划隶属于准格尔旗长滩乡和薛家湾镇管辖。煤矿北距薛家湾镇 20 km，至呼和浩特市约 120 km，向西至鄂尔多斯市约 150 km。煤矿东与石岩沟、青春塔煤矿相邻，北邻酸刺沟煤矿，南靠长滩煤矿，西以南部详查区为界。

2. 范围

井田为一多边形，东西长约 8.9 km，南北宽约 5.5 km，面积约 42.6794 km²。地理坐标：东经 111°07′45″—111°14′00″，北纬 39°37′45″—39°40′45″。井田拐点坐标见表 13-7。

表 13-7　井田范围拐点坐标

拐点	54 坐标系统		80 坐标系统	
	纬距 (X)	经距 (Y)	纬距 (X)	经距 (Y)
1	4393992.00	37511081.60	4393945.09	37511010.54
2	4394004.80	37517873.60	4393957.90	37517802.58
3	4390766.40	37517881.10	4390719.48	37517810.08
4	4390771.70	37520026.90	4390724.79	37519955.89
5	4388458.60	37520032.90	4388411.68	37519961.90
6	4388440.50	37511089.60	4388393.56	37511018.55

3. 交通

准格尔矿区现已形成较为发达的交通体系，煤炭外运可以通过铁路和公路运出。其中铁路有大（同）准（格尔）铁路和准（格尔）东（胜）铁路，公路则以 109 国道（北京—银川—兰州—西宁—拉萨）为干线，薛（家湾）魏（家峁）公路为支线，薛魏公路从井田东部通过。

1）铁路

大（同）—准（格尔）铁路是准格尔能源有限责任公司所属矿区铁路，该线东起大（同）—秦（皇岛）线大同站，西至矿区薛家湾镇（本井田北距薛家湾镇约 20 km），全长 264 km，为工企 I 级电气化铁路，目前通过能力 15.0 Mt/a，该线已进行改扩建，并将逐步改建，至 2020 年运力将达 60.0 Mt/a。

准（格尔）—东（胜）铁路是地方投资建设的地方铁路，该线东起大—准线薛家湾站，西延至包（头）—神（木）铁路巴图塔站，全长 145 km，为工企 II 级铁路，运力可达 8.0 Mt/a。

2）公路

以 109 国道为干线，薛魏公路从煤矿东部通过，沿薛—魏线北行 20 km 至准格尔旗政府所在地薛家湾镇。薛家湾镇可分别到达鄂尔多斯市 142 km，自治区政府所在地呼和浩特市 118 km，均为高速公路。另有 S31（呼和浩特—薛家湾）、G18（荣乌高速）经矿区西部通过，交通比较便利。井田内除主要干线公路网外，其他乡间道路较多，但道路状况较差。交通位置如图 13-1 所示。

（三）四邻关系

根据调查走访和目前勘探、生产资料，矿井北部为酸刺沟煤矿未开采盘区；东部为基建矿井玉川井田，目前在建中；东南部为山东鲁能探矿；南部为长滩煤矿，开采区远离该矿井田边界；西部为未开发井田，如图 13-2 所示。

（四）自然地理

1. 地形地貌

某某井田为鄂尔多斯黄土高原的一部分，黄土覆盖广泛，厚度大，部分为风积砂覆盖，由于受水流风蚀等影响，井田内沟谷纵横交错，沟谷呈树枝状，十分发育。井田内地形基本呈东部高西部低形态，海拔最高为 1292.2 m，最低为 1030 m，相对比高近 262 m。某某煤矿工业广场北高南低，标高为 +1152~1175.5 m，工业广场周围无大的河流，只在南侧约 0.3 km 处有一洪沟后生沟，后生沟标高为 1075~1135 m，工业广场高于该沟 17~77 m；矿区历年最高洪水位为 +1055 m，工业广场高于最高洪水位 97 m。因此，工业广场不受洪水威胁。

2. 气象

本区属于干燥的半沙漠高原大陆性干旱气候，夏季温热而短暂，昼夜温差较大，秋季凉爽，冬季严寒，年平均气温 5.3~7.6 ℃，最高气温 39.5 ℃，最低气温 -36.3 ℃，一般结冰期为每年 10 月至翌年 4 月，霜冻期长，最大冻土深度 1.33 m，降雨最多集中于 7—9 月，占总降水量的 60%~70%，降雨次数少，多为大雨或暴雨，年总降水量为 230.2~544.1 mm，平均 401.6 mm。但蒸发量较大，年总蒸发量为 1875.0~2657.4 mm，平均 2108.2 mm，是降水量的 5~8 倍。区内风多而大，平均风速 2.3 m/s，最大风速 20 m/s，

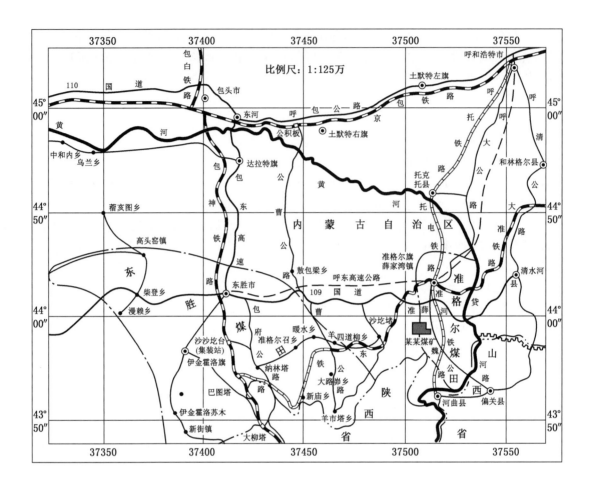

图 13-1 交通位置

主要集中在 4—5 月和 10—11 月，多为西北风，常发生春旱。

3. 水文

十里长川是流经本井田最大的沟谷，由北向南穿越井田西部，在井田范围内，十里长川北部平均标高为 1050 m，南部平均标高为 1030 m，也是本井田最低侵蚀基准面。河流长约 60 km，流域面积 644 km² （西岸支流已出煤田范围），最大流量 619 m³/s，最小流量 157 m³/s，年径流量 38.64 Mm³，历年最高洪水位为 +1055 m，是煤田内最大河流，属于非季节性河流；其次，较大的沟谷还有十里长川以西的海流兔沟、点记沟、石兰会沟，以及十里长川以东的前巴塔沟、阴背沟、后生沟、业林沟等，均为十里长川的支沟，属季节性沟溪，一般旱季干涸无水或有少量溪流，雨季可形成洪水。在十里长川（井田南端）实测流量为 0.065 m³/s，水质为 $HCO_3 - Ca \cdot Na$ 型，矿化度 0.25 g/L。井田内水井较少，多为旱井。泉水各沟谷均有出露，流量较小，一般为 0.02 ~ 0.6 L/s，最大为 1.243 L/s。水库零星分布于较大沟谷中，规模较小，容积一般为 160 ~ 250 m³，水源来自各沟谷上游泉水和大气降水，水质为 $HCO_3 - Ca \cdot Mg$、$HCO_3 - Na$、$HCO_3 - Ca$ 型水，矿化度 0.13 ~ 0.25 g/L。

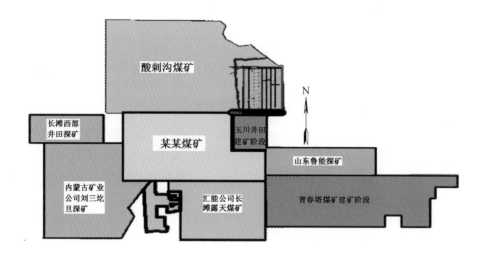

图 13 - 2　某某煤矿四邻关系情况

4. 地震

本区未发生较大烈度的地震，根据内蒙古地震观测资料记载，1976 年 4 月 4 日，在距井田约 100 km 的和林格尔县新店子一带，发生了 6.3 级地震，波及到准格尔旗一带，地震烈度为 6 度。据"中国地震动参数区划图"划分及内蒙古自治区地震局、内蒙古自治区建设厅内震发〔2001〕149 号文，本区地震烈度为 7 度，地震动峰值加速度 g 为 0.10。本地区抗震设防烈度为 7 度区。

（五）矿井防排水系统

矿井中央水泵房设在副立井二水平东绕道处 +825 m，与中央变电所连接，设有主、副水仓，有效容量 2700 m³。中央水泵房内安装 MD280 - 65 × 6 型多级耐磨泵 3 台，1 台工作，1 台备用，1 台检修，流量均为 280 m³/h，扬程 390 m，功率 500 kW；排水管路采用 DN250 × 11 无缝钢管 2 趟，由副立井井筒敷设至地面污水处理站。

矿井一水平大巷敷设主排水管路 DN150、DN200 各一趟，各采掘工作面涌水通过主排水管路经一二水平 2 号联络斜巷直接排入二水平中央水仓；二水平大巷敷设主排水管路 DN150 一趟、DN200 两趟、DN300 两趟，各采掘工作面涌水通过主排水管路直接排至中央水仓。

2018 年矿井正常涌水量 67 m³/h，最大涌水量 96 m³/h（3 月矿井 216 上 05 掘进面超前探放水），近 3 年最大涌水量 291 m³/h。矿井实际排水能力为 437 m³/h（2 台 MD280 型水泵）、608 m³/h（3 台 MD280 型水泵），矿井排水系统及水仓容积满足《煤矿防治水细则》的要求。

为了提高矿井防、抗灾能力，在二水平中央水泵房处建设了潜排电泵排水系统：安设了 2 台 BQ725/397/15 - 1200/W - S 型 725 m³/h 潜排电泵，矿井涌水经一趟 DN500 排水管路通过强排钻孔排向地面污水处理厂。矿井应急排水能力单台 685 m³/h，2 台联合 1085 m³/h。

二、以往地质和水文地质工作评述

某某煤矿井田从 20 世纪 50 年代初就开始勘查工作，2007 年以前主要进行的是预查、普查、详查及勘探等勘查工作；2007 年以后，则以生产补充勘查为主。本区及井田所进行的勘查工作如下：

（一）建井前地质和水文地质工作成果评述

自 1953 年以来，先后有不同部门的勘探队在本区做过地质勘查工作：

（1）1953 年地质部清水河普查队，对整个准格尔煤田进行了地质勘探，进行 1∶20 万区域地质调查 1100 km²，储量计算面积 800 km²，计算储量 191 亿 t。提交了《绥远省伊克昭盟准格尔煤田地质报告》。

（2）1954 年华北地质局 203 普查队，对准格尔煤田进行了 1∶5 万地形地质测量 1524 km²，但地形地质测量精度较差。同时还进行了硐探及槽探等山地工作，提交了《内蒙古自治区准格尔旗煤田普查报告》。确定了煤质牌号为长焰煤及气煤，估算煤炭资源储量 233 亿 t，并初步认为浅部适合露天开采。

（3）1979 年内蒙古煤田地质勘探公司 151 队、153 队、117 队在准格尔南部矿区进行施工，本次勘探为普查、详查接续勘探，勘探面积为 454.7 km²，共施工钻孔 265 个，钻探工程量为 68974.88 m，槽探工程量 480 m³，地质及水文地质测绘 470 km²（1∶1 万），采集各类化验样品若干。批准的工业储量为 B + C + D 级：1262168 万 t。后由内蒙古煤田地质勘探公司委托 153 队进行报告的编制，历时 4 年，于 1983 年 11 月完成了《内蒙古自治区准格尔煤田南部详查勘探地质报告》的编制工作，并于 1984 年 3 月 20 日由原煤炭部地质局审查通过，批准文号：煤地审字第 8401 号。

（4）2004 年 8 月，内蒙古自治区煤田地质局 151 勘探队受鄂尔多斯市某某资源有限公司的委托，对某某煤矿井田区进行详查，工作区面积 42.64 km²，共施工钻孔 20 个，其中，水文兼岩样孔 2 个，完成工程量 8262.05 m，地质及水文地质测绘 51.73 km²，批准的煤炭资源储量为 147413 万 t。于 2005 年 3 月提交了《内蒙古自治区准格尔煤田某某区煤炭资源详查地质报告》。并于 2005 年 3 月 25 日由国土资源部矿产资源储量评审中心审查通过，2005 年 4 月 25 日由国土资源部出具备案证明，批准文号：国土资储备字〔2005〕39 号。

（5）2005 年 9 月 15 日，受鄂尔多斯市某某资源有限公司的委托，内蒙古自治区煤田地质局 151 勘探队对某某煤矿井田进行勘探，钻孔 34 个，工程量 11841.22 m，其中探煤孔 32 个，10965.81 m；水文兼岩样孔 2 个，875.41 m，抽水 4 段。于 2006 年 1 月 5 日完成勘探报告的编制工作。1 月 14 日在北京国土资源部矿产资源储量评审中心对报告进行了评审并通过。勘探报告描述了井田所在地的自然地理条件、水系及主要河流情况，以及对矿床开采有重大影响的含水层的富水性、地下水的补给、排泄等；基本查明了某某煤矿井田内地层层序和含煤地层形态，比较详细地划分了含煤地层，查明了勘探区的构造形态，确定了区内的构造复杂程度；详细查明各主要可采煤层的煤质特征、煤类、层位、厚度、结构和煤层的分布范围。为设计提供了可以满足要求的资料。以往地质工作详见表 13 - 8。

表 13-8 以往地质工作一览表

施工单位	勘查阶段	报 告 名 称	工 程 量	工作时间	审批机构
地质部清水河普查队	普查	《伊盟准格尔旗煤田地质报告》《伊盟准格尔煤田普查报告》	1:20 万路线地质图 1100 km²	1953 年 3—9 月	不详
华北地质局 203 普查队	普查	《内蒙古自治区准格尔旗煤田普查报告》	1:5 万地形地质测量 1524 km²	1954 年	不详
内蒙古煤田地质勘探公司 153 队	详查	《内蒙古自治区准格尔煤田南部详查勘探地质报告》	施工钻孔 265 个,总工程量 68974.88 m,槽探工程量 480 m³,地质及水文地质测绘 470 km²(1:1 万)	1979—1983 年	原煤炭部地质局
内蒙古煤田地质勘探公司 151 队	详查	《内蒙古自治区准格尔煤田某某区煤炭资源详查地质报告》	施工钻孔 20 个,总工程量 8262.05 m,地质及水文地质测绘 51.73 km²(1:1 万)	2004 年	国土资源部储量评审中心
内蒙古煤田地质勘探公司 151 队	勘探	《内蒙古自治区准格尔煤田某某区煤炭资源勘探地质报告》	钻孔 34 个,工程量 11841.22 m,1:1 万地质、水文地质图检测	2005 年 9 月—2006 年 1 月	国土资源部矿产资源储量评审中心

(二) 矿区地震勘探及其他物探工作评述

(1) 2008 年 6 月,受某某能源有限责任公司某某煤矿的委托,由陕西煤田地质局 185 勘探队、陕西煤田地质局物探测量队组织地质(补充)勘探工程三维地震勘探工作,三维地震勘探区面积 1.00 km²,共施工三维地震线束 3 束,完成物理点 631 个。于 2008 年 8 月提交了《某某煤矿井田地质(补充)勘探工程三维地震勘探报告》。

(2) 2010 年 4 月 9—15 日,为查明 6 号煤层底板和巷道掘进头前方赋水情况,受某某煤矿委托,西安精润矿业科技有限公司完成了该矿井下巷道底板和掘进头前方直流电法的勘探、数据采集、资料收集、数据处理和报告编写的工作任务。通过数据处理,给出了某某矿井下 6 号煤层 1、2、22 号联络巷及外运主斜井巷道底板和掘进头井下直流电法探测剖面图共 7 幅。

(3) 2009 年 12 月—2010 年 3 月,中国煤炭地质总局地球物理勘探研究院对井田东南部 5.8 km² 进行了三维地震勘探,生产物理点 3218 个,勘查区共解释断层 34 条。其中 4 号煤层解释断层 29 条,落差大于等于 5 m 的 12 条,落差在 3~5 m 的 17 条;6$_{上}$煤层解释断层 26 条,落差大于等于 5 m 的 12 条,落差在 3~5 m 的 14 条;6 号煤层解释断层 24 条,落差大于等于 5 m 的 8 条,落差在 3~5 m 的 16 条。于 2010 年 5 月提交了《某某能源有限责任公司某某煤矿井田东南部三维地震勘探报告》。

（4）2010年2—5月，煤炭科学研究总院西安研究院对首采区东部11.68 km² 进行了地面瞬变电磁法探水，取得的主要成果：4号煤上40 m反映山西组上段一定厚度砂岩及砂质泥岩的含水性信息，主要低阻异常3处、次级异常2处，测区北部砂岩裂隙相对发育，含水性也明显强于测区南部。6上煤顶板上40 m测得有两处较大面积的异常区；另外在大的范围看推断砂岩裂隙含水区主要位于测区北部及中西部；而测区南部及中部东侧砂岩裂隙水的分布相对偏少。6上煤层附近，4处主要低阻异常区，位于测区北部边缘一带，推测该区域为砂岩裂隙相对发育和含水的地段，而测区南部大片区域电阻率明显偏高，顶板含水性较少。奥灰岩顶界面附近：共有6处异常区，其中1、2规模较大，主要位于测区的北西部，推测为裂隙和溶岩发育区，建议将主要异常区作为奥灰水害的优先目标区域。于2010年7月提交了《某某煤矿首采区东部电法探水成果报告》。

（5）2010年10月—2011年1月，中国煤炭地质总局物测队对井田东北区进行了三维地震勘探，勘探范围北起井田边界线205 m平行线，南至工业广场南侧煤柱保护线延长线和一、二盘区分界线；西起二水平回风大巷和216上01工作面运输巷，东至井田边界，勘探面积2.45 km²。取得的主要成果：查明了勘探范围内落差大于等于5 m的断层6条，其中4条可靠，2条较可靠；查出3 m以上的断点，并组合落差小于5 m的断层2条，未做评价；查明了勘探范围内直径大于20 m的陷落柱；共解释陷落柱1个，评级结果为可靠陷落柱；查明了勘探范围内褶幅大于5 m的褶曲，其中4个背斜，1个向斜。三维地震勘探后内没有发现古窑、小煤窑采空区。4号煤层发现4处无煤或冲刷变薄区，其他煤层没有发现无煤区或冲刷变薄区，未发现主要煤层的分叉合并。于2011年2月提交了《某某能源有限责任公司某某煤矿东北采区三维地震勘探报告》。

（6）2010年11月—2011年1月，中国煤炭地质总局物测队对外运通道进行了三维地震及瞬变电磁综合物探，勘探范围北起井田边界线，南至外运通道煤柱保护线；西起二水平辅运大巷，东至井田2号边界点东780 m，完成地震线束6束，线束物理点1793个，控制面积2.0 km²。取得的主要成果：查明了勘探范围内落差大于等于5 m的断层4条，其中2条可靠，1条较可靠，1条控制程度较差；查明了勘探范围内直径大于20 m的陷落柱，共解释陷落柱2个，评级结果均为可靠陷落柱；查明了勘探范围内褶幅大于5 m的褶曲，其中2条背斜，2条向斜。勘探区内没有发现古窑、小煤窑采空区，查明区内主要煤层顶底板含水层的富水区域及和其他含水层的水力联系；对4号煤层顶板上40 m、4号煤层底板、6号煤层顶板上40 m、6号煤层底板、奥灰顶界面和奥灰顶界面下50 m这6个层位进行富水性分析；查明区内奥灰岩含水的赋存情况，对奥灰水是否影响矿井巷道掘进做出评价、推断。勘探区内奥灰岩富水性较弱，且向上联通的水力联系也较弱，查明测区内主要断层的含水和导水性，并进行评价。DF6号断层位于东西通道，其富水性为不富水且不导水；石圪嘴断层位于南北通道南部，其富水性为弱富水且导水性较差，并与奥陶系灰岩不存在水力联系。于2011年1月提交了《某某煤矿外运通道三维地震及瞬变电磁综合物探报告》。

（三）建井、生产时期水文地质工作成果评述

（1）2010年8月，受某某煤矿委托，中煤科工集团西安研究院对井田进行水文地质补充勘探，重点是奥灰含水层的补充勘探。野外钻探工程自2010年8月24日开工，至2011年1月21日结束，共完成水文地质孔7个，总进尺4438.93 m；抽水试验7层次，注

水试验1层次；采取水质全分析样12件，同位素分析样8件；完成测井4070.03 m；采取岩石物理力学性质测试样81组，煤样29件。本次工作基本查明了某某井田奥灰含水层水文地质条件和矿井充水条件，基本控制了奥灰含水层地下水流场特征和水文地球化学特征；进一步查明各主要煤层底板至奥灰顶面的隔水层特征，包括隔水层厚度、岩性组合、岩石力学参数等，为评价带压开采可行性和奥灰含水层危险性提供了依据；评价了奥灰含水层对主要煤层开采的危险性；建立了井田奥灰水位观测网。中煤科工集团西安研究院于2011年3月提交了《某某煤矿水文地质补充勘探报告》。

（2）2013年3—6月，某某地质勘查有限责任公司受某某煤矿委托，对某某煤矿一、二盘区进行了地质补充勘探，本次补勘共完成施工钻孔12个，总工程量4272.13 m。其中水文孔2个（兼探煤孔），抽水2段，工程量973.48 m，地球物理测井12个孔，实测4176.10 m。控制了井田一、二盘区的基本构造形态，查明了DF5、DF6及DF19断层的性质、走向、落差及延展方向；查明了二盘区奥灰水底板隔水层厚度及奥灰水水文地质情况，HY44号孔奥灰水位标高878.04 m，底板隔水层厚度68.6 m；HY48号孔奥灰水位标高879.20 m，底板隔水层厚度75.8 m。HY48号孔奥灰水位标高略高于该区域奥灰水水位，2个孔底板隔水层厚度均高于推测的隔水层厚度。2013年7月30日某某地质勘查有限责任公司提交《某某能源有限责任公司某某煤矿一、二盘区补充勘探报告》，其中，文字说明书1份，附图63张，附表5类5册。

（3）2013年5—7月，某某地质勘查有限责任公司受某某煤矿委托，在216上01原回撤通道疑似陷落柱上方施工了OM9号钻孔，共完成施工钻孔1个，总工程量469.69 m。取得的主要成果有两点：①通过钻探证实，该位置确实发育一陷落柱，陷落柱发育至距地面388.74 m处，基本位于6上煤底板；②该孔作为水文长观孔，止水效果合格，观测最终奥灰水位标高+875.99 m。于2013年8月提交了《某某煤矿OM9水文长观孔钻探工程施工总结报告》。

（4）2013年5月—2014年1月，某某地测公司在216上01工作面回撤通道附近施工了OM7、OM9、OM10号3个钻孔，总工程量622.57 m。取得的主要成果：①本次施工的OM7号孔深211.2 m，水位标高+877.8 m；OM8号孔深308.37 m，无水；OM10号孔深103 m，水位标高+875.91 m。②根据3孔的钻孔取芯情况，216上01工作面回撤通道附近6上煤层距奥陶系灰岩顶面68.5 m左右，6号煤层距奥陶系灰岩顶面50.1 m左右，9号煤层距奥陶系灰岩顶面40 m左右。③根据3孔的水位观测发现，216上01工作面回撤通道附近奥陶系灰岩水水头标高在+875~+880 m范围。④根据3孔的出水情况，216上01工作面回撤通道附近底板奥陶系灰岩顶面以下30 m范围赋水性较弱，以下30~300 m范围赋水性极不均一。于2014年2月提交了《某某煤矿216上01面放水试验长观孔钻探工程总结》。

（5）2015年5月，某某地质勘查有限责任公司在X4疑似陷落柱区域施工了OM11号钻孔，总工程量400.11 m；X2疑似陷落柱区域OM12号钻孔因通往井场的道路被村民阻挡，钻探设备无法进场施工。取得的主要成果：本次钻探没有在X4疑似陷落柱区发现陷落柱，但依据某某煤矿东北采区三维地震勘探成果，X4陷落柱区陷落面积近24000 m^2，范围较大，虽然OM11号孔未发现陷落柱，建议仍要加强掘进和回采时井下的探测工作，于2015年11月提交了《某某煤矿X2、X4陷落柱探测工程施工总结》。

三、区域及井田地质概况

（一）地层

1. 区域地层

准格尔煤田地层沉积序列与华北石炭二叠纪各煤田基本相似，地层区划属于华北地层区、鄂尔多斯地层分区、准格尔地层区。属晚古生代石炭二叠纪煤田。区内沉积的地层由老至新有：太古界（Ar）、寒武系（Є）、奥陶系（O）、石炭系（C）、二叠系（P）、三叠系（T）、白垩系（K）、新近系（N）、第四系（Q），石炭系、二叠系为含煤地层，含煤地层下伏奥陶系地层，是含煤地层的基底。详见表 13-9。

2. 井田地层

某某煤矿井田大部分被第四系黄土和风积砂所覆盖，只有局部的梁顶或冲沟中才有基岩出露，但仅为非煤系地层。根据地表出露及钻孔揭露，井田地层层序自下而上为：下奥陶统亮甲山组、中奥陶统马家沟组，中石炭统本溪组、上石炭统太原组，下二叠统山西

表 13-9 准格尔煤田区域地层

界	系	统	组	代号	岩 性 简 述	出露范围	厚度/m
新生界	第四系	全新统		Q_4	风积砂、冲洪积、砂砾碎石等	分布于低洼及河谷、河床	
		上更新统	马兰组	Q_3m	浅黄色黄褐色土层及亚黏土	分布于全区绝大部分地区	0~150
	第三系	上新统		N_2	为棕红色、红色钙质红土层，含砂及钙质结核，无层理，含有哺乳类化石，不整合接触于各时代地层	在全区零散分布	0~97
中生界	白垩系	下白垩统	志丹群	K_1zh	上部为中厚层状紫红色砂砾岩及含砾粗砂岩，夹紫红色粉砂岩及砂质泥岩、巨砾岩；下部为紫红色砂砾岩；底部为砾岩、巨砾岩。在砾岩中夹有一层厚约4~20 m的黑灰色、灰绿色细晶—隐晶质玄武岩。不整合于古生界之上	分布于煤田北部小渔沟、东沟、杨四圪咀以北、以西地区	>392
	三叠系	下三叠统	和尚沟组	T_1h	为棕红色砂岩、粉砂岩、砂质泥岩夹浅灰色中砂岩、细砂岩，与下伏地层刘家沟整合接触	分布于煤田西南角马棚东桃树梁等地	>165
			刘家沟组	T_1L	由浅灰、微粉红色中、细、粗砂岩组成，夹棕红色、砖红色砂质泥岩薄条带，偶夹黄色砂砾岩，胶结疏松，砂岩中斜层理、交错层理发育。与下伏地层石千峰组整合接触	分布于煤田西南角边缘区	257~385

表 13 - 9（续）

界	系	统	组	代号	岩性简述	出露范围	厚度/m
古生界	二叠系	上二叠统	石千峰组	P_2sh	由砖红色砂岩、泥岩组成，其次为黄绿色砂岩、灰绿色黏土岩。与下伏地层上石盒子组地层整合接触	分布于煤田西部大饭铺、海子塔及南部马栅一带	>170
			上石盒子组	P_2s	由暗紫色、褐紫色砂岩、泥岩组成，间夹灰绿色、浅白色中粗粒砂岩，含砾及铁质结核，含羊齿和楔叶化石。与下伏地层下石盒子组整合接触	分布于煤田中部及西部，出露于相应的各大沟谷中	>290
		下二叠统	下石盒子组	P_1x	由黄褐色、黄绿色及紫色砂质泥岩、黏土岩、灰白色黄绿色砂岩组成，底部为灰色、黄灰色砂岩，含砾，本组含化石羊齿类。与下伏地层山西组整合接触	出露于煤田东部各大沟谷中	$\dfrac{40 \sim 170}{80}$
			山西组	P_1s	由灰白色粗砂岩、灰色、浅灰色粉砂岩、黑色泥岩、浅灰色泥岩、砂质黏土岩、1～5 号煤层组成，含羊齿化石，底部为粗砂岩含砾石（K_3）。与下伏地层太原组整合接触	出露于煤田东部各大沟谷的下游	$\dfrac{21 \sim 148}{70 \sim 80}$
	石炭系	上石炭统	太原组	C_2t	上部由灰白、灰黄色黏土岩、泥岩及 6 号煤组组成；中、下部由灰白色砂岩、深灰色及黑色砂质泥岩和 7～10 号煤层组成，煤田南部夹 1～2 层厚 1～2 m 的薄层灰岩；底部为灰白色石英粗砂岩或含砾粗砂岩，层位稳定，为 K_1 标志层。与下伏地层本溪组整合接触，在煤田南部榆树湾东底部砂岩与本溪组冲刷接触	出露于煤田东侧的沟谷的下游	$\dfrac{12 \sim 115}{65}$
		中石炭统	本溪组	C_2b	底部为鸡窝状山西式铁矿与马家沟组分界，其上为砂铝土岩，上部为灰黑色泥岩夹两层薄层泥灰岩，偶含有薄煤线及砂岩，本组在煤田南部含有黄铁矿。与下伏地层马家沟组平行不整合接触	出露于煤田大沟谷沟口及南部老赵山梁一带	$\dfrac{5.27 \sim 50}{25}$
	奥陶系 O	中奥陶统	马家沟组	O_2m	为灰黄色、棕灰色薄层泥质灰岩，厚层状泥质灰岩，中夹薄层灰岩，局部为豹皮状灰岩与下伏地层亮甲山组整合接触	出露于煤田东侧各大沟谷沟口及黄河两岸	100
		下奥陶统	亮甲山组	O_1L	为灰白、黄绿色中厚层状白云岩及泥质白云岩。与下伏地层凤山组整合接触	出露于煤田东侧黄河两岸	40～100
	寒武系	上寒武统	凤山组	ϵ_3f	上部为灰白色、浅灰色薄层—厚层白云质灰岩及薄层泥质灰岩，夹黄褐色中厚层竹叶状灰岩；中部为灰岩、泥岩及生物碎屑灰岩；下部为白云质灰岩及竹叶状灰岩、生物碎屑岩。与下伏长山组整合接触	出露于煤田东侧黄河以东地区	86
			长山组	ϵ_3c	为灰紫色中厚层状灰岩，含白云质结晶灰岩，局部夹生物碎屑灰岩。本组地层层位稳定。与下伏崮山组整合接触	出露于煤田东侧黄河以东地区	<10
			崮山组	ϵ_3g	为深灰、灰、杂色中厚层竹叶状灰岩、生物碎屑岩、鲕状灰岩夹暗紫色钙质泥岩。与下伏张夏组（C_2z）整合接触	出露于煤田东侧黄河以东地区	90

组、下石盒子组，上二叠统上石盒子组、石千峰组，第三系上新统，第四系上更新统及全新统的近代沉积。现从老至新叙述如下：

1）中下奥陶统（O_{1+2}）

（1）下奥陶统亮甲山组（O_{1L}）：为浅海相沉积，岩性上部为浅黄色、黄色中厚层状白云质灰岩，夹薄层状泥质、钙质白云岩，呈自形—半自形细晶结构，中含黑色棕黑色燧石结核及条带；下部为灰黄色薄层白云质灰岩、白云岩，夹竹叶状白云岩，常见氧化褐铁矿斑点。致密，性脆，风化后呈黄褐色，化石少见，孔隙、喀斯特溶洞发育，常见方解石充填，井田南部的 198 号、200 号钻孔揭露到该层，井田内无出露。

（2）中奥陶统马家沟组（$O_2 m$）：为浅海相沉积，是煤系地层的直接基底。岩性上部为浅灰色石灰岩，中厚层～厚层状，微晶质结构；下部为薄层状灰岩、豹皮状灰岩，含较多的砂质、黏土质，底部夹灰白色石英砂岩，见有明显的溶蚀现象，富含动物化石。

本次将这 2 组地层合并统称中下奥陶统（O_{1+2}），井田范围仅 8 个钻孔揭露该层，揭露厚度 3.59～109.55 m，平均 70.45 m，井田内无出露。

2）石炭系（C）

（1）上统本溪组（$C_2 b$）：为一套浅海—过渡相细碎屑岩沉积，假整合于奥陶系之上，出露于黄河沿岸及较大沟谷中。

下部为浅灰、暗紫色铝土岩、铝土质黏土岩，块状构造，相当于华北 G 层铝土矿，层厚 0～6 m，不稳定，常相变为砂泥岩、泥岩；底部富含铁质结核，局部形成鸡窝状铁矿层，相当于著名的"山西式铁矿"。

中部为灰黑色砂泥岩、泥岩、灰白色细—粗粒石英砂岩，含铁质，硅质胶结，坚硬致密。

上部以深灰色、灰黑色泥岩、黏土岩为主，夹透镜状灰岩、泥灰岩 1～2 层，偶夹1～2 层煤线，黏土岩富含黄铁矿结核，灰岩呈黄褐色、富含海相动物化石及生物碎屑。

本段地层厚度 6.0～62.61 m，平均厚度 25.85 m，全井田分布。

（2）上统太原组（$C_2 t$）：为过渡相—陆相沉积，是井田内主要含煤地层，含煤 5 层，即 $6_上$ 煤层、6 号煤层、8 号煤层、9 号煤层、10 号煤层。根据岩性组合特征，本组可划分为上下 2 个部分：

下部：从太原组底部砂岩（K_1）底板至 6 号煤底部砂岩（K_2）底板。以灰黑色、深灰色泥岩、砂质泥岩、黏土岩夹多层砂岩为主，含煤 3 层，即 8 号煤层、9 号煤层、10 号煤层，可称为下煤组。下煤组各层煤结构复杂，常变薄，以至尖灭，间距变化较大，8 号煤层不可采，9 号煤层全井田大部可采，10 煤层极不稳定，不可采。该部岩性及厚度在走向和倾向上变化均很大。底部为深灰、灰白色细—粗粒石英砂岩（K_1），属滨海相沉积，较稳定，硅质胶结，富含铁质，坚硬致密，具大型斜层理、交错层理，是与下段分界标志层。

上部：从 6 号煤底部砂岩（K_2）底板至山西组。以 6 号煤及其顶底板黏土岩、泥岩、砂质泥岩为主，夹灰色透镜状砂岩，含煤 2 层，即 $6_上$ 及 6 号煤层，可称为中煤组。中煤组煤层厚度大，较稳定，全井田可采。$6_上$ 与 6 号煤层之间夹透镜状砂岩，系 6 号煤层发育期的河流沉积物。6 号煤下部为灰白色粗砂岩（K_2），局部夹薄层泥岩及煤线，粗砂岩为中—粗粒结构，分选一般，磨圆度差，常见植物化石。

本段地层厚度 44.60 ~ 113.10 m，平均厚度 64.92 m，全井田分布，厚度变化小，较稳定。与下伏地层奥陶统呈假整合接触，井田内无出露。

3）下二叠统山西组（P_1s）

下二叠统山西组（P_1s）为陆相碎屑岩沉积，亦为本井田主要含煤地层，含煤 2 层，即 4 号煤层、5 号煤层，可大致划分为 3 段。

下段（P_1s^1）：从底部的粗砂岩（K_3）至本段顶部泥岩。粗砂岩段以灰白色、黄褐色粗粒长石、石英砂岩为主，含砾，局部为砂砾岩，具大型斜层理，磨圆度较好，分选性较差，砾径一般为 0.5 ~ 1 cm，最大可达 3 cm 左右，含岩屑或煤线，泥质、黏土质胶结，坚硬致密；浅部局部地段遭受风化后呈疏松状，砂岩全井田较稳定，对下伏地层有冲刷现象，为山西组与太原组的分界标志层。

中段（P_1s^2）：从 5 号煤底部粗砂岩至 4 号煤层顶部粗砂岩。由灰白色、灰黑色中细粒砂岩、砂质泥岩、黏土岩和泥岩组成，含煤 2 层，即 4 号煤层、5 号煤层，可称为上煤组。4 号煤层较稳定，全井田可采；5 号煤层不稳定，大部可采。煤层间距较近，砂岩坚硬致密，含菱铁矿结核，泥岩、黏土岩含大量植物化石。

上段（P_1s^3）：从 4 号煤层顶部粗砂岩至下石盒子组底部粗砂岩（K_4）。岩性为深灰、灰白色中粗粒砂岩，夹黏土岩、泥岩、粉砂岩，砂岩致密坚硬，含云母片及菱铁矿结核。顶部发育一层黏土岩或砂质黏土岩，深灰—杂色，具鲕状结构。本组含丰富的植物化石。

本组地层厚度 61.32 ~ 152.84 m，平均厚 106.03 m，全井田分布，厚度变化小，较稳定。本组地层厚度西部薄，东部厚，南部薄，北部厚，最大厚度在井田西北角。与下伏地层太原组（C_2t）整合接触，井田内无出露。

4）下二叠统下石盒子组（P_1x）

下二叠统下石盒子组（P_1x）为内陆盆地砂泥质沉积，划分为上下 2 段。

下段（P_1x^1）：为黄褐色砂岩与紫色、杂色黏土岩互层，黏土岩具鲕状结构，品位不高。底部为含砾粗砂岩（K_4），厚层状，斜层理发育，胶结中等，成为与山西组的分界标志。

上段（P_1x^2）：以紫色、黄绿色泥岩、砂质泥岩为主，夹中厚层状砂岩。上下 2 段以中部含砾粗砂岩为界，粗砂岩厚层状，斜层理发育。

本组地层厚度 26.47 ~ 199.05 m，平均 94.24 m，全井田分布，与下伏地层山西组（P_1s）整合接触，井田内无出露。

5）上二叠统上石盒子组（P_2s）

上二叠统上石盒子组（P_2s）为内陆盆地砂泥质沉积，其岩性上部为暗紫色泥岩、砂质泥岩及灰白色含砾粗砂岩，中部为灰黄色泥岩、砂质泥岩，局部夹细砂岩，下部为灰绿色中粗砂岩，夹暗紫色泥岩。

本组地层厚 8.51 ~ 230.0 m，平均 77.89 m，与下伏地层呈整合接触，井田内沟谷两侧广泛出露。

6）上二叠统石千峰组（P_2sh）

上部以砖红色砂质泥岩和泥岩为主，夹灰色、灰绿色砂岩，分选磨圆较好，胶结疏松；下部以黄绿、灰绿色中粗砂岩和含砾粗砂岩为主，夹棕红色粉砂岩、砂质泥岩，具大型斜层理，泥岩中常见灰绿色斑点，砂岩中夹紫红色、灰绿色泥质团块。

本组地层厚 7.04～222.83 m，平均 86.61 m，与下伏地层呈整合接触，主要分布于井田内田家石畔挠曲以西，在沟谷中有出露。

7）新近系上新统（N_2）

红色—棕红色钙质红土层，含砂质及钙质结核，层理明显，在本井田发育较普遍。

本组地层厚度 3.59～73.0 m，平均厚 17.17 m。与下伏地层不整合接触，零星出露于各沟谷两侧。

8）第四系（Q）

上更新统马兰组（Q_3m）：淡黄色、黄褐色粉砂质黄土，夹黏土层，粒度均匀，垂直节理发育，含钙质结核。全井田分布，厚 1.60～87.69 m，平均 21.57 m。不整合于下伏地层之上。

全新统（Q_4）：为洪积、残坡积之松散砂粒、泥砂及风积砂。厚度不一，一般 1.6～92.69 m，平均厚 20.94 m 左右，全井田大面积分布。

（二）可采煤层

井田内可采煤层 5 层，即 4 号、5 号、$6_上$、6 号、9 号煤层，煤层走向 S63°W—N46°E，倾向 WN—W，煤层倾角 0°～15°。可采煤层自上而下分述如下：

1. 4 号煤层

4 号煤层位于山西组中部，为井田内主要可采煤层，煤厚 1.40～5.55 m，平均 3.27 m，4 号煤层总体从上看东南向西北逐渐增厚，在煤田中部 HY11 号孔最厚达 5.55 m，靠近井田西侧边界 HY2 号孔煤厚 5.35 m，煤层从井田中部向西南和东北的方向变薄，在 OM5 号孔和 Y5 号孔煤厚分别为 1.40 m 和 1.7 m。

井田内见煤点 75 个，可采性指数 100%，全井田可采。煤层含夹矸 1～5 层，一般为 2 层，煤层结构较复杂，煤层稳定类型为较稳定煤层。

2. 5 号煤层

5 号煤层位于山西组中部，煤厚 0.22～3.25 m，平均 1.32 m，可采厚度 0.8～3.25 m，可采平均厚度 1.48 m。5 煤层主要发育于井田东北和西南两个快段，煤厚分别由井田中部 HY3 孔和 OM4 孔处向两边呈逐渐变薄，以致不可采，5 煤层与 4 号煤层间距 1.10～23.48 m，平均 6.48 m。

井田内见煤点 61 个，可采点 51 个，煤层含夹矸 1～5 层，一般为 2 层，煤厚变化较大，连续性较差，煤层不稳定，属局部可采煤层。

3. $6_上$ 煤层

$6_上$ 煤层位于太原组中部，为井田内主要可采煤层，煤厚 2.45～20.25 m，平均 11.43 m，与 5 号煤层间距 35.01～70.81 m，平均 58.35 m，井田内见煤点 77 个，可采性指数 100%，煤厚变异系数为 22.89%，全井田可采。煤层向西、向南有逐渐变厚趋势，厚度变化不大，煤层含夹矸 1～12 层，一般为 3～6 层，煤层结构较复杂，煤层稳定类型确定为稳定煤层。

4. 6 号煤层

6 号煤层位于太原组中部，为井田内主要可采煤层，煤厚 2.25～9.31 m，平均 5.29 m，与 $6_上$ 号煤层间距 0.40～28.24 m，平均 8.84 m，井田内见煤点 77 个，可采性指数 100%，煤厚变异系数为 28.75%，全井田可采。煤层在井田西部较薄，东部较厚，南北部厚，中间薄,煤层含夹矸1~9层,一般为1~3层,煤层结构较复杂,煤层稳定类型为稳定煤层。

5. 9号煤层

9号煤层位于太原组下部,煤厚0.27~7.35 m,平均3.08 m,可采高度0.8~7.35 m,可采平均高度3.36 m,与8号煤层间距1.10~12.65 m,平均2.33 m,井田内见煤点70个,可采点65个,可采性指数92.86%,煤厚变异系数为46.71%。煤层在西部、南部较厚,东部较薄,除井田西部一条带及东南一小角不可采外,井田内大部可采,厚度变化较小,煤层含夹矸1~6层,一般为2~3层,煤层结构较简单,煤层稳定类型为不稳定煤层。可采煤层发育特征见表13-10。

表13-10　可采煤层发育特征一览表

煤　　层		煤层厚度/m	利用厚度/m	煤层间距/m	可采性指数 K_m/%	煤厚变异系数 γ/%	可采程度	稳定程度
		最小值~最大值 平均值(点数)	最小值~最大值 平均值(点数)	最小值~最大值 平均值(点数)				
山西组	4号	$\dfrac{1.40\sim5.55}{3.25}$(75)	$\dfrac{1.40\sim5.55}{3.25}$(75)	$\dfrac{1.10\sim23.48}{6.48}$(75)	100	28.05	全区可采	较稳定
	5号	$\dfrac{0.22\sim3.25}{1.32}$(61)	$\dfrac{0.8\sim3.25}{1.48}$(51)	$\dfrac{35.01\sim70.81}{58.35}$(61)	83.6	56.75	局部可采	极不稳定
太原组	6上	$\dfrac{2.45\sim20.25}{11.43}$(75)	$\dfrac{2.45\sim20.25}{11.43}$(75)	$\dfrac{0.40\sim28.24}{8.84}$(76)	100	22.89	全区可采	稳定
	6号	$\dfrac{2.25\sim9.31}{5.29}$(76)	$\dfrac{2.25\sim9.31}{5.29}$(76)		100	28.75	全区可采	稳定
	9号	$\dfrac{0.27\sim7.35}{3.08}$(70)	$\dfrac{0.8\sim7.35}{3.36}$(63)	$\dfrac{1.10\sim12.65}{2.33}$(70)	92.86	46.71	大部可采	不稳定

(三) 保有资源储量

根据《内蒙古自治区准格尔煤田某某井田煤炭勘探报告》全矿共获得总资源量150731万t。截至2018年12月31日,开采动用资源量3252.38万t,期末保有资源储量147478.62万t。各可采煤层资源量见表13-11。

表13-11　某某煤矿资源储量汇总　　　　　　　　　　　　　　　万t

煤层编号	煤厚/m	基础储量					资源量				期末保有资源储量	期末保有可采储量
		111b	122b	2M11	2M22	小计	331	332	333	小计		
4	3.35	2706.33	5606.39	—	—	8312.72	—	—	12541.26	12541.26	20853.98	11834.64
5	1.65	0	0	—	—	0	—	—	6182.00	6182.00	6182.00	3132.69
6上	12.37	8965.24	17444.40	—	—	26409.64	—	—	49444.00	49444.00	75853.64	45088.48
6	5.77	5329.00	10065.00	—	—	15394.00	—	—	15397.00	15397.00	30791.00	17314.89
9	3.15	2830.00	4383.00	—	—	7213.00	—	—	6585.00	6585.00	13798.00	7596.78
合计		19830.57	37498.79			57329.36			90149.26	90149.26	147478.62	84967.48

（四）构造

1. 区域构造

准格尔煤田位于华北地台鄂尔多斯台向斜的东北缘，总体构造是一个走向近于南北，倾角15°以下，具有波状起伏的向西倾斜的单斜构造，盆地边缘，倾角稍大，有轴向与边缘方向一致的短轴背向斜，区内断层发育。按地质力学观点，煤田位于阴山巨型纬向构造带的南缘属新华夏系第三沉降带。其构造格局主要受阴山构造带和新华夏系构造带的影响。

煤田总的构造轮廓为—东部隆起、西部坳陷，走向近 S—N，向 W 倾斜的单斜构造。北端地层走向转为 NW，倾向 SW，南端地层走向转为 SW 至 EW，倾向 NW 或 N，倾角一般小于15°，构造形态简单。煤田构造主要产生于地壳升降运动，构造形式以褶曲和正断层为主。煤田中东部发育有轴向呈 NNE 的短轴背向斜，如窑沟背斜、东沟向斜、西黄家梁背斜、焦家圪卜向斜、贾巴壕背斜。南部有走向近 EW 的老赵山梁背斜、双枣子向斜，轴向呈 NWW 的田家石畔背斜、沙沟背斜、沙沟向斜，走向近 SN 的罐子沟向斜。煤田内断裂构造发育，有龙王沟正断层、哈马尔崞正断层、F2 断层、石圪咀正断层、虎石圪旦正断层。

2. 井田构造

某某煤矿位于准格尔煤田南部详查区的深部区，井田构造与南部详查区基本一致，为倾角小于15°的单斜构造，地层走向 NNW，倾向 NEE。在单斜背景上，局部地区有宽缓的波状起伏。西南部地层呈弧形弯曲，地层走向 NW，倾向 NE。井田内中小构造较为发育，主要表现为褶皱构造和断裂构造，其特征分述如下：

1）褶皱构造

褶皱主要为田家石畔挠曲，位于井田中部，挠曲的轴向自井田的西南部，向北37°～49°东延伸，在 216 号钻孔处挠曲方向发生转折，方向转向近正北，在 2 勘查线以 N27°E 穿越井田，受其影响，区内煤层倾角变化明显，挠曲西部煤层倾角为 15°左右。东部煤层倾角为 2°～15°左右。该挠曲控制程度较低，其形态特征需布置工程进一步控制。

2）断裂构造

井田目前发现的断层主要位于4101（南）煤探巷东部的一、二盘区。综合一、二盘区 5 次三维地震勘探资料，矿建井巷工程实见点，2013 年补勘地质构造孔控制，一、二盘区现有落差 20 m 以上断层 1 条（DF5），落差 10 m 断层 4 条（DF6、DF23、F7、F1），落差 5 m 以上断层 2 条（F19、F5），落差 0.4～5 m 断层数 10 条。区内断层性质均为正断层，断层以 NNE—NE 向和 NNW—NW 向 2 组分部在盘区内，其中 NNE—NE 向断层较为发育。受构造应力影响，断层两侧有小褶曲相伴生。现将落差大于 5 m 断层情况分述如下：

（1）DF6 断层：位于井田一盘区，断层走向 N15°～92°E，倾向 SE，倾角 43°～80°，落差 0～19 m，延展长度 3397 m。井巷工程实见控制点 9 处，分别是一水平 4101（南）探查巷、一水平回风大巷、一水平辅助运输大巷、一水平 11401 输送带运输巷、二水平大巷、216$_\pm$01 工作面辅助运输、216$_\pm$01 工作面输送带运输巷、216$_\pm$02 工作面辅助运输巷、216$_\pm$02 工作面输送带运输巷、二水平东翼回风大巷、二水平外运通道、二水平辅运回风大巷，同时在 B–B′地质剖面上 HY40 钻孔和 Y8 钻孔控制、C–C′地质剖面上 HY41

钻孔和 11401 输送带运输巷实见断层点控制。从上述巷道实见断层和钻孔见煤情况分析，该断层在区内延展方向、走向、倾向、倾角和落差均得到了控制，属查明断层。DF6 断层物探推测落差 10 ~ 30 m，HY40、HY41 号 2 个钻孔分别控制落差 13.5 m 和 19 m，通过与三维地震物探推测的断层相比较，断层性质、走向和倾向基本一致，而断层落差比原来要小。详见表 13 - 12。

（2）DF5 断层：位于井田一、二盘区，断层走向 N28°—75°E，倾向 SE，倾角 65° ~ 85°，落差 0 ~ 27 m，延展长度 3153 m。井巷工程实见控制点 10 处，分别是一水平 4101（南）探查巷、一水平一盘回风大巷、一水平一盘输送带运输大巷、一水平一盘辅助运输大巷、一水平 11401 辅助运输巷、输送带运输巷、回风巷、一水平 12401 胶运辅助运输巷、12402 输送带运输巷、二水平 216$_{上}$01 工作面辅助运输巷、216$_{上}$01 工作面开切眼、216$_{上}$01 工作面回风巷，226$_{上}$01 输送带运输巷、回风巷，同时在 B - B′地质剖面上 216$_{上}$01 工作面辅助运输巷和旺采工作面控制、A - A′地质剖面上 HY43 钻孔和 HY43 - 2 钻孔控制。从上述巷道实见断层和钻孔见煤情况分析，该断层在区内延展方向、走向、倾向、倾角和落差均得到了控制，属查明断层。DF5 断层三维地震物探推测落差 0 ~ 25 m，HY43 钻孔、HY43 - 2 钻孔 2 个钻孔控制落差 10 ~ 13 m；216$_{上}$01 工作面辅助运输巷和旺采面控制落差 16 ~ 27 m，与三维地震物探推测的断层相比较，断层性质、走向和倾向在一盘区内基本一致，断层的落差比原来微有增加。

DF5 断层往南延展，进入二盘区 DF5 断层延展方向发生变化，一水平 4101（南）探查巷 4H18 号测点南 87 m 处见 F1 断层（落差 11.6 m），经对比该断层与一盘区 DF5 断层均属同一条断层，从而证实 DF5 和 DF19 不属同一条断层，DF5 断层在一、二盘区是连续的。详见表 13 - 12。

（3）DF23 断层：位于井田一盘区，断层走向 S47°—88°E，倾向 SW，倾角 40° ~ 72°，落差 0 ~ 12 m，延展长度 1830 m，三维地震物探曾对其进行局部控制；一水平东翼煤探巷，216$_{上}$01 工作面输送带运输巷、辅助运输巷，216$_{上}$02 工作面辅助运输巷工程已实际揭露，属查明断层。详见表 13 - 12。

（4）F7 断层：位于井田一盘区，断层走向 N27° ~ 44°W，倾向 SW，倾角 63° ~ 69°，落差 1.8 ~ 10 m，延展长度 524 m。一盘区辅运大巷，1401 工作面胶带巷、辅助巷，二水平东翼带式输送机大巷工程已实际控制，属查明断层。详见表 13 - 12。

（5）F1 断层（6 剖面）：位于井田一盘区南部，断层走向 N70° ~ 75°E，倾向 SE，倾角 70°，落差 1.8 ~ 15 m，一水平胶带运输机大巷，4101（南）煤探巷已揭露该断层，三维物探推测延展长度 698 m。有待于工程进一步控制，属基本查明断层。详见表 13 - 12。

（6）F19 断层（7 ~ 8 剖面之间）：位于井田二盘区、三盘区之间，4101（南）煤探巷已见该断层，断层走向 N79°E，倾向 SE，倾角 80° ~ 85°，落差 4.75 m，三维物探推测长度 706 m。现只一个工程点控制，有待于工程进一步控制，属基本查明断层。详见表 13 - 12。

（7）F3 断层（回风立井井底车场）：位于井田一盘区，一水平总回风巷见该断层，断层走向 N33°E，倾向 SE，倾角 55°，三维物探推测长度 387 m，现只一个工程点控制，属基本查明断层。详见表 13 - 12。

表 13-12 某某煤矿一、二盘区主要断层情况一览表

名称	性质	走向	倾向	倾角/(°)	落差/m	延展长度/m	巷道实见控制情况	查明程度
DF6	正断层	N45°—64°E	SE	72	7	3397	一水平4101（南）探煤巷	查明
		N50°—65°E	SE	75	12		一水平回风大巷	
		N67°E	SE	72	9		一水平输送带运输大巷	
		N80°E	SE	80	15		一水平辅助运输大巷	
		N45°E	SE	72	12		11401输送带运输巷	
		N56°E	SE	43	9		216上01工作面辅助运输巷	
		N92°E	SE	45	9		216上01工作面输送带运输巷	
		N15°E	SE	46	11.2		二水平东翼回风大巷	
		N30°—70°E	SE	60~85	7.6~12		216上02辅助运输巷	
		N30°—77°E	SE	67~88	12.1~13		216上02输送带运输巷	
		N39°—61°E	SE	55~88	12		二水平辅助运输大巷	
		N51°—77°E	SE	65~82	13		二水平回风大巷	
		N15°—28°E	SE	75	3.5		二水平外运通道	
		N45°E	SE	74	13.5		C—C剖面和HY41孔11401输送带运输巷	
		N35°—39°E	SE	76	10~19		B—B剖面Y8孔和HY40孔	
DF5	正断层	N50°—57°E	SE	74	11.6	3153	一水平4101（南）煤探巷	查明
		N63°E	SE	80	15		一水平一盘区回风大巷	
		N63°E	SE	75	12.7		一水平一盘区输送带运输大巷	
		N64°E	SE	65	16.5		一水平一盘区辅助运输大巷	
		N73°E	SE	75	15		一水平11401辅助运输巷	
		N75°E	SE	75	15		11401辅助运输巷	
		N68°E	SE	76	15		11401回风巷	
		N55°E	SE	80	9.7		12401输送带运输巷	
		N55°E	SE	85	8		12401辅助运输巷	
		N60°E	SE	80	11		12402输送带运输巷	
		N60°E	SE	85	27		216上01工作面辅助运输巷	
		N30°E	SE	78	8.6		216上01工作面开切眼	
		N28°E	SE	70	5.6		216上01工作面回风巷	
		N75°E	SE	52	8.9		226上01工作面回风巷	
		N57°E	SE	80	4.1		226上01工作面输送带运输巷	
		N50°—60°E	SE	65	16~27		B—B剖面、216上01工作面辅助运输巷	
		N40°—45°E	SE	77	10~13		A—A剖面、HY43和HY43-2孔	

表 13 - 12 （续）

名称	性质	走向	倾向	倾角/（°）	落差/m	延展长度/m	巷道实见控制情况	查明程度
DF23	正断层	S72°E	NE	65	12	1830	一水平东翼煤探巷	查明
		S79°E	NE	40	8.5		216上02 工作面辅助运输巷	
		S88°E	NE	66	7		216上01 工作面输送带运输巷	
		S47°E	NE	54	9		216上01 工作面回风巷	
F7	正断层	N27°W	SW	69	10	524	一水平 DJ1′测点附近	查明
		N36°W	SW	65	1.8		一水平 4104 辅助运输巷	
		N44°W	SW	63	3		二水平辅运大巷	
F1	正断层	N75°E	SE	70	1.8	698	一水平 4101（南）煤探巷	基本查明
		N70°E	SE	70	15		一水平带式输送机大巷	
F19	正断层	N79°E	SE	80 ~ 85	4.75	706	一水平 4101（南）煤探巷	基本查明
F3	正断层	N33°E	SE	55	7.5	387	立风井井底车场	基本查明

另外，二盘区东南部三维地震解释断层 34 条，其中推断可靠 11 条，较可靠 23 条，尚需工程验证。

通过对上述地质资料的整理和综合分析，井田一、二盘区的地质构造复杂程度为中等类型，某某煤矿井田构造纲要如图 13 - 3 所示。

（五）岩浆岩

结合区域岩浆岩活动，以及以往勘查资料及补充勘探结果，某某井田内未发现岩浆活动。

四、区域水文地质

（一）概述

某某煤矿井田位于准格尔煤田中西部，准格尔煤田位于鄂尔多斯高原东北部，地形西北高，东南低。西北部塔哈拉川上游标高 1366 m，南部壕米圪坨标高 870 m，最大高差 496 m，标高一般在 1050 ~ 1250 m 之间。黄河由北向南流经煤田东部，煤田内各大沟谷水流最终流入黄河。较大的沟谷自北向南有孔兑沟、龙王沟、黑岱沟、哈尔乌素沟、罐子沟及十里长川等，延展方向多斜交或垂直地层走向。各支沟多呈树枝状分布，向源侵蚀为主。横断面多呈"V"字形，属于侵蚀性黄土高原地貌。各大沟谷的上游多有泉水流出，至中下游形成小溪。雨季山洪暴发，流量大而历时短促，各大沟谷也是排泄煤田内大气降水和地下水的主要通道。

（二）含、隔水层

1. 松散岩类孔隙潜水含水层

（1）第四系风积砂（Q_4^{eol}）：广泛分布于煤田北部孔兑沟、大路沟及西北部大、小乌兰不浪一带，一般呈沙坝、沙垄、沙梁、新月形沙丘出现，透水而不含水。

（2）第四系冲洪积层（Q_4^{al+pl}）：主要分布于黄河岸边及南部马栅一带，煤田内各大

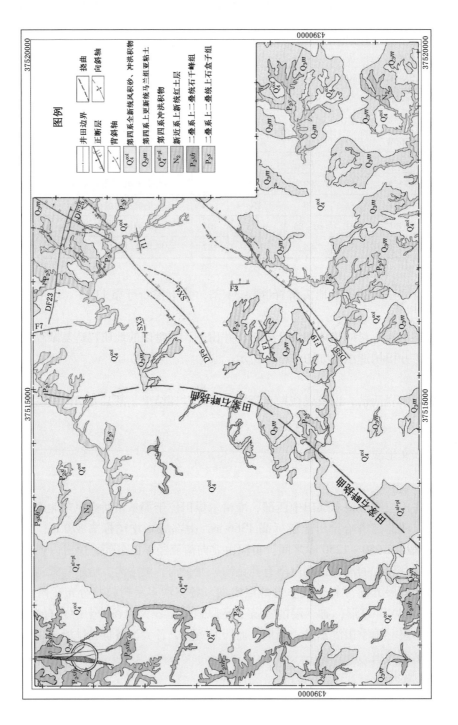

图 13 - 3 某某煤矿井田构造纲要

沟谷也有分布，但分布面积、厚度均较小，岩性为砂、砂砾、淤泥等，含水较丰富。钻孔抽水试验证实：单位涌水量为 0.067 ~ 0.255 L/(s·m)。

（3）第四系黄土层（Q_3m）：为轻亚黏土，广泛分布于全区，厚度 0 ~ 120 m，含钙质结核，与基岩接触处局部为薄层钙质结核层，垂直节理发育。与基岩及红土接触面有泉水出露，其流量多在 0.001 ~ 1.00 L/s。该层直接受降水补给，但不具备储水条件。

（4）新近系红土层（N_2）：主要为黏土及亚黏土。区内零星分布，厚度 0 ~ 90 m。与下伏基岩呈不整合接触，为不透水层，底部常夹有 1 ~ 2 层钙质结核，层理明显。局部与基岩接触面见有泉水出露，流量甚微，一般为 0.001 ~ 0.05 L/s。

2. 碎屑岩类孔隙、裂隙含水层

（1）上侏罗 ~ 下白垩系志丹群（$J_3 ~ K_1zh$）：分布于煤田北部及西北部边缘，厚度大于 400 m。岩性为紫红、红色砂砾岩、含砾粗砂岩、泥岩和灰白色砂岩等。孔隙、裂隙发育，含水丰富，并有较高的承压水头。地表出露泉水较多，一般流量为 0.016 ~ 2.00 L/s，最大流量为 29.7 L/s。水质为 HCO_3—Ca 型水，矿化度 0.285 g/L。

（2）三叠系和尚沟组（T_1h）：分布于煤田西南边缘，厚度大于 165 m。岩性为棕红色、砖红色中细砂岩及粉砂岩，夹棕红色砂质泥岩。地表见有裂隙泉水出露，流量一般在 0.01 ~ 0.30 L/s 之间。

（3）三叠系刘家沟组（T_1L）：分布于煤田西部，厚度为 257 ~ 385 m。岩性以粉红、肉红、浅灰色细砂岩为主，夹棕红色粉砂质泥岩及砂砾岩，交错层理发育。在沟谷切割深处见有裂隙泉水出露，流量一般均小于 0.1 L/s。

（4）二叠系石千峰组（P_2sh）：分布于煤田西部，厚度大于 170 m。岩性为紫红、黄绿、灰绿及褐黄色砂岩、含砾粗砂岩、砂质泥岩、泥岩，局部夹有薄层黏土岩。砂岩胶结疏松，孔隙较发育，地表泉水流量在 0.1 ~ 0.7 L/s，最大流量为 1.0 L/s。

（5）二叠系上石盒子组（P_2s）：分布于煤田西部，厚度约 300 m。岩性以紫红色、灰绿色砂质泥岩、泥岩为主，中夹黄绿色中粗粒砂岩，含砾石及铁质结核。孔隙、裂隙较为发育，地表见有较多的泉水出露，其流量一般为 0.1 ~ 1.0 L/s，最大流量为 3.5 L/s。水质为 HCO_3—Ca·Mg 型水，矿化度 0.143 g/L。

（6）二叠系下石盒子组（P_1x）：出露于煤田中部，厚度 40 ~ 170 m。岩性由黄色、浅灰色砂质泥岩、黏土岩及砂岩组成。孔隙、裂隙发育，常见有下降泉出露于底部，一般流量为 0.1 ~ 0.5 L/s，最大流量为 1.18 L/s。

（7）二叠系山西组（P_1s）：出露于煤田东部和中部，厚度为 21 ~ 148 m。由灰白、黄褐色中粗砂岩，棕灰、紫色砂质泥岩、泥岩、黏土岩及煤组成。本组含 1 ~ 5 号煤层。在粗砂岩中有少量泉水出露，流量多为 0.01 ~ 0.4 L/s，最大流量为 1.51 L/s。

（8）石炭系太原组（C_2t）：出露于煤田东部和中部，厚度为 12 ~ 115 m。由灰白、灰黄、深灰及灰黑色砂岩、砂质泥岩、黏土岩及煤组成。含 6 ~ 10 号煤层，是煤田的主要含煤地层。地表见有微量裂隙泉水出露，流量在 0.01 ~ 0.06 L/s 之间。

（9）石炭系本溪组（C_2b）：出露于煤田东部，厚度为 5.27 ~ 50 m，与下伏地层呈假整合接触。由灰、深灰及紫色砂岩、泥岩、灰岩及铝土岩组成。局部受地表水补给，见有微量裂隙泉水出露，流量为 0.01 ~ 0.05 L/s。

3. 石灰岩岩溶裂隙含水层

中下奥陶统（O_{1+2}）：出露于煤田东部边缘，黄河岸边及南部榆树湾一带。岩性以黄色白云岩和白云质灰岩为主，其次为深灰色石灰岩、竹叶状石灰岩。由于岩溶裂隙发育程度极不均匀，因而导致含水性因地而异。如在黑岱沟沟口一带，灰岩厚度 40～100 m，岩溶裂隙不甚发育，且位于地下水位以上，故含水极其微弱。而在榆树湾一带，灰岩厚度可达 300 m 左右，岩溶裂隙较为发育，据钻孔揭露单位涌水量大于 1 L/（s・m）。

本区属天桥岩溶水系统（图 13-4），为一补给、径流和排泄完整的全排型水文地质单元，单元面积约 13921.5 km²，其中碳酸盐岩裸露及覆盖（半裸露）面积 9607.9 km²，碎屑岩分布面积 3410.4 km²，变质岩分布面积 903.2 km²。某某井田位于天桥岩溶系统的西北部的边界地区，属于本系统的末端。

黄河是煤田北、东、南缘的最大地表水体。煤田东缘黄河峡谷段长约 98 km，比降 1.33‰，河宽 100～300 m，水深平均 2～3 m，流速平均不大于 2 m/s。煤田北缘黄河水位标高最高 990.67 m，最低 984.52 m，年平均 987.04～987.98 m。煤田东缘黄河水位标高最高 950.67～953.09 m，最低 944.67～947.09 m。黄河万家寨水利枢纽工程建成后，煤田东缘黄河水位上升到 980 m，水位回至前房子、喇嘛湾一带。黄河最大流量 5310 m³/s，最小流量 39.8 m³/s，最大年平均流量 1390 m³/s，最小年平均流量 392 m³/s，多年平均流量 778 m³/s。最大流量多出现在 8 月、9 月，其中 9 月占最大流量出现年份的 32%，最小流量多出现在冬、春季节，其中 5 月、6 月占最小流量出现年份的 33%。黄河多年平均含沙量 6.67 kg/m³，年平均输沙量 151 Mt，其中 7 至 10 月输沙量占全年的 82%，12 月至 2 月占全年的 0.8%，泥沙粒径平均 0.0343 mm。

灰岩地下水的补给来源以奥陶系灰岩大面积裸露及半裸露区接受大气降水为主，同时还接受上覆第四系松散孔隙含水层、石炭二叠系裂隙含水层及地表水的入渗补给。本区岩溶水的运移属于渗入—径流—排泄型循环，即水量基本上不消耗蒸发，径流排泄可看做唯一的排泄方式，各种水量的关系为：补给量 = 径流量 = 排泄量。区内地下水由北东、东和南部向天桥泉群方向径流，平均水力坡度为 4‰～6‰，补给区较陡，向排泄区逐渐变缓。在天桥泉群以南奥灰含水层逐渐进入深部，地下水径流缓慢甚至迟滞。

本区地下水的排泄主要以岩溶泉群形式进行，排泄口位于天桥附近的黄河东岸，根据黄河河曲和府谷两水文站测流资料计算，天桥泉群的排泄量为 12.46 m³/s。其次本区内的工农业和生活用水也是岩溶水的排泄形式，但用水量相对较小。

（三）地下水的补、径、排条件

（1）补给条件。区内松散层分布广泛，松散层潜水主要接受大气降水的垂直渗入补给。在河谷地段，地表水也可直接或间接补给地下潜水。碎屑岩类在各大沟谷及两侧分布较广，所以碎屑岩类承压水一方面接受上部潜水的下渗补给，另一方面在出露处直接受大气降水的渗入补给。深部石灰岩承压水则接受黄河的侧渗补给及外围远距离的径流补给。

（2）径流条件。本区沟谷纵横，为排泄地表水和地下水的主要通道，故地下水径流条件好，径流方向单一，与河谷走向一致。由于各地层岩性不同，各岩层的渗透性能及径流也有所不同，但径流方向与区域地形及构造特征相一致。

（3）排泄条件。松散层潜水排泄方式主要为蒸发排泄、井泉排泄。碎屑岩类承压水的排泄方式主要有泉水排泄、矿井疏干排泄和地下径流排泄。石灰岩承压水则以地下径流排泄为主。

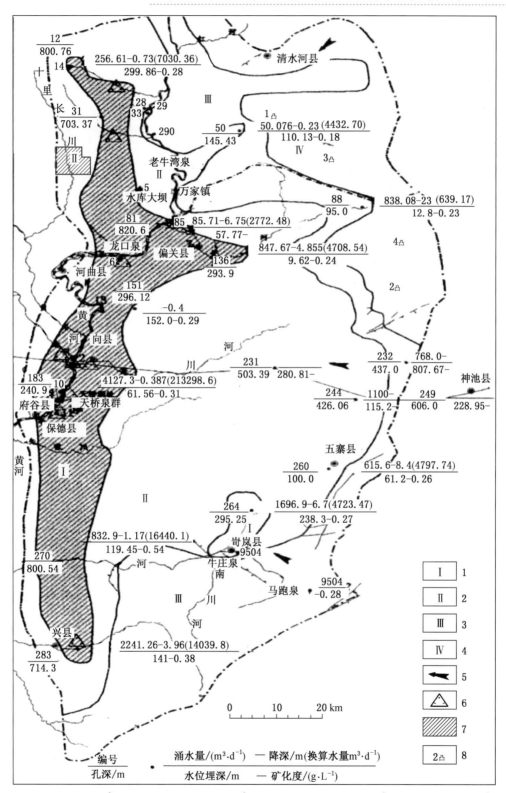

图 13-4　天桥泉域岩溶水富水性分区（曹金亮，2005.12）

1—极富水区＞3000 m³；2—强富水区 1000～3000 m³；3—中等富水区 100～1000 m³；4—弱富水区＜100 m³；
5—地下水流向；6—水源地；7—强径流带；8—水样点及编号

五、矿井水文地质条件

（一）井田边界及其水力性质

某某煤矿井田边界线为人为边界，整体为一单斜构造，呈东高西低。井田直接充水含水层地下水的补给源以大气降水为主，大气降水通过零星出露的煤系地层露头或黄土覆盖的隐伏煤系地层露头垂直下渗补给；其次接受区外地下水的侧向径流补给，松散层潜水直接接受大气降水的垂直渗入补给。决定补给量多少的主要因素是降水量与降水形式及补给区的大小。本区的年降水量在 400 mm 左右，且多集中在 7 月、8 月、9 月三个月，降水形式以暴雨与雷阵雨为主。总之，降水量少且集中，加之地形起伏大，沟谷纵横，不利于降水的入渗，而易形成地表径流，沿纵横发育之沟谷集中排入黄河。煤系地层出露面积零星，并多处于较大沟谷的边缘，煤系地层出露处普遍地形坡度大，植被稀少，对排泄大气降水有利。因补给量非常有限，煤层直接充水含水层补给来源贫乏，决定了其富水性弱。

本区属天桥岩溶水系统，为一补给、径流和排泄完整的全排型水文地质单元，单元面积约 13921.5 km²，其中碳酸盐岩裸露及覆盖（半裸露）面积 9607.9 km²，碎屑岩分布面积 3410.4 km²，变质岩分布面积 903.2 km²。某某煤矿井田位于天桥岩溶系统的西北部的边界地区，属于本系统的末端。

灰岩地下水的补给来源以奥陶系灰岩大面积裸露及半裸露区接受大气降水为主，同时还接受上覆第四、三系松散孔隙含水层、石炭二叠系裂隙含水层及地表水的入渗补给。本区岩溶水的运移属于渗入—径流—排泄型循环，即水量基本上不消耗蒸发，径流排泄可看做唯一的排泄方式，各种水量的关系：补给量 = 径流量 = 排泄量。区内地下水由北东、东和南部向天桥泉群方向径流，平均水力坡度为 4‰ ~ 6‰，补给区较陡，向排泄区逐渐变缓。在天桥泉群以南奥灰含水层逐渐进入深部，地下水径流缓慢甚至迟滞。

（二）含水层

1. 松散层孔隙潜水含水层

（1）第四系风积砂（Q_4^{eol}）：分布于井田内大部地区，厚度一般在 0 ~ 10 m，成分以石英颗粒及砂土为主，随风流动性较大。该层直接覆盖在第四系马兰黄土（Q_{3m}）之上，由于受风蚀、风化等作用，该两层在表层局部地区混为一体，难以详细区分，该层透水大部不含水。地表见有泉水出露，流量 0.039 ~ 0.60 L/s，水质为 $HCO_3 - Ca \cdot Mg$ 型，矿化度 0.21 g/L，pH = 7.5。本层属富水性弱的局部含水层。

（2）第四系冲洪积层（Q_4^{al+pl}）：主要分布于十里长川及各大沟谷一带，分布面积小，钻孔揭露厚度一般为 4.18 ~ 10 m，最大厚度 63.70 m（Y2 号钻孔），岩性为土黄色不同粒度的砂、砂砾、泥砂等，含有孔隙潜水。钻孔抽水试验证实：单位涌水量为 0.067 ~ 0.255 L/(s·m)。本层属富水性弱的局部含水层。

（3）第四系黄土层（Q_{3m}）：试验室定名粉质黏土，淡黄色、黄褐色粉砂质黄土，夹黏土层，粒度均匀，垂直节理发育，含白色钙质结核，渗透系数 3.27×10^{-4} ~ 9.16×10^{-5} cm/s。井田内均有分布，由于被沟谷切割较深，厚度极不均匀，钻孔揭露厚度 1.60 ~ 92.69 m，平均 20 m 左右。该层直接接受降雨补给，但不具备储水条件，在沟中与基岩接触面有泉水出露，流量 0.027 ~ 0.30 L/s。该层属富水性微弱。

2. 碎屑岩类孔隙、裂隙含水层

（1）二叠系石千峰组（P_{2sh}）：上部以砖红色粉砂质泥岩和泥岩为主，夹灰绿色砂岩。下部以黄绿色中～粗砂岩和含砾粗砂岩为主，具大型斜层理。该层受后期剥蚀，残存不多，主要分布在井田西部，钻孔揭露厚度 29.22～222.83 m，平均厚度 120.55 m。含有少量孔隙～裂隙潜水，地表见有泉水出露，流量一般 0.09～0.33 L/s，多为间歇性下降泉。

（2）二叠系上石盒子组（P_{2s}）：上部为暗紫色泥岩、砂质泥岩及灰白色含砾粗砂岩；中部为灰黄色泥岩、砂质泥岩，局部夹细砂岩；下部为灰绿色中粗砂岩，夹暗紫色泥岩。该组地层井田内均有分布，但遭后期剥蚀，残存厚度为 0～215.96 m，平均 78 m，厚度变化较大。主要出露于井田内较深的沟谷中，孔隙、裂隙较发育，沟中见有泉水出露，流量一般为 0.02～0.33 L/s，最大 1.243 L/s。Y2 号钻孔钻至该组地层中上部细砂岩时孔内涌水，涌水量 0.014 L/s，水质为 $HCO_3 - Ca \cdot Mg$ 型，矿化度 0.19 g/L，属低矿化度淡水。

（3）二叠系山西组（P_{1s}）：为本井田主要含煤地层，岩性由灰白～黄褐色中粗粒砂岩、深灰～灰黑色砂质泥岩、泥岩、黏土岩及 4 号、5 号煤层组成。钻孔揭露厚度 81.85～147.53 m，平均 109.82 m，厚度变化不大。该组地层孔隙、裂隙较发育，下部含水性较好，但很不均一。井田内大部分钻孔钻至该组下部粗砂岩时漏水严重，简易水文观测大部分钻孔无水位。HY11、Y14 号钻孔分别对该组地层 4 号煤层和 5 号煤层底板以上（包括上、下石盒子组）基岩进行抽水试验，单位涌水量仅 0.0005～0.0012 L/(s·m)，水量极小。说明地下水补给水源贫乏，含水微弱，以静储量为主。水质类型为 $HCO_3 - Ca \cdot Na$ 型水，矿化度 0.40 g/L，属低矿化度淡水。

（4）石炭系太原组（C_{2t}）：为本井田主要含煤地层，钻孔揭露厚度 44.60～80.53 m，平均 58.94 m。岩性由灰白、灰黄、深灰及灰黑色砂岩、砂质泥岩、泥岩、黏土岩及 $6_上$、6 号、8 号、9 号、10 号煤层组成。其中 $6_上$、6 号和 9 号煤是主要可采煤层，且厚度大，裂隙较发育，局部含水性较好，但很不均一。井田大部分钻孔钻至 6 号煤层时漏水严重，简易水文观测大部分钻孔无水位。HY13、Y16 号钻孔对该组 $6_上$ 煤层底板以上进行抽水试验，水位埋深 251.50 m，孔内基本无水，水柱高度仅 7.50 m，一抽即干。

相对含水的砂岩类岩层不同深度的分布于各地层中，接受上部潜水的下渗补给和深部的径流补给。各含水层虽或多或少含有裂隙水，但以静储量为主，补给贫乏，直接充水含水层钻孔单位涌水量仅 0.0005～0.0012 L/(s·m)。井田内大多数钻孔钻至煤系地层即开始漏水，漏失量一般为 5～8 m³/h，最大可达 18 m³/h。漏水岩石多为含砾粗砂岩、粗砂岩及煤层。

山西组和太原组砂岩是本井田矿床充水的直接含水岩层，两组地层之间局部无稳定的隔水层，尤其是 $6_上$ 煤层顶板局部地段为冲刷接触，砂岩与煤层直接接触，且裂隙较发育，故有水力联系。

3. 石灰岩岩溶裂隙含水层

中下奥陶统（O_{1+2}）：井田内已有钻孔揭露厚度 69.70～405.54 m。岩性上部为灰～灰褐色薄层～巨厚层状灰岩、豹皮状灰岩；中部为浅黄色、黄色中厚层状白云质灰岩，夹薄层状泥质、钙质白云岩及灰白色钙质细粒石英砂岩；下部为灰黄色薄层白云质灰岩、白云岩，夹竹叶状白云岩，含燧石结核及条带，隐晶质结构。常见氧化褐铁矿斑点，孔隙、小溶洞发育，多为方解石脉充填。该层由于岩溶裂隙发育程度极不均匀，因而导致含水性因地而异。单井涌水量 0.032～49.72 m³/h，单位涌水量 0.000645～0.00373 L/(s·m)，水质为 $Cl - Na$ 和 $Cl - K \cdot Na$ 型水，及 $HCO_3 \cdot Cl - Na \cdot Ca \cdot Mg$ 和 $Cl \cdot HCO_3 - Na \cdot Mg$ 型水，局部矿化度可达 5 g/L。

（三）隔水层

（1）新近系红土层（N_2）：实验室定名为黏土，渗透系数 6.25×10^{-7} cm/s，黏聚力 50.0 kPa，内摩擦角 33.0°。井田内零星出露，岩性为红色、棕红色黏土层，松散～半胶结，含砂质及白色钙质结核，层理明显。由于本层钻探采取率极低，少数几个钻孔见到该层，厚度为 5.59～13.20 m，井田外 H63 号孔根据判层厚度为 65.50 m。该层以黏土为主，隔水性较好。

（2）二叠系下石盒子组（P_{1x}）：岩性上部以紫色及黄绿色泥岩、砂质泥岩为主，夹中厚层状砂岩，泥岩隔水性较好。中下部为黄褐色砂岩与紫色、杂色黏土岩互层，井田内较发育，隔水性好。底部为含砾粗砂岩，厚层状，斜层理发育，胶结中等。本组地层井田内未见出露，含水微弱。钻孔揭露厚度为 45.82～199.05 m，平均 86.25 m。

（3）石炭系本溪组（C_{2b}）：上部以深灰色、灰黑色泥岩、黏土岩为主，夹透镜状灰岩及泥灰岩，灰岩富含海相动物化石及生物碎屑；中部为灰黑色砂质泥岩、泥岩及灰白色石英砂岩；下部为浅灰色铝土质黏土岩。本井田钻孔揭露厚度 14.62～49.72 m，平均 22.25 m。综合邻区资料，该层为良好的隔水层。

六、矿井充水因素分析

1. 矿井充水水源

1）地表水

井田内地表大面积被第四系风积砂及黄土层覆盖，植被稀少，大气降水为井田地下水的主要补给来源，但地形切割强烈，有利于地表水和地下潜水的排泄。十里长川是流经本井田最大的沟谷，由北向南穿越井田西部，在井田范围内，属于季节性河流；其次井田内沟谷发育，各大沟谷之地表水均为间歇性溪流，只有雨季才可形成洪流，且历时短促，集中排泄于下游河道。但井下回采工作面采后导水裂缝带局部可能会波及至地表，在雨季地表形成积水时，积水会随裂缝灌入井下，为井下安全回采带来隐患。

2）顶板砂岩裂隙水

煤系地层砂岩裂隙含水层是矿井开采的直接充水含水层。根据勘探资料，井田内大多数钻孔钻至煤系地层即开始漏水，漏失量一般为 5～8 m³/h，最大可达 18 m³/h；漏水岩石多为含砾粗砂岩、粗砂岩及煤层。根据掘进探放水资料，煤系砂岩含水层，特别是 4 号煤层顶板下石盒子组中粗粒砂岩含水层和 $6_{上}$ 煤层顶板山西组底部砂岩含水层裂隙发育，局部有一定富水性，但均一性差。另外，井田内局部区域褶皱、断裂构造较发育，水源在低洼处汇集时，具有一定静储量。因此掘进巷道与回采工作面通过断裂破碎带、褶皱低洼区域时可能具有一定水害威胁。

3）奥灰岩岩溶水

煤系基底奥陶系灰岩在井田范围内缺少峰峰组，根据前人勘探资料和 2011 年西安院进行的水文地质补充勘探成果，以及 2013 年某某地勘公司进行的一、二盘区地质补充勘探成果，该地层岩溶发育程度不均，其主要形状表现为溶蚀裂隙，次为小溶孔，以垂直与顺层发育的两组溶蚀裂隙为主，含水性因地而异。其与太原组煤系地层间为本溪组黏土岩及泥岩隔水层相隔，在正常情况下，奥陶系岩溶水不易补给煤系地层。但是井田内断层、陷落柱等构造较为发育，一、二盘区北部已通过三维地震圈出了疑似岩溶陷落柱，且OM9 号钻孔已验证了在 $216_上01$ 原回撤通道新发现的隐伏陷落柱的存在。当奥灰水位高于煤层底板时，则存在奥灰水沿导水断层、导水裂隙带或导水陷落柱突入矿井的危险。

4）采空区水

根据目前勘探资料和生产资料，周边及井田内无老窑和生产矿井，不存在老窑水隐患。本矿开采上部 4 号煤层形成的采空区积水将可能影响下部 6 号煤层的正常生产，需提前进行探放水。

2. 充水通道

1）地表水和煤系砂岩含水层充水通道

地表水和煤系砂岩含水层充水通道主要是采动塌陷裂隙带沟通含水层（包括原有导水断层等构造）形成矿井充水通道。

（1）4 号煤层导水裂隙带高度按照《建筑物、水体、铁路及主要井巷煤柱留设与压煤开采规范》中计算导水裂隙带最大高度 H_L 的经验公式：

$$H_L = \frac{100M}{1.6M + 3.6} \pm 5.6 \tag{13-2}$$

式中　H_L——导水裂隙带高度，m；

M——煤层采厚，取 3.25 m。

4 号煤层开采破坏或影响的裂隙带高度 H_L 为

$$H_L = \frac{100 \times 3.25}{1.6 \times 3.25 + 3.6} \pm 5.6 = 31.8 \sim 43.0 \text{ m}$$

由计算可知，4 号煤层开采后导水裂隙带发育高度为 31.8~43.0 m，由下到上波及到二叠系下统山西组（P_1s）以及二叠系下统下石盒子组（P_1x）。

（2）$6_上$ 煤层厚度 11.43 m，采高超过 3 m，导水裂隙带高度计算研究较少，不能用式（13-2）计算，按照经验成果，对于中硬岩层，导水裂隙带高度 H_L 是采高的 9~11 倍，结合矿井煤层赋存及顶板岩性，$6_上$ 煤层开采后覆岩导水裂隙带高度为 102.9~125.7 m；另根据《某某煤矿 4 号煤层与 $6_上$ 煤层首采面矿压显现与覆岩运动规律研究》成果，$216_上$ 01 工作面"两带"高度为 155 m。2 种方法导水裂隙带高度均波及石炭系上统太原组（C_2t）、二叠系下统山西组（P_1s）。

4 号煤与 $6_上$ 煤层平均间距为 64.07 m，开采 $6_上$ 煤层时，导水裂隙带高度大于与 4 号煤的层间距，所以 4 号煤层的采空区水及 $6_上$ 煤层波及的含水层均成为 $6_上$ 煤层的直接充水水源。

目前矿井开采 4 号煤层和 $6_上$ 煤层的直接充水含水层是上覆石炭系上统太原组（C_2t）和二叠系下统山西组（P_1s）含水层，更有甚者导水裂缝带可能波及地表。在工作面推进过程当中，随着顶板垮落和裂隙的发育，会出现较大涌水。

2）底板奥灰含水层充水通道

底板奥灰含水层可能的充水通道是垂向导水断层、导水裂隙带或导水岩溶陷落柱。因此，在奥灰带压地段进行采掘活动，应特别加强对垂向导水、含水构造的探查。

3. 充水强度

矿井充水强度取决于充水含水层的富水性、导水性、厚度、分布面积、充水岩层出露和接受补给源的条件、充水含水层侧向边界的导水与隔水条件、煤层顶底隔水岩层的隔水条件，以及充水通道等。其定量指标表示方法有 3 种。

1）矿井涌水量

根据涌水量大小，矿井可分为 4 个等级：

（1）涌水量小的矿井：$Q \leqslant 180$ m³/h，相当于水文地质简单的矿井。

（2）涌水量中等的矿井：$Q = 180 \sim 600$ m³/h，相当于水文地质中等的矿井。

（3）涌水量大的矿井：$Q = 600 \sim 2100$ m³/h，相当于水文地质复杂的矿井。

（4）涌水量很大的矿井：$Q > 2100$ m³/h，相当于水文地质极复杂的矿井。

根据矿井涌水量统计，目前全矿井正常涌水量为 66 m³/h，属涌水量小的矿井。

2）矿井突水量

以矿井发生突水时的最大突水量为准，也分为 4 个等级：

（1）很少发生突水或突水量很小的矿井：突水量 < 60 m³/h。

（2）发生过中等突水的矿井：突水量 = 60 ~ 600 m³/h。

（3）发生过大的突水的矿井：突水量 = 600 ~ 1800 m³/h。

（4）发生过特大突水的矿井：突水量 ≥ 1800 m³/h。

某某煤矿未发生过突水。

3）富水系数

富水系数又称含水系数，是指生产矿井在某时期排出水量 Q 与同一时期的煤炭生产量 P 之比，即矿井每采 1 t 煤时需从矿井中排出的水量。按富水系数（K_β）可将矿井充水强度划分如下：

（1）充水性弱的矿井：$K_\beta < 2$ m³/t。

（2）充水性中等的矿井：$K_\beta = 2 \sim 5$ m³/t。

（3）充水性强的矿井：$K_\beta = 5 \sim 10$ m³/t。

（4）充水性极强的矿井：$K_\beta > 10$ m³/t。

某某煤矿富水系数计算：

$$K_\beta = Q/P = 0.35 \text{ m}^3/\text{t}$$

式中　K_β——富水系数，m³/t；

　　　Q——月排出水量，取 209520 m³；

　　　P——月煤炭生产量，取 830000 t；

某某煤矿富水系数 $K_\beta = Q/P = 0.26$ m³/t < 2 m³/t，属充水性弱的矿井。

综上所述，某某煤矿涌水量小，未发生过突水，充水性弱，矿井充水强度较一般。

七、井田及周边老空水分布状况

根据井田勘探报告，煤田内大部分生产小窑矿坑涌水量很小或无水。本井田由于煤层埋藏较深，周边无任何生产小窑及老窑。临近开采的仅有北部的酸刺沟煤矿，该矿于 2009 年 1 月投入生产，首采盘区远离某某井田，矿坑涌水量 85 m³/h，生产正常，东部为基建矿井玉川井田，目前在建中；东南部为山东鲁能探矿；南部为长滩煤矿，开采区远离该矿井田边界；西部为未开发井田。因此，本井田不受采空区水影响。但本矿井二水平

6$_上$煤层如216$_上$05、226$_上$01等工作面回采时受本矿上部4号煤层采空区水害威胁，需提前做好积水疏放工作。

八、矿井涌水量的构成分析、主要突水点位置、突水量及处理

自2011年以来矿井正常涌水量66 m³/h，最大涌水量为291 m³/h，矿井涌水来源主要为矿井生产用水、超前探放水钻孔涌水，未发生过突水。根据中煤科工集团西安研究院2011年提交的《某某煤矿水文地质补充勘探报告》，矿井先期开采地段一、二盘区正常涌水量102 m³/h，最大涌水量151 m³/h；结合矿井近3年实际涌水量和未来3年采掘区域，预计未来3年矿井正常涌水量70 m³/h，最大涌水量150 m³/h。自2011年以来矿井涌水量见表13－13。

表13－13 某某煤矿涌水量一览表 m³/h

年份	月 份											
	1	2	3	4	5	6	7	8	9	10	11	12
2011	15.6	16.2	16.5	28.3	27.3	21.5	26.8	29.6	54.3	45.8	54.6	46.7
2012	20.3	20.2	21.5	27.1	27.2	22.9	23.7	24.4	23.3	22.2	20.8	24
2013	80	118.8	143.9	140.8	238.2	238.4	291	198.3	78	72.25	70.25	76.5
2014	73.1	71.3	77	72	66	50.5	48	60.25	60.5	63.65	74.75	79.5
2015	67.75	66	64	65	168	75	71.5	69	60.25	56.65	55.5	79
2016	118.5	175.1	291	269.2	103.7	49.25	51.5	60.5	66.5	66.1	70.75	62.85
2017	58.25	65.6	83.1	55.6	58.1	61.5	59.2	52	62.8	66.2	66	64.5
2018	82.5	76.5	84.5	70	69.5	60	62.5	52	64.5	58.5	64.2	60.5
2019	45.5	57.5	58.4	54.5								

注：2013年2—8月矿井涌水量中含216$_上$01回风巷探放水钻孔放水量；2015年5月矿井涌水量中含216$_上$01回风巷探放水钻孔放水量，西安院做放水试验；2016年1—5月矿井涌水量中含二水平大巷超前探测DF6断层带探放水钻孔放水量。

建井以来井下主要出水点见表13－14～表13－24。

表13－14 2008年井下主要出水点一览表

序号	出水地点位置	水量/(m³·h⁻¹)	日期	时间	水质水量是否变化
1	主斜井1068 m右帮下方	2.5～3.0	2008－04－11	10:30	砂岩裂隙水，10日后无水
2	主斜井1134 m右帮顶部	1.0	2008－05－02	10:30	砂岩裂隙水，10日后无水
3	主斜井1139 m右帮上方	4.5～5.6	2008－05－04	21:30	砂岩裂隙水，5日后水减小至3.0 m³/h，30后测得为1.5～2.0 m³/h

表13－15 2009年井下主要出水点一览表

序号	出水地点位置	水量/(m³·h⁻¹)	日期	时间	水质水量是否变化
1	一水平东翼辅运大巷西头123 m顶部	3.0	2009－05－13	21:30	砂岩裂隙水，无压，24 h后水量减小为1.0 m³/h，72 h后无水

表 13 - 16　2010 年井下主要出水点一览表

序号	出水地点位置	水量/ (m³·h⁻¹)	日期	时间	水质水量是否变化
1	外运主斜井 622 m 右侧	0.5 ~ 1.0	2010 - 02 - 21	4:20	砂岩裂隙水
2	外运主斜井 623 m 右侧	40 ~ 50	2010 - 02 - 21	13:00	水量增加，水质没有变化
3	外运主斜井 624 m 右侧	65 ~ 70	2010 - 02 - 25	15:00	继续增大
4	外运主斜井 625 m 右侧	45 ~ 50	2010 - 02 - 26	8:00	减少
5	外运主斜井 626 m 右侧	15 ~ 20	2010 - 02 - 29	9:00	减小，数日观察在未有变化
6	一二水平 1 号联络巷 60 m 右方顶部	3.76	2010 - 03 - 02	9:00	砂岩裂隙水，向下继续掘进水即消失
7	一二水平 1 号联络巷 80 m	11.76	2010 - 03 - 11	8:00	超前探放水 2 号钻孔出水，慢慢减小至 5 m³/h 以下
8	一二水平 1 号联络巷 120 m	11.0	2010 - 04 - 16	8:00	超前探放水 1 号钻孔出水，慢慢减小至 5 m³/h 以下
9	一二水平 1 号联络巷 120 m	2.76	2010 - 04 - 22	18:20	无变化
10	一二水平 1 号联络巷 120 m	2.3	2010 - 05 - 12	10:00	无变化
11	一二水平 1 号联络巷 120 m	2.36	2010 - 05 - 20	9:00	无变化

表 13 - 17　2011 年井下主要出水点一览表

序号	出水地点位置	水量/ (m³·h⁻¹)	日期	时间	水质水量是否变化
1	二水平东翼回风大巷 1330 m	15	2011 - 04 - 14	9:15	砂岩裂隙水，无色、无味
2	东翼输送带运输大巷 1340 m 处	23	2011 - 05 - 13	22:00	无色、无味
3	东翼输送带运输大巷 2 号钻孔	14	2011 - 05 - 15	5:00	无色、无味，衰减较快
4	216上 01 输送带运输巷 418 m	13	2011 - 09 - 15	16:20	无变化

表 13 - 18　2012 年井下主要出水点一览表

序号	出水地点位置	水量/ (m³·h⁻¹)	日期	时间	水质水量是否变化
1	216上 01 输送带运输巷	3	2012 - 01 - 05	10:06	无
2	二水平辅运大巷开口 38 m 处	1.7	2012 - 01 - 07	8:50	无异味
3	11401 输送带运输巷 1868 m	2	2012 - 01 - 10	11:02	无
4	11401 工作面开切眼调车硐室	2	2012 - 04 - 02	10:00	无

表 13 – 19 2013 年井下主要出水点一览表

序号	出水地点位置	水量/ (m³·h⁻¹)	日期	时间	水质水量是否变化
1	216上01 面原回撤通道探放水钻孔	21.6 ~ 220	2013 – 01 – 21	3:40	无色、无味、水量无变化
2	216 上 02 面 7 号联络巷探放水钻孔	3 ~ 55	2013 – 08 – 06	7:00	较浑浊、有臭味、水量逐渐衰减

表 13 – 20 2014 年井下主要出水点一览表

序号	出水地点位置	水量/ (m³·h⁻¹)	日期	时间	水质水量是否变化
1	216上02 工作面辅助运输巷探放水钻孔	11 ~ 72	2014 – 03 – 01	早班	无色、无味、水量逐渐衰减
2	二水平总回大巷探放水钻孔	0.3 ~ 6.9	2014 – 03 – 07	早班	发白色、臭鸡蛋气味、水量逐渐衰减
3	二水平清水复用加压泵房探放水钻孔	1.8 ~ 24	2014 – 03 – 21	早班	无色、无味、水量衰减较快
4	216上02 输送带运输巷 7 号联络巷前 158 m 处	2.4 ~ 4.8	2014 – 04 – 24	中班	无色、无味、水量衰减较快
5	216上02 辅助运输巷 f42 号点前 17 m	8.9 ~ 16	2014 – 05 – 15	早班	无色、无味、水量逐渐衰减
6	216上02 辅助运输巷 f42 号点前 33 m	5.6 ~ 11	2014 – 05 – 20	早班	无色、无味、水量逐渐衰减
7	216上02 输送带运输巷 J50 号点处钻场	3.1 ~ 12	2014 – 05 – 22	中班	无色、无味、水量衰减较快
8	216上02 输送带运输巷 10 联络巷	1.1 ~ 2.4	2014 – 07 – 22	中班	无色、无味、水量衰减较快
9	21 盘区集中回风巷开口	5 ~ 94	2014 – 08 – 02	夜班	无色、无味、水量逐渐衰减
10	21 盘区集中辅助运输巷开口	3 ~ 7.2	2014 – 08 – 05	夜班	无色、无味、水量逐渐衰减
11	21 盘区集中回风巷 2 号调车硐	11.2 ~ 21.8	2014 – 10 – 30	中班	无色、臭鸡蛋气味、、水量逐渐衰减
12	21 盘区集中回风巷 2 联巷	5.1 ~ 13.9	2014 – 12 – 16	中班	无色、无味、水量逐渐衰减
13	21 盘区集中输送带运输巷 2 联络巷	1.1	2014 – 12 – 24	中班	无色、无味、水量逐渐衰减

表 13 - 21　2015 年井下主要出水点一览表

序号	出水地点位置	水量/ (m³·h⁻¹)	日期	时间	水质水量是否变化
1	21 盘区集中回风巷 2 联巷前 108 m	1.56 ~ 10.28	2015 - 01 - 16	中班	无色、无味、水量逐渐衰减
2	21 盘区集中回风巷 3 联巷	13.2	2015 - 02 - 05	中班	无色、无味、水量逐渐衰减
3	21 盘区集中输送带运输巷 3 联巷	1.2	2015 - 03 - 20	早班	无色、无味、水量逐渐衰减
4	21 盘区集中辅助运输巷 3 联巷	3.6	2015 - 03 - 20	早班	无色、无味、水量逐渐衰减
5	二水平输送带运输大巷 5 联巷前 271 m 探水孔	25.8	2015 - 12 - 25	中班	无色、无味、水量衰减较慢
6	21 盘区集中回风巷 4 联巷前 58 m 硐室探水孔	22.5	2015 - 12 - 29	早班	无色、无味、水量衰减较慢
7	21 盘区集中回风巷 4 联巷前 58 m 硐室探水孔	19	2015 - 12 - 29	中班	无色、无味、水量逐渐较慢

表 13 - 22　2016 年井下主要出水点一览表

序号	出水地点位置	水量/ (m³·h⁻¹)	日期	时间	水质水量是否变化
1	21 盘区集中回风巷 4 联巷前 58 m 硐室探水孔	1.1	2016 - 01 - 01	早班	无色、无味、水量逐渐衰减
2	二水平输送带运输大巷 5 联巷前 271 m 探水孔	18	2016 - 01 - 11	早班	无色、无味、水量衰减较慢
3	二水平输送带运输大巷拐主斜井联巷探水孔	41	2016 - 02 - 02	中班	无色、无味、水量衰减较慢
4	二水平输送带运输大巷拐主斜井联巷探水孔	36	2016 - 02 - 16	早班	无色、无味、水量衰减较慢
5	二水平辅助运输大巷拐 21 集中联巷口探水孔	23	2016 - 02 - 28	中班	无色、无味、水量逐渐衰减
6	二水平辅助运输大巷拐 21 集中联巷口探水孔	23	2016 - 03 - 01	中班	无色、无味、水量逐渐衰减
7	二水平辅助运输大巷拐 21 集中联巷探水孔	80	2016 - 03 - 06	中班	无色、无味、水量衰减较慢
8	二水平辅助运输大巷拐 21 集中联巷探水孔	38.7	2016 - 03 - 07	夜班	无色、无味、水量衰减较慢
9	二水平辅助运输大巷 7 联巷前 26 m 探水孔	36	2016 - 03 - 11	中班	无色、无味、水量衰减较慢

表 13 - 22（续）

序号	出水地点位置	水量/（m³·h⁻¹）	日期	时间	水质水量是否变化
10	二水平辅助运输大巷 7 联巷前 26 m 探水孔	19.3	2016 - 03 - 12	夜班	无色、无味、水量衰减较慢
11	二水平辅助运输大巷 21 集中联巷探水孔	22.9	2016 - 03 - 13	早班	无色、无味、水量衰减较慢
12	二水平辅助运输大巷 7 联巷前 26 m 探水孔	21.9	2016 - 03 - 13	中班	无色、无味、水量衰减较慢
13	二水平回风大巷 7 联巷探水孔	21.9	2016 - 03 - 21	早班	无色、无味、水量衰减较块
14	二水平输送带运输大巷 4 联巷前 60 m 探水孔	18.6	2016 - 04 - 13	中班	无色、无味、水量衰减较块
15	二水平输送带运输大巷 4 联巷前 60 m 探水孔	18	2016 - 04 - 19	中班	无色、无味、水量衰减较块
16	二水平输送带运输大巷 4 联巷前 60 m 探水孔	4.8	2016 - 04 - 26	中班	无色、无味、水量衰减较块
17	21 集中回风巷 2 号水仓处 11401 采空区疏放水孔	5.5	2016 - 05 - 08	早班	无色、无味、水量衰减很快
18	21 集中回风巷 2 号水仓处 11401 采空区疏放水孔	72	2016 - 05 - 09	早班	无色、无味、水量衰减很快
19	21 集中回风巷 2 号水仓处 11401 采空区疏放水孔	4.6	2016 - 05 - 10	早班	无色、无味、水量衰减很快

表 13 - 23　2017 年井下主要出水点一览表

序号	出水地点位置	水量/（m³·h⁻¹）	日期	时间	水质水量是否变化
1	二水平辅助运输大巷 8 联巷探水孔	3.6	2017 - 04 - 13	夜班	无色、无味、水量衰减较块
2	二水平辅助运输大巷 8 联巷探水孔	14	2017 - 04 - 16	夜班	无色、无味、水量衰减较块
3	二水平输送带运输大巷 8 联巷探水孔	4.6	2017 - 05 - 05	中班	无色、无味、水量衰减较块
4	二水平辅助运输大巷 21 集中输送带运输开口	11	2017 - 06 - 13	夜班	无色、无味、水量衰减较块
5	21 盘区集中回风巷 6 联巷	7.5	2017 - 07 - 17	早班	无色、无味、水量衰减较块

表 13 – 23（续）

序号	出水地点位置	水量/ （m³·h⁻¹）	日期	时间	水质水量是否变化
6	216上04 输送带运输巷、辅助运输巷 1 联巷	25	2017 – 09 – 27	早班	无色、无味、水量衰减较块
7	216上04 输送带运输巷、辅助运输巷 2 联巷	1.8	2017 – 10 – 01	早班	无色、无味、水量衰减较块
8	216上04 输送带运输巷、辅助运输巷 4 联巷	3.8	2017 – 10 – 14	早班	无色、无味、水量衰减较块
9	216上05 输送带运输巷开口处	10.1	2017 – 12 – 24	早班	无色、无味、水量衰减较块

表 13 – 24　2018 年井下主要出水点一览表

序号	出水地点位置	水量/ （m³·h⁻¹）	日期	时间	水质水量是否变化
1	216上05 输送带运输巷开口处	50	2018 – 01 – 06	夜班	无色、无味、水量衰减较块
2	21604 辅助运输巷 3 联巷前 80 米处	31	2018 – 03 – 04	早班	无色、无味、水量衰减较块
3	21605 输送带运输巷 4 联巷	14.7	2018 – 04 – 04	夜班	无色、无味、水量衰减较块
4	21605 辅助运输巷 4 联巷	4	2018 – 04 – 28	早班	无色、无味、水量衰减较块

九、矿井未来三年采掘和防治水规划

（一）2019—2021 年生产接续计划

1. 回采工作面

2019—2021 年回采工作面接续计划见表 13 – 25。

表 13 – 25　2019—2021 年回采工作面接续计划

采掘队伍	工作面名称	剩余推进量/m	计划推进量/m	回采时间/年 – 月
综采一队	216上05 工作面	913	913	2019 – 01—2019 – 09
	226上01 工作面	3648	3648	2019 – 10—2021 – 09
	226上02 工作面	3648	288	2021 – 10—2021 – 12
综采二队	12401 工作面	2000	2000	2019 – 01—2019 – 10
	12402 工作面	3165	3165	2019 – 11—2021 – 04
	12403 工作面	3547	684	2021 – 04—2021 – 12

2. 掘进工作面

2019—2021 年掘进工作面接续计划见表 13 – 26。

表 13 – 26 2019—2021 年掘进工作面接续计划

采掘队伍	掘 进 巷 道 名 称	计划掘进/m	掘进时间/年 – 月
掘锚一队	226上01 输送带运输巷及联巷	2926	2019 – 01—2019 – 07
	226上02 输送带运输巷、辅助运输巷	8100	2019 – 07—2020 – 11
	226上02 开切眼	650	2020 – 11—2021 – 01
	226上02 回撤通道	616	2021 – 01—2021 – 02
	226上04 输送带运输巷、辅助运输巷	5024	2021 – 02—2021 – 12
掘锚二队	226上01 回风巷	1446	2019 – 01—2019 – 03
	226上01 开切眼及输送带运输巷、辅助运输巷反掘	1400	2019 – 03—2019 – 06
	二水平大巷延伸（到位）	3840	2019 – 06—2020 – 03
	226上01 回撤通道	650	2020 – 03—2020 – 04
	226上03 输送带运输巷、辅助运输巷及联巷	8400	2020 – 04—2021 – 09
	226上03 开切眼及调车硐	570	2021 – 09—2021 – 11
	216上06 运输巷	128	2021 – 11—2021 – 12
	226上03 回撤通道	616	2021 – 12—2021 – 12
掘锚三队	12402 运输巷	1319	2019 – 01—2019 – 03
	12402 开切眼	650	2019 – 03—2019 – 04
	12403 运输巷/12404 回风巷 1	1900	2019 – 04—2019 – 07
掘锚五队	一水平大巷延伸（到位）	3500	2019 – 01—2019 – 10
	12403 运输巷/12404 回风巷 3	4100	2019 – 11—2020 – 08
	12403 开切眼	650	2020 – 09—2020 – 10
	12403 回撤通道	716	2020 – 11—2020 – 12
	12404 运输巷/12405 回风巷/联巷	6498	2021 – 01—2021 – 12
掘锚六队	二水平大巷延伸	3600	2019 – 01—2019 – 12
	226上05 输送带运输巷、辅助运输巷及联巷	8400	2020 – 01—2021 – 12
合计		65699	

（二）防治水规划

1. 地表水害防治

（1）雨季前清理疏通井口附近、工业广场及生活区的排水沟。

（2）雨季前对矿井各类立眼、工程孔等通道进行全面排查，分析周边汇水、排洪情况；对新发现的进水通道立即制定封堵或防止进水的措施。

（3）强化地面雨季三防，"雨季三防"期间回采工作面对应地表附近沟谷水流情况监测，定期对采空区地面进行排查，及时填堵塌陷裂缝，防止雨季洪水沿塌陷裂缝溃入井下。

（4）雨季期间密切关注井下涌水量的变化，发现水量突然增大要立即查明原因并采取措施。

（5）与当地气象部门建立联系，密切关注灾害性天气的预报预警信息，制定应急措施。

2. 井下防治水工作规划

（1）2019 年计划回采整个 216$_\text{上}$05 工作面并于 2019 年 1 月搬家至 216$_\text{上}$05 工作面，因此需提前完成 216$_\text{上}$05 工作面顶板疏放水、采空区探测疏放水及工作面物探异常区验证工程，并配合西北水文地质研究院完成《216$_\text{上}$05 工作面防治水安全性评价报告》，以及落实各项防治措施，保证工作面安全回采。

（2）做好带压掘进区水害分析与防治工作，重点为二水平回风大巷剩余约 705 m，二水平输送带运输大巷剩余约 690 m，二水平辅助运输大巷剩余约 670 m 区域，届时将严格执行"有掘必探、先探后掘"和"物探钻探并行、化探跟进"的双重保障措施，保证巷道安全掘进。

（3）做好采掘工作面过断层探查预综合预计分析，重点为二水平大巷、226$_\text{上}$01、226$_\text{上}$02、226$_\text{上}$03 输送带运输巷、辅助运输巷过 DF5 断层处，216$_\text{上}$05 工作面过 DF14、DF15 断层区域和一水平大巷过 SF1 段层区域，加强过断层施工期间的预计与生产指导。

（4）井下巷道排水沟、水仓在雨季来临前必须安排清理 1 次，井下主要排水设备在雨季前，必须全面检修 1 次，发现问题及时处理。

（5）按要求增加排水设施设备，每个掘进工作面安装排水管路、水泵，并随工作面掘进延伸，同时坚持排水设施的日常检修。

（6）按年度培训计划培训探放水作业人员。

（7）所有掘进巷道施工必须严格制定探放水设计及安全技术措施，并组织贯彻学习，必须严格执行"有掘必探"的探放水管理方针。

（8）雨季前组织 1 次防排水系统联合试运转，并形成联合试运转报告。

3. 物探工程

在二水平奥灰水带压区域掘进巷道前，由专业物探队采用瞬变电磁和直流电法进行超前物探，每次探测 100 m，经打钻验证无异常时，可以掘进 80 m，始终保持 20 m 安全超前距离；在二水平奥灰水带压区域回采工作面前，由专业物探队采用音频电透视和无线电波进行工作面综合物探，经打钻验证无异常时，可以安全回采。

根据超前物探布置原则，结合近 3 年采掘接续计划，井下物探预计工程量见表 13 - 27。

表 13 - 27 近 3 年超前物探工程量计划

项目	工程名称	奥灰水带压/m	超前物探次数/次	单价/元	总价/元	备注
超前物探	二水平回风大巷超前物探	705	8	22000	17.6	
	二水平输送带运输大巷超前物探	690	8	22000	17.6	
	二水平辅助运输大巷超前物探	670	8	22000	17.6	
	合　计	2065	24		52.8	

4. 井下探放水工程

（1）掘进工作面必须坚持："有掘必探，先探后掘"的探放水原则。根据生产作业计划以及有掘必探的原则，按探放水钻孔保持不小于 20 m 超前距，未来 3 年计划超前探放水钻孔工程量约为 104050 m，费用预算约为 1902.6 万元。

（2）回采工作面施工钻孔：12402、12403 工作面顶板探查疏放水钻孔，226上01、226上02 工作面顶板探放水，以及上覆采空区探放水钻孔。全年计划钻孔工程量约 4600 m，费用预算约 84.1 万元。

未来 3 年计划各类探放水工程钻孔总进尺共 108650 m，费用总预算约 1986.7 万元，见表 13 - 28。

表 13 - 28　未来 3 年钻孔工程量计划及费用预算

序号	工　程　名　称	钻探进尺/m	单价/元	总价/万元	备注
掘进面超前探放水工程	一水平大巷延伸超前探放水工程	5175	182.9	94.6	
	12402 掘进工作面超前探放水工程	14250	182.9	260.6	
	12403 掘进工作面超前探放水工程	14250	182.9	260.6	
	12404 掘进工作面超前探放水工程	9000	182.9	164.6	
	二水平大巷延伸探放水工程	6195	182.9	113.3	带压区
		2645	182.9	48.4	
	226上01 掘进工作面超前探放水工程	9786	182.9	178.9	
	226上02 掘进工作面超前探放水工程	14250	182.9	260.6	
	226上03 掘进工作面超前探放水工程	14250	182.9	260.6	
	226上04 掘进工作面超前探放水工程	14250	182.9	260.6	
	小　计	104050		1902.6	
工作面钻探工程	12402 工作面顶板探查疏放水工程	800	182.9	14.6	
	12403 工作面顶板探查疏放水工程	800	182.9	14.6	
	226 上 01 工作面顶板探放水及上覆采空区探放水工程	1500	182.9	27.4	
	226 上 02 工作面顶板探放水及上覆采空区探放水工程	1500	182.9	27.4	
	小　计	4600		84.1	
合计		108650		1986.7	

5. 做好预测预报工作

严格执行公司制定的年、季、月、临时水害分析预报制度，防治水技术人员要深入研究地质及水文地质资料，做好水害预测预报工作，特别是二水平大巷南部奥灰水带压掘进区和二水平大巷、226上01 输送带运输巷、辅助运输巷过 DF5 断层处，216上05 工作面过 DF14、DF15 断层区域和一水平大巷过 SF1 段层等区域，不断提高预报的准确性和可靠性，提前制定和落实针对性措施；做好矿井水害隐患排查工作，落实整改治理措施和探放水工程等。

6. 工作面安全评价报告

对有奥灰水水害隐患的 $216_{上}05$ 工作面开展采前水害评估工作，配合西北水文院做好评估工作。

7. 加强科技创新

通过加强与西安煤科院专业技术领域合作，在矿井陷落柱、导水断层与地下水化学类型特征联系探索、底板出水水源准确分析、矿井奥灰水位变化与区域水文单元的具体联系、水文地质类型划分等方面的研讨，提升自身科技创新能力。

做好地测防治水技术方面的"五小""亮点"总结，形成科技成果。

8. 加强水文地质基础资料的收集

做好地面、井下水文地质资料收集工作，包括：气象资料收集（降水量、蒸发量、气温、气压、相对湿度、风向、风速及其历年月平均值和两极值），井、泉情况调查，地貌调查（开采引起的塌陷、人工湖、其他地表水体）、地下水位动态观测、矿井涌水量观测等。认真整理收集到的资料，并及时更新。

9. 防治水培训及水害应急救援演练

计划于每年3—4月对全矿所有员工进行岗前和定期的防治水知识全员培训。制定水害应急救援预案，每年雨季前组织各部门、区队进行1次水灾演练。

十、矿井开采受水害影响程度和防治水工作难易程度评价

（一）矿井开采受水害影响程度评价

1. 地表水

井田内除三盘区十里长川外无大的地表水体，在沟谷零星分布有水塘。大气降水为井田地下水的主要补给来源，但冲沟发育，坡度较大，有利于地表水的排泄。矿井井口标高 $+1155 \sim +1165$ m，高于当地洪水位100 m以上，雨季期间不会受到地表水的威胁。

根据近3年采掘接续，近3年12401、12402、12403工作面回采工程中将共计通过4处沟谷，埋深最浅处115 m。具体如下：①12401工作面，回风巷推采至953 m到输送带运输巷推采1069 m范围，沟谷基岩最薄处为147 m，回风巷推采至1783 m到输送带运输巷推采1830 m范围，沟谷基岩最薄处为131 m；②12402工作面，从工作面回风巷370 m开始到2100 m，主要通过地表月亮沟及支沟，沟谷基岩最薄处为125 m，主回撤通道150 m附近，沟谷基岩最薄处为130 m；③12403工作面上部月亮沟区域，届时工作面通过沟谷区域时需要及时观测采空区地表塌陷情况，加强对塌陷区及地裂缝回填治理。

2. 基岩裂隙水

井田煤系地层基岩裂隙含水层及其上覆第四系松散孔隙含水层为弱富水含水层，补给量有限，对煤矿开采影响较小，且通过井下排水易于疏干。

矿井采掘生产中4号煤层以上基岩总体富水性较差，但靠近断层裂隙带可能含有一定静储量。在一水平一盘区首采11401工作面共施工探放水孔28个，其中只有探2孔水量最大，为21.6 m³/h，其他孔均为淋水或无水；在11402工作面共施工探放水孔10个，其中只有探19号孔出现涌水，为0.5 m³/h。二水平东翼大巷过F6断层时，超前钻孔最大涌水量达50 m³/h，但是水量衰减较快，一般 $3 \sim 5$ d就减小到 $3 \sim 10$ m³/h；$216_{上}02$掘进工作面通过DF6断层带（并处于向斜轴部）时，超前钻孔最大涌水量达72 m³/h，水量衰减也较快，但稳定水量也达 22 m³/h，巷道淋水较大段长 84 m，给施工造成严重影响。在首采 216 上01 工作面施工探放水孔 29 个，其中只有 1 孔出水，水量为 0.35 m³/h。至 2019 年 5 月，井下实际生产过程中各工作面顶板均无较大淋水。

根据近 3 年采掘接续，近 3 年煤层顶板砂岩裂隙水对矿井安全生产的影响区域：一水平大巷、12402 掘进工作面，12401、12402、12403 工作面和二水平大巷，226 上01、226 上02、226 上03 掘进工作面，216 上05、226 上01、226 上02 工作面过断层处，其中重点区域为二水平大巷，226 上01、226 上02 输送带运输巷、辅助运输巷过 DF5 断层处，216 上05 工作面过 DF14、DF15 断层区域和一水平大巷过 SF1 段层处，因此在巷道掘进前必须严格按照既定的防治水方案进行探放水施工。

在顶板砂岩裂隙发育区域，特别是在褶皱、断裂构造较发育且煤层顶板低洼地带，要提前做好探查、疏放工作，经过一段时间的疏放之后，顶板水对回采工作面无威胁。

3. 奥灰岩溶水

煤系地层下伏中下奥陶统灰岩含水层为矿井主要含水层，补给来源以北、东部黄河岸边奥陶系灰岩大面积裸露及半裸露区接受大气降水为主，同时还接受上覆第四系松散孔隙含水层、石炭二叠系裂隙含水层及地表水的入渗补给，根据实际揭露在井田内补给水源一般。该地层岩溶发育程度不均，其主要形状表现为溶蚀裂隙，次为溶洞，以垂直与顺层发育的两组溶蚀裂隙为主，含水性因地而异，且该地层埋藏较深，加之上覆地层本溪组黏土岩及泥岩隔水性良好，在正常情况下，奥陶系岩溶水不易补给煤系地层。如井田范围内地面 Om² 水文孔和 216 上01 工作面原回撤通道出水点这 2 个位置，因受陷落柱影响涌水量较大、富水性较强，说明奥灰含水层在平面上受构造影响呈现不均一性；井下 OM7 水文孔进入奥灰 40.4 m 时出水量为 33 m³/h，相距不远的 OM8 水文孔进入奥灰 240 m 仍未出水，由此表明奥灰含水层富水性在垂向上是不均一的。

某某煤矿井田 4 号煤层距离下伏奥灰含水层平均间距约 125 m，6 上煤层距离下伏奥灰平均间距约 61 m，6 号煤层距离下伏奥灰平均间距约 52 m，9 号煤层距离下伏奥灰平均间距约 44 m。主要可采煤层与奥灰含水层间距见表 13-29。

表 13-29　主要可采煤层与奥灰含水层间距一览表

煤层	煤层厚度/m 平均	煤层间距/m 平均	可采性指数 K_m/%	煤厚变异系数 γ/%	稳定程度	可采性	与奥灰间距/m	备　注
4 号	3.35	64.07	100	28.05	较稳定	全部可采	125.2	主要可采煤层
6 上	12.37		100	22.89	稳定	全部可采	61.13	主要可采煤层
6 号	5.77	8.47	100	28.75	稳定	全部可采	52.66	主要可采煤层
9 号	3.15	7.86	92.86	46.71	不稳定	大部可采	44.8	主要可采煤层

现井田奥灰水位标高 +865.8 ~ +869.5 m。现开采的 4 号煤层底板标高 +915.5 ~ +1025 m，在奥灰水头标高之上，采掘工程不受底板奥灰水害影响。6 上煤层底板标高 +840 ~ +970 m，其底板承受奥灰水压最大约 0.31 MPa，底板隔水层厚度约 61 m，突水系数最大为 0.015 MPa/m，小于有导水构造时的临界突水系数 0.06 MPa/m，一般情况下不会发生突水。但 2013 年 1 月在 216 上01 工作面原回撤通道探查出陷落柱，其在 6 上煤层

中陷落直径约 3 m 并导通奥灰水，探查钻孔初始涌水量总计达 291 m³/h，稳定后涌水量为 220 m³/h；2016 年 2—4 月，在二水平南翼大巷 DF6 断层带区域，探查发现 DF6 断层带导通底板奥灰水，12 个探查钻孔初始涌水量总计达 280 m³/h，稳定后涌水量为 200 m³/h（后通过注浆工程改造大巷底板，安全顺利通过），说明奥灰水一旦导通，其出水量较大，矿井自生产以来，6$_\text{上}$ 煤综放工作面带压回采区均未出现导通奥灰水现象。因此，在底板隔水层完整的情况下，6$_\text{上}$ 煤开采不受奥灰水害影响；在导水构造发育地区，隔水层基本失去隔水能力，6$_\text{上}$ 煤开采部分地段受奥灰水害影响。

根据矿井近 3 年采掘接续计划，近 3 年奥灰岩溶水对矿井安全生产的影响区域为：①二水平回风大巷剩余约 705 m，二水平输送带运输大巷剩余约 690 m，二水平辅助运输大巷剩余约 670 m，届时将严格执行"有掘必探、先探后掘"和"物探钻探并行、化探跟进"的双重保障措施；②216$_\text{上}$05 工作面煤层底板标高 +869.5 m 以下奥灰水带压开采区域，届时必须严格按照"物探先行、钻探验证，先治后采"的奥灰水防治原则，做好奥灰水探查、治理工作。

综上所述，近 3 年矿井 4 号煤层采掘工程不受水害影响；6$_\text{上}$ 煤层受顶板水害影响较小，底板隔水层在完整的情况下不受奥灰岩溶水威胁，若存在隐伏导水构造，在采取各项防治水措施后也不威胁矿井安全。

4. 采空区水害

根据目前勘探和生产资料，周边及井田内无生产小窑及老窑，矿井无老窑积水和其他生产小窑开采带来的水害隐患。但回采二水平时，从 216$_\text{上}$02 工作面回采开始就受本矿上部 4 号煤层采空区积水水害威胁。根据矿井近 3 年采掘接续计划，近 3 年采空区积水对矿井安全生产的影响区域为二水平 216$_\text{上}$05、226$_\text{上}$01、226$_\text{上}$02 工作面，回采时受本矿上部 4 号煤层采空区水害威胁。216$_\text{上}$05 工作面上覆 11402、11403 采空区积水已探测疏放完毕；226$_\text{上}$01、226$_\text{上}$02 工作面上覆 12401 工作面生产时，其生产用水全部回收，但采空区内上覆基岩垮落局部可能有少量积水，回采时需进行提前探测疏放。

5. 钻孔水害

按照规定，勘探时施工的钻孔，在工作结束后按要求进行封闭，如果封孔质量未按标准要求，钻孔就会成为煤层与其顶底板含水层或地表水体之间的通道。当采掘工作面经过或接近没有封好的钻孔时，顶、底板含水层中的地下水或地表水体将沿着钻孔补给，造成突水事故。本井田虽然暂未发现封闭不良钻孔，根据《某某井田煤炭勘探报告》中提到本井田勘探过程报废 15 个钻孔，以及 2013 年一、二盘区补堪过程中报废 2 个钻孔，孔内均遗留有钻具，封孔质量可能无法保证。因此，钻孔水害也应是矿井防治水的重点之一。

根据矿井近 3 年采掘接续计划，近 3 年涉及采掘巷道过钻孔区域为 12402、12403 综采工作面和 216$_\text{上}$05、226$_\text{上}$01、226$_\text{上}$02 综放工作面区域。具体如下：①22602 输送带运输巷掘进至距开口 837 m 处，输送带运输巷北侧 11.4 m 有 Y15 钻孔，辅助运输巷掘进至距开口 125 处，辅助运输巷南侧 14.5 m 有 HY20 钻孔，预计 12403 输送带运输巷掘进至距开口 622.5 m 处，胶顺北侧 10.3 m 有 HY25 钻孔，胶运顺槽掘进至距开口 1140.9 m 处，输送带运输巷北侧 5.11 m 有 HY26 钻孔；②216$_\text{上}$05 回采工作面推采至 394 m、895 m 时有 Y11 及 HY8 勘探钻孔 2 个，分别距输送带运输巷 165.6 m、65.1 m。226$_\text{上}$01 工作面回风巷掘进和工作面回采至距开切眼 541 m 处，回风巷北侧 12 m 有 HY44 水文孔，回采通过时加强水文观测，另 12402 面将通过 HY22、161、HY21、Y16、Y15 钻孔，12403 面将通过 HY45、HY29、HY28、HY27、HY26、HY25 钻孔，226$_{上}$02 将通过 HY22、161、HY21、Y16、Y15、HY43 - 2、HY43、HY42 钻孔。届时需认真预防，并进行超前探放水，采掘至 20 m 范围内做好有害气体监测。

（二）矿井防治水工作难易程度评价

某某煤矿现开采的 4 号煤层和 6$_{上}$ 煤层采掘工程破坏或影响的主要含水层为顶板基岩裂隙含水层和下伏奥陶系灰岩含水层，近 3 年防治水工作重点是疏放顶板基岩裂隙水和对奥灰水的探查。某某煤矿已采用井上下物探、钻探相结合的手段对奥灰水导水构造进行了探查。目前 6$_{上}$ 煤层掘进工作面在奥灰水带压区域采取"物探、钻探循环探查、化探跟进"和"有掘必探"的双重防治水保障措施。巷道每掘进 100 m 采用直流电法和瞬变电磁 2 种物探方法对掘进工作面前方进行一次探测，同时使用普通钻机和定向钻机相结合的方式进行有掘必探。回采工作面坚持"物探先行、钻探验证，先治后采"的原则，在工作面形成后均采用 2 种或以上物探方法进行探测，查清工作面内断层、陷落柱、底板裂隙富水性及奥灰水原始导高等情况，依据探测结果，对物探异常区进行钻探验证，并在采前进行水害评估。

综上所述，近 3 年矿井 4 号煤层防治水工作较简单；6$_{上}$ 煤层防治水工作从技术角度讲易于进行，从经济角度考虑，防治水工作需要的投入成本占煤矿生产成本的比例较小。

十一、矿井水文地质类型划分结果及防治水工作建议

（一）矿井水文地质类型划分

1. 划分依据与原则

1）划分依据

按照国家煤矿安全监察局 2018 年 6 月 4 日发布的《煤矿防治水细则》第十二条之要求，根据井田内受采掘破坏或者影响的含水层及水体、井田及周边采空区（火烧区，下同）水分布状况、矿井涌水量、突水量、开采受水害影响程度和防治水工作难易程度，将矿井水文地质类型划分为简单、中等、复杂和极复杂 4 种类型。详见表 13 - 30。

表 13 - 30 矿井水文地质类型划分标准

分 类 依 据		类 别			
		简 单	中 等	复 杂	极复杂
井田内受采掘破坏或者影响的含水层及水体	含水层（水体）性质及补给条件	为孔隙、裂隙、岩溶含水层，补给条件差，补给来源少或者极少	为孔隙、裂隙、岩溶含水层，补给条件一般，有一定的补给水源	为岩溶含水层、厚层砂砾石含水层、老空水、地表水，其补给条件好，补给水源充沛	为岩溶含水层、老空水、地表水，其补给条件很好，补给来源极其充沛，地表泄水条件差
	单位涌水量 $q/[\text{L} \cdot (\text{s} \cdot \text{m})^{-1}]$	$q \leqslant 0.1$	$0.1 < q \leqslant 1.0$	$1.0 < q \leqslant 5.0$	$q > 5.0$

表 13 - 30（续）

分类依据		类 别			
		简 单	中 等	复 杂	极复杂
井田及周边采空区水分布状况		无采空区积水	位置、范围、积水量清楚	位置、范围或者积水量不清楚	位置、范围、积水量不清楚
矿井涌水量/（$m^3 \cdot h^{-1}$）	正常 Q_1	$Q_1 \leq 180$	$180 < Q_1 \leq 600$	$600 < Q_1 \leq 2100$	$Q_1 > 2100$
	最大 Q_2	$Q_2 \leq 300$	$300 < Q_2 \leq 1200$	$1200 < Q_2 \leq 3000$	$Q_2 > 3000$
突水量 Q_3/（$m^3 \cdot h^{-1}$）		$Q_3 \leq 60$	$60 < Q_3 \leq 600$	$600 < Q_3 \leq 1800$	$Q_3 > 1800$
开采受水害影响程度		采掘工程不受水害影响	矿井偶有突水，采掘工程受水害影响，但不威胁矿井安全	矿井时有突水，采掘工程、矿井安全受水害威胁	矿井突水频繁，采掘工程、矿井安全受水害严重威胁
防治水工作难易程度		防治水工作简单	防治水工作简单或者易于进行	防治水工作难度较高，工程量较大	防治水工作难度高，工程量大

注：1. 单位涌水量 q 以井田主要充水含水层中有代表性的最大值为分类依据。

2. 矿井涌水量 Q_1、Q_2 和突水量 Q_3 以近 3 年最大值并结合地质报告中预测涌水量作为分类依据，含水层富水性及突水点等级划分标准见附录一。

3. 同一井田煤层较多，且水文地质条件变化较大时，应当分煤层进行矿井水文地质类型划分。

4. 按分类依据就高不就低的原则，确定矿井水文地质类型。

2）划分原则

（1）以矿井防治水工作为目的，考虑与矿井地质勘探工作相结合。

（2）全面考虑矿井充水诸因素的影响，突出其中主要因素的作用。

（3）符合我国实际情况，反映近年来煤矿水害事故发生的特点以及防治水工作中的经验教训，力求简单明了，便于实际应用。

（4）类型划分所考虑的各种因素（指标）具有同等地位，并且为了煤矿生产安全，类型划分采用就高不就低的原则。

（5）同一井田内煤层较多且水文地质条件变化较大时，应分煤层进行矿井水文地质类型划分。

2. 本矿井水文地质类型划分

依据《煤矿防治水细则》第十二条规定，结合矿井生产实际情况，应分煤层进行矿井水文地质类型划分。

1）4 号煤层水文地质类型划分

对于 4 号煤层，近 3 年矿井开采范围仅受基岩裂隙含水层及其上覆第四系松散孔隙含水层影响，且为弱富水含水层，补给量有限，对煤矿开采威胁较小，通过井下排水易于疏干。

（1）矿井受采掘破坏或者影响的含水层及水体。现开采的 4 号煤层位于下伏奥灰含水层水位之上，受采掘破坏或影响的含水层主要是煤系地层［下二叠统山西组（P_{1s}）］中碎屑岩类孔隙、裂隙含水层，孔隙、裂隙较发育。但因补给水源比较贫乏，主要充水含水层富水性弱，钻孔抽水试验单位涌水量 $q < 0.01$ L/（$s \cdot m$），地下水位埋深多在百米以

下。井田附近无大的地表水体，大气降水为井田地下水的主要补给来源，但冲沟发育，坡度较大，有利于地表水的排泄。4 号煤层受采掘破坏或者影响的含水层及水体类型划分为简单。

（2）矿井及周边老空水分布状况。本井田由于煤层埋藏较深，周边无任何生产小窑及老窑，据邻区酸刺沟煤矿调查资料，开采层位为 6 号煤，矿坑涌水量 85 m^3/h，生产正常。因此，本矿井周边无老窑积水和其他生产小窑开采带来的隐患。4 号煤层矿井及周边采空区水分布状况类别划分为简单。

（3）矿井涌水量。矿井正常涌水量为 66 m^3/h，最大涌水量为 291 m^3/h，预计未来 3 年矿井正常涌水量为 70 m^3/h，最大涌水量 150 m^3/h。4 号煤层矿井涌水量类别划分为简单。

（4）突水量。矿井未发生过突水事故，4 号煤层突水量类别划分为简单。

（5）矿井开采受水害影响程度。现开采的 4 号煤层位于下伏奥灰含水层水位之上，其直接充水含水层主要为煤层顶板砂岩含水层，补给量有限，对煤矿开采威胁较小，且通过井下排水易于疏干，采掘工程不受水害威胁。4 号煤层矿井开采受水害影响程度类别划分为简单。

（6）防治水工作难易程度。根据前文分析，现开采的 4 号煤层水文地质条件简单，防治水工作简单、易于进行。4 号煤层防治水工作难易程度类别划分为简单。

综合上述，4 号煤层矿井水文地质类型划分为简单。

2）$6_上$ 煤层水文地质类型划分

对于 $6_上$ 煤层，近 3 年矿井开采范围受煤层顶板砂岩水、采空区水和奥灰岩溶水的影响。其中顶板砂岩水补给水源比较贫乏，含水层富水性弱，对 $6_上$ 煤层影响较小；本矿 4 号煤层开采形成的采空区水对 $6_上$ 煤层的回采造成影响，采前需提前疏放；底板奥灰岩溶水对 $6_上$ 煤层的回采影响最大，需采取物探＋钻探结合的方式进行超前探测，确保安全回采。

（1）矿井受采掘破坏或者影响的含水层及水体。现开采的 $6_上$ 煤层受采掘破坏或者影响的含水层主要是下伏奥陶系灰岩含水层，面临局部带压开采问题，奥灰含水层厚度大、范围广，根据实际揭露在井田内有一定的补给水源；其次是煤系地层［上石炭统太原组（C_{2t}）及下二叠统山西组（P_{1s}）］中的碎屑岩类孔隙、裂隙含水层，孔隙、裂隙较发育，但其补给水源比较贫乏，含水层富水性弱，钻孔抽水试验单位涌水量 $q < 0.01$ $L/(s·m)$，地下水位埋深多在百米以下。$6_上$ 煤层开采前还需对上部 4 号煤层开采后的采空区积水予以探放处理。井田附近无大的地表水体，大气降水为井田地下水的主要补给来源，但冲沟发育，坡度较大，有利于地表水的排泄。$6_上$ 煤层采掘破坏或者影响的含水层及水体类型划分为中等。

（2）矿井及周边老空水分布状况。本井田由于煤层埋藏较深，周边无任何生产小窑及老窑，据邻区酸刺沟煤矿调查资料，开采层位为 6 号煤，矿坑涌水量 85 m^3/h，生产正常。但本矿井二水平自 $216_上02$ 工作面回采开始时均受本矿上部 4 号煤层采空区水害威胁，需提前做好积水疏放工作。因此，本矿井周边无老窑积水和其他生产小窑开采带来的隐患。$6_上$ 煤层矿井及周边采空区水分布状况类别划分为简单。

（3）矿井涌水量。矿井目前正常涌水量为 66 m^3/h，最大涌水量为 291 m^3/h，预计未来 3 年矿井正常涌水量为 70 m³/h，最大涌水量 150 m³/h。6~上~ 煤矿井涌水量类别划分为简单。

（4）突水量。矿井未发生过突水事故，4 号煤层突水量类别划分为简单。

（5）矿井开采受水害影响程度。6~上~ 煤层受顶板水害影响较小，底板隔水层在完整的情况下不受奥灰岩溶水威胁，若存在隐伏导水构造，在采取各项防治水措施后也不威胁矿井安全。6~上~ 煤层矿井开采受水害影响程度类别划分为中等。

（6）防治水工作难易程度。6~上~ 煤层防治水工作从技术角度讲易于进行，从经济角度考虑，防治水工作需要的投入成本占煤矿生产成本的比例较小。6~上~ 煤层防治水工作难易程度类别划分为中等。

综合上述，按照类型划分采用就高不就低的原则，6~上~ 煤层水文地质类型划分为中等。

3. 结论

在收集和分析已有地质和水文地质资料、矿井实际揭露资料、各种补充勘探和探查成果的基础上，依据《煤矿防治水细则》对矿井水文地质类型划分的各项标准，按同一井田内水文地质条件变化较大时应分煤层进行矿井水文地质类型划分和分类依据就高不就低的原则，对某某煤矿未来 3 年内开采区域的水文地质类型进行了划分，确定某某煤矿现开采的 4 号煤层矿井水文地质类型划分为简单，6~上~ 煤层矿井水文地质类型划分为中等。

（二）防治水工作建议

（1）加强水文地质基础工作。积极收集、分析矿井井上下地质及水文地质资料，及时更新完善防治水图纸、台账，按时编制年、季、月水害分析预报，为防治水措施的制定提供可靠依据。

（2）根据矿井地质及水文地质条件，合理规划采掘布置。对于水文地质条件不清的区域提前实施水文地质补勘工程，对于存在水患的区域提前实施防治水工程，提前消除水害隐患，确保矿井安全生产。

（3）积极开展水害隐患排查治理工作。定期组织安全、生产、机电、地测等部门进行水害隐患排查，从矿井水文地质条件查明程度、涌水量预测、排水系统、水文监测系统、矿井水害防治等方面查找存在的问题，制定整改方案和措施，并组织落实。

（4）做好雨季"三防"工作，及时填埋采动塌陷裂隙，避免雨季洪水通过塌陷裂隙带涌入矿井。

（5）加强对导水断层和隐伏岩溶陷落柱的探查，避免隐伏导水构造导通底板奥灰水造成矿井水害事故。

（6）严格开展采前水害评估工作。对存在水害隐患的工作面要进行采前水害评估，认真分析工作面水文地质条件及存在的水害隐患，从防治水工程的实施效果、涌水量的预测、排水系统的能力匹配等方面进行评估，做到"不安全不回采、采取措施确保安全后方可回采"。

（7）完善工作面、盘区、矿井排水系统，加强日常检查、维护，保证系统可靠运行，满足矿井排水需求。

（8）做好奥灰水位自动观测系统和矿井水源快速识别系统，实时在线掌握奥灰水位动态和各出水层位的水质变化情况，为防治水工作提供依据。

（9）制定科学、合理的水灾应急预案，定期组织相关人员进行学习、演练，同时储备足够的应急抢险物资，定期检查、补充，保证应急物资储备到位。

（10）加强防治水培训，提高矿井管理人员及井下作业人员防治水意识、防治水技术水平。

附　　图

附图1：矿井充水性图

附图2：矿井综合水文地质图

附图3：矿井综合水文地质柱状图

附图4：矿井水文地质剖面图

附图5：矿井涌水量与各种相关因素动态曲线图

附　　表

附表1：矿井涌水量观测成果台账

附表2：地表水文观测成果台账

附表3：钻孔水位、井泉动态观测成果及河流渗漏台账

附表4：抽（放）水试验成果台账

附表5：井下水文地质钻孔成果台账

附表6：水质分析成果台账

第十四章 采掘工作面水害防治评价标准研发与应用

第一节 采掘工作面水害评价标准研发

一、目的、意义

"煤矿采掘工作面水害防治评价标准"是煤矿采掘工作面水害防治日常安全保障工作的重要方法和手段，经过在国家能源集团部分矿区近多年的生产实践，取得了很好的效果，也积累了一定的经验。因此，煤矿采掘工作面水害防治评价标准的国家标准的制定，目的是在全国煤矿的采掘工作面推行水害防治评价，杜绝水害事故发生。

该评价体系的编制可以进一步提高煤矿防治水工作的质量和水平，定期对矿井进行水害排查及评价，通过评价矿井水文地质勘探程度及各种水害威胁程度，及时发现水害隐患，对防治水方面存在的安全风险，制定可靠的防治水方案，为矿井安全生产提供保障。

煤矿水害事故是仅次于瓦斯的第二大易发事故，制定并实施"煤矿采掘工作面水害防治评价标准"，充分掌握服务矿井水害威胁程度的，制定切实有效的防治水措施以保障矿井采掘安全，形成煤矿采掘工作面水害防治评价体系。对防止发生重大淹面、淹井水害事故，为矿井的防治水工作起到了科学可靠的保障，具有十分重大意义。

二、范围和主要技术内容

1. 范围
本标准规定了井工煤矿采掘工作面水害防治评价的一般要求。
本标准适用于国家井工煤矿采掘工作面水害防治评价。

2. 主要技术内容
（1）本项目将规定煤矿采掘工作面水害防治评价标准。
（2）"煤矿采掘工作面水害评价标准"拟制定国家技术标准所要规范的主要技术内容是对采掘工作面水害评价方案的编写、内容、格式等进行统一规范，为矿井采掘工作面水害评价方案编制提供一个统一的指南，为矿井技术人员提供指导。

三、国内外情况简要说明

关于井工煤矿采掘工作面水害防治的评价标准，国家和行业没有制定的具体规范和技术标准。

2017年国家能源投资集团有限责任公司（原神华集团）立项研究，根据神华不同矿区的水文地质条件及多年防治水工作实践，比照国家规范的原则要求，确定一个具有定量性的、可操作性的评价标准。

2017 年 10 月完成标准初稿，召开外部专家研讨会，2017 年 11 月完成征求意见稿，在集团范围内试行。

2019 年 12 月至 2020 年 1 月，项目组人员对标准试行过程中存在的问题，又进行修改完善。

2020 年 2 月，送外部专家审查，并根据专家及相关单位意见进行修改，形成国家能源投资集团有限责任公司企业标准。

四、有关法律法规和强制性标准的关系

1. 与项目相关的法律、法规和现有行业标准、国家标准的现状

（1）《煤矿安全规程》由国家安全生产监督管理总局和国家煤矿安全监察局编制，于 2016 年最新修订实施。

（2）《建筑物、水体、铁路及主要井巷煤柱留设与压煤开采规范》，由国家安全生产监督管理总局、国家煤矿安全监察局、国家能源局和国家铁路局编制，2017 年发布实施。

（3）《煤矿防治水细则》由国家安全生产监督管理总局和国家煤矿安全监察局编制，于 2018 年实施。

2. 与现有标准的关系（引用、修订、补充和配套等）

本项目引用了《煤矿安全规程》（2016）、《建筑物、水体、铁路及主要井巷煤柱留设与压煤开采规程》（2017）、《煤矿防治水细则》（2018）。

五、采掘工作面水害评价标准

国家能源投资集团有限责任公司企业标准——采掘工作面水害评价标准由国家能源投资集团有限责任公司 2020 年 11 月 16 日发布，2021 年 1 月 1 日实施，见附录表二。

第二节　采掘工作面水害评价实例——Ⅰ0116³06 工作面防治水安全评价

一、矿井及井田概况

1. 矿井及井田基本情况

某某煤矿隶属于国家能源集团，矿井位于内蒙古自治区鄂温克族自治旗某某煤田，2008 年建矿，2012 年试生产。设计生产能力 500 万 t/a，设计可采储量 70447.0 万 t，矿井服务年限为 100.6 a。矿井采用立井开拓方式，矿井初步设计一个水平开采，开采伊敏组煤层，水平标高 +340 m，主要开采伊敏组煤层，开采深度为 +603～−550 m，16 号煤组中 163 上煤层平均厚度 7.50 m、16³ 煤层平均厚度 22.70 m，采用综采放顶煤方法开采。

矿井目前开采范围为南一盘区，截至 2019 年 10 月，已完成Ⅰ0116³上01、Ⅰ0116³02、Ⅰ0116³上03、Ⅰ0116³04、Ⅰ0116³上05 工作面的回采，目前开采Ⅰ0116³00 工作面。

2. 位置与交通

某某煤矿位于某某矿区东南部，大兴安岭西坡，呼伦贝尔草原伊敏河中下游的东侧，

行政区划属内蒙古自治区呼伦贝尔市鄂温克族自治旗管辖。2015 年 7 月 30 日，国土资源部下发采矿许可证（证号 C1000002015071110139418，生产规模：500 万 t/a，矿区面积：49.0468 km²，有效期限：自 2015 年 7 月 30 日至 2045 年 7 月 30 日）。矿区范围由 21 个拐点圈定，井田拐点坐标见表 14-1，井田范围如图 14-1 所示。

表 14-1　井田拐点坐标（80 坐标系）

序号	X	Y	序号	X	Y
1	5405582.46	40501043.51	12	5398402.46	40492645.51
2	5404999.46	40501211.51	13	5398816.46	40491951.51
3	5403917.46	40500448.51	14	5399602.46	40490912.51
4	5403470.46	40499362.51	15	5400581.46	40491271.51
5	5402299.46	40498928.51	16	5400895.46	40491332.51
6	5401950.91	40498550.99	17	5401553.46	40491173.51
7	5401950.91	40497433.54	18	5402958.46	40490863.51
8	5401362.37	40497433.28	19	5403402.46	40490868.51
9	5400598.46	40495980.51	20	5404705.46	40491167.51
10	5399370.46	40494492.51	21	5405958.46	40491427.51
11	5398451.46	40492898.51			

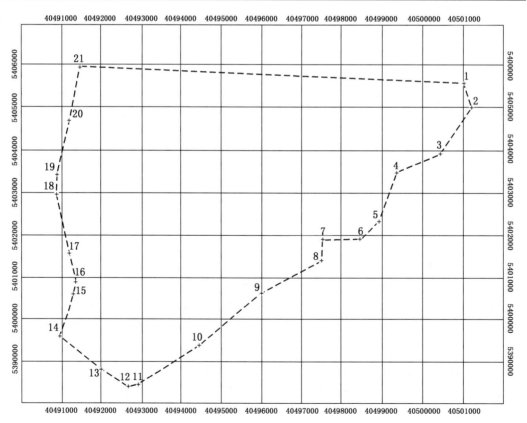

图 14-1　井田范围示意图

某某煤矿北距呼伦贝尔市海拉尔区约 60 km，南距华能伊敏煤电公司（伊敏镇）20 km，西南距五牧场华能通大煤矿 17 km。海拉尔至伊敏煤电公司的海伊铁路和海伊公路从矿区西侧 7 km 处通过，某某煤矿场外道路与海伊公路相连。另外，在矿区范围内有多条牧区公路可通行汽车，交通较为便利。

3. 地形地貌

本区属大兴安岭西坡伊敏煤田东北隅的低山丘陵区，地势东南高，西北低，井田内地面高程最高 770 m，最低 675 m，相对高差 95 m。

地貌景观由西至东为地泞坑深的河滨沼泽带；突然陡起的风成沙丘带；波状起伏的低山丘陵带和樟松密集的沙丘松林带。

矿区草原广布、环境良好。植被类型是低山丘陵草甸草原向高平原干草原过渡的起伏丘陵干草原，天然草场植被主要由多年生草本植物组成，植被盖度为 50% ~ 70%。

4. 气象水文

井田地处亚欧大陆中纬度偏高地带，属于寒温带大陆性季风气候。冬季寒冷漫长、夏季温凉短促、春季干燥风大、秋季气温骤降，霜冻早。根据海拉尔区气象站观测资料，多年平均降雨量 347.7 mm，最大年降雨量 498.6 mm（1998 年），最小年降雨量 232.5 mm（2007 年），降雨多集中在 6—9 四个月，占全年总降雨量的 78% 左右。多年平均蒸发量 1050.0 mm，最大年蒸发量 1290.7 mm（2008 年），最小年蒸发量 756.3 mm（2002 年），尤以 4 月、5 月、6 月、7 月、8 月、9 月的蒸发量最大，占全年总蒸发量的 87% 左右。多年平均气温 −0.57 ℃，最高气温 36.7 ℃，最低气温 −43.6 ℃，冻结期由 10 月至翌年的 5 月初，最大冻结深度 3.89 m，无霜期 95 d，多年平均风速 4.2 m/s。

伊敏河发源于鄂温克旗苏河屯蘑菇山，自南向北流经红花尔基镇、伊敏煤电公司、巴彦托海镇、海拉尔区，汇入海拉尔河，全长 200 km，流域面积 9000 km²，据五牧场水文站 1999—2008 年观测资料，水面宽 50 ~ 100 m，多年平均径流量 5.862 亿 m³。水深 0.5 ~ 2.5 m；流速一般 1.48 ~ 2.05 m/s；最大 2.57 m/s；流量平均在 1.5 ~ 47.8 m³/s。

锡尼河由南东向北西流经井田东北部，最终汇入伊敏河，全长约 100 km，流域面积 200 km²。据 1997 年水文地质测绘资料，河床宽 10 ~ 20 m，水深 0.5 ~ 1.5 m，流量 3.3 m³/s。

井田附近的无名浅沟，流域面积很小，流域草原滞流量大，平时径流量小，雨季径流量增加。

5. 地震

根据《中国地震烈度区划图（1990）》和《中国地震烈度区划分图（1990）使用规定》，本区属地震Ⅵ级烈度区。近年来呼伦贝尔地区地震频度有增强趋势。据地震部门记载，先后发生过 10 次。最强 2 次分别发生于 1979 年 2 月 6 日及 1980 年 2 月 10 日，前者震中位于新巴尔虎右旗的额尔墩，后者震中位于牙克石市博克图镇，2 次震级均为 5.6 级。本区地震动峰加速度 0.05 g。

6. 矿井防排水系统

矿井排水系统有 1 号排水系统和 2 号排水系统，1 号排水系统有甲、乙、丙、丁四个水仓，水仓总容积 14000 m³，安设 10 台型号为 MD 450 − 60 × 7 的卧式水泵，按照 4 用、4 备、2 检修配备，中央水泵房至地面铺设排水管路 7 趟，其中 φ325 mm 管路 6 趟、φ426 mm

管路 1 趟，1 号排水系统的正常排水能力为 1500 m^3/h、最大排水能力为 3000 m^3/h；2 号排水系统作为矿井的强排系统使用，包括甲、乙两个水仓、水仓总容积 12000 m^3，水泵房内有 4 个吸水井，安设 4 台型号为 BQ1100 – 510/6 – 2500/W – S 的电潜水泵，每台电潜水泵的排水能力为 1100 m^3/h，有 4 趟 ϕ426 mm 管路直通地面。地面污水处理厂至伊敏河安设有 4 趟排水管路，其中 ϕ400 mm 管路 2 趟、ϕ600 mm 管路 2 趟。见表 14 – 2。

表 14 – 2 某某煤矿排水系统说明

排水系统名称		1 号排水系统			2 号排水系统		合计
水仓名称		甲、乙仓	丙、丁仓	小计	甲、乙仓	小计	
水仓容积/m^3		6000	8000	14000	12000	12000	26000
水泵/台			10			4	14
水泵型号			MD 450 – 60 ×7		BQ1100 – 510/6 – 2500/W – S		
水泵配置			4 台使用、4 台备用、2 台检修		平时不启用，定期做抽水试验		
排水能力/($m^3 \cdot h^{-1}$)	正常排水		1500		单泵：1100 m^3/h		
	最大排水		3000				
井下至地面排水管路			ϕ325 管路 6 趟、ϕ426 管路 1 趟		ϕ426 管路 4 趟		
地面至伊敏河排水管路			ϕ400 管路 2 趟、ϕ600 管路 2 趟				4

对矿井 1 号排水系统排水能力进行核定。

1）水仓核定

要求：主水仓有效容量应当能容纳 8 h 正常涌水量。

500 m^3/h（正常涌水量）× 8 h = 4000 m^3 < 14000 m^3（主水仓容量）。

2）排水能力校验

1 号排水系统安装有 10 台型号为 MD 450 – 60 ×7 的卧式水泵，每台水泵的额定排水能力为 450 m^3/h，按照 4 使用、4 备用、2 检修配备。要求：工作水泵的能力应当在 20 h 内排出矿井 24 h 的正常涌水量。

工作水泵、工作水泵 + 备用水泵排水能力核定。

正常涌水量时，4 台工作水泵排水能力：450 m^3/h × 4（台）÷ 24 h × 20 h = 1500 m^3；

最大涌水量时，4 台工作水泵 + 4 台备用水泵排水能力：450 m^3/h × 8（台）÷ 24 h × 20 h = 3000 m^3。

矿井 24 h 正常涌水量：500 m^3/h（正常涌水量）× 24 h = 12000 m^3，4 台工作水泵 20 h 正常排水能力：450 m^3/h × 4（台）× 20 h = 36000 m^3，4 台工作水泵 20 h 能够排出矿井 24 h 正常涌水量（2019 年矿井平均涌水量为 500 m^3/h）。

目前某某煤矿排水水泵、排水管路、水仓容积满足《煤矿安全规程》第三百一十一条、三百一十三条要求；1 号排水系统可满足矿井正常排水的要求，同时矿井还配备 2 号直排系统，根据评估结果，矿井排水系统满足矿井正常排水要求，且具有较强的抗灾排水能力。

二、以往地质与水文地质工作及评述

1. 以往地质与水文地质工作

1）某某煤矿在勘察阶段开展的地质与水文地质工作

（1）1989—1996 年 109 勘探队在孟根楚鲁向斜盆地中进行了找煤工作，工作面积 442 km²，采用钻探与地球物理测井相结合的方法，完成地质钻孔 46 个，钻探工程量 28689.10 m；提交了《内蒙古自治区鄂温克自治旗某某河区找煤地质报告》，该报告由原东北煤田地质局以东煤地地字（1997）第 87 号文批准。

（2）1996—1998 年 109 勘探队和东煤地质局第一物测队在本区进行了普查工作，勘查面积 264 km²，采用二维地震、钻探、地球物理测井和化验测试等手段相结合的方法，共施工地震测线 300.605 km，物理点 17254 个；施工各类钻孔 12 个/9016.15 m；测井实测 8866 m。提交了《内蒙古自治区呼伦贝尔盟某某煤田某某区综合普查地质报告》，该报告由中国煤田地质总局以煤地发（1999）026 号批准。

（3）2005 年某某公司在本区进行了详查工作，勘查面积 244.15 km²。采用钻探、水文地质、地球物理测井和化验测试等手段相结合的方法，施工各类钻孔 104 个/36729.61 m，抽水 6 段。提交了《内蒙古自治区某某煤田某某区详查报告》，该报告由国土资源部以国土资储备字〔2006〕58 号备案。

（4）2006 年某某公司委托 109 勘探队在某某详查区南部，即某某一区（西起 F_{12} 断层，东至 F_8 断层，南起 16^3 煤层尖灭线，北至 541000 纬线，面积 50.925 km²）针对伊敏组煤层进行了勘探工作，采用地质钻探、三维地震、地球物理测井和化验测试等手段相结合的方法。共施工地质孔 19 个/8843.80 m，三维地震物理点 7163 个，覆盖面积 9.90 km²。提交了《内蒙古自治区某某煤田某某一区勘探报告》，经专家评审认为该报告水文地质工作略显不足，建议下一步工作进行水文地质勘探。该报告由国土资源部以国土资储备字〔2007〕008 号文件备案。

（5）2008 年 5 月 20 日—2008 年 10 月，呼伦贝尔市某某勘测规划设计有限责任公司在某某二区（一区北侧）进行了勘探，面积 116.5 km²。共施工钻孔 75 个，其中兼用水文抽水主孔 2 个，兼用工程地质孔 4 个，总计钻探工程量 44258.49 m，提交了《内蒙古自治区某某煤田某某二区勘探报告》，该报告由国土资源部以国土资储备字〔2009〕371 号文备案。

（6）2009 年至 2010 年，呼伦贝尔市某某勘测规划设计有限责任公司在某某一区西侧某某矿区后备区共施工钻孔 61 个/25809.72 m，抽水 2 段。2010 年 7 月提交了《内蒙古自治区某某煤田某某后备区勘探报告》，国土资源部以国土资储备字〔2010〕371 号文件备案。

（7）2011 年 7 月至 2012 年 4 月，天地科技股份有限公司采用多种方法针对巷道围岩力学特征进行了现场测试，并于 2012 年 12 月完成研究报告的编制。

2）矿井在试生产期间首采工作面发生涌水，为探查矿井水文地质条件开展的工作

（1）2012 年 5—9 月，中煤科工集团某某研究院物探所在矿井南一、北一盘区采用地面瞬变电磁法进行了探测，探查测区内各主要含水层中赋水性异常的分布位置及含水性相对

强弱；瞬变电磁法设计测点 8248 个，控制面积 5.58 km^2，实际完成总物理点 8710 个，控制面积 5.58 km^2。提交《某某煤矿南一、北一盘区地面瞬变电磁探测及 16^{3上} 煤层 13S$_1$01 工作面矿井电法探测成果报告》，报告中确定瞬变电磁法在测区范围内共发现 4 处主要低阻异常区；井下电法在 13S$_1$01 工作面发现 3 处低阻异常区。

（2）2012 年 5—12 月，内蒙古煤田地质局 109 勘探队在矿区进行了水文地质补勘工作，本次水文地质补勘共施工钻孔 20 个。其中，抽水试验兼疏干孔 9 个：2737.74 m；抽水试验主孔 7 个：1762.90；抽水试验观测孔 4 个：968.10 m。提交了《内蒙古自治区某某煤田某某煤矿水文地质补充勘探报告》。

3）矿井恢复生产开展的相关科研工作

（1）2013 年 5 月，通过招标委托呼伦贝尔市某某勘测规划设计有限责任公司编制《某某煤矿中长期（2013—2017 年）防治水规划》，呼伦贝尔市某某勘测规划设计有限责任公司于 2013 年 8 月编制完成。

（2）通过招标委托天地科技股份有限公司进行《某某煤矿首采工作面水体下安全开采技术研究》项目，天地科技股份有限公司于 2013 年 3—6 月编制报告，2013 年 7 月完成。

（3）委托内蒙古自治区煤田地质局 109 勘探队在 2013 年 7—11 月编制《内蒙古自治区某某煤田某某煤矿工作面涌水量预算》，2013 年 12 月完成。

（4）2013 年 9 月，通过招标委托中煤科工集团某某研究院有限公司安装矿井水情实时监测系统，该系统于 2013 年 9—12 月完成安装，主要有地面水文观测孔水位监测仪、井下轨道大巷明渠（水沟）流量监测仪、井下排水管路流量监测仪、地面主控站等构成。截至目前，系统运行稳定、监测参数准确、数据生成报表及曲线完整。

（5）2013 年 9 月，通过招标委托中煤科工集团某某研究院有限公司开展《某某煤矿"三带"观测研究》项目，该项目于 2014 年 5—9 月进行现场测试，运用钻孔冲洗液消耗量及钻孔电视等方法在某某煤矿南一盘区 16^3 煤层 Ⅰ0116^{3}02 回采工作面中部施工采前、采后钻孔各 1 个，对导水裂缝带发育高度进行实测；9—12 月运用数值模拟、相似材料模拟等方法对导水裂缝带发育高度综合研究，2015 年 1 月提交研究报告。

（6）2014 年某某煤矿委托中煤科工集团某某研究院有限公司编制矿井掘进工作面、首采工作面探放水技术及施工工艺，在矿井 Ⅰ0116^{3}02 工作面及掘进巷道中进行探放水试验，效果较好。

（7）2015 年 1 月，中煤科工集团某某研究院有限公司完成《某某煤矿水害防治技术研究》科研项目，该报告分析了某某煤矿水文地质条件及矿井充水因素与充水特征，对巷道围岩地质力学特征进行现场测试，采用多种方法研究了软弱覆岩综放开采条件下导水裂缝带发育高度与规律，针对某某煤矿实际情况对探放水工艺进行设计，并用多种方法预测矿井工作面涌水量，提出了强含水层下"综合控水"与"分段控制煤层采厚"的综采放顶煤工艺开采方法，对某某煤矿顶板水害防治具有实际指导意义。

（8）2016 年 10 月，中煤科工集团某某研究院有限公司完成《某某煤矿矿井水文地质类型划分（2016—2019）》与《某某煤矿 Ⅰ0116^{3}04 工作面防治水安全评价》报告，对矿井水文地质类型进行重新划分，并对 Ⅰ0116^{3}04 工作面防治水工作进行设计，指导矿井防治水工程的开展。

（9）2017 年，中煤科工集团某某研究院有限公司完成《某某煤矿含水层富水性与分区特征及软岩顶板综放开采防治水技术研究》与《某某煤矿 Ⅰ 0116$^3_{上}$ 05 工作面防治水安全评价》，对含水层富水性进行重新划分，指导防治水工作的开展。

（10）2017 年，内蒙古煤田地质局 109 勘探队完成《某某煤矿水文地质补充勘探修改报告》，该报告引用新施工的两个水文抽水试验孔（Ⅱ含水文孔）数据，结合以往水文地质钻孔抽水试验数据和矿井历年生产实测涌水量数据，对矿井水文地质情况进行了重新评价。

（11）2018 年，中煤科工集团某某研究院有限公司完成了《某某煤矿防治水中长期规划（2018—2022）》、《某某煤矿地下水补径排条件研究》和《某某煤矿 Ⅰ 0116^{3}00 工作面防治水安全评价》报告，进一步研究了某某煤矿水文地质条件。

（12）2017—2019 年，呼伦贝尔市某某勘测规划设计有限责任公司在矿井南一盘区的西部和南部、北一盘区的中部和西部施工 4 个水文抽水试验孔，每个抽水试验孔对煤系地层中的 Ⅱ 含水层做了抽水试验、计算了 Ⅱ 含水层单位涌水量数据，丰富了矿井水文地质资料，为周边工作面开采提供了水文地质参数。

2. 以往水文地质工作评述

某某煤矿属于我国北方典型的上侏罗统—白垩系泥质膨胀软岩分布区，采用综采放顶煤工艺开采，平均采高约 8 m，煤层顶板含水层富水性强，特殊的地质与水文地质条件及采矿条件决定矿井水文地质条件复杂，水害防治方法具有独特性。煤矿水害防治方法因地区与水害类型的不同而不同，对于内蒙古东部地区、煤系地层为软岩类型的矿井，采用综采放顶煤工艺开采，矿井防治水方法在国内尚无经验可借鉴。

某某煤矿以往开展的地质与水文地质工作基本查清了矿井水文地质条件，指导了矿井实际生产，开展的科研项目为矿井生产提供了重要的技术支撑，某某煤矿水害防治方法对其他条件类似矿区具有指导意义。

某某煤矿自生产以来，积累了大量的水文地质资料，应加强对已有资料的分析，进一步深入、细化了解矿井水文地质条件。

三、地质概况

（一）区域地质

本区地层系统由老至新依次为寒武系，泥盆系，白垩系下统兴安岭群龙江组（K_1l）、甘河组（K_1g）、南屯组（K_1n）、大磨拐河组（K_1d）、伊敏组（K_1y）及第四系（Q）。白垩系下统大磨拐河组和伊敏组为含煤地层，见表 14 – 3。

（二）区域构造

伊敏盆地位于新华夏系第三沉降带海拉尔沉降区的东部（本区位于伊敏盆地的东北部）。海拉尔沉降区可划分为 5 个二级构造单元，即由西向东依次排列的扎赉诺尔坳陷、嵯岗隆起、贝尔湖坳陷、巴彦山隆起、呼和湖坳陷。伊敏盆地则位于呼和湖坳陷的东北部，其西部及西北部是巴彦山隆起上的莫达木吉盆地和南屯 - 西索木盆地，西南部、南部及东南部为呼和湖坳陷中的呼和湖盆地、锡林贝尔隆起、红花尔吉盆地及霍思汗盆地，东为大兴安岭隆起带，东北部为呼和湖坳陷中的卓山 - 伊尔盖隆起。

表14-3 区域地层简表

地层系统		厚度/m	主 要 岩 性
第四系 Q		0~121.85	主要为砾石、砂、砂质黏土，风成砂及腐殖土等现代沉积
白垩系下统	伊敏组 K_1y	0~720	以灰白色粉砂岩、砂砾岩、粗砂岩、泥岩为主，夹中砂岩、细砂岩薄层；厚度共含17个煤组（1~17），其中15号、16号两煤组发育较好，最大厚度可达50.35 m。含化石：Coniopteisonychioides，Ruffordiagoepperti，Coniopterisburejensis
	大磨拐河组 K_1d	>1300	上部为灰-深灰色的巨厚泥岩、粉砂岩，夹中细砂岩薄层；中部为泥岩、粉砂岩、砂岩及砾岩，含14个煤组；下部主要为灰白、灰黄、灰紫、灰绿色砾岩、砂砾岩及深灰色粉砂岩、泥岩，夹薄煤线。含化石：Ferganocncha sibirica，Baierafurcata，Ssphaerium，acrobecum，Pityophyllum sp，Cladophlebis delicatula
	南屯组 K_1n	>400	主要岩性：上部为灰-深灰色粉砂岩、泥岩；中部为粉砂岩、泥岩、细砂岩等，含可采煤层；下部为灰绿色细砂岩及砂砾岩，深灰色粉砂岩和泥岩，夹凝灰角砾岩
	甘河组 K_1g	300±	主要为灰黑-深灰色玄武岩，灰黄色安山玄武岩、灰紫色安山岩
	龙江组 K_1l	1200±	主要为一套杂色的中酸性及中性火山碎屑岩，岩性有流纹岩、斑流岩、凝灰角砾岩、岩屑昌屑凝灰岩、安山岩、松脂岩、火山玻璃等
石炭-二迭系 C_3-P_1		1920	主要岩性为中酸性凝灰熔岩，安山粗面岩，安山玢岩，蚀变流纹岩，千枚岩
泥盆系 D		>3000	主要岩性为蚀变酸性熔岩、绿帘石化安山玢岩，泥质板岩，玄武板岩，硅化凝灰岩等
寒武系 ∈		1500±	主要岩性为泥岩，片麻岩，石英岩，花岗片麻岩等

伊敏盆地为一由阿吉图伊洪德断裂（F60）及伊敏河断裂（F10）所控制的断陷含煤盆地，走向北东，以兴安岭群为其主要基底，发育有大磨拐河组及伊敏组含煤建造。盆地内部又发育有3个次一级的构造单元，即由南向北依次排列的伊敏向斜、五牧场背斜和孟根楚鲁向斜，每1个次一级的构造单元间均以较大的断裂为界而成为相对独立的含煤盆地，本区即位于孟根楚鲁向斜之中。

（三）矿井地质

1. 地质

井田内地层系统由老至新依次为白垩系下统龙江组及含煤地层大磨拐河组、伊敏组，第四系。现由老至新分述如下：

1）白垩系下统龙江组（K_1l）

主要为一套杂色的中酸性及中性火山碎屑岩，岩性有流纹岩、斑流岩、凝灰角砾岩、岩屑昌屑凝灰岩、安山岩、松脂岩、火山玻璃等。为煤系地层基底。

2）白垩系下统含煤地层

（1）大磨拐河组（K_1d）。区内广泛发育于伊敏组之下，为本区主要含煤地层之一，地层厚度大于761.35 m，与下伏龙江组呈不整合接触。根据岩性及含煤特征由下而上划分为 3 段：凝灰质碎屑岩段、含煤段、泥岩段，各段之间均为整合接触。

①凝灰质碎屑岩段：主要岩性为浅灰绿色、灰绿色凝灰质粉砂岩、砾岩及砂质砾岩、灰色粉砂岩，浅灰—灰白色砾岩，夹浅灰—深灰色的粗、中、细砂岩及灰—深灰色泥岩，偶见炭质泥岩及薄煤线；该段地层以普遍带有灰绿色及浅灰绿色，富含凝灰质为主要特征，其岩石多为凝灰质胶结；岩石粒度有由西向东逐渐变粗的趋势，该段地层钻探控制最大厚度 315.85 m；②含煤段：主要岩性为深灰—灰色粉砂岩，灰—灰白色粗砂岩、砂砾岩、细砂岩及深灰色泥岩、炭质泥岩等，含 25、26、27 等 3 个煤组，碎屑岩多为凝灰质胶结，胶结较为松散。钻探控制该段地层厚度为 32.85 ~ 377.60 m，平均 197.91 m；③泥岩段：其岩性主要为灰—深灰色厚层泥岩、粉砂岩，夹灰—灰白色细砂岩及粗砂岩薄层，泥岩及粉砂岩为致密块状，具水平层理，岩芯失水后呈碎块状；钻探控制厚度为 111.00 ~ 592.20 m，平均 291.87 m；厚度变化趋势是向斜轴部较厚，向两翼变薄。该段地层岩性单一，厚度大且全区发育，是划分大磨拐河组和伊敏组地层界线的重要标志。

（2）伊敏组（K_1y）。为本区最主要的含煤地层，其岩性主要为灰-灰白色砾岩，灰-深灰色粉砂岩、泥岩、灰-浅灰色细砂岩、粗砂岩、含砾粗砂岩、中粒砂岩等。岩石多为凝灰质胶结，较松散。含 15 号、16 号等 2 个煤组，该组地层以富含砂砾岩及巨厚煤层为其主要特征。伊敏组地层厚度为 184.98（48 - 22 号孔）~ 549.05 m（64 - 24 号孔），平均 352.38 m，总的趋势是西南部较薄，向东南部逐渐变厚。与下伏大磨拐河组呈整合接触。

3）第四系（Q）

不整合于伊敏组地层之上，上部为一套浅黄、黄褐、灰黄色的细砂；下部则为一套灰白、灰褐色的砂砾石、局部有亚黏土；厚度变化较大，最小为 17.00 m，最大为 116.70 m，平均为 58.00 m。最厚地带位于本区西南部，由此向东、东北逐渐变薄。

2. 构造

1）褶曲

某某普查区位于伊敏盆地东北部的孟根楚鲁向斜中段，根据二维地震和钻探资料证实，某某普查区为一轴向 N45E 的宽缓向斜，地层倾角一般在 5°左右，由轴部向两翼逐渐变陡，且东南翼稍陡于西北翼，沿走向及倾向均具有陡坡状起伏，本井田位于向斜的东南翼，为一单斜构造形态。

2）断层

井田内构造以断层为主。根据三维地震、钻探资料统计，全井田共组合断层按延展方向分为 22 条。北东向 7 条：F21、F24、F28、F29、F30、F34、F35；北西向 11 条：F22、F25、F26、F27、F31、F32、F33、F36、F37、F38、F39；近南北向 4 条：F8、F12、F23、F42。

按照可靠程度划分为可靠 15 条、较可靠 7 条。按落差大小划分，大于 100 m 的 2 条，大于 30 m 的 3 条，大于 10 m 小于 30 m 的 5 条，小于 10 m 的 12 条。

井田主要断层特征见表 14 - 4，构造纲要如图 14 - 2 所示。

3. 煤层

1）含煤性

本区煤层主要赋存于伊敏组，大磨拐河组煤层只出现在本区的西北部，发育面积最大

表 14-4　断层参数一览表

序号	断层名称	断层性质	断层产状				区内走向长度/m	控制程度	可靠程度
			走向	倾向	倾角/(°)	落差/m			
1	F12	正断层	近南北	西	49~60	上部为20~145 下部为45~160	13000	地震及钻探90-7与92-6、32-3与32-2、90-7与92-14、90-8与32-2、91-9与91-16,32-3与91-17钻孔控制	可靠
2	F8	正断层	近南北	西	47~63	南小北大 25~195	900	地震及钻探94-42与80-1、93-43与95-68、93-44与80-2、94-45与95-70钻孔控制	可靠
3	F21	正断层	NE—NNE	NW—NWW	35~42	0~7	850	地震9个断点及44-19、44-20钻孔控制	可靠
4	F22	正断层	NW	NE	28~43	0~4	340	地震5个断点及44-20、44-21钻孔控制	可靠
5	F23	正断层	SN—NW	E—NE	27~56	0~6	250	地震2个断点及44-21钻孔控制	可靠
6	F24	正断层	NE	SE	18~32	0~3	416	地震6个断点及46-15、46-16钻孔控制	较可靠
7	F25	正断层	NNW	NEE	29~32	0~3	290	地震3个断点及44-22、46-18钻孔控制	较可靠
8	F26	正断层	NW	SW	8~69	0~21	756	地震11个断点及钻探控制	可靠
9	F27	正断层	NWW—NW	NNE—NE	51~71	0~7	288	地震4个断点及46-18、48-20钻孔控制	可靠
10	F28	正断层	NEE	NNW	32~74	0~40	520	地震7个断点及46-15、48-17钻孔控制	可靠
11	F29	正断层	NNE—NWW	SEE—NNE	30~80	0~47	1392	地震15个断点及48-17,48-18,50-15钻孔控制	可靠
12	F30	正断层	NE—NNE	NW—NWW	25~35	0~4	436	地震4个断点及48-19、48-20钻孔控制	可靠
13	F31	正断层	NNW—NWW	NEE—NNE	36~56	0~12	714	地震8个断点及48-20、48-1钻孔控制	可靠
14	F32	正断层	NNW	NEE	39~56	0~9	166	地震2个断点及52-16钻孔控制	较可靠
15	F33	正断层	NNW	SWW	17~61	0~15	282	地震3个断点及52-16、52-17钻探控制	较可靠
16	F34	正断层	NNE	SEE	51~76	0~17	540	地震17个断点及50-17、52-20钻孔控制	可靠
17	F35	正断层	NE	SE	35~56	0~8	360	地震4个断点及钻探控制	可靠
18	F36	正断层	NNW—NW	SWW—SW	28~67	0~17	556	地震7个断点及钻探控制	可靠
19	F37	正断层	NW—NWW	SW—SSW	23~57	0~7	420	地震5个断点及钻探控制	较可靠
20	F38	正断层	NNW	SWW	37~50	0~6	306	地震3个断点及54-18、56-22钻孔控制	可靠
21	F39	正断层	NW	NE	25~50	0~5	374	地震6个断点及钻探控制	较可靠
22	F42	正断层	EW	近N	45~55	0~90	2580	钻探控制	较可靠

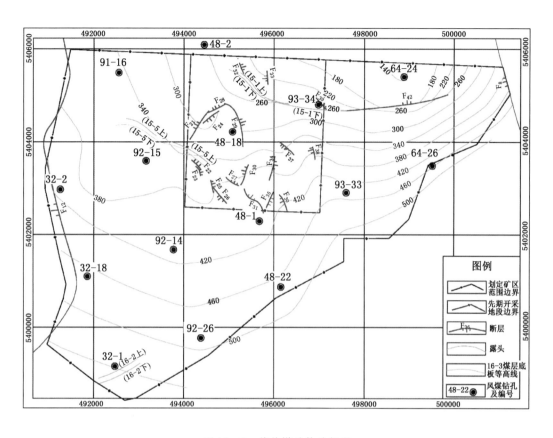

图 14-2　某某煤矿构造纲要

的 273 煤层，近 8 km²，其他煤层发育面积较小，且埋藏较深，26 号煤组在 600 m 以下，27 号煤组更深，最深超过 1000 m，可作为远景资源量。

（1）伊敏组，该组地层含 2 个煤组，即 15 号、16 号煤组，含 17 个煤层。

煤层赋存特征：从剖面上看，煤层比较均匀地发育在该组地层之中，且多以几个煤层所组成的层组形式出现，层组内各煤层的间距较小，而各层组之间的间距则较大；从平面看，该组所含的煤层从下往上其发育面积逐渐变小，16³ 煤层全区发育，15 号煤组各煤层主要分布地本区中部 40—60 线和 214—218 线间。

煤层层间距的变化特点：沿倾向由北向南逐渐变小，沿走向中间大、往东西两侧逐渐变小。

（2）大磨拐河组。该组含 25 号、26 号、27 号 3 个煤组计 9 个煤层。

在原详查区煤层厚度一般为 5 m 左右，埋藏深度一般为 650 m 左右，最大深度大于 1000 m。该组含煤层总厚最大 78.94 m，最小 3.20 m，平均 24.17 m；含可采煤层总厚最大 46.41 m，最小 0.90 m，平均 16.92 m；含有益煤层平均总厚 18.87 m，含煤系数平均为 2.50%。

煤层的赋存特征：从剖面上看，煤层比较集中地发育在该组地层中部的含煤段中，也是以几个煤层所组成的煤组形式出现，组间距大而层间距较小；从平面上看，该组所含的

3 个煤组主要发育于向斜的北西翼，在向斜轴部附近其赋存深度大于 1000 m，向南东翼则由于沉积环境变化，相变为以粉砂岩为主的细碎屑岩。煤层的发育面积则是由下至上逐渐变大，27 号煤组仅发育于 48 线以西的向斜北西翼，而 26 号、25 号的 2 个煤组在向斜的北西翼均有分布。

煤层间距的变化特点：沿倾向由轴部向北西翼由大逐渐变小；沿走向以 72 线为中心，向东、西两侧其间距由大逐渐变小。

2）可采煤层

本区自上而下赋存的煤层：伊敏组的 $15^1_上$、$15^1_下$、15^2、15^3、15^4、$15^5_上$、15^6、15^7、16^1、$16^2_上$、$16^2_下$、$16^3_上$、$16^3_中$、16^3、16^4、16^5 等 17 层煤。可采煤层有：$15^5_下$、16^1、$16^2_下$、$16^3_上$、16^3、16^5 煤层 6 个煤层。现将各可采煤层分述如下：

（1）$15^5_下$ 煤层：赋存在 214 线以北 40—56 线间。赋存面积 12.95 km²，可采面积 7.40 km²，赋存范围内面积可采系数 57.1%，本煤层在煤层露头范围内可采范围较大，煤层分布集中、厚度较稳定，为大部可采煤层。煤层自然厚度 0~5.90 m，平均 0.88 m，可采高度 1.50~5.20 m，平均 3.05 m。煤层结构简单，含夹矸 0~3 层，夹矸岩性为泥岩、粉砂岩及炭质泥岩。煤层厚度变化趋势为北部及中间厚度最大，向东、西变薄尖灭，向南抬起被剥蚀或尖灭，向西南形成露头。与 $15^5_上$ 煤层间距 0.30~11.57 m，平均 4.14 m，埋深 71.15~228.15 m，平均 170.50 m。

（2）16^1 煤层：赋存在 214 线以北 36—64 线间，东、南、西至煤层尖灭，北部至边界。赋存面积 17.94 km²，可采面积 9.67 km²，赋存面积可采系数 53.9%，该煤层在矿区北部赋存集中，可采范围完整，煤层厚度变化较小，煤层较稳定，为大部可采煤层。煤层自然厚度 0~8.70 m，平均 1.12 m，可采高度 1.55~5.00 m，平均 2.98 m，煤层结构简单，夹矸层数 0~3 层，岩性为泥岩，粉砂岩、炭质泥岩等。其厚度变化趋势是中北部较厚，向东、南、西逐渐变薄尖灭，与 15^7 煤层的间距 47.82~96.21 m，平均 70.35 m，埋深 209.20~382.55 m，平均 281.32 m。

（3）$16^2_下$ 煤层：赋存在 214 线以北 32—68 线间，西北至矿区边界，南东至煤层尖灭线。赋存面积 26.84 km²，可采面积 10.45 km²，赋存面积可采系数 38.9%。该煤层呈港湾型分布，可采范围基本分布在矿区西部，北部可采范围很小，且煤层可采厚度变化较大，为局部可采，不稳定煤层。煤层自然厚度 0~6.30 m，平均 0.81 m，可采高度 1.50~5.40 m，平均 3.16 m。煤层结构简单，夹矸层数 0~3 层，夹矸岩性为泥岩，粉砂岩及炭质泥岩。厚度变化趋势是中间厚，西部较薄，往东南逐渐变薄尖灭，与 $16^2_上$ 煤层间距 0.30~25.30 m，平均 7.39 m。埋深 224.20~430.30 m，平均 328.76 m。

（4）$16^3_上$ 煤层：发育在 218 线以南，以北与 16^3 煤层合并为一层。赋存面积 43.24 km²，可采面积 24.74 km²，赋存面积可采系数 57.2%。为大部可采，较稳定煤层。煤层自然厚度 0~20.45 m，平均 4.62 m，可采高度 1.55~15.20 m，平均 7.17 m。煤层结构复杂，夹矸 0~10 层，夹矸岩性多为泥岩、粉砂岩或炭质泥岩。煤层在矿区中部较厚，往北与 16^3 煤层合并，往南、东、西变薄尖灭，与 $16^2_下$ 煤层的间距 14.40~77.30 m，平均 35.82 m。埋深 180.21~549.55 m，平均 360.28 m。

（5）16^3 煤层：全区发育，厚度巨大，是伊敏组的赋煤中心。可采面积 49.14 km²，赋存面积可采系数100%，为全区可采，较稳定煤层。煤层自然厚为0.54～43.90 m，平均21.14 m，可采高度1.80～40.50 m，平均21.50 m。煤层结构复杂，夹矸数层0～18层，夹矸岩性主要为泥岩，粉砂岩、少量炭质泥岩、细砂岩等。该煤层在40～46煤间214线以北厚度较大，由中部往南、东、西分叉变薄。与$16^{3中}$煤层间距0.90～67.01 m，平均7.54 m。该煤层厚度总的变化趋势是在倾向上，由合并带从北向南一分二，二分三（$16^3_上$、$16^3_中$、16^3），并逐渐变薄尖灭。沿走向由合并带向东一分二，二分三，向西基本分为两层（$16^3_上$，16^3），分叉后厚度逐渐变薄。埋深183.29～576.30 m，平均370.54 m。

（6）16^5煤层：发育在矿区中部、西部及南部。煤层赋存面积32.66 km²，可采面积18.27 km²，赋存面积可采系数55.9%。由于该可采煤层在矿区大致呈"O"型分布，由矿区四周向中部逐渐变薄，且煤层可采厚度变化较大（西南个别可采点厚度较大，其余可采点临界可采），局部可采，不稳定煤层。煤层自然厚度0～6.60 m，平均1.06 m，可采高度1.50～6.00 m，平均2.78 m。与16^4煤层间距0.41～36.77 m，平均6.83 m。埋深267.27～588.85 m，平均384.77 m。

大磨拐河组煤层有$25_上$、$25_下$、26^1、26^2、$26^3_上$、$26^3_下$、27^1、27^2、27^3等9个煤层，在本区只有32-2号孔见到该组煤层。该煤组煤层埋藏深、勘探程度低，其储量作为远景储量估算，本章节不做详述。

四、区域水文地质

（一）区域水文地质单元

某某煤田位于新华夏系第三沉降区之呼和湖坳陷的东北部，为一轴向北东的向斜盆地，盆地两侧为低山、丘陵，南为台地且地势较高，制高点海拔高程906.50 m；盆地中部地形较为平缓，南高北低，海拔高程一般为644～781 m，相对高差137 m，盆地内有伊敏河自南而北流过，伊敏河两侧为伊敏河冲、洪积地形，呈南北向条带状分布，宽度为3～6 km，由于构造形态、地貌条件的影响，为地表水及地下水的汇集、赋存与排泄创造了有利条件。

区域内发育主要河流为伊敏河，其次为锡尼河、苇子坑河等，均为伊敏河支流。

（1）伊敏河：发源于大兴安岭西坡黑山一带，河床蜿蜒曲折，曲率大，河床两侧零星分布有支流，牛轭湖，大片沼泽和河中岛，属老年期河流，于海拉尔北山汇入海拉尔河。全长200 km，流域面积9000 km²。某某煤田位于伊敏河中游冲积平原，据五牧场水文站资料，区内河床宽50～100 m，水深0.5～2.5 m，流速一般1.48～2.05 m/s，最大2.57 m/s，流量平均1.5～47.8 m³/s。历年最高洪水位标高，五牧场水文站为665.275 m，据历史资料记载，洪水水位一般不超过伊敏河阶地。

（2）锡泥河：发源于大兴安岭牛房山西麓，由南东向北西流经本区东北部边缘，最终汇入伊敏河，全长100 km，流域面积200 km²。据水文地质测绘资料河床宽15.0～20.00 m，水深0.5～1.0 m，流量5.45 m³/s。每年洪水多发生于4月中、下旬和6、7、8月的雨季，汛期漫滩被部分或全部淹没，积水深0.2～1.0 m。因此，每年4月中，下旬的冰雪融化和雨季时，地表水一部分渗入地下，成为地下径流，补给各含水层；另一部分以地表径流的方式汇入伊敏河。

（3）湖泊：区内低洼处原有大小湖泊12个，伊和诺尔、巴嘎诺尔、哈尔呼吉尔诺尔、泉流湖、柴达敏诺尔、无名湖常年积水，近年来受伊敏露天煤矿疏干的影响，除柴达敏诺尔和无名湖以外，已全部干涸，其余皆为季节性湖泊。

（二）区域含水层组

1. 含水层

某某煤田的含水层从上向下分为第四系砂砾石含水层和煤系含水层。

1）第四系砂砾石含水层

第四系砂砾石含水层全区发育，与煤系地层呈不整合接触关系。其分布规律为从盆地东西两侧向伊敏河河谷（盆地轴线）方向逐渐变厚，其厚度变化一般从 14.50 m 到 53.90 m，最大厚度 121.9 m，该含水层由砂砾石、砾石和中、粗砂组成，孔隙发育，是区域内主要含水层之一，富水性好、导水能力强，单位涌水量 $q = 0.582 \sim 29.85$ L/(s·m)，渗透系数 $K = 24.927 \sim 276.90$ m/d，水化学类型 $HCO_3 \cdot Cl - Ca \cdot Mg$ 和 $HCO_3 \cdot SO_4 - Ca \cdot Na$ 型水，矿化度 0.1～1.098 g/L，其地下水主要补给来源为大气降水、地表水体和煤系含水层水的越流补给；该含水层补给来源充足，以地下径流的方式向下游或伊敏河排泄。

2）煤系含水层

某某煤田的煤系含水层分为伊敏组煤系含水层和大磨拐河组煤系含水层。

（1）伊敏组煤系含水层。该含水层分布于某某煤田的大部分地区，其分布规律自伊敏向斜的两翼向轴部逐渐变厚，其厚度一般为 80～450 m，含水层由砂砾岩和煤层组成。为孔隙裂隙含水层，伊敏露天区由于含水层埋藏浅，含水层与第四系含水层不整合接触，个别部位直接出露于地表，接受大气降水的直接补给，地下水来源充足。该含水层富、导水性强，是区域内主要含水层，其单位涌水量 $q = 2.422 \sim 19.246$ L/(s·m)，渗透系数 $K = 99.504 \sim 228.55$ m/d；某某地层埋深大，地下水补给来源较差，含水层胶结充填较好，其单位涌水量 $q = 0.0272 \sim 3.586$ L/(s·m)，$K = 0.188 \sim 6.38$ m/d。地下水化学类型 $HCO_3 \cdot Cl - Na \cdot Ca$ 及 $HCO_3 \cdot SO_4 - Na \cdot Ca$ 型水，矿化度 0.224～1.754 g/L。

（2）大磨拐组煤系含水层。大磨拐组煤系含水层，在全区发育，其分布规律为伊敏向斜和五牧场背斜的轴部方向较厚，边缘部分变薄，其厚度为 41～595 m，平均厚度 200 m，含水层由砾岩、砂砾岩、中、粗砂岩和煤层组成，为裂隙孔隙含水层，地下水水力性质为承压水，在煤田南部的伊敏露天区由于含煤地层埋藏浅，地下水来源充足，孔隙、裂隙发育，富水性、导水性好，其单位涌水量 $q = 0.683 \sim 57.786$ L/(s·m)，渗透系数 $K = 70.821 \sim 248.416$ m/d。在煤田北部的五牧场区含煤地层埋藏深，地下水补给来源少，地层的孔隙、裂隙发育差，富水性、导水性差，其单位涌水量 $q = 0.00348 \sim 0.343$ L/(s·m)，渗透系数 $K = 0.00718 \sim 1.635$ m/d，水化学类型 $HCO_3 \cdot Cl - Na \cdot Ca$ 型和 $HCO_3 \cdot Cl - Ca \cdot Na$ 型水，矿化度一般 0.731～1.754 g/L。河东区大磨拐河组含水层，由于顶部巨厚泥岩段阻隔，水文地质条件简单。

2. 隔水层

第四系黏土，亚黏土层，以及煤层间泥岩，粉砂岩，由于分布范围不连续，在局部范围内是较好的隔水层，在大的范围内隔水能力较差。

（三）地下水补径排条件

某某煤田的地形特征东、南、西三面为地势较高的低山丘陵，中部地势平缓，北部低洼，为区域地下水的汇集、径流与排泄提供了有利条件。本区地下水的主要补给来源为大气降水，大气降水直接补给第四第含水层及煤系地层的露头部位；在煤系或第四系地层中径流，排泄于下游地区。在伊敏露天区疏干影响的范围内，地下水向露天坑径流，以疏干形式排泄于伊敏河。

五、矿井水文地质

河东区位于伊敏含煤盆地北部的孟根楚鲁向斜中部。某某煤田一区位于河东区的南部，伊敏河阶地之上；河东区南高北低，为低山丘陵区，中部地势平缓，伊敏河和锡泥河分别从勘探区西部和东部流过。

(一) 含水层

河东区内的含水层由上而下分别为第四系砂砾石，中、粗砂含水层和伊敏组煤层间砂砾岩、中、粗砂岩含水岩层。

1. 第四系粉中、粗砂，砂砾石孔隙含水层

矿区被第四系地层广泛覆盖，第四系孔隙含水层由中、粗砂和砂砾石等组成。其上部为浅黄色~浅褐黄色的粉、细砂层，分选均匀；下部为浅灰~杂色的砂砾石层，分选性差，砾石一般为圆－次圆状，砾石直径一般 0.5~4 cm 不等。第四系含水层主要分布于伊敏河冲积平原，与下伏煤系地层直接接触，含水层厚度最厚 99.65 m，平均厚度 57.77 m。

该含水层呈条带状分布，由中西部向两侧逐渐变薄。富水性好，导水性强，为本区主要含水层，由抽水试验资料，其单位涌水量 $q = 0.582 \sim 23.669$ L/(s·m)，渗透系数 $K = 58.168 \sim 114.09$ m/d，水化学类型为 $HCO_3 \cdot Cl - Na \cdot Ca$ 和 $HCO_3 \cdot SO_4 - Na \cdot Ca$ 型水，矿化度为 0.224~0.897 g/L；地下水类型为潜水，地下水水位标高 +646.264~654.379 m，地下水径流方向为由南东向北西径流（由台地向河谷及其下流方向径流），水温一般 4℃，含水层导水性随含水层厚度增加而增加。根据以往勘探报告，本井田阶地之上松散层透水不含水，本井田西部边界距离伊敏河最近大约 3.0 km，井田范围位于伊敏河阶地之上；在伊敏河冲积平原及漫滩区，含水量丰富。

2. 白垩系伊敏组煤系地层含水层

本区主采含煤地层为白垩系伊敏组地层，煤层顶板及煤层间的砾岩和砂砾岩发育，厚度较大，构成了煤层的直接和间接充水含水层，由上而下分为 3 个含水岩组。

1) 15 号煤层组顶板及层间砂砾岩、砂岩含水岩组（Ⅰ含）

岩性以砂砾岩、中粗砂岩为主，岩石为灰色~深灰色，凝灰质胶结，厚度最厚 140.50 m，平均厚度 46.36 m，由东北部向西南部逐渐变薄。该含水岩组为 15 号煤层的直接充水含水层；其单位涌水量 $q = 1.412 \sim 2.153$ L/(s·m)，渗透系数 $K = 1.62 \sim 3.79$ m/d，水化学类型为 $HCO_3 \cdot Cl - Na \cdot Ca$ 型水，矿化度 0.349 g/L，水位标高 +652.839~676.626 m，地下水类型为承压水，为 15 号煤层直接充水含水层，富水性强。

2) 16 号煤层组顶板砾岩、砂砾岩含水岩组（Ⅱ含）

岩性组成为砾岩、砂砾岩、粗砂岩等，为灰白色—深灰色，凝灰质或泥质胶结，在全区发育，含水层厚度最厚为 133.45 m，平均 55.00 m，在勘探区北部和西部较厚向东南变薄。该含水层为本区主采煤层 16^3 煤的间接充水含水层，富水性强；其单位涌水量 $q = 1.061 \sim 6.896$ L/(s·m)，渗透系数 $K = 1.26 \sim 8.33$ m/d，水化学类型为 $HCO_3 \cdot Cl - Na \cdot Ca$ 型水，矿化度 0.208~0.562 g/L，水位标高 +649.455~654.497 m，地下水类型为承压

水。

由抽水试验资料，钻探及物探测井资料结合本区沉积环境分析资料分析知本区在沉积作用过程中，经过一个动水沉积到稳水沉积过程，北部为物质来源方向，在沉积过程中从北向南地层由粗粒物质向细粒物质渐变的过程，表现在砂岩颗粒的逐渐变小，砂砾岩间胶结物质既泥质、凝灰质的逐渐增高，抽水试验地层渗透性的逐渐变小，地层聚焦电阻率增加。

3）16 号煤层间砾岩、砂砾岩含水岩组（Ⅲ含）

岩性组成为砾岩、砂砾岩、中、粗砂岩等，岩石颜色为灰白色～深灰色，凝灰质或泥质胶结，在全区发育。含水层厚度最厚 135.41 m，平均 38.13 m，分布规律与 16 号煤层顶板砾岩、砂砾岩含水岩组相似，在勘探区北部和西部较厚向东南变薄，为 16^3 煤层直接充水含水层，富水性中等至强；其单位涌水量 $q = 0.146 \sim 1.378$ L/(s·m)，渗透系数 $K = 0.28 \sim 1.71$ m/d，水化学类型为 $HCO_3 \cdot Cl - Na \cdot Ca$ 型水，矿化度 $0.208 \sim 0.562$ g/L，水位标高 $+636.354 \sim 655.212$ m，地下水类型为承压水。

综上资料可知，该含水层与 16 号煤层顶板砾岩、砂砾岩含水岩组具有同样的规律，既本含水层向北部地层渗透系数增大。

（二）隔水层

河东区内的隔水层按地层时代划分为第四系黏土、亚黏土类隔水层和白垩系煤系地层的泥岩，粉砂岩类隔水层。

1. 第四系黏土、亚黏土隔水层

第四系黏土、亚黏土层隔水层，分布于冲积平原内第四系砂砾石含水层之下，由西向东逐渐变厚到逐渐尖灭，台地之上为第四系地层无水区，台地之下的冲积平原区第四系黏土、亚黏土层厚度一般 $0 \sim 93.55$ m，平均厚度为 5.72 m，在矿区南部较厚向北部变薄，在阶地前缘黏土层连续发育阻断了该部位第四系含水层与煤系地层的水力联，其他部位连续性较差，隔水性亦较差；大部分地区第四系细砂层裸露，大气降水可直接渗入补给。

2. 煤系地层隔水层

煤系地层中的隔水层系指煤层顶、底板间的泥岩，粉细砂岩层。由钻孔资料分析可知，本区泥岩、粉砂岩厚度一般 $5 \sim 57$ m，分布且连续性差，因此本地层没有有效隔水层存在。本区主采煤层直接顶、底板隔水层分布极不均匀，隔水性能较差。本区煤系地层隔水层可分为 4 层，具体描述如下：

1）15 号煤层组顶板隔水层

15 号煤层组顶板隔水层岩性为煤层顶板的泥岩、粉细砂岩层，厚度一般为 $0 \sim 122$ m，平均厚度为 7.79 m，仅在矿区东北部分布，其余部位缺失，为不稳定隔水层。

2）15 号煤层组层间隔水层

15 号煤层组层间隔水层岩性为 15 号煤层层间的泥岩、粉细砂岩层，厚度一般为 $0 \sim 214.30$ m，平均厚度为 43.48 m，其分布规律为东北部较厚向西南逐渐变薄直至尖灭，为不稳定隔水层。

3）16 号煤层组顶板隔水层

16 号煤层组顶板隔水层岩性为 16^1 煤层顶板的泥岩、粉细砂岩层，厚度一般为 $0 \sim 66.3$ m，平均厚度为 19.98 m，其分布规律为中部较薄向两侧逐渐变厚，西北部部分缺失该层。

4) 16 号煤层组层间隔水层

16 号煤层组层间隔水层岩性为 161 至 163 煤层层间的泥岩、粉细砂岩层，厚度一般为 1.83 ~ 131 m，平均厚度为 54.6 m，其分布规律为中南部厚向北部逐渐变薄。

本区含隔水层划分的含、隔水层空间关系如图 14 - 3 所示。

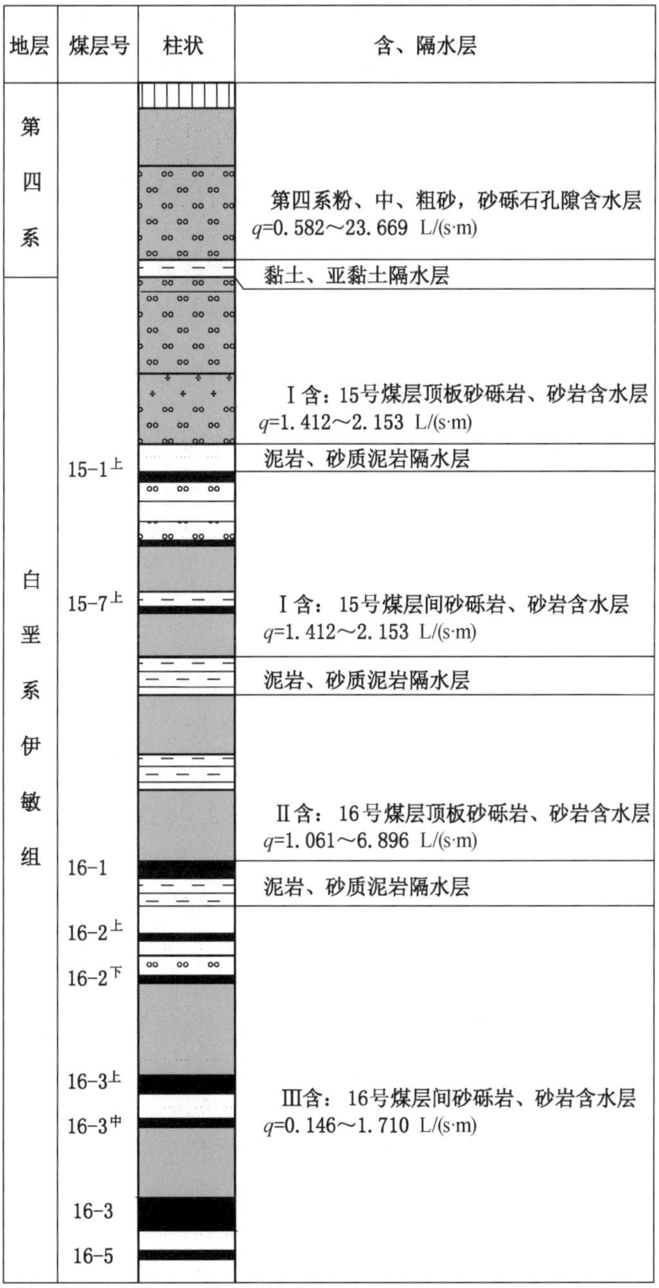

地层	煤层号	柱状	含、隔水层
第四系			第四系粉、中、粗砂，砂砾石孔隙含水层 $q=0.582 \sim 23.669$ L/(s·m)
			黏土、亚黏土隔水层
白垩系伊敏组	15–1上		I 含：15 号煤层顶板砂砾岩、砂岩含水层 $q=1.412 \sim 2.153$ L/(s·m)
			泥岩、砂质泥岩隔水层
	15–7上		I 含：15 号煤层间砂砾岩、砂岩含水层 $q=1.412 \sim 2.153$ L/(s·m)
			泥岩、砂质泥岩隔水层
	16–1		II 含：16 号煤层顶板砂砾岩、砂岩含水层 $q=1.061 \sim 6.896$ L/(s·m)
			泥岩、砂质泥岩隔水层
	16–2上		
	16–2下		
	16–3上		III 含：16 号煤层间砂砾岩、砂岩含水层 $q=0.146 \sim 1.710$ L/(s·m)
	16–3中		
	16–3		
	16–5		

图 14 - 3　某某煤矿含、隔水层空间关系示意图

（三）地下水补径排条件

本区第四系潜水主要的补给来源为大气降水、地表水体；大气降水沿第四系砂层裸露区入渗补给第四系含水层，在第四系含水层中径流；一部分地下水以蒸发的方式排泄，一部分以地表径流的方式排泄于下游地区。

煤系含水层的补给来源：一是大气降水通过煤系地层露头的直接渗入补给，二是由第四系含水层越流补给或通过断层补给，在含水层中径流，排泄于下游地区。

在矿床强烈的疏干条件下，地下水的补径排条件会发生很大变化，含水层之间的天窗和断层将会成为矿床开采中的主要突水部位和层段，从而导致矿床水文地质条件发生改变，趋于复杂。

（四）矿井充水条件

矿井充水条件分充水水源、充水通道与充水强度3方面进行论述。

1. 矿井充水水源

根据矿井的煤层埋藏及开采情况，$16^{3上}$煤层开采时充水水源包括$16^{3上}$煤层开采后顶、底板破坏带所波及的含水层、$16^{3上}$煤层本身含水层和与这些含水层有水力联系的其他含水层（体）。分述如下：

1）16号煤层间砾岩、砂砾岩含水岩组（Ⅲ含）

该含水层厚度一般0~135.41 m，平均38.13 m，分布规律与16号煤层顶板砾岩、砂砾岩含水岩组相似，在勘探区北部和西部较厚向东南变薄，为16^3煤层直接充水含水层，富水性强。其单位涌水量$q = 0.146 ~ 1.378$ L/(s·m)，渗透系数$K = 0.28 ~ 1.71$ m/d，水化学类型为$HCO_3 · Cl - Na · Ca$型水，矿化度0.208~0.562 g/L，水位标高628.996~660.225 m，构成矿井正常涌水量的主要组成部分。

2）16煤层组顶板砾岩、砂砾岩含水岩组（Ⅱ含）

该含水层厚度一般0~133.45 m，平均55.00 m，在勘探区北部和西部较厚向东南变薄。该含水层为本区主采煤层16^3煤层的间接充水含水层，富水性强。其单位涌水量$q = 1.061 ~ 6.896$ L/(s·m)，渗透系数$K = 1.26 ~ 8.33$ m/d，水化学类型为$HCO_3 · Cl - Na · Ca$型水，矿化度0.208~0.562 g/L，水位标高622.352~653.287 m。该含水层是煤层回采过程中重点预防含水层，具有较强的静储量。

根据目前矿井探放水情况，推测Ⅱ含与Ⅲ含之间可能存在水力联系，联系区域位于井田西北部。

3）其他间接充水含水层

（1）15号煤层及煤层间砾岩、砂砾岩含水岩组，岩性以煤层、砂砾岩、中粗砂岩为主，厚度一般30~85 m，平均厚度59.88 m，抽水试验其水文地质参数$q = 2.152$ L/(s·m)，$K = 3.72$ m/d，水位标高650.157 m，地下水类型为承压水。

（2）15号煤层顶板砂砾岩、砂岩含水岩组，岩性组成为砾岩、砂砾岩、中、粗砂岩等，在全区发育，含水层厚度一般10~40 m，平均30.50 m，在矿区北部和中部较厚，其他部分较薄。

（3）第四系粉中、粗砂，砂砾石孔隙含水层，由粗、中砂和砂砾石等组成。主要分布于伊敏河冲积平原，与下伏煤系地层直接接触，含水层厚度一般10~60 m，平均厚度29.80 m，分布规律自阶地前缘向西逐渐变厚。该含水层富水性好，导水性强，其水文地

质参数 $K = 58.168 \sim 114.09$ m/d, $q = 0.582 \sim 23.669$ L/(s·m)。地下水水位标高 655.36 m，地下水径流方向为由东南向北西径流。

4）构造水

构造充水水源主要分为构造裂隙和断层。一般背斜或向斜的轴部都是裂隙比较发育的部位，在这些部位，楔形的裂隙沿岩层走向发育并且畅通，是地下水良好的储存空间；断层位置在垂向上将含水层错断，具有储水空间的断层带与含水层是相互连通的，因此在断层发育位置往往是地下水的富集区。当工作面遇到这些构造时，裂隙及断层带富集的水可成为工作面直接充水水源。

2. 矿井充水通道

矿井在井下进行开采时，可能存在的主要充水通道如下：

1）断层

断层破碎带裂隙发育易于地下水的赋存，同时，破碎带及其破碎带的影响带又是导水通道，对矿井安全生产威胁程度相对较大。

某某煤矿生产实际中揭露的断层破碎带不发育，最大宽度为 8 cm，断层破碎带中充填的岩性为断层赋存地层中的岩性，在煤层及煤层顶底板中揭露的断层破碎带多为泥岩、粉砂岩，极个别断层破碎带中充填有粗砂岩、砾岩，但胶结性较好，伴有泥质胶结物。

实际生产揭露的断层破碎带裂隙不利于地下水的赋存，但不排除断层带可能成为采掘工作面涌水的导水通道的可能性，在今后的生产实际过程中，应继续对落差大于煤层厚度的采取超前探放等措施。

2）采动后形成的裂隙带

煤层开采时对顶板覆岩和底板均有破坏，在顶板导水裂缝带所能波及到和底板破坏深度范围以内的含水层水必然通过采动后形成的裂隙涌入矿井，采动裂隙是顶底板水进入矿井的主要通道。

煤层开采导水裂缝带发育高度的确定方法是在煤层开采期间，利用回采工作面开采前后施工地面钻孔，通过观测冲洗液消耗量、钻孔电视、声波测井等方法确定。通过某某煤矿实测结果，16^3 煤层综放开采条件下裂高采高比为 11。

3）封闭不良的钻孔

地质钻孔往往能穿过隔水层形成不同含水层相互沟通的通道，如果钻孔封闭不良，将成为地下水（体）相互沟通的重要通道。因此，在今后巷道掘进或工作面回采通过地质钻孔时，应按规定进行超前探放水或采取其他安全措施，特别是对一些没有封孔记录的钻孔，矿方应该组织人员对这些钻孔封闭效果进行检验，防止由于封闭效果不好使得它们成为矿井充水通道，影响安全生产。

3. 矿井充水强度

矿井充水强度通常用矿井涌水量的大小表示。因此要分析矿井涌水量变化、涌水量与降雨量等相关关系曲线、含水层水位变化规律。

1）矿井涌水量变化

统计矿井自生产以来至 2020 年 5 月涌水量资料，见表 14 - 5，绘制涌水量变化曲线，如图 14 - 5 所示。

表14-5 某某煤矿矿井涌水量统计表 m³/h

时 间	涌水量	时 间	涌水量	时 间	涌水量
2012 年 1 月	51. 72	2014 年 11 月	709. 33	2017 年 9 月	610. 67
2012 年 2 月	287. 48	2014 年 12 月	711. 33	2017 年 10 月	618. 33
2012 年 3 月	609. 91	2015 年 1 月	721. 00	2017 年 11 月	608. 01
2012 年 4 月	797. 88	2015 年 2 月	720. 67	2017 年 12 月	612. 67
2012 年 5 月	842. 44	2015 年 3 月	707. 00	2018 年 1 月	605. 67
2012 年 6 月	901. 22	2015 年 4 月	688. 33	2018 年 2 月	598. 67
2012 年 7 月	964. 01	2015 年 5 月	699. 33	2018 年 3 月	614. 33
2012 年 8 月	1066. 91	2015 年 6 月	720. 00	2018 年 4 月	569. 33
2012 年 9 月	1037. 93	2015 年 7 月	723. 67	2018 年 5 月	560. 01
2012 年 10 月	1109. 38	2015 年 8 月	689. 33	2018 年 6 月	566. 00
2012 年 11 月	1041. 71	2015 年 9 月	706. 33	2018 年 7 月	549. 33
2012 年 12 月	1050. 00	2015 年 10 月	677. 67	2018 年 8 月	553. 00
2013 年 1 月	1017. 78	2015 年 11 月	670. 67	2018 年 9 月	552. 34
2013 年 2 月	963. 69	2015 年 12 月	699. 33	2018 年 10 月	549. 33
2013 年 3 月	1015. 33	2016 年 1 月	692. 33	2018 年 11 月	542. 67
2013 年 4 月	1093. 67	2016 年 2 月	693. 33	2018 年 12 月	541. 33
2013 年 5 月	934. 00	2016 年 3 月	666. 67	2019 年 1 月	532. 00
2013 年 6 月	852. 67	2016 年 4 月	673. 67	2019 年 2 月	528. 66
2013 年 7 月	807. 67	2016 年 5 月	677. 33	2019 年 3 月	521. 00
2013 年 8 月	729. 33	2016 年 6 月	680. 00	2019 年 4 月	526. 00
2013 年 9 月	706. 67	2016 年 7 月	672. 00	2019 年 5 月	542. 00
2013 年 10 月	718. 00	2016 年 8 月	661. 33	2019 年 6 月	545. 66
2013 年 11 月	774. 00	2016 年 9 月	642. 00	2019 年 7 月	517. 66
2013 年 12 月	747. 00	2016 年 10 月	631. 33	2019 年 8 月	497. 66
2014 年 1 月	712. 33	2016 年 11 月	644. 00	2019 年 9 月	509. 33
2014 年 2 月	735. 67	2016 年 12 月	617. 00	2019 年 10 月	504. 66
2014 年 3 月	753. 00	2017 年 1 月	610. 33	2019 年 11 月	519. 05
2014 年 4 月	694. 33	2017 年 2 月	611. 67	2019 年 12 月	522. 35
2014 年 5 月	690. 00	2017 年 3 月	618. 67	2020 年 1 月	523. 00
2014 年 6 月	703. 33	2017 年 4 月	604. 00	2020 年 2 月	524. 67
2014 年 7 月	712. 33	2017 年 5 月	594. 34	2020 年 3 月	530. 00
2014 年 8 月	719. 33	2017 年 6 月	592. 00	2020 年 4 月	524. 67
2014 年 9 月	723. 67	2017 年 7 月	599. 01	2020 年 5 月	525. 67
2014 年 10 月	700. 00	2017 年 8 月	595. 00		

某某煤矿矿井总涌水量历时曲线

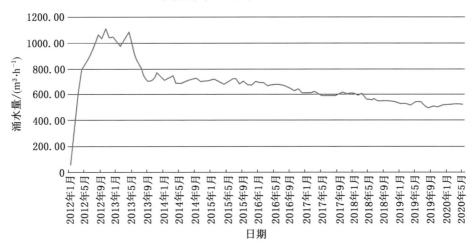

图 14-4　某某煤矿涌水量变化曲线

从表 14-5 及图 14-4 中可以看出，某某煤矿涌水量呈现先增加后减小的变化趋势，矿井首采工作面涌水后，矿井涌水量急剧增加，最大涌水量达 1109.38 m^3/h，之后开始衰减；自 2015 年开始，涌水量逐渐减小至 700 m^3/h 左右，近 1 年来总涌水量也呈减小趋势，目前矿井稳定涌水量约为 500 m^3/h。

2）涌水量构成

分析了矿井涌水量的构成，自某某煤矿生产至今，首采面涌水量占总涌水量的 89.4%，其他工作面涌水量占总涌水量的 3.1%，其他涌水点水量占总涌水量的 7.5%。由上述可见，目前总涌水量中绝大部分依旧来自于首采工作面涌水，涌水量构成与变化曲线如图 14-5 所示。

某某煤矿水量构成与变化曲线

图 14-5　某某煤矿涌水量构成与变化曲线

3）涌水量相关关系曲线

统计了涌水量与降雨量、蒸发量、产量等相关关系曲线，如图 14-6 所示，从图可

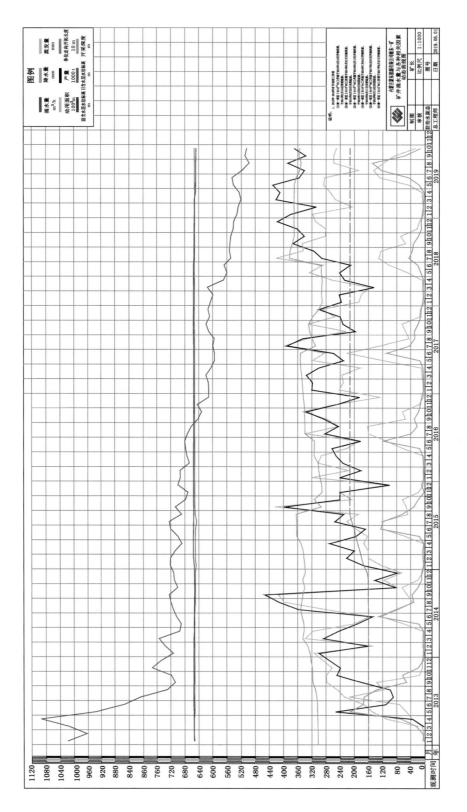

图 14 - 6 矿井涌水量与降雨量等相关关系系曲线

知，矿井涌水量变化与降水量、矿井产量等参数并无明显相关关系，说明矿井涌水量受大气降水的直接影响较小，与矿井产量及采空区面积无直接联系。

六、工作面水文地质条件

（一）工作面概况

1. 工作面位置范围

某某煤矿 I 0116³06 工作面位于井田内第 50 勘探线～第 56 勘探线，南一盘区东部 16³煤层中，煤层赋存标高在 +390～440 m，在工作面的东部及南部 16³煤层逐渐变薄，本工作面可采资源储量 345.82 万 t，某某煤矿 I 0116³06 工作面范围见表 14-6。

表 14-6　某某煤矿 I 0116³06 工作面范围

倾　　　　向		走　　　向	
北起	南至	西起	东至
16³ 煤层 I 0116³06 工作面回风巷	16³ 煤层 I 0116³06 工作面运输巷	16³ 煤层 I 0116³06 工作面开切眼	16³ 煤层 I 0116³06 工作面设计终采线
工作面可采面积			
工作面走向长/m	工作面倾向宽/m	煤层平均倾角/(°)	工作面可采面积/m²
1502.9	230.50	4	346418

2. 工作面四邻关系

南一盘区 16³ 煤层 I 0116³06 工作面四邻关系：北部 30.0 m 为 I 0116³04 工作面采空区；东部与南部为 16³ 煤层变薄区域（未开采）；西部为南一盘区三条大巷（南一盘区轨道大巷、南一盘区上仓带式输送机斜巷与大巷、南一盘区回风大巷）。如图 14-7 所示。

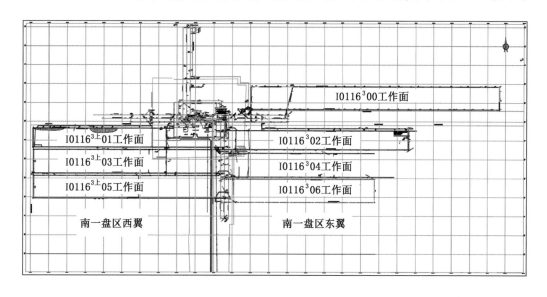

图 14-7　 I 0116³06 工作面及四邻关系示意图

本回采工作面埋深 297 ~ 327 m，回风巷中部测点 B10 点煤层埋藏最深、埋深为 327.00 m，运输巷西部测点 A2 点煤层埋藏较浅、埋深为 297.00 m；在工作面采动塌陷影响范围内，地表为草原，无建（构）筑物。

3. 地质构造情况

本采煤工作面为单斜构造，煤（岩）层大体向北方向倾斜，煤层倾角在 3° ~ 6°，在工作面的东部煤层倾角为 6°，往西煤层倾角渐变小至 3°，工作面平均倾角为 4°。

工作面在掘进过程中共揭露 3 条断层，其中在工作面西部终采线与南一轨道大巷之间的巷道中揭露 2 条逆断层，断层走向近南北、落差分别为 14.50 m、9.50 m，这两条断层对工作面回采无影响；另外 1 条断层在工作面回风巷停头位置 1535.0 m 处，断层走向 286°、倾向 196°、推断落差 7.50 m，该断层断面间宽度在 0.02 ~ 0.05 m，充填物为泥质，该断层不导水，该断层对工作面回采无影响，见表 14 - 7。

表 14 - 7　回采工作面断层一览表

断层名称	走向/(°)	倾向/(°)	倾角/(°)	性质	落差/m	对采煤工作面的影响
$F16^3 - 38$	106	196	55	正断层	7.50	影响工作面布置
$F16^3 - 48$	200	290	23	逆断层	14.50	无影响
$F16^3 - 49$	190	280	25	逆断层	9.50	无影响

4. 煤层赋存条件

Ⅰ$0116^3 06$ 回采工作面拉门口往西至 370.0 m 范围内煤层平均厚度为 12.24 m，370.0 ~ 690.0 m 的范围内煤层平均厚度为 8.04 m，690.0 ~ 1522.0 m（开切眼位置）范围内煤层平均厚度为 6.05 m，煤层变化于 14.24 ~ 4.55 m，本回采工作面西部较厚，往东至开切眼逐渐变薄。

本回采工作面在掘进过程中在回风、运输顺槽共计探测煤厚 48 次，可采用数据 32 个（未采用点为探测未见煤顶底板），根据煤层厚度变化情况，把煤层分为 5 个块段采用加权平均法计算煤层厚度。纯煤平均厚度为 7.95 m，煤层结构：1.19（0.20）1.45（0.20）2.12（0.11）3.19。

工作面范围内煤层厚度等值线如图 14 - 8 所示。

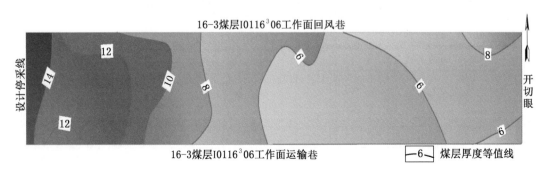

图 14 - 8　工作面范围内煤层厚度等值线

5. 工作面顶底板情况

本回采工作面在掘进过程中未揭露明显裂隙，根据《勘探报告》，16^3 煤层少见内生裂隙，总体 I $0116^3 06$ 回采工作面裂隙不发育，16^3 煤层顶底板情况详见表 14-8。

表14-8　煤层顶底板情况

名　称	岩　性	厚度/m	岩　性　描　述
直接顶	粉砂质泥岩	7.70	灰白色，泥质胶结，块状构造，巨厚层状，半坚硬
基本顶	粉砂岩	8.13	灰白色，泥质胶结，块状构造，巨厚层状，半坚硬
直接底	粉砂质泥岩	6.08	灰白色，泥质胶结，块状构造，巨厚层状，半坚硬
老底	细粒砂岩	3.65	灰白色，巨厚层状构造，细砂质结构，松软

（二）工作面水文地质条件分析

工作面水文地质条件主要从工作面内含水层与隔水层 2 方面进行分析。

1. 含水层

伊敏组煤层顶板及煤层间的砾岩和砂砾岩发育，厚度较大，构成了煤层开采时直接充水含水层和间接充水含水层。白垩系伊敏组煤系地层含水层自上而下分为 3 个含水层，分别为 15 号煤层组顶板及层间砂砾岩、砂岩含水岩组（I 含）、16 号煤层组顶板砾岩、砂砾岩含水岩组（Ⅱ 含）、16 号煤层间砾岩、砂砾岩含水岩组（Ⅲ 含），其中对煤层开采影响较大的是 Ⅱ 含和 Ⅲ 含，I 含距离开采煤层较远，不对开采产生直接影响。分别对 Ⅱ 含和 Ⅲ 含进行论述。

Ⅲ 含为煤层顶板直接充水含水层，岩性以粗砾岩、中砾岩、中砂岩、砂质砾岩为主。根据钻孔揭露，本回采工作面范围内砂砾岩层分布特点：东部及西部 Ⅲ 含水层缺失，在中部较发育，最大厚度为 38.86 m，距 16^3 煤层顶板 26.25~97.75 m，平均 76.20 m。

根据本回采工作面北部的 16^3 煤层 I $0116^3 04$、I $0116^3 02$ 工作面水文地质资料分析，两个工作面共计施工超前探放水钻孔 96 个，孔深 40~102 m 均无水，在回采过程中工作面仅个别地段有滴水现象，老塘无涌水现象，通过回采结束后 2~4 年对 2 个工作面采空区密闭进行涌水量观测，密闭涌水量 3 m³/h，属正常的煤岩层裂隙水。

结合相邻工作面水文地质情况及本回采工作面水文地质剖面，虽然工作面中部的中砾岩发育较好，达到 38.86 m，但推测其富水性应较差。

Ⅱ 含为煤层顶板间接充水含水层，岩性以砾岩、砂砾岩、粗砂岩为主，凝灰质或泥质胶结，在全区发育。该含水层在本回采工作面分布较广，含水层厚度在 14.50~48.50 m 之间，回采工作面东部及西部略薄，中部较厚，Ⅱ 含水层与 16^3 煤层间距 116.0~141.50 m，平均 125.2 m，根据《含水层富水性分区及软岩顶板综放开采防治水技术研究报告》，本回采工作面内 Ⅱ 含水层富水性中等。其他含水层方面：

（1）地表水。因井田范围对应地表表土为平均 0.4~1.0 m 厚的腐殖土，工作面采深在 310~340 m 之间，地表季节性溪流、积水区积水对于下部煤系地层补给方式为缓慢渗透，不会出现地表水溃入井下现象。

（2）采空区积水。I $0116^3 06$ 回采工作面北侧 30.0 m 为 I $0116^3 04$ 工作面已于 2017年 6 月采终，在回采过程中工作面未出现滴淋水现象，对采空区密闭近 2 年的观测未出现涌水情况，推测该工作面采空区无积水。

（3）钻孔水。本回采工作面推进 1150.4 m 位置时将过 BK15 – 12 地质钻孔，孔径为 110 mm，终孔深度 406.46 m，孔斜距为 19.20 m，方位 290°，封孔采用全孔水泥砂浆封闭，但未做封孔质量检查，按照封孔不良钻孔管理及制定过钻孔相应措施。

截至 2019 年 9 月以往回采工作面共计过地质钻孔 10 个，均见水泥砂浆柱，钻孔附近无水、无瓦斯等有害气体溢出。

2. 隔水层

隔水层按地层时代划分为第四系黏土、亚黏土类隔水层和白垩系煤系地层的泥岩、粉砂岩类隔水层。煤层顶板与含水层之间，含水层与含水层之间的泥岩、粉砂类岩层均视为煤层顶板有效隔水层。

16³ 煤层Ⅰ0116³06 工作面回采煤层顶板的隔水层指煤层顶、底板间的泥岩，粉砂岩层。由钻孔资料分析可知，泥岩、粉砂岩厚度一般 5 ~ 57 m，分布不均且连续性差，因此没有有效隔水层存在。工作面水文地质剖面如图 14 – 9 所示。

七、工作面开采防治水安全评价

主要分析了工作面存在的水害威胁，评价工作面目前已开采的防治水工程，预计工作面回采过程中的涌水量，评价了工作面配备的排水系统，提出工作面防治水对策及煤层开采方法。

（一）工作面存在的水害威胁

通过Ⅰ0116³06 工作面水文地质条件分析，该工作面在回采过程中存在的主要水害威胁来自煤层顶板含水层，具体为煤层顶板Ⅲ含与Ⅱ含。

Ⅲ含为工作面回采过程中直接充水水源，是工作面正常涌水量的主要构成部分，通过南一盘区已回采的Ⅰ0116³02、Ⅰ0116³04 工作面涌水情况和本工作面运输巷、回风巷已施工超前探放水钻孔分析，工作面顶板Ⅲ含水层基本无水，该含水层整体富水性弱。

Ⅱ含为工作面回采过程中间接充水水源，由《内蒙古某某矿业集团有限责任公司某某矿区第一煤矿水文地质补充勘探修改报告》《内蒙古某某矿业集团有限责任公司某某矿区第一煤矿含水层富水性分区及软岩顶板综放开采防治水技术研究》2 个报告可知，Ⅱ含水层富水性在该区域属于中等富水。但据已回采的工作面分析，Ⅱ含的静储量有限。

Ⅰ含距离主采煤层远，对煤层开采无直接影响。

工作面在掘进过程中共揭露 3 条断层，其中 1 条对工作面布置有影响，位于工作面回风巷停头位置 1535.0 m 处，断层走向 286°、倾向 196°、推断落差 7.50 m，该断层断面间宽度在 0.02 ~ 0.05 m，充填物为泥质，推测该断层不导水。

（二）工作面已开展的超前探放水工作与物探探查

1. 超前探放水

工作面在掘进期间，开展了煤层顶板Ⅱ含、Ⅲ含的探查工作。某某煤矿编制了《Ⅰ0116³06 回采工作面探放水设计》，沿Ⅰ0116³06 工作面回风巷和运输巷布置探放水钻孔，设计探放水钻孔 19 个（其中Ⅱ含 4 个），目前已从开切眼位置开始，沿 2 个巷道自东向西施工钻孔 16 个，其中施工Ⅱ含探查孔 3 个。

1）回风巷探放水钻孔布置位置

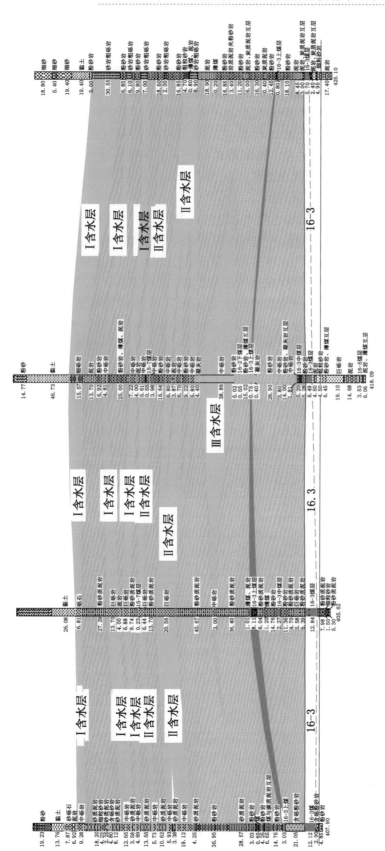

图 14-9　I 0116³06 工作面水文地质剖面

在Ⅰ0116³06回采工作面回风顺槽测点B20往东5.00 m位置施工L1号探放水钻孔，南帮距0.8 m。以L1号探放水钻孔为基点往西50.0 m施工L2号探放水钻孔，L2往西每隔150 m施工1个探放水钻孔，直至施工至距工作面开切眼500.0 m处。本范围共设计施工顶板超前探放水钻孔4个，编号分别为L1、L2、L3、L4。

在回风巷测点B13往东18.40 m位置施工L5（Ⅱ含）号探放水钻孔，本钻孔为Ⅱ含水层探查孔；测点B11往西35.80 m位置施工L6号探放水钻孔；测点B7往东40.50 m位置施工L7（Ⅱ含）号探放水钻孔，南帮距0.80 m，本钻孔为Ⅱ含水层探查孔；测点B4往东8.00 m位置施工L8号探放水钻孔。

2）运输巷探放水钻孔布置位置

在Ⅰ0116³06回采工作面运输巷测点A23往西18.00 m位置施工L9号探放水钻孔，南帮距0.80 m；以L9号探放水钻孔为基点往西50.0 m施工L10号探放水钻孔，L10往西每隔150.0 m施工1个探放水钻孔。运输巷内共设计施工11个顶板超前探放（查）水钻孔（编号为L9～L19），其中L16号探放水钻孔为Ⅱ含水层探查孔，所有顶板探水钻孔深度根据全煤厚乘以导水裂隙比计算（全煤厚大于12 m处，按照12 m计算）。

工作面施工的探放水钻孔根据孔深不同，分别选用ZDY-750煤矿用液压钻机、ZDY-3200L煤矿用液压坑道钻机，ZDY-750煤矿用液压钻机最大钻进深度为120 m，钻杆直径：ϕ50 mm；ZDY-3200L煤矿用液压坑道钻机最大钻进深度为400 m，钻杆直径：ϕ63 mm。

工作面探放水钻孔仰角为铅垂方向向巷道顶板向上，开孔选用ϕ133 mm钻头钻进6.0～11.0 m后下ϕ108 mm止水套管。

安装安全闸阀并进行耐压试验，耐压试验结果应大于2.0 MPa，然后改用ϕ75 mm钻头钻进施工。已施工的探放水钻孔主要参数与探放水量见表14-9。

表14-9 Ⅰ0116³06工作面探放水成果

编号	孔深/m	开孔孔径/mm	终孔孔径/mm	目的层位	探放水量/($m^3 \cdot h^{-1}$)	见水标高/m
L1	85.12	133	75	Ⅲ含	0.10	444.28
L2	85.12	133	75	Ⅲ含	0.10	438.69
L3	85.12	133	75	Ⅲ含	0	—
L4	82.00	133	75	Ⅲ含	0.05	444.05
L5	112.48	133	75	Ⅱ含	1.00	526.30
L6	82.00	133	75	Ⅲ含	0	—
L7	86.00	133	75	Ⅲ含	0	—
L7-1	150.00	133	75	Ⅱ含	0	—
L8	120.60	133	75	Ⅱ含	0.05	—
L9	68.00	133	75	Ⅲ含	0	—
L10	68.00	133	75	Ⅲ含	0	—
L11	65.00	133	75	Ⅲ含	0	—
L12	72.00	133	75	Ⅲ含	0	—
L13	67.00	133	75	Ⅲ含	0	—
L14	67.64	133	75	Ⅲ含	0	—
L15	85.20	133	75	Ⅲ含	0.20	—

由表14-9可知，Ⅲ含探放水量不大于0.1 m³/h，Ⅱ含探放水量仅为1.0 m³/h，说明顶板含水层静储量有限。在工作面回采过程中，应结合回采实际情况继续加强对Ⅲ含与Ⅱ含的探查工作。

2. 工作面顶板物探探查

采用YBD11矿用网络并行电法仪，对Ⅰ0116³06工作面煤层顶板150 m范围内Ⅲ含、Ⅱ含的富水性分布和含水层连通情况进行探查。

根据工作面采掘工程平面图，对反演视电阻率图像进行进一步处理后，沿X-Y面进行切片，有针对性地选取进行分析。

（1）工作面顶板20 m范围内，电阻率呈层状、均匀分布，自顶板往上逐层增大，没有明显的高、低阻异常，如图14-10所示。

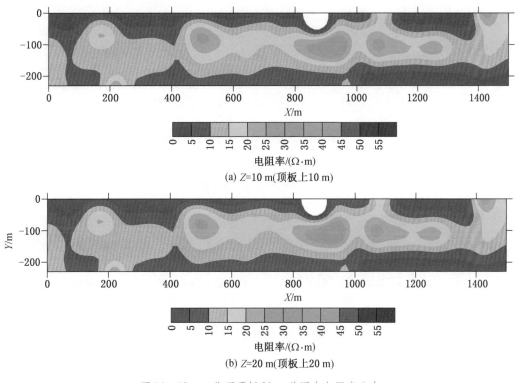

(a) Z=10 m(顶板上10 m)

(b) Z=20 m(顶板上20 m)

图14-10 工作面顶板20 m范围内电阻率分布

（2）工作面顶板30~70 m范围内。回采地质说明书Ⅲ含水层东部及西部Ⅲ含水层缺失，在中部较发育，在回采过程中工作面仅个别地段有滴水现象，采空区无涌水现象。Ⅲ含水层底部圈定一处高阻异常区，如图14-11所示。

（3）工作面顶板70~100 m范围内，Ⅲ含水层在中部较发育厚度38.86 m，距16³煤层顶板76.20 m，结合相邻工作面水文情况及本回采工作面水文地质剖面，虽然工作面中部的中砾岩发育较好达到38.86 m，但富水性较差，通过三维反演，确定该区域Ⅲ含基本无水。工作面顶板70~100 m电阻率分布如图14-12所示。

（4）工作面顶板110~160 m范围内。Ⅱ含水层在本回采工作面分布较广，含水层厚度在14.50~48.50 m，采煤工作面东部及西部略薄，中部较厚，Ⅱ含水层与16³煤层间距

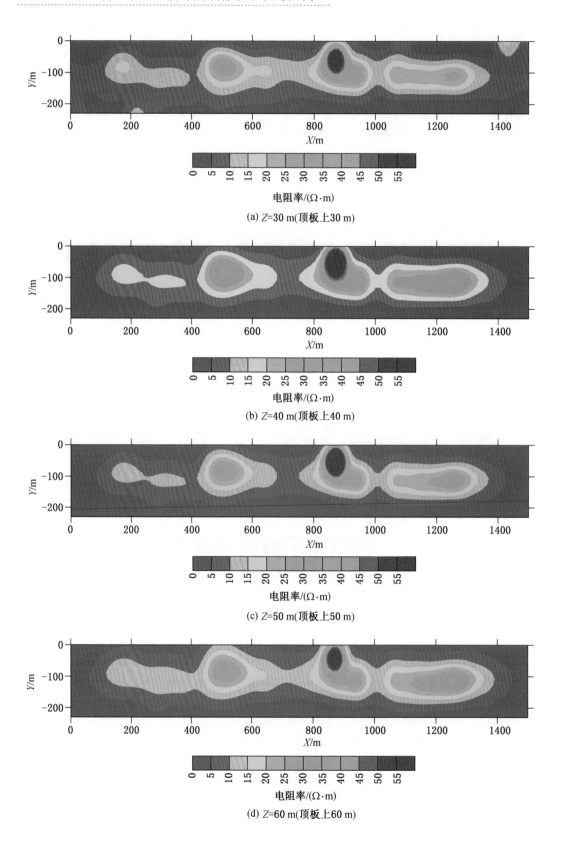

(a) Z=30 m(顶板上30 m)

(b) Z=40 m(顶板上40 m)

(c) Z=50 m(顶板上50 m)

(d) Z=60 m(顶板上60 m)

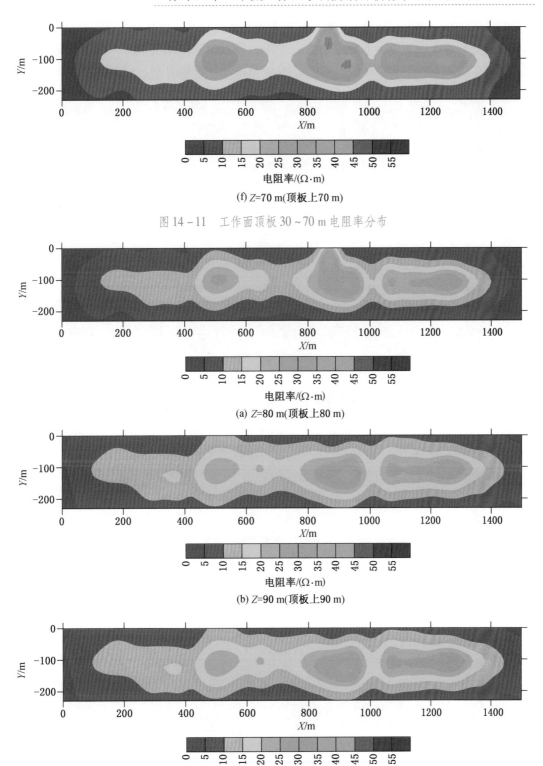

(f) $Z=70$ m(顶板上70 m)

图 14-11　工作面顶板 30~70 m 电阻率分布

(a) $Z=80$ m(顶板上80 m)

(b) $Z=90$ m(顶板上90 m)

(c) $Z=100$ m(顶板上100 m)

图 14-12　工作面顶板 70~100 m 电阻率分布

116.0 ~ 141.50 m，平均125.2 m。根据《含水层富水性分区及软岩顶板综放开采防治水技术研究报告》本采煤工作面Ⅱ水层富水性中等。通过电法三维反演，采煤工作面东部圈定，Ⅲ含水层异常区。工作面顶板110 ~ 160 m电阻率分布如图14 – 13所示。

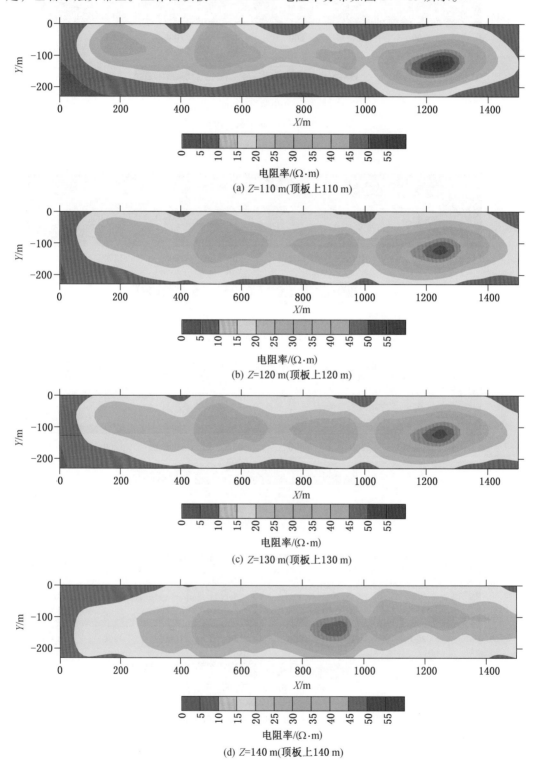

(a) Z=110 m(顶板上110 m)

(b) Z=120 m(顶板上120 m)

(c) Z=130 m(顶板上130 m)

(d) Z=140 m(顶板上140 m)

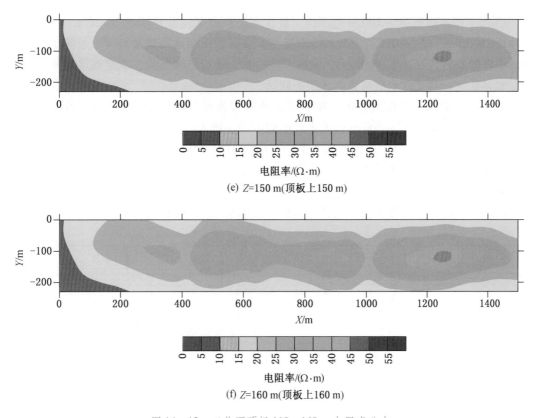

(e) $Z=150\ m$(顶板上150 m)

(f) $Z=160\ m$(顶板上160 m)

图 14-13　工作面顶板 110~160 m 电阻率分布

综上可得到如下结论：

①通过对 16³ 煤层 I 0116³06 工作面顶板岩性的电性分析得到，16 煤层顶板中砾岩含水层在电性上显示为高电阻率值，且Ⅱ含水层电阻率与Ⅲ含水层电阻阻值基本一致，与测井曲线相一致；②I 0116³06 工作面顶板岩性从煤层顶板向上 30 m 范围内电阻率值逐步增高；③30 m 以内电阻率值水平分布均匀，分析判断为岩性稳定，富水性较弱；④工作面顶板 30~70 m 范围内，Ⅲ含水层底部圈定一处高阻异常区，依据 16³ 煤层 I 0116³06 工作面水文地质剖面图，判断顶板 70 m 处并未到达含水层底，圈定Ⅲ含水层底部富水异常区范围：16³ 煤层 I 0116³06 工作面回风巷距离工作面 516~707 m，工作面内 0~150 m，如图 14-14 所示。

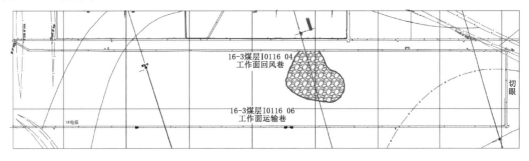

图 14-14　Ⅲ含水层富水异常区

（5）工作面顶板 70～100 m 范围内，Ⅲ含水层在中部较发育厚度 38.86 m，距 16^3 煤层顶板 76.20 m，结合相邻工作面水文情况及本采煤工作面水文地质剖面，虽然工作面中部的中砾岩发育较好达到 38.86 m，但富水性较差，通过三维反演，确定该区域Ⅲ含水层无富水异常区，且Ⅱ含水层与Ⅲ含水层不联通。

（6）工作面煤层顶板上 110～140 m 范围内：自顶板上 110 m 起回风巷东部距离工作面 106～450 m，面内 47～200 m 范围出现电阻值逐步增大，且变化较大现象，电阻率显示异常；至自顶板上 140 m，回风巷东部距离工作面 518～756 m，面内 63～208 m 范围出现电阻值逐步增大，且变化较大现象，电阻率显示异常，该段地层属Ⅲ含水层顶部与Ⅱ含水层底部范围，分析这 2 个异常区为疑似富水区域，圈定Ⅱ含水层富水异常区范围：回风巷东部距离工作面 106～756 m，面内 47～208 m，如图 14－15 所示。

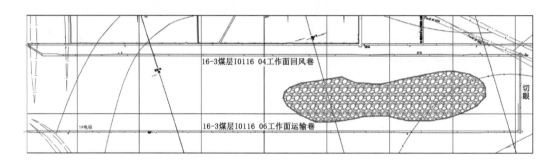

图 14－15　Ⅱ含水层富水异常区

（三）工作面涌水量预计

水害威胁程度通常用涌水量表示，涌水量预计须依据矿井水文地质特征、边界条件、充水方式和已经取得的水文地质参数进行。目前主要方法有比拟法、大井法、数值法、水均衡法、解析法和物理模拟法等。本次采用解析法与比拟法预计工作面涌水量。

由前文分析可知，工作面回采过程中直接充水水源为Ⅲ含，间接充水水源为Ⅱ含。煤层回采后，导水裂缝带发育高度直接波及Ⅲ含，若不采取措施，局部区域可能波及到Ⅱ含。为安全起见，本次计算工作面最大涌水量包括 2 个含水层的总涌水量，工作面正常涌水量为Ⅲ含涌水量。

1. 大井法预计工作面涌水量

采用无限边界的承压－无压公式计算：

$$Q = 1.366K\frac{(2H - M)M}{\lg R_0 - \lg r_0}$$

式中　　K——渗透系数，m/d；

　　　　M——含水层厚度，m；

　　　　H——水位降深，m；

　　　　r_0——大井法引用半径，m；

　　　　R_0——大井法引用影响半径，m。

其中

$$r_0 = \frac{a+b}{4}$$

$$R_0 = r_0 + 10H\sqrt{K}$$

式中　a、b——工作面倾向和走向长度，m。

参数取值如下：

（1）渗透系数 K：根据水文地质补充勘探资料，在该工作面分布的水文地质钻孔较少，参考相邻工作面资料，Ⅱ含渗透系数取 1.71 m/d，Ⅲ含渗透系数取 0.80 m/d。

（2）含水层厚度 M：根据Ⅰ0116³06 工作面水文地质剖面图，Ⅲ含在工作面东部和西部缺失，仅在中部发育且最大厚度 38.86 m，本次评价取平均厚度 8 m，Ⅱ含厚度根据工作面水文地质剖面图，取平均厚度为 15 m。

（3）水位降深 H：根据近期含水层水位资料，Ⅱ含水位标高为 +440 m，Ⅲ含水位标高为 +405 m，煤层底板标高取 +390 m，则含水层水位降至煤层底板标高的水位降深分别为 50 m、15 m。

（4）工作面尺寸：工作面走向长 a 取 1500 m，倾向宽 b 取 230 m，则 $r_0 = 432.5$ m。

计算Ⅲ含涌水量为

$$Q_Ⅲ = 68.3 \text{ m}^3/\text{h}$$

Ⅱ含涌水量为

$$Q_Ⅱ = 310.2 \text{ m}^3/\text{h}$$

Ⅲ含涌水量为工作面正常涌水量，最大涌水量为Ⅱ含与Ⅲ含涌水量之和，即 $Q_{最大} = 378.5$ m³/h。

解析法预计工作面涌水量对参数依赖性较大，又因回采区域抽水试验资料少，故计算结果仅供参考。

2. 比拟法预计工作面涌水量

某某煤矿目前回采结束和正在回采的工作面有 5 个，分别为Ⅰ0116³上01、Ⅰ0116³02、Ⅰ0116³上03、Ⅰ0116³04 和Ⅰ0116³上05 工作面，01、03 和 05 工作面位于南一盘区西翼，02 和 04 工作面位于南一盘区东翼。工作面涌水量统计见表 14-10。

表 14-10　某某煤矿工作面涌水量统计

工作面名称	回采状态	平均涌水量/(m³·h⁻¹)
Ⅰ0116³上01	回采结束	591
Ⅰ0116³02	回采结束	<10
Ⅰ0116³上03	回采结束	20
Ⅰ0116³04	回采结束	<10
Ⅰ0116³上05	回采结束	30~50

从表 14-10 可以看出，南一东翼工作面涌水量明显小于西翼，矿井涌水量主要由 01 工作面涌水量构成，评价工作面与南一盘区 02、04 工作面相邻，认为评价工作面与类比工作面具有相似的水文地质条件，类比见表 14-11。推测 06 工作面在回采期间工作面正常涌水量在 10 m³/h 左右。

表 14 - 11 工作面水文地质条件类比

工作面名称	走向长/m	倾向宽/m	煤层厚度/m	开采方法
Ⅰ0116³02	1845	196	10.50	综采/综放
Ⅰ0116³04	985	245.4	10.31	综采/综放

通过大井法与比拟法可知，2 种方法预测结果相差较大，根据某某煤矿实际水文地质条件，结合以往开采经验，经综合分析，Ⅰ0116³06 工作面在回采过程中正常涌水量按大井法计算的Ⅲ含涌水量，即 68.3 m³/h，最大涌水量可取正常涌水量的 2 倍，即 136.6 m³/h。

（四）工作面排水系统评价

（1）工作面运输巷。根据采掘工程平面图确定 Ⅰ0116³06 工作面运输巷的标高，最高点：+437.96 m，最低点：+408.57，标高差约：30 m。运输巷的最低点为水仓位置，因最低点距开切眼距离较远（1440 m），为此在距开切眼 350 m 处（测点 A19 往开切眼方向45 m）再设置一个水仓用来排水，后期排水设施根据回采情况，向前移动并提前做好水仓。安设 BQS100 - 60 - 30 潜水泵 2 台，每台额定功率 30 kW、额定排水量 100 m³/h、扬程 60 m、铺设运输巷水仓至南回水沟排水管路（DN100 mm）一趟，长度 1390 m。

（2）工作面回风巷。回风巷最低点标高为 +391.92 m，最高点标高为 +416.65 m，垂直落差约 24.5 m，安设 BQS200 - 70 - 75/N 潜水泵 4 台，每台额定功率 75 kW、额定排水量 200 m³/h、扬程 70 m，4 台水泵按照 2 台工作、1 台备用、1 台检修配置，铺设工作面至南翼轨道大巷排水管路（DN150 mm）一趟，长度 1600 m。

工作面回风巷整体标高低，因此排水压力主要在回风巷。

（3）根据《煤矿防治水细则》对矿井排水能力的要求：工作水泵的能力应当在 20 h 内排出矿井 24 h 的正常涌水量；工作和备用水泵的总能力应当能在 20 h 内排出矿井 24 h 的最大涌水量。

水泵效率按 0.7 计算，则排水能力核定如下：

工作面回风巷工作水泵排水能力核定：

$$68.3 \text{ m}^3/\text{h} \times 24 \text{ h} = 1639.2 \text{ m}^3 < (200 \times 2 \times 0.7) \text{ m}^3/\text{h} \times 20 \text{ h} = 5600 \text{ m}^3$$

工作面回风巷工作水泵和备用水泵排水能力核定：

$$(200 \times 3 \times 0.7) \text{ m}^3/\text{h} \times 20 \text{ h} = 8400 \text{ m}^3 > 136.6 \text{ m}^3/\text{h} \times 24 \text{ h} = 3278.4 \text{ m}^3$$

经计算可知，工作面排水能力满足要求。

（五）工作面防治水对策与煤层开采方法

1. 工作面开采覆岩破坏高度预计

工作面开采后煤层及其围岩产生结构性变化，顶板岩层自下而上出现垮落带、裂缝带和整体移动带。导水裂缝带范围内的岩体渗透性大大增强，即使是泥岩也不再具有隔水性，导水裂缝带范围内的含水层和岩体成为向工作面直接充水的水源和良好的通道，导水裂缝带范围内的含水层是影响工作面开采安全的主要含水层，导水裂缝带发育高度是评价上部水体是否影响工作面安全开采的重要参数。

根据某某煤矿在 Ⅰ0116³02 工作面进行实测"三带"高度的结果，导水裂缝带发育高度为煤层开采高度的 11 倍。煤层上覆充水含水层主要是Ⅱ含和Ⅲ含，根据工作面煤层赋存厚度情况，东部最薄 4.55 m，西部最厚 14.24 m。以 11 倍开采厚度计算，导水裂缝带发育高度为 50.05～156.64 m，煤层开采后导水裂缝带发育高度在西部局部地段可导通Ⅱ含。

2. 工作面防治水对策

工作面防治水对策从以下 4 点入手：

（1）地表水防治。定期对地表进行检查，检查地表季节性溪流、积水区的情况，在雨季、汛期增加检查次数，对地表积水区积水采取及时疏排的措施、对地表采动塌陷裂隙及时填埋、封堵并夯实，避免地表水进入井下。

（2）钻孔水防治。本回采工作面推进 1150.4 m 位置时将过 BK15－12 地质钻孔，建议在工作面推进至距离该钻孔 30.0 m、20.0 m、10.0 m、5.0 m 时分别施工探放水钻孔进行探查。

（3）顶板Ⅱ含、Ⅲ含水害防治。基本思路是疏放Ⅲ含、预防Ⅱ含。在工作面回采之前及回采过程中，应依据工作面探放水工程设计，对顶板Ⅲ含水层开展超前探放水工程，Ⅲ含水层直接疏放，尤其在工作面推进 640 m 左右，Ⅲ含厚度最大，应重点探查；其次，应根据工作面煤层顶板与上部Ⅱ含水层的距离，采取循序渐进、边推进边调整放煤参数、工作面均匀放顶煤的方法，结合导水裂缝带发育高度（11 倍采高），开采过程中严禁放煤高度过大而导通Ⅱ含水层。

根据回采工作面预计涌水量必须配备相应的排水泵、排水管路等排水系统及水仓。

（4）防排水应急措施。顶板含水层可能在局部存在富水区，一旦回采过程中波及强富水区，工作面应具备临时应急排水能力与设施，保证排水通道畅通。

3. 煤层开采方法

依据《煤矿安全规程》，在含水层单位涌水量 q 值小于 1 L/(s·m) 时，可采用综放开采。《某某煤矿含水层富水性分区及软岩顶板综放开采防治水技术研究》报告对含水层富水性进行了分区，依据分区趋势，回采区域范围含水层属于中等富水区，可以采用综放开采；但为了安全起见，应根据钻孔控制的煤层顶板与含水层底板距离关系，以综放开采后导水裂隙带发育高度不波及Ⅱ含为原则，确定煤层开采高度。

依据本采煤工作面水文地质剖面图，煤层距离Ⅱ含的厚度较为均一，116～141.5 m，可划分为 3 个区段，如图 14－16 所示。

①Ⅰ区段：开切眼～832 m，煤层距离Ⅱ含 116～124.9 m；②Ⅱ区段：832～1152 m，煤层距离Ⅱ含 124.9～141.5 m；③Ⅲ区段：1152～1389 m，煤层距离Ⅱ含 133.8～141.5 m。按照裂采比为 11 的关系，Ⅰ区段可采煤层高度应小于 10.5 m，Ⅱ区段可采煤层高度应小于 11.3 m，Ⅲ区段可采煤层高度应小于 12.1 m，采煤工艺可选用综采放顶煤，当煤层赋存高度大于可采高度时，建议采用留底煤的方式控制采高。

八、防治水安全评价结论与建议

1. 结论

（1）Ⅰ0116³06 工作面在回采期间，直接充水含水层为Ⅲ含，该含水层在工作面东部和西部缺失，中部发育最大厚度为 38.86 m，间接充水含水层为Ⅱ含，含水层平均厚度为 21 m。据工作面内钻孔控制情况，煤层顶板与Ⅱ含的间距 116.0～141.5 m，平均距离

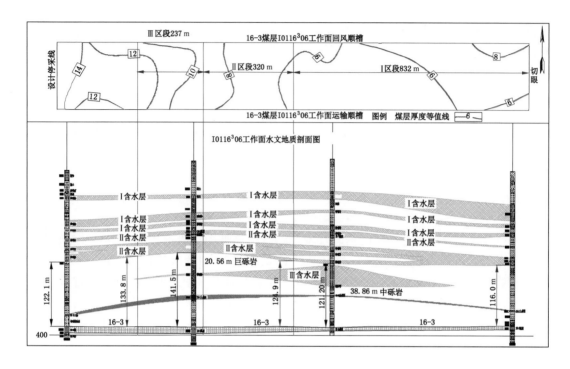

图 14 - 16　Ⅰ0116³06 工作面回采区段划分

125.2 m，自开切眼方向开始向西，煤层与Ⅱ含间距呈逐渐变大趋势。Ⅰ含距离开采煤层较远，对煤层回采无威胁。

（2）根据工作面并行电法探测结果，工作面顶板 30 ~ 70 m 范围内，Ⅲ含水层底部圈定一处高阻异常区，位置在 16³ 煤层Ⅰ0116³06 工作面回风巷距离工作面 516 ~ 707 m，工作面内 0 ~ 150 m；工作面煤层顶板上 110 ~ 140 m 范围内，圈定Ⅱ含水层富水异常区，范围在回风巷东部距离工作面 106 ~ 756 m，面内 47 ~ 208 m。

（3）通过大井法与比拟法计算，经综合分析，预计Ⅰ0116³06 工作面在回采过程中，正常涌水量约为 68.3 m³/h，最大涌水量 136.6 m³/h。

（4）通过目前已开展的探放水工程可知，该工作面上覆Ⅲ含与Ⅱ含富水性弱；回采期间应加强对Ⅱ含的探查工作，尤其对物探探查的富水异常区应进行钻探验证。

（5）工作面排水系统设计合理，排水能力强，按照目前探放水涌水量及预计工作面涌水量，从水泵数量与型号、排水管路、供电系统等各方面分析，均满足排水要求。

（6）根据裂采比为 11 倍的关系和煤层顶板与Ⅱ含水层底板高度间距，Ⅰ区段（开切眼 ~ 832 m）可采煤层高度应小于 10.5 m，该区段煤层实际高度小于 10.5 m，在 6.0 ~ 8.0 m，回采时可以采取放顶煤方式开采；Ⅱ区段（832 ~ 1152 m）可采煤层高度应小于 11.3 m，该区段煤层实际高度在 6.3 ~ 12.84 m，回采时在工作面应每间隔 30 m 进行探测煤厚，根据工作面探测煤厚情况，在工作面留设 0 ~ 1.71 m 厚度的底煤后，可以采取放顶煤方式开采；Ⅲ区段（1152 ~ 1389 m）可采煤层高度应小于 12.1 m，该区段煤层实际高度在 10.0 ~ 14.5 m，回采时在工作面应每间隔 30 m 进行探测煤厚，根据工作面探测煤厚

表 14-12　某某煤矿 2020 年 8 月采煤工作面水害防治评价

采煤工作面名称	布置方式	回采工艺	设计长/宽/m	已回采长度/m	本月计划进度/m	煤层/平均厚度/m	工作面水量/(m³·h⁻¹)	出水层位	工作面标高/m	地面标高/m
I 0116³06 采煤工作面	走向长壁后退式	综采放顶煤	1502.9/235	146.85	180	16³/6.68	30（设备冷却水）	无	404.25～436.46	729.5～739.1

一项：采前物探成果评价

1. 瞬变电磁探查 8 个物探异常区中，仅 YC3、YC5 低阻异常区表现为顶板层及低阻异常，其他因为金属设备干扰，煤层因含水率较高及煤岩层厚度构造变化等所导致的其他低阻异常。
2. 并行电法探查：工作面富水 2 个含水异常区

二项：采前探放水情况评价

是否进行探放水	探放水目标体	探放水钻孔总进尺/(m·孔⁻¹)	探放水量/m³	突水评价	评价人员签名
是	煤层顶板Ⅱ、Ⅲ含水层	1811.0/20	2 m³，灌钻后堵孔		

三项：地面水害评价

煤层埋深/m	两带高度/m	是否受地表水威胁	防治措施	突水评价
297～327 m	61.60～84.70	否	回填塌陷裂缝	

四项：顶板水害评价

隔水层厚度/m	两带高度/m	含水层厚度/m	含水层 q/(L·s⁻¹·m⁻¹)	突水评价
75.5～116.05	61.60～84.70	14.40～26.40	0.630～3.024	根据已施工超前探放水钻孔分析，工作面顶板无水，工作面Ⅰ含水层基本无水、含水层整体富水性弱，Ⅱ含水层富水性中等、静储量有限。

五项：底板水害评价

隔水层厚度/m	底板采破深度/m	隔水层底板水压值/MPa	突水系数(T=P/M)	突水评价
无	无	无	无	煤层底板无砾岩、砂砾岩等具备富水条件的岩层，工作面底面无底板水害威胁。

六项：采空区（烧变岩）水害评价

开切眼及回风巷、运输巷外帮 30 m 范围内有无闭层采空区积水	顶板两带高度外缘 30 m 范围内有无煤层上部采空区积水	上述两项范围内的采空区积水探放	采空区（烧变岩）水害威胁
无	无	无	无

七项：上月水量变化趋势及本月预测

工作面设备冷却水 30 m³/h

八项：导水通道评价

有无封闭不良钻孔	有无导水断层、陷落柱	导水通道与含水层的连通情况
无	无	无

九项：防治水措施

采用 2 种物探方法进行探查，对顶板异常区进行钻探验证和顺槽超前探放水，进行采前防治水安全评价，采取留底煤整治开采煤层底板厚度的措施。

十项：排水系统

排水方式	排水能力/(m³·h⁻¹)	泵排方式	可靠性评价
	160		满足排水要求

十一项：综合评价

本月 I 0116³06 工作面回采范围内无地表、底板、采空区水害，无导水通道，已进行探放水，工作面仅有生产用水，排水、排水系统可靠，满足排水要求，防治水措施施工到位，煤层顶板探放水，回采工作面安全回采。

矿总工：　　部（科）长：　　技术人员：

填表日期：2020 年 7 月 30 日

备注：若表内某项内容填写空间不够时，可另附页或图说明。

表 14-13 某某煤矿 2020 年 8 月掘进工作面水害防治评价

掘进工作面名称	支护方式	巷道高/宽/m	设计长度/m	已掘长度/m	本月计划掘进/m	掘进巷起点标高/m	掘进头标高/m	迎头坡度/(°)	煤(岩)层位及产状	现涌水量/(m³·h⁻¹)
I0116³上07 回风巷掘进工作面	锚网索	3.5/4.4	2048	1517	300	416.38	388.87	0	16³上/NE8°∠3°	0

一项：掘进前物探成果评价

I0116³上07 掘进工作面回风顺槽迎头前方 100 m 范围内无相对明显低阻异常区，即表示前方无强富水异常区。整体上在迎头前方上部顶板电阻率值略低于下部，为上部基本顶砂岩层的较弱的低阻反应。

二项：探放水情况评价

是否进行探放水	是
探放水目标体	孔隙裂隙水
施工质量	深度及角度合格
探放水量/(m³·h⁻¹)	无

三项：上月水量变化趋势及本月预测

无水

四项：采空区(烧变岩)水害评价

掘进前方超前探查范围内及两带 30 m 范围内有无老空积水	无
顶板高度为巷高 10 倍范围内采空区积水是否探放	无

五项：排水系统

排水方式	水泵及管路排水
排水能力/(m³·h⁻¹)	30
可靠性评价	可以满足排水要求

六项：顶板水害评价

顶板隔水层厚度/m	75.10
顶板距含水体的安全距离/m	38.50
顶板含水层厚度/m	62.66
顶板含水层 q/(L·s⁻¹·m⁻¹)	0.630~3.024
突水评价	无顶板水害威胁。

七项：底板水害评价

有无断层及陷落柱	无
底板隔水层厚度/m	无
含水层水位标高/m	无
安全隔水层厚度/m	无
隔水层底板水压值/MPa	无
安全水头压力值/MPa	无
突水评价	掘进范围内煤层底板无岫岩、砂砾岩等具备富水条件的岩层，掘进工作面底板无水害威胁

八项：防治水措施

严格按照"预测预报、有掘必探、先探后掘、先治后采"的原则，先探后掘，坚持"有疑必探"的防治水原则。采取探、防、堵、疏、排、截、监等综合措施，并严格执行"三专两探一撤"方法，进行"物探先行，钻探验证"的手段开展掘进工作面防治水工作

九项：综合评价

本月 I0116³上07 回风巷掘进范围内，煤层不受顶板水害威胁，无底板水害，无采空区水害，排水系统可靠，能满足工作面排水要求。按照"有掘必探，先探后掘"的防治水要求及"钻探物探结合进行验证"的手段继续开展掘进工作面防治水工作

矿总工：	部(科)长：	技术人员：
评价人员签名		

备注：

填表日期:2020 年 7 月 30 日

情况，在工作面留设 0 ~ 2.4 m 厚度的底煤后，可以采取放顶煤方式开采；工作面在回采过程中，当煤层赋存厚度大于根据裂采比计算的可采高度时，必须采取留底煤的方式控制采厚。

2. 建议

（1）在工作面回采期间，继续加强顶板含水层探放水工作，探放水设计与施工需符合《煤矿防治水细则》的要求，同时及时对探放水结果进行总结分析。

（2）工作面回采前，做好矿井排水系统的检查、检修工作，同时做好工作面水仓、排水沟的清理工作，检修水泵和排水管线，使排水设备处于完好状态，并作联排试验核定工作面的实际排水能力。

（3）在工作面回采过程中，应根据前期回采揭露情况，超前做好水文观测分析及预测预报工作，涌水量异常时要及时分析原因，并从地质及水文地质角度对下一步工作提出指导性意见。

某某煤矿 2020 年 8 月采煤、掘进工作面水害防治评价见表 14 – 12、表 14 – 13。

第十五章 井下探放水技术规范
研 发 与 应 用

第一节 井下探放水技术规范研发

井下探放水技术规范是根据井下探放水工作的需要，为了规范国家能源集团下属各矿井井下探放水工作，总结集团下属各矿井多年井下探放水的实践经验，结合我国现行相关规程规定而制定的。

本规范是在原《井下探放水技术规范（MT/T 632—1996）》的基础上修编的，为推荐性规范。主要参考文件包括：《煤矿安全规程》《煤矿防治水细则》《井下探放水技术规范（MT/T 632—1996）》《矿井井下高压含水层探水钻探技术规范（GB/T 24505—2009）》。规范由规范应用范围、规范性引用文件、术语和定义、一般规定、探放水工程设计、探水线的确定、探放水钻孔孔口安全装置、探水前的技术要求、探水施工中的技术要求、放水的技术要求、探放水安全措施，共11部分组成。

一、探放水工程设计

1. 疏放水工程设计的编制与批复

探放水工程设计的编制与批复，应遵守《煤矿防治水细则》第四十二条的规定："采掘工作面探水前，应当编制探放水设计和施工安全技术措施，确定探水线和警戒线，并绘制在采掘工程平面图和矿井充水性图上。探放水钻孔的布置和超前距、帮距，应当根据水头值高低、煤（岩）层厚度、强度及安全技术措施等确定，明确测斜钻孔及要求。探放水设计由地测部门提出，探放水设计和施工安全技术措施经煤矿总工程师组织审批，按设计和措施进行探放水。"

2. 探放水工程设计的主要内容

探放水的采掘工作面及周围的水文地质条件、水害类型、水量及水压预计；探放水巷道的开拓方向、施工次序、规格和支护方式；探放水技术手段与方法；物、化探工程布置与工程量，包括测量范围、物理点数、解释方法、样品数量、化验方法等；钻探工程布置与工程量，包括钻孔组数、个数、方位角、倾角、深度、孔径等参数；钻探施工技术要求和采用的超前距、帮距及探水线确定；探放水钻孔孔口安全装置及耐压要求等；探放水施工安全技术措施；通信联系和避灾路线；通风措施和瓦斯检查制度；防排水设施，如水闸门、水闸墙、水仓、水泵、管路、水沟等排水系统及能力的安排；水害应急处理措施；工程附图，如钻窝设计、探放水钻孔布置的平面图、剖面图。

二、顶板探放水钻孔止水套管长度的确定

（1）探放顶板承压含水层水时，应按式（15-1）计算安全隔水层厚度，其值与岩石松动圈厚度（H）之和为探水孔最后一层止水套管垂向深度。即

$$t = \frac{L(\sqrt{r^2 L^2 + 8K_P p} + rL)}{4K_P} \qquad (15-1)$$

式中　t——安全隔水层厚度，m；

　　　L——巷道顶板宽度，m；

　　　r——顶板隔水层平均重度，MN/m³；

　　　K_P——隔水岩（煤）柱的抗拉强度，MPa；

　　　p——岩（煤）柱承受的水头压力，MPa。

（2）岩石松动圈厚度（H）应采用现场实测数据，无实测数据时，可参考地质与掘进条件相似矿井的数据，或采用式（15-2）计算。

$$H = R\left[\frac{(\sigma_0 + c\cot\varphi)(1-\sin\varphi)}{P_i + c\cot\varphi}\right]^{\frac{1-\sin\varphi}{2\sin\varphi}} - R \qquad (15-2)$$

式中　H——岩石松动圈厚度，m；

　　　R——巷道半径，m；

　　　σ_0——原岩应力，MN/m²；

　　　c——岩体的黏聚力，MPa；

　　　φ——内摩擦角，（°）；

　　　P_i——巷道支护阻力，MN/m²。

第二节　井下探放水设计实例——某某煤矿二水平大巷掘进工作面探放水设计

为了探查二水平大巷掘进工作面掘进范围内是否存在隐伏含水、导水构造，执行"物探先行，钻探验证"和"有掘必探、先探后掘"的探放水原则，消除水害威胁，确保工作面带压掘进期间安全生产，矿根据相关规程规定与西安研究院提交的《某某煤矿防治水技术方案》对奥灰水带压区掘进巷道采取"物探+钻探+防排水系统建设"的方法，并结合井下巷道实际情况，编制此掘进工作面防治水设计及安全技术措施。

一、设计目的

（1）查清二水平大巷掘进范围是否存在断裂构造水、顶板砂岩水和岩溶水等水害，进行探放，并兼做堵水或者疏水钻孔。

（2）探明掘进范围是否存在其他隐伏含水、导水构造，确保巷道安全掘进。

（3）奥灰水带压区严格执行"物探、钻探超前循环探查"+"有掘必探、先探后掘"的双重防治水保障措施，消除水害隐患威胁。

（4）带压工作面进行的超前物探：①若超前物探探测掘进前方存在富水异常区，则探放水钻孔布置以探查异常区为主，或专门补充钻孔进行验证；②若超前物探探测掘进前

方无异常区，则探放水钻孔按整体设计布置。采用物探加钻探的方法综合探查工作面掘进范围存在水害威胁，探明其水源、水量、水压，为水害治理提供依据。

（5）根据地质水文预报要求与超前探放水钻孔涌水量明确掘进工作面防排水系统设防能力。

（6）突水事故的应急预案及应急救援，确保掘进工作面安全生产。

二、设计依据

（1）《煤矿安全规程》。

（2）《煤矿防治水细则》。

（3）《国家能源集团井下探放水技术规范》。

（4）《某某煤矿水文地质补充勘探报告》。

（5）《某某煤矿东北采区三维地震勘探报告》《某某煤矿首采区三维地震勘探报告》《某某煤矿东南采区三维地震勘探报告》。

（6）《某某煤矿防治水技术方案》。

（7）《某某煤矿水害风险评估与防治报告》。

（8）某某煤矿已掘进工作面探查资料。

三、工作面概况

1. 工作面位置及四邻关系

工作面北侧为二水平东翼回风大巷，西侧为三盘区未开采煤体，东侧为一、二盘区未开采煤体，南侧至某某煤矿井田边界煤柱。工作面对应地表位置为刘家圪台社、庙梁社。地表为高山坡地，掘进对其无影响。煤层底板标高 +829 ~ +908 m。地面位置位于工业广场东侧，地面标高 +1082 ~ +1202 m。主要掘进巷道掘进方位为 180°，二水平辅运大巷，设计长度 5366 m，运输大巷设计长度 3367 m，二水平回风大巷，设计长度 4476 m。

2. 煤层

本工作面主要在 $6_上$ 煤层中掘进，位于太原组中部，煤层产状与围岩基本一致。根据钻孔资料及井巷开采资料，预计掘进区域工作面煤层厚度 12.95 ~ 15.75 m，平均 13.73 m，含夹矸 3 ~ 6 层，煤层厚度变化不大，煤层倾角 1° ~ 7°，平均 4°，为较稳定煤层。预计二水平大巷工作面 $6_上$ 煤层直接顶板为平均 7.6 m 的砂质泥岩与细砂岩互层，基本顶为均厚 14.6 m 的含砾粗砂岩。6 号煤层顶底板以黏土岩、泥岩、砂质泥岩为主，夹灰色透镜状砂岩。$6_上$ 与 6 号煤层之间夹透镜状砂岩，系 6 号煤层发育期的河流沉积物。6 号煤下部为灰白色粗砂岩（K_2），局部夹薄层泥岩及煤线，粗砂岩为中 ~ 粗粒结构，分选一般，磨圆度差。$6_上$ 煤层顶板平均饱和抗压强度 30.38 MPa，抗拉强度 0.61 ~ 4.09 MPa，平均 2.31 MPa。$6_上$ 煤层底板平均饱和抗压强度 28.06 MPa，平均抗拉强度 1 ~ 3.32 MPa，平均 2.24 MPa。断层附近煤岩层裂隙发育，煤岩层稳定性降低。

四、工作面地质构造

根据实揭地质资料及 $6_上$ 煤层地震三维勘探资料分析，设计二水平大巷从井田北端贯穿至井田南端，巷道从北向南将揭露 DF23、DF22、DF6、DF5 等断层构造带，详见

表 15-1，落差为 1~10 m，断层构造带附近断层发育，裂隙多，煤岩层倾角变化大（0°~7°），局部有滴淋水现象。

表 15-1　二水平大巷掘进面地震三维勘探主要断层发育情况

断层名称	走向/(°)	倾向/(°)	倾角/(°)	性质	落差/m	对掘进的影响程度
2fy-1	141	231	55	正	3.1	较大
2fy-2	56	146	54	正	2	较大
DF22	166	256	63	正	3	较大
2fy-4	59	146	59	正	1.8	较大
DF6	55	145	80	正	8	大
DF2	48	138	64	正	3	较大
DF5	36	126	60	正	9	大
Sf5	46	136	70	正	2	较大
Sf1	189	279	60	正	3	较大

五、掘进工作面水文地质情况分析

1. 地表水

二水平大巷掘进工作面上覆基岩 199~316 m，对应地表大面积被第四系风积砂及黄土层覆盖，植被稀少。大气降水为井田地下水的补给来源，但地形切割强烈，有利于地表水和地下潜水的排泄。月亮沟是最大的沟谷，沟谷之地表水均为间歇性溪流，只有雨季才可形成洪流。

2. 6$_上$煤层顶板砂岩水

6$_上$煤层顶板山西组底部砂岩含水层裂隙较发育，局部有一定富水性，区域内 DF5、DF6、DF23 等大断裂构造较发育，局部小构造较发育，水源在低洼处汇集时，具有一定静储量。因此，掘进巷道通过断裂破碎带、褶皱低洼区域时可能存在一定水害威胁。

3. 煤层底板水

6$_上$煤层底板水主要为煤系基地奥陶系灰岩岩溶裂隙含水层。根据奥灰水位长观孔最新观测成果显示区内奥灰水位为 +869~870.5 m，掘进标高为 +829~+908 m，二水平辅运大巷开口 3150 m 内及 4590~5359 m 范围、输送带运输大巷南翼延伸 1100 m 内以及 2590~3367 m 范围、回风大巷南翼延伸 1300 m 以及 2570~3375 m 范围为奥灰水带压区，带压区巷道长度总计约为 7900 m（截至 2017 年 3 月 20 日剩余 4332 m，见附件 1 设计图），底板隔水层厚度 59~68 m，煤层底版水压为 0~0.4 MPa，突水系数最大为 0.017 MPa/m，低于临界值，但计划掘进区域将通过数条大断层（DF22、DF23、Fh1、Ff2 等）交汇地带，煤岩层破碎，裂隙发育，局部可能导通奥灰水，所以带压掘进区域底板奥灰水仍是最大水害威胁。

4. 周边小窑及采空区水

根据目前勘探资料和生产资料显示，二水平大巷掘进工作面周边无任何生产小窑及采空区，区内无采空区积水和其他生产小窑开采带来的隐患。根据采掘接续，该掘进工作面相邻区域无采空区积水。

5. 钻孔水

预计二水平辅助运输大巷掘进面掘至距二水平东翼辅运大巷 2688 m 附近会揭露 HY12 号钻孔，据勘探资料该孔封孔完好，但仍存在积水可能，因此巷道掘进至 HY12 钻孔附近时提前 20 m 对其含水情况进行探测，掘进至 HY12 钻孔附近时区队派专人观测水情，监测有害气体情况，保证安全通过钻孔区域。

六、掘进工作面奥灰水害评价及分析

1. 最大突水系数计算

根据掘进区域工作面内煤层底板标高 +829 ~ +908 mm，目前井田奥灰水位标高 +869 ~ +870.5 m，计算得工作面奥灰水压最大为 0.4 MPa，根据 $6_上$ 煤层底板隔水层厚度等值线图，该工作面内煤层底板距奥陶系灰岩含水层间距 59 ~ 68 m。计算得底板最薄弱处隔水层承受的水头水压为 0.99 MPa，根据《煤矿防治水细则》附录四最大突水系数计算为

$$T_s = \frac{p}{M} = \frac{0.99}{59} = 0.017 \text{ MPa/m}$$

式中　T_s——突水系数，MPa/m；

　　　p——底板隔水层承受的水头水压，取 1 MPa；

　　　M——底板隔水层厚度，取 59 m。

工作面突水系数为 0 ~ 0.017 MPa/m，小于临界突水系数 0.06 MPa/m，一般情况下不会发生突水。

2. 安全隔水层厚度计算

根据《煤矿防治水细则》附录四，正常情况下掘进巷道底板安全隔水层厚度计算为

$$t_掘 = \frac{L(\sqrt{r^2 L^2 + 8 K_p p} - rL)}{4 K_p} = 3.68 \text{ m}$$

式中　$t_掘$——掘进工作面安全隔水层厚度，m；

　　　L——掘进工作面巷道底板宽度，取 5.5 m；

　　　r——底板隔水层的平均重度，取 0.025 MN/m³；

　　　K_p——底板隔水层的平均抗拉强度，取 1 MPa；

　　　p——底板隔水层承受的水头压力，取 0.99 MPa。

掘进工作面安全隔水层厚度为 3.68 m，实际工作面隔水层厚度 59 ~ 68 m 大于此值，一般情况下不会发生突水。

3. 安全水头压力值计算

根据《煤矿防治水细则》附录五计算为

$$p_掘 = 2 K_p \frac{t^2}{L^2} + \gamma t = 231.6 \text{ MPa}$$

式中　$p_掘$——掘进巷道底板隔水层能够承受的安全水压，MPa；

　　　t——隔水层厚度，取 59 m；

　　　L——巷道宽度，取 5.5 m；

r——底板隔水层的平均重度，取 0.025 MN/m^3；

K_p——底板隔水层岩石的抗拉强度，取 1 MPa；

掘进工作面安全水头压力为 231.6 MPa，实际工作面底板承受水头压力最大为 0.99 MPa，小于此值，一般情况下不会发生突水。

综上所述，二水平大巷掘进工作面突水系数、安全隔水层厚度、安全水头压力等重要参数均在安全范围内，一般情况下不会发生突水。但本大巷掘进工作面在带压区内将通过 DF6 等大断层带，若存在导水陷落柱或导水断层时，底板隔水层基本失去了隔水能力，奥灰水有可能成为充水水源，奥陶系顶部灰岩岩溶发育地段可能成为工作面安全生产的水害隐患，所以带压掘进区域掘进前必须预先探查潜在的导水陷落柱及导水断层。

七、掘进工作面防治水技术路线

1. 奥灰水带压区

在奥灰水带压区域采取"物探、钻探超前循环探查、化探跟进"和"有掘必探、先探后掘"的双重保障措施，每掘进 100 m 采用直流电法物探方法对掘进工作面前方进行一次探测，同时根据物探结果及实际水文地质条件设计 3~5 个超前探放水钻孔，孔深120~650 m，安全超前距 20 m，其中必须保证 2 个底板孔，根据底板破坏深度计算，底板孔终孔垂距 6~8 m（因巷道局部裂隙构造较发育，给予 1.5~2 的安全系数），并在钻孔施工过程对物探异常区有针对性的探查验证（图 15-1）。若钻孔出水，通过水量、水位、水质、水温等观测确定出水水源后，制定专项防治措施，消除水患后，方可安全掘进。

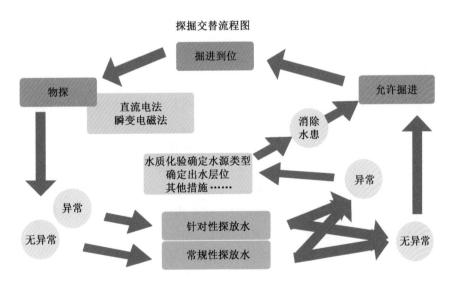

图 15-1　掘进工作面防治水技术路线

2. 非带压区

在非带压区域执行"有掘必探、先探后掘"的探放水原则，每 120 m 施工 2~3 个超前探放水钻孔，孔深 120~650 m，并保证留有 20 m 安全超前距。超前探放水钻孔在平面上均呈扇形布置，钻孔无水时可以正常掘进，有出水现象时采取相应措施，确保安全后方可掘进。若钻孔出水，通过水量、水位、水质、水温等观测确定出水水源后，制定专项防治措施，消除水患后，方可安全掘进。

八、掘进工作面防治水方案及安全技术措施

（一）超前物探工程

为保证安全生产，工作面防治水严格执行"有掘必探、先探后掘"方针和"物探、钻探超前循环探查、注浆封孔"探放水理念。

井下物探是一种近几十年来新兴的探测低阻异常体的方法，具有施工方便，成本低，结果提交快等诸多优点，按照不同原理主要为矿井直流电法等。

本次超前物探采用井下直流电法对 21 盘区集中巷工作面前方水文情况进行进一步的探查，结合钻探工程对该工作面底板的含富水情况进行综合分析，查明底板相对含富水异常区，为井下防治水工程提供必要的参考资料。

1. 矿井直流电法超前探测施工工艺

在掘进迎头附近固定一组供电电极（如 A_1、A_2、A_3），移动测量电极 MN 进行三极装置测量。施工装置示意图如图 15-2 所示。

图 15-2 井下超前探测施工装置示意图

主要技术条件如下：

（1）超前探测井下施工一般在巷道掘进头附近以一定间距布置供电电极 A_1、A_2、A_3，测量电极 MN 在巷道内按箭头所示的方向以一定的间隔（3~6 m）移动，每移动一次测量电极 MN，测量一次 A_1、A_2、A_3 所对应的视电阻率值 ρ_1、ρ_2、ρ_3。即通过观测点电源场的分布特征达到分析掘进头前方异常分布位置的目的。测量电极 MN 的间距根据地质任务和勘探的详细程度而定（一般 3~6 m），同时也要考虑信噪比的大小。由于直流电法仪的最大供电电流不超过 100 mA，这就限定了超前探测的距离不可能很大。根据近年来的应用实际勘探情况，勘探距离一般在 100 m 内。

（2）电极可在巷道底板，也可在侧帮，但必须在坚实岩（煤）层内。

（3）超前探测资料处理与成图方式有 2 种，即曲线显示法和视电阻率色谱显示法，色谱法比较直观。

2. 资料处理

（1）从仪器导出原始资料，按时间保存。

（2）依据现场施工情况，对数据相互比较，选出正确数据。

（3）使用西安院仪器配套程序对直流电法探测数据进行归整、计算。

（4）利用 Surfer 软件成图，分析低阻异常区域。

（5）由现场技术人员编制初步成果报告，上报西安院专家组审核，最终成果在探测后 24 h 内提交矿方使用。

3. 测点布置与工作量

本次施工在二水平输送带运输巷、辅助运输巷、回风巷 3 条大巷中进行，主要探测工作面前方顶板、顺煤层、底板含赋水异常区的分布情况。二水平大巷奥灰水带压区掘进巷道约 7900 m，巷道超前物探设计为每掘进 80 m 采用直流电法对掘进工作面前方进行 1 次探测，若查明前方有异常时将进行补充钻探验证，无异常时组织正常钻探，每次探测 100 m，并留设 20 m 超前距，总共设计 99 次超前物探。

（二）探放水工程

1. 正常情况下探放水工程布置

二水平大巷掘进工作面超前探放水工程设计采用 ZDY3200L 钻机和 ZDY6000LD 钻机共同施工。施工时每循环钻孔保留 20～50 m 安全超前距布置方式如图 15-3 和图 15-4 所示。以"物探—钻探—掘进—再物探—再钻探—再掘进"的方式，循环进行。

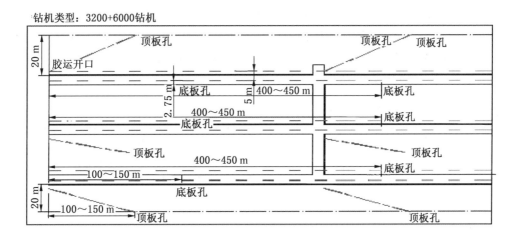

图 15-3 二水平大巷掘进面超前探放水钻孔布置平面示意图

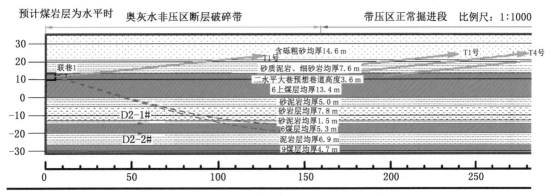

(a) 带压区 A—A′

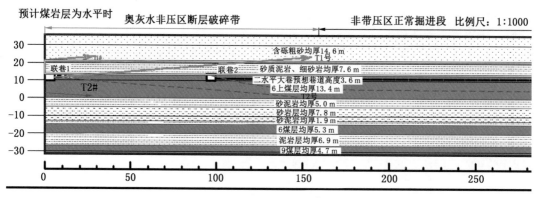

(b) 非带压区 E—E′

图15-4 二水平大巷掘进面超前探放水钻孔布置剖面示意图

（1）ZDY3200L钻机施工钻孔设计9组121个，工程量15360 m，主要探查疏放顶板砂岩裂隙水，钻孔主要以扇形布置。布孔原则为：①3条大巷每掘进100 m施工2个顶板孔，主要控制两侧大巷外帮20 m以内范围顶板砂岩裂隙水，钻孔长度120 m，超前距20 m，终孔垂距为煤层顶板上10 m；②遇断裂构造破碎带时，根据实际钻孔涌水情况，顶板孔加密布置成4~10孔。钻孔具体参数详见表15-2。

表15-2 二水平大巷掘进面超前探放水ZDY3200L钻机施工钻孔设计参数

序号	孔号	方位角/(°)	倾角/(°)	孔深/m	目 的	备注
1	T1-1	180	11	50	探查掘进前方顶板上10 m范围是否存在含水、导水构造及含水体	带压区
2	T1-2	180	11	50	探查掘进前方顶板上10 m范围是否存在含水、导水构造及含水体	带压区
3	T1-3	198	12	50	探查掘进前方顶板上10 m范围是否存在含水、导水构造及含水体	带压区
4	T2-1	147	5	120	探查掘进前方顶板上10 m范围是否存在含水、导水构造及含水体	带压区
5	T2-2	208	5	120	探查掘进前方顶板上10 m范围是否存在含水、导水构造及含水体	带压区
6	T2-3	147	5	120	探查掘进前方顶板上10 m范围是否存在含水、导水构造及含水体	带压区
7	T2-4	208	5	120	探查掘进前方顶板上10 m范围是否存在含水、导水构造及含水体	带压区
8	T2-5	147	5	120	探查掘进前方顶板上10 m范围是否存在含水、导水构造及含水体	带压区
9	T2-6	208	5	120	探查掘进前方顶板上10 m范围是否存在含水、导水构造及含水体	带压区

表 15 - 2（续）

序号	孔号	方位角/(°)	倾角/(°)	孔深/m	目　　的	备注
10	T2 - 7	147	5	120	探查掘进前方及顶板上 10 m 范围是否存在含水、导水构造及含水体	带压区
11	T2 - 8	208	5	120	探查掘进前方及顶板上 10 m 范围是否存在含水、导水构造及含水体	带压区
12	T2 - 9	147	5	120	探查掘进前方及顶板上 10 m 范围是否存在含水、导水构造及含水体	带压区
13	T2 - 10	208	5	120	探查掘进前方及顶板上 10 m 范围是否存在含水、导水构造及含水体	带压区
14	T2 - 11	147	5	120	探查掘进前方及顶板上 10 m 范围是否存在含水、导水构造及含水体	带压区
15	T2 - 12	208	5	120	探查掘进前方及顶板上 10 m 范围是否存在含水、导水构造及含水体	带压区
16	T2 - 13	147	5	120	探查掘进前方及顶板上 10 m 范围是否存在含水、导水构造及含水体	带压区
17	T2 - 14	208	5	120	探查掘进前方及顶板上 10 m 范围是否存在含水、导水构造及含水体	带压区
18	T2 - 15	147	5	120	探查掘进前方及顶板上 10 m 范围是否存在含水、导水构造及含水体	带压区
19	T2 - 16	208	5	120	探查掘进前方及顶板上 10 m 范围是否存在含水、导水构造及含水体	带压区
20	T2 - 17	147	5	120	探查掘进前方及顶板上 10 m 范围是否存在含水、导水构造及含水体	带压区
21	T2 - 18	208	5	120	探查掘进前方及顶板上 10 m 范围是否存在含水、导水构造及含水体	带压区
22	T2 - 19	147	5	120	探查掘进前方及顶板上 10 m 范围是否存在含水、导水构造及含水体	带压区
23	T2 - 20	208	5	120	探查掘进前方及顶板上 10 m 范围是否存在含水、导水构造及含水体	带压区
24	T2 - 21	147	5	120	探查掘进前方及顶板上 10 m 范围是否存在含水、导水构造及含水体	带压区
25	T2 - 22	208	5	120	探查掘进前方及顶板上 10 m 范围是否存在含水、导水构造及含水体	带压区
26	T2 - 23	208	5	120	探查掘进前方及顶板上 10 m 范围是否存在含水、导水构造及含水体	带压区
27	T2 - 24	208	5	120	探查掘进前方及顶板上 10 m 范围是否存在含水、导水构造及含水体	带压区

表 15-2（续）

序号	孔号	方位角/(°)	倾角/(°)	孔深/m	目 的	备注
28	T2-25	147	5	120	探查掘进前方及顶板上 10 m 范围是否存在含水、导水构造及含水体	带压区
29	T2-26	208	5	120	探查掘进前方及顶板上 10 m 范围是否存在含水、导水构造及含水体	带压区
30	T2-27	147	5	120	探查掘进前方及顶板上 10 m 范围是否存在含水、导水构造及含水体	带压区
31	T2-28	208	5	120	探查掘进前方及顶板上 10 m 范围是否存在含水、导水构造及含水体	带压区
32	T2-29	147	5	120	探查掘进前方及顶板上 10 m 范围是否存在含水、导水构造及含水体	带压区
33	T2-30	208	10	120	探查掘进前方及顶板上 10 m 范围是否存在含水、导水构造及含水体	带压区
34	T2-31	147	10	120	探查掘进前方及顶板上 10 m 范围是否存在含水、导水构造及含水体	带压区
35	T2-32	208	10	120	探查掘进前方及顶板上 10 m 范围是否存在含水、导水构造及含水体	带压区
36	T2-33	147	10	120	探查掘进前方及顶板上 10 m 范围是否存在含水、导水构造及含水体	带压区
37	T2-34	208	10	120	探查掘进前方及顶板上 10 m 范围是否存在含水、导水构造及含水体	带压区
38	T2-35	147	10	120	探查掘进前方及顶板上 10 m 范围是否存在含水、导水构造及含水体	带压区
39	T2-36	208	10	120	探查掘进前方及顶板上 10 m 范围是否存在含水、导水构造及含水体	带压区
40	T2-37	147	10	120	探查掘进前方及顶板上 10 m 范围是否存在含水、导水构造及含水体	带压区
41	T2-38	208	8	120	探查掘进前方及顶板上 10 m 范围是否存在含水、导水构造及含水体	带压区
42	T2-39	147	10	120	探查掘进前方及顶板上 10 m 范围是否存在含水、导水构造及含水体	带压区
43	T2-40	208	8	120	探查掘进前方及顶板上 10 m 范围是否存在含水、导水构造及含水体	非带压区
44	T2-41	147	10	120	探查掘进前方及顶板上 10 m 范围是否存在含水、导水构造及含水体	非带压区
45	T2-42	208	8	120	探查掘进前方及顶板上 10 m 范围是否存在含水、导水构造及含水体	非带压区

表 15 - 2（续）

序号	孔号	方位角/(°)	倾角/(°)	孔深/m	目　　的	备注
46	T2 - 43	147	8	120	探查掘进前方及顶板上 10 m 范围是否存在含水、导水构造及含水体	非带压区
47	T2 - 44	208	6	120	探查掘进前方及顶板上 10 m 范围是否存在含水、导水构造及含水体	非带压区
48	T2 - 45	147	8	120	探查掘进前方及顶板上 10 m 范围是否存在含水、导水构造及含水体	非带压区
49	T2 - 46	208	6	120	探查掘进前方及顶板上 10 m 范围是否存在含水、导水构造及含水体	非带压区
50	T2 - 47	147	8	120	探查掘进前方及顶板上 10 m 范围是否存在含水、导水构造及含水体	非带压区
51	T2 - 48	208	6	120	探查掘进前方及顶板上 10 m 范围是否存在含水、导水构造及含水体	非带压区
52	T2 - 49	147	8	120	探查掘进前方及顶板上 10 m 范围是否存在含水、导水构造及含水体	非带压区
53	T2 - 50	208	6	120	探查掘进前方及顶板上 10 m 范围是否存在含水、导水构造及含水体	非带压区
54	T2 - 51	147	8	120	探查掘进前方及顶板上 10 m 范围是否存在含水、导水构造及含水体	非带压区
55	T2 - 52	208	3	120	探查掘进前方及顶板上 10 m 范围是否存在含水、导水构造及含水体	非带压区
56	T2 - 53	147	4	120	探查掘进前方及顶板上 10 m 范围是否存在含水、导水构造及含水体	非带压区
57	T2 - 54	208	3	120	探查掘进前方及顶板上 10 m 范围是否存在含水、导水构造及含水体	非带压区
58	T2 - 55	147	4	120	探查掘进前方及顶板上 10 m 范围是否存在含水、导水构造及含水体	非带压区
59	T2 - 56	208	3	120	探查掘进前方及顶板上 10 m 范围是否存在含水、导水构造及含水体	非带压区
60	T2 - 57	147	4	120	探查掘进前方及顶板上 10 m 范围是否存在含水、导水构造及含水体	非带压区
61	T2 - 58	208	3	120	探查掘进前方及顶板上 10 m 范围是否存在含水、导水构造及含水体	非带压区
62	T2 - 59	147	4	120	探查掘进前方及顶板上 10 m 范围是否存在含水、导水构造及含水体	非带压区
63	T2 - 60	208	3	120	探查掘进前方及顶板上 10 m 范围是否存在含水、导水构造及含水体	带压区

表 15 - 2（续）

序号	孔号	方位角/(°)	倾角/(°)	孔深/m	目　的	备注
64	T2 - 61	208	5	120	探查掘进前方及顶板上 10 m 范围是否存在含水、导水构造及含水体	带压区
65	T2 - 62	208	5	120	探查掘进前方及顶板上 10 m 范围是否存在含水、导水构造及含水体	带压区
66	T2 - 63	208	5	120	探查掘进前方及顶板上 10 m 范围是否存在含水、导水构造及含水体	带压区
67	T2 - 64	208	5	120	探查掘进前方及顶板上 10 m 范围是否存在含水、导水构造及含水体	带压区
68	T2 - 65	147	5	120	探查掘进前方及顶板上 10 m 范围是否存在含水、导水构造及含水体	带压区
69	T2 - 66	208	5	120	探查掘进前方及顶板上 10 m 范围是否存在含水、导水构造及含水体	带压区
70	T2 - 67	147	5	120	探查掘进前方及顶板上 10 m 范围是否存在含水、导水构造及含水体	带压区
71	T2 - 68	208	5	120	探查掘进前方及顶板上 10 m 范围是否存在含水、导水构造及含水体	带压区
72	T2 - 69	147	5	120	探查掘进前方及顶板上 10 m 范围是否存在含水、导水构造及含水体	带压区
73	T2 - 70	208	5	120	探查掘进前方及顶板上 10 m 范围是否存在含水、导水构造及含水体	带压区
74	T2 - 71	147	5	120	探查掘进前方及顶板上 10 m 范围是否存在含水、导水构造及含水体	带压区
75	T3 - 1	0	- 8	120	探查掘进前方及顶板上 10 m 范围是否存在含水、导水构造及含水体	带压区
76	T3 - 2	0	- 10	120	探查掘进前方及顶板上 10 m 范围是否存在含水、导水构造及含水体	带压区
77	T3 - 3	180	- 8	120	探查掘进前方及顶板上 10 m 范围是否存在含水、导水构造及含水体	带压区
78	T3 - 4	180	- 10	120	探查掘进前方及顶板上 10 m 范围是否存在含水、导水构造及含水体	带压区
79	T4 - 1	164	5	120	探查掘进前方及顶板上 10 m 范围是否存在含水、导水构造及含水体	带压区
80	T4 - 2	172	3	125	探查掘进前方及顶板上 10 m 范围是否存在含水、导水构造及含水体	带压区
81	T4 - 3	177	1	130	探查掘进前方及顶板上 10 m 范围是否存在含水、导水构造及含水体	带压区

表 15-2（续）

序号	孔号	方位角/(°)	倾角/(°)	孔深/m	目　　的	备注
82	T4-4	167	5	120	探查掘进前方及顶板上 10 m 范围是否存在含水、导水构造及含水体	带压区
83	T4-5	173	3	125	探查掘进前方及顶板上 10 m 范围是否存在含水、导水构造及含水体	带压区
84	T4-6	179	1	130	探查掘进前方及顶板上 10 m 范围是否存在含水、导水构造及含水体	带压区
85	T4-7	171	5	120	探查掘进前方及顶板上 10 m 范围是否存在含水、导水构造及含水体	带压区
86	T4-8	179	4	125	探查掘进前方及顶板上 10 m 范围是否存在含水、导水构造及含水体	带压区
87	T4-9	182	2	130	探查掘进前方及顶板上 10 m 范围是否存在含水、导水构造及含水体	带压区
88	T4-10	187	0	140	探查掘进前方及顶板上 10 m 范围是否存在含水、导水构造及含水体	带压区
89	T5-1	171	7	150	探查掘进前方及顶板上 10 m 范围是否存在含水、导水构造及含水体	非带压区
90	T5-2	177	2	150	探查掘进前方是否存在含水、导水构造及含水体	非带压区
91	T5-3	182	2	150	探查掘进前方是否存在含水、导水构造及含水体	非带压区
92	T5-4	182	2	150	探查掘进前方是否存在含水、导水构造及含水体	非带压区
93	T5-5	188	7	150	探查掘进前方及顶板上 10 m 范围是否存在含水、导水构造及含水体	非带压区
94	T6-1	172	9	125	探查掘进前方及顶板上 10 m 范围是否存在含水、导水构造及含水体	非带压区
95	T6-2	177	5	125	探查掘进前方是否存在含水、导水构造及含水体	非带压区
96	T6-3	188	9	125	探查掘进前方及顶板上 10 m 范围是否存在含水、导水构造及含水体	非带压区
97	T6-4	177	5	125	探查掘进前方是否存在含水、导水构造及含水体	非带压区
98	T6-5	183	8	150	探查掘进前方及顶板上 10 m 范围是否存在含水、导水构造及含水体	非带压区
99	T6-6	177	5	125	探查掘进前方是否存在含水、导水构造及含水体	非带压区

表 15 - 2（续）

序号	孔号	方位角/(°)	倾角/(°)	孔深/m	目　　的	备注
100	T6 - 7	188	8	150	探查掘进前方及顶板上 10 m 范围是否存在含水、导水构造及含水体	非带压区
101	T7 - 1	164	10	90	探查掘进前方及顶板上 10 m 范围是否存在含水、导水构造及含水体	非带压区
102	T7 - 2	171	9	170	探查掘进前方及顶板上 10 m 范围是否存在含水、导水构造及含水体	非带压区
103	T7 - 3	177	5	140	探查掘进前方是否存在含水、导水构造及含水体	非带压区
104	T7 - 4	187	9	140	探查掘进前方及顶板上 10 m 范围是否存在含水、导水构造及含水体	非带压区
105	T7 - 5	182	5	140	探查掘进前方是否存在含水、导水构造及含水体	非带压区
106	T7 - 6	185	9	140	探查掘进前方及顶板上 10 m 范围是否存在含水、导水构造及含水体	非带压区
107	T7 - 7	183	5	140	探查掘进前方是否存在含水、导水构造及含水体	非带压区
108	T7 - 8	188	9	140	探查掘进前方及顶板上 10 m 范围是否存在含水、导水构造及含水体	非带压区
109	T8 - 1	172	9	180	探查掘进前方及顶板上 10 m 范围是否存在含水、导水构造及含水体	非带压区
110	T8 - 2	178	4	180	探查掘进前方是否存在含水、导水构造及含水体	非带压区
111	T8 - 3	185	8	180	探查掘进前方及顶板上 10 m 范围是否存在含水、导水构造及含水体	非带压区
114	T8 - 6	182	4	180	探查掘进前方是否存在含水、导水构造及含水体	非带压区
115	T8 - 7	186	7	180	探查掘进前方及顶板上 10 m 范围是否存在含水、导水构造及含水体	非带压区
116	T9 - 1	166	5	150	探查掘进前方及顶板上 10 m 范围是否存在含水、导水构造及含水体	带压区
117	T9 - 2	187	3	150	探查掘进前方及顶板上 10 m 范围是否存在含水、导水构造及含水体	带压区
118	T9 - 3	166	5	150	探查掘进前方及顶板上 10 m 范围是否存在含水、导水构造及含水体	带压区
119	T9 - 4	187	3	150	探查掘进前方及顶板上 10 m 范围是否存在含水、导水构造及含水体	带压区

表 15 - 2（续）

序号	孔号	方位角/(°)	倾角/(°)	孔深/m	目　的	备注
120	T9 - 5	169	5	150	探查掘进前方及顶板上 10 m 范围是否存在含水、导水构造及含水体	带压区
121	T9 - 6	185	3	160	探查掘进前方及顶板上 10 m 范围是否存在含水、导水构造及含水体	带压区
合计				15360		

（2）ZDY6000LD 钻机施工钻孔设计 21 组 44 个，工程量 20900 m，总计 116 个钻孔，总工程量为 30380 m，主要探查底板方向断裂构造水和岩溶水，钻孔以平行方式布置。布孔原则为：①奥灰水带压区依据《煤矿防治水细则》第四十三条第 2 款："探放断裂构造水和岩溶水等时，探水钻孔沿掘进方向的正前方及含水体方向呈扇形布置，钻孔不得少于 3 个，其中含水体方向的钻孔不得少于 2 个"；②掘进工作面安全隔水层厚度 3.68 m（因巷道局部裂隙构造较发育，给予 1.5~2 的安全系数），因此带压区非回采掘进巷道布置底板孔垂深 6~8 m，因此钻孔布置为：1 孔沿巷中布置，终孔垂距煤层底板下 6~8 m，1 孔距巷帮外侧 5 m，终孔垂距煤层底板下 6~8 m，钻孔长度 400~550 m，超前距 50 m；③奥灰水非带压区布置 1 个煤层孔，岩巷中布置，钻孔长度 400~550 m，超前距 50 m。钻孔具体参数详见表 15 - 3。

表 15 - 3　二水平大巷掘进面超前探放水 ZDY6000LD 钻机施工钻孔设计参数

序号	孔号	开孔方位角/(°)	开孔倾角/(°)	孔深/m	目　的	备注
1	D1 - 1	34.4	-2	490	探查掘进前方及巷道底板垂深下 6 m 范围是否存在含水、导水构造及含水体	带压区
2	D1 - 2	32.8	-3	490	探查掘进前方及巷道底板垂深下 8 m 范围是否存在含水、导水构造及含水体	带压区
3	D2 - 1	147.4	-2	510	探查掘进前方及巷道底板垂深下 6 m 范围是否存在含水、导水构造及含水体	带压区
4	D2 - 2	149.4	-3	510	探查掘进前方及巷道底板垂深下 8 m 范围是否存在含水、导水构造及含水体	带压区
5	D3 - 1	147.4	-2	510	探查掘进前方及巷道底板垂深下 6 m 范围是否存在含水、导水构造及含水体	带压区
6	D3 - 2	149.4	-3	510	探查掘进前方及巷道底板垂深下 8 m 范围是否存在含水、导水构造及含水体	带压区
7	D4 - 1	171	-2	510	探查掘进前方及巷道底板垂深下 6 m 范围是否存在含水、导水构造及含水体	带压区
8	D4 - 2	180	-3	510	探查掘进前方及巷道底板垂深下 8 m 范围是否存在含水、导水构造及含水体	带压区

表 15-3（续）

序号	孔号	开孔方位角/ (°)	开孔倾角/ (°)	孔深/m	目　　的	备注
9	D5-1	200	-2	510	探查掘进前方及巷道底板垂深下 6 m 范围是否存在含水、导水构造及含水体	带压区
10	D5-2	202.5	-3	510	探查掘进前方及巷道底板垂深下 8 m 范围是否存在含水、导水构造及含水体	带压区
11	D6-1	337	-2	550	探查掘进前方及巷道底板垂深下 6 m 范围是否存在含水、导水构造及含水体	带压区
12	D6-2	334.5	-3	550	探查掘进前方及巷道底板垂深下 8 m 范围是否存在含水、导水构造及含水体	带压区
13	D7-1	192.2	-2	560	探查掘进前方及巷道底板垂深下 6 m 范围是否存在含水、导水构造及含水体	带压区
14	D7-2	196.9	-3	560	探查掘进前方及巷道底板垂深下 8 m 范围是否存在含水、导水构造及含水体	带压区
15	D8-1	165	-2	460	探查掘进前方及巷道底板垂深下 6 m 范围是否存在含水、导水构造及含水体	带压区
16	D8-2	168	-3	460	探查掘进前方及巷道底板垂深下 8 m 范围是否存在含水、导水构造及含水体	带压区
17	D9-1	180	-2	460	探查掘进前方及巷道底板垂深下 6 m 范围是否存在含水、导水构造及含水体	带压区
18	D9-2	192	-3	460	探查掘进前方及巷道底板垂深下 8 m 范围是否存在含水、导水构造及含水体	带压区
19	D10-1	180	-2	460	探查掘进前方及巷道底板垂深下 6 m 范围是否存在含水、导水构造及含水体	带压区
20	D10-2	192	-3	460	探查掘进前方及巷道底板垂深下 8 m 范围是否存在含水、导水构造及含水体	带压区
21	D11-1	165	-2	460	探查掘进前方及巷道底板垂深下 6 m 范围是否存在含水、导水构造及含水体	带压区
22	D11-2	168	-3	460	探查掘进前方及巷道底板垂深下 8 m 范围是否存在含水、导水构造及含水体	带压区
23	D12-1	180	-2	460	探查掘进前方及巷道底板垂深下 6 m 范围是否存在含水、导水构造及含水体	带压区
24	D12-2	192	-3	460	探查掘进前方及巷道底板垂深下 8 m 范围是否存在含水、导水构造及含水体	带压区
25	D13-1	180	-2	460	探查掘进前方及巷道底板垂深下 6 m 范围是否存在含水、导水构造及含水体	带压区
26	D13-2	192	-3	460	探查掘进前方及巷道底板垂深下 8 m 范围是否存在含水、导水构造及含水体	带压区
27	D14-1	170	0	510	探查掘进前方是否存在含水、导水构造及含水体	非带压区

表 15 - 3（续）

序号	孔号	开孔方位角/ (°)	开孔倾角/ (°)	孔深/m	目 的	备注
28	D14 - 2	190	0	510	探查掘进前方是否存在含水、导水构造及含水体	非带压区
29	D14 - 3	190	0	510	探查掘进前方是否存在含水、导水构造及含水体	非带压区
30	D15 - 1	170	0	470	探查掘进前方是否存在含水、导水构造及含水体	非带压区
31	D15 - 2	190	0	470	探查掘进前方是否存在含水、导水构造及含水体	非带压区
32	D15 - 3	190	0	470	探查掘进前方是否存在含水、导水构造及含水体	非带压区
33	D16 - 1	165	- 2	460	探查掘进前方及巷道底板垂深下 6 m 范围是否存在含水、导水构造及含水体	带压区
34	D16 - 2	168	- 3	460	探查掘进前方及巷道底板垂深下 8 m 范围是否存在含水、导水构造及含水体	带压区
35	D17 - 1	180	- 2	460	探查掘进前方及巷道底板垂深下 6 m 范围是否存在含水、导水构造及含水体	带压区
36	D17 - 2	192	- 3	460	探查掘进前方及巷道底板垂深下 8 m 范围是否存在含水、导水构造及含水体	带压区
37	D18 - 1	180	- 2	460	探查掘进前方及巷道底板垂深下 6 m 范围是否存在含水、导水构造及含水体	带压区
38	D18 - 2	192	- 3	460	探查掘进前方及巷道底板垂深下 8 m 范围是否存在含水、导水构造及含水体	带压区
39	D19 - 1	165	- 2	400	探查掘进前方及巷道底板垂深下 6 m 范围是否存在含水、导水构造及含水体	带压区
40	D19 - 2	168	- 3	400	探查掘进前方及巷道底板垂深下 8 m 范围是否存在含水、导水构造及含水体	带压区
41	D20 - 1	180	- 2	400	探查掘进前方及巷道底板垂深下 6 m 范围是否存在含水、导水构造及含水体	带压区
42	D20 - 2	192	- 3	400	探查掘进前方及巷道底板垂深下 8 m 范围是否存在含水、导水构造及含水体	带压区
43	D21 - 1	180	- 2	400	探查掘进前方及巷道底板垂深下 6 m 范围是否存在含水、导水构造及含水体	带压区
44	D21 - 2	192	- 3	400	探查掘进前方及巷道底板垂深下 8 m 范围是否存在含水、导水构造及含水体	带压区
合计				20900		

（3）另因探放水工程与掘进交替进行，加之掘进面靠近 DF6 断层，DF2、DF4、DF5 等断层发育及褶皱低洼区域时，地质及水文地质条件变化较大，除本次设计的钻孔外，若需增加钻孔或调整钻孔参数时，以通知单的形式补充下发具体钻孔施工时间、位置、数量及参数。

本次钻探施工由某某煤矿探放水队施工，施工顺序原则上依照孔号施工。本次设计钻孔具体位置见附图。

2. 物探异常区专项钻探验证措施

若超前物探探测掘进巷道前方存在富水异常区，则探放水钻孔布置以探查异常区为主，并专门补充钻孔进行验证；若超前物探探测掘进巷道前方无异常区，则探放水钻孔按正常探放水设计布置施工。

（1）针对物探异常区，结合已施工的钻孔成果资料重点加密布置 1~3 个钻孔。

（2）物探异常区专门钻探验证方案（设计）经矿地测副总工程师和总工程师审批后进行施工，施工完毕后，确定物探异常区无导水构造及异常含水体对掘进巷道产生安全威胁时，方可向前掘进。

（3）根据矿井已完成的 $216_{上02}$ 掘进工作面超前物探与探放水工程情况，预计二水平大巷奥灰水带压区超前物探异常区专项钻探验证工程量约为正常探放水工程量的 20%，因此设计总工程量约为 4200 m。

（4）具体钻孔施工时间、位置、数量及钻孔参数以通知单的形式补充下发。

3. 钻机、钻具选择及施工顺序

根据施工目的及施工要求，结合现场实际，采用 ZDY3200L 型和 ZDY6000LD 型煤矿用履带式全液压坑道钻机结合施工。ZDY3200L 型煤矿用履带式全液压坑道钻机配用 $\phi63\,mm \times 1.5\,m$ 钻杆，钻孔终孔孔径 75 mm；ZDY6000LD 型煤矿用履带式全液压坑道钻机配用 $\phi96\,mm \times 3.0\,m$ 钻杆，钻孔终孔孔径 75 mm。

4. 钻孔工艺及施工方法

探放水钻孔采用 $\phi75\,mm$ 的钻头开孔钻进 6 m，再用 $\phi133\,mm$ 的钻头进行扩孔 5.5 m，扩孔后下 $\phi108\,mm$ 的止水套管，套管长度 5.5 m（预计水压小于 1 MPa），注浆固定孔口管，固管后安装孔口闸阀装置，钻孔终孔孔径 75 mm（96 mm），如图 15 – 5 所示。

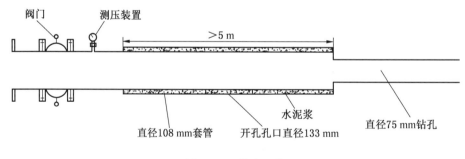

图 15 – 5　钻孔工艺

1）孔口管的安装与固定：

（1）在设计开孔位置，采用 $\phi75\,mm$ 的钻头开孔钻进 6 m，再用 $\phi133\,mm$ 的钻头进行扩孔 5.5 m 后，将孔内冲洗干净。下 φ108 mm 套管 5.5 m，使用水泥或水泥、水玻璃双液浆注浆固管，使孔口管（管周围应焊扶正肋骨条）与孔壁间充满浆液。待孔口管周围浆液凝固 12～24 h 后进行扫孔，扫孔深度应超过孔口管长度 1 m。

（2）扫孔后对孔口管必须进行耐压试验。试验压力不小于 2 MPa 并稳定 30 min 后，孔口管周围不漏水、孔口管牢固不松动时，方可钻进；否则，重新固管，重新做耐压试验，直到合格后，方可进行钻进。

（3）节理裂隙发育，岩石松软或破碎，无条件另选钻孔位置时，应注浆加固后，再安设孔口管。

《煤矿防治水细则》中探水钻孔超前距和止水套管长度的规定见表 15-4。

表 15-4 《煤矿防治水细则》中探水钻孔超前距和止水套管长度的规定

水压/MPa	钻孔超前钻距/m	止水套管长/m
<1.0	>10	>5
1.0～2.0	>15	>10
2.0～3.0	>20	>15
>3.0	>25	>20

2）孔口钻进

孔口装置全部安装完毕，将现场除钻机、钻具外的其他设备、材料清理干净，对排水泵及管路进行检查，全部能正常运行排水时，方可钻进。

5. 钻孔施工中的技术要求

（1）依据设计钻孔顺序，确定钻孔位置，由地测办测量组进行标定。负责矿井防治水工作的人员亲临现场，共同确定钻孔的方位、倾角。钻探队严格按照标定的孔位、角度、孔深进行施工，施工时先施工底板孔。

（2）每个钻孔下止水套管长度 5.5 m，并按要求加固套管，耐压试验合格后方可钻进；钻孔施工过程中套管口安装闸阀，否则严禁钻进。

（3）施工过程中，做好现场原始记录，记清所钻层位的岩性以及其他需要说明的内容，认真填写钻探班报表，并将岩性变化情况及时向地测办汇报，以便及时调整探测方案。

（4）钻孔内水压过大时，应采用反压和防喷装置的方法钻进，应有防止孔口管和煤（岩）壁突然鼓出的措施。

（5）钻进时要保持钻压均匀，加减压应连续均匀地进行，不得采用跳跃式忽高忽低地加压。

（6）打钻过程中必须随时注意水压、水量和孔口返渣情况以确定孔内情况，水压太高、同时水量太低则说明进钻速度过快，应降低进钻速度。

（7）钻进前，必须先往孔内送水，待水返出孔口，确认水压正常后才能正常钻进。

（8）打钻或接钻杆时，操纵者必须精力集中，严禁误操作、损坏设备或击伤其他人员。

（9）在加钻杆时，必须确保钻杆内部清洁无杂物，清理钻杆的丝扣，钻杆与钻杆之间必须连接紧密不漏水，对弯曲、变形、有断裂的钻杆，严禁使用。

（10）在打钻过程中，如遇有涌水、漏水、掉钻等现象时，要详细记录其发生的层位和深度及最大消耗量；如遇掉块、塌孔、卡钻等异常情况，应将钻杆退到正常位置，再慢速钻进并反复清洗钻孔，严禁强行穿过。做好记录并将变化等情况及时向地测办、调度室汇报，以便及时调整打钻方案。

（11）钻进时，发现煤岩松软、来压或者钻眼中水压、水量突然增大和顶钻等透水征兆时，应当立即停止钻进，但不得拔出钻杆；应当立即向矿井调度室汇报，派人监测水情。发现情况危急，应当立即撤出所有受水威胁区域的人员到安全地点，然后采取安全措施，进行处理。

（12）打钻过程中，如发现煤、岩变松或沿钻杆向外流水超过正常打钻供水量时，必须立即停钻（但不得移动或拔出钻杆），观测水量，并做好记录。

（13）钻探时，根据排水能力控制放水流量，必须设专人监测钻孔出水情况，测定水量、水压，并做好记录。

（14）施工人员在打钻过程中带班班长及技术人员必须佩带瓦斯、一氧化碳、氧气、硫化氢便携仪，必须实时监测有毒有害气体。如遇有毒有害气体涌出时，切断电源，撤出人员，进行处理。

（15）打钻供水采用井下管路静压水，水压可达 2.5 ~ 3.5 MPa。

（16）其他未尽事宜严格执行《煤矿安全规程》《煤矿防治水细则》的相关规定。

6. 钻孔封孔技术要求

依据《国家能源集团井下探放水技术规范》，在其技术要求章节中规定，对于探放水钻孔，每成一孔，探水队要及时将打钻结果报送地测办，若钻孔无水，经地测办同意后进行封孔，靠近裂隙带钻孔及所有底板孔必须采用钻杆导入法封闭，并进行孔口注浆，注浆压力达到 1.5 ~ 2.0 MPa，封孔时必须通知地测办组织验收，并做好封孔记录。钻探结果可分为孔内有涌水且水量大、孔内有涌水但水量小、孔内无涌水 3 种。根据 3 种结果，有 3 种注浆封孔方法。

1）钻孔中涌水量大的情况

当钻孔中涌水量大，一般孔内岩粉基本被涌水冲出钻孔，孔内基本无渣且容易封孔。具体工艺如下：

（1）孔口管上焊接的法兰片与注浆用法兰片（上面焊接长度 20 cm 直径 1 寸或 1.5 寸的注浆用无缝钢管）通过螺母连接。无缝钢管与泥浆泵上的高压软管连接；水量大时，岩粉均被冲出孔外，焊接 20 cm 无缝钢管注浆，不用把钻杆伸到孔底。

（2）置 W/C 为 2:1 水泥浆液，通过泥浆泵（保持在低挡位），将浆液压入孔内。

（3）注浆压力通过泵量调节，当泵压上升较快时，应调低挡位（较小泵量）；也可以时注时停（减慢泵压上升）。

（4）在高压泵入浆液的过程中，大部分水被压入孔内裂隙，浆液浓度逐渐增大，同时部分浆液也被带入孔内裂隙中，达到填堵孔内出水裂隙的目的。

（5）当泵压直线上升时，说明水泥浆液填满钻孔，注浆压力达到 1.5 ~ 2.0 MPa 时，可以关闭注浆用法兰盘处球形阀（保持孔内压力不变），封孔注浆结束。

2）钻孔中涌水量小的情况

当探放水钻孔内涌水量小时，孔内必然有大量岩粉及钻探污水，孔底岩粉冲不干净，为了保证封孔质量，先把钻杆伸到孔底用清水清除孔内岩粉及污水，再通过钻杆注浆（定向钻孔直接用焊接的无缝钢管加高压软管注浆封孔），注满后拔出钻杆，再用焊接的无缝钢管加高压软管注浆封孔。具体封孔工艺如下：

（1）将钻具下入孔底，将清水送入孔底，通过钻孔将污水、水泥浆及钻探岩粉等返出，反复冲洗，直至无钻探岩粉返出。

（2）配置 W/C 为 2∶1 的水泥浆（根据实际情况，浆液水灰比可以变更）。

（3）用泥浆泵（根据实际情况，档位可以调节）将浆液通过钻杆送入孔底，通过观察钻孔返出清水情况，反复泵入，直至返出水泥浆液时，回撤一部分钻杆，继续用泥浆泵再将浆液通过钻杆送入孔底，直至返出水泥浆液，反复进行，直至钻杆回撤完毕。

（4）将孔口管上焊接的法兰片与注浆用法兰片（上面焊接长度 20 cm 直径 1 寸或 1.5 寸注浆用无缝钢管及开关）通过螺母连接。无缝钢管与泥浆泵上的高压软管连接。

（5）注浆压力通过泵量调节，当泵压上升较快时，应调低档位（较小泵量）；也可以时注时停（减慢泵压上升）。

（6）在高压泵入浆液的过程中，浆液浓度逐渐增大，同时部分浆液也被带入孔内裂隙中，达到填堵孔内出水裂隙的目的，当注浆压力达到 1.5～2.0 MPa 时，即可停止封孔，封孔完毕。

3）钻孔中无涌水的情况

孔内无涌水，意味着孔内只存在钻探污水和岩粉。为确保封孔质量，需要清除孔内岩粉和钻探污水。

（1）按照情况 2 中（1）～（3）的操作步骤，确保孔内为清水。

（2）将孔口管上焊接的法兰片与注浆用法兰片（上面焊接长度 20 cm 直径 1 寸或 1.5 寸注浆用无缝钢管及开关）通过螺母连接。无缝钢管与泥浆泵上的高压软管连接。

（3）在高压泵入浆液的过程中，浆液浓度逐渐增大，同时部分浆液也被带入孔内裂隙中，达到填堵孔内出水裂隙的目的，当注浆压力达到 1.5～2.0 MPa 时，即可停止封孔，封孔完毕。

7. 安全技术措施

（1）所有参与施工人员必须经过培训合格，持证上岗。

（2）钻探队要制定施工安全技术措施并贯彻到每位作业人员。

（3）钻探队要在施工场所设置警戒、警示标志，确保安全施工。

（4）钻探期间，钻探队要派 1 名跟班队长现场跟班，切实落实各项措施、制度，及时处理安全隐患。

（5）工程开工前，矿方应对施工钻场顶板及煤帮加强支护，确保施工场所安全。施工人员施工前要进行敲帮问顶，防止冒顶、片帮事故发生。

（6）在打钻地点或其附近安设专用电话，每次交接班，要检查探放水地点的电话等通讯设施是否良好，应时刻保持通信畅通。

（7）班长负责带领本班人员上、下井，下井后负责检查设备完好性、孔内情况，做到安全施工，不安全不施工。

（8）严格交接班制度，上、下班要现场交接班，将本班孔内情况交代清楚。

（9）实行专人专岗，非钻机或注浆机操作人员严禁操作钻机或注浆机。

（10）钻进前，调整好车体位置后，将下面4个油缸杆伸出至底板使履带不受力；伸出上面4个油缸杆顶实顶板，同时使用铁丝系牢每节油缸杆、托盘等易掉落物，防止钻机晃动掉落伤人。

（11）打钻过程中，正常钻进时，除操作人员外，其他人员不得靠近机械运转部位，以免发生伤害事故。

（12）打钻过程中，严禁人员站在钻杆后方，以防钻杆顶伤人员。

（13）作业人员衣着要整齐、利落，袖口、衣襟必须扎紧。

（14）退卸钻杆时，严禁人员使用管钳辅助卡钻杆，以免操作失误管钳反转伤人。

（15）正常施工或拔钻时，除操作人员外不得靠近孔口，防止孔内喷水、喷矸伤人。

（16）保证施工地点通风、供水、供电，做到不通风、不施工，停水、停电及时通知施工人员，以便及时采取措施，防止孔内事故的发生。

（17）钻进施工时要严格依据操作规程进行，防止出现卡钻现象，一旦发生要依据规程处理，避免造成更大事故。

（18）保证电气设备完好、防爆，电缆线连接要符合规定，不得有"鸡爪子""羊尾巴"等存在。

（19）钻探时，通风队必须保证钻探地点连续供风，并派专职瓦检工每班至少检查一次施工地点的空气成分。如果瓦斯或者其他有害气体浓度超过有关规定，应当立即停止钻进，切断电源，撤出人员，并报告矿井调度室，及时处理。

（20）施工中应加强出水征兆的观察，发现有挂红、挂汗、空气变冷、出现雾气、水叫、顶板淋水加大、顶板来压、底板鼓起或产生裂隙出现掺水、水色发浑、有臭味等突水预兆时，立即停止施工，采取措施，立即报告调度室，情况紧急时必须立即发出警报，撤出所有受水威胁地区的人员。

（21）受水威胁地区的施工人员必须学习掌握报警信号及避灾路线。

（22）如果发现情况危急时，必须立即撤出所有受威胁区域的人员，然后采取措施进行处理。

（23）钻探期间，跟班安检员要切实做好监督检查工作，确保施工过程各项安全技术措施落实到位。

（24）其他未尽事宜严格执行《煤矿安全规程》《煤矿防治水细则》的相关规定。

（三）水文地质试验与水化学分析

地下水化学成分的形成、演化是一个十分复杂的过程，它与岩性、构造条件、气候条件、水动力条件等因素密切相关，综合反映了地下水在溶滤过程中的物化结果及其平衡条件。矿区特定的地质和水文地质条件决定了地下水的水化学特征。因此，为了查明矿区各含水层的补给、径流、排泄条件，可应用水文地球化学方法研究各含水层地下水的成因和运移规律，即通过研究地下水水化学成分及其特征，掌握矿区各含水层地下水水质成分背景资料，研究和解释矿区地下水水文地质条件。

水中的化学元素有几十种，它们通常呈离子状态、化合物分子状态以及游离气体状态存在。在所有元素成分中以 K^+、Na^+、Ca^{2+}、Mg^{2+}、Cl^-、SO_4^{2-}、HCO_3^- 等离子的分布最广，因而往往以水中这些离子成分的含量来表示水源的化学特征。在实际应用中也可根据当地的实际情况选取具有代表性的离子成分或离子成分的组合，来表示水源的化学特征。

针对二水平大巷掘进工作面带压区较复杂水文地质条件，在掘进生产中若探查钻孔出水，水源识别方法主要为水位、水温与水量观测实验、放水实验、水化学实验等水文地质手段。确定出水水源后，制定专项防治措施，若采掘作业若遇导水构造及富水异常区时，矿将采用"自营队伍"+"专业技术服务"模式管理和实施注浆治理工程，委托的西安研究院进行现场注浆技术咨询与服务，消除水患后，方可安全掘进。

（四）水文异常区注浆加固

1. 注浆方法

出现水文异常区时，在井下设注浆站，水泥浆进行搅拌后使用 ZBY1.8 双液注浆泵或 BW-250 单液注浆泵通过高压管路送入封孔器或混合器实施注浆；注浆压力由井下孔口压力表结合井下注浆泵压力表进行观察。

2. 注浆材料

先采用水灰比（质量比）为 1.2~1.5∶1 的水泥浆，以 30~50 L/min 的速度进行"稀浆、低压、慢渗"裂隙注浆。注入 5 m³ 后如压力上升缓慢，再采用 250 注浆泵低档注水灰比（质量比）为 1∶1 的水泥浆。单孔总注浆量超过 20 m³，可进行水泥-水玻璃双液浆注浆，水泥浆采用水灰比（质量比）为 1∶1 的水泥浆，水玻璃和水泥浆的体积比为 0.2∶1~0.5∶1。

3. 浆液配制

（1）施工时制浆材料其称量误差小于 5%，袋装水泥按袋计量。

（2）注浆站配有波美计、比重称、磅秤、量筒等常用仪器，以便配制水玻璃、测定浆液比重、精确称量添加剂的掺入量。

（3）搅拌系统采用 1 次搅拌，1 次搅拌的浆液经筛网过滤。注浆期间，搅拌机应保持持续运转，保证浆液均匀、不沉淀，储浆池内采用风动搅拌。

（4）所有注浆设备均受到维护和保养，保证正常工作的状态。

（5）输浆管路为专用输浆管路，保证浆液流动畅通，并能承受 1.5 倍的最大灌浆压力。

（6）注浆泵和注浆孔口处均安设有采用带有隔浆装置的抗震压力表。

（7）施工双液注浆需采用孔口混合器，并在混合器的水泥与水玻璃入口处安设逆止阀，防止孔内浆液回流或拆卸管路时喷浆伤人。

4. 注浆施工

（1）灌浆管路采用高压胶管，接头采用快速接头连接。

（2）每次注浆前，先进行压水，根据压水结果，估算需要拌和的浆液量。

（3）施工中对压水试验及注浆过程需进行详细的记录，及时汇总注浆资料。

（4）水泥单液浆工艺流程如图 15-6 所示。

（5）水泥-水玻璃双液浆工艺流程如图 15-7 所示。

若存在陷落柱等特殊导水构造再进行设计专项方案治理。

（五）防排水系统建设

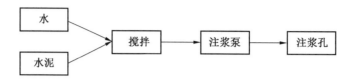

图 15-6　水泥单液浆工艺流程

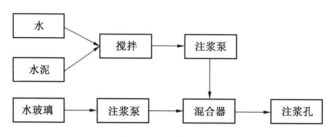

图 15-7　水泥-水玻璃双液浆工艺流程

（1）保证矿井正常排水能力。目前矿井正常涌水量为 64 m^3/h，历年最大涌水量为 371 m^3/h。矿井中央水泵房 3 台 MD280 型水泵实际排水能力为 495 m^3/h，满足要求。

（2）提高矿井应急排水能力。在中央水泵房建立两台 BQ725 潜排电泵系统，经联合试运转应急排水能力可达 1200 m^3/h，满足矿井排水应急能力。

（3）钻孔施工后，预计单孔正常涌水量 5～15 m^3/h，最大涌水量 50 m^3/h。施工地点要构筑临时排水窝，配备 2 台排水能力不小于 80 m^3/h 的排水泵，一备一用，通过掘进工作面排水管路连接二水平辅助运输大巷 ϕ159 mm 管路，直接排至二水平中央水仓，保证钻场钻孔涌水及时排出。

（4）根据《二水平大巷掘进地质说明书》，预计工作面正常涌水量为 24 m^3/h，最大涌水量 70 m^3/h。掘进生产时，在掘进工作面低洼点设置大水仓，配备水泵，准备好备用水泵，二水平大巷防排水系统的排水能力不得低于 100 m^3/h，并采用双回路供电，防排水系统距离迎头不大于 30 m。在相邻联巷中间处或巷道局部低洼处可设置临时水窝，配备小水泵，把水抽到大水仓，再抽到中央水仓。

排水路线：打钻地点→二水平大巷→中央水仓→地面。

（六）突水事故的应急预防措施及避灾自救

1. 发现突水预兆时的应急措施

发生突水时，立即报告调度室（电话 8002、8003、6001、6002），发出警报，同时根据水灾发生的性质和大小决定采取的措施。若涌水量较小且无扩大的可能性，则当班带班队长立即组织人员进行堵孔，把水泵全部启动，加强排水；若涌水量较大或有扩大的可能性，则当班带班队长应立即组织人员根据发水地点向高处撤离。

2. 水源的判断方法

（1）地表水一旦涌入地下，其水量很大，破坏力极强。水中混有大量的泥沙，有时还会夹带许多动植物或其他杂物。在一般情况下，水中无其他异味。

（2）断层水一般通道较远，补给较充分，多属"活水"。水无涩味而发甜，如果在岩巷中遇到断层水，水呈黄色，有时在岩缝中可见到淤泥。

（3）顶板含水层水一般具有一定压力，水量补给不充足，水中无涩臭味，水质较好。

（4）如是石灰岩岩溶水涌出，水呈黄色或灰色，有时带有臭味，水有压力并有增大趋势。

3. 发生突水事故时的应急措施

1）自身安全防护

井下发生突水事故时，在现场及附近地点的工作人员应首先做好自身安全防护。在突水迅猛、水流急速的情况下，现场人员应立即避开出水口和泄水流，躲避到硐室内、拐弯巷道或其他安全地点。如果情况紧急时，可抓牢帮网、立柱或其他固定物体，防止被涌水冲倒或冲走。在未确定空气成分能否保证人员的生命安全时，禁止任何人随意摘掉自救器的口具和鼻夹。

2）迅速汇报

突水事故发生后，现场及附近地点工作的人员，在脱离危险后，应在可能的情况下迅速观察和判断突水的地点，涌水的程度，现场被困人员的情况等，并立即向调度室报告，同时，应尽可能利用电话通知其他可能受到威胁区域的人员发出警报，及时通知撤离。

3）积极妥善的组织现场抢救

（1）初期，在保证自身安全的前提下，应在现场领导和老工人的组织带领下，利用现有的人力和物力，迅速进行抢救工作。如突水地点周围围岩坚硬、涌水量不大，可组织力量就地取材，加固工作面，尽快堵住出水点。

（2）在水源情况不明，涌水凶猛、顶帮松散的情况下，决不可强行封堵出水口，以免引起工作面大面积突水，造成人员伤亡，扩大灾情。

（3）对于受伤的矿工，应迅速抢救搬运到安全地点，立即进行急救处理。

（4）必须注意井下发生突水事故后，决不允许任何人以任何借口在不佩戴防护器具的情况下冒险进入灾区。

4. 现场组织撤离

如因涌水来势凶猛、现场无法抢救或者将危及人员安全时，应迅速组织起来，沿着规定的避灾路线和安全通道撤退到巷道制高点或地面。

在行动中，应注意下列事项：

（1）撤离前：应设法将撤退的行动路线和目的地告知矿调度室。

（2）在条件允许的情况下，应迅速撤往突水地点以上的巷道，尽量避免进入突水点附近及下方的独头巷道。

（3）人员撤离时应结伴行走，不得私自行动，应按照避灾路线撤离危险区。

（4）行进中，应靠近巷道一侧，抓牢帮网或其他固定物体，尽量避开压力水头和泄水主流，并注意防止被水中滚动的矸石和木料撞伤。

（5）如因突水后破坏了巷道中的照明和指路牌，迷失了行进的方向时，遇险人员朝着有风流通过的上山巷道方向撤退。

（6）在撤退沿途和所经过的巷道交岔口，应留设指示行进方向的明显标志，以提示救援人员的注意。

（7）撤退中，如因冒顶或积水造成巷道堵塞，可寻找其他安全通道撤出。在唯一的出口堵塞无法撤退时，应组织好灾区避灾，等待救援人员的营救，严禁盲目潜水等冒险行为。

5. 避灾自救

（1）有条件时应迅速进入二水平避难硐室或快速建造的临时避难硐室。必要时，可设置挡墙或防护板，防止涌水、煤矸和有害气体的侵入，同时发出呼救信号。

（2）进入避难硐室前，应在硐室外留设文字、衣物、矿灯等明显标志，以便于救援人员及时发现，进行营救。

（3）若现场有人受伤，应按"三先三后"的原则，积极进行抢救。

6. 水灾避灾线路

（1）施工地点→二水平大巷→1 号联络巷→副立井→地面。

（2）施工地点→二水平大巷→二水平井底车场→地面。

7. 火、瓦斯、煤尘避灾路线

（1）施工地点→二水平大巷→1 号联络巷→副立井→地面。

（2）施工地点→二水平大巷→二水平井底车场→地面。

（3）施工地点→二水平大巷→二水平避难硐室。

九、费用预算

根据《国土资源调查预算标准》（地质调查部分）财建〔2007〕52 号，二水平大巷掘进面防治水工程概算总费用为 1544.09 万元，详见表 15 - 5。

表15-5 二水平大巷掘进面防治水工程费用预算

序号	项 目	单价/元	数量	费用	备 注
1	水文钻探/m	269	15360	4131840.0	Ⅳ类，0～100 m
		376	20900	7858400.0	Ⅳ类，0～200 m
		376	4200	1579200.0	预留
2	定测钻孔/个	815	116	94540.0	
3	1～2 项合计			13663980.0	
4	内部下调至	80%		10931184.0	
5	超前物探/次	30000	99	2970000.0	
6	材料费及其他				
	管材费（φ108 mm）/t	6000	6.6	39600	φ108 壁厚4 mm
	中压不锈钢闸阀/个	3400	70	238000	
	法兰盘/个	300	116	34800	
	压力表/个	50	100	5000	
	水样化验/样	600	70	42000	
	水泥/t	500	340	170000	
	防爆车运费/台班	639	800	511200	
	合计			1040600	
7	4～6 项合计			14941784.0	
8	税金	3.34%		499055.59	
9	总计			15440839.59	

附录一　矿井水文地质类型划分规范

ICS 73.020
D 00

Q/GN

国家能源投资集团有限责任公司企业标准

Q/GN 0032—2020

矿井水文地质类型划分规范

Specification for classification of mine hydrogeological types

2020-11-16 发布   2021-01-01 实施

国家能源投资集团有限责任公司   发 布

目　　次

前　言

本文件按照 GB/T 1.1—2020 的规定起草。

本文件由国家能源投资集团有限责任公司安全环保监察部提出。

本文件由国家能源投资集团有限责任公司科技部归口管理。

本文件起草单位：中国神华能源股份有限公司、神华国能（神东电力）集团公司。

本文件主要起草人：张光德、刘生优、王振荣、杨茂林、孙小平、刘海义、贺鑫、杨波、张毅、刘胜志、唐珂、刘玉柱。

本文件首次发布。

矿井水文地质类型划分规范

1 范围

本文件规定了煤矿水文地质类型划分及其报告编制的范围、规范性引用文件、总则、矿井水文地质类型划分依据、矿井水文地质类型划分报告编写提纲、矿井水文地质类型划分报告附图主要内容及要求等。

本文件适用于国家能源集团所属矿井水文地质类型划分及其报告的编制。

2 规范性引用文件

下列文件对于本文件的应用是必不可少的。

GB/T 15663 煤矿科技术语

3 总则

3.1 矿井水文地质类型划分目的

分析矿井水文地质条件，确定矿井水文地质类型，指导矿井防治水工作，采取有效的防治水措施，确保煤矿安全生产。

3.2 矿井水文地质类型划分一般规定

a）分类以矿井防治水工作为目的，考虑与矿井地质勘探工作相结合；

b）分类要全面考虑矿井充水诸因素的影响，要突出其中主要因素的作用；

c）分类应符合我国的实际情况，反映近年来煤矿水害事故发生的特点以及在防治水工作中的经验教训，力求简单明了，便于实际应用；

d）矿井水文地质类型应当每 3 年修订 1 次。当发生较大以上水害事故或者因突水造成采掘区域或矿井被淹的，应当在恢复生产前重新确定矿井水文地质类型；

e）单位涌水量 q 以井田主要充水含水层中有代表性的最大值为分类依据；

f）矿井涌水量 Q_1、Q_2 和突水量 Q_3 以近 3 年最大值并结合地质报告中预测涌水量作为分类依据；

g）同一井田煤层较多，且水文地质条件变化较大时，应当分煤层进行矿井水文地质类型划分；

h）按分类依据就高不就低的原则，确定矿井水文地质类型；

i）所有煤矿都应当收集水文地质类型划分各项指标的相关资料，系统整理、综合分析矿床勘探和矿井建设生产各阶段所获得的水文地质资料，分析矿井水文地质条件，编制矿井水文地质类型划分报告，确定矿井水文地质类型，由煤炭企业总工程师负责组织审批。

3.3　矿井水文地质类型划分标准

根据井田内受采掘破坏或者影响的含水层及水体、井田及周边老空（火烧区）水分布状况、矿井涌水量、突水量、开采受水害影响程度和防治水工作难易程度，将矿井水文地质类型划分为简单、中等、复杂和极复杂4种类型。矿井水文地质类型划分的分类标准见表1。

表1　矿井水文地质类型划分标准

分类依据		类　别			
		简单	中等	复杂	极复杂
井田内受采掘破坏或者影响的含水层及水体	含水层（水体）性质及补给条件	为孔隙、裂隙、岩溶含水层，补给条件差，补给来源少或者极少	为孔隙、裂隙、岩溶含水层，补给条件一般，有一定的补给水源	为岩溶含水层、厚层砂砾石含水层、老空（火烧区）水、地表水，其补给条件好，补给水源充沛	为岩溶含水层、老空（火烧区）水、地表水，其补给条件很好，补给来源极其充沛，地表泄水条件差
	单位涌水量 $q/[\text{L}\cdot(\text{s}\cdot\text{m})^{-1}]$	$q\leqslant0.1$	$0.1<q\leqslant1.0$	$1.0<q\leqslant5.0$	$q>5.0$
井田及周边老空（火烧区）水分布状况		无老空（火烧区）水	位置、范围、积水量清楚	位置、范围或者积水量不清楚	位置、范围、积水量不清楚
矿井涌水量/ $(\text{m}^3\cdot\text{h}^{-1})$	正常 Q_1	$Q_1\leqslant180$	$180<Q_1\leqslant600$	$600<Q_1\leqslant2100$	$Q_1>2100$
	最大 Q_2	$Q_2\leqslant300$	$300<Q_2\leqslant1200$	$1200<Q_2\leqslant3000$	$Q_2>3000$
突水量 $Q_3/(\text{m}^3\cdot\text{h}^{-1})$		$Q_3\leqslant60$	$60<Q_3\leqslant600$	$600<Q_3\leqslant1800$	$Q_3>1800$
开采受水害影响程度		采掘工程不受水害影响	矿井偶有突水，采掘工程受水害影响，但不威胁矿井安全	矿井时有突水，采掘工程、矿井安全受水害威胁	矿井突水频繁，采掘工程、矿井安全受水害严重威胁
防治水工作难易程度		防治水工作简单	防治水工作简单或者易于进行	防治水工作难度较高，工程量较大	防治水工作难度高，工程量大

4　矿井水文地质类型划分依据

4.1　受采掘破坏或影响的含水层及水体

根据充水含水层与开采煤层之间的关系，充水含水层可分为直接充水含水层和间接充水含水层，充水含水层的性质、补给条件和单位涌水量对矿井水文地质条件复杂程度和受水害威胁程度起到重要作用。在依据含水层（水体）性质及补给条件划分矿井水文地质类型时，要明确矿井主要充水含水层，选择对矿井充水起决定作用的充水含水层作为分类依据，分析各含水层间的水力联系和补给条件，分析矿井充水含水层和补给条件的时空变化，考虑矿井充水水源类型及复杂程度。

单位涌水量是反映含水层富水性的重要指标，在依据单位涌水量划分矿井水文地质类型时，要以矿井主要充水含水层的单位涌水量为分类标准。含水层富水性分布不均，要选择有代表性的作为分类依据。受采掘破坏或者影响的含水层及水体划分标准见表1。

按照钻孔单位涌水量 q 值大小，将含水层富水性分为以下4级。

a）弱富水性：$q \leqslant 0.1\ \text{L}/(\text{s} \cdot \text{m})$；

b）中等富水性：$0.1\ \text{L}/(\text{s} \cdot \text{m}) < q \leqslant 1.0\ \text{L}/(\text{s} \cdot \text{m})$；

c）强富水性：$1.0\ \text{L}/(\text{s} \cdot \text{m}) < q \leqslant 5.0\ \text{L}/(\text{s} \cdot \text{m})$；

d）极强富水性：$q > 5.0\ \text{L}/(\text{s} \cdot \text{m})$。

注： 评价含水层的富水性，钻孔单位涌水量以口径91 mm、抽水水位降深10 m为准；若口径、降深与上述不符时，应当进行换算后再比较富水性。换算方法：先根据抽水时涌水量 Q 和降深 S 的数据，用最小二乘法或图解法确定 $Q = f(S)$ 曲线，根据 $Q - S$ 曲线确定降深10 m时抽水孔的涌水量，再用公式（1）计算孔径为91 mm时的涌水量，最后除以10 m便是单位涌水量。

$$Q_{91} = Q\left(\frac{\lg R - \lg r}{\lg R_{91} - \lg r_{91}}\right) \qquad \cdots\cdots\cdots\cdots\cdots\cdots\cdots（1）$$

式中：

Q_{91}，R_{91}，r_{91}——孔径为91mm 的钻孔的涌水量、影响半径和钻孔半径，Q_{91} 单位为升每秒（L/s），R_{91} 单位为米（m），r_{91} 单位为毫米（mm）；

Q，R，r ——拟换算钻孔的涌水量、影响半径和钻孔半径，Q 单位为升每秒（L/s），R 单位为米（m），r 单位为毫米（mm）。

4.2 矿井及周边老空（火烧区）水分布状况

各煤矿应当开展老空（火烧区）分布范围及积水情况调查工作，查清矿井和周边老空（火烧区）及积水情况，调查内容包括老空（火烧区）位置、形成时间、范围、层位、积水情况、补给来源等，结合矿井采掘接续计划进行矿井水文地质类型划分。矿井及周边老空（火烧区）水分布状况划分标准见表2。

表2 矿井及周边老空（火烧区）水分布状况划分标准

分类依据	简单	中等	复杂	极复杂
井田及周边老空（火烧区）水分布状况	无老空（火烧区）积水	位置、范围、积水量清楚	位置、范围或者积水量不清楚	位置、范围、积水量不清楚
	矿井三年采掘范围内不存在老空区（火烧区），或者在半年内探明老空（火烧区）水位置并对其进行疏干	矿井三年采掘范围内存在老空区（火烧区）积水，有老空（火烧区）水位置、范围、积水量调查报告及相应图纸，位置、范围、积水量清楚，并采取了专门管控措施	矿井三年采掘范围内存在老空区（火烧区）积水，老空（火烧区）水位置、范围或者积水量不清楚	矿井三年采掘范围内存在老空区（火烧区）积水，老空（火烧区）水位置、范围、积水量都不清楚

4.3　矿井涌水量

对于已投产矿井,矿井涌水量 Q_1、Q_2 以近3年最大值并结合地质报告中预测涌水量作为分类依据;对于基建矿井,根据水文地质勘探阶段对含水层富水性的探查预计未来3年矿井正常涌水量与最大涌水量。在依据矿井涌水量划分矿井水文地质类型时,要剔除降水或人为因素的异常变化对矿井涌水量的影响。矿井涌水量划分标准见表3。

表3　矿井涌水量划分标准

分　类　依　据		简单	中等	复杂	极复杂
矿井涌水量/ ($m^3 \cdot h^{-1}$)	正常 Q_1	$Q_1 \leqslant 180$	$180 < Q_1 \leqslant 600$	$600 < Q_1 \leqslant 2100$	$Q_1 > 2100$
	最大 Q_2	$Q_2 \leqslant 300$	$300 < Q_2 \leqslant 1200$	$1200 < Q_2 \leqslant 3000$	$Q_2 > 3000$

4.4　突水量

对于已投产矿井,矿井突水量 Q_3 以近3年最大值并结合地质报告中预测最大突水量作为分类依据;对于基建和新投产矿井,要通过调查水文地质条件、采掘条件类似的相邻矿井的突水记录,并结合本矿充水条件,估计突水危险性和突水量。在依据突水量划分矿井水文地质类型时,要剔除人为因素的影响。突水量划分标准见表4。

表4　突水量划分标准

分　类　依　据	简单	中等	复杂	极复杂
突水量 Q_3/($m^3 \cdot h^{-1}$)	$Q_3 \leqslant 60$	$60 < Q_3 \leqslant 600$	$600 < Q_3 \leqslant 1800$	$Q_3 > 1800$

4.5　开采受水害影响程度

在评价矿井开采受水害影响程度时,要避免人为因素影响,全面收集整理矿井历年来突水资料,分析突水规律和致灾程度,剖析矿井突水原因和形成机制,总结水害教训。结合采掘接续计划,全面分析矿井充水条件,明确突水水源、突水通道和影响突水量的因素,充分考虑未来开采条件下水害影响程度的变化。开采受水害影响程度划分标准见表5。

表5　开采受水害影响程度划分标准

分类依据	简单	中等	复杂	极复杂
开采受水害 影响程度	采掘工程不受水害 影响	矿井偶有突水,采掘 工程受水害影响,但不 威胁矿井安全	矿井时有突水,采掘 工程、矿井安全受水害 威胁	矿井突水频繁,采掘 工程、矿井安全受水害 严重威胁

表5（续）

分类依据		简单	中等	复杂	极复杂
受水害威胁程度	地表水	无地表水体或采掘不受地表水威胁	位于干旱、半干旱区、导水裂缝带发育到地表，但汛期涌水量变化小	位于湿润或半湿润区、导水裂缝带发育到地表，雨季大气降水、沟谷洪水、季节性河流通过导水裂缝带进入井下，汛期涌水量变化大	常年河流、湖、海下采煤，导水裂缝带可能沟通地表含水体
	第四系松散层水	不受第四系松散层水影响，且厚度较薄，水源补给有限，排泄畅通，富水性弱	受第四系松散层水影响，但厚度薄，水源补给有限，排泄畅通，富水性中等	受第四系松散层水影响，但厚度较厚，水源补给有限，排泄不畅，富水性强	受第四系松散层水影响，但厚度较厚，水源补给充足，排泄不畅，富水性强
	顶板含水层水	主要充水水源为顶板砂岩水、薄层灰岩水，富水性弱，不存在突水溃砂威胁	主要水害威胁为顶板砂岩水、薄层灰岩水，富水性中等	主要水害威胁为顶板砂岩水、薄层灰岩水，富水性强	顶板砂岩水、薄层灰岩水，富水性强且与底板奥灰水存在水力联系难以疏干
	底板岩溶水	底板隔水层不带压	奥灰含水层富水性弱-中等，$T < 0.06$ MPa/m，地质构造不发育	奥灰含水层富水性中等-强，$0.06 \leq T < 0.1$ MPa/m	奥灰含水层富水性中等-强，$T \geq 0.1$ MPa/m
	老空（火烧区）水	矿井范围无老空（火烧区）水	老空区（火烧区）位置、范围、水量清楚，采掘不受老空（火烧区）水威胁	老空区（火烧区）位置、范围不清楚，少量积水，回采受老空（火烧区）水威胁	老空区（火烧区）位置、范围、水量不清楚；或者位置范围基本清楚存在大量积水，回采受老空（火烧区）水威胁
水害对矿井安全的影响程度		对矿井生产基本没影响	工作面涌水影响回采工作环境；掘进偶有淋水，影响掘进工作环境	采掘工作面涌水量大，时有停产	掘进面突水、溃砂，水沙量大导致无法掘进；工作面涌水量大经常停产

4.6 防治水工作难易程度

在依据防治水工作难易程度进行矿井水文地质类型划分时，要从技术和经济两个方面来进行综合评价，避免主观因素影响，全面客观地认识矿井水文地质条件和水害威胁程度。防治水工作难易程度划分标准见表6。

表6 防治水工作难易程度划分标准

分类依据	简单	中等	复杂	极复杂
防治水工作难易程度	防治水工作简单	防治水工作简单或易于进行	防治水工作难度较高，工程量较大	防治水工作难度高，工程量大
条件探查难度	容易探查	现有手段可以查明	现有手段基本可以查明	现有手段有效性不足，特指导水陷落柱等垂向导水构造

表6（续）

分类依据		简单	中等	复杂	极复杂
防治水工程	工作面或巷道排水	✓	✓	✓	✓
	物探探测	✓	✓	✓	✓
	钻探探测	✓	✓	✓	✓
	顶板疏放水		✓	✓	✓
	底板注浆加固			✓	✓
	底板改造				✓

5 矿井水文地质类型划分报告编写提纲

5.1 矿井及井田概况

5.1.1 矿井基本情况

概述矿井位置、行政隶属关系。地理坐标、长、宽、面积、边界及四邻关系。通过矿区或临近城镇的铁路、公路、水路等交通干线，以及距矿区最近的车站、码头和机场的距离，附矿区交通位置图。

矿井开发建设情况，包括矿井投产年限、设计年生产能力、现今实际产量；矿井开拓方式、生产水平及主要开采煤层。

5.1.2 矿井自然地理情况

井田地形地貌主要特征、类型、绝对高度和相对高度、总体地形和有代表性地点，如井口、工业场地内主要建筑物等标高。主要河流的最低侵蚀基准面。

概述矿区及其临近地区地表水体发育状况，包括江、河、湖、水库、沟渠、坑塘池沼等。河流应指出其所属水系，并根据水文站资料，分别说明其平均、最大、最小流量及历史最高洪水位等。湖泊、水库等则应指出其分布范围和面积。

说明矿区所属气候区。根据区内和相邻地区气象站资料，给出区内降水分布，包括年平均降水量、最大和最小降水量以及降水集中的月份。还应指出年平均、年最大蒸发量；最高、最低气温；平均相对湿度；最大冻土深度；年平均气压等。资料齐全时应附气象资料汇总表或月平均降水量、蒸气量、相对湿度、温度曲线图（插表和插图）。

历史上地震发生次数、最大震级及地震烈度等。

5.1.3 矿井防排水系统现状

主要是井下各水平防排水系统，防水系统包括防水闸门、防水闸墙、防水密闭门及防隔水煤岩柱留设情况等。

排水系统包括水仓容积、排水泵型号、台数；排水管路直径、趟数；井下最大排水能力；是否具有抗灾能力，是否满足疏水降压的要求等。

对于同一井田具有两个及以上采区或盘区，且分别具有独立的排水系统时，应分别对排水设施进行说明及评价，并绘制排水系统说明图。

5.2 以往地质和水文地质工作评述

5.2.1 预查、普查、详查、勘探阶段地质和水文地质工作成果评述

按预查、普查、详查、勘探、建井和矿井生产或改扩建几个不同阶段分门别类总结已完成的地质、水文地质工作成果，按时间顺序（由老到新）总结"报告"或重要图纸名称，包括报告名称、完成时间、完成单位和报告主要内容及结论。

5.2.2 矿区地震勘探及其他物探工作评述

包括完成单位、勘探时间、勘探范围、测线长度和物理点的密度。概述物探的主要地质和水文地质成果，特别是地震勘探对各种构造的控制情况。

5.2.3 矿井建设、生产、改扩建时期的地质和水文地质工作成果评述

总结矿井建设、生产、改扩建时期的地质和水文地质工作，水文地质补充勘探、试验、研究资料或专门报告评述，包括报告名称、完成时间、完成单位和报告主要内容及结论。

详细说明井田存在的主要水文地质问题，对已往的水文地质和防治水工作进行综合评述。

5.3 地质概况

5.3.1 井田地层

按井田所在水文地质单元（或地下水系统）和井田内发育的地层由老到新的顺序描述，例如震旦系→寒武系→奥陶系→石炭系→二叠系→白垩系→侏罗系→新近系→第四系。某些"系"的地层可再按"统""组"细划。描述内容主要包括：厚度、岩性、分布与埋藏条件。煤系、可采煤层及储量描述，包括煤系地层和主要可采煤层。

5.3.2 井田构造

按照《中国大地构造纲要》的划分，给出地质构造隶属关系。对褶曲构造逐一进行描述，内容包括背斜、向斜、单斜、地堑和地垒等。对背、向斜应给出轴向、产状等。对区内的断裂构造进行详细描述，其中包括断层的数量、编号、展布方向、倾向、倾角、性质、落差和延伸长度等。附断层发育一览表和构造纲要图等。对区内的陷落柱发育情况进行详细描述，内容包括陷落柱发育形态、大小、陷落角、充填物的岩性、层位、密实程度和含水性，陷落柱附近煤、岩层的产状要素、周边裂隙发育程度，陷落柱导水性等。

5.3.3 井田岩浆岩

叙述井田内岩浆岩的时代、岩性、产状和分布规律及其与煤层和主要含水层的关系。

5.4 区域水文地质

主要描述矿区所处水文地质单元或地下水系统名称、范围、边界；地下水的补给、径流、排泄条件；强径流带展布规律及岩溶泉群流量等。特别应指出矿区所处地下水系统的具体位置。附矿区所处水文地质单元或地下水系统示意图。

5.5 矿井水文地质

5.5.1 井田边界及其水力性质

描述矿井四周边界的构成，一般是断层、隐伏露头、火成岩体和人为边界等。分析边界可能造成的含水层之间的水力联系和矿区以外含水层的水力联系。

5.5.2 井田含水层

按由新到老的顺序对含水层逐一进行描述。主要内容包括含水层名称、产状、分布、厚度（最大、最小和平均厚度）、岩性及其在纵横向上变化规律；地下水位标高、单位涌水量、渗透系数；水化学类型、矿化度、总硬度等。指出含水层地下水补给来源及其与其他含水层水力联系。岩溶裂隙含水层还应指出岩溶发育情况和钻孔涌水量、泥浆消耗量、单位吸水量等。特别应指出岩溶陷落柱存在与发育状况。附主要充水含水层等水位（压）线图等。

5.5.3 井田隔水层

按由新到老的顺序逐一进行描述，重点是构成煤层顶、底板的隔水层。内容主要包括岩性、分布、厚度（最大、最小、平均厚度）及其变化规律、物理力学指标和阻隔大气降水、地表水和含水层之间水力联系的有关信息。

5.5.4 矿井充水因素分析

矿井充水因素分析包括充水水源、充水通道和充水强度。充水水源指矿井水来源，对各种可能的充水水源如大气降水、地表水、老空（火烧区）水和地下水等进行详细描述。充水通道指水源进入矿井的通道，对各种可能的充水通道如断层和裂隙密集带、陷落柱、煤层顶底板破坏形成的通道，未封堵和封堵不良的钻孔以及岩溶塌陷等进行详细描述，需要时应列表加以说明。

5.5.5 井田及周边老空（火烧区）水分布状况

详细描述井田及其周边老空（火烧区）水分布状况，包括位置、积水范围、积水量、水压以及与其他水源的联系等。必要时进行专项调研。

5.5.6 矿井充水状况

对井下涌（突）水点进行调查，描述涌（突）水点位置、水量和水质变化规律以及涌（突）水点处理情况；统计分析矿井正常涌水量和最大涌水量，涌水量构成包括井筒残留水量，巷道涌水量、工作面涌水量和老空区（火烧区）来水量等。正常涌水量为近三年非汛期的涌水量平均值，最大涌水量为近三年的最大涌水量。

5.6 矿井未来3年采掘和防治水规划

5.6.1 矿井未来3年采掘规划

简要描述矿井未来3年的采掘规划。

5.6.2 矿井未来3年防治水规划

根据矿井未来3年的采掘规划编制未来3年的防治水规划，确定未来3年防治水重点区域。

5.7 矿井开采受水害影响程度和防治水工作难易程度评价

5.7.1 矿井开采受水害影响程度评价

根据表5所列内容，评价水害对矿井生产影响的大小，并进行等级划分。

5.7.2 矿井防治水工作难易程度评价

根据表6所列内容，从技术和经济两方面评价矿井防治水工作难易程度评价。

5.8 矿井水文地质类型划分结果及防治水工作建议

5.8.1 矿井水文地质类型划分结果

根据表1的规定，对不同煤层的开采，按照受采掘破坏或影响的含水层性质及补给条件、富水性、矿井及周边老空（火烧区）水分布状况、矿井涌水量、突水量、受水害影响程度和防治水工作难易程度进行矿井水文地质类型划分。同一矿井不同煤层开采的矿井水文地质类型可以不同。

5.8.2 矿井防治水工作建议

说明矿井存在的主要水害问题和应采取的防治水对策措施。

6 矿井水文地质类型划分报告附图主要内容及要求

6.1 矿井综合水文地质图

矿井综合水文地质图是反映矿井水文地质条件的图纸之一，也是进行矿井防治水工作的主要参考依据。综合水文地质图一般在井田地形地质图的基础上编制，比例尺为1：2000、1：5000或者1：10000。主要内容有：

    a） 基岩含水层露头（包括岩溶）及冲积层底部含水层（流砂、砂砾、砂礓层等）的平面分布状况；

    b） 地表水体，水文观测站，井、泉分布位置及陷落柱范围；

c） 水文地质钻孔及其抽水试验成果；

d） 基岩等高线（适用于隐伏煤田）；

e） 已开采井田井下主干巷道、矿井回采范围及井下突水点资料；

f） 主要含水层等水位（压）线；

g） 老窑、小煤矿位置及开采范围和涌水情况；

h） 有条件时，划分水文地质单元，进行水文地质分区。

6.2 矿井综合水文地质柱状图

矿井综合水文地质柱状图是反映含水层、隔水层及煤层之间的组合关系和含水层层数、厚度及富水性的图纸。一般采用相应比例尺随同矿井综合水文地质图一道编制。主要内容有：

a） 含水层年代地层名称、厚度、岩性、岩溶发育情况；

b） 各含水层水文地质试验参数；

c） 含水层的水质类型；

d） 含水层与主要开采煤层之间距离关系。

6.3 矿井水文地质剖面图

矿井水文地质剖面图主要是反映含水层、隔水层、褶曲、断裂构造等和煤层之间的空间关系，一般以走向、倾向有代表性的地质剖面为基础。主要内容有：

a） 含水层岩性、厚度、埋藏深度、岩溶裂隙发育深度；

b） 水文地质孔、观测孔及其试验参数和观测资料；

c） 地表水体及其水位；

d） 主要井巷位置；

e） 主要开采煤层位置。

6.4 矿井充水性图

矿井充水性图是综合记录井下实测水文地质资料的图纸，是分析矿井充水规律、开展水害预测及制定防治水措施的主要依据之一，也是矿井水害防治的必备图纸。一般采用采掘工程平面图作底图进行编制，随采掘工程的进展定期补充填绘，比例尺为 1∶2000 或者 1∶5000，主要内容有：

a） 各种类型的出（突）水点应当统一编号，并注明出水日期、涌水量、水位（水压）、水温及涌水特征；

b） 古井、废弃井巷、老空区（火烧区）、老硐等的积水范围和积水量；

c） 井下防水闸门、防水闸墙、放水孔、防隔水煤（岩）柱、泵房、水仓、水泵台数及能力；

d） 井下输水路线；

e） 井下涌水量观测站（点）的位置；

f） 其他。

6.5　矿井涌水量与相关因素动态曲线图

矿井涌水量与相关因素动态曲线是综合反映矿井充水变化规律，预测矿井涌水趋势的图件。各矿井应当根据具体情况，选择不同的相关因素绘制下列几种关系曲线图：

a）　矿井涌水量与降水量、地下水位关系曲线图；

b）　矿井涌水量与单位走向开拓长度、单位采空区面积关系曲线图；

c）　矿井涌水量与地表水补给量或水位关系曲线图；

d）　矿井涌水量随开采深度变化曲线图。

6.6　矿井含水层等水位（压）线图

等水位（压）线图主要反映地下水的流场特征。水文地质复杂型和极复杂型的矿井，对主要含水层（组）应当坚持定期绘制等水位（压）线图，以对照分析矿井疏干（降）动态。比例尺为 1：2000、1：5000 或者 1：10000。主要内容有：

a）　含水层、煤层露头线，主要断层线；

b）　水文地质孔、观测孔、井、泉的地面标高，孔（井、泉）口标高和地下水位（压）标高；

c）　河、渠、山塘、水库、塌陷积水区等地表水体观测站的位置、地面标高和同期水面标高；

d）　矿井井口位置、开拓范围和公路、铁路交通干线；

e）　地下水等水位（压）线和地下水流向；

f）　可采煤层底板隔水层等厚线（当受开采影响的主含水层在可采煤层底板下时）；

g）　井下涌水、突水点位置及涌水量。

6.7　区域水文地质图

区域水文地质图一般在 1：10000～1：100000 区域地质图的基础上经过区域水文地质调查之后编制。成图的同时，尚需写出编图说明书。矿井水文地质复杂型和极复杂型矿井，应当认真加以编制。主要内容有：

a）　地表水系、分水岭界线、地貌单元划分；

b）　主要含水层露头，松散层等厚线；

c）　地下水天然出露点及人工揭露点；

d）　岩溶形态及构造破碎带；

e）　水文地质钻孔及其抽水试验成果；

f）　地下水等水位线，地下水流向；

g）　划分地下水补给、径流、排泄区；

h）　划分不同水文地质单元，进行水文地质分区；

i）　附相应比例尺的区域综合水文地质柱状图、区域水文地质剖面图。

6.8 突水系数等值线图

对于带压开采矿井，以充水性图为底图，绘制矿井三年规划采掘工程布置，及规划的防治水工程布置。计算矿井不同采掘水平的突水系数，绘制突水系数等值线图。

———————————

附录二 采掘工作面水害防治
评价要求

ICS 73.040
D 00

Q/GN

国家能源投资集团有限责任公司企业标准

Q/GN 0031—2020

采掘工作面水害防治评价要求

Evaluation requirements of water disaster prevention and
control in working face

2020-11-16 发布 2021-01-01 实施

国家能源投资集团有限责任公司 发 布

目　次

前　言

本文件按照 GB/T 1.1—2020 的规定起草。

本文件由国家能源投资集团有限责任公司安全环保监察部提出。

本文件由国家能源投资集团有限责任公司科技部归口。

本文件主要起草单位：中国神华能源股份有限公司、神华国能（神东电力）集团公司。

本文件主要起草人：刘生优、张光德、王振荣、戚春前、杨波、杨茂林、刘海义、贺鑫、黄中正、张卫军、张毅、刘玉柱。

本文件为首次制定。

本文件附录 A 为规范性附录。

采掘工作面水害防治评价要求

1 范围

本文件规定了井工煤矿采掘工作面水害防治评价的一般要求。

本文件适用于国家能源集团所属井工煤矿采掘工作面水害防治评价。

2 规范性引用文件

下列文件对于本文件的应用是必不可少的。

GB/T 15663 煤矿科技术语

《建筑物、水体、铁路及主要井巷煤柱留设与压煤开采规范》 国家安全生产监督管理总局 国家煤矿安全监察局 国家能源局 国家铁路局

3 术语和定义

3.1

煤层埋深 **depth of coal seam**

煤层顶板与其相对应地面之间的垂距。

3.2

两带高度 **two belt height**

采煤工作面矿压作用产生的顶板冒落带和裂隙发育带高度（煤层顶板至裂隙带上限的距离）。按本矿井或矿区实测资料数据填报。

3.3

探放水目标体 **probe the target body of water**

探放水的目标水体，如老空（火烧区）水、顶底板水、含水层水、断层构造水、岩溶陷落柱水及封闭不良钻孔水等。

4 评价一般要求

4.1 评价目标

评价采掘工作面水害威胁程度及防治水工程效果，从防治水工作的角度判断是否具备安全生产条件。

4.2　评价内容

4.2.1　采煤工作面水害防治评价内容

采前物探成果评价、采前探放水情况评价、地面水害评价、顶板水害评价、底板水害评价、老空（火烧区）水害评价、上月水量变化趋势及本月预测、导水通道评价、防治水措施、排水系统、综合评价。

4.2.2　掘进工作面水害防治评价内容

掘进前物探成果评价、掘进前探放水情况评价、顶板水害评价、底板水害评价、老空（火烧区）水害评价、上月水量变化趋势及本月预测、防治水措施、排水系统、综合评价。

4.3　评价方法

定量评价与定性评价相结合，内业资料查阅与现场调查相结合。

4.4　评价机构和人员

煤矿评价机构：地测防治水管理部门；评价人员：防治水技术人员、地测防治水管理部门负责人、地测防治水技术负责人、总工程师。

子分公司评价机构：地测防治水管理部门；评价人员：防治水技术人员及其组成的专家组。

4.5　评价周期和时间

各个煤矿每月 25 日之前完成下月度采掘工作面水害防治评价，子分公司每季末月 25 日之前完成下季度采掘工作面水害防治评价。

各个煤矿采掘工作面投产前，对相应的采掘工作面进行水害防治评价。

5　采煤工作面水害防治评价主要内容及要求

5.1　采前物探成果评价

5.1.1　评价主要内容

物探方法、施工工艺、成果报告。

5.1.2　评价要求

a)　本项评价为定性评价。

b)　未做本项工作要填写说明原因。

c)　已做本项工作要填报其工作方法，完成的工程量，成果结论要说明有无异常区，若有异常区要说明是否在本月采煤工作范围内或距本月采煤工作范围的距离。

5.2　采前探放水情况评价

5.2.1　评价主要内容

是否进行探放水、探放水目标体、探放水钻孔的总进尺、探放水量。

5.2.2　评价要求

a)　本项评价标准为定量评价。

b)　对物探异常区钻探验证结果的评价。

c)　对整体探放水工程成果进行评价。

d)　采煤工作面探放水后安全评价标准见表1。

表1　采煤工作面探放水后安全评价表

矿井水文 地质类型	预测工作面涌水量 m^3/h	排水能力 m^3/h	安　全　评　价	备　　注
简单	$Q < 20$	$\geqslant 40$	具备安全生产条件	否则，不具备安全生产条件
	$20 \leqslant Q < 40$	$\geqslant 60$	具备安全生产条件	否则，不具备安全生产条件
	$Q \geqslant 40$	$\geqslant 80$	具备安全生产条件	否则，不具备安全生产条件
中等	$Q < 40$	$\geqslant 80$	具备安全生产条件	否则，不具备安全生产条件
	$40 \leqslant Q < 60$	$\geqslant 100$	具备安全生产条件	否则，不具备安全生产条件
	$Q \geqslant 60$	$\geqslant 120$	具备安全生产条件	否则，不具备安全生产条件
复杂	$Q < 60$	$\geqslant 120$	具备安全生产条件	否则，不具备安全生产条件
	$60 \leqslant Q < 90$	$\geqslant 180$	具备安全生产条件	否则，不具备安全生产条件
	$Q \geqslant 90$	$\geqslant 200$	具备安全生产条件	否则，不具备安全生产条件
极复杂	$Q < 90$	$\geqslant 200$	具备安全生产条件	否则，不具备安全生产条件
	$90 \leqslant Q < 145$	$\geqslant 260$	具备安全生产条件	否则，不具备安全生产条件
	$Q \geqslant 145$	$\geqslant 300$	具备安全生产条件	否则，不具备安全生产条件

注：三个评价要素必须同时具备。

5.3　地面水害评价

5.3.1　评价主要内容

煤层埋深、两带高度、与地表相通的井(孔)是否受地表水威胁、防治措施。

5.3.2　评价要求

a)　本项评价标准为定量评价。

b)　采空塌陷区是否受地表水威胁：

——$H_1 - H_2 \geqslant 30$ m　不受地表水害威胁；

——$H_1 - H_2 < 30$ m　受地表水害威胁;

H_1—煤层埋深,H_2—两带高度。

注: 本评价指标仅适用于近水平和缓倾斜煤层,不适用于急倾斜煤层,并且地面以下30m岩层为未受地质构造破坏、未遭受风化和人为破坏的完整岩层。各煤矿还应根据工作面上方第四系松散层、风积沙、风氧化带、基岩厚度变化情况,充分考虑煤层倾角、覆岩岩性、抽冒、切冒、构造破坏等因素合理确定安全隔水层厚度。

c）　与地表相通的井(眼、孔)是否受地表水威胁。

d）　在季节性沟谷下开采前,是否对洪水灌井的危险性进行评价,开采后是否及时对地面裂缝进行填堵。

e）　是否采取防治措施。

5.4　顶板水害评价

5.4.1　评价主要内容

隔水层厚度、两带高度、含水层厚度、含水层富水性、水量预计、离层水。

5.4.2　评价要求

a）　本项评价标准为定量评价。

b）　含水层的富水性依据 q 值评价标准为:
——弱富水性　　　$q \leqslant 0.1$ L/(s·m);
——中等富水性　$0.1 < q \leqslant 1.0$ L/(s·m);
——强富水性　　$1.0 < q \leqslant 5.0$ L/(s·m);
——极强富水性　$q > 5.0$ L/(s·m);
——隔水层　　　　$q < 0.001$ L/(s·m)。

c）　是否存在顶板水害威胁,通过顶板隔水层厚度、两带高度、安全保护层厚度来评判。
——$H_G - H_L \geqslant$安全保护层厚度时,具备安全生产条件;
——$H_G - H_L <$安全保护层厚度时,有突水可能,采取措施治理后生产。

d）　针对离层水害是否制定专项安全技术措施。

5.5　底板水害评价

5.5.1　评价主要内容

隔水层厚度、底板破坏深度、隔水层底板水压值、突水系数、构造情况、是否有突水可能。

5.5.2　评价要求

a）　本项评价标准为定量评价。

b）　是否存在水害威胁,按突水系数 T 来评判,突水系数计算公式如下:

$$T = \frac{P}{M} \qquad \cdots\cdots\cdots\cdots\cdots\cdots\cdots（1）$$

式中：

T——突水系数，单位为兆帕每米（MPa/m）；

P——底板隔水层承受的实际水头值，单位为兆帕（MPa）；水压应当从含水层顶界面起算，水位值取近 3 年含水层观测水位最高值；

M——底板隔水层厚度，单位为米（m）；

c）是否受底板水害威胁评判标准

未受地质构造破坏的正常地层块段、矿井地质构造条件简单或中等的构造破坏地段：

——T<0.1 MPa/m 时，具备安全生产条件；

——T≥0.1 MPa/m 时，有突水可能，不安全。

矿井地质构造条件复杂或极复杂的构造破坏地段：

——T<0.06 MPa/m 时，具备安全生产条件；

——T≥0.06 MPa/m 时，有突水可能，不安全。

5.6 老空（火烧区）水害评价

5.6.1 评价主要内容

切眼及上下顺槽外帮 30 m 范围内有无同层老空（火烧区）积水、顶板两带高度内及塌陷角向上计算的外缘外推 30 m 范围内有无上部煤层老空（火烧区）积水、上述两个范围内的老空（火烧区）积水是否探放。

5.6.2 评价要求

a）本项评价标准为定量评价。

b）老空（火烧区）水害的探放范围要求为：

——同煤层老空（火烧区）水的探放范围为该采煤工作面四周（上下顺槽切眼侧帮）距离大于等于 30 m 范围。

——采煤工作面上（顶）部上层煤老空（火烧区）水的探放范围为垂直向上"两带"高度距离以内的所有已采煤层；本采煤工作面回采时产生的塌陷角向上延伸到上层煤位置的边界（外缘）外推 50 m 范围。

——影响（波及）本采煤工作面的老空（火烧区）水（同层或上层煤）采前经探放水治理后的剩余或残留涌水量 Q 有些面会很快衰减到很小或干枯，有些面存在含水层的补给形成一个较稳定的涌水量，基本代表了上部含水层的动储量（补给量）。

5.7 上月水量变化趋势及本月预测

5.7.1 评价主要内容

上月涌水量分析、本月涌水量预测。

5.7.2　评价要求

a)　本项评价标准为定量评价。

b)　本月预测水量为采煤工作面排水设防能力提供依据，当采煤工作面排水设防能力小于本月预测涌水量时，应停产治理。

5.8　导水通道评价

5.8.1　评价主要内容

有无封闭不良钻孔、有无导水断层、陷落柱、导水通道与含水层的连通情况。

5.8.2　评价要求

a)　本项评价标准为定性评价。

b)　查阅以往勘探资料，确定采煤工作面有无封闭不良钻孔。

c)　通过分析物探、钻探成果，判断有无导水断层、陷落柱。

d)　分析评价导水通道与含水体的连通情况。

5.9　防治水措施

5.9.1　评价主要内容

是否制定专项安全技术措施、措施针对性和有效性、措施贯彻落实情况。

5.9.2　评价要求

a)　本项评价标准为定性评价。

b)　对采煤工作面主要水害类型的专项安全技术措施针对性、有效性、贯彻落实情况进行评价。

5.10　排水系统评价

5.10.1　评价主要内容

排水方式、排水能力、水仓、供电和排水系统可靠性。

5.10.2　评价要求

a)　本项评价标准为定量评价。

b)　采煤工作面的排水方式分为自流和泵排两大类型。

c)　水仓容积不小于工作面 4 小时正常涌水量。

d)　供电系统是否可靠，是否与排水能力相匹配。

e)　采煤工作面排水系统可靠性评价标准见表 2。

表2　采煤工作面排水系统可靠性评价表

预测涌水量 m³/h	排水能力 m³/h	安全性评价	备　注
$Q < 60$	≥100	具备安全生产条件	否则，不具备安全生产条件
$60 ≤ Q < 80$	≥160	具备安全生产条件	否则，不具备安全生产条件
$80 ≤ Q < 180$	≥360	具备安全生产条件	否则，不具备安全生产条件
$Q ≥ 180$		停止生产	具备条件的矿井施工泄水巷， 形成自流排水系统后生产

注：两个评价要素必须同时具备。

5.11　综合评价

5.11.1　评价主要内容

对采煤工作面物探、探放水、地面水害、顶板水害、底板水害、老空（火烧区）水害、上月水量变化趋势及本月预测、防治水措施、排水系统等进行综合评价。

5.11.2　评价要求

a）　本项评价标准为定性评价。

b）　依据以上九项的评判结果全面综合分析后得出评价：

　　——具备安全生产条件；

　　——补充防治措施后具备安全生产条件；

　　——停产治理。

6　掘进工作面水害防治评价主要内容及要求

6.1　掘进前物探成果评价

6.1.1　评价主要内容

物探方法、施工工艺、成果报告。

6.1.2　评价要求

a）　本项评价为定性评价。

b）　未做本项工作要填写说明原因。

c）　已做本项工作要说明物探方法、探查目标体、完成的工程量，成果结论要说明有无异常区，若有异常区要说明是否在本月掘进范围内和距掘进工作面的距离。

6.2　掘进前探放水情况评价

6.2.1　评价主要内容

是否进行探放水、探放水目标体、防隔水煤(岩)柱、探放水量。

6.2.2　评价要求

a)　本项评价标准为定量评价。

b)　防隔水煤(岩)柱是否满足要求。

c)　对物探异常区钻探验证结果的评价。

d)　对整体探放水工程成果进行评价,是否采用物探、钻探进行相互验证,未执行"两探"要求,不许掘进生产。

6.3　顶板水害评价

6.3.1　评价主要内容

顶板隔水层厚度、顶板安全隔水层厚度、顶板含水层厚度、顶板含水层单位涌水量、突水可能性。

6.3.2　评价要求

a)　本项评价标准为定量评价。

b)　确定掘进工作面顶板安全隔水层厚度。

c)　掘进工作面顶板水害评价:

——顶板含水层单位涌水量 $q < 0.001\ \text{L}/(\text{s}\cdot\text{m})$ 时,含水层对掘进工作面生产不构成水害威胁;

——顶板含水层与掘进工作面顶板之间的隔水层厚度大于安全隔水层厚度时,掘进面无水害威胁,具备安全生产条件;

——顶板含水层与掘进工作面顶板之间的隔水层厚度小于或等于安全距离时,掘进面受水害威胁,需探放治理。

6.4　底板水害评价

6.4.1　评价主要内容

底板隔水层厚度、安全隔水层厚度、隔水层底板水压值、安全水头压力值、突水评价。

6.4.2　评价要求

a)　本项评价标准为定量评价。

b)　对掘进工作面底板水的探放深度是否大于巷道高度的 4 倍。

c)　确定掘进工作面底板安全隔水层厚度和底板隔水层安全水头压力。

d)　依据底板安全隔水层厚度进行底板水害评价:

　　——掘进工作面底板隔水层厚度大于安全隔水层厚度时,可安全掘进;

　　——掘进工作面底板隔水层厚度小于等于安全隔水层厚度时,有水害威胁。

e) 依据底板隔水层安全水头压力进行底板水害评价:

　　——掘进工作面底板隔水层安全水头压力大于实测水头压力时,可安全掘进;

　　——掘进工作面底板隔水层安全水头压力小于等于实测水头压力时,有水害威胁。

6.5　老空(火烧区)水害评价

6.5.1　评价主要内容

掘进前方超前距30 m、两帮30 m、巷道顶板以上10倍巷道高度范围内有无老空(火烧区)积水。

6.5.2　评价要求

a) 本项评价为定量评价。

b) 掘进工作面前进方向(超前距)30 m,两帮30 m距离为超前距即安全掘进必须保留(超前)的安全距离,必须保留不许掘进,否则是不安全的。

c) 掘进工作面顶板向上距离为巷道高度10倍距离内的上层煤采空区积水必须探放,否则有顶板老空(火烧区)水的威胁,不许掘进生产。

6.6　上月水量变化趋势及本月预测

6.6.1　评价主要内容

上月涌水量分析、本月涌水量预测。

6.6.2　评价要求

a) 本项评价标准为定量评价。

b) 上月水量变化按实际观测数据填写并分析涌水量变化趋势。

c) 预测本月涌水量。

6.7　导水通道评价

6.7.1　评价主要内容

有无封闭不良钻孔、有无导水断层、陷落柱、导水通道与含水层的连通情况。

6.7.2　评价要求

a) 本项评价标准为定性评价。

b) 查阅以往勘探资料,确定采煤工作面有无封闭不良钻孔。

c) 通过分析物探、钻探成果,判断有无导水断层、陷落柱。

d) 分析评价导水通道与含水体的连通情况。

6.8　防治水措施

6.8.1　评价主要内容

是否制定专项安全技术措施、措施针对性和有效性、措施贯彻落实情况。

6.8.2　评价要求

a）　本项评价标准为定性评价。

b）　对掘进工作面主要水害类型的专项安全技术措施针对性、有效性、贯彻落实情况进行评价。

6.9　排水系统评价

6.9.1　评价主要内容

排水方式、排水能力、水仓、供电和排水系统可靠性。

6.9.2　评价要求

a）　本项评价标准为定量评价。

b）　掘进工作面的排水方式分为自流和泵排两大类型。

c）　掘进工作面排水系统的可靠性评价标准见表 3。

表 3　掘进工作面排水系统可靠性评价表

预测涌水量 m^3/h	排水能力 m^3/h	安全性评价	备　注
$Q < 20$	≥ 40	具备安全生产条件	否则,不具备安全生产条件
$20 \leq Q < 40$	≥ 80	具备安全生产条件	否则,不具备安全生产条件
$40 \leq Q < 60$	≥ 120	具备安全生产条件	否则,不具备安全生产条件
$Q \geq 60$	≥ 180	具备安全生产条件	否则,不具备安全生产条件

注：两个评价要素必须同时具备。

6.10　综合评价

6.10.1　评价主要内容

对掘进工作面物探、探放水、顶板水害、底板水害、老空（火烧区）水害、上月水量变化趋势及本月预测、防治水措施、排水系统等进行综合评价。

6.10.2　评价要求

a）　本项评价标准为定性评价。

b) 依据以上八项的评判结果全面综合分析后得出的评价结论为：

——具备安全生产条件；

——补充防治措施后具备安全生产条件；

——停产治理。

附 录 A
（规范性附录）
采煤工作面水害防治评价表

A.1 ＿＿＿＿＿＿煤矿＿＿＿＿年＿＿＿月份采煤工作面水害防治评价表

采煤工作面名称	布置方式	回采工艺	设计长/宽（m）	已回采长度（m）	本月计划进度（m）	煤层平均厚度（m）	工作面水量（m³/h）	出水层位	工作面标高（m）	地面标高（m）

一项：采前物探成果评价

二项：采前探放水情况评价

是否进行探放水	
探放水目标体	
探放水钻孔的总进尺（m/孔）	
探放水量（m³）	

三项：地面水害评价

煤层埋深（m）	
两带高度（m）	
是否受地表水威胁	
防治措施	

四项：顶板水害评价

隔水层厚度（m）	
两带高度（m）	
含水层厚度（m）	
含水层 $q(L \cdot s^{-1} \cdot m^{-1})$	
突水评价	

五项：底板水害评价

隔水层厚度（m）	
底板破坏深度（m）	
隔水层底板水压值（MPa）	
突水系数（$T=P/M$）	
突水评价	

六项：老空（火烧区）水害评价

切眼及上下顺槽外带30 m范围内有无老空积水	
顶板两带高度内及塌陷角向上计算的外缘30 m范围内有无工上部煤层老空积水	
上述两项范围内的老空积水是否探放	
突水评价	

七项：上月水量变化趋势及本月预测

八项：导水通道评价

有无封闭不良钻孔	
有无导水断层、陷落柱	
导水通道与含水体的连通情况	

九项：防治水措施

十项：排水系统

排水方式	
排水能力（m³/h）	
可靠性评价	

十一项：综合评价

评价人员签名：　　　　　　部（科）长：　　　　　　　　　填表日期：　　　　年　　　月　　　日

矿总工：　　　　　　技术人员：　　　　　　

备注：若表内某项内容填写空间不够时，可另附页或另附页或图说明。

附 录 B
（规范性附录）
掘进工作面水害防治评价表

B.1 _____煤矿_____年_____月份掘进工作面水害防治评价表

掘进工作面名称	支护方式	巷道高/宽(m)	设计长度(m)	已掘长度(m)	本月计划掘进(m)	掘进巷起点标高(m)	掘进头标高(m)	迎头坡度(°)	煤(岩)层位及产状	现水源水量(m³/h)

一项:掘进前物探成果评价

二项:探放水情况评价
- 是否进行探放水
- 探放水目标体
- 施工质量
- 探放水量(m³/h)

三项:上月水量变化趋势及本月预测

四项:老空(火烧区)水害评价
- 掘进前方超前探查范围内有无老空积水（掘进前方超前探查范围内 30 m 范围内有无老空积水）
- 顶板高度为巷高 10 倍范围内老空积水是否探放

五项:排水系统
- 排水方式
- 排水能力(m³/h)
- 可靠性评价

六项:顶板水害评价
- 顶板隔水层厚度(m)
- 顶板距含水体的安全距离(m)
- 顶板含水层厚度(m)
- 顶板含水层 $q(\text{L}\cdot\text{s}^{-1}\cdot\text{m}^{-1})$
- 突水评价

七项:底板水害评价
- 底板隔水层厚度(m)
- 安全隔水层厚度(m)
- 隔水层底板水压值(MPa)
- 安全水头压力值(MPa)
- 突水评价

八项:导水通道评价
- 有无封闭不良钻孔
- 有无导水断层、陷落柱
- 导水通道与含水体的连通情况

九项:防治水措施

十项:综合评价

评价人员签名：

矿总工：　　　　　部(科)长：　　　　　技术人员：

填表日期：　　　　　年　　月　　日

备注:若表内某项内容填写空间不够时,可附页或另图说明。

附录三　井下探放水技术规范

ICS 73.020
D 00

Q/GN

国家能源投资集团有限责任公司企业标准

Q/GN 0030—2020

井下探放水技术规范

Technical specification for water exploration and discharge in mine

2020-11-16 发布　　　　　　　　　　　　　　　　2021-01-01 实施

国家能源投资集团有限责任公司　　发 布

目　　次

前　言

本文件按照 GB/T 1.1—2020 的规定起草。

本文件由国家能源投资集团有限责任公司安全环保监察部提出。

本文件由国家能源投资集团有限责任公司科技部归口。

本文件起草单位：中国神华能源股份有限公司、神华国能（神东电力）集团公司。

本文件修编主要起草人：刘生优、张光德、王振荣、杨茂林、杨波、孙小平、刘胜志、贺鑫、张卫军、唐珂。

本文件首次发布。

本文件的附录 A、附录 B、附录 C、附录 D 均为资料性附录。

井下探放水技术规范

1   范围

本文件规定了煤矿井下探放水的原则，探放水工程设计内容，探水钻孔布置及其施工的技术要求，探放水的安全技术措施等。

本文件适用于国家能源集团所属井工煤矿的探放水工作。

2   规范性引用文件

下列文件对于本文件的应用是必不可少的。

GB/T 15663   煤矿科技术语

GB/T 24505—2009   矿井井下高压含水层探水钻探技术规范

MT/T 632—1996   井下探放水技术规范

3   术语和定义

下列术语和定义适用于本文件。

3.1

探水   water exploration

探水是指采矿过程中用超前勘探方法，查明采掘工作面顶底板、侧帮和前方等水体的具体空间位置和状况等情况。

3.2

放水   water emptying

放水是指为了预防水害事故，在探明情况后采用施工钻孔等安全方法将水体放出。

3.3

专用探放水钻机   special water drilling rig

专门用于煤矿井下探放水施工的，且满足技术条件与安全要求的坑道钻机。

3.4

超前距   advanced distance

探放老空（火烧区）水、断层水、陷落柱水、钻孔水等含（导）水体，计算的最小安全距离，是指探水钻孔沿巷道掘进前方所控制范围超前于掘进工作面迎头的最小安全距离。

3.5

允许掘进距离   permissible driving distance

经探水证实无水害威胁，可安全掘进的最大长度为允许掘进距离。

4　一般规定

4.1　采掘工作面需要进行探放水的情况

按《煤矿防治水细则》第三十八条规定执行。

4.2　井下探放水的"三专两探"要求

按《煤矿防治水细则》第三十九条规定执行。

4.3　受水害威胁区域巷道掘进前的要求

按《煤矿防治水细则》第四十条规定执行。

4.4　工作面回采前的要求

按《煤矿防治水细则》第四十一条规定执行。

4.5　长距离定向钻机探水

如考虑长距离定向钻机探水时，可考虑地面或井下方案，并编制探放水专项设计。

4.6　探放水工程设计和安全技术措施编制和审批要求

探放水工程设计和施工安全技术措施的编制、审批，按《煤矿防治水细则》第四十二条规定执行。

5　探放水工程设计

5.1　探放水钻孔设计要求

a)　探放水钻孔的布置按《煤矿防治水细则》第四十三条规定执行。

b)　一般倾斜煤层平巷的探放水孔，应呈半扇面形布置在巷道正前和上帮；倾斜煤层上山巷道的探放水孔，呈扇面形布置在巷道的前方。

c)　探水钻孔的帮距采用公式（1）计算，取值不得小于 30 m。

d)　积水线、探水线、警戒线的确定，参考附录 A。

e)　构筑水闸墙应遵守《煤矿防治水细则》第九十九条的规定。

f)　探放水钻孔终孔孔径应遵守《煤矿防治水细则》第四十七条规定。

5.2　探放水工程设计的内容

a)　探放水的采掘工作面及周围的水文地质条件、水害类型、水量及水压预计。

b)　探放水巷道的开拓方向、施工次序、规格和支护方式。

c)　探放水技术手段与方法。

d)　物探、化探工程布置与工程量，包括测量范围、物理点数、解释方法、样品数量、化验方法等。

e) 钻探工程布置与工程量，包括钻孔组数、个数、方向、角度、深度、孔径等参数。

f) 钻探施工技术要求和采用的超前距、帮距及探水线确定。

g) 探放水钻孔孔口安全装置及耐压要求等。

h) 探放水施工安全技术措施。

i) 通信联系和避灾路线。

j) 通风措施和瓦斯检查制度。

k) 防排水设施，如水闸门、水闸墙、水仓、水泵、管路、水沟等排水系统及能力。

l) 水害应急处理措施。

m) 工程附图，如钻窝设计、探放水孔布置的平面图、剖面图等。

6 安全隔水岩（煤）柱厚度、超前距、止水套管深度、探水线的确定

6.1 探放断层水、钻孔水、陷落柱水和老空（火烧区）水时，安全隔水岩（煤）柱宽度的确定

探放断层水、钻孔水、陷落柱水和老空（火烧区）水时，用式（1）求得 α 值，定为探放水超前距。

$$\alpha = 0.5AL\sqrt{\frac{3P}{K_p}} \qquad\qquad (1)$$

式中：

α ——巷道迎头或侧帮与含水层或含水构造之间安全隔水岩（煤）柱宽度，米（m）；

A ——安全系数（2~5），可参照附录 B 选取；

L ——巷道跨度（宽或高取其大者），米（m）；

P ——岩（煤）柱承受的水头压力，兆帕（MPa）；

K_p——隔水岩（煤）柱的抗拉强度，兆帕（MPa）。

6.2 探放底板承压含水层水时，安全隔水层厚度和止水套管深度的确定

探放巷道底板承压含水层水时，应按式（2）计算安全隔水层厚度（t），t 值与岩石松动圈厚度（H）之和为探水孔最后一层止水套管垂向深度。

$$t = \frac{L(\sqrt{r^2L^2 + 8K_pP} - rL)}{4K_p} \qquad\qquad (2)$$

式中：

t ——安全隔水层厚度，米（m）；

L ——巷道底板宽度，米（m）；

r ——底板隔水层的平均重度，兆牛每立方米（MN/m³）；

K_p——底板隔水层的平均抗拉强度，兆帕（MPa）；

P ——底板隔水层承受的实际水头压力，兆帕（MPa）。

6.3　探放底板承压含水层水时，安全隔水层厚度和止水套管深度的确定

探放底板承压含水层水时，应按《煤矿防治水细则》附录五的公式计算安全隔水层厚度（t），t 值与岩石松动圈厚度（H）之和与采动煤层底板破坏深度比较，取其大者为探水孔最后一层止水套管垂向深度的下入层位。

6.4　岩石松动圈厚度的确定

岩石松动圈厚度（H）应采用现场实测数据，无实测数据时，可参考地质与掘进条件相似矿井的数据，或采用式（3）计算。

$$H = R\left[\frac{(\sigma_0 + C \cdot \text{ctg}\phi)(1 - \sin\phi)}{P_i + C \cdot \text{ctg}\phi}\right]^{\frac{1 - \sin\phi}{2\sin\phi}} - R$$

$$\dots\dots\dots\dots\dots\dots\dots\dots\dots\dots\dots（3）$$

式中：

H ——岩石松动圈厚度，米（m）；

R ——巷道半径，米（m）；

σ_0 ——原岩应力，兆牛每平方米（MN/m^2）；

C ——岩体的黏聚力，兆帕（MPa）；

ϕ ——内摩擦角，度（°）；

P_i ——巷道支护阻力，兆牛每平方米（MN/m^2）。

6.5　探放水钻孔超前距和止水套管长度的规定

探放水钻孔超前距和止水套管长度的确定按《煤矿防治水细则》第四十八条规定执行。

6.6　探水线的确定

探放断层水、钻孔水、陷落柱水和老空（火烧区）水时，探水线根据积水区的位置、范围、地质及水文地质条件、资料的可靠程度，以及采空区、巷道受矿山压力破坏情况等因素确定。探放水钻孔深度、超前距、允许掘进距离的关系，参考附录 D。

7　探放水钻孔孔口装置

7.1　探放水钻孔孔口安全装置

孔口安全装置包括孔口套管、下部高压阀门、孔口防喷帽、钻杆控制器、孔口三通及上部高压阀门等。

7.2　孔口装置的安装要求

a）　在预计水压大于 0.1 MPa 的地点探水时，预先固结套管，并安装闸阀。

b）　选择岩层坚硬完整地段开孔，孔径应大于止水套管直径 1～2 级，钻至预定深度

后，将孔内冲洗干净。

c） 高压承压水探水孔的止水套管注浆固定应遵守 GB/T 24505—2009 第 5.5.3 条的规定。

d） 止水套管注浆后的待凝、扫孔和打压试验应遵守 GB/T 24505—2009 第 5.5.4 条的规定。

e） 节理裂隙发育，岩石松软或破碎，无条件另选放水地点时，应注浆加固后，再安设止水套管。

f） 探放强含水层水或需要收集放水时的水量、水压等资料时，应在闸阀上安装水压表、水量表、汇水短管等。

g） 止水套管应根据钻孔用途和水质情况进行防腐处理。

8 探放水工程施工

8.1 探放水钻机的安装要求

a） 安钻地点与积水区间距小于探水规定的超前距，或有突水征兆时，应在采取加固措施或用水闸墙封闭后，另找安全地点探放水。

b） 钻窝应尽可能避免做在断层带、裂隙带或松软岩层内。

c） 钻机安装应遵守 GB/T 24505—2009 第 5.3 节的各条规定要求。

d） 安装钻机时，还应遵守《煤矿防治水细则》第四十五条规定的要求。

e） 安好钻机接电时，要严格执行停送电制度。

8.2 钻探施工中的技术要求

a） 设计取芯钻进中应做好岩芯的采取和编录工作，必要时可保留岩芯。

b） 钻进时应准确判别煤、岩层厚度并记录换层深度。一般每钻进 10m 或更换钻具时，测量一次钻杆并核实孔深。终孔前再复核一次，并进行孔斜测量。探放老空（火烧区）水时，必须进行测斜，确保钻孔进入老空区（火烧区）。

c） 在探放水钻进时，发现煤岩松软、片帮、来压或者钻孔中水压、水量突然增大和顶钻等突水征兆时，按《煤矿防治水细则》第四十九条规定执行。

d） 探放老空（火烧区）水时，预计可能发生瓦斯或者其他有害气体涌出的，按《煤矿防治水细则》第五十条规定执行。

e） 在揭露预计水压大于 1.5 MPa 的含水层前，制定防止孔口管和煤（岩）壁突然鼓出的措施，采用反压和有防喷装置的方法钻进。

f） 钻进时发现有毒有害气体涌出，应立即停止钻进，切断电源，人员撤到安全地点并向矿井调度室汇报。

g） 钻进过程中钻机后面或正对孔口方向一定范围内不准站人。

h） 所有探水孔终孔后，应进行放水试验，观测并记录终孔初始涌水量、稳定涌水量和稳定水压，根据设计需要采取水样。

i） 对于断层探水孔，应在预计断层段取芯钻进，观测断层带的岩芯完整性、分析断层落差，孔内无水时应进行压水试验，检验断层隔水性能。

j) 井下探放水钻孔除留作观测孔、放水孔外，其他钻孔均需要封孔。封孔要按照封孔设计进行，封孔质量达到设计要求。

8.3 放水技术要求

a) 对于确定疏放的探水孔，应根据探水孔的水压、水质、水量资料，结合根据矿井排水能力及水仓容量，控制放水孔的流量或调整排水能力，并清理水仓、水沟，必要时增加排水泵及管路等，做好疏放水准备工作。

b) 放水时，应当设有专人监测钻孔出水情况，测定水量和水压，做好记录。如果水量突然变化，应当分析原因，及时处理，并立即报告矿井调度室。

c) 疏放断层水、陷落柱水和含水层水时，应同步观测相关含水层水位动态。

8.4 探放水安全措施

a) 探水的上山、下山及平巷，对于有低洼积水的地段，应有相应的排水措施。

b) 巷道支护应牢固，顶、帮背实，无高吊棚脚，倾斜巷有撑杆，使巷道有较强的抗水流冲击能力。

c) 探放水工应当按照有关规定经培训合格后持证上岗。探放水地点应安设电话和报警装置。

d) 探水时应加强出水征兆的观察，一旦发现异常应立即停止工作，及时处理。情况紧急时应立即发出警报，撤出所有受水威胁地区的人员。

e) 上山探水时按《煤矿防治水细则》第四十四条规定执行。

f) 探放水时，应撤出探放水点以下部位受水威胁区域的所有人员。

g) 探放水人员应按照批准的设计施工，未经审批单位允许，不得擅自改变设计。

附 录 A
（资料性附录）
积水线、探水线、警戒线确定

A.1 积水线、探水线、警戒线示意见图 A.1。

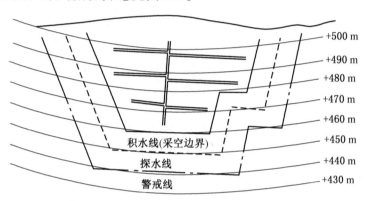

图 A.1 积水线、探水线、警戒线示意图

A.2 积水线、探水线、警戒线定义与确定

积水线是指经过调查确定的积水边界线。积水线是由调查所得的水淹区域积水区分布资料，或由物探、钻探探查确定。

探水线是指用钻探方法进行探水作业的起始线。探水线是根据水淹区域的水压、煤（岩）层的抗拉强度及稳定性、资料可靠程度等因素沿积水线平行外推一定距离划定。当采掘工作面接近至此线时就要采取探放水措施。

警戒线是指开始加强水情观测、警惕积水威胁的起始线。警戒线是由探水线再平行外推一定距离划定。当采掘工作面接近此线后，应当警惕积水威胁，注意采掘工作面水情变化。

A.3 探水线、警戒线确定参考表 A.1。

表 A.1 探水线、警戒线确定依据

边界名称	确定方法	煤层软硬程度	资料依靠调查分析判别/m	有一定图纸资料参考/m	图纸资料可靠/m
探水线	由积水线平行外推	松软	100～150	80～100	30～40
		中硬	80～120	60～80	30～35
		坚硬	60～100	40～60	30
警戒线	由探水线平行外推	60～80	60～80	20～40	

附　录　B
（资料性附录）
超前距安全系数选取

B. 1　超前距计算安全系数选取参考表 B. 1。

表 B.1　不同条件超前距计算安全系数取值

条　件	取值
水压、抗拉强度均为实测	2
水压、抗拉一项实测，另一项为地质与掘进条件相似矿井数据	3~4
水压、抗拉强度均为地质与掘进条件相似矿井数据	5

附　录　C
（规范性附录）
超前距和止水套管长度确定

C. 1　岩层中探放水钻孔超前距和止水套管长度确定见表 C. 1。

表 C.1　岩层中探放水钻孔超前距和止水套管长度

水压/ MPa	钻孔超前距/ m	止水套管长度/ m
$p < 1.0$	>10	>5
$1.0 \leqslant p < 2.0$	>15	>10
$2.0 \leqslant p < 3.0$	>20	>15
$p \geqslant 3.0$	>25	>20

附　录　D
（资料性附录）
超前距和允许掘进距离示意

D. 1　超前距和允许掘进距离平面示意见图 D. 1。

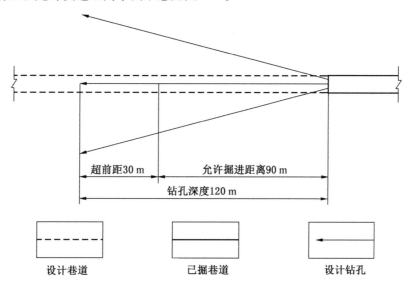

图 D.1　超前距和允许掘进距离平面示意图

参 考 文 献

[1] 张光德, 周勇, 刘生优, 等. 鄂尔多斯盆地煤田奥陶纪灰岩水害危险性分区研究 [J]. 中国安全生产科学技术, 2014, 10 (S1): 237 – 242.

[2] 李东, 刘生优, 张光德, 等. 鄂尔多斯盆地北部典型顶板水害特征及其防治技术 [J]. 煤炭学报, 2017, 42 (12): 3249 – 3254.

[3] 刘生优, 樊振丽, 尹希文, 等. 强富水含水层下综放开采水砂灾害防控关键技术 [J]. 煤炭学报, 2020, 45 (8): 2880 – 2889.

[4] 李东. 国家能源集团矿井自然火灾防治理论与实践 [M]. 北京: 应急管理出版社, 2020.

[5] 谢和平, 钱鸣高, 彭苏萍, 等. 煤炭科学产能及发展战略初探 [J]. 中国工程科学, 2011, 13 (6): 44 – 50.

[6] 钱鸣高, 许家林, 王家臣. 再论煤炭的科学开采 [J]. 煤炭学报, 2018, 43 (1): 1 – 13.

[7] 国家煤矿安全监察局, 煤矿防治水细则 [M]. 北京: 煤炭工业出版社, 2018.

[8] 张光德. 矿井水害防治 [M]. 徐州: 中国矿业大学出版社, 2002.

[9] 康永华, 孔凡铭, 孙凯. 覆岩破坏规律的综合研究技术体系 [J]. 煤炭科学技术, 1997 (11): 40 – 43.

[10] 袁亮. 面向煤炭精准开采的物联网架构及关键技术 [J]. 工矿自动化, 2017, 43 (10): 1 – 7.

[11] 袁亮, 张平松. 煤炭精准开采地质保障技术的发展现状及展望 [J]. 煤炭学报, 2019, 44 (8): 2277 – 2284.

[12] 国家安全生产监督管理总局, 国家煤矿安全监察局. 建筑物、水体、铁路及主要井巷煤柱留设与压煤开采规范 [M]. 北京: 煤炭工业出版社, 2017.

[13] 武强, 赵苏启, 董书宁, 等. 煤矿防治水手册 [M]. 北京: 煤炭工业出版社, 2013.

[14] 王国法, 赵国瑞, 任怀伟. 智慧煤矿与智能化开采关键核心技术分析 [J]. 煤炭学报, 2019, 44 (1): 34 – 41.

[15] 李晓清, 汪泽成, 张兴为, 等. 四川盆地古隆起特征及对天然气的控制作用 [J]. 石油与天然气地质, 2001 (4): 347 – 351.

[16] 冉启贵, 陈发景, 张光亚. 中国克拉通古隆起的形成、演化及与油气的关系 [J]. 现代地质, 1997 (4): 71 – 80.

[17] 张宗命, 贾承造. 塔里木克拉通盆地内古隆起及其找油气方向 [J]. 西安石油学院学报 (自然科学版), 1997 (3): 8 – 13 + 42 + 4.

[18] 何登发, 谢晓安. 中国克拉通盆地中央古隆起与油气勘探 [J]. 勘探家, 1997 (2): 11 – 19.

[19] 安太庠. 鄂尔多斯盆地周缘的牙形石 [M]. 北京: 科学出版社, 1990.

[20] 冯增昭. 鄂尔多斯地区早古生代岩相古地理 [M]. 北京: 地质出版社, 1991.

[21] 陈安定, 代金友, 王文跃. 靖边气田气藏特点、成因与成藏有利条件 [J]. 海相油气地质, 2010, 15 (2): 45 – 55.

[22] 汤锡元. 推覆构造的特征及其与油气的关系 [J]. 地球科学与环境学报, 1988 (2): 48 – 55.

[23] 吴兆剑. 鄂尔多斯盆地杭东地区直罗组砂岩物源分析与砂岩型铀矿成矿水化学模型 [D]. 北京: 中国地质大学 (北京), 2013.

[24] 张字龙, 韩效忠, 李胜祥, 等. 鄂尔多斯盆地东北部中侏罗统直罗组下段沉积相及其对铀成矿的控制作用 [J]. 古地理学报, 2010, 12 (6): 749 – 758.

[25] 邢秀娟, 柳益群, 李卫宏, 等. 鄂尔多斯盆地南部店头地区直罗组砂岩成岩演化与铀成矿 [J]. 地球学报, 2008 (2): 179 – 188.

[26] 李宏涛, 蔡春芳, 罗晓容, 等. 鄂尔多斯北部直罗组中烃类包裹体地球化学特征及来源分析 [J].

沉积学报，2007（3）：467－473.

[27] 焦养泉，陈安平，王敏芳，等．鄂尔多斯盆地东北部直罗组底部砂体成因分析：砂岩型铀矿床预测的空间定位基础［J］．沉积学报，2005（3）：371－379.

[28] 王长友，郑忠友，华召文，等．萨拉乌苏组含水层对杭来湾井田煤层开采影响性分析［J］．煤炭工程，2014，46（12）：13－16.

[29] 谢渊，邓国仕，刘建清，等．鄂尔多斯盆地白垩系主要含水岩组沉积岩相古地理对地下水水化学场形成和水质分布的影响［J］．沉积与特提斯地质，2012，32（3）：64－74.

[30] 赵蕾．宁东地区侏罗系直罗组沉积特征及其水文地质意义［D］．青岛：山东科技大学，2011.

[31] 杨郧城，沈照理，文冬光，等．鄂尔多斯白垩系盆地地下水的形成与演化：来自 Cl 及其同位素 ~（36）Cl 的证据［J］．地质学报，2011，85（4）：586－595.

[32] 孙芳强，侯光才，窦妍，等．鄂尔多斯盆地白垩系地下水循环特征的水化学证据——以查布水源地为例［J］．吉林大学学报（地球科学版），2009，39（2）：269－275＋293.

[33] 赵俊峰，刘池洋，赵建设，等．鄂尔多斯盆地侏罗系直罗组沉积相及其演化［J］．西北大学学报（自然科学版），2008（3）：480－486.

[34] 梁积伟．鄂尔多斯盆地侏罗系沉积体系和层序地层学研究［D］．西安：西北大学，2007.

[35] 何卫军．鄂尔多斯盆地南部侏罗系直罗组—安定组沉积体系研究［D］．西安：西北大学，2007.

[36] 喻林．鄂尔多斯盆地东北部中侏罗世直罗—安定期原始沉积面貌及后期改造［D］．西安：西北大学，2007.

[37] 董维红，苏小四，侯光才，等．鄂尔多斯白垩系地下水盆地地下水水化学类型的分布规律［J］．吉林大学学报（地球科学版），2007（2）：288－292.

[38] 范立民，王国柱．萨拉乌苏组地下水及采煤影响与保护［J］．采矿技术，2006（3）：422－425＋428.

[39] 侯光才，林学钰，苏小四，等．鄂尔多斯白垩系盆地地下水系统研究［J］．吉林大学学报（地球科学版），2006（3）：391－398.

[40] 王玮．鄂尔多斯白垩系地下水盆地地下水资源可持续性研究［D］．西安：长安大学，2004.

[41] 李明辉，王剑，谢渊，等．鄂尔多斯盆地白垩纪岩相古地理与地下水相关性探讨［J］．沉积与特提斯地质，2003（4）：34－40.

[42] 袁宝印．萨拉乌苏组的沉积环境及地层划分问题［J］．地质科学，1978（3）：220－234.

[43] 武强，樊振丽，刘守强，等．基于 GIS 的信息融合型含水层富水性评价方法——富水性指数法［J］．煤炭学报，2011，36（7）：1124－1128.

[44] 宋斌．基于 GIS 信息系统及人工神经网络的砂岩富水性预测研究：以赵庄矿 3 号煤层顶板砂岩为例［J］．华北科技学院学报，2010，7（4）：1－3.

[45] 李新凤．砂岩含水层富水性预测及水害危险性评价研究［D］．青岛：山东科技大学，2010.

[46] 王厚柱，胡雄武，舒玉峰．煤层顶板岩层富水性探测技术应用［J］．陕西煤炭，2010，29（2）：70－72.

[47] 陈昌礼，王星明，罗荣荣．高密度电法探测井下煤层顶板富水性效果［J］．石油仪器，2009，23（6）：63－65＋10.

[48] 刘运启，李小明，李永军，等．顶板砂岩富水性的矿井瞬变电磁法探测［J］．华北科技学院学报，2009，6（4）：39－42.

[49] 刘怀忠，韩宝平．大屯矿区奥陶系微量元素特征及其在地层富水性研究中的意义［J］．合肥工业大学学报（自然科学版），2008（10）：1569－1573.

[50] 胡永达．音频电透视在煤层底板富水性预测中的应用［J］．安徽理工大学学报（自然科学版），2008（2）：15－18.

[51] 沈洪谊，李万平．郭屯矿井井筒基岩富水性分析 [J]．中国煤炭地质，2008 (1)：25 – 28 + 69.

[52] 高俊良，段建华，郭粤莲．综合物探技术在探测煤矿采空区及其富水性中的应用 [J]．中国煤田地质，2007 (S2)：111 – 113 + 125.

[53] 高延法．岩移"四带"模型与动态位移反分析 [J]．煤炭学报，1996 (1)：51 – 56.

[54] 宋振骐，蒋宇静．煤矿重大事故预测和控制的动力信息基础的研究 [M]．北京：煤炭工业出版社，2003.

[55] 王心义，徐涛，黄丹．距离判别法在相似矿区突水水源识别中的应用 [J]．煤炭学报，2011，36 (8)：1354 – 1358.

[56] 李树忱，冯现大，李术才，等．矿井顶板突水模型试验多场信息的归一化处理方法 [J]．煤炭学报，2011，36 (3)：447 – 451.

[57] 乔伟，李文平，李小琴．采场顶板离层水"静水压涌突水"机理及防治 [J]．采矿与安全工程学报，2011，28 (1)：96 – 104.

[58] 张遵海．俯采工作面顶板水防治技术实践 [J]．煤炭技术，2009，28 (9)：112 – 113.

[59] 张雁．防止煤层顶板水溃入矿井的预警系统研究 [D]．北京：煤炭科学研究总院，2008.

[60] 程新明，王经明．海孜煤矿顶板动力冲击水害的成因研究 [J]．河北工程大学学报（自然科学版），2008 (1)：35 – 37 + 67.

[61] 伊茂森，朱卫兵，李林，等．补连塔煤矿四盘区顶板突水机理及防治 [J]．煤炭学报，2008 (3)：241 – 245.

[62] 王新．煤矿顶板突水机理探讨 [J]．煤矿开采，2007 (5)：74 – 76.

[63] 闫明，胡明亮．跃进煤矿深部采区顶板突水特征及影响因素 [J]．煤炭技术，2006 (11)：128 – 129.

[64] 张海荣，周荣福，郭达志，等．基于 GIS 复合分析的煤矿顶板水害预测研究 [J]．中国矿业大学学报，2005 (1)：115 – 119.

[65] 张后全，杨天鸿，赵德深，等．采场工作面顶板突水的渗流场分析 [J]．煤田地质与勘探，2004 (5)：17 – 20.

[66] 郑纲．模糊聚类分析法预测顶板砂岩含水层突水点及突水量 [J]．煤矿安全，2004 (1)：24 – 25.

[67] 付文安，许延春，高化军．高庄煤矿 1501 工作面顶板砂岩水的预计与预防 [J]．煤炭科学技术，2003 (5)：42 – 44.

[68] 李正昌，林来彬，王祥龙，等．综放工作面顶板砂岩水的探放 [J]．煤矿开采，2003 (1)：69 – 70.

[69] 武强，黄晓玲，董东林，等．评价煤层顶板涌（突）水条件的"三图 – 双预测法" [J]．煤炭学报，2000 (1)：62 – 67.

[70] 康永华，申宝宏．水体下采煤宏观分类与发展战略 [M]．北京：煤炭工业出版社，2018.

[71] 卢新明，阚淑婷．煤炭精准开采地质保障与透明地质云计算技术 [J]．煤炭学报，2019，44 (8)：2296 – 2305.

[72] 袁亮．煤炭精准开采科学构想 [J]．煤炭学报，2017，42 (1)：1 – 7.

[73] 阎永定．黄河中游萨拉乌苏组和马兰黄土的沉积环境及水土流失问题 [J]．人民黄河，1984 (5)：37 – 42.

[74] 邓聚龙．灰色控制系统 [J]．华中工学院学报，1982 (3)：9 – 18.

[75] 窦妍．鄂尔多斯盆地北部白垩系地下水水文地球化学演化及循环规律研究 [D]．西安：长安大学，2010.

[76] 侯光才．鄂尔多斯白垩系盆地地下水系统及其水循环模式研究 [D]．长春：吉林大学，2008.

［77］ 樊振丽. 纳林河复合水体下厚煤层安全可采性研究 ［D］. 北京：中国矿业大学（北京），2013.

［78］ 刘生优，卫斐. 软弱覆岩强含水层下综放开采覆岩破坏特征实测研究 ［J］. 中国煤炭，2016，42（4）：61 - 65.

［79］ 刘盛东，吴荣新，张平松，等. 三维并行电法勘探技术与矿井水害探查 ［J］. 煤炭学报，2009，34（7）：927 - 932.

［80］ 刘生优. 综放工作面上覆巨厚砂砾含水层的活动规律与控制关键技术研究 ［J］. 中国煤炭，2014，40（S1）：132 - 135.

［81］ 曹金亮，韩颖，袁新华，等. 天桥泉域岩溶水系统水动力场、水化学场特征分析 ［J］. 中国岩溶，2005（4）：312 - 317.